통계직 공무원을 위한

통계학
모의고사

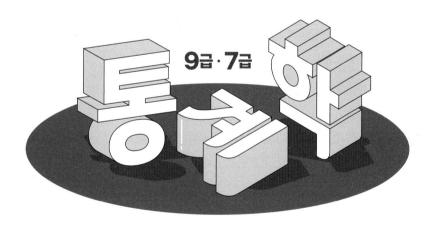

9급·7급

시대에듀

머리말 PREFACE

이 책은 통계직 공무원(9급, 7급), 공사, 공기업 및 경력경쟁채용 공무원을 준비하는 수험생들의 불안감을 조금이나마 줄여주기 위해 쓰려고 노력하였다. 본서의 모의고사 문제 및 면접 질문은 실제 시험보다 난이도를 조금 높게 책정하여 이 책의 문제들을 주어진 시간 내에 모두 해결할 수 있다면 고득점을 맞는 데 전혀 부족함이 없으리라 본다. 또한 통계학 모의고사 각 회는 2011년부터 최근까지 통계직 공무원 공개경쟁 채용시험 기출문제를 단원별로 분석하여 각 단원별 빈도에 맞게 모의고사 문제를 배열하였으므로 실제 시험과 유사하리라 본다. 조사방법론의 경우 경력경재채용 시험에 출제될 수 있는 문제들을 수록하였으며, 모의 면접 질문은 필기시험 합격 후 입사 면접 시 물어보리라 예상되는 질문과 대학교 통계학과 편입 시 주로 물어보는 질문을 정리하였다.

이 책은 총 8부로 구성되어 있다. 제1부는 통계직 공무원(9급, 7급), 공사, 공기업을 준비하는 수험생들이 반드시 알아야 할 통계학 핵심 이론과 경력경쟁채용 시험을 준비하는 수험생들을 위해 조사방법론의 핵심 이론을 수록하였다. 제2부에서 제4부까지는 각 부에 통계학 총정리 모의고사 10회씩을 배정하여 총 600문제를 수록하였으며, 제5부에서 제7부까지는 조사방법론 총정리 모의고사를 수록하였다. 제8부는 통계학 모의 면접 질문 100문항과 100문항에 대한 답변을 수록하였고, 마지막으로 부록에 통계이론을 이해하기 편리하도록 미적분 기본공식, 분포표 등을 수록하였다.

제2부와 제5부는 총정리 모의고사 도입부로 이 책의 전체 난이도에서 비교적 쉽게 여겨지는 문제들을 Level 1(초급)에 수록하였다. 실제 공무원, 공사, 공기업 시험과 비슷한 난이도를 보일 것으로 여겨진다. 제3부와 제6부는 이 책의 전체 난이도에서 중간 부분에 해당하는 문제들을 Level 2(중급)에 수록하였으며, 제4부와 제7부는 가장 어렵다고 생각되는 문제들을 Level 3(고급)에 수록하였다. 실제 시험보다는 난이도가 상당히 있는 문제들로 모의고사 문제를 풀어 보면서 통계학 이론 부분에 자신감이 떨어진다면 기존에 저술한 책인 『2025 시대에듀 통계직 공무원을 위한 통계학 기본서』, 시대에듀(2024), 소정현 편저를 기초 이론서로 하여 실제 시험에 준비하는 것도 하나의 좋은 방안이라 여겨진다.

제8부에서는 필기시험을 치른 후 바로 면접을 준비할 수 있도록 모의 면접 질문 100문항을 수록하였으며, 이에 대한 답변은 통계학을 전공한 학부생 수준으로 작성하였으므로 대학원 이상의 학력을 가진 수험생들은 본인 스스로 정리한 정의와 이론들을 실제 면접 시 자유롭게 대답하면 되리라 본다. 부록에서는 미적분 기본공식과 각 확률분포의 분포표를 수록하였으니 참고하기 바란다.

마지막으로 이 책의 문제 풀이 및 전체적인 오류를 검토해 주신 김태호 주무관에게 감사드리며, 조사방법론 집필에 도움을 주신 봉우리, 최웅렬 주무관에게 감사드린다. 이 책이 취업을 준비하는 많은 수험생들에게 조금이나마 도움이 되길 바란다.

2024년 10월 소 정현

이 책의 구성과 특징 STRUCTURES

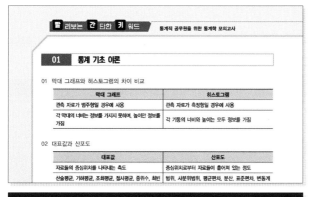

빨리보는 간단한 키워드

▶ 공무원, 공사, 공기업을 준비한다면 반드시 알아야 할 통계학 핵심이론만 요약했습니다. 빨간키를 통해 중요한 부분만 빠르게 암기해 보세요.

통계학 총정리 모의고사

▶ 비교적 쉬운 난이도 Level 1부터 실제 시험보다 어려운 난이도 Level 3까지 총정리 모의고사 30회를 수록하였습니다. 주어진 시간 안에 해결할 수 있도록 연습해 보세요.

조사방법론 총정리 모의고사

▶ 최근 통계직 공무원 시험과 경력경쟁채용시험에서 조사방법론 관련 개념을 묻는 문제가 자주 출제되고 있습니다. 통계학과 마찬가지인 총 30회의 모의고사로, 모르는 내용이 없도록 빠짐없이 대비해 보세요.

면접대비 예상질문

▶ 필기시험 후 면접을 위한 예상질문을 수록했습니다. 질문에 대한 답을 자유롭게 작성하여 면접에 탄탄하게 대비해 보세요.

통계직 공무원 필기시험 및 면접심사 개요

◇ **통계직 공무원 필기시험 개요**

2011년부터 2024년까지 최근 통계직 공무원(9급, 7급) 공개경쟁채용 필기시험의 단원별 출제빈도를 직급별로 파악해 봄으로써 전체적인 공무원 필기시험에 대한 개요를 알 수 있다.

단 원	9급	7급	합 계
탐색적 자료 분석	11	13	24
대표값과 산포도	21	15	36
공분산과 상관분석	25	20	45
확률과 확률밀도함수	28	45	73
특수한 확률분포	38	38	76
추 정	24	21	45
검 정	37	37	74
범주형 자료 분석	27	27	54
분산분석	29	29	58
회귀분석	37	49	86
표본추출이론	2	7	9

◇ **통계직 공무원 면접심사 개요**

최근 면접심사는 이전과는 확연히 다른 패턴을 보이고 있으며, 이 또한 어느 정도 틀이 정해져 있음을 알 수 있으므로 면접심사에 대한 기본적인 개요를 파악해보자.

❶ 자기소개(1분 정도) 또는 자기소개서 제출

↓

❷ 공무원과 관련된 질문 2개 정도

↓

❸ 통계학과 관련된 질문 2개 정도

↓

❹ 경제, 사회와 관련된 질문 2개 정도

↓

❺ 마지막으로 하고 싶은 말

통계직 공무원 필기시험 준비전략

2011년부터 2024년까지 최근 통계직 공무원(9급, 7급) 공개경쟁채용 시험의 단원별 출제빈도를 파악함으로써 전체적인 공무원 필기시험 준비를 어떻게 해야 할지를 알 수 있다.

첫 번째로

첫 번째로 공무원 시험에 가장 많이 출제되었던 단원은 회귀분석이다. 회귀분석은 비교적 시험을 준비하기에 쉬운 단원으로 회귀분석의 기본 가정, 단순회귀계수 계산, 회귀모형의 유의성 검정, 회귀계수의 유의성 검정, 회귀계수의 의미, 결정계수의 성질, 더미변수 회귀분석 등을 잘 정리해 두면 모두 맞을 수 있는 단원이기도 하다.

두 번째로

공무원 시험에 많은 출제 빈도를 보이는 단원은 특수한 확률분포로 이산형 확률분포인 베르누이 시행, 이항분포, 포아송분포, 기하분포 등과 연속형 확률분포인 균일분포, 정규분포, 지수분포, 카이제곱분포, t-분포, F-분포 등의 출제 빈도가 높게 나타났으므로 이 단락에 대해 자세히 공부해 두기 바란다. 최근 들어 공무원 시험의 출제 난이도가 약간 상향 조정됨에 따라 확률변수의 함수분포인 누적분포함수와 변수변환을 이용하여 확률밀도함수를 구하는 문제도 출제되고 있으며 순서 통계량의 분포 역시 출제되고 있다.

세 번째로

공무원 시험에 많은 출제 빈도를 보이는 단원은 확률과 확률밀도함수이다. 특히 확률 부분은 수험생이 가장 어렵게 느끼는 단원이며 실제로도 시험을 준비하기에 상당히 까다로운 단원이기도 하다. 본서에서는 가급적 확률 문제에 있어서 고득점을 맞을 수 있도록 난이도를 상향 조정하였음을 밝힌다. 이상 3개의 단원(회귀분석, 특수한 확률분포, 확률과 확률밀도함수)이 공무원 시험 전체 출제 빈도의 40%를 차지하는 주요 단원이므로 집중적으로 준비하는 것이 실제 시험에서 도움이 되리라 본다.

네 번째로

검정, 분산분석, 범주형 자료 분석, 추정, 공분산과 상관분석 순으로 출제빈도가 높게 나타나고 있다. 실제 추정과 검정은 공부하기에 매우 까다롭고 어려운 단원이기도 하지만 행정고시, 입법고시 및 금융공기업(한국은행, 금융감독원) 시험의 난이도와는 달리 공무원, 공사, 일반 공기업에서는 비교적 쉽게 출제되고 있으니 너무 깊게 공부하지 않기를 바란다. 분산분석에서는 일원배치 분산분석이, 범주형 자료 분석에서는 카이제곱 독립성 검정, 카이제곱 동질성 검정, 카이제곱 적합성 검정 부분이 주로 출제되고 있으며 준비하기에도 어려움이 없으리라 본다. 특히 공분산과 상관분석 단원에서는 빨리보는 간단한 키워드에 소개한 상관계수의 성질 20가지를 이해하고 정리해 두면 많은 도움이 되리라 여겨진다.

마지막으로

마지막으로 기초적인 대표값과 산포도, 탐색적 자료 분석, 표본추출이론은 비교적 출제 빈도도 낮고 출제 난이도도 낮아 조금만 준비하면 모두 맞을 수 있는 단원이다.

반드시 만점을 바라지 않고 고득점에 만족한다면 가장 어렵게 느껴지는 확률과 확률밀도함수 단원에서 확률 부분에 투자하는 시간을 줄이고 쉽게 점수를 얻을 수 있는 다른 단원에 시간을 조금 더 투자하는 것도 좋은 전략이라 여겨진다.

기출문제 빈도분석표 STRATEGY

최근 통계직 공무원 9급 공개경쟁채용시험

단 원	2011	2012	2013	2014	2015	2016	2017	2018	2019	2020	2021	2022	2023	2024	합 계
탐색적 자료 분석	–	–	–	–	1	1	2	1	1	1	1	1	1	1	11
대표값과 산포도	1	3	1	2	3	2	2	2	1	1	1	1	1	–	21
공분산과 상관분석	2	1	1	2	2	3	3	1	2	2	1	1	1	3	25
확률과 확률밀도함수	2	2	4	2	1	2	1	2	1	1	2	3	2	3	28
특수한 확률분포	3	2	1	4	3	3	3	2	4	3	3	3	4	–	38
추 정	4	2	2	1	4	–	–	–	3	1	1	1	2	3	24
검 정	1	3	3	3	1	3	3	4	2	3	4	2	3	2	37
범주형 자료 분석	2	2	2	2	1	2	2	3	2	2	2	2	1	2	27
분산분석	2	2	2	2	2	2	2	3	2	3	1	2	2	2	29
회귀분석	2	3	4	2	2	2	2	2	2	3	4	4	3	2	37
표본추출법	1	–	–	–	–	–	–	–	–	–	–	–	–	1	2

최근 통계직 공무원 7급 공개경쟁채용시험

단 원	20 11	20 12	20 13	20 14	20 15	20 16	20 17	20 18	20 19	20 20	20 21	20 22	20 23	20 24	합 계
탐색적 자료 분석	1	1	2	1	1	−	1	1	−	1	1	1	1	1	13
대표값과 산포도	1	2	2	−	−	2	−	1	1	1	1	2	2	−	15
공분산과 상관분석	2	2	2	1	2	−	2	4	1	1	−	2	−	1	20
확률과 확률밀도함수	4	3	4	2	3	1	3	2	4	2	3	4	6	4	45
특수한 확률분포	2	2	1	6	2	6	3	1	2	4	3	2	1	3	38
추 정	2	1	2	−	3	1	2	1	2	−	1	−	2	4	21
검 정	1	3	1	3	1	2	3	3	1	4	4	5	3	3	37
범주형 자료 분석	1	2	1	2	2	2	2	2	2	1	3	3	2	2	27
분산분석	2	2	1	2	2	2	1	2	3	2	3	3	3	2	29
회귀분석	3	2	3	3	3	4	2	3	3	4	5	3	5	4	49
표본추출법	1	−	1	−	1	−	1	−	1	−	1	−	−	1	7

이 책의 목차 CONTENTS

빨간키

리 단 워
보 한 드
는

통계직 공무원(9급 · 7급), 공사, 공기업을 준비하는 수험생이라면 반드시 알아야
하는 통계학 · 조사방법론 이론 핵심요약!

01   통계 기초 이론

01   막대 그래프와 히스토그램의 차이 비교

막대 그래프	히스토그램
관측 자료가 범주형일 경우에 사용	관측 자료가 측정형일 경우에 사용
각 막대의 너비는 정보를 가지지 못하며, 높이만 정보를 가짐	각 기둥의 너비와 높이는 모두 정보를 가짐

02   대표값과 산포도

대표값	산포도
자료들의 중심위치를 나타내는 측도	중심위치로부터 자료들이 흩어져 있는 정도
산술평균, 기하평균, 조화평균, 절사평균, 중위수, 최빈수 등	범위, 사분위범위, 평균편차, 분산, 표준편차, 변동계수 등

03   기초통계량의 특징

- 산술평균 : 이상치에 영향을 많이 받는다는 단점
- 기하평균 : 시간적으로 변화하는 비율(인구성장률, 물가변동률 등)의 대표값 산정에 이용
- 조화평균 : 시간적으로 계속 변화하는 속도(작업속도, 평균속도 등)를 계산하는 데 사용
- 절사평균 : 이상치에 상대적으로 영향을 많이 받지 않지만 정보의 손실이 큼
- 중위수 : 이상치에 상대적으로 영향을 많이 받지 않으며 정보의 손실이 거의 없음
- 표준편차 : 표준편차는 분산의 제곱근 형태로 실제 측정한 단위와 일치
- 변동계수 : 자료의 단위가 다르거나, 평균의 차이가 클 때 평균에 대한 표준편차의 상대적 크기를 비교하기 위해 사용

04   기초통계량의 계산

- 산술평균 : $\bar{x} = \dfrac{1}{n}\sum_{i=1}^{n} x_i = \dfrac{1}{n}(x_1 + x_2 + \cdots + x_n)$

- 기하평균 : $GM = \sqrt[n]{\prod_{i=1}^{n} x_i} = \sqrt[n]{x_1 \times x_2 \times \cdots \times x_n}$

- 조화평균 : $HM = \dfrac{n}{\sum_{i=1}^{n} \dfrac{1}{x_i}} = \dfrac{n}{\dfrac{1}{x_1} + \dfrac{1}{x_2} + \cdots + \dfrac{1}{x_n}}$

- 범위 : $R =$ 최대값($\mathrm{Maximum}$) $-$ 최소값($\mathrm{Minimum}$)

- 사분위범위 : 사분위범위(IQR) = 제3사분위수(Q_3) − 제1사분위수(Q_1)

- 모분산 : $\sigma^2 = \dfrac{1}{N} \sum\limits_{i=1}^{N} (X_i - \mu)^2$

- 표본분산 : $S^2 = \dfrac{1}{n-1} \sum\limits_{i=1}^{n} (X_i - \overline{X})^2$

- 모표준편차 : $\sigma = \sqrt{\dfrac{1}{N} \sum\limits_{i=1}^{N} (X_i - \mu)^2}$

- 표본표준편차 : $S = \sqrt{\dfrac{1}{n-1} \sum\limits_{i=1}^{n} (X_i - \overline{X})^2}$

- 모변동계수 : $\dfrac{\sigma}{\mu}$

- 표본변동계수 : $\dfrac{S}{\overline{X}}$

05 왜도와 첨도

왜 도	첨 도
분포 모양의 비대칭 정도를 나타내는 값	분포의 모양이 얼마나 뾰족한가를 나타내는 값
왜도가 0인 경우는 좌우대칭형분포	정규분포의 첨도는 3
왜도가 양수이면 평균 > 중위수	첨도가 3보다 크면 정규분포보다 정점이 높음
왜도가 음수이면 평균 < 중위수	첨도가 3보다 작으면 정규분포보다 정점이 낮음

06 분포의 형태에 따른 기초통계량 비교

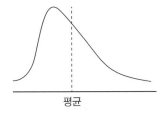

평균

① 최빈수 < 중위수 < 평균
② 오른쪽으로 기울어진 분포
③ 왼쪽으로 치우친 분포
④ 왜도 > 0

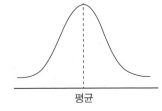

평균

① 평균 = 중위수 = 최빈수
② 좌우대칭형인 분포
③ 종 모양의 분포
④ 왜도 = 0(정규분포, t분포)

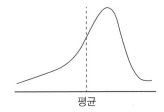

평균

① 평균 < 중위수 < 최빈수
② 왼쪽으로 기울어진 분포
③ 오른쪽으로 치우친 분포
④ 왜도 < 0

07 기초통계량의 성질

기대값	① $E(X) = \mu$ ② $E(aX) = aE(X)$ (단, a는 상수) ③ $E(X+b) = E(X)+b$ (단, b는 상수) ④ $E(X+Y) = E(X)+E(Y)$ ⑤ $E[ab(X)+cd(Y)] = aE[b(X)]+cE[d(Y)]$ (단, a, c는 상수) ⑥ $E(abXY) = abE(XY)$ (단, a, b는 상수) 　→ 만약, X와 Y가 독립이면 $E(abXY) = abE(X)E(Y)$
분 산	① $Var(X) = E[(X-\mu)^2] = E(X^2) - [E(X)]^2$ ② $Var(a) = 0$ (단, a는 상수) ③ $Var(aX) = a^2 Var(X)$ (단, a는 상수) ④ $Var(a+bX) = b^2 Var(X)$ (단, a와 b는 상수) ⑤ $Var(aX+bY) = a^2 Var(X) + b^2 Var(Y) + 2ab\,Cov(X,Y)$ (단, a와 b는 상수) ⑥ $Var(aX-bY) = a^2 Var(X) + b^2 Var(Y) - 2ab\,Cov(X,Y)$ (단, a와 b는 상수) 　→ 만약, X와 Y가 독립이면 $Cov(X,Y) = 0$이므로, 　$Var(aX+bY) = Var(aX-bY) = a^2 Var(X) + b^2 Var(Y)$
표준편차	$\sigma(aX+b) = \lvert a \rvert \sigma(X)$ (단, a와 b는 상수)
공분산	① $Cov(X,Y) = E[(X-E(X))(Y-E(Y))] = E(XY) - E(X) \cdot E(Y)$ ② $Cov(X,Y) = Cov(Y,X)$ ③ $Cov(X,X) = E[(X-E(X))(X-E(X))]$ 　　$= E[(X-E(X))^2] = E[(X-\mu)^2] = Var(X)$ ④ $Cov(aX,Y) = a\,Cov(X,Y)$ (단, a는 상수) ⑤ $Cov(aX+b, cY+d) = ac\,Cov(X,Y)$ (단, a, b, c, d는 상수) ⑥ $Cov(\sum_{i=1}^{n} X_i, \sum_{j=1}^{m} Y_j) = \sum_{i=1}^{n}\sum_{j=1}^{m} Cov(X_i, Y_j)$ ⑦ $Cov(X+Y, X-Y) = Cov(X,X) - Cov(X,Y) + Cov(X,Y) - Cov(Y,Y)$ 　　$= Var(X) - Var(Y)$

08 공분산의 성질

- 공분산은 범위에 제한이 없다.
- 공분산은 측정단위에 영향을 받는다.
- 두 변수가 서로 독립이면 공분산은 0이다.
- 공분산이 0이라고 해서 두 변수가 반드시 독립인 것은 아니다.
- 공분산이 0이면 상관계수도 0이다.
- 공분산은 선형관계의 측도이다.

09 상관계수 계산

표본상관계수	$r = \dfrac{Cov(X, Y)}{S_X S_Y} = \dfrac{\sum \left(X_i - \overline{X} \right)\left(Y_i - \overline{Y} \right)}{\sqrt{\sum \left(X_i - \overline{X} \right)^2}\ \sqrt{\sum \left(Y_i - \overline{Y} \right)^2}}$ $= \dfrac{\sum X_i\, Y_i - n\overline{X}\,\overline{Y}}{\sqrt{\sum X_i^2 - n\overline{X}^2}\ \sqrt{\sum Y_i^2 - n\overline{Y}^2}}$
스피어만 순위상관계수	$r_s = 1 - \dfrac{6\sum\limits_{i=1}^{n} d_i^2}{n^3 - n}$ 여기서, $\sum\limits_{i=1}^{n} d_i^2 = \sum\limits_{i=1}^{n} \left(X_i - Y_i \right)^2$: 순위에 대한 편차제곱합

10 상관계수의 성질

- 상관계수는 $-1 \le r \le 1$의 값을 가지므로 $|r| \le 1$이 성립한다.
- 상관계수의 크기는 두 변수 사이의 선형 연관관계의 강도를 나타내며 상관계수의 부호($+ / -$)는 선형관계의 방향을 나타낸다.
- 상관계수는 단위가 없는 수이며, 측정단위에 영향을 받지 않는다.
- 두 변수의 선형관계가 강해질수록 상관계수는 1 또는 −1에 근접하게 된다.
- 상관계수의 부호는 공분산 및 단순회귀선의 기울기 부호와 항상 같다.
- 두 확률변수가 서로 독립이면 공분산과 상관계수는 0이지만, 공분산과 상관계수가 0이라고 해서 두 확률변수가 서로 독립인 것은 아니다.
- 절편이 있는 단순선형회귀에서는 상관계수의 제곱이 결정계수와 같다.
- 상관계수는 변수들 간의 선형관계를 나타내는 것이지 인과관계를 나타내는 것은 아니다.
- 상관계수가 0이면 변수 간에 선형연관성이 없는 것이지 곡선의 연관성은 있을 수 있다.
- X와 Y의 상관계수 값과 Y와 X의 상관계수 값은 서로 같다.
- $r = b\dfrac{S_X}{S_Y} = b\dfrac{\sqrt{\sum \left(X_i - \overline{X} \right)^2}}{\sqrt{\sum \left(Y_i - \overline{Y} \right)^2}}$ 여기서, 단순선형회귀선의 기울기는 $b = \dfrac{\sum \left(X_i - \overline{X} \right)\left(Y_i - \overline{Y} \right)}{\sum \left(X_i - \overline{X} \right)^2}$ 이다.
- X와 Y의 표본표준편차가 같다면 상관계수와 단순선형회귀선의 기울기는 같다.
- 임의의 상수 a, b에 대하여 Y를 $Y = a + bX$와 같이 X의 선형변환으로 표현할 수 있다면, $b > 0$일 때 상관계수는 1이고, $b < 0$일 때 상관계수는 −1이 된다.
- 임의의 상수 a, b, c, d에 대하여 X, Y의 상관계수는 $a + bX$, $c + dY$의 상관계수와 $bd > 0$일 때 동일하며, $bd < 0$일 때 부호만 바뀐다.
- 단순선형회귀분석에서 변수들을 표준화한 표준화 회귀계수(b)는 상관계수와 같다.
- 상관계수에서 자료를 절단할 때 윗부분(제3사분위값) 또는 아랫부분(제1사분위값)을 절단하면 상관계수는 낮아지고, 중간부분(IQR)을 절단하면 상관계수는 높아진다.

- 두 변수 간 상관계수의 유의확률과 단순선형회귀분석에서 독립변수의 회귀계수(b) 검정의 유의확률은 같다.
- 상관계수가 ± 1이면 완전한 선형관계에 있다고 하고 모든 관측값은 일직선상에 놓이게 된다.
- 변수 X와 Y 간의 두 회귀식이 $Y = bX + a$, $X = cY + d$이면 결정계수 $r^2 = bc$가 성립한다.
- 모든 자료를 표준화(Standardization)시켰을 때 표준화된 자료로부터 계산된 표본공분산행렬은 원래 자료의 표본상관행렬과 일치한다.

11 상관계수의 한계

- 상관계수는 수치에 대한 수학적인 관계일 뿐, 속성의 관계로 확대해석해서는 안 된다.
- 상관계수는 선형관계의 측도로서 상관계수가 0이라는 것은 선형관계가 없는 것이지 곡선의 관계는 존재할 수 있다.
- 상관계수는 자료 분석의 초기단계에 사용하는 통계량이지 결론단계에 사용되는 통계량은 아니다.
- 상관계수는 두 변수 사이의 상관관계만을 측정할 뿐, 두 변수 사이의 인과관계를 설명할 수는 없다.

12 산점도로 살펴본 상관계수

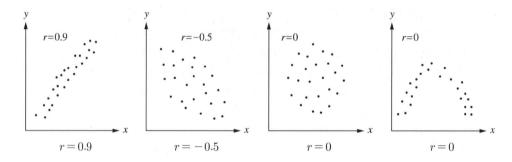

$r = 0.9$ $r = -0.5$ $r = 0$ $r = 0$

02 확률변수와 확률분포

01 확률의 속성

- $0 \leq P(A) \leq 1$
- $P(A \cup B) = P(A) + P(B) - P(A \cap B)$
- $P(A) + P(A^c) = 1$
- $P(A|B) = \dfrac{P(A \cap B)}{P(B)}$ 단, $P(B) > 0$
- A와 B가 서로 배반적이면, $P(A \cup B) = P(A) + P(B)$

  $\therefore \ P(A \cap B) = 0$

  → 배반이란 둘 또는 그 이상의 결과가 매번 반복하는 실험에서 발생할 수 없다는 것이다.
- A와 B가 서로 독립이면, $P(A \cap B) = P(A) \times P(B)$

  → 독립이란 어떤 한 사상의 발생이 다른 사상의 발생에 영향을 미칠 수 없다는 것이다.
- 상호 배반적인 사상은 반드시 종속이지만, 종속사상은 상호 배반적일 필요는 없다. 상호 배반적이지 않은 사상은 독립이거나 종속일 수 있지만, 독립사상은 상호 배반적일 수 없다.

02 전확률과 베이즈 공식

표본공간이 n개의 사상 A_1, A_2, $\cdots$, A_n에 의해 분할되었고, $P(A_i)$가 0이 아니면 임의의 사상 B에 대해 다음의 식이 성립한다.

전확률 공식	$P(B) = P(A_1) P(B|A_1) + \cdots + P(A_n) P(B|A_n)$
베이즈 공식	$P(A_i|B) = \dfrac{P(A_i) P(B|A_i)}{P(A_1) P(B|A_1) + P(A_2) P(B|A_2) + \cdots + P(A_n) P(B|A_n)}$

03 함수의 기대값

확률변수 X의 함수 $u(X)$는 X가 확률변수이므로 $u(X)$ 또한 확률변수가 된다. $u(X)$의 기대값 $E[u(X)]$은 확률변수 X의 형태에 따라 다음과 같이 구한다.

- X가 이산형

  $E[u(X)] = \displaystyle\sum_x u(x) f(x)$
- X가 연속형

  $E[u(X)] = \displaystyle\int_{-\infty}^{\infty} u(x) f(x) \, dx$

04 주변확률함수

두 확률변수 X와 Y의 결합확률함수 $f(x, y)$에 대하여 주변확률함수는 다음과 같이 정의한다.

X의 주변확률함수	• 이산형 : $f_X(x) = \sum_y f(x, y)$
	• 연속형 : $f_X(x) = \int_{-\infty}^{\infty} f(x, y)\, dy$
Y의 주변확률함수	• 이산형 : $f_Y(y) = \sum_x f(x, y)$
	• 연속형 : $f_Y(y) = \int_{-\infty}^{\infty} f(x, y)\, dx$

05 조건부 확률밀도함수

- $f(x|y) = \dfrac{f(x, y)}{f_Y(y)}$　　　단, $f_Y(y) > 0$

  만약 X와 Y가 서로 독립이면 $f(x|y) = \dfrac{f(x, y)}{f_Y(y)} = \dfrac{f_X(x) f_Y(y)}{f_Y(y)} = f_X(x)$ 이 성립한다.

- $f(y|x) = \dfrac{f(x, y)}{f_X(x)}$　　　단, $f_X(x) > 0$

  만약 X와 Y가 서로 독립이면 $f(y|x) = \dfrac{f(x, y)}{f_X(x)} = \dfrac{f_X(x) f_Y(y)}{f_X(x)} = f_Y(y)$ 이 성립한다.

06 이중기대값의 정리와 조건부 분산의 기대값

이중기대값의 정리	조건부 분산의 기대값
$E_Y[E(X|Y)] = E(X)$	$Var(X) = E[Var(X|Y)] + Var[E(X|Y)]$
$E_X[E(Y|X)] = E(Y)$	$Var(Y) = E[Var(Y|X)] + Var[E(Y|X)]$

07 베르누이 분포의 특성

- 베르누이 시행의 확률질량함수는 $f(x) = p^x (1-p)^{1-x} (x = 0, 1 0 \leq p \leq 1)$이다.
- 성공의 확률을 p라고 하면 실패할 확률은 $1 - p$이고, 일반적으로 이를 q로 나타낸다.
- $X \sim Ber(p)$일 때, $E(X) = p$, $Var(X) = pq$이다.

08 이항분포의 특성

- 이항분포의 확률질량함수는 $f(x) = \binom{n}{x} p^x (1-p)^{n-x}$, $x = 0, 1, \cdots, n$, $q = 1 - p$이다.
- $X \sim B(n, p)$일 때, $E(X) = np$, $Var(X) = npq$이다.
- 베르누이 확률변수 $X \sim Ber(p)$는 $X \sim B(1, p)$와 같이 $n = 1$인 이항분포로 표현할 수 있다.

- 확률변수 X가 이항분포 $B(n, p)$를 따를 때, $np > 5$이고 $nq > 5$이면, 정규분포 $N(np, npq)$로 근사한다.
- $X_1, \cdots, X_n \sim Ber(p)$이고 서로 독립이면, $Y = X_1 + X_2 + \cdots + X_n \sim B(n, p)$이다.
- $X \sim B(n_1, p)$, $Y \sim B(n_2, p)$이고 서로 독립이면, $X + Y \sim B(n_1 + n_2, p)$이다.

09 포아송분포의 특성

- 포아송분포의 확률질량함수는 $f(x) = \dfrac{e^{-\lambda} \lambda^x}{x!}$, $x = 0, 1, 2, \cdots$ 이다.
- $X \sim Poisson(\lambda)$일 때, $E(X) = Var(X) = \lambda$이다.
- 이항분포에서 시행횟수 n이 매우 크고 성공의 확률 p가 0에 가까워질 경우에 포아송분포로 근사한다.
- $X_1, X_2, \cdots, X_n$이 서로 독립이고 각각의 평균이 $\lambda_1, \lambda_2, \cdots, \lambda_n$인 포아송분포를 따를 때 $X_1 + X_2 + \cdots + X_n$의 분포는 평균이 $\lambda_1 + \lambda_2 + \cdots + \lambda_n$인 포아송분포를 따른다. 이를 포아송분포의 가법성이라 한다.
- $X \sim Poisson(\lambda)$, $Y \sim Poisson(\theta)$이고 서로 독립일 때, $X + Y = n$으로 주어졌다는 조건하에 X의 분포 $\dfrac{X}{X+Y}$는 이항분포 $B\left(n, \dfrac{\lambda}{\lambda+\theta}\right)$을 따른다.

10 기하분포의 특성

- X가 처음 성공할 때까지의 시행횟수이면, 확률질량함수는 $f(x) = pq^{x-1}$, $x = 1, 2, 3, \cdots$ 이다.
- Y가 처음 성공할 때까지의 실패횟수이면, 확률질량함수는 $f(y) = pq^y$, $y = 0, 1, 2, \cdots$ 이다.
- 위의 X와 Y 사이에는 $Y = X - 1$과 같은 관계가 성립한다.
- X가 처음 성공할 때까지의 시행횟수일 때, $E(X) = \dfrac{1}{p}$, $Var(X) = \dfrac{q}{p^2}$ 이다.
- Y가 처음 성공할 때까지의 실패횟수일 때, $E(Y) = \dfrac{q}{p}$, $Var(Y) = \dfrac{q}{p^2}$ 이다.
- 처음 성공할 때까지의 시행횟수, 실패횟수 중 어느 것에 관심이 있는지에 따라 기대값이 달라진다.
- X가 기하분포를 따를 때, 과거 실패한 횟수는 앞으로 성공할 가능성에 영향을 미치지 않는 성질을 지니는데 이를 기하분포의 무기억성(Memoryless Property)이라고 한다.

11 초기하분포의 특성

- 초기하분포의 확률질량함수는 $f(x) = \dfrac{\dbinom{k}{x}\dbinom{N-k}{n-x}}{\dbinom{N}{n}}$, $x = 0, 1, 2, \cdots, n$이다.
- $X \sim HG(N, k, n)$일 때, $E(X) = \dfrac{nk}{N}$, $Var(X) = \dfrac{nk}{N}\dfrac{N-k}{N}\dfrac{N-n}{N-1}$이다.
- 이항분포는 복원추출, 초기하분포는 비복원추출이라는 점에 차이가 있다.
- 샘플링 검사에서는 복원추출을 하지 않고 비복원추출을 하는데, 이는 초기하분포의 분산이 이항분포의 분산보다 작기 때문이다.

- 초기하분포는 N이 충분히 크면 이항분포로 근사한다.
- $X \sim B(m, p)$, $Y \sim B(n, p)$이고 서로 독립이면 $X|X+Y=t \sim HG(m+n, m, t)$을 따른다.

12 균일분포의 특성

- 균일분포의 확률밀도함수는 $f(x) = \dfrac{1}{b-a}$, $a < x < b$이다.

- $X \sim U(a, b)$일 때, $E(X) = \dfrac{a+b}{2}$, $Var(X) = \dfrac{(b-a)^2}{12}$이다.

- $X \sim U(a, b)$인 경우 누적분포함수는 $F(x) = \begin{cases} 0, & x < a \\ (x-a)/(b-a), & a \leq x < b \\ 1, & x \geq b \end{cases}$ 이다.

13 정규분포의 특성

- 정규분포의 확률밀도함수는 $f(x) = \dfrac{1}{\sqrt{2\pi}\,\sigma}\, e^{-\frac{(x-\mu)^2}{2\sigma^2}}$, $-\infty < x < \infty$이다.

- $X \sim N(\mu, \sigma^2)$일 때, $E(X) = \mu$, $Var(X) = \sigma^2$이다.
- 정규분포의 왜도는 0, 첨도는 3이다.
- 정규분포의 양측꼬리는 X축에 닿지 않는다.
- 정규분포의 곡선의 모양은 평균과 분산에 의해 유일하게 결정되며, 평균을 중심으로 좌우대칭이다.

- $X_1, \cdots, X_n \sim N(\mu, \sigma^2)$이고 서로 독립이면, $\displaystyle\sum_{i=1}^{n} X_i \sim N(n\mu, n\sigma^2)$이다.

- $X_1, \cdots, X_n \sim N(\mu_i, \sigma_i^2)$, $i = 1, \cdots, n$이고 서로 독립이면,
  $Y = a_1 X_1 + \cdots + a_n X_n \sim N(a_1\mu_1 + \cdots + a_n\mu_n,\ a_1^2\sigma_1^2 + \cdots + a_n^2\sigma_n^2)$이다.

14 지수분포의 특성

- 비율모수 λ를 이용하여 정의한 지수분포의 확률밀도함수는 $f(x) = \lambda e^{-\lambda x}$, $x > 0$, $\lambda > 0$이다.

- 척도모수 λ를 이용하여 정의한 지수분포의 확률밀도함수는 $f(x) = \dfrac{1}{\lambda} e^{-\frac{x}{\lambda}}$, $x > 0$, $\lambda > 0$이다.

- $X \sim \epsilon(\lambda)$이고 λ가 비율모수일 때, $E(X) = \dfrac{1}{\lambda}$, $Var(X) = \dfrac{1}{\lambda^2}$이다.

- $X \sim \epsilon(\lambda)$이고 λ가 척도모수일 때, $E(X) = \lambda$, $Var(X) = \lambda^2$이다.
- $X \sim \epsilon(\lambda)$이고 λ가 비율모수일 때, 포아송분포의 평균과 지수분포의 평균은 서로 역의 관계에 있다.
- $X \sim \epsilon(\lambda)$이고 λ가 척도모수일 때, 포아송분포의 평균과 지수분포의 평균은 일치한다.
- 어떤 기계설비의 수명이 지수분포를 따른다면 기계설비의 지금까지 사용한 시간은 앞으로 남은 수명에 영향을 미치지 않는 성질을 지니는데, 이를 지수분포의 무기억성이라 한다.

- $X, Y \sim \epsilon(\beta)$이고 서로 독립이면, $Z = \dfrac{X}{X+Y} \sim U(0, 1)$이다(단, β는 비율모수).

15 감마분포의 특성

- 형상모수 α와 비율모수 β를 이용하여 정의한 감마분포의 확률밀도함수는

$$f(x) = \frac{\beta^\alpha}{\Gamma(\alpha)} x^{\alpha-1} e^{-x\beta}, \ x > 0, \ \alpha > 0, \ \beta > 0 \text{이다.}$$

- 형상모수 α와 척도모수 β를 이용하여 정의한 감마분포의 확률밀도함수는

$$f(x) = \frac{1}{\Gamma(\alpha)\beta^\alpha} x^{\alpha-1} e^{-\frac{x}{\beta}}, \ x > 0, \ \alpha > 0, \ \beta > 0 \text{이다.}$$

- $X \sim \Gamma(\alpha, \beta)$이고 β가 비율모수일 때, $E(X) = \dfrac{\alpha}{\beta}$, $Var(X) = \dfrac{\alpha}{\beta^2}$ 이다.

- $X \sim \Gamma(\alpha, \beta)$이고 β가 척도모수일 때, $E(X) = \alpha\beta$, $Var(X) = \alpha\beta^2$ 이다.

- $X_1, \cdots, X_r \sim \epsilon(\lambda)$이고 서로 독립이면, $\sum_{i=1}^{r} X_i \sim \Gamma(r, \lambda)$ 이다(단, λ는 비율모수).

- $X_1, \cdots, X_r \sim \epsilon(\lambda)$이고 서로 독립이면, $\sum_{i=1}^{r} X_i \sim \Gamma\left(r, \dfrac{1}{\lambda}\right)$ 이다(단, λ는 척도모수).

- $X \sim \Gamma(\alpha, \beta)$이고 $\alpha = 1$인 경우, $X \sim \epsilon(\beta)$ 이다(단, β는 비율모수).

- $X \sim \Gamma(\alpha, \beta)$이고 $\alpha = 1$인 경우, $X \sim \epsilon\left(\dfrac{1}{\beta}\right)$ 이다(단, β는 척도모수).

- $X_1, \cdots, X_k$이 서로 독립이고 각각이 $\Gamma(r_i, \lambda)$이면, $\sum_{i=1}^{k} X_i \sim \Gamma\left(\sum_{i=1}^{k} r_i, \lambda\right)$ 을 따른다.

- $X \sim \Gamma(\alpha, \beta)$이고, β가 척도모수일 때, $\dfrac{X}{\beta} \sim \Gamma(\alpha, 1)$이고, $cX \sim \Gamma(\alpha, c\beta)$ 이다(단, c는 상수).

16 카이제곱분포의 특성

- $X \sim \chi^2_{(n)}$일 때, $E(X) = n$, $Var(X) = 2n$이다.
- $Z_1, \cdots, Z_n$이 $N(0, 1)$에서 확률표본일 때, $Z^2 \sim \chi^2_{(1)}$이고, $Y = Z_1^2 + \cdots + Z_n^2 \sim \chi^2_{(n)}$을 따른다.

- $X_1, \cdots, X_n$이 $N(\mu, \sigma^2)$에서의 확률표본일 때, $Y = \sum_{i=1}^{n}\left(\dfrac{X_i - \mu}{\sigma}\right)^2$ 은 $\chi^2_{(n)}$을 따른다.

- $X_1, \cdots, X_n$이 $N(\mu, \sigma^2)$에서 확률표본이고, $\overline{X} = \dfrac{1}{n}\sum_{i=1}^{n} X_i$, $S^2 = \dfrac{1}{n-1}\sum_{i=1}^{n}(X_i - \overline{X})^2$으로 정의한다면,

$\overline{X}$와 S^2은 독립이며, $\dfrac{(n-1)S^2}{\sigma^2} = \dfrac{\sum_{i=1}^{n}(X_i - \overline{X})^2}{\sigma^2} \sim \chi^2_{(n-1)}$을 따른다.

- $X_1, \cdots, X_k$가 상호독립이고 $X_i \sim \chi^2_{(r_i)}$, $i = 1, \cdots, k$일 때, $Y = X_1 + \cdots + X_k$는 자유도$(r_1 + \cdots + r_k)$ 인 카이제곱분포 $\chi^2_{(r_1 + \cdots + r_k)}$를 따른다. 이를 카이제곱분포의 가법성이라 한다.

17　t-분포의 특성

- 자유도가 n인 t-분포는 $T = \dfrac{Z}{\sqrt{U/n}}$, $Z \sim N(0, 1)$, $U \sim \chi^2_{(n)}$으로 정의한다.

- $X \sim t_{(n)}$일 때, $E(X) = 0$, $Var(X) = \dfrac{k}{k-2}$ 이다.

- t-분포는 $x = 0$을 중심으로 좌우대칭이다.
- 검정통계량 $t_a(k)$값은 자유도 k가 증가할수록 표준정규분포 $N(0, 1)$에 수렴한다.
- 검정통계량 $t_a(k)$값은 자유도 k가 고정되어있을 때, 유의수준 α가 증가할수록 $t_a(k)$는 감소한다.
- t-분포는 소표본에 주로 이용되는 분포이다.

18　F-분포의 특성

- 자유도가 (m, n)인 F-분포는 $F = \dfrac{U/m}{V/n}$, $U \sim \chi^2_{(m)}$, $V \sim \chi^2_{(n)}$으로 정의한다.

- $X \sim F_{(m, n)}$일 때 $E(X) = \dfrac{n}{n-2}$ $(n > 2)$, $Var(X) = \dfrac{2n^2(m+n-2)}{m(n-2)^2(n-4)}$ $(n > 4)$이다.

- $T \sim t_{(n)}$일 때 $T^2 \sim F_{(1, n)}$이다.

- $X_1 \sim \chi^2_{(n_1)}$, $X_2 \sim \chi^2_{(n_2)}$이고 서로 독립이면, $\dfrac{X_1/n_1}{X_2/n_2} \sim F_{(n_1, n_2)}$이다.

- X가 $F_{(m, n)}$을 따를 때 $\dfrac{1}{X}$의 분포는 $F_{(n, m)}$을 따른다.

- $F_{(1-\alpha, m, n)} = \dfrac{1}{F_{(\alpha, n, m)}}$이 성립한다.

19　최대값과 최소값의 분포

순서통계량	분포함수	확률밀도함수
최소값 $X_{(1)}$의 분포	$F_1(x) = 1 - [1 - F(x)]^n$	$f_1(x) = n[1 - F(x)]^{n-1} f(x)$
최대값 $X_{(n)}$의 분포	$F_n(x) = [F(x)]^n$	$f_n(x) = n[F(x)]^{n-1} f(x)$

20　중심극한정리

$$\overline{X} \sim N\left(\mu, \frac{\sigma^2}{n}\right), \ n \to \infty$$

표본의 크기($n \geq 30$)가 커짐에 따라 모집단의 분포와 관계없이 표본평균 $\overline{X}$의 분포는 기대값이 모평균 μ이고, 분산이 $\dfrac{\sigma^2}{n}$인 정규분포에 근사한다.

03 추정과 검정

01 바람직한 추정량의 성질

불편성	모수 θ의 추정량을 $\hat{\theta}$으로 나타낼 때, $\hat{\theta}$의 기대값이 θ가 되는 성질이다. 즉, $E(\hat{\theta}) = \theta$이면 추정량 $\hat{\theta}$은 모수 θ의 불편추정량이다.
일치성	표본의 크기가 커짐에 따라 확률적으로 추정량이 모수에 가깝게 수렴하는 성질이다. $X_1, \cdots, X_n$이 확률표본이고 $\hat{\theta} = f(X_1, \cdots, X_n)$일 때, $\hat{\theta} \xrightarrow[n \to \infty]{P} \theta$이면 추정량 $\hat{\theta}$은 θ의 일치추정량이다.
충분성	통계량 T가 주어졌을 때 확률표본 $X_1, \cdots, X_n$의 T에 대한 조건부 분포가 모수 θ에 의존하지 않으면, 즉 $P(X_1 = x_1, \cdots, X_n = x_n \mid T = t) = k(x_1, \cdots, x_n)$의 조건을 만족할 때 통계량 T를 충분통계량이라 한다.
효율성 (최소분산성)	추정량 $\hat{\theta}$이 θ의 불편추정량이고, 그 분산이 θ의 다른 추정량 $\hat{\theta}_i$와 비교했을 때 최소의 분산을 가질 경우 $\hat{\theta}$을 θ의 효율추정량이라 한다.

02 점추정 방법

적률법	① 적률법은 점추정 방법 중 가장 직관적인 방법으로 적용이 용이하다. ② 모집단의 r차 적률을 $\mu_r = E(X^r)$, $r = 1, 2, \cdots$이라 하고 표본의 r차 적률을 $\hat{\mu}_r = \dfrac{1}{n} \sum X_i^r$, $r = 1, 2, \cdots$이라 할 때, 모집단의 적률과 표본의 적률을 같다고 놓고 $(\mu_r = \hat{\mu}_r,\ r = 1, 2, \cdots)$ 해당 모수에 대해 추정량을 구하는 방법이다. ③ 이렇게 구한 추정량을 모수 θ에 대한 적률추정량이라고 한다.
최대가능도 추정법	① 표본을 추출한 결과를 통해서 모집단의 특성을 유추할 때에는 일반적으로 표본을 추출한 결과(사건)가 일어날 가능성이 가장 높은 상태를 현재 모집단의 특성이라고 유추하기 마련이다. ② 이러한 아이디어에서 시작된 점추정법이 바로 최대가능도추정법이며, 이를 최우추정법이라고도 한다. ③ 최대가능도추정법을 수학적으로 표현하면 n개의 관측값 $x_1, \cdots, x_n$에 대한 결합밀도함수인 가능도함수(우도함수)를 다음과 같이 정의한다. $$L(\theta) = L(\theta\ ;\ x) \equiv f(x_1, \cdots, x_n\ ;\ \theta) = \prod_{i=1}^{n} f(x_i\ ;\ \theta)$$ ④ 가능도함수 $L(\theta)$를 θ의 함수로 간주할 때 $L(\theta)$를 최대로 하는 θ의 값 $\hat{\theta}$을 구하는 방법이다. ⑤ 이때 $\hat{\theta}$을 모수 θ의 최대가능도추정량이라고 한다.

03 95% 신뢰수준의 의미

- 모수가 포함되었을 것이라고 추정하는 일정한 구간을 제시하였을 때 그 구간을 신뢰구간이라고 한다.
- 신뢰수준 95%의 의미는 똑같은 연구를 똑같은 방법으로 100번 반복해서 신뢰구간을 구하는 경우, 그 중 적어도 95번은 그 구간 안에 모수가 포함될 것임을 의미하며, 구간이 모수를 포함하지 않는 경우는 5% 이상 되지 않는다는 의미이다.

04 평균제곱오차(MSE ; Mean Square Error)

- 오차는 추정량($\hat{\theta}$)이 모수(θ)와 어느 정도 떨어져 있는지를 측정하기 위한 값으로 $\hat{\theta} - \theta$로 정의하며, 각 추정량과 모수의 차의 제곱에 대한 기대값을 평균제곱오차라 정의한다.
- $MSE(\hat{\theta}) = E(\hat{\theta} - \mu)^2 + (\mu - \theta)^2$이므로 추정량 $\hat{\theta}$의 MSE는 추정량의 분산과 편향의 제곱의 합으로 이루어져 있다.
- 두 추정량의 효율을 비교하기 위해서는 추정량의 분산과 편향을 동시에 고려하여 추정량의 분산도 작고 편향도 작은 추정량이 다른 추정량에 비해 더 효율이 높다.

05 신뢰구간

- 대표본($n \geq 30$)에서 모분산 σ^2을 알 경우 모평균 μ에 대한 $100(1-\alpha)\%$ 신뢰구간

$$\left(\overline{X} - z_{\alpha/2} \frac{\sigma}{\sqrt{n}} , \ \overline{X} + z_{\alpha/2} \frac{\sigma}{\sqrt{n}} \right)$$

- 대표본($n \geq 30$)에서 모분산 σ^2을 모를 경우 모평균 μ에 대한 $100(1-\alpha)\%$ 신뢰구간

$$\left(\overline{X} - z_{\alpha/2} \frac{S}{\sqrt{n}} , \ \overline{X} + z_{\alpha/2} \frac{S}{\sqrt{n}} \right)$$

- 소표본($n < 30$)에서 모분산 σ^2을 모를 경우 모평균 μ에 대한 $100(1-\alpha)\%$ 신뢰구간

$$\left(\overline{X} - t_{\alpha/2, (n-1)} \frac{S}{\sqrt{n}} , \ \overline{X} + t_{\alpha/2, (n-1)} \frac{S}{\sqrt{n}} \right)$$

- 대표본($np > 5, \ nq > 5$)에서 모비율 p에 대한 $100(1-\alpha)\%$ 신뢰구간

$$\left(\hat{p} - z_{\alpha/2} \sqrt{\frac{\hat{p}(1-\hat{p})}{n}} , \ \hat{p} + z_{\alpha/2} \sqrt{\frac{\hat{p}(1-\hat{p})}{n}} \right)$$

- 대표본에서 두 모분산을 알고 있을 경우 두 모평균의 차 $\mu_1 - \mu_2$에 대한 $100(1-\alpha)\%$ 신뢰구간

$$\left((\overline{X_1} - \overline{X_2}) - z_{\alpha/2} \sqrt{\frac{\sigma_1^2}{n_1} + \frac{\sigma_2^2}{n_2}} , \ (\overline{X_1} - \overline{X_2}) + z_{\alpha/2} \sqrt{\frac{\sigma_1^2}{n_1} + \frac{\sigma_2^2}{n_2}} \right)$$

- 대표본에서 두 모분산을 모르고 있을 경우 두 모평균의 차 $\mu_1 - \mu_2$에 대한 $100(1-\alpha)\%$ 신뢰구간

$$\left((\overline{X_1} - \overline{X_2}) - z_{\alpha/2} \sqrt{\frac{S_1^2}{n_1} + \frac{S_2^2}{n_2}} , \ (\overline{X_1} - \overline{X_2}) + z_{\alpha/2} \sqrt{\frac{S_1^2}{n_1} + \frac{S_2^2}{n_2}} \right)$$

- 소표본에서 두 모분산을 모르지만 같다는 것은 알고 있을 경우 두 모평균의 차 $\mu_1 - \mu_2$에 대한 $100(1-\alpha)\%$ 신뢰구간

$$\left((\overline{X_1} - \overline{X_2}) - t_{\alpha/2, (n_1 + n_2 - 2)} S_p \sqrt{\frac{1}{n_1} + \frac{1}{n_2}} , \ (\overline{X_1} - \overline{X_2}) + t_{\alpha/2, (n_1 + n_2 - 2)} S_p \sqrt{\frac{1}{n_1} + \frac{1}{n_2}} \right)$$

- 대표본에서 대응표본인 경우의 대응된 두 모평균의 차 $\mu_1 - \mu_2$에 대한 $100(1-\alpha)\%$ 신뢰구간

$$\left(\overline{D} - z_{\alpha/2} \frac{S_D}{\sqrt{n}} , \ \overline{D} + z_{\alpha/2} \frac{S_D}{\sqrt{n}} \right)$$

- 소표본에서 대응표본인 경우의 대응된 두 모평균의 차 $\mu_1 - \mu_2$에 대한 $100(1-\alpha)\%$ 신뢰구간

$$\left(\overline{D} - t_{\alpha/2,\,(n-1)} \frac{S_D}{\sqrt{n}} , \ \overline{D} + t_{\alpha/2,\,(n-1)} \frac{S_D}{\sqrt{n}} \right)$$

- 대표본에서 두 모비율의 차 $p_1 - p_2$에 대한 $100(1-\alpha)\%$ 신뢰구간

$$\left(\hat{p}_1 - \hat{p}_2 - z_{\alpha/2}\sqrt{\frac{\hat{p}_1(1-\hat{p}_1)}{n_1} + \frac{\hat{p}_2(1-\hat{p}_2)}{n_2}} , \ \hat{p}_1 - \hat{p}_2 + z_{\alpha/2}\sqrt{\frac{\hat{p}_1(1-\hat{p}_1)}{n_1} + \frac{\hat{p}_2(1-\hat{p}_2)}{n_2}} \right)$$

- 모분산 σ^2에 대한 $100(1-\alpha)\%$ 신뢰구간

$$\left(\frac{(n-1)S^2}{\chi^2_{\frac{\alpha}{2},\,n-1}} , \ \frac{(n-1)S^2}{\chi^2_{1-\frac{\alpha}{2},\,n-1}} \right)$$

- 모분산의 비 σ_2^2 / σ_1^2에 대한 $100(1-\alpha)\%$ 신뢰구간

$$\left(F_{1-\frac{\alpha}{2},\,m-1,\,n-1} \frac{S_2^2}{S_1^2} , \ F_{\frac{\alpha}{2},\,m-1,\,n-1} \frac{S_2^2}{S_1^2} \right)$$

- 모분산의 비 σ_1^2 / σ_2^2에 대한 $100(1-\alpha)\%$ 신뢰구간

$$\left(\frac{1}{F_{\frac{\alpha}{2},\,m-1,\,n-1}} \frac{S_1^2}{S_2^2} , \ \frac{1}{F_{1-\frac{\alpha}{2},\,m-1,\,n-1}} \frac{S_1^2}{S_2^2} \right)$$

06 표본크기 결정

모평균의 추정	$X_1, X_2, \cdots, X_n$이 평균이 μ, 분산이 σ^2인 모집단에서의 확률표본일 때 모평균 μ의 $100(1-\alpha)\%$ 신뢰구간은 $\overline{X} \pm z_{\alpha/2} \dfrac{\sigma}{\sqrt{n}}$이다. 여기서, $\dfrac{\sigma}{\sqrt{n}}$을 표준오차라 하고, $z_{\alpha/2} \dfrac{\sigma}{\sqrt{n}}$을 추정오차(오차한계)라 하며, 추정오차가 d 이내가 되도록 하려면 $z_{\alpha/2}\dfrac{\sigma}{\sqrt{n}} = d$으로부터, $n = \left(\dfrac{z_{\alpha/2} \times \sigma}{d}\right)^2$에 의하여 표본의 크기 n을 결정할 수 있다.
모비율의 추정	모비율 p에 대한 $100(1-\alpha)\%$ 신뢰구간은 $\overline{X} \pm z_{\alpha/2} \sqrt{\dfrac{\hat{p}(1-\hat{p})}{n}}$이다. 여기서, $\sqrt{\dfrac{\hat{p}(1-\hat{p})}{n}}$을 표준오차라 하고, $z_{\alpha/2}\sqrt{\dfrac{\hat{p}(1-\hat{p})}{n}}$을 추정오차(오차한계)라 하며, 추정오차가 d 이내가 되도록 하려면 $z_{\alpha/2}\sqrt{\hat{p}(1-\hat{p})/n} = d$로부터, $n = \hat{p}(1-\hat{p})\left(\dfrac{z_{\alpha/2}}{d}\right)^2$에 의하여 표본의 크기 n을 결정할 수 있다.

07 가설검정의 주요 용어

- 귀무가설(H_0) : 새로운 주장이 타당한 것으로 볼 수 없을 때는 저절로 원상이나 현재 믿어지는 가설로 돌아가게 되는데 이 가설을 귀무가설이라 한다.
- 대립가설(H_1) : 연구가설로서 분석하는 사람이 새롭게 주장하고자 하는 가설이다.
- 제1종의 오류 : 귀무가설(H_0)이 참일 때 대립가설(H_1)을 채택하는 오류이다.
- 제2종의 오류 : 대립가설(H_1)이 참일 때 귀무가설(H_0)을 채택하는 오류이다.
- 검정통계량 : 가설검정에서 기각역을 결정하는 기준이 되는 통계량이다.
- 기각역 : 귀무가설(H_0)을 기각시키는 검정통계량의 관측값의 영역을 말한다.
- 유의수준(α) : 귀무가설이 참인데도 이를 잘못 기각하는 오류를 범할 확률의 최대허용한계이다.
- 유의확률(p값)
  - 귀무가설을 기각시킬 수 있는 최소의 유의수준이다.
  - 귀무가설이 사실이라는 전제하에 검정통계량이 귀무가설을 얼마만큼 설명해 주고 있는가를 나타낸다.
  - p값은 귀무가설이 사실일 확률이라고 생각해도 무난하다.
- 검정력 : 검정력($1-\beta$)은 전체 확률에서 제2종의 오류를 범할 확률을 뺀 값이다.
- 검정력 함수 : 귀무가설(H_0)을 기각시킬 확률을 모수 θ의 함수로 나타낸 것으로 수식으로 표현하면 $\pi(\theta) = P(H_0$를 기각 $|\theta)$이 된다.

08 제1종의 오류와 제2종의 오류를 범할 확률

오 류	범할 확률
제1종의 오류	$\alpha = P(\text{제1종의 오류}) = P(H_1 \text{ 채택} \mid H_0 \text{ 사실})$
제2종의 오류	$\beta = P(\text{제2종의 오류}) = P(H_0 \text{ 채택} \mid H_1 \text{ 사실})$

09 검정력 계산

$$1-\beta = 1 - P(H_0 \text{ 채택} \mid H_1 \text{ 사실}) = P(H_0 \text{ 기각} \mid H_1 \text{ 사실})$$

10 검정형태에 따른 p값의 계산

가설의 종류	p값의 계산
$H_0 : \mu = \mu_0, \ H_1 : \mu > \mu_0$	$P(\overline{X} > \overline{x}_{obs})$
$H_0 : \mu = \mu_0, \ H_1 : \mu < \mu_0$	$P(\overline{X} < \overline{x}_{obs})$
$H_0 : \mu = \mu_0, \ H_1 : \mu \neq \mu_0$	$P(|\overline{X}| > |\overline{x}_{obs}|)$

여기서 $\overline{x}_{obs}$는 표본으로부터 관측된 표본평균을 나타낸다.

11 합동표본분산(Pooled Sample Variance)

$$S_p^2 = \frac{(n_1-1)S_1^2 + (n_2-1)S_2^2}{(n_1+n_2-2)}$$

12 가설검정 절차에 따른 검정방법 및 검정통계량

검 정	귀무가설	검정통계량	검정방법
모분산 σ^2을 알고 있을 경우 모평균 μ의 검정	$H_0 : \mu = \mu_0$	$Z = \dfrac{\overline{X}-\mu}{\sigma/\sqrt{n}} \sim N(0,1)$	단일표본 Z-검정
모분산 σ^2을 모르고 있을 경우 모평균 μ의 검정	$H_0 : \mu = \mu_0$	$t = \dfrac{\overline{X}-\mu}{S/\sqrt{n}} \sim t_{n-1}$	단일표본 t-검정
표본비율 $\hat{p}$에 의하여 모비율 p의 검정	$H_0 : p = p_0$	$Z = \dfrac{\hat{p}-p_0}{\sqrt{p_0(1-p_0)/n}} \sim N(0,1)$	표본비율 Z-검정
대표본에서 두 모분산을 알고 있는 경우 두 모평균의 차 $\mu_1 - \mu_2$에 대한 검정	$H_0 : \mu_1 = \mu_2$	$Z = \dfrac{\overline{X}_1-\overline{X}_2-(\mu_1-\mu_2)}{\sqrt{\dfrac{\sigma_1^2}{n_1}+\dfrac{\sigma_2^2}{n_2}}} \sim N(0,1)$	독립표본 Z-검정
대표본에서 두 모분산을 모르고 있는 경우 두 모평균의 차 $\mu_1 - \mu_2$에 대한 검정	$H_0 : \mu_1 = \mu_2$	$Z = \dfrac{\overline{X}_1-\overline{X}_2-(\mu_1-\mu_2)}{\sqrt{\dfrac{S_1^2}{n_1}+\dfrac{S_2^2}{n_2}}} \sim N(0,1)$	독립표본 Z-검정
소표본에서 두 모분산을 모르지만 같다는 것을 아는 경우 두 모평균의 차 $\mu_1 - \mu_2$에 대한 검정	$H_0 : \mu_1 = \mu_2$	$t = \dfrac{\overline{X}_1-\overline{X}_2-(\mu_1-\mu_2)}{S_p\sqrt{\dfrac{1}{n_1}+\dfrac{1}{n_2}}} \sim t_{n_1+n_2-2}$	독립표본 t-검정
대응표본인 경우 두 집단 간의 차이 D에 대한 검정	$H_0 : \mu_1 - \mu_2 = 0$	$t = \dfrac{\overline{D}}{S_D/\sqrt{n}} \sim t_{n-1}$	대응표본 t-검정
두 모비율 차 $p_1 - p_2$에 대한 검정	$H_0 : p_1 = p_2$	$Z = \dfrac{\hat{p_1}-\hat{p_2}}{\sqrt{\hat{p}(1-\hat{p})\left(\dfrac{1}{n_1}+\dfrac{1}{n_2}\right)}} \sim N(0,1)$ 합동표본비율 $\hat{p} = \dfrac{x_1+x_2}{n_1+n_2}$	모비율 차 Z-검정
모분산 σ^2에 대한 검정	$H_0 : \sigma^2 = \sigma_0^2$	$\chi^2 = \dfrac{(n-1)S^2}{\sigma_0^2} \sim \chi^2_{(n-1)}$	모분산 χ^2-검정

모분산비 $\sigma_1^2 = \sigma_2^2$에 대한 검정	$H_0 : \sigma_1^2 = \sigma_2^2$ $H_1 : \sigma_1^2 > \sigma_2^2$ or $H_1 : \sigma_1^2 \neq \sigma_2^2$	$F = \dfrac{S_1^2/\sigma_1^2}{S_2^2/\sigma_2^2} = \dfrac{S_1^2}{S_2^2} \sim F_{(n_1-1,\ n_2-1)}$	모분산비 F-검정
모분산비 $\sigma_1^2 = \sigma_2^2$에 대한 검정	$H_0 : \sigma_1^2 = \sigma_2^2$ $H_1 : \sigma_1^2 < \sigma_2^2$	$F = \dfrac{S_2^2/\sigma_2^2}{S_1^2/\sigma_1^2} = \dfrac{S_2^2}{S_1^2} \sim F_{(n_2-1,\ n_1-1)}$	모분산비 F-검정

13 대립가설 형태에 따라 검정통계량 값과 기각역

기본가정	귀무가설	검정통계량	대립가설	기각역
σ^2 기지	$\mu = \mu_0$	$Z = \dfrac{\overline{X} - \mu_0}{\sigma/\sqrt{n}}$	$\mu \neq \mu_0$	$|z_0| \geq z_{\alpha/2}$
			$\mu > \mu_0$	$z_0 \geq z_\alpha$
			$\mu < \mu_0$	$z_0 \leq -z_\alpha$
σ^2 미지	$\mu = \mu_0$	$t = \dfrac{\overline{X} - \mu_0}{S/\sqrt{n}}$	$\mu \neq \mu_0$	$|t_0| \geq t_{\alpha/2}$
			$\mu > \mu_0$	$t_0 \geq t_\alpha$
			$\mu < \mu_0$	$t_0 \leq -t_\alpha$
$np_0 \geq 5$, $np_0(1-p_0) \geq 5$	$p = p_0$	$Z = \dfrac{\hat{p} - p_0}{\sqrt{p_0(1-p_0)/n}}$	$p \neq p_0$	$|z_0| \geq z_{\alpha/2}$
			$p > p_0$	$z_0 \geq z_\alpha$
			$p < p_0$	$z_0 \leq -z_\alpha$
$\sigma_1^2,\ \sigma_2^2$ 기지	$\mu_1 = \mu_2$	$Z = \dfrac{\overline{X_1} - \overline{X_2}}{\sqrt{\dfrac{\sigma_1^2}{n_1} + \dfrac{\sigma_2^2}{n_2}}}$	$\mu_1 \neq \mu_2$	$|z_0| \geq z_{\alpha/2}$
			$\mu_1 > \mu_2$	$z_0 \geq z_\alpha$
			$\mu_1 < \mu_2$	$z_0 \leq -z_\alpha$
$S_1^2,\ S_2^2$ 기지	$\mu_1 = \mu_2$	$Z = \dfrac{\overline{X_1} - \overline{X_2}}{\sqrt{\dfrac{S_1^2}{n_1} + \dfrac{S_2^2}{n_2}}}$	$\mu_1 \neq \mu_2$	$|z_0| \geq z_{\alpha/2}$
			$\mu_1 > \mu_2$	$z_0 \geq z_\alpha$
			$\mu_1 < \mu_2$	$z_0 \leq -z_\alpha$
$\sigma_1^2,\ \sigma_2^2$ 미지, $\sigma_1^2 = \sigma_2^2$	$\mu_1 = \mu_2$	$t = \dfrac{\overline{X_1} - \overline{X_2}}{S_p \sqrt{\dfrac{1}{n_1} + \dfrac{1}{n_2}}}$	$\mu_1 \neq \mu_2$	$|t_0| \geq t_{\alpha/2}$
			$\mu_1 > \mu_2$	$t_0 \geq t_\alpha$
			$\mu_1 < \mu_2$	$t_0 \leq -t_\alpha$
$\sigma_1^2,\ \sigma_2^2$ 기지	$\mu_1 - \mu_2 = 0$	$t = \dfrac{\overline{D}}{S_D/\sqrt{n}}$	$\mu_1 - \mu_2 \neq 0$	$|t_0| \geq t_{\alpha/2}$
			$\mu_1 - \mu_2 > 0$	$t_0 \geq t_\alpha$
			$\mu_1 - \mu_2 < 0$	$t_0 \leq -t_\alpha$

n_1, n_2가 상당히 큼	$p_1 = p_2$	$Z = \dfrac{\hat{p}_1 - \hat{p}_2}{\sqrt{\hat{p}(1-\hat{p})\left(\dfrac{1}{n_1} + \dfrac{1}{n_2}\right)}}$ 합동표본비율 $\hat{p} = \dfrac{x_1 + x_2}{n_1 + n_2}$	$p_1 \neq p_2$	$\lvert z_0 \rvert \geq z_{\alpha/2}$
			$p_1 > p_2$	$z_0 \geq z_\alpha$
			$p_1 < p_2$	$z_0 \leq -z_\alpha$
σ^2 기지	$\sigma^2 = \sigma_0^2$	$\chi^2 = \dfrac{(n-1)S^2}{\sigma_0^2}$	$\sigma^2 \neq \sigma_0^2$	$\chi_0^2 \geq \chi_{\alpha/2}^2$ 또는 $\chi_0^2 \leq \chi_{1-\alpha/2}^2$
			$\sigma^2 > \sigma_0^2$	$\chi_0^2 \geq \chi_\alpha^2$
			$\sigma^2 < \sigma_0^2$	$\chi_0^2 \leq \chi_{1-\alpha}^2$
σ_1^2, σ_2^2 미지	$\sigma_1^2 = \sigma_2^2$	$F = \dfrac{S_1^2/\sigma_1^2}{S_2^2/\sigma_2^2} = \dfrac{S_1^2}{S_2^2}$	$\sigma_1^2 \neq \sigma_2^2$	$f_0 \geq f_{\alpha/2, n_1-1, n_2-1}$ 또는 $f_0 \leq f_{1-\alpha/2, n_1-1, n_2-1}$
			$\sigma_1^2 > \sigma_2^2$	$f_0 \geq f_{\alpha, n_1-1, n_2-1}$
		$F = \dfrac{S_2^2/\sigma_2^2}{S_1^2/\sigma_1^2} = \dfrac{S_2^2}{S_1^2}$	$\sigma_1^2 < \sigma_2^2$	$f_0 \geq f_{\alpha, n_2-1, n_1-1}$

14 F-분포표를 이용한 모분산비 우측검정의 검정통계량과 기각역

귀무가설	대립가설	표본분산	검정통계량	기각역
$\sigma_1^2 = \sigma_2^2$	$\sigma_1^2 \neq \sigma_2^2$	$S_1^2 > S_2^2$	$F = \dfrac{S_1^2/\sigma_1^2}{S_2^2/\sigma_2^2} = \dfrac{S_1^2}{S_2^2}$	$f_0 \geq f_{\alpha/2, n_1-1, n_2-1}$
		$S_1^2 < S_2^2$	$F = \dfrac{S_2^2/\sigma_2^2}{S_1^2/\sigma_1^2} = \dfrac{S_2^2}{S_1^2}$	$f_0 \geq f_{\alpha/2, n_2-1, n_1-1}$
	$\sigma_1^2 > \sigma_2^2$	$S_1^2 > S_2^2$	$F = \dfrac{S_1^2/\sigma_1^2}{S_2^2/\sigma_2^2} = \dfrac{S_1^2}{S_2^2}$	$f_0 \geq f_{\alpha, n_1-1, n_2-1}$
	$\sigma_1^2 < \sigma_2^2$	$S_1^2 < S_2^2$	$F = \dfrac{S_2^2/\sigma_2^2}{S_1^2/\sigma_1^2} = \dfrac{S_2^2}{S_1^2}$	$f_0 \geq f_{\alpha, n_2-1, n_1-1}$

15 독립표본 t 검정과 대응표본 t 검정

- 독립표본 t 검정
  - 조사 대상 개체가 다르다.
  - 두 표본의 숫자가 다를 수 있다.
  - 다른 집단을 비교하는 경우에 사용한다.
  - 두 표본이 서로 독립이다.
- 대응표본 t 검정
  - 조사 대상 개체가 같다.
  - 반드시 짝을 이룬다.
  - 전후 개념이 있는 경우가 많다.
  - 두 표본이 서로 독립이 아니다.

16 검정결과 분석

검정통계량 값	검정통계량 값이 기각치보다 더 극단적인 값을 가지면 귀무가설(H_0)을 기각
유의확률 ($p-$value)	① 유의수준 $\alpha > p-$value 이면 귀무가설을 기각 ② 유의수준 $\alpha < p-$value 이면 귀무가설을 채택

04　통계적 분석 방법

01 교차표에 대한 비율

〈표 A〉 결합빈도에 대한 2×2교차표

구 분	사건 발생	사건 미발생
A 그룹	n_1	n_2
B 그룹	n_3	n_4

〈표 B〉 결합확률에 대한 2×2교차표

구 분	사건 발생	사건 미발생
A 그룹	p_1	$1-p_1$
B 그룹	p_2	$1-p_2$

- 오즈는 사건이 발생하지 않은 확률에 대한 사건이 발생한 확률의 비율이며, 오즈비는 각각의 오즈에 대한 비율이다.
  - 〈표 A〉의 오즈비 : $\dfrac{n_1/n_2}{n_3/n_4}$
  - 〈표 B〉의 오즈비 : $\dfrac{p_1}{1-p_1} / \dfrac{p_2}{1-p_2} = \dfrac{p_1(1-p_2)}{p_2(1-p_1)}$

• 상대비율은 각각의 사건 발생확률에 대한 비율이다.

– 〈표 A〉의 상대비율 : $\dfrac{n_1}{n_1+n_2}\Big/\dfrac{n_3}{n_3+n_4}$

– 〈표 B〉의 상대비율 : $\dfrac{p_1}{p_2}$

02 카이제곱 독립성 검정과 동질성 검정

• 카이제곱 독립성 검정
  – 자료수집 단계
    각 변수별 표본의 크기가 미리 정해져 있지 않다.
  – 가설 설정
    귀무가설 : 변수 A와 B는 서로 독립이다(변수 A와 B는 서로 연관성이 없다).
    대립가설 : 변수 A와 B는 서로 독립이 아니다(변수 A와 B는 서로 연관성이 있다).
  – 결과 해석
    귀무가설이 기각되었다면 두 변수는 서로 연관성이 있다(두 변수는 서로 독립이 아니다)고 할 수 있다.
• 카이제곱 동질성 검정
  – 자료수집 단계
    각 집단별 표본의 크기를 미리 정해놓고 표본을 추출한다.
  – 가설 설정
    귀무가설 : 각 집단이 변수 B의 범주에 대해 동일한 비율을 가진다.
    $(\,p_{11},\ p_{12},\ \cdots,\ p_{1c}\,)=(\,p_{21},\ p_{22},\ \cdots,\ p_{2c}\,)=\cdots=(\,p_{r1},\ p_{r2},\ \cdots,\ p_{rc}\,)$
    대립가설 : 각 집단이 변수 B의 범주에 대해 동일한 비율을 갖지 않는다(귀무가설이 아니다).
  – 결과 해석
    귀무가설이 기각되었다면 각 집단은 변수 B의 범주에 대해 동일한 비율(분포)을 갖지 않는다고 할 수 있다.

03 카이제곱 적합성 검정과 독립성 검정

χ^2 적합성 검정	• 단일표본에서 한 변수의 범주 값에 따라 기대빈도와 관측빈도 간에 유의한 차이가 있는지를 검정 • 귀무가설(H_0) : $p_1=\pi_1,\ \cdots,\ p_k=\pi_k$ • 검정통계량 : $\chi^2=\displaystyle\sum_{i=1}^{k}\dfrac{(O_i-E_i)^2}{E_i}\ \sim\ \chi^2_{(k-1)}$
χ^2 독립성 검정	• 두 범주형 변수 간에 서로 연관성이 있는지(종속인지) 없는지(독립인지)를 검정 • 귀무가설(H_0) : 두 변수는 서로 독립(두 변수는 서로 연관성이 없다) • 검정통계량 : $\chi^2=\displaystyle\sum_{i=1}^{r}\sum_{j=1}^{c}\dfrac{(O_{ij}-E_{ij})^2}{E_{ij}}\ \sim\ \chi^2_{(r-1)(c-1)}$

04 카이제곱 적합성 검정과 독립성 검정의 적용 예

χ^2 적합성 검정	• 주사위를 던지는 실험에서 나오는 눈의 수가 동일한지 검정 • 멘델의 법칙에 의하면 어떤 종류의 완두콩을 색깔과 모양에 따라 노랗고 둥근형, 노랗고 뾰족한 형, 초록색에 둥근형, 초록색에 뾰족한 형의 네 가지로 구분할 때 각 종류에 속할 비율이 $9:3:3:1$임. 멘델의 이론이 적합한지 검정 • 세 개의 문이 있을 때 쥐들이 한 마리씩 이 세 개의 문을 통과하는 실험에서 쥐들의 문에 대한 선호도가 같은지 검정
χ^2 독립성 검정	• 음주(음주자와 비음주자)와 흡연(흡연자와 비흡연자) 사이에 연관성이 있는지를 검정 • 성별(남성과 여성)과 흡연(흡연자와 비흡연자) 사이에 연관성이 있는지를 검정 • 혈압(고혈압, 정상, 저혈압)과 몸무게(비만, 정상, 저체중) 사이에 연관성이 있는지를 검정

05 일원배치 분산분석표(집단의 수가 k개인 경우)

요 인	제곱합	자유도	평균제곱	검정통계량 F	$p-$value
집단 간	$SSB=\sum_i\sum_j(\bar{x}_i-\bar{\bar{x}})^2$	$k-1$	$MSB=\dfrac{SSB}{k-1}$	$F=\dfrac{MSB}{MSW}$	
집단 내	$SSW=\sum_i\sum_j(x_{ij}-\bar{x}_i)^2$	$n-k$	$MSW=\dfrac{SSW}{n-k}$		
합 계	$SST=\sum_i\sum_j(x_{ij}-\bar{\bar{x}})^2$	$n-1$			

06 반복이 없는 이원배치법 분산분석표(집단의 수가 l, m개이고 반복이 없는 경우)

요 인	제곱합	자유도	평균제곱	검정통계량 F	$p-$value
A	S_A	$l-1$	$V_A=\dfrac{S_A}{l-1}$	$F=\dfrac{V_A}{V_E}$	
B	S_B	$m-1$	$V_B=\dfrac{S_B}{m-1}$	$F=\dfrac{V_B}{V_E}$	
E	S_E	$(l-1)(m-1)$	$V_E=\dfrac{S_E}{(l-1)(m-1)}$		
T	S_T	$lm-1$			

07 분산분석 후 모평균 추정

A인자의 i수준에서의 모평균을 $\mu(A_i)$라 하면 $\mu(A_i) = \mu + a_i$이고, B인자의 j수준에서의 모평균을 $\mu(B_j)$라 하면 $\mu(B_j) = \mu + b_j$이다. 각각의 귀무가설이 기각되었다면 A인자와 B인자는 각각의 수준 간에 모평균차가 있음을 의미한다. 이때 A인자의 i수준에서의 모평균 $\mu(A_i)$와 B인자의 j수준에서의 모평균 $\mu(B_j)$의 점추정값은 다음과 같이 표현할 수 있다.

모평균 $\mu(A_i)$의 점추정값	$\hat{\mu}(A_i) = \hat{\mu} + \hat{a_i} = \overline{x}_{i.}$
모평균 $\mu(B_j)$의 점추정값	$\hat{\mu}(B_j) = \hat{\mu} + \hat{b_j} = \overline{x}_{.j}$

2인자의 수준조합에서의 모평균의 추정 역시 A와 B인자 모두 유의한 경우(귀무가설 기각)에 의미가 있다. A인자의 i수준과 B인자의 j수준에서의 모평균을 $\mu(A_iB_j)$라 한다면 $\mu(A_iB_j) = \mu + a_i + b_j$이고, 모평균 $\mu(A_iB_j)$의 점추정값은 다음과 같이 표현할 수 있다.

모평균 $\mu(A_iB_j)$의 점추정값	$\hat{\mu}(A_iB_j) = \hat{\mu} + \hat{a_i} + \hat{b_j} = \hat{\mu} + \hat{a_i} + \hat{\mu} + \hat{b_j} - \hat{\mu} = \overline{x}_{i.} + \overline{x}_{.j} - \overline{\overline{x}}$

08 난괴법(확률화 블록 계획법 ; Randomized Block Design)의 가정

1인자는 모수인자이고, 1인자는 변량인자인 반복이 없는 이원배치법으로 구조 모형은 다음과 같다.

$$x_{ij} = \mu + \alpha_i + b_j + e_{ij}$$

$(e_{ij} \sim N(0, \sigma_E^2)$이고 서로 독립, $b_j \sim N(0, \sigma_B^2)$ 이고 서로 독립, $Cov(e_{ij}, b_j) = 0)$

09 반복이 있는 이원배치법 분산분석표(집단의 수가 l, m개이고 반복이 r회인 경우)

요 인	제곱합	자유도	평균제곱	검정통계량 F	$p-$value
A	S_A	$l-1$	$V_A = \dfrac{S_A}{l-1}$	$F = \dfrac{V_A}{V_E}$	
B	S_B	$m-1$	$V_B = \dfrac{S_B}{m-1}$	$F = \dfrac{V_B}{V_E}$	
$A \times B$	$S_{A \times B}$	$(l-1)(m-1)$	$V_{A \times B} = \dfrac{S_{A \times B}}{(l-1)(m-1)}$	$F = \dfrac{V_{A \times B}}{V_E}$	
E	S_E	$lm(r-1)$	$V_E = \dfrac{S_E}{lm(r-1)}$		
T	S_T	$lmr-1$			

10 반복이 있는 이원배치 혼합모형(집단의 수가 l, m개이고 반복이 r회인 경우)

요 인	제곱합	자유도	평균제곱	$E(V)$	F
A	S_A	$l-1$	V_A	$\sigma_E^2 + r\,\sigma_{A\times B}^2 + mr\sigma_A^2$	$V_A / V_{A\times B}$
B	S_B	$m-1$	V_B	$\sigma_E^2 + lr\,\sigma_B^2$	V_B / V_E
$A\times B$	$S_{A\times B}$	$(l-1)(m-1)$	$V_{A\times B}$	$\sigma_E^2 + r\,\sigma_{A\times B}^2$	$V_{A\times B} / V_E$
E	S_E	$lm(r-1)$	V_E	σ_E^2	
T	S_T	$lmr-1$			

반복이 있는 이원배치 혼합모형(A가 모수인자, B가 변량인자)의 경우 요인 A의 효과를 검정하기 위한

F검정통계량은 $F = \dfrac{V_A}{V_{A\times B}}$ 이다.

$\therefore$ $E(V_A) = \sigma_E^2 + r\,\sigma_{A\times B}^2 + mr\sigma_A^2$, $E(V_{A\times B}) = \sigma_E^2 + r\,\sigma_{A\times B}^2$ 이므로 귀무가설 $H_0 : \sigma_A^2 = 0$이 성립
　　된다면 $E(V_A)$이 $E(V_{A\times B})$에 나타나기 때문이다.

또한 교호작용이 유의하지 않으면 교호작용을 오차항에 포함하여 새로운 오차항을 만드는데 이를 유의하
지 않은 교호작용을 오차항에 풀링(Pooling)한다고 한다.

11 회귀모형의 기본 가정

- 정규성 : 오차항은 평균이 0이고 분산이 σ^2인 정규분포를 따른다.
- 독립성 : 오차항은 서로 독립이다.
- 등분산성 : 오차항의 분산은 동일하다.

12 회귀모형의 기본 가정 검토

- 정규성 : 정규확률도표($P-P$ Plot)를 그려서 점들이 거의 일직선상에 위치하면 정규성을 만족한다.
- 독립성 : 더빈-왓슨(Durbin-Watson) 통계량을 이용하여 자기상관성을 검토한다.
- 등분산성 : 잔차들의 산점도를 그려서 0을 중심으로 랜덤하게 분포하면 등분산성을 만족한다.

13 정규확률도표의 여러 가지 형태

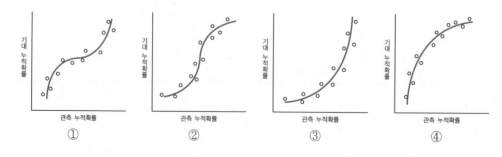

- ①은 정규분포보다 꼬리가 긴 분포는 역S자 형태인 성장곡선의 형태
- ②는 정규분포보다 꼬리가 짧은 분포는 S자 형태인 성장곡선의 형태
- ③은 큰 값 쪽으로 긴 꼬리를 가진 기울어진 분포는 J자 형태
- ④는 작은 값 쪽으로 긴 꼬리를 가진 기울어진 분포는 역J자 형태

14 오차항의 독립성 검토

- 더빈-왓슨 통계량 값이 2에 가까우면 독립성을 만족한다.
- 더빈-왓슨 통계량 값이 0에 가까우면 오차항 간에 양의 상관관계가 존재한다.
- 더빈-왓슨 통계량 값이 4에 가까우면 오차항 간에 음의 상관관계가 존재한다.

15 잔차들의 산점도를 이용한 오차항의 등분산성 검토

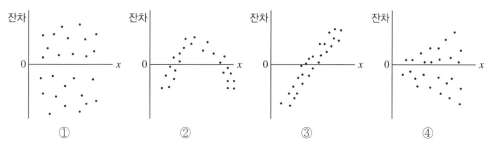

- ①은 0을 중심으로 랜덤하게 분포되어 있으므로 오차항의 등분산성을 만족한다.
- ②는 새로운 독립변수로 2차항을 추가한 이차곡선식 $\hat{y} = b_0 + b_1 x + b_2 x^2$이 적합하다.
- ③은 새로운 독립변수를 추가하는 것이 적합하다.
- ④는 x가 증가함에 따라 오차의 분산이 증가하기 때문에 가중회귀직선이 적합하다.

16 단순회귀계수

- 회귀직선의 기울기

$$b = \frac{\sum (x_i - \overline{x})(y_i - \overline{y})}{\sum (x_i - \overline{x})^2} = \frac{\sum x_i y_i - n\overline{x}\,\overline{y}}{\sum x_i^2 - n\overline{x}^2}$$

- 회귀직선의 절편

$$a = \overline{y} - b\overline{x}$$

17 결정계수(Coefficient of Determination)의 성질

- 상관계수 r의 제곱이 결정계수 R^2이 된다.

$\hat{y}_i - \overline{y} = a + b x_i - a - b\overline{x} = b(x_i - \overline{x})$이므로 $SSR = \sum (\hat{y}_i - \overline{y})^2 = b^2 \sum (x_i - \overline{x})^2 = b^2 S_{xx}$이 성립한다.

$$\therefore\ R^2 = \frac{SSR}{SST} = \frac{b^2 S_{xx}}{S_{yy}} = \left(\frac{S_{xy}}{S_{xx}}\right)^2 \frac{S_{xx}}{S_{yy}} = \frac{(S_{xy})^2}{S_{xx} S_{yy}} = r^2$$

- 단순회귀분석에서는 결정계수(R^2)가 상관계수(r)의 제곱이지만 다중회귀분석에서는 그 관계가 성립하지 않는다.
- 단순회귀분석에서는 결정계수가 회귀모형의 적합성을 측정하는 데 좋은 척도가 되지만 다중회귀분석에서는 독립변수의 수를 증가시키면 독립변수의 영향에 관계없이 결정계수의 값이 커지기 때문에 결정계수로 다중회귀모형의 적합성을 측정하는 데 문제가 있다.
- 결정계수의 범위는 $0 \leq R^2 \leq 1$이다.
  - → 상관계수의 범위가 $-1 \leq r \leq 1$이므로 결정계수의 범위는 $0 \leq R^2 \leq 1$이 된다.
- 결정계수가 1에 가까울수록 추정된 회귀식은 의미가 있다.
- 독립변수의 수가 증가함에 따라 결정계수도 커지는 단점을 보완하기 위해서 회귀변동과 오차변동의 자유도를 고려한 수정결정계수($adj\ R^2$)를 사용한다.

18   단순회귀모형의 유의성 검정을 위한 분산분석표

요 인	제곱합	자유도	평균제곱	검정통계량 F	$p-\mathrm{value}$
회 귀	SSR	1	$SSR/1 = MSR$	$F = MSR/MSE$	
잔 차	SSE	$n-2$	$SSE/(n-2) = MSE$		
합 계	SST	$n-1$			

19   잔차의 특성

잔차는 오차의 추정값으로 $e_i = y_i - \hat{y} =$ 관측값 $-$ 예측값이다.

- $\sum e_i = 0$
- $\sum x_i e_i = 0$
- $\sum y_i = \sum \hat{y_i}$
- $\sum \hat{y_i} e_i = 0$

20   단순회귀계수의 분포

σ^2을 알 경우	σ^2을 모를 경우
• b의 분포는 $b \sim N\left(\beta,\ \dfrac{\sigma^2}{S_{XX}}\right)$	• b의 분포는 $b \sim t_{n-2}\left(\beta,\ \dfrac{MSE}{S_{XX}}\right)$
• a의 분포는 $a \sim N\left(\alpha,\ \sigma^2\left(\dfrac{1}{n} + \dfrac{\overline{x}^2}{S_{XX}}\right)\right)$	• a의 분포는 $a \sim t_{n-2}\left(\alpha,\ MSE\left(\dfrac{1}{n} + \dfrac{\overline{x}^2}{S_{XX}}\right)\right)$

21 원점을 지나는 단순회귀분석의 특징

- 원점을 지나지 않는 회귀선(절편이 있는 회귀선)의 경우 잔차들의 합은 $\sum_{i=1}^{n} e_i = 0$ 이 되지만, 원점을 통과하는 회귀선에 대해서는 잔차들의 합이 반드시 0인 것은 아니다.

- 잔차제곱합인 $\sum_{i=1}^{n} e_i^2 = \sum (y_i - \hat{y}_i)^2$ 의 자유도는 $(n-1)$ 이다. $\because \hat{Y} = bX$

- 원점을 통과하는 회귀선의 유의성 검정은 검정통계량 $F = \dfrac{SSR/1}{SSE/n-1} = \dfrac{MSR}{MSE}$ 과 기각치 $F_{(\alpha, 1, n-1)}$ 을 비교해서 검정한다.

- 추정된 회귀직선이 항상 $(\overline{x}, \overline{y})$ 을 지나는 것은 아니다.

22 수정결정계수($adj\,R^2$)

$$adj\,R^2 = \frac{SSE/(n-k-1)}{SST/(n-1)} = 1 - \frac{n-1}{n-k-1}(1-R^2)$$

결정계수는 제곱합들의 비율로서 독립변수의 수가 증가함에 따라 결정계수도 커지는 단점을 보완하기 위해서 수정결정계수는 각 제곱합들의 평균값으로 나누어 준 것의 비율이다.

23 다중회귀모형의 유의성 검정을 위한 분산분석표

요 인	제곱합	자유도	평균제곱	검정통계량 F	$p-$value
회 귀	SSR	k	$SSR/k = MSR$	$F = MSR/MSE$	
잔 차	SSE	$n-k-1$	$SSE/(n-k-1) = MSE$		
합 계	SST	$n-1$			

24 부분 $F-$검정(Partial $F-$Test)

- 완전모형(Full Model)을 $Y = \beta_0 + \beta_1 X_1 + \cdots + \beta_r X_r + \cdots + \beta_k X_k + \epsilon$ 이라 하고, 축소모형(Reduced Model)을 $Y = \beta_0 + \beta_1 X_1 + \cdots + \beta_r X_r + \epsilon$ 이라 할 때, 독립변수 $X_{r+1}, X_{r+2}, \cdots, X_k$ 를 모형에 추가할 것인지 검정하기 위한 부분 $F-$검정의 검정통계량은 $F_{k-r, n-k-1}$ 을 따른다.

$$F = \frac{[SSR(F) - SSR(R)]/k-r}{SSE(F)/n-k-1} = \frac{[SSE(R) - SSE(F)]/k-r}{SSE(F)/n-k-1} \sim F_{k-r, n-k-1}$$

- 완전모형과 축소모형의 전체제곱합은 동일하다.

$$SST = SSR(F) + SSE(F) = SSR(R) + SSE(R)$$

25 다중공선성 존재여부 판단

- 상관관계 : 독립변수들 간의 상관계수가 0.9 이상이면 다중공선성이 있다고 판단한다.
- 공차한계 : 공차한계($1 - R_i^2$)가 0.1 이하이면 다중공선성이 있다고 판단한다. R_i^2은 독립변수 X_i를 종속변수 Y로 설정하고 다른 독립변수들을 이용하여 회귀분석을 한 경우의 결정계수(R^2)이다.
- 분산팽창요인 : 공차한계의 역수로서 분산팽창요인이 10 이상일 경우 다중공선성이 있다고 판단한다.

26 자료의 유형에 따른 분석 방법의 결정

독립변수(설명변수)	종속변수(반응변수)	분석방법
범주형	범주형	카이제곱 검정
범주형	연속형	t-검정, 분산분석
연속형	범주형	로지스틱 회귀
연속형	연속형	상관분석, 회귀분석

27 χ^2분포와 F분포의 활용

- χ^2분포
  - 모분산(σ^2)이 특정한 값을 갖는지 여부를 검정하는 데 사용한다.
  - 기대도수와 관찰도수가 일치하는지에 대한 적합도 검정, 분할표 분석에서 두 변수 간 연관성 검정을 하는 데 주로 사용한다.
- F분포
  - 두 집단의 모분산의 비(σ_2^2/σ_1^2) 검정에 사용한다.
  - 분산분석에 주로 사용한다.
  - 회귀모형의 유의성 검정에 사용한다.

05 　사회과학적 방법

01 　과학적 지식의 특징

재생가능성	동일한 절차와 방법을 반복했을 때 동일한 결과가 나타날 가능성이다.
상호주관성	과학자들의 주관적 동기가 달라도 연구과정이 같다면 동일한 결과에 도달한다.
경험성	연구대상은 궁극적으로 인간의 감각에 의해 지각될 수 있는 것이어야 한다.
객관성	동일한 실험을 행하는 경우 서로 다른 동기가 있더라도 표준화된 도구와 절차 등을 통해 누구나 납득할 수 있는 결과가 나타난다.
변화가능성	기존의 신념이나 연구결과는 언제든지 비판되고 수정될 수 있다.
체계성	연구내용의 전개과정과 조사과정이 일정한 틀, 순서, 원칙에 입각하여 진행되어야 한다.
논리성	논리적 사고의 활동으로 과학적 설명이 이치에 맞아야 한다.
일반성	개별적인 현상을 설명하기보다는 일반적인 경향을 밝혀 일반적인 이해를 추구한다.
간결성	어떤 현상을 이해하는 데 필요한 최소한의 변수를 이용하여 최대의 설명력을 얻으려 한다.

02 　지식의 획득 방법

관습에 의한 방법	사회적인 습관이나 전통적인 관습을 의심 없이 그대로 수용하는 방법
신비에 의한 방법	신, 예언자, 초자연적인 존재로부터 지식을 습득하는 방법
권위에 의한 방법	주장하고자 하는 내용에 설득력을 높이기 위해 권위나 전문가의 의견을 인용하는 방법
직관에 의한 방법	가설설정 및 추론의 과정을 거치지 않은 채 확실한 명제를 토대로 지식을 습득하는 방법
과학에 의한 방법	문제에 대한 정의에서 자료를 수집·분석하여 결론을 도출하는 일련의 체계적인 과정을 통해 지식을 습득하는 방법

03 　연역적 방법과 귀납적 방법

연역적 방법과 귀납적 방법은 상호보완적인 관계를 형성한다.

연역적 방법	귀납적 방법
• 가설이나 명제의 세계에서 출발 • 일반적인 것으로부터 특수한 것을 추론해 내는 방법 • 구체적인 대상이나 현상에 대한 관찰에 일정한 지침을 제공 • 이론 → 가설설정 → 조작화 → 가설관찰 → 가설검정	• 현실의 경험세계에서 출발 • 관찰로부터 시작해서 일반적인 이론이나 결론에 도달하는 방법 • 경험적인 관찰을 통해 기존의 이론을 보충 또는 수정 • 주제선정 → 관찰 → 경험적 일반화 → 결론

04 지식추구 방식의 한계

- 선별적 관찰 : 특정 패턴이 존재한다고 결론짓고 그런 패턴과 일치하는 것에만 주의를 기울이고 일치하지 않는 것은 무시함으로써 생기는 오류
- 부정확한 관찰 : 사물이나 현상을 주의 깊게 관찰하지 못함으로써 생기는 오류
- 과도한 일반화 : 몇 개의 비슷한 관찰 결과만을 토대로 이를 일반적 패턴의 증거로 생각함으로써 생기는 오류
- 비논리적 추론 : 논리적 인과관계를 무시한 채 아무런 근거도 없이 결론을 지어버림으로써 생기는 오류
- 신비화 : 이해할 수 없는 현상을 초자연적이거나 혹은 신비한 원인들로 돌림으로써 생기는 오류
- 시기상조적 결론 : 과도한 일반화, 선별적 관찰, 비논리적 추론 등의 결과로 이미 결론을 내린 문제에 대해서는 더 이상의 탐구 활동을 중단함으로써 생기는 오류
- 탐구의 조기 종결 : 연구결과의 의미가 부정적인 영향을 줄 수 있다고 예측되는 경우 연구를 신중히 검토하지 않고 결론을 내거나 속임수를 사용하여 종료
- 사후가설 설정 : 사실을 관찰하면서 자신의 추론을 뒤쫓아 가설이 옳다고 입증하려고 하는 경우

05 조사연구 설계과정

연구문제 결정 → 가설 설정 → 연구설계 → 표집방법 결정 → 예비조사 → 자료의 코딩 → 자료의 통계분석 → 연구결과 해석

06 조사연구 윤리

자발적 참여문제	연구의 자발적 참여가 윤리적일 수 있으나 객관성을 저해할 수 있다. 또한 사회과학은 윤리문제로 실험이 불가능한 경우도 있다.
참여자의 문제	사회연구는 자발적 참여자든 비자발적 참여자든 간에 이들에게 심리적·육체적 피해를 끼쳐서는 안 된다.
익명성	연구자가 응답자의 응답을 확인할 수 없는 상황에서 응답자는 익명으로 생각할 수 있으며, 연구자는 자료의 비밀성을 유지하기 위하여 모든 조치를 취하지 않으면 안 된다.
책임문제	연구결과에 대한 비난이나 이익은 단독연구인 경우 책임자가 공동연구인 경우 공동연구자가 나누어 책임을 진다.
조사방법의 문제	원하는 결과를 도출하기 위해서 조사방법을 변경해서는 안 된다.
고지의 문제	연구결과가 연구대상자에게 불리한 내용이라 해서 고지하지 않으면 안 된다.
비밀보장 문제	연구대상자에 대한 비밀보장은 연구필요상 확보되어야 한다.
개인의 사생활에 대한 침해	질문지나 면접에서 매우 사생활적인 질문을 하게 되는 경우, 참여자의 승낙 없이 그의 자료를 제3자로부터 인수하는 등의 경우에 개인의 사생활에 대한 침해 가능성이 크다.
타목적을 위한 자료의 사용문제	자료를 타목적에 사용하기 위해서는 연구계약에 이에 관한 사항을 사전에 명기할 필요가 있다.

07 사회과학과 자연과학

사회과학	자연과학
• 추론을 가능하게 하는 조건에 보다 많은 관심을 보인다. • 인간의 행위를 연구대상으로 한다. • 사회문화적 특성에 영향을 받는다. • 자연과학에 비해 일반화가 용이하지 않다. • 사고의 가능성이 제한되고 명확한 결론을 내리기 어렵다. • 가치판단은 복잡하고 불가분의 것이다. • 사람과 사람 간의 의사소통에 비중을 둔다. • 연구자 개인의 심리상태, 개성, 가치관, 등에 영향을 받는다.	• 인과관계에 관심을 보인다. • 객관의 세계를 연구대상으로 한다. • 사회문화적 특성에 영향을 받지 않는다. • 사회과학에 비해 비교적 일반화가 용이하다. • 사고의 가능성이 무한정하고 명확한 결론을 얻을 수 있다. • 가치는 선험적으로 단순하고 자명하다. • 미래에 대한 예측을 포함한다. • 연구자 개인의 가치관이나 사회적 지위에 의해 영향을 받지 않는다.

08 연구문제의 적절성

연구범위의 적절성	한정된 범위 내에서 구체적으로 조사한다.
조사의 실행가능성	조사 수행능력 고려 및 자원체계의 존재여부를 파악한다.
검증가능성	과학적인 방법은 검증할 수 있는 의문들에 한해서 답을 제시한다.
효율성	다른 사회과학 조사들보다 실용성에 더욱 큰 관심을 가진다.
명확성	연구문제는 가능한 명백하고 확실한 것이어야 한다.
연관성	두 개 이상의 변수들 간의 관계를 서술해야 한다.
독창성	연구문제는 기존의 연구로 설명되지 않은 새로운 것이어야 한다.
윤리성	윤리적인 범위 내에서 선택해야 한다.
현실성	문제 해결을 위한 시간, 비용, 인력 등을 고려하여 선택해야 한다.

09 과학적 조사(연구) 절차

문제정립 → 가설구성 → 조사설계 → 자료수집 → 자료분석 → 보고서 작성

10 과학적 연구의 기초개념

개 념	가설과 이론의 구성요소로 보편적인 관념 안에서 특정현상을 나타내는 추상적 표현
변 수	실증적인 검증과정에서 개념을 측정 가능한 형태로 변화시킨 것
패러다임	사람들의 견해와 사고방식을 근본적으로 규정하는 인식의 체계 또는 틀을 의미
가 설	두 개 이상의 변수들 간의 관계에 대한 진술이며, 아직 검증되지 않은 사실
이 론	어떤 특정현상을 논리적으로 설명하고 예측하려는 진술

11 개념의 특징

- 가설과 이론의 구성요소로 보편적인 관념 안에서 특정 현상을 나타내는 추상적 표현이다.
- 일정하게 관찰된 현상을 대표할 수 있는 추상적 용어로 표현한 것이다.
- 어떤 현상이나 사상을 체계적으로 인지하고, 이를 다른 사람에게 정확하게 전달하기 위해서 필요하다.
- 개념의 조건으로는 한정성, 명확성, 통일성, 범위의 고려, 체계적 의미 등이 있다.
- 개념은 언어 또는 기호로 표시될 수 있다.

12 가설설정 시 기본조건

명확성	가설은 추상적인 개념상의 정의이든 조작적 정의이든 그 뜻이 명확해야 한다.
가치중립성	가설을 설정하는 연구자의 주관이 개입되어서는 안 된다.
구체성	가설은 추상적인 의미를 담고 있어서는 안 되며 구체적인 성질의 것이어야 한다.
검증가능성	가설은 경험적으로 검증 가능해야 한다.
간결성	가설은 논리적으로 간결해야 한다.
광역성	가설은 광범위한 범위에 적용 가능해야 한다.
계량화	가설은 계량화가 가능해야 한다.

13 이론의 역할

- 과학의 주요방향 결정
- 현상의 개념화 및 분류화
- 기존 지식의 요약
- 사실의 설명 및 예측
- 지식의 확장 및 결함 지적

14 과학적 방법론에 대한 칼 포퍼(Karl Popper)의 이론

반증 가능성의 원리	어떤 이론의 진리를 검증할 수는 없어도 단 한 가지 반례만으로도 그 이론은 비판된다고 보는 원리
인간의 오류 가능성	실수나 착오가 인간 이성의 정상적인 모습이며, 실수와 그것의 수정을 통해서만 지식을 증진시킬 수 있다고 보는 견해
귀납적 방법론 반박	귀납적 방법론을 바탕으로 반복적 활동을 강조하는 과학교육이 원리적으로 불가능하며 바람직하지 않다고 지적
비판적 합리주의	인간은 자신의 실수와 오류에 대해서 자발적 자기비판과 타인의 비판을 통해 좀 더 학습되어 간다고 보는 견해

15 분석단위의 요건

적합성	분석단위는 연구목적에 적합해야 한다.
명료성	분석단위는 모든 사람에게 동일한 의미로 명확하고 객관적으로 정의되어야 한다.
측정가능성	분석단위는 측정 가능해야 한다.
비교가능성	분석단위는 사실관계 규명을 위해 시간이나 장소의 비교가 가능해야 한다.

16 분석단위의 종류

개 인	사회과학 조사연구에서 가장 전형적인 분석단위
집 단	사회집단을 연구할 경우의 분석단위
프로그램	정책평가연구를 진행할 때의 분석단위
조직 또는 제도	기업, 학교 등을 연구할 경우의 분석단위
지역사회, 지방정부, 국가	중앙정부, 지방자치단체 등을 연구할 경우의 분석단위
사회적 생성물	문화적 요소, 사회적 상호작용을 연구할 경우의 분석단위

17 표집단위, 관찰단위, 분석단위

표집단위	표본을 추출하는 단위
관찰단위	해당 내용을 조사하기 위해 접촉하는 단위
분석단위	해당 내용을 분석하기 위한 단위

18 분석단위로 인한 오류

지나친 일반화	한두 개의 고립된 사건에 근거해서 일반적인 결론을 내리고 그것을 서로 관계없는 상황에 적용하는 오류이다.
개인주의적 오류	분석단위를 개인에 두고 얻어진 연구의 결과를 집단에 적용함으로써 발생하는 오류이다.
생태학적 오류	분석단위를 집단에 두고 얻어진 연구의 결과를 개인에 적용함으로써 발생하는 오류이다.
환원주의적 오류	넓은 범위의 인간의 사회적 행위를 이해하는 데 필요한 변수 또는 개념의 종류를 지나치게 한정시킴으로써 발생하는 오류로 조사할 개념이나 변수를 설정하는 과정에서 발생한다.
의도적 오류	일을 진행하는 중에 더 좋은 아이디어가 발생하거나 일을 추진하는 사람이 미숙해서 본래 의도와는 달리 엉뚱한 결과가 나오는 오류이다.
인과관계 도치	원인과 결과를 반대로 해석한 오류이다.

19 사회조사 유형에 따른 분류

- 연구방법에 의한 분류 : 질적연구, 양적연구
- 접근방법에 의한 분류 : 횡단적 연구, 종단적 연구
- 연구목적에 의한 분류 : 탐색적, 기술적, 설명적, 인과적, 실험적 연구
- 연구대상에 의한 분류 : 전수조사, 표본조사

20 양적연구와 질적연구

양적연구	질적연구
• 사회현상의 사실이나 원인들을 탐구	• 경험의 본질에 대한 풍부한 기술
• 일반화 가능	• 일반화 불가능
• 구조화된 양적자료 수집	• 비구조화된 질적자료 수집
• 원인과 결과의 구분이 가능	• 원인과 결과의 구분이 불가능
• 객관적	• 주관적
• 대규모 분석에 유리	• 소규모 분석에 유리
• 확률적 표집방법 사용	• 비확률적 표집방법 사용
• 연구방법을 우선시	• 연구주제를 우선시
• 논리실증주의적 입장을 취함	• 현상학적 입장을 취함

21 질적연구의 엄밀성을 높이기 위한 방법

- 다원화(다각적 접근방법)
- 예외적 사례분석
- 지속적인 참여와 끊임없는 관찰
- 연구자와 동료집단 간의 조언과 검토
- 연구대상 및 결과에 대한 참여자의 재확인
- 외부 전문가들의 평가

22 양적연구와 질적연구의 공통점

- 측정도구를 활용한다.
- 지식을 산출한다.
- 연구자의 체계적이고 전문적인 역할 수행이 강조된다.
- 참여자의 관점이 강조된다.
- 직접 자료를 수집한다.
- 연구 설계에 융통성이 있다.

23 혼합연구(Mixed Method)의 특징

혼합연구는 질적연구와 양적연구를 결합·보완한 접근방법이다.
- 다양한 연구 패러다임을 수용할 수 있어야 한다.
- 양적연구뿐만 아니라 질적연구 모두에 대한 전문적 지식이 필요하다.
- 양적연구의 결과에서 질적연구가 시작될 수도 있고, 질적연구의 결과에서 양적연구가 시작될 수도 있다.
- 연구자에 따라 두 가지 연구방법의 비중은 상이할 수 있다.
- 두 가지 연구방법의 결과는 서로 상반될 수도 있다.

24 횡단연구와 종단연구

횡단연구	종단연구
• 일정 시점을 기준으로 모든 관련 변수에 대한 자료를 수집하는 연구이다. • 측정이 한 번만 이루어진다. • 종단연구에 비해 상대적으로 시간과 비용이 적게 든다. • 대규모 서베이에 적합하다. • 연구대상이 지리적으로 넓게 분포되어 있고 연구대상의 수가 많으며, 많은 변수에 대한 자료를 수집해야 할 경우 적합하다. • 정태적인 성격을 띠는 연구이다. • 시간의 흐름에 따라 변화의 추이를 파악하기 어려워 변수들 간의 인과관계를 확인하는 데 한계가 있다. • 어떤 현상의 진행과정이나 변화를 측정하지 못한다.	• 하나의 연구대상을 일정한 시간 간격을 두고 관찰하여 그 대상의 변화를 파악하는 연구이다. • 측정이 반복적으로 이루어진다. • 횡단연구에 비해 상대적으로 시간과 비용이 많이 든다. • 현장조사에 적합하다. • 연구대상을 서로 다른 시점에서 동일 대상자를 추적해 조사해야 하므로 표본의 크기가 작을수록 좋다. • 동태적인 성격을 띠는 연구이다. • 시간의 흐름에 따라 변화의 추이를 파악하지만 변수들 간의 인과관계보다는 상관관계에 관심을 갖는다. • 어떤 현상의 진행과정이나 변화를 측정할 수 있다.

25 종단연구의 유형

패널연구	동일집단(패널)이 시간의 흐름에 따라 어떻게 변화하는지를 연구하는 방법
추세연구	시간의 흐름에 따라 전체 모집단 내의 변화를 연구
코호트연구	동일한 특색이나 행동 양식을 공유하는 동류집단(코호트)이 시간의 흐름에 따라 어떻게 변화하는지를 연구
사건사연구	특정 대상이 특정 시간에 다른 대상보다 특정 사건을 경험하게 될 위험이 더 높은가를 설명하기 위한 연구

26 패널연구의 특성

- 특정 조사대상을 선정해 반복적으로 조사한다.
- 연구기간이 길어지면 패널 소실 현상이 일어날 수 있다.
- 각 기간 동안의 변화를 측정할 수 있다.
- 상대적으로 많은 자료를 획득할 수 있다.
- 동일인의 변화를 추적하기 때문에 코호트연구에 비해 정밀한 연구가 가능하다.
- 초기 연구비용이 비교적 많이 든다.

27 패널연구의 장·단점

패널연구의 장점	패널연구의 단점
• 횡단연구에 비해 더 많은 정보를 제공한다. • 응답자들의 특성 변화를 조사할 수 있다. • 인과적 추론의 타당성을 높일 수 있다. • 다른 변수들의 영향을 통제하고 독립변수의 영향을 측정할 수 있다.	• 패널 관리가 어렵다. • 패널의 대표성 확보에 어렵다. • 패널 유지에 많은 비용이 든다. • 패널 자료 축적을 위해 많은 시간이 소요된다.

28 코호트연구의 특성

- 코호트란 특정 시기에 태어났거나 동일 시점에 특정한 사건을 경험한 사람을 일컫는 말이다.
- 시기효과, 연령효과, 상황효과를 모두 고려해야 한다.
- 동류 코호트와 서로 다른 코호트와의 비교가 가능하다.
- 모집단의 변화는 없지만 조사시점마다 표본으로 선정된 조사대상은 변할 수 있다.

29 코호트연구의 종류

- 예고적 코호트연구(전향적 코호트연구, Prospective Cohort Study) : 코호트가 정의된 시점에서 앞으로 발생하는 자료를 이용하는 연구
- 회고적 코호트연구(후향적 코호트연구, Retrospective Cohort Study) : 이미 작성되어 있는 자료를 이용하는 연구

30 연구목적에 의한 과학적 연구의 유형

설명적 연구	기술적 연구 결과의 축적을 토대로 어떤 사실과의 관계를 파악하여 인과관계를 규명하거나 미래를 예측하는 연구
실험적 연구	인과관계에 대한 가설을 검정하기 위해 변수를 조작·통제하여 그 조작의 효과를 관찰하는 연구
기술적 연구	현상을 정확하게 기술하는 것을 주목적으로 발생빈도와 비율을 파악할 때 실시하며 두 개 이상의 변수 간의 상관관계를 기술할 때 적용하는 연구
인과적 연구	일정한 현상을 낳게 하는 근본원인이 무엇이냐를 중점적으로 검토해 보는 연구로서 한 결과에 대한 그 원인을 밝히는 데에 목적이 있음
탐색적 연구	연구문제에 대한 사전지식이 부족하거나 개념을 보다 분명히 하기 위해 조사설계를 확정하기 이전에 예비적으로 실시하는 연구

31 실험적 연구의 특성

- 조사상황의 엄격한 통제하에서 연구대상에 대한 무작위추출이 가능하다.
- 하나 이상의 독립변수의 조작이 용이하다.
- 실험이 정밀하고 반복적 실험이 가능하다.
- 실험결과의 외적타당도가 낮아 일반화 가능성이 낮다.
- 독립변수 및 외생변수의 통제로 조사결과를 확신할 수 있게 되어 내적타당도가 높다.
- 독립변수 및 외생변수의 통제가 가능하여 인과관계 검증에 적합하다.

32 기술적 연구의 특성

- 현상을 정확하게 기술하는 것이 주목적
- 변수들 간의 관련성(상관관계) 파악
- 특정 상황의 발생빈도와 비율을 파악
- 서베이를 통한 자료 수집
- 선행연구가 없어 모집단에 대한 특성을 파악하고자 할 때 실시
- 표본조사의 기본 목적인 모집단의 모수를 추정하기 위한 조사

33 탐색적 연구의 특성

- 조사설계를 확정하기 이전 타당도를 검증하기 위해 실시
- 예비적으로 실시하는 연구
- 연구문제에 대한 사전지식이 부족하거나 개념을 보다 분명히 하기 위해 실시
- 융통성 있게 운영할 수 있으며 수정도 가능
- 문헌조사, 경험자조사, 특례분석조사 등이 해당

34 사례조사(Case Study)의 장·단점

특정 사례를 연구대상 문제와 관련하여 가능한 모든 각도에서 종합적인 연구를 실시함으로써 연구문제와 관련된 연관성을 찾아내는 조사방법이다.

사례조사의 장점	사례조사의 단점
• 연구대상에 대한 문제의 원인을 밝혀줄 수 있다. • 탐색적 조사로 활용될 수 있다. • 연구대상에 대해 구체적이고 상세하게 연구하는 데 유용하다. • 본조사에 앞서 예비조사로 활용할 수 있다.	• 대표성이 불분명하여 조사결과의 일반화 가능성이 낮다. • 조사 변수에 대한 조사의 폭과 깊이가 불분명하다. • 다른 연구와 같은 변수에 대해 관찰이 이루어지지 않기 때문에 비교가 불가능하다.

시간의 흐름에 따라 일정 기간 동안 조사하는 종단적 방법이며, 종래에는 질적연구에 치우쳤지만 근래에는 양적연구의 속성을 동시에 지니는 전체적(Holistic) 조사방법으로 평가되고 있다.

35 서베이 연구(Survey Study)의 장·단점

대인면접법, 우편, 전화, 패널 등을 이용하여 응답자로 하여금 연구주제와 관련된 질문에 답하게 하는 것으로 체계적, 계획적으로 실증적인 자료를 수집·분석하는 조사설계방법이다.

서베이 연구의 장점	서베이 연구의 단점
• 대규모 모집단 연구에 적합 • 현실을 그대로 반영한 자료를 얻을 수 있음 • 한 번의 조사로 다양한 주제에 대한 연구가 가능 • 규모가 커서 직접적 관찰이 불가능한 집단 특성을 기술하는 데 적합 • 수집된 자료의 표준화가 용이	• 특정 주제에 대한 단편적인 정보, 의견 등을 파악하여 전체적인 사회적 맥락 파악에는 제한 • 응답자의 심리상태를 알 수 없으므로 피상적인 결과가 나타나기 쉬움 • 외생변수의 통제가 불가능하므로 타상성이 결여될 수 있음 • 태도를 측정하는 것 자체가 응답에 영향을 미칠 수 있음

36 실험의 핵심요소

외생변수의 통제	외생변수는 종속변수에 영향을 미칠 수 있는 변수로써 외생변수를 통제하지 않으면 독립변수와 종속변수 사이의 인과관계를 파악하는 데 문제가 발생된다.
독립변수의 조작	연구자가 의도적으로 어떤 한 집단에는 독립변수를 발생시키고 다른 집단에는 발생하지 않도록 한 후 독립변수의 조작이 종속변수에 미치는 영향을 관찰한다.
실험대상의 무작위화	연구대상을 실험집단과 통제집단으로 나눌 때 가능한 두 집단의 차이가 적도록 무작위로 할당한다.
종속변수의 비교	실험집단과 통제집단 간의 종속변수를 비교하거나 실험전후의 종속변수를 비교하여 두 변수 간에 차이가 있는지 알아본다.

37 외생변수 통제방법

제 거	외생변수가 될 가능성이 있는 요인을 실험 대상에서 제거하여 외생변수의 영향을 실험 상황에 개입하지 않도록 한다.
균형화	실험집단과 통제집단의 동질성을 확보하기 위한 방법으로 균형화가 이루어진 후 두 집단 사이에 나타나는 종속변수의 수준 차이는 독립변수만의 효과로 간주한다.
상 쇄	하나의 실험집단에 두 개 이상의 실험변수가 가해질 때 사용하는 방법으로 외생변수의 작용 강도를 다른 상황에 대해서 다른 실험을 실시하여 비교함으로써 외생변수의 영향을 통제한다.
무작위화	조사 대상을 모집단에서 무작위로 추출함으로써 연구자가 조작하는 독립변수 이외의 모든 변수들에 대한 영향력을 동일하게 하여 동질적인 집단으로 만들어 준다.

38 무작위화(Randomization)를 하는 이유

- 외생변수의 통제
- 경쟁가설을 제거
- 실험집단과 통제집단의 동등성 유지
- 실험의 타당도를 저해하는 요인을 예방 또는 제거
- 실험효과의 정확한 분리

39 실험설계의 종류

원시실험설계 (전실험설계)	무작위할당에 의해 연구대상을 나누지 않고 비교집단 간의 동질성이 없으며 독립변수의 조작에 따른 변화의 관찰이 제한된 경우에 실시하는 설계
순수실험설계 (진실험설계)	실험대상의 무작위화, 실험변수의 조작 및 외생변수의 통제 등 실험적 조건을 갖춘 설계
유사실험설계 (준실험설계)	무작위할당에 의해 실험집단과 통제집단을 동등하게 할 수 없는 경우, 무작위할당 대신 실험집단과 유사한 비교집단을 구성하여 실험하는 설계
사후실험설계	독립변수의 조작 없이 변수들 간의 관계를 검증하고자 할 때 이용되는 설계로써 중요한 변수의 발견이나 변수들 간의 관계를 밝히기 위한 사전적인 연구인 탐색연구나 가설의 검증을 위해 이용

40 원시실험설계(전실험설계)의 종류

단일집단 사후설계	통제집단을 따로 두지 않고 어느 하나의 실험집단에만 실험을 실시한 후 어느 정도 시간이 지난 후에 이 실험의 효과를 측정하는 설계
단일집단 사전사후설계	통제집단이 없이 실험집단만을 대상으로 실험을 실시하기 전에 관찰하고 실험을 실시한 후 관찰하여 실험 이전과 실험 이후의 차이를 측정하는 설계
정태적 집단비교	실험집단과 통제집단을 임의적으로 선정한 후 실험집단에는 실험조치를 가하는 반면 통제집단에는 이를 가하지 않은 상태로 그 결과를 비교하는 방법

41　순수실험설계(진실험설계)의 종류

통제집단 전후비교	무작위할당으로 실험집단과 통제집단을 구분한 후 실험집단에 대해서는 독립변수 조작을 가하고 통제집단에 대해서는 아무런 조작을 가하지 않고 두 집단 간의 차이를 전후로 비교하는 방법
통제집단 사후비교	통제집단 전후비교의 단점을 보완하기 위해 실험대상자를 무작위로 할당하고 사전검사 없이 실험집단에 대해서는 조작을 가하고 통제집단에 대해서는 아무런 조작을 가하지 않고 그 결과를 서로 비교하는 방법
솔로몬 4집단설계	• 4개의 무작위 집단을 선정하여 사전측정한 2개의 집단 중 하나와 사전측정을 하지 않은 2개의 집단 중 하나를 실험집단으로 하며, 나머지 2개의 집단을 통제집단으로 하여 비교하는 방법 • 통제집단 사후설계와 통제집단 사전사후실험설계를 결합한 형태로 가장 이상적인 설계
요인설계	둘 이상의 독립변수와 하나의 종속변수의 관계 및 독립변수 간의 상호작용관계를 교차분석을 통해 확인하려는 설계

42　유사실험설계(준실험설계)의 종류

단절적 시계열설계	여러 시점에서 관찰되는 자료를 통하여 실험변수의 효과를 추정하는 방법
복수시계열설계	단절적 시계열설계에 하나 또는 그 이상의 통제집단을 추가한 설계
회귀불연속설계	대상을 실험집단과 통제집단으로 배정한 후 이들 집단에 대해 회귀분석을 함으로써 그로 인해 나타나는 불연속의 정도를 실험조치의 효과로 간주하는 방법
비동일 통제집단설계	통제집단 전후비교 설계와 유사하지만 무작위할당에 의해 실험집단과 통제집단이 선택되지 않는 설계

43　유사실험설계의 장·단점

유사실험설계의 장점	유사실험설계의 단점
• 실제상황에서 이루어지므로 다른 상황에 대한 일반화 가능성이 높다. • 일상생활과 동일한 상황에서 수행되므로 이론적 검증 및 현실문제 해결에 유용하다. • 복잡한 사회적·심리적 영향과 과정변화 연구에 적합하다.	• 현장상황에서는 대상의 무작위화와 독립변수의 조작화가 어려운 경우가 많다. • 측정과 외생변수의 통제가 어려우므로 연구결과의 정밀도가 떨어진다. • 실제상황에서의 실험이므로 독립변수의 효과와 외생변수의 효과를 분리해서 파악하기 어렵다.

44 사후실험설계의 장·단점

사후실험설계의 장점	사후실험설계의 단점
• 이론을 근거로 도출한 가설을 현실상황에서 검증 • 광범위한 대상으로부터 자료수집이 가능 • 실험설계에 비해 다양한 변수를 연구 • 인위성의 개입이 없고 매우 현실적	• 독립변수의 조작이 불가능하여 명확한 인과관계의 검증이 불가능 • 측정의 정확성이 낮음 • 대상의 무작위화가 불가능 • 결과해석상의 임의성 • 주관성의 문제

45 실험설계 종류에 따른 모형

실험설계의 종류	모 형			내 용
단일집단 사후설계		X	O_1	실험효과 측정곤란
단일집단 사전사후설계	O_0	X	O_1	사전사후 차이$(O_1 - O_0)$로 실험효과측정
정태적 집단비교	실험집단 : 통제집단 :	X	O_1 O_3	실험집단과 통제집단의 차이로 실험효과측정$(E = O_1 - O_3)$
솔로몬 4집단설계	실험집단 : O_0 통제집단 : O_0 실험집단 : 통제집단 :	X X	O_1 O_3 O_1 O_3	네 집단 사이의 차이로 실험효과측정
통제집단 사후비교	실험집단 : (R) 통제집단 : (R)	X	O_1 O_3	실험집단과 통제집단의 차이로 실험효과측정$(E = O_1 - O_3)$
통제집단 전후비교	실험집단 : (R) O_0 통제집단 : (R) O_2	X	O_1 O_3	두 집단 사이의 차이로 실험효과측정$(E = (O_1 - O_3) - (O_0 - O_2))$

X : 실험실시 시점, O_0, O_2 : 실험 이전 관찰시점, O_1, O_3 : 실험 이후 관찰시점, (R) : 무작위배정

46 실험설계 비교

구 분	사전실험설계	순수실험설계	유사실험설계	사후실험설계
대상의 무작위화	불가능	가 능	불가능	불가능
독립변수의 조작가능성	불가능	가 능	일부가능	불가능
외생변수의 통제정도	불가능	가 능	일부가능	불가능
측정(시기, 대상) 통제	불가능	가 능	가 능	불가능

47 실험설계의 특징

- 실험의 내적타당도를 확보하기 위한 노력
- 실험의 검증력을 극대화하고자 하는 시도
- 연구가설의 진위여부를 확인하는 구조화된 절차
- 새로운 가설이나 연구문제를 발견하는데 기여

48 밀(Mill)의 실험설계에 대한 기본 논리

일치법	관찰하는 모든 현상에서 항상 한 가지 요소 또는 조건이 발견된다면 그 현상과 요소는 인과적으로 연결된다.
차이법	서로 상이한 결과가 나타나는 점을 비교하여, 그 결과로 나타나는 현상을 제고하지 않고서는 배제될 수 없는 선행조건이 있다면, 이는 그 현상의 원인이다.
간접적 차이법	만약 특정 현상이 발생하는 둘 이상의 사례에서 하나의 공통요소만을 가지고 있고, 그 현상이 발생하지 않는 둘 이상의 사례에서 그러한 공통요소가 없다는 점 외에 공통사항이 없다면, 그 요소는 그러한 특정 현상의 원인이다.
잔여법(잉여법)	특정 현상에서 귀납적 방법의 적용으로 인과관계가 이미 밝혀진 부분을 제외할 때, 그 현상에서의 나머지 부분은 나머지 선행요인의 결과이다.
동시변화법	어떤 현상이 변화할 때마다 다른 현상에 특정한 방법으로 변화가 발생한다면 그 현상은 다른 현상의 원인 또는 결과이거나 일정한 인과관계의 과정으로 연결되어 있다.

49 정의의 종류

개념적 정의 (사전적 정의)	연구대상이 되는 사람 또는 사물의 형태 및 속성, 다양한 사회적 현상들을 개념적으로 정의하는 것
조작적 정의	추상적인 개념들을 경험적·실증적으로 측정이 가능하도록 구체화한 것
재개념화	주된 개념에 대한 정리·분석을 통해 개념을 보다 명백히 재규정하는 것
실질적 정의	한 용어가 갖는 어의상의 뜻을 전제로 그 용어가 대표하고 있는 개념 또는 실제 현상의 본질적 성격, 속성을 그대로 나타내는 것
명목적 정의	어떤 개념을 나타내는 용어에 대하여 그 개념이 전제로 하는 본래의 실질적인 내용·속성의 문제를 고려하지 않고 연구자가 일정한 조건을 약정하고 그에 따라 용어의 뜻을 규정하는 것

50 정확한 개념 전달을 저해하는 요인

- 용어를 수용하는 사람의 능력이나 관점이 다르다.
- 용어를 수용하는 사람, 시간, 장소에 따라 의미가 변한다.
- 현대에는 전문화된 용어가 많아져 현상을 이해하는 데 있어서 어려워지고 있다.
- 사회과학에는 표준화되지 못한 용어가 많다.
- 하나의 용어가 여러 가지 의미를 내포하는 경우가 많다.
- 둘 이상의 용어가 하나의 현상이나 사실을 지시하는 경우가 많다.

51 변수의 종류

매개변수	시간적으로 독립변수 다음에 위치하며 독립변수의 결과인 동시에 종속변수의 원인이 되는 변수이다.
구성변수	하나의 포괄적 개념은 다수의 하위개념으로 구성되는데 구성변수는 포괄적 개념의 하위개념이다.
억제변수 (억압변수)	두 변수 간에 관계가 존재하지만 어떤 변수의 방해에 의해 두 변수 간의 관계를 약화시키거나 소멸시키는 변수이다.
왜곡변수	• 두 변수 간의 관계를 어떤 식으로든 왜곡시키는 제3의 변수이다. • 특히 두 변수 간의 관계를 정반대의 관계로 나타나게 한다는 점에서 억제변수와 차이가 있다.
외적변수 (허위, 외재변수)	독립변수와 종속변수가 실제로 인과관계가 없는데 어떤 제3의 변수를 포함시켜 분석하면 인과관계가 있는 것처럼 보이는 변수이다.
선행변수	인과관계에서 독립변수에 앞서면서 독립변수에 대해 유효한 영향력을 행사하는 변수이다.
통제변수	독립변수와 종속변수 간의 관계를 명확히 파악하기 위해 그 관계에 영향을 미칠 수 있는 제3의 변수를 통제하는 변수이다.
독립변수 (원인, 설명변수)	다른 변수에 영향을 주는 변수이다.
종속변수 (반응, 결과변수)	다른 변수의 영향을 받는 변수이다.

06　자료수집방법

01　1차 자료, 2차 자료, 3차 자료

1차 자료	연구자가 현재 수행중인 조사연구의 목적을 달성하기 위해 직접 수집하는 자료로 설문지, 면접법, 관찰법 등으로 수집하는 자료
2차 자료	다른 목적을 위해 이미 수집된 자료로써 연구자가 자신이 수행중인 연구문제를 해결하기 위해 사용하는 자료
3차 자료	동일한 연구문제에 대하여 방대하게 축적된 경험적 연구논문들을 기반으로 하여 그 논문들을 대상으로 분석하는 연구를 종합연구라 하며, 이 종합연구를 수행하기 위한 기초자료로서의 3차 자료는 기존 문헌을 분석하는 방법인 메타분석과 관련됨

02　1차 자료의 장·단점

1차 자료의 장점	1차 자료의 단점
• 조사목적에 적합한 정확도, 타당도, 신뢰도 등의 평가가 가능하다. • 조사목적에 적합한 정보를 필요한 시기에 제공한다. • 분석결과를 직접 활용할 수 있다.	• 시간, 비용, 인력이 많이 소요된다. • 표본추출방법, 자료수집방법 등 사전준비를 철저히 해야 한다.

03　2차 자료의 장·단점

2차 자료의 장점	2차 자료의 단점
• 1차 자료의 수집에 따른 시간, 노력, 비용을 절감할 수 있다. • 직접적이고 즉각적인 사용이 가능하다. • 국제비교나 종단적 비교가 가능하다. • 공신력 있는 기관에서 수집한 자료는 신뢰도와 타당도가 높다.	• 연구의 분석단위나 조작적 정의가 다른 경우 사용이 곤란하다. • 일반적으로 신뢰도와 타당도가 낮다. • 시간이 경과하여 시의적절하지 못한 정보일 수 있다. • 연구에 필요한 2차 자료의 소재를 파악하기 어렵다.

04　예비조사와 사전조사

예비조사(Pilot Study)	사전조사(Pre-test)
• 연구의 가설을 명백히 하기 위해 실시 • 본 연구를 진행하기에 앞서 실시 • 문헌조사, 경험자조사, 현지답사, 특례분석(소수사례분석) 등이 있음	• 설문지의 개선할 사항을 찾아내기 위해 실시 • 설문지 초안 작성 후, 본조사 실시 전 실시 • 본조사에서 실시하는 것과 똑같은 절차와 방법으로 실시

05 문헌조사의 목적

문헌조사는 해당 연구와 관련된 연구현황을 파악하기 위해 각종 문헌을 조사하는 것이다.
- 연구문제를 구체적으로 한정시킨다.
- 연구문제의 해결을 위한 새로운 접근방법을 알 수 있다.
- 조사설계에서의 잘못을 피할 수 있다.
- 연구수행에 관한 새로운 아이디어를 찾을 수 있다.

06 사전조사의 목적

- 질문어구의 구성
  - 중요한 응답항목을 누락하지는 않았는지 검토
  - 응답이 어느 한쪽으로 치우치게 나타나는지 검토
  - "모른다" 등과 같이 판단유보 범주의 응답이 많은지 검토
  - 무응답 또는 기타에 대한 응답이 많은지 검토
  - 질문의 순서가 바뀌었을 때 응답한 내용에 변화가 나타나는지 검토
- 본조사에 필요한 자료수집
  - 면접장소
  - 조사에 걸리는 시간
  - 현지조사에서 필요한 협조사항
  - 기타 조사상의 애로점 및 타개방법

07 참여관찰(Participant Observation)

관찰자가 관찰대상 집단 내부에 들어가 구성원의 일원으로 참여하면서 관찰하는 방법이다.

완전참여자	관찰대상자들에게는 관찰자가 알려져 있지 않기 때문에 관찰대상자들은 그들을 관찰하고 있는 사람이 있다는 사실조차 알지 못한다.
관찰자로서의 참여자	관찰대상자들에게도 관찰자가 명백히 알려져 있을 뿐 아니라 실제로 관찰자도 관찰대상자와 혼연일체가 되어 같이 활동하고 생활한다.
참여자로서의 관찰자	관찰대상자들에게 관찰자가 그들의 행동을 관찰하고 있다는 사실이 알려져 있지만 관찰자가 직접 이들 관찰대상자들과 한 몸이 되어 행동하지는 않는다.
완전관찰자	관찰대상자들에게 관찰자가 직접 참여하지 않고 완전히 제3자의 입장에서 있는 그대로를 기술한다.

08 참여관찰의 장·단점

참여관찰의 장점	참여관찰의 단점
• 조사연구 설계를 수정할 수 있어 연구에 유연성이 있다. • 어린이와 같이 언어구사력이 떨어지는 집단에게 효과적이다. • 자연스러운 상황에서 관찰하므로 자료가 세밀하고 정교하다.	• 관찰자는 관찰대상의 행위가 발생할 때까지 기다려야 한다. • 어떤 업무를 수행하면서 관찰해야 하므로 관찰활동에 제약이 있다. • 동조현상으로 인한 객관성을 잃을 때가 있다. • 관찰자의 주관이 개제되어 일반화 가능성이 낮을 수 있다.

09 관찰의 종류

참여관찰	• 관찰자가 관찰대상 집단 내부에 들어가 구성원의 일원으로 참여하면서 관찰하는 방법이다. • 관찰대상자와 깊이 있는 접촉을 유지할 수 있으며, 동조현상으로 객관성을 잃을 수 있다. • 관찰자의 주관이 개입됨으로써 관찰 결과를 변절시킬 수 있다.
비참여관찰	• 관찰한다는 사실과 내용을 관찰대상자에게 밝히고 시행하는 방법이다. • 관찰대상자들을 객관적인 입장에서 정확하게 관찰할 수 있다. • 관찰대상자들이 관찰을 받고 있다는 사실을 알고 있기 때문에 행위의 자연성을 해칠 우려가 있다.
준참여관찰	• 관찰대상 집단에 부분적으로 참여하는 방법이다. • 관찰대상자들이 관찰을 받고 있다는 사실을 알고 있지만, 자연성을 해칠 우려가 있을 경우 관찰자를 관찰대상에게 노출시키지 않을 수 있다. • 연구대상을 자연스러운 상태에서 관찰하면서도 관찰자의 윤리적 문제를 야기하지 않는다. • 참여관찰과 비참여관찰의 장단점의 중간에 속한다고 볼 수 있다.

10 관찰법의 분류

자연적 관찰과 인위적 관찰	관찰하고자 하는 사건의 발생이 자연적인가 또는 연구자가 실험을 하기 위해 인위적으로 만들었는가의 여부에 따른 분류이다.
공개적 관찰과 비공개적 관찰	공개적 관찰은 피관찰자가 관찰 사실을 알고 있는 경우이고, 비공개적 관찰은 피관찰자가 관찰 사실을 모르고 있는 경우이다.
체계적 관찰과 비체계적 관찰	체계적인 관찰은 관찰자가 관찰 상황에 전혀 개입하지 않거나 최소한의 개입을 하는 경우인 반면 비체계적인 관찰은 자연관찰이라고도 하고 관찰 상황에 참여하는 경우를 말한다.
직접적 관찰과 간접적 관찰	직접적 관찰은 실제 상황을 보고 직접 관찰한 것인 반면 간접적 관찰은 글이나 그림 또는 기존 응답물의 자료로 분석하는 것을 말한다.
구조적 관찰과 비구조적 관찰	구조적 관찰은 관찰에 앞서 관찰할 행동을 적을 기록지를 만들어 놓고 시작하는 경우인 반면 비구조적 관찰은 특정한 양식이 없이 관찰한 내용을 모두 기록하는 경우를 말한다.

11 관찰법의 특징

- 관찰법은 즉각적 자료수집이 가능하다.
- 연구대상의 무의식적인 행동이나 인식하지 못한 문제도 관찰이 가능하다.
- 대상자가 표현능력은 있더라도 조사에 비협조적이거나 면접을 거부할 경우 효과적이다.
- 응답과정에서 발생하는 오차를 감소할 수 있다.
- 피관찰자의 행동이나 태도를 관찰함으로써 자료를 수집하는 귀납적 방법에 해당된다.

12 관찰에서 지각과정상의 오류 감소 방법

- 객관적인 관찰도구를 사용한다.
- 관찰기간을 짧게 잡는다.
- 가능한 관찰단위를 명세화한다.
- 복수의 관찰자가 관찰한다.
- 혼란을 초래하는 영향을 통제한다.
- 보다 큰 단위를 관찰한다.
- 훈련을 통해 관찰기술을 향상시킨다.

13 관찰조사의 타당성을 높이는 방법

- 관찰자를 충분히 훈련한다.
- 관찰자를 여러 명으로 한다.
- 기록을 정기적으로 점검한다.
- 사실과 해석을 구분하여 기록하도록 한다.
- 유사한 내용은 동일한 용어로 처리하도록 한다.

14 면접의 종류

표준화 면접 (구조화된 면접)	엄격히 정해진 면접조사표에 의하여 모든 응답자에게 동일한 질문순서와 동일한 질문내용에 따라 면접하는 방식
비표준화 면접 (비구조화된 면접)	면접자가 면접조사표의 질문내용, 형식, 순서를 미리 정하지 않은 채 면접상황에 따라 자유롭게 응답자와 상호작용을 통해 자료를 수집하는 방식
준표준화 면접 (반구조화된 면접)	일정한 수의 중요한 질문은 표준화하고 그 외의 질문은 비표준화하는 방식

15 표준화 면접의 장·단점

표준화 면접의 장점	표준화 면접의 단점
• 면접결과에 대한 비교가 용이하다. • 측정이 용이하다. • 신뢰도가 높다. • 언어구성의 오류가 적다. • 반복적 연구가 가능하다.	• 새로운 사실 및 아이디어의 발견가능성이 낮다. • 의미의 표준화가 어렵다. • 면접상황에 대한 적응도가 낮다. • 융통성이 없고 타당도가 낮다. • 특정 분야의 깊이 있는 측정을 도모할 수 없다.

16 비표준화 면접의 장·단점

비표준화 면접의 장점	비표준화 면접의 단점
• 면접상황에 대한 적응도가 높다. • 면접결과의 타당도가 높다. • 새로운 사실의 발견가능성이 높다. • 면접의 신축성이 높다.	• 면접결과에 대한 비교·분석이 어렵다. • 면접결과의 신뢰도가 낮다. • 면접결과를 처리하기가 용이하지 않다. • 반복적인 면접이 불가능하다.

17 비표준화 면접의 특징

- 질문 자체가 고정화되어 있지 않다.
- 최소한의 지시나 방향만 제시할 뿐이다.
- 면접상황에 적절하게 질문내용을 변경할 수 있다.
- 표준화 면접에 비해 상대적으로 자유로운 면접방법이다.
- 질문문항이나 순서가 미리 정해져 있지 않다.
- 표준화 면접에 유용한 자료를 제공해 준다.

18 특별한 면접방법

반복적 면접 (패널면접)	일정한 시간을 두고 동일한 질문을 반복하거나 면접조사 기간에 동일한 응답자를 대상으로 반복적으로 면접하는 방식
집중면접 (심층면접)	응답자로 하여금 경험한 일정 현상의 영향에 대해 집중적으로 면접하는 방식
표적집단면접	전문적인 지식을 가진 면접 진행자가 소수의 집단을 대상으로 특정 주제에 대해 자유롭게 토론을 하여 필요한 정보를 얻는 방식
비지시적 면접	면접자가 어떤 지정된 방법 및 절차에 의해 응답자를 면접하는 것이 아니고, 응답자로 하여금 어떠한 응답을 하든지 간에 공포감이 없이 자유로운 상황에서 응답할 수 있는 분위기를 마련해준 다음 면접하는 방식

19 대인면접조사의 특징

- 질문과정에서 유연성이 높다.
- 대리응답 가능성이 낮다.
- 표집조건이 동일하다면 비용이 많이 든다.
- 면접환경을 표준화할 수 있으며 응답률이 높다.
- 보다 복잡한 질문을 사용할 수 있으며 시간이 많이 소요된다.

20 면접 시 유의사항

- 면접자는 중립적인 태도로 엄숙하고 진지하게 면접에 임한다.
- 면접자는 응답자와 친밀감(Rapport)을 형성해야 한다.
- 면접자의 신분을 밝혀 피면접자의 불안감을 해소시킨다.
- 피면접자에게 면접목적과 피면접자의 신변 및 비밀이 보장됨을 주지시킨다.
- 면접상황에 따라 면접방식을 융통성 있게 조정한다.
- 면접자는 객관적 입장에서 견지한다.
- 면접과 관련된 내용을 자세하게 기록한다.
- 피면접자가 "모른다"는 응답을 하는 경우 그 이유를 알아본다.

21 표적집단면접(FGI)의 장·단점

표적집단면접의 장점	표적집단면접의 단점
• 심도 있는 정보획득이 가능하다. • 응답을 강요당하지 않으므로 솔직하고 정확한 의견을 표명할 수 있다. • 높은 내용타당도를 가진다. • 저렴한 비용으로 신속하게 수행이 가능하다.	• 표적집단을 선정하기 어렵다. • 사회자의 편견이 개입될 가능성이 높다. • 사회자의 능력에 따라 조사결과가 크게 좌우된다. • 조사결과의 일반화가 어렵다.

22 집단조사(Group Survey)의 장·단점

연구대상자를 개별적으로 만나서 조사하는 것이 아니라 집단적으로 모아놓고 질문지를 배부하여 응답자가 직접 기입하게 하는 방식이다.

집단조사의 장점	집단조사의 단점
• 조사자가 많이 필요하지 않아 비용과 시간이 절약된다. • 조사의 설명이나 조건을 똑같이 할 수 있어 동일성 확보가 가능하다. • 필요시 응답자와 직접 대화할 수 있어 질문에 대한 오류를 줄일 수 있다.	• 응답자들을 집합시킨다는 것이 쉽지 않으므로 특수한 조사에만 가능하다. • 응답자들의 개인별 차이를 무시함으로써 조사 자체에 타당도가 낮아지기 쉽다. • 응답자들이 한 장소에 모여 있어 통제가 용이하지 않다.

23 전화조사의 장·단점

전화조사의 장점	전화조사의 단점
• 면접조사에 비해 시간과 비용이 적게 든다. • 우편조사에 비해 타인의 참여를 줄일 수 있다. • 면접이 어려운 사람의 경우에 유리하다. • 면접조사에 비해 타당도가 높다. • 컴퓨터 지원(CATI조사 ; Computer Assisted Telephone Interviewing)이 가능하다.	• 보조도구를 사용할 수 없다. • 면접조사에 비해 심층면접을 하기 곤란하다. • 모집단이 불완전하다. • 질문의 길이와 내용을 제한받는다.

24　우편조사의 장·단점

우편조사의 장점	우편조사의 단점
• 면접조사에 비해 비용이 적게 든다. • 광범위한 지역에 걸쳐 조사가 가능하다. • 응답자의 익명성이 보장된다. • 면접자의 영향을 받지 않는다.	• 질문지 회수율이 낮아 대표성이 없어 일반화하는 데 곤란하다. • 질문문항들이 간단하고 직설적이어야 한다. • 응답자 본인이 직접 기술한 것인지 다른 사람이 기술한 것인지 알 수 없다. • 타 조사에 비해 융통성이 부족하고 비언어적인 정보를 수집하기에 어렵다.

25　우편조사의 응답률에 영향을 미치는 요인

• 응답집단의 동질성 : 조사자는 특정한 응답집단의 경우 응답률이 높다는 사실을 인식함으로써 모집단과 표본추출방법에 대해 보다 세심하게 검토할 필요가 있다.
• 질문지의 형식과 우송방법 : 질문지 종이의 질과 문항의 간격 등의 인쇄술, 종이의 색깔, 표지설명의 길이와 유형 등의 형식이 응답률에 영향을 미친다.
• 표지편지(Cover Letter) : 연구자는 표지편지에 연구주관기관, 연구의 목적, 연락처, 응답의 필요성, 응답내용에 대한 비밀보장 등의 메시지를 표현함으로써 응답자의 응답을 유인할 수 있다.
• 우송유형 : 반송봉투가 필요 없는 봉투겸용 우편(자기우편)설문지를 이용한다.
• 인센티브(Incentive) : 사례품이나 사례금등 약간의 인센티브(Incentive)를 준다.
• 예고편지 : 조사에 앞서 예고편지(안내문 등)를 발송한다.
• 추가우송 : 격려문과 함께 설문지를 다시 동봉하여 추적우편(Follow-up-mailing)을 실시한다.

26　우편조사 시 응답률을 높이는 방법

• 반송용 우표 및 봉투를 동봉한다.
• 반송봉투가 필요 없는 봉투겸용 우편(자기우편)설문지를 이용한다.
• 격려문과 함께 설문지를 다시 동봉하여 추적우편(Follow-up-mailing)을 실시한다.
• 사례품이나 사례금 등 약간의 인센티브(Incentive)를 준다.
• 조사에 앞서 예고편지(안내문 등)를 발송한다.
• 설문지 표지에 조사기관 및 조사의 중요성에 대해 설명하여 응답자가 응답하도록 동기를 부여한다.

27 온라인조사의 장·단점

온라인조사의 장점	온라인조사의 단점
• 오프라인(Off-line)조사에 비해 시간과 비용이 적게 든다. • 멀티미디어 자료의 활용 등 다양한 형태의 조사가 가능하다. • 특수계층의 응답자에게도 적용 가능하다. • 면접원의 편향을 통제할 수 있다.	• 컴퓨터와 인터넷을 사용할 수 있는 사람만을 대상으로 하기 때문에 표본의 대표성에 문제가 있다. • 응답률이 낮다. • 복잡한 질문이나 질문의 양이 많은 경우에 자발적 참여가 어렵다. • 모집단의 정의가 어렵다. • 컴퓨터 운영체계 또는 사용 브라우저에 따라 호환성에 제한이 있다.

28 자료수집방법 비교

기 준	면접조사	전화조사	우편조사	전자조사
비 용	높 음	중 간	낮 음	없 음
면접자 편향	높 음	낮 음	없 음	없 음
시간소요	높 음	중 간	낮 음	낮 음
익명성	낮 음	낮 음	높 음	높 음
응답률	높 음	중 간	낮 음	낮 음
응답자 통제	높 음	중 간	없 음	없 음

29 내용분석의 장·단점

기록화된 것을 중심으로 그 연구대상에 대한 필요 자료를 수집·분석함으로써 객관적이고 체계적이며 계량적인 방법으로 분석하는 방법이다.

내용분석의 장점	내용분석의 단점
• 2차 자료를 이용함으로 비용과 시간이 절약된다. • 설문조사나 현지조사 등에 비해 안전도가 높고 재조사가 쉽다. • 장기간에 걸쳐서 발생하는 과정을 연구할 수 있어 역사적 연구에 적용 가능하다. • 피조사자가 반작용(Reactivity)을 일으키지 않으며 연구조사자가 연구대상에 영향을 미치지 않는다. • 다른 조사에 비해 실패할 경우 위험부담이 적다.	• 기록된 자료만 다룰 수 있어 자료의 입수가 제한적이다. • 분류범주의 타당성 확보가 곤란하다. • 복잡한 변수가 작용하는 경우 신뢰도가 낮을 수 있다. • 양적분석이지만 모집단의 파악이 어렵다. • 자료의 입수가 제한되어 있는 경우가 종종 발생한다.

30 내용분석의 특징

- 문헌연구의 일종으로 정보의 내용(메시지)을 그 분석대상으로 한다.
- 정보의 현재적인 내용뿐만 아니라 잠재적인 내용도 분석대상이다.
- 양적분석방법뿐만 아니라 질적분석방법도 사용한다.
- 범주 설정에 있어서는 포괄성과 상호배타성을 확보해야 한다.
- 사례연구와 개방형 질문지 분석의 특성을 동시에 보여준다.
- 객관적이고 계량적인 방법에 의해 측정·분석하는 방법이다.
- 다른 연구방법의 타당성 여부를 위해 사용 가능하다.

31 내용분석의 절차

연구문제와 가설 설정 → 내용분석 자료의 표본추출 → 분석 카테고리 설정 → 분석단위 결정 → 집계체계 결정 및 내용분석 작업 → 보고서 작성

32 개입적 연구와 비개입적 연구

개입적 연구	연구자가 현상관찰에 개입하는 연구로 설문조사, 현장연구, 사례연구 등이 있다.
비개입적 연구	연구자가 현상관찰에 개입하지 않는 연구로 내용분석, 기존 통계자료 분석, 역사 비교분석 등이 있다.

07   질문지 작성법

01 개방형 질문과 폐쇄형 질문의 특징

개방형 질문	폐쇄형 질문
• 복합적인 질문을 하기에 유리하다. • 응답유형에 대한 사전지식이 부족할 때 사용한다. • 응답에 대한 제한을 받지 않으므로 새로운 사실을 발견할 가능성이 크다. • 본조사에 사용될 조사표 작성 시 폐쇄형 질문의 응답유형을 결정할 수 있게 해준다. • 응답을 분류하고 코딩하기에 어렵다. • 응답자가 어느 정도의 교육수준을 갖추어야 한다. • 폐쇄형 질문에 비해 상대적으로 응답률이 낮다. • 결과를 분석하여 설문지를 완성하기까지 많은 시간과 비용이 소요된다. • 탐색적으로 사용할 수 있다.	• 자료의 기록 및 코딩이 용이하다. • 응답 관련 오류가 적다. • 사적인 질문 또는 응답하기 곤란한 질문에 용이하다. • 조사자의 편견개입을 방지할 수 있다. • 응답자의 의견을 충분히 반영시킬 수 없다. • 질문의 순서가 바뀌었을 때 응답한 내용에 변화가 나타날 수 있다. • 응답자 생각과 달리 응답범주가 획일화되어 있어 편향이 발생할 수 있다. • 조사자가 적절한 응답지를 제시하기가 어렵다.

02 행렬식 질문의 장·단점

동일한 일련의 응답범주를 가지고 있는 여러 개의 질문문항들을 한데 묶어서 하나의 질문세트를 만든 것으로 평정식 질문의 응용형태이다.

행렬식 질문의 장점	행렬식 질문의 단점
• 질문지의 공간을 효율적으로 사용할 수 있다. • 일련의 독립된 문항보다 응답하기 쉽다. • 응답들의 비교성을 증가시켜준다.	• 문항을 행렬식 질문에 맞게 억지로 구성할 수 있다. • 응답자들에게 특정한 응답세트를 유도하게끔 할 수 있다. • 응답자가 질문내용을 상세히 검토하지 않고 모든 질문문항에 대해 유사하게 응답하려는 경향을 나타낼 수 있다.

03 질문지의 구성

응답자의 파악자료	응답자의 주소, 성명, 전화번호, 응답자의 인구특성, 사회경제적 특성변수(직업 등)를 파악한다.
응답자의 협조요구	질문지가 작성된 동기와 용도를 밝힘으로써 응답자의 참여의식을 높이고, 응답사항의 비밀보장을 통해서 응답자의 협조를 얻는다.
지시사항	조사의 목적, 조사 자료의 이용 정도와 방법, 응답자나 면접원이 지켜야 할 사항 등을 포함한다.
필요정보의 유형	질문지의 가장 핵심적인 사항으로써 얻고자 하는 정보의 내용이나, 분석방법에 적합한 유형으로 필요정보를 얻을 수 있도록 구성한다.
응답자의 분류에 관한 자료	질문지의 내용 또는 응답자의 특성에 따라 응답자를 여러 가지로 분류할 필요가 있을 때에는 분류자료를 수집한다.

04 질문지 작성 절차

필요한 정보 결정 → 자료수집방법 결정 → 개별항목 내용결정 → 질문형태 결정 → 개별항목 완성 → 질문순서 결정 → 질문지 외형 결정 → 질문지 사전조사 → 질문지 완성

05 질문지 작성 시 유의사항

포괄성	응답자가 응답 가능한 항목을 모두 제시해야 한다.
상호배제성	응답범주의 중복을 회피해야 한다.
단순성	하나의 질문항목으로 두 가지 질문을 해서는 안 된다.
우선순위배정	응답항목이 많은 경우 응답자에게 모든 응답이 해당될 수 있으므로 중요한 순위에 따라 응답하도록 제시하는 것이 유용하다.
균형성	질문항목과 응답범주는 연구자의 임의적인 가정으로 어느 한쪽으로 치우침이 없도록 작성해야 한다.
명확성	가능한 뜻이 애매한 단어와 상이한 단어의 사용은 회피하고 쉽고 명확한 단어를 사용한다.
가치중립성	연구자의 주관이 개입되어 특정 응답을 유도하거나 암시하는 질문을 해서는 안 된다.

쉬운 단어사용	단어는 일반적이고 직설적이며 핵심적인 단어를 사용해야 하며 응답자의 교육수준을 고려하여 전문적이고 학술적인 단어 또는 외래어를 되도록 피하도록 한다.
간결성	질문내용이 지나치게 길어지면 응답자로 하여금 혼란을 초래할 수 있으며 응답률을 떨어 트릴 수 있으므로 질문은 간결하게 한다.

06 질문항목의 내용

사실에 관한 질문	응답자의 배경, 환경, 습관 등의 정보를 얻기 위한 질문으로 인구통계학적 질문, 사회경제적 질문, 사회경제적 배경에 관한 질문
행동에 관한 질문	응답자에게 현재하고 있거나 과거에 한 적이 있는 행동에 대해 묻는 질문
의견이나 태도에 관한 질문	특정 주제에 대한 개인의 성향, 편견, 이념, 두려움, 확신 등을 말로 표현한 의견에 관한 질문
지식에 관한 질문	특정 주제에 대하여 가지고 있는 지식과 그 정도 또는 정보의 정확성 등을 결정하기 위하여 사용되는 질문

07 간접질문방법

투사법	• 특정 주제에 대해 직접적으로 질문하지 않고 단어, 문장, 이야기, 그림 등 간접적인 자극을 제공해 응답자가 자신의 신념과 감정을 이러한 자극에 자유롭게 투사하게 함으로써 진솔한 반응을 표현하게 하는 방법 • 투사법에는 단어연상법, 만화완성법, 문장완성법, 그림묘사법 등이 있음
오류선택법	틀린 답을 여러 개 제시해 놓고 응답자로 하여금 선택하게 하여 응답자의 태도를 파악하는 방법
토의완성법	응답자에게 미완성된 문장 등을 제시한 후 그것을 빠른 속도로 완성하도록 하는 방법
정보검사법	어떤 주제에 대해 개인이 가지고 있는 정보의 양과 종류가 그 개인의 태도를 결정한다고 보고, 그 개인이 가지고 있는 정보의 양과 종류를 파악하여 응답자의 태도를 찾아내는 방법

08 질문지 배열 순서

- 일반적인 내용에서 구체적인 내용 순으로 한다.
- 사실적인 실태나 형태를 묻는 질문에서 이미지 평가나 태도를 묻는 질문 순으로 배치한다.
- 답변이 용이한 질문이나 흥미를 유발시키는 질문을 질문지 전반부에 배치하고 연령, 직업 등과 같이 민감한 내용의 질문은 질문지의 후반부에 배치한다.
- 응답의 신뢰도를 묻는 질문문항들은 분리하여 배치한다.
- 동일한 척도 항목들은 모아서 배치한다.

09 표준화된 질문지의 특성

- 복잡한 주제를 다루는 데 피상적으로 보인다.
- 중요함에도 불구하고 누락되는 응답범주들이 있을 수 있다.
- 사회생활의 맥락을 다루기가 어렵다(전체 생활상황에 대한 느낌을 발전시키지 못한다).
- 인위성에 빠질 수 있다(응답을 유도하거나 강요할 수 있다).
- 표준화된 질문지는 주로 양적분석에 사용되며 많은 사람을 대상으로 조사하기에 용이하다.

10 분석에서 제외시켜야 할 질문지

- 무응답이 많은 경우
- 응답자가 질문을 이해하지 못한 상태에서 응답했다고 판단되는 경우
- 표본에서 제외된 응답자가 포함된 경우
- 질문지의 일부가 분실된 경우
- 질문지가 예정일보다 너무 늦게 회수되었을 경우
- 전체 문항에 대해 동일한 번호로 응답한 경우
- 응답자가 응답하지 않고 조사원이 임의로 작성한 경우

11 부호화(Coding) 시 고려사항

부호화(Coding)란 자료를 분석하기 위해 각각의 정보단위들에 대해 변수 이름을 지정하고, 각 변수값들에 대해 숫자 또는 기호와 같이 특정부호를 할당하는 과정이다.
- 질문지의 질문순서와 부호의 순서는 되도록이면 일치하도록 한다.
- 지역/산업/직업/계열/학과코드 등에 대해 공식적인 분류코드(통계청, OES 등)를 이용한 분류가 필요하다.
- 개방형 질문의 응답에 대한 명확한 분류가 힘들 경우 가급적 많이 세분화한다.
- 모든 항목들은 숫자로만 입력하도록 하고 결측치는 별도 숫자로 처리한다.
- 부호화 구조를 설계할 때는 사용할 통계분석 방법을 항상 염두해 두어야 한다.
- 무응답과 "모르겠다"의 응답을 구분하여 명확히 해야 한다.
- 코딩 시 자유형식보다 고정형식으로 코딩하는 것이 바람직하다.

12 코드북(Code Book)

조사항목에 대한 응답을 분류하기 위해 붙이는 문자 또는 숫자로 부호화(Coding)한 안내서
예 통계청 가계동향조사 항목분류집, 통계청 어가경제조사 부호표 및 어업 조업 모식도, 통계청 농가경제
조사 및 농축산물생산비조사 항목분류집

13 코드북의 용도

- 범주형으로 응답한 자료를 양적자료화하는 데 활용
- 응답자료를 컴퓨터 입력에 활용
- 조사결과의 분석에 활용

14   코드북 작성 원칙

- 코드범주의 포괄성 : 코딩되는 모든 정보는 반드시 어떤 범주에 속해야 한다.
- 코드범주의 상호배타성 : 코딩되는 모든 정보는 반드시 한 가지 범주에만 속해야 한다.
- 변수의 위치 : 변수의 위치와 각각의 변수가 가질 수 있는 일련의 속성들에 코드를 부여한다.
- 변수의 정의 : 각 변수에 대한 완전한 정의를 포함하고 있어야 한다.
- 변수의 속성 : 각 변수의 속성은 수치값을 가지고 있어야 한다.
- 카테고리 결정 : 부호화된 응답을 세분하기 보다는 카테고리를 줄이는 것이 쉬우므로 카테고리가 적은 것보다는 많은 것이 유리하다.

15   결측값 처리 방법

평균대체	전체 표본을 몇 개의 대체층으로 분류한 뒤 각 층에서의 응답자 평균값을 그 층에 속한 모든 결측값에 대체하는 방법
유사자료대체	전체 표본을 대체층으로 나눈 뒤 각 층 내에서 응답 자료를 순서대로 정리하여 결측값이 있는 경우 그 결측값 바로 이전의 응답을 결측값 대신 대체하는 방법
외부자료대체	결측값을 기존에 실시된 표본조사에서 유사한 항목의 응답값으로 대체하는 방법
조사단위대체	무응답된 대상을 표본으로 추출되지 않은 다른 대상으로 대체하는 방법
회귀대체	무응답이 있는 항목 y에 응답이 있는 y의 보조변수 $x_1, x_2, \cdots, x_k$를 회귀모형에 적합시키는 방법
이월대체	조사시점 순서로 표본정렬 후 무응답 t 시점의 항목 y_i에 가장 가까운 과거 u 시점 응답값 y_u를 회귀모형에 적합시켜 무응답을 대체하는 방법
랜덤대체	대체층 내에서 대체값을 확률추출에 의해 랜덤하게 선택하여 결측값에 대체하는 방법
베이지안대체	결측값의 추정을 위해 추정모수에 사전정보를 부가하여 사후정보를 얻는 방법
복합대체	여러 가지 방법을 혼합하여 얻은 값으로 대체하는 방법

16   응답의 편향 유형

근자효과 (최신효과, Recency Effect)	응답항목의 순서 중에서 나중에 제시한 항목일수록 기억이 잘 나기 때문에 선택할 확률이 높아지는 현상으로 나중의 인상이 가장 큰 영향을 미친다는 심리이론
수위효과 (초두효과, Primacy Effect)	응답항목의 순서 중에서 처음에 제시한 항목일수록 기억이 잘 나기 때문에 선택할 확률이 높아지는 현상으로 첫인상이 가장 큰 영향을 미친다는 심리이론
집중효과 (Concentration Effect)	대상의 평가에 있어서 가장 무난하고 원만한 응답항목으로 집중하려는 경향
악대마차효과 (Bandwagon Effect)	다수가 어떤 방향으로 생각하고 행동하니까 본인도 거기에 따르게 되는 경향

후광효과 (Halo Effect)	처음 문항에 대해 좋게 또는 나쁘게 평가한 것을 다음 문항에 대해서도 계속 좋게 또는 나쁘게 평가하는 경향
관대화효과 (Leniency effect)	실제의 능력이나 실적에 비해 관대하게 평정하려는 경향
대비효과 (Contrast effect)	자신의 특성과 대비되는 특징을 상대방에게서 찾아내어 그것을 부각시키려는 경향
겸양효과 (Si, Senor effect)	면접자의 감정을 거스르지 않게 하기 위해 자신의 생각은 접어두고 면접자의 눈치를 보아가며 비위를 맞추는 경향
습관성 효과 (Habit effect)	응답자들이 질문내용을 신중하게 검토한 후 응답을 하기 보다는 무성의하게 습관적으로 "예" 또는 "그렇다"라는 응답만 되풀이하는 경향
체면치례효과 (Ego-threat Effect)	유행이나 시대에 뒤떨어진다는 소리를 듣지 않기 위해서 그릇된 답변을 하게 되는 경향

08 표본추출방법

01 표본추출의 주요 용어

모집단(Population)	관심의 대상이 되는 모든 개체의 집합
목표모집단 (Target Population)	조사목적에 의해 개념적으로 규정한 모집단
조사모집단 (Sampled Population)	통계조사가 가능한 모집단으로 표본을 추출하기 위해 규정한 모집단
표본(Sample)	모집단의 일부분으로 모집단을 가장 잘 대표할 수 있는 일부
표본추출틀 (Sampling Frame)	표본을 추출하기 위해 사용되는 표본추출단위가 수록된 목록
조사단위(Element)	기본단위(Elementary Unit) 또는 관찰단위라고도 하며 조사의 대상이 되는 가장 최소의 단위
표본추출단위 (Sampling Unit)	모집단에서 표본을 추출하기 위해 설정한 조사단위들의 집합
전수조사(Census)	• 모집단의 전부를 조사하는 방법 • Census를 통계청에서는 총조사로 번역하고 ○○총조사는 모두 전수조사 예 인구주택총조사, 농림어업총조사, 사업체총조사 등
표본조사(Sample Survey)	모집단의 일부를 조사함으로써 모집단 전체의 특성을 추정하는 방법

모수(Parameter)	모집단을 대표하는 수치화된 특정한 값
통계량(Statistic)	표본의 특성값
추정량(Estimator)	모집단의 모수를 추정하기 위해 사용되는 통계량
비표본오차 (Nonsample Error)	• 표본오차를 제외한 모든 오차 • 면접, 조사표 구성방법의 오류, 조사관의 자질, 조사표 작성 및 집계 과정에서 나타나는 오차 • 비표본오차는 전수조사와 표본조사 모두에서 발생함
표본오차 (Sample Error)	• 모집단으로부터 표본을 추출하여 조사한 자료를 근거로 얻은 결과를 모집단 전체에 대해 일반화하기 때문에 필연적으로 발생하는 오차 • 표본의 크기를 증가시킴으로써 표본오차를 감소시킬 수 있음 • 표본오차는 표본조사에서 발생되며 전수조사의 표본오차는 0 • 표본오차는 신뢰수준이 결정되면 계산할 수 있음
표준오차 (Standard Error)	추정량의 표준편차 예 표본평균의 표준오차 $SE(\overline{X}) = \dfrac{\sigma}{\sqrt{n}}$ 　　표본비율의 표준오차 $SE(\hat{p}) = \sqrt{\dfrac{p(1-p)}{n}}$

02 표집틀 구성의 평가요소

포괄성(Comprehensiveness)	표집틀이 연구하고자 하는 전체 모집단 중 얼마나 많은 부분을 포함하고 있는가 하는 문제
효율성(Efficiency)	가능하면 조사자가 원하는 대상만 표집틀 속에 포함해야 함
추출확률(Probability of Selection)	모집단에서 개별요소가 추출될 수 있는 확률이 동일한가를 알아보고, 동일하지 않은 경우 이를 조정할 수 있어야 함

03 표본설계과정

모집단의 확정 → 표본추출틀 결정 → 표본추출방법 결정 → 표본크기 결정 → 표본추출

04 확률표본추출방법과 비확률표본추출방법 특징 비교

확률표본추출방법	비확률표본추출방법
• 연구대상이 표본으로 추출될 확률이 알려져 있을 때 • 무작위적 표본추출 • 모수추정에 편향이 없음 • 분석결과의 일반화가 가능 • 표본오차의 추정 가능 • 시간과 비용이 많이 듦	• 연구대상이 표본으로 추출될 확률이 알려져 있지 않을 때 • 작위적 표본추출 • 모수추정에 편향이 있음 • 분석결과의 일반화에 제약 • 표본오차의 측정 불가능 • 시간과 비용이 적게 듦

05 확률표본추출방법의 종류

단순무작위추출 (Simple Random Sampling)	크기 N인 모집단으로부터 크기 n인 표본을 추출할 때 $\binom{N}{n}$가지의 모든 가능한 표본이 동일한 확률로 추출하는 방법
층화추출 (Stratified Sampling)	모집단을 비슷한 성질을 갖는 2개 이상의 동질적인 층(Stratum)으로 구분하고, 각 층으로부터 단순무작위추출방법을 적용하여 표본을 추출하는 방법
집락(군집)추출 (Cluster Sampling)	모집단을 조사단위 또는 집계단위를 모은 군집(Cluster)으로 나누고 이들 군집들 중에서 일부의 군집을 추출한 후 추출된 군집에서 일부 또는 전부를 표본으로 추출하는 방법
계통추출 (Systematic Sampling)	모집단 요소의 목록표를 이용하여 최초의 표본단위만 무작위로 추출하고, 나머지는 일정한 간격을 두고 표본을 추출하는 방법
지역추출 (Area Sampling)	집락추출법의 일종으로 집락이 지역인 경우의 집락추출법

06 비확률표본추출방법의 종류

유의표집 (Purposive Sampling)	모집단의 특성에 대해서 조사자가 정확히 알고 있는 경우에 제한적으로 사용하는 방법으로 조사자의 주관적 판단에 따라 표본을 추출하는 방법
할당표집 (Quota Sampling)	모집단이 여러 가지 특성으로 구성되어있는 경우 각 특성에 따라 층을 구성한 다음 층별 크기에 비례하여 표본을 배분하거나 동일한 크기의 표본을 조사원이 그 층 내에서 직접 선정하여 조사하는 방법
편의표집 (Convenience Sampling)	모집단에 대한 정보가 전혀 없거나 모집단의 구성요소들 간의 차이가 별로 없다고 판단될 때 표본선정의 편리성에 기준을 두고 조사자가 마음대로 표본을 선정하는 방법 예 길거리에서 만난 사람을 대상으로 표본조사를 하는 경우
가용표본추출 (Available Sampling)	조사에 쉽게 동원할 수 있는 표본을 대상으로 표본을 추출하는 방법 예 연구자의 가족이나 친척, 친구, 이웃 등을 표본으로 이용하는 경우
눈덩이표집 (Snowball Sampling)	눈덩이를 굴리면 커지는 것처럼 소수의 응답자를 찾은 다음 이들과 비슷한 사람들을 소개받아 가는 식으로 표본을 추출하는 방법 예 마약중독자, 불법체류자 등과 같은 표본을 찾기 힘든 경우 한두 명을 조사한 후 비슷한 환경의 사람을 소개받아 조사하는 경우

07 단순무작위표집(Simple Random Sampling)의 장·단점

장 점	• 모집단에 대한 사전지식이 필요 없어 모집단에 대한 정보가 아주 적을 때 유용하게 사용한다. • 추출확률이 동일하기 때문에 표본의 대표성이 높다. • 표본오차의 계산이 용이하다. • 확률표본추출방법 중 가장 적용이 용이하다. • 다른 확률표본추출방법과 결합하여 사용할 수 있다. • 다른 표본추출법에 비해 상대적으로 분석에 용이하다.
단 점	• 모집단에 대한 정보를 활용할 수 없다. • 동일한 표본크기에서 층화추출법보다 표본오차가 크다. • 비교적 표본의 크기가 커야 한다. • 표본추출틀 작성이 어렵다. • 모집단의 성격이 서로 상이한 경우 편향된 표본구성의 가능성이 존재한다. • 표본추출틀에 영향을 많이 받는다.

08 층화추출법(Stratified Sampling)의 장·단점

장 점	• 층 내부는 동질적이고 층 간에는 이질적이면 표본의 크기가 크지 않아도 모집단의 대표성이 보장된다. • 모집단을 효과적으로 층화할 경우, 층화추출법에 의해 구한 추정량은 단순임의추출법에 의해 구한 추정량보다 추정량의 오차가 적게 되어 추정의 정도를 높일 수 있다. • 전체 모집단에 대한 추정뿐만 아니라 각 층화집단에 대한 추정이 가능하여 각 층별 특수성을 알 수 있기 때문에 층별 비교가 가능하다. • 단순임의추출 또는 계통추출보다 불필요한 자료의 분산을 축소한다. • 조사관리가 편리하며 조사비용도 절감할 수 있다.
단 점	• 층화의 근거가 되는 층화명부가 필요하다. • 모집단을 층화하여 가중하였을 경우 원형으로 복귀하기가 어렵다. • 표본추출과정에서 시간과 비용이 증가할 수 있다. • 단순임의추출법보다 추론이 복잡하다.

09 층화추출법에서 표본배분방법

• 네이만배분 : 층화추출에서 추출단위당 비용이 모든 층에 동일한 경우의 표본배정방법

• 비례배분 : 각 층의 크기인 N_h는 알 수 있으나 층 내 변동에 대해 정보가 전혀 없을 때 표본크기 n을 각 층의 크기인 N_h에 비례하여 배정하는 방법

• 최적배분 : 분산 고정하에 비용을 최소화하거나 비용 고정하에 분산을 최소화하기 위한 표본배정

• 균등배분 : 모든 층의 크기를 동일하게 배정하는 방법

10 비비례층화표본추출법을 이용하는 경우

- 층화된 하위집단의 규모와 관계없이 동일하거나 의도적으로 각 층에 상이한 비율을 주어 표본의 수를 조정하고자 하는 표집방법이다.
- 모집단의 특성보다는 각 층이 대표하는 부분집단의 특성을 보고자 할 때 많이 사용된다.
- 모집단을 구성하는 어떤 특성을 갖는 요소의 수는 적지만 분석에 있어서 그 특성이 중요한 의미를 지닐 경우 표본의 유효성을 높이고자 할 때 주로 이용한다.
- 모집단의 구성과 관계없이 표본비율을 차등 적용하므로 표본의 불균형성의 문제가 발생하지만, 이는 가중치를 부여하는 방법 등을 통해 극복할 수 있다.
- 층화된 집단들을 비슷한 표본들로 비교하고 싶을 때 이용한다.

11 계통추출법(Systematic Sampling)의 장·단점

장 점	• 표본추출작업이 용이하며 바람직한 표본추출틀이 확보되지 않은 경우에 유용하다. • 단위들이 고르게 분포되어 있을 경우 단순임의추출법보다 추출오차가 감소되며 결과의 정도가 향상된다. • 실제 조사현장에서 직접 적용이 용이하다. • 다른 확률표본추출방법과 결합하여 사용할 수 있다. • 단위비용당 다량의 정보 획득이 가능하다.
단 점	• 표본추출틀 구성에 어려움이 있다. • 모집단의 단위가 주기성을 가지면 표본의 대표성에 문제가 발생한다. • 일반적으로 추정량이 편향추정량이다. • 표본추출틀의 형태에 따라 그 정도에 차이가 크다. • 원칙적으로 추정량의 분산에 대한 불편추정량의 계산이 불가능하다.

12 집락추출법(군집추출법, Cluster Sampling)의 장·단점

장 점	• 표본추출작업이 용이하다. • 단순임의추출법보다 시간과 비용이 크게 절약되며 단위비용당 많은 정보를 획득할 수 있다. • 각 집락의 성격뿐만 아니라 모집단의 성격도 파악할 수 있다. • 모집단 전체의 틀이 필요치 않고 조사대상이 되는 틀의 일부만이 요구된다.
단 점	• 집락 내부가 동질적일 경우 오차 개입가능성이 크다. • 단순임의추출보다 측정집단을 과대 또는 과소 포함할 위험이 크다. • 단순임의추출보다 분석방법이 복잡하다.

13 집락(군집)추출의 특징

- 표본추출단위는 집락이다.
- 집락 내는 이질적이고 집락 간은 동질적이다.
- 집락 내부가 모집단이 지닌 특성의 분포와 정확히 일치하면 가장 이상적이다.

14 비확률표본추출방법을 사용하는 경우

- 모집단을 규정지을 수 없는 경우
- 표본의 규모가 매우 작은 경우
- 표집오차가 큰 문제가 되지 않을 경우
- 조사 초기단계에서 문제에 대한 대략적인 정보가 필요한 경우
- 과거의 사건들에 대해 연구하거나 또는 현재의 경우라도 조사의 대상이 매우 비협조적인 경우
- 적절한 표본추출방법이 없을 경우

15 할당표본추출법의 특징

- 확률표본추출방법의 층화추출법과 유사하며, 마지막 표본의 선정이 랜덤하게 선정되지 않고 조사원의 주관에 의해서 선정된다는 차이점이 있다.
- 할당표본추출은 모집단에 대한 사전지식에 기초한다.
- 비확률표본추출이기 때문에 분석결과의 일반화에 제약이 따른다.

16 표본크기 결정요인

- 모집단의 성격(모집단의 이질성 여부)
- 통계분석 기법
- 허용오차의 크기
- 조사목적의 실현 가능성
- 신뢰수준
- 표본추출방법
- 변수 및 범주의 수
- 소요시간, 비용, 인력(조사원)
- 조사가설의 내용
- 모집단의 표준편차

09　측정

01 신뢰도와 타당도

신뢰도	측정도구가 측정하고자 하는 현상을 일관성 있게 측정하는 능력으로 어떤 측정도구를 동일한 현상에 반복 적용하여 동일한 결과를 얻게 되는 정도를 의미한다.
타당도	측정도구가 측정하고자 하는 개념이나 속성을 얼마나 실제에 정확히 측정하고 있는가 하는 정도를 의미한다.

02 신뢰도 평가 방법

재검사법	동일한 측정대상에 대하여 동일한 질문지를 이용하여 서로 다른 두 시점에 측정하여 얻은 결과를 비교하는 방법이다.
반분법	척도의 질문을 무작위적으로 반씩 나누어 둘로 만든 후 이 두 부분을 따로 떼어서 적용하는 것이 아니라 내용적으로만 갈라놓고 실제로는 본래의 척도를 그대로 적용하는 방법이다.
복수양식법 (대체법)	유사한 형태의 두 개 이상의 측정도구를 이용하여 동일한 대상에 차례로 적용한 후 그 결과를 비교하는 방법이다.
내적 일관성법	여러 개의 항목을 이용하여 동일한 개념을 측정하고자 할 때 신뢰도를 저해하는 요인을 제거한 후 신뢰도를 향상시키는 방법이다.

03 신뢰도를 높이기 위한 방법
- 측정도구의 모호성을 제거 : 측정도구를 구성하는 문항을 분명하게 작성한다.
- 다수의 측정항목 : 측정항목을 늘린다.
- 측정의 일관성 유지 : 측정자의 태도와 측정방식의 일관성을 유지한다.
- 표준화된 측정도구 이용 : 사전에 신뢰도가 검증된 표준화된 측정도구를 이용한다.
- 대조적인 항목들의 비교·분석 : 측정도구가 되는 각 항목의 성격을 비교하여 서로 대조적인 항목들을 비교·분석한다.
- 측정자가 무관심하거나 잘 모르는 내용은 측정하지 않는다.

04 측정의 신뢰도와 타당도에 영향을 미치는 요인
- 검사도구 및 그 내용 : 개방형 질문/폐쇄형 질문, 기계적인 요인, 측정의 길이, 문화적 요인 등으로 신뢰도와 타당도에 영향을 미친다.
- 환경적 요인 : 동일한 질문을 가지고 대인면접을 할 경우와 자기기입식으로 조사할 경우 차이가 발생해 신뢰도와 타당도에 영향을 미친다.
- 개인적 요인 : 응답자의 사회·경제적 지위, 연령, 성별, 사회적 요청, 기억력 등으로 신뢰도와 타당도에 영향을 미친다.
- 조사자의 해석 : 조사자가 결과를 어떻게 해석하느냐에 따라 신뢰도와 타당도에 영향을 미친다.

05 재검사법의 특징
- 재검사법은 안정성을 강조하는 방법이다.
- 동일한 측정도구를 두 번 적용함으로써 앞의 것이 두 번째 측정에 영향을 미칠 수 있다.
- 외부변수의 영향을 파악하기 곤란하다.
- 적용이 간편하며 평가가 용이하다.
- 보가더스척도는 신뢰도 측정에 재검사법밖에 사용할 수 없다.

06 반분법의 특징

- 측정도구가 경험적으로 단일지향적이어야 한다.
- 양분된 각 측정도구의 항목 수는 그 자체가 각각 완전한 척도를 이룰 수 있도록 충분히 많아야 한다.
- 어떻게 반분하느냐에 따라 다른 결과를 얻을 수 있다.
- 재조사법과 같이 두 번 조사할 필요가 없다.
- 복수양식법과 같이 두 개의 척도를 만들 필요가 없다.

07 스피어만-브라운(Spearman-Brown) 공식

- 질문지의 문항을 두 그룹으로 반분하여 구한 상관계수를 ρ_0라 할 때, 전체신뢰도 R은 다음과 같이 구한다.

$$R = \frac{2\rho_0}{1 + \rho_0}$$

- 질문지 문항을 반분하여 구한 반분신뢰도로 전체신뢰도를 추정할 때 이용한다.

08 크론바흐 알파(Cronbach's Alpha)

여러 개의 항목을 이용하여 동일한 개념을 측정하고자 할 때 신뢰도를 저해하는 요인을 제거한 후 신뢰도를 향상시키는 방법이 내적 일관성 방법이며 문항 상호 간에 어느 정도 일관성을 가지고 있는가를 측정할 때 크론바흐 알파계수를 이용한다.

$$\alpha = \frac{k}{k-1} \left(1 - \frac{\sum \sigma_i^2}{\sigma t^2} \right)$$

k : 측정항목 수

$\sum \sigma_i^2$: 개별 항목의 분산의 합

σt^2 : 전체 항목의 총분산

- 내적 일관성 분석법에 따라 신뢰도를 측정하는 척도이다.
- 신뢰도가 낮은 경우 신뢰도를 저해하는 항목을 찾을 수 있다.
- 크론바흐 알파값은 0~1의 값을 가지며, 값이 클수록 신뢰도가 높다.
- 크론바흐 알파값은 0.6 이상이 되어야 만족할 만한 수준이며, 0.8~0.9 정도면 신뢰도가 높은 것으로 본다.
- 신뢰도 계수를 구할 수 있으므로 현실적으로 가장 많이 사용된다.
- 문항의 수가 적을수록 크론바흐 알파값은 작아진다.
- 문항 간의 평균상관계수가 높을수록 크론바흐 알파값도 커진다.

09 내적타당도와 외적타당도

내적타당도	종속변수의 변화가 독립변수에 의한 것인지, 아니면 다른 조건에 의한 것인지 판별하는 기준이다.
외적타당도	연구를 통해 얻은 결과가 다른 상황, 다른 경우, 다른 시간의 조건에서도 일반화할 수 있는 정도를 의미한다.

10 타당도를 높이기 위한 대상자 배정방안

무작위배정	대상자들이 실험집단에 배정될 확률과 통제집단에 배정될 확률을 동일하게 보장하는 방법
짝짓기 (Matching)	대상자들에게 관찰될 여러 개의 변수를 고려할 때 실험집단과 통제집단으로 배정될 확률이 가장 가까운 대상자끼리 짝지어 배정한 후 남은 대상자들 중에서 실험집단과 통제집단으로 배정될 확률이 가장 가까운 대상자끼리 짝지어 배정하는 방법을 남은 대상자들이 모두 짝지어질 때까지 반복하는 방법
통계적 통제	통제해야 할 변수들을 독립변수로 간주하여 실험설계에 포함하는 방법

11 내적타당도 저해 요인

우발적 사건 (역사요인)	조사 설계 이전 또는 설계과정에서 전혀 예기치 못했거나 예기할 수 없었던 상황이 타당도를 해치게 된다.
선별효과 (선택요인)	실험집단으로 선정된 집단과 통제집단으로 선정된 집단이 여러 측면에서 현저한 차이가 나는 경우 타당도를 해치게 된다.
실험효과 (검사요인)	측정이 반복됨으로써 얻어지는 학습효과로 인해 실험대상의 반응에 영향을 미치는 경우 타당도를 해치게 된다.
조사도구효과	자료를 수집하는 데 사용되는 도구(질문지, 조사표, 조사원, 조사방법)가 달라지는 경우 측정결과에 영향을 미쳐 타당도를 해치게 된다.
성숙효과 (성장요인)	실험기간 중에 실험집단의 육체적 또는 심리적 특성이 변화함으로써 실험결과에 영향을 미쳐 타당도를 해치게 된다.
사멸효과 (상실요인)	실험대상의 일부가 사망, 기타 사유로 사멸 또는 추적조사가 불가능하게 될 때 실험결과에 영향을 미쳐 타당도를 해치게 된다.
통계적 회귀	사전측정에서 극단적인 값을 얻은 경우 이를 여러 번 반복 측정하게 되면 평균치로 근사하게 되는 경향으로 타당도를 해치게 된다.

12 외적타당도 저해 요인

- 실험상황의 반동효과
- 실험대상자 선정과 실험처리 간의 상호작용
- 다중실험처리 간의 간섭(방해)
- 자료수집상황에서의 반응효과

13 타당도의 평가

개념타당도 (구성타당도)	측정도구가 실제로 무엇을 측정하였는가 또는 조사자가 측정하고자 하는 추상적인 개념이 측정도구에 의해 제대로 측정되었는가의 정도로 이론적 구조하에서 변수들 간의 관계를 밝히는 데 중점을 두고 평가한다.
기준타당도 (경험적 타당도)	하나의 측정도구를 사용하여 측정한 결과를 다른 기준 또는 외부변수에 의한 측정결과와 비교하여 이들 간의 관련성의 정도를 통하여 타당도를 파악한다.
내용타당도 (논리적 타당도)	측정의 내용이 측정하고자 하는 속성의 내용을 잘 대표하고 있는가를 전문가의 논리적 사고에 입각하여 판단하는 주관적인 타당도이다.
안면타당도 (액면, 표면타당도)	검사문항을 전문가가 아닌 일반인들이 읽고 그 검사가 얼마나 타당해 보이는가를 평가하는 방법이다.

14 개념타당도의 구분

이해타당도	특정 개념에 대해 이론적 구성을 토대로 어느 정도 체계적·논리적으로 이해하고 있는가를 나타내는 타당도
수렴타당도	동일한 개념을 측정하기 위해 서로 다른 측정방법을 사용하여 측정으로 얻은 측정치들 간에 상관관계가 높아야 함을 전제로 하는 타당도
판별타당도	서로 다른 개념들을 측정했을 때 얻어진 측정문항들의 결과 간에 상관관계가 낮아야 함을 전제로 하는 타당도

15 개념타당성(Construct Validity) 저해 요인

- 변인에 대한 단일 조작적 편향 : 한 가지 상황만 가지고 큰 개념을 대변
- 한 가지 측정방법만을 사용 : 내담자의 반응 경향성으로 인한 결과 왜곡
- 피험자가 평가받는다는 것을 의식함
- 구성개념에 대한 세심한 조작화 결여 : 추상적 개념에서 구체적 개념으로 조작 결여
- 피험자가 가설을 추측함
- 연구자의 기대
- 변인의 수준을 일부만 적용
- 여러 처치들 간의 상호작용
- 검사와 처치 간의 상호작용

16 기준타당도의 구분

동시적 타당도	새로운 검사를 제작했을 때 새로 제작한 검사의 타당도를 위해 기존에 타당도를 보장받고 있는 검사와의 유사성 또는 연관성에 의해 타당도를 검정하는 방법
예측적 타당도	어떠한 행위가 일어날 것이라고 예측한 것과 실제 대상자 또는 집단이 나타낸 행위 간의 관계를 측정하는 타당도

17 기준에 의한 타당성의 문제점

- 기준 측정도구의 개발이 곤란하다.
- 기준으로 사용하는 속성의 정의가 곤란하다.
- 측정에 소요되는 비용이 과다하다.

18 신뢰도와 타당도의 상호관계

- 타당도가 높은 측정은 높은 신뢰도를 확보할 수 있다.
- 신뢰도가 높다고 해서 반드시 타당도가 높은 것은 아니다.
- 타당도가 낮다고 해서 반드시 신뢰도가 낮은 것은 아니다.
- 신뢰도가 높고 타당도가 낮은 측정도 있다.
- 신뢰도가 낮고 타당도가 높은 측정은 없다.
- 신뢰도가 낮은 측정은 항상 타당도가 낮다.
- 신뢰도와 타당도 간의 관계는 비대칭적이다.
- 타당도를 측정하는 것이 신뢰도를 측정하는 것보다 어렵다.
- 신뢰도는 경험적 문제이며 타당도는 이론적 문제이다.
- 타당도는 편향(Bias)과 관련이 있고 신뢰도는 분산(Variance)과 관련이 있다.
- 신뢰도는 무작위적 오차와 연관성이 크고, 타당도는 체계적 오차와 연관성이 크다.
- 타당도 문제는 주로 측정도구 작성과정에서 발생되며, 신뢰도는 주로 자료수집과정에서 발생한다.

19 측정오류의 발생원인

- 측정 시점에 따른 측정대상자의 상태 변화 : 측정대상자의 심리적 특성이 일시적으로 변화하여 발생
- 측정이 이루어지는 환경요인의 변화 : 측정이 이루어지는 환경이 특이한 경우 발생
- 측정도구의 불완전성 : 측정도구 자체의 결함이나 부정확성으로 인해 발생
- 측정도구와 측정대상자의 상호작용 : 측정도구에 대한 익숙도 또는 반응형태 등으로 인해 발생
- 측정자와 측정대상자 간의 상호작용 : 측정자의 신분 또는 태도 등의 차이로 인해 발생

20 측정오류의 분류

체계적 오차	편향(Bias)이라고도 하며 어떠한 영향이 측정대상에 체계적으로 미침으로써 일정한 방향성을 갖는 오차로 측정의 타당성과 관련이 있다.
비체계적 오차	측정과정에서 우연적 또는 일시적으로 발생하는 불규칙적인 오차로 측정의 신뢰성과 관련이 있다.

21 포본추출틀 오류

포함오차(Coverage Error)	표집틀에는 있지만 목표모집단에는 없는 표본 요소들로 인해 일어나는 오차
불포함오차(Noncoverage Error)	목표모집단에는 있지만 표집틀에는 없는 표본 요소들로 인해 일어나는 오차

22 측정(Measurement)

- 측정이란 사물이나 시간과 같은 목적물의 속성에 가치를 부여하는 것이다.
- 추상적, 이론적 세계를 경험적 세계와 연결시키는 수단이다.
- 측정에 있어서 체계적 오차는 타당도와 관련이 있고, 비체계적 오차는 신뢰도와 관련이 있다.
- 측정의 타당도 측정 방법으로 요인분석법이 활용된다.
- 측정항목을 늘리면 신뢰도는 높아진다.
- 측정의 과정 : 개념적 정의 → 조작적 정의 → 변수의 측정

23 측정에 있어서 신뢰도를 높이는 방법

- 측정항목을 증가시킨다.
- 유사하거나 동일한 질문을 2회 이상 시행한다.
- 애매모호한 문구를 사용하지 않아 측정도구의 모호성을 제거한다.
- 신뢰성이 인정된 기존의 측정도구를 사용한다.
- 면접자들은 일관적인 면접방식과 태도를 유지한다.
- 조사대상이 잘 모르거나 관심이 없는 내용의 측정은 피한다.

10 척 도

01 척도(Scale)

- 척도란 일종의 측정도구로서 측정대상에 부여하는 가치들의 체계이다.
- 척도의 수준(Level of Scale)과 측정의 형태(Types of Measurement)는 일반적으로 동일한 의미로 사용된다.
- 동일한 속성 또는 개념을 하위척도로 측정할 때 보다 상위척도로 측정할 때 더 많은 양의 정보를 얻을 수 있으며, 적용 가능한 분석방법이 넓어진다.
- 상위척도는 하위척도가 가지고 있는 특성을 모두 포함하여 가지고 있다.
- 척도는 측정오류를 줄일 수 있다.
- 척도는 복수의 문항이나 지표로 구성되어 있다.
- 척도를 통해서 모든 사물을 다 측정할 수 있는 것은 아니다.
- 척도는 일정한 규칙에 입각하여 연속체상에 표시된 숫자나 기호의 배열이다.
- 척도는 물질적인 것뿐 아니라 비물질적인 것도 측정이 가능하다.
- 척도는 연속성을 지니며, 양적표현이 가능하다.
- 척도는 객관성을 지니며 본질을 명백하게 파악할 수 있다.

02 척도의 조건

- 신뢰성 : 척도는 반복측정 시 동일한 측정이 이루어져야 한다.
- 타당성 : 척도는 대상을 적절하게 잘 대표할 수 있어야 한다.
- 유용성 : 척도는 실제적으로 활용이 되도록 유용해야 한다.
- 단순성 : 척도는 계산과 이해가 원만하도록 단순해야 한다.

03 척도의 종류

척 도	비교방법	자료의 형태	통계기법	적용 예
명목척도 (범주척도)	확인, 분류	질적자료	최빈수, 도수	성별분류, 종교분류
순위척도 (서열척도)	순위비교	순위, 등급	중위수, 백분위수, 스피어만의 순위상관계수	후보자선호순위, 학교성적석차
구간척도 (등간척도)	간격비교	양적자료	평균, 표준편차, 피어슨의 적률상관계수	온도, 주가지수, 지능지수(IQ)
비율척도 (비례척도)	절대적 크기비교	양적자료	기하평균, 변동계수	무게, 소득, 나이, 투표율

04 명목척도 구성의 조건

포괄성	변수들의 카테고리는 모든 응답 가능한 범주를 포함하도록 해야 한다.
상호배타성	변수들의 카테고리는 분석의 단위가 이중적으로 할당되지 않도록 유지한다.
분류체계의 일관성	분류체계는 일관성 있게 논리적이어야 한다.
실증적 원칙	유사한 분석의 단위들은 동일한 카테고리에 할당하고 상이한 분석단위들은 상이한 카테고리에 할당한다.

05 척도의 구성

평정척도	평가자나 응답자에게 단일 연속선상의 어느 한 점에 응답하게 하여 측정대상의 속성을 구별하는 접근법으로 각 문항에 응답한 평정값을 모두 합하거나 평균값을 구해 평가가 이루어지는 척도이다.
리커트척도 (총화평정척도)	• 응답자가 여러 질문항목에 대해 응답한 값들을 합산하여 결과를 얻는 척도이다. • 하나의 개념을 측정하기 위해 여러 개의 질문항목을 이용하는 척도이므로 질문항목 간의 내적 일관성이 높아야 한다. • 내적 일관성 검증을 위해 크론바흐 알파계수가 이용된다.

거트만척도 (누적척도)	• 척도를 구성하고 있는 문항들이 내용의 강도에 따라 일관성 있게 서열화되어 있고 단일 차원적이며 누적적인 척도이다. • 누적적이란 강한 태도를 나타내는 문항에 긍정적인 견해를 표현한 응답자는 약한 태도를 나타내는 문항에 대해서도 긍정적일 것이라는 논리를 적용하여 문항을 배열하는 것이다. • 거트만척도의 일관성을 검증하기 위해 재생계수가 이용된다.
서스톤척도 (등현등간척도)	각 문항이 척도상의 어디에 위치할 것인가를 평가자로 하여금 판단케 한 다음 연구자가 대표적인 문항을 선정하여 척도를 구성하는 방법이다.
보가더스척도 (사회적 거리척도)	• 서열척도의 일종으로 소수민족, 사회계급, 사회적 가치 등에 대한 사회적 거리감의 정도를 측정하기 위해 단일연속성을 가진 문항들로 척도를 구성한다. • 대체로 개인, 집단, 종족 등과 같은 일정한 대상에 대하여 느끼는 친밀감, 무관심, 혐오감, 갈등관계, 협조 정도 등을 측정하는 데 사용된다. • 소시오메트리척도가 개인을 중심으로 집단 내에 있어서의 개인 간의 친근 관계를 측정하는 데 반하여 보가더스척도는 주로 집단 간의 친근 관계를 측정하는 데 사용된다.
소시오메트리척도	• 소집단 내의 구성원들 사이에 가지는 호감과 반감을 측정하여 그 빈도와 강도에 따라 집단구조를 이해하는 척도이다. • 집단 내 구성원 간의 거리를 측정하는 척도라는 점에서 집단 간의 거리를 측정하는 보가더스척도와 구별된다.
어의구별척도 (의미분화척도)	일직선으로 도표화된 척도의 양극단에 서로 상반되는 형용사를 배열하여 양극단 사이에서 부사어를 사용하여 해당속성에 대한 평가를 하는 척도로 하나의 개념을 주고 응답자로 하여금 여러 가지 의미의 차원에서 이 개념을 평가하도록 한다.
스타펠척도	• 하나의 수식어만을 평가 기준으로 제시하며 중간값(0)이 없는 −5에서 +5 사이의 10점 척도로 측정하는 방법이다. • 의미구별척도와 유사하나 상반되는 형용사적 표현을 만들 필요가 없다.

06 평정척도 구성 원칙

• 응답범주들이 상호배타적이어야 한다.
• 응답범주들이 응답 가능한 상황을 모두 포함하고 있어야 한다.
• 응답범주의 수가 서로 균형을 이루어야 한다.
• 응답범주들이 논리적 연관성을 가지고 있어야 한다.
• 평정척도에서 응답범주의 수는 4, 5, 7, 9점 척도를 주로 사용한다.

07 평정척도의 장·단점

평정척도의 장점	평정척도의 단점
• 만들기 쉽고 사용이 용이하다. • 시간 및 비용면에서 경제적이다. • 적용범위가 넓고 신축적인 적용이 가능하다. • 다른 자료수집방법에 대한 보충적 방법으로도 사용할 수 있다.	• 후광효과(Halo Effect) : 평가자가 처음 질문항목에 좋게 또는 나쁘게 평가했다면 그 다음 질문항목도 계속 연쇄적으로 평가하는 경향이 있다. • 집중화경향(Error of Central Tendency) : 가장 무난하고 원만한 평정으로 척도의 중간점을 선택하려는 경향이 있다. • 관대화경향(Error of Leniency) : 평가자가 어떤 특정인에게 나쁜 감정을 갖는 경우가 아니면 대부분 관대하게 평정하려는 경향이 있다. • 대조오류 : 평가자가 자신과 대조되는 특징을 찾아내어 그것을 부각시키는 경향이 있다.

08 리커트척도의 장·단점

리커트척도의 장점	리커트척도의 단점
• 평가자를 사용하지 않기 때문에 평가자의 주관을 배제할 수 있어 객관적인 측정이 가능하다. • 사실에 대한 판단보다는 개인의 의견이나 태도에 관한 질문을 중심으로 간결하게 작성하였기 때문에 경제적이고 사용이 용이하다. • 응답자에게 각 문항에 대해 일정한 방향으로 의견이나 태도 등을 질문하기 때문에 일관성이 있어 신뢰도가 높다. • 응답범주가 명확하게 서열화되어 있어 응답자들로 하여금 혼란을 주지 않는다.	• 리커트척도에 의해 얻은 척도값은 엄격한 등간척도가 되기 어렵고 서열척도 값에 속한다. • 모집단을 잘 대표할 수 있는 응답자를 추출하는 것이 어려울 수 있다. • 동일한 태도를 가진 응답자들이 응답범주 내에서 택한 응답항목에 대해 항상 서로 일치한다고 보기 어려우므로 일치성이 부족하다. • 중간 정도의 온건한 응답에는 민감하지 못할 수 있다.

09 거트만척도의 장·단점

거트만척도의 장점	거트만척도의 단점
• 질문이나 투표에 의한 태도적 개념의 측정에 유용하다. • 질문문항들이 측정대상 속성의 정도에 따라 누적적으로 되어있어 응답결과로부터 다른 모든 문항에 대한 응답을 예측할 수 있다. • 척도가 누적적으로 형성되어 단일차원성을 지니게 되고 산술적으로 측정을 할 수 있다.	• 척도를 구성하는 질문문항의 내용을 강도에 따라 일관성 있게 누적적으로 작성하기 어렵다. • 몇 개의 지표들을 모아서 단순히 하나의 척도성의 개념을 구성한다는 점을 지나치게 강조한다. • 두 개 이상의 변수를 동시에 측정하는 다차원적 척도로서 사용될 수 없다.

10 서스톤척도의 장·단점

서스톤척도의 장점	서스톤척도의 단점
• 서열척도보다 한 수준 높은 등간척도 수준을 유지한다. • 척도의 타당성을 높여주는 데 기여한다. • 문항의 선정이 비교적 정확하다.	• 척도 개발에 많은 시간과 인원이 소요된다. • 평가자에 의해 척도를 구성하므로 평가자의 주관 개입 가능성이 높다. • 개인의 척도점수를 해석하기 어렵다. • 항목에 따라 구체성이 결여되는 경우가 발생한다.

11 보가더스척도의 장·단점

보가더스척도의 장점	보가더스척도의 단점
• 집단 상호 간의 거리를 측정하는 데 유용하다. • 적용범위가 비교적 넓다. • 예비조사나 단기간의 조사에 적합하다.	• 단순히 사회적 원근(遠近)의 순위만을 표시한다. • 척도로서 조잡하다. • 신뢰도 측정에 재검사법밖에 사용할 수 없다.

12 소시오메트리척도의 장·단점

소시오메트리척도의 장점	소시오메트리척도의 단점
• 자료수집이 경제적·자연적·신축적이다. • 계량화의 가능성이 높다. • 적용범위가 넓다.	• 조사대상에 대한 체계적 이론검토가 결여되어 있다. • 신뢰성과 타당성에 대한 고찰 없이 측정결과를 받아들이는 경향이 있다. • 측정기준과 자료의 처리에 소홀한 경향이 있다. • 조사대상 인원이 소수일 경우에만 적용 가능하다.

13 어의구별척도의 장·단점

어의구별척도의 장점	어의구별척도의 단점
• 여러 연구목적에 부합하는 타당성 있는 분석 방법이다. • 가치와 태도의 측정에 있어 훌륭한 도구 역할을 한다. • 다양한 연구문제에 적용가능하다. • 연구대상을 비교하는 데 유용하다.	• 똑같은 척도를 사용하고 시간과 장소를 달리하여 어떤 개념을 측정하면 다른 측정치가 나올 수 있다. • 각 문항에 대한 등간격성이 보장되는지 의문이다. • 민감한 질문이나 응답자의 경우 익명성을 보장해 주어야 한다. • 적절한 개념 또는 판단의 기준을 선정하기 어렵다.

14 스타펠척도의 장·단점

스타펠척도의 장점	스타펠척도의 단점
• 어의구별척도와 같이 연구자가 두 개의 상반된 형용사적인 표현을 만들기 위해 고민할 필요가 없다. • 전화조사에 용이하다.	• 응답자에게 혼란을 일으키기 쉽다. • 다양한 문제에 대한 응용이 곤란하다.

15 재생계수

- 거트만척도의 절차에 따라서 만든 척도가 완벽한 거트만척도와 일치하는 정도를 재생계수를 통해 파악한다.
- 재생계수는 다음과 같은 공식에 의해 구한다.

$$재생계수 = 1 - \frac{응답의\ 오차수}{(문항수 \times 응답자\ 수)}$$

- 재생계수가 1일 때 완벽한 척도구성 가능성을 가지며, 보통 0.9 이상은 되어야 이상적이다.

16 척도구성방법

- 비교척도(Comparative Scaling) : 자극대상을 직접 비교해서 응답을 구하는 척도
  예 쌍대비교법, 순위법, 고정총합법, 항목순위법, 비율분할법 등
- 비비교척도(Non-comparative Scaling) : 자극대상 간의 직접 비교가 필요 없는 응답을 구하는 척도
  예 연속평정법, 항목평정법, 등급법, 어의차이척도법, 스타펠척도법, 리커트형태척도법 등

17 자료수집적 측면에서 척도의 구분

- 차이 발생법 : 쌍대비교법, 순위법, 항목순위법
- 양적 판단법 : 직접판단법, 비율분할법, 고정총합척도법
- 등급법

18 시계열분석의 변동요인

추세변동	대체로 10년 이상 동일방향으로 상승 또는 하강 경향을 나타내는 요소로서 경제성장, 인구증가, 신자원 및 기술개발 등으로 인하여 발생하는 장기변동
순환변동	전체 경제활동의 확장, 수축의 순환과정을 부단히 반복하는 주기적인 변동
계절변동	12개월을 주기로 하여 변동하는 것으로서 농업생산의 계절성, 계절적인 기온의 변화와 이에 따른 생활관습의 변화 등에 따라서 매년 반복 발생되는 경제현상
불규칙변동	추세, 순환, 계절변동으로는 설명되지 않는 변동으로 천재지변, 파업, 전쟁 및 급격한 경제정책의 변화 등 사회적 변화에 의하여 일어나는 극히 단기적이고 불규칙적인 비회귀 경제변동

19 연구보고서 작성의 기본원칙

- 가장 중요한 것부터 앞에 배치한다.
- 이론적, 개념적 연구문제를 한 번 더 상기시킨다.
- 방법적 절차, 조작, 변수정의 및 측정 등을 자세히 기술한다.
- 연구결과는 간단명료하게 밝히고 도표, 그림, 통계적 유의도 등으로 해명한다.
- 연구가설을 정당화하기 위한 통계적 결과치는 명확히 밝힌다.
- 가급적 전문용어 사용을 피하고 일반적인 용어를 사용한다.
- 자료수집방법 및 자료분석방법에 대해 설명한다.

20 연구보고서 내용

표 지	보고서의 얼굴과 같은 것으로 조사명, 조사기관 등을 표시한다.
목 차	조사의 내용을 한눈에 파악할 수 있도록 주요 내용을 표기한다.
조사개요	조사 착수 이전에 설계된 조사설계의 내용을 기술하는 부분으로 조사배경, 조사목적, 조사대상, 조사방법, 표본수, 표본추출방법, 조사기간, 표본오차, 조사내용 등을 구체적으로 기술한다.
조사결과 요약	조사결과의 내용을 간략하게 기술하여 보고서의 주요 내용을 빠르게 파악할 수 있도록 한다.
조사결과(본론)	조사를 통해 파악된 내용이나 특이성을 구체적으로 언급하고, 응답자의 성별, 연령별, 학력별, 소득별 등에 따라 조사결과가 어떻게 차이가 나는지 기술한다.
결론 및 제안	조사결과를 해석하여 조사책임자 및 담당자들의 전문적인 식견을 바탕으로 개선할 사항이나 방향성을 언급한다.
부 록	조사에 활용된 설문지(조사표)와 결과표를 이해하기 쉽게 작성하여 별첨한다.

인생이란 결코 공평하지 않다. 이 사실에 익숙해져라.

- 빌 게이츠 -

많이 보고 많이 겪고 많이 공부하는 것은 배움의 세 기둥이다.

– 벤자민 디즈라엘리 –

PART 1

Level 1
통계학 총정리 모의고사

1~10회 통계직 공무원, 공사, 공기업 통계학 총정리 모의고사

※ 실제 공무원, 공사, 공기업 시험과 비슷한 난이도를 가진 모의고사를 수록하였습니다.

배우기만 하고 생각하지 않으면 얻는 것이 없고,
생각만 하고 배우지 않으면 위태롭다.

- 공자 -

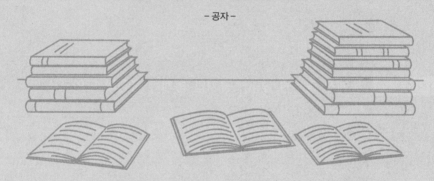

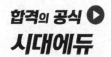
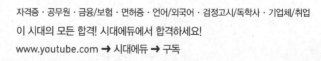

01 회 | 통계학 총정리 모의고사

01 어떤 의사가 암에 걸린 사람을 암에 걸렸다고 진단할 확률은 98%이고, 암에 걸리지 않은 사람을 암에 걸리지 않았다고 진단할 확률은 92%라고 한다. 이 의사가 실제로 암에 걸린 사람 400명과 실제로 암에 걸리지 않은 사람 600명을 진찰하여 암에 걸렸는지 아닌지를 진단하였다. 이들 1,000명 중 임의로 한 사람을 택했을 때, 그 사람이 암에 걸렸다고 진단받은 사람일 확률은?

① 39.2%

② 40.0%

③ 44.8%

④ 44.0%

해설

전확률 공식(Total Probability Formula)

암에 걸리는 사건을 A, 암에 걸리지 않는 사건을 B라 하고, 암에 걸렸다고 진단하는 사건을 X, 암에 걸리지 않았다고 진단하는 사건을 Y라 하자. 그러면 $P(X\mid A)=0.98$, $P(Y\mid A)=0.02$, $P(Y\mid B)=0.92$, $P(X\mid B)=0.08$이다. 1,000명 중 암에 걸린 사람이 400명, 암에 걸리지 않은 사람이 600명이므로 $P(A)=0.4$, $P(B)=0.6$이다. 전확률 공식에 의해서 임의의 한 사람이 암에 걸렸다고 진단받은 사람일 확률 $P(X)$는 다음과 같이 구할 수 있다.

$\therefore\ P(X)=P(A)P(X\mid A)+P(B)P(X\mid B)=0.4\times0.98+0.6\times0.08=0.44$

02 아래 그림과 같은 윷이 있다고 하자. 윗면과 아랫면이 나올 확률이 동일하다고 할 때 윷을 한 번 던져서 가장 나오기 어려운 경우는 무엇인가?

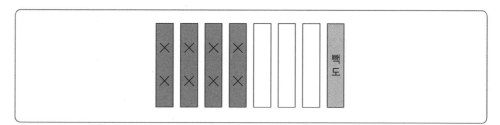

① 빽 도

② 윷, 모

③ 빽도, 윷, 모

④ 모두 동일(도, 개, 걸, 윷, 모, 빽도)

확률의 계산

각 사상에 대한 확률질량함수의 분포표를 구하면 다음과 같다.

x	빽 도	도	개	걸	윷	모
$p(x)$	$\left(\dfrac{1}{2}\right)\times$ $_3C_0\left(\dfrac{1}{2}\right)^0\left(\dfrac{1}{2}\right)^3$ $=\dfrac{1}{16}$	$_4C_1\left(\dfrac{1}{2}\right)^1\left(\dfrac{1}{2}\right)^3$ $-\dfrac{1}{16}=\dfrac{3}{16}$	$_4C_2\left(\dfrac{1}{2}\right)^2\left(\dfrac{1}{2}\right)^2$ $=\dfrac{6}{16}$	$_4C_3\left(\dfrac{1}{2}\right)^3\left(\dfrac{1}{2}\right)^1$ $=\dfrac{4}{16}$	$_4C_4\left(\dfrac{1}{2}\right)^4\left(\dfrac{1}{2}\right)^0$ $=\dfrac{1}{16}$	$_4C_0\left(\dfrac{1}{2}\right)^0\left(\dfrac{1}{2}\right)^4$ $=\dfrac{1}{16}$

03 확률밀도함수가 $f(x)$인 연속형 확률변수 X에 대한 확률분포의 특성으로 틀린 것은?

① $f(x) \geq 0$

② $P(a \leq X \leq b)$는 구간 $(a,\ b)$ 사이에서 확률밀도함수 $f(x)$와 X축 사이의 면적이다.

③ $P(X=x)=1$

④ $P(-\infty < X < \infty)=1$

해설

연속확률변수의 특성

연속확률변수 X에 대해 한 점에서의 확률은 $P(X=x)=0$이다.

04 표본공간 S의 부분집합으로 $P(A) \neq 0$, $P(B) \neq 0$인 임의의 두 사건 A, B에 대하여 다음 중 옳은 것을 모두 고르면?

> ㄱ. A, B가 서로 배반사건이면, $P(A \cap B) = P(A)P(B)$이 성립한다.
> ㄴ. A, B가 서로 독립사건이면, $P(A \mid B) = P(A)$이 성립한다.
> ㄷ. $P(A \cup B) = P(A) + P(B) + P(A \cap B)$이다.

① ㄱ

② ㄴ

③ ㄴ, ㄷ

④ ㄱ, ㄴ

해설

독립사건, 배반사건

A, B가 서로 독립사건이면 $P(A \cap B) = P(A)P(B)$이고,

$P(A \mid B) = \dfrac{P(A \cap B)}{P(B)} = \dfrac{P(A)P(B)}{P(B)} = P(A)$이 성립한다.

$P(A \cup B) = P(A) + P(B) - P(A \cap B)$이다.

05 A, B, C 세 개의 그룹으로 랜덤하게 500명씩 직원들을 배분한 후 통계학 시험을 보았다. 그룹별 통계학 시험 성적 분포가 아래와 같이 정규분포를 따를 때 다음 중 옳은 것을 모두 고르면?

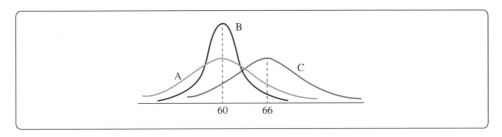

> ㄱ. 성적이 우수한 직원들이 B그룹보다 A그룹에 더 많이 있다.
> ㄴ. B그룹 직원들은 평균적으로 A그룹 직원들보다 성적이 우수하다.
> ㄷ. C그룹 직원들보다 B그룹 직원들의 성적이 더 고른 편이다.

① ㄱ
② ㄱ, ㄴ
③ ㄴ, ㄷ
④ ㄱ, ㄷ

해설

정규분포의 특성
- 성적이 높은 곳을 기준으로 했을 때 A그룹의 높이가 B그룹의 높이보다 높다.
- B그룹 직원과 A그룹 직원의 평균은 60으로 동일하다.
- B그룹 직원의 성적은 평균을 중심으로 밀집되어 있고, C그룹 직원의 성적은 평균을 중심으로 넓게 퍼져있으므로 B그룹 직원의 성적에 대한 표준편차는 C그룹 직원의 성적에 대한 표준편차보다 작다는 것을 알 수 있다.
  즉, $\sigma(B) < \sigma(C)$이므로 B그룹 직원들의 성적이 더 고른 편이다.

06 두 변수 X와 Y의 상관계수가 가장 작은 것은?

① $Y = 2X + 3$

② $Y = 2X - 3$

③ $Y = -X + 3$

④ $Y = \dfrac{1}{2}X - 3$

해설

상관계수의 성질

임의의 상수 a, b에 대하여 Y를 $Y = a + bX$와 같이 X의 선형변환으로 표현할 수 있다면, $b > 0$일 때 상관계수는 1이고, $b < 0$일 때 상관계수는 -1이 된다.

07 서로 독립인 두 개의 정규분포 $N(120, 8^2)$과 $N(100, 6^2)$에서 각각 50개의 표본을 추출하여 그 표본평균을 각각 $\overline{X_1}$, $\overline{X_2}$이라 할 때 $(\overline{X_1} - \overline{X_2})$의 분포는?

① 평균과 분산이 각각 20과 2인 정규분포

② 평균과 분산이 각각 20과 20인 정규분포

③ 평균과 분산이 각각 120과 40인 정규분포

④ 평균과 분산이 각각 120과 60인 정규분포

해설

기대값과 분산의 성질

$\overline{X_1} \sim N\left(120, \dfrac{8^2}{50}\right)$, $\overline{X_2} \sim N\left(100, \dfrac{6^2}{50}\right)$을 따른다.

$E(\overline{X_1} - \overline{X_2}) = E(\overline{X_1}) - E(\overline{X_2}) = 120 - 100 = 20$

$Var(\overline{X_1} - \overline{X_2}) = Var(\overline{X_1}) + Var(\overline{X_2}) = \dfrac{64}{50} + \dfrac{36}{50} = 2$

$\therefore$ $(\overline{X_1} - \overline{X_2}) \sim N(20, 2)$

08 다음 가설검정에 대한 설명 중 틀린 것은?

① 제1종의 오류는 귀무가설이 사실일 때 귀무가설을 기각하는 오류이다.

② 양측검정은 통계량의 변화방향에는 관계없이 실시하는 검정이다.

③ 가설검정에서 유의수준이란 제1종의 오류를 범할 때 최대허용오차이다.

④ 유의수준을 감소시키면 제2종의 오류의 확률 역시 감소한다.

해설

제1종의 오류와 제2종의 오류

제1종의 오류와 제2종의 오류는 상호 역의 관계에 있으므로 제1종의 오류를 감소시키면 제2종의 오류는 증가한다.

09 단순선형회귀모형 $y = \beta_0 + \beta_1 x + \epsilon$에서 오차항 ϵ의 분포가 평균이 0이고 분산이 σ^2인 정규분포를 따른다고 가정하자. 22개의 자료들로부터 회귀식을 추정하고 나서 잔차제곱합(SSE)을 구하였더니 그 값이 4,000이었다. 이때 분산 σ^2의 불편추정값은?

① 100

② 150

③ 200

④ 250

해설

평균제곱오차(MSE)

표본크기가 $n = 22$이므로 잔차제곱합의 자유도는 $n - 2 = 22 - 2 = 20$이다.

$$\therefore MSE = \frac{SSE}{n-2} = \frac{4000}{20} = 200$$

10 어떤 화학 반응에서 생성되는 반응량(Y)이 첨가제의 양(X)에 따라 어떻게 변화하는지를 실험하여 다음과 같은 자료를 얻었다. 변화의 관계를 직선으로 가정하고 최소제곱법에 의하여 회귀직선을 추정할 때의 설명으로 옳은 것은?

X	1	3	4	5	7
Y	2	4	6	8	9

① X가 증가할 때 Y도 증가하므로 회귀직선의 기울기는 양($+$)이다.

② 독립변수는 반응량이고 종속변수는 첨가제의 양이다.

③ 단순회귀모형은 $y_i = \alpha + \beta x_i + \epsilon_i$, $\epsilon_i \sim iid\ N(\mu, \sigma^2)$ 이다.

④ 단순회귀모형에 대한 귀무가설은 '회귀모형은 유의하다($\beta \neq 0$).'이다.

해설

단순회귀분석

• 독립변수는 첨가제의 양이고 종속변수는 반응량이다.

• 단순회귀모형은 $y_i = \alpha + \beta x_i + \epsilon_i$, $\epsilon_i \sim iid\ N(0, \sigma^2)$이다.

• 단순회귀모형에 대한 귀무가설은 '회귀모형은 유의하지 않다($\beta = 0$).'이고, 대립가설은 '회귀모형은 유의하다 ($\beta \neq 0$).'이다.

11 모집단으로부터 추출된 크기 400의 랜덤표본에서 구한 표본비율이 $\hat{p} = 0.45$이다. 귀무가설(H_0) : $p = 0.40$과 대립가설(H_1) : $p = 0.38$을 검정하기 위한 검정통계량 값은?

① $\dfrac{0.45 - 0}{\sqrt{0.40(1 - 0.40)/400}}$
　　　　　　　② $\dfrac{0.45 - 0.40}{\sqrt{0.40(1 - 0.40)/400}}$

③ $\dfrac{0.45 - 0.38}{\sqrt{0.40(1 - 0.40)/400}}$
　　　　　　　④ $\dfrac{0.40 - 0.38}{\sqrt{0.40(1 - 0.40)/400}}$

해설

검정통계량 값 계산

모비율 $p = 0.40$, $\hat{p} = 0.45$, $n = 400$일 때,

검정통계량은 $Z = \dfrac{\hat{p} - p_0}{\sqrt{p_0(1 - p_0)/n}}$ 이다. 하지만 모비율 p가 알려져 있으므로 검정통계량 값을 구하면

$z_c = \dfrac{\hat{p} - p_0}{\sqrt{p_0(1 - p_0)/n}} = \dfrac{0.45 - 0.40}{\sqrt{0.40(1 - 0.40)/400}}$ 이다.

12 X_1, X_2, $\cdots$, X_8을 정규분포 $N(\mu, \sigma^2)$에서 추출한 표본크기가 8인 확률표본이라 할 때, $\sum_{i=1}^{8}\left(\dfrac{X_i - \mu}{\sigma}\right)^2$의 확률분포는?

① 중심극한정리에 의한 표준정규분포

② 카이제곱분포의 가법성에 의한 자유도가 8인 χ^2분포

③ 카이제곱분포의 가법성에 의한 자유도가 7인 χ^2분포

④ 소표본이므로 자유도가 7인 t분포

해설

카이제곱분포의 특성

X_1, $\cdots$, X_n이 $N(\mu, \sigma^2)$에서 확률표본일 때, $\sum_{i=1}^{n}\left(\dfrac{X_i - \mu}{\sigma}\right)^2 \sim \chi^2_{(n)}$을 따른다.

$\therefore \sum_{i=1}^{8}\left(\dfrac{X_i - \mu}{\sigma}\right)^2 \sim \chi^2_{(8)}$

13 확률변수 X가 $N(\mu, \sigma^2)$인 분포를 따를 경우 $Y = aX - b$의 분포는?

① 중심극한정리에 의하여 표준정규분포 $N(0, 1)$

② a와 b의 값에 관계없이 $N(\mu, \sigma^2)$

③ $N(a\mu - b, a^2\sigma^2 - b)$

④ $N(a\mu - b, a^2\sigma^2)$

해설

기대값과 분산의 성질

$E(Y) = E(aX - b) = aE(X) - b = a\mu - b$

$Var(Y) = Var(aX - b) = a^2 Var(X) = a^2\sigma^2$

14 서로 독립인 두 모집단의 모평균 차이$(\mu_1 - \mu_2)$에 대한 신뢰구간을 구하고자 한다. 다음 중 신뢰구간의 폭(길이)에 영향을 미치지 않는 것은?

① 두 모집단의 표본평균 차이 $\overline{X}_1 - \overline{X}_2$

② 두 모집단의 모분산(σ_1^2, σ_2^2)의 크기

③ 두 모집단에서의 표본크기 n_1, n_2

④ 두 모집단의 모분산(σ_1^2, σ_2^2)이 같다고 가정할 수 있는지 여부

해설

신뢰구간의 길이

대표본에서 두 모분산을 알고 있을 경우 $100(1-\alpha)\%$ 신뢰한계는 $(\overline{X}_1 - \overline{X}_2) \pm z_{\alpha/2} \sqrt{\dfrac{\sigma_1^2}{n_1} + \dfrac{\sigma_2^2}{n_2}}$ 이다. 즉, 두 모집단의 표본평균 차이 $\overline{X}_1 - \overline{X}_2$는 신뢰구간의 위치를 결정하며, 신뢰구간의 폭은 $2 \times z_{\alpha/2} \sqrt{\dfrac{\sigma_1^2}{n_1} + \dfrac{\sigma_2^2}{n_2}}$ 이다. 이는 모분산(σ_1^2, σ_2^2)의 크기와 표본크기(n_1, n_2)에 의해 영향을 받으며, 두 모분산을 알고 있지는 않으나 서로 같음을 알고 있을 경우 $\dfrac{\sigma_1^2}{n_1} + \dfrac{\sigma_2^2}{n_2}$ 대신 합동표본분산 $S_p^2 = \dfrac{(n_1-1)S_1^2 + (n_2-1)S_2^2}{n_1 + n_2 - 2}$ 을 사용한다. 두 모분산을 알고 있지 않고 서로 다른 경우를 베렌스-피셔(Behrens-Fisher) 문제라 한다.

15 확률변수 X_1과 X_2가 상호 독립이라고 할 때, 다음 설명 중 성립하지 않는 것은?

① $X_1 \sim Poisson(1)$, $X_2 \sim Poisson(2)$을 따르면 $X_1 + X_2 \sim Poisson(3)$을 따른다.

② $X_1 \sim N(0, 1)$, $X_2 \sim N(1, 2)$을 따르면 $X_1 + X_2 \sim N(1, 3)$을 따른다.

③ $X_1 \sim \Gamma(2, 1)$, $X_2 \sim \Gamma(2, 2)$을 따르면 $X_1 + X_2 \sim \Gamma(2, 3)$을 따른다.

④ $X_1 \sim \chi^2_{(1)}$, $X_2 \sim \chi^2_{(2)}$을 따르면 $X_1 + X_2 \sim \chi^2_{(3)}$을 따른다.

해설

감마분포의 성질

$X_i \sim \Gamma(\alpha_i, \beta)$을 따르고 서로 독립이면 $\sum X_i \sim \Gamma(\sum \alpha_i, \beta)$을 따른다.
예를 들어 $X_1 \sim \Gamma(2, 1)$, $X_2 \sim \Gamma(3, 1)$을 따르면 $X_1 + X_2 \sim \Gamma(5, 1)$이 성립하는 것이지 $X_1 \sim \Gamma(2, 1)$, $X_2 \sim \Gamma(2, 2)$을 따를 때, $X_1 + X_2 \sim \Gamma(2, 3)$이나 $X_1 + X_2 \sim \Gamma(4, 3)$이 성립하는 것은 아니다.

16 랜덤하게 추출된 16명을 대상으로 네 가지 다른 상표의 진통제를 복용시켰을 때 나타나는 진통 해소의 평균시간에 차이가 있는지를 유의수준 5%에서 검정하기 위해 다음과 같이 분산분석표를 작성하였다. 이때, 16명을 랜덤하게 4개의 집단으로 나누어 각 상표의 진통제를 복용시켰다. 분산 분석표에서 F값은?

요 인	제곱합	자유도	평균제곱	F
집단 간(처리)	****	3	****	****
집단 내(잔차)	60	****	****	
전 체	150	15		

① 4   ② 6

③ 8   ④ 10

해설

일원배치 분산분석표 작성

〈일원배치 분산분석표〉

요 인	제곱합	자유도	평균제곱	F
집단 간(처리)	90	3	30	$\dfrac{30}{5}=6$
집단 내(잔차)	60	12	5	
전 체	150	15		

17 t-분포와 F-분포의 특성에 대한 설명으로 옳은 것은?

① 자유도가 k인 t-분포의 제곱은 $F_{(k,\,1)}$분포와 동일하다.

② $F_{(1-\alpha,\,k_1,\,k_2)} = \dfrac{1}{F_{(\alpha,\,k_2,\,k_1)}}$ 이 성립한다.

③ t-분포와 F-분포는 통상적으로 오른쪽으로 꼬리가 긴 분포이다.

④ $Z \sim N(0,1)$, $V \sim \chi^2_{(r)}$이고, Z와 V가 독립일 때, $Z/\sqrt{V}$는 자유도가 r인 t-분포를 따른다.

해설

t-분포와 F-분포

• 자유도가 k인 t-분포는 $T = \dfrac{Z}{\sqrt{U/k}}$ 으로 정의되며 여기서 $Z \sim N(0,1)$, $U \sim \chi^2_{(k)}$ 이다.

자유도 (m, n)인 F분포는 $F = \dfrac{U/m}{V/n}$ 으로 정의되며 여기서 $U \sim \chi^2_{(m)}$, $V \sim \chi^2_{(n)}$ 이다.

$\therefore \left[t_{(k)}\right]^2 = \left(\dfrac{Z}{\sqrt{U/k}}\right)^2 = \dfrac{Z^2/1}{U/k} = F_{(1,\,k)}$, $\because Z^2 \sim \chi^2_{(1)}$

• F-분포는 통상적으로 오른쪽으로 꼬리가 긴 분포이지만 t-분포는 좌우대칭형분포이다.

• $Z \sim N(0,1)$, $V \sim \chi^2_{(r)}$이고, Z와 V가 독립일 때, 자유도가 r인 t-분포는 $\dfrac{Z}{\sqrt{V/r}}$ 이다.

18 사람들의 혈액형(A, B, AB, O형)과 눈의 색깔(검은색, 갈색, 파란색)에 상호 연관성이 있는지 알아보기 위해 랜덤하게 400명을 추출하였다. 이때 카이제곱 독립성 검정을 위한 검정통계량의 분포는?

① $t_{(399)}$

② $t_{(398)}$

③ $\chi^2_{(6)}$

④ $\chi^2_{(4)}$

해설

카이제곱 독립성 검정

A변수에 대한 속성이 r개, A변수에 대한 속성이 c개라 할 때, 카이제곱 독립성 검정을 위한 검정통계량은 $\chi^2 = \sum_{i=1}^{r} \sum_{j=1}^{c} \dfrac{(O_{ij} - E_{ij})^2}{E_{ij}} \sim \chi^2_{(r-1)(c-1)}$ 을 따른다.

19 모표준편차가 $\sigma = 8$으로 알려진 정규모집단에서 $n = 100$개의 표본을 랜덤하게 추출한 결과 표본 평균 $\overline{x} = 75$이었다. 모평균 μ의 추정값 $\overline{x} = 75$의 **90% 오차한계**는? (단, $Z \sim N(0, 1)$일 때, $P(Z > 1.96) = 0.025$, $P(Z > 1.645) = 0.05$)

① 1.292

② 1.316

③ 3.928

④ 4.784

해설

오차한계(Limit of Error)

모분산 σ^2을 알고 있을 경우 모평균 μ에 대한 오차의 한계 $d = z_{\frac{\alpha}{2}} \dfrac{\sigma}{\sqrt{n}} = 1.645 \times \dfrac{8}{\sqrt{100}} = 1.316$이다.

20 3개의 자동차 회사에서 만들어 내는 자동차의 리터당 평균주행 거리를 비교하기 위하여 실험을 한 결과가 다음과 같다. 분산분석을 하기 위한 설명 중 틀린 것은?

자동차	A형	B형	C형
	16	15	19
리터당 평균주행 거리	18	16	18
	17	17	17

① 총제곱합의 자유도는 8이다.

② 요인의 수가 2개(자동차, 리터당 평균주행 거리)이므로 이원배치 분산분석을 실시한다.

③ 귀무가설은 자동차의 종류에 따라 리터당 평균주행 거리는 동일하다.

④ 모형의 구조식은 $x_{ij} = \mu + a_i + e_{ij}$, $e_{ij} \sim iid\ N(0, \sigma_E^2)$ 이다.

해설

일원배치 분산분석

요인의 수가 1개(자동차)이므로 일원배치 분산분석을 실시한다.

02회 │ 통계학 총정리 모의고사

01 전체집합 U의 두 부분집합 A, B에 대하여 $A \subset B$일 때, 다음 중 항상 성립한다고 할 수 없는 것은? (단, $U \neq \varnothing$)

① $A \cap B = A$　　　　　　　　　② $(A \cap B)^C = B^C$

③ $B^C \subset A^C$　　　　　　　　　④ $A - B = \varnothing$

해설

벤다이어그램(Venn Diagram)

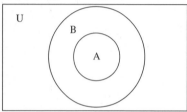

→ $A \cap B = A$이므로 $(A \cap B)^C = A^C$이다.

02 어느 아이스크림 회사의 연간 아이스크림 판매량은 그해 여름의 평균기온에 크게 좌우된다. 과거 자료에 따르면 한 해의 판매목표액을 달성할 확률은 그해 여름의 평균기온이 예년보다 높을 경우에 0.8, 예년과 비슷할 경우에 0.6, 예년보다 낮을 경우에 0.3이다. 일기예보에 따르면, 내년 여름의 평균기온이 예년보다 높을 확률이 0.4, 예년과 비슷할 확률이 0.5, 예년보다 낮을 확률이 0.1이라고 한다. 이 회사가 내년에 판매목표액을 달성할 확률은?

① 0.55　　　　　　　　　② 0.60

③ 0.65　　　　　　　　　④ 0.70

해설

전확률 공식(Total Probability Formula)

X, A, B, C를 다음과 같이 정의한다면,

X : 한 해의 판매목표액을 달성할 사상

A : 내년 여름의 평균기온이 예년보다 높을 사상

B : 내년 여름의 평균기온이 예년과 비슷할 사상

C : 내년 여름의 평균기온이 예년보다 낮을 사상

여름의 평균기온을 감안한 판매목표액 달성 확률은 각각

$P(X \mid A) = 0.8$, $P(X \mid B) = 0.6$, $P(X \mid C) = 0.3$이다.

전확률 공식에 의해서 이 회사가 내년에 판매목표액을 달성할 확률 $P(X)$는 다음과 같다.

$\therefore P(X) = P(A)P(X \mid A) + P(B)P(X \mid B) + P(C)P(X \mid C)$
$= (0.4 \times 0.8) + (0.5 \times 0.6) + (0.1 \times 0.3) = 0.65$

03 어느 해 한국, 미국, 일본의 대졸 신입사원의 월급은 평균이 각각 80만 원, 2000달러, 18만 엔이고, 표준편차가 각각 10만 원, 300달러, 2만 엔인 정규분포를 따른다고 한다. 위 3개국에서 임의로 한 명씩 뽑힌 대졸 신입사원 A, B, C의 월급이 각각 100만 원, 2300달러, 21만 엔이라고 할 때, 각각 자국 내에서 상대적으로 월급을 많이 받는 사람부터 순서대로 적은 것은?

① A, B, C ② A, C, B

③ B, A, C ④ C, A, B

해설

표준화 점수(Standardized Scores)

표준화 점수(Z)는 자료의 측정단위나 분산이 서로 다른 여러 변수를 비교하기 위해 사용한다. 각각의 관측값에서 평균을 빼주고 표준편차로 나누어 평균이 0이고, 표준편차가 1이 되도록 만들어 주는 작업을 표준화라고 하며, 표준화점수가 양수이면 표준보다 크고 음수이면 표준보다 작음을 의미한다.

한국, 미국, 일본의 대졸 신입사원의 월급은 서로 측정단위가 다르기 때문에 각각의 표준화 점수를 계산하면 다음과 같다.

A의 표준화 점수 : $\dfrac{100-80}{10}=2$

B의 표준화 점수 : $\dfrac{2300-2000}{300}=1$

C의 표준화 점수 : $\dfrac{21-18}{2}=1.5$

$\therefore$ $A > C > B$가 성립한다.

04 주사위를 한 번 던져 나오는 눈의 수를 4로 나눈 나머지를 확률변수 X라 하자. X의 평균은? (단, 주사위의 각 눈이 나올 확률은 모두 동일하다)

① $\dfrac{2}{3}$ ② $\dfrac{5}{3}$

③ $\dfrac{3}{2}$ ④ $\dfrac{3}{5}$

해설

이산확률분포표

주사위를 던졌을 때 1 또는 5의 눈이 나오는 경우 $X=1$, 2 또는 6의 눈이 나오는 경우 $X=2$, 3의 눈이 나오는 경우 $X=3$, 4의 눈이 나오는 경우 $X=0$이다. 확률변수 X에 대한 이산확률분포표를 작성하면 다음과 같다.

X	0	1	2	3
$P(X)$	$\dfrac{1}{6}$	$\dfrac{2}{6}$	$\dfrac{2}{6}$	$\dfrac{1}{6}$

$\therefore E(X) = \sum x_i p_i = \left(0 \times \dfrac{1}{6}\right) + \left(1 \times \dfrac{2}{6}\right) + \left(2 \times \dfrac{2}{6}\right) + \left(3 \times \dfrac{1}{6}\right) = \dfrac{3}{2}$

05 어느 음악 동아리에서는 금년에도 정기연주회를 준비하고 있다. 지금까지의 경험에 의하면 초대받은 사람 중 실제 참석자의 비율은 0.5라고 한다. 초대받은 사람 중에서 100명을 임의추출하였을 때, 참석자의 비율이 0.43 이상이고 0.56 이하일 확률을 아래 표준정규분포표를 이용하여 구한 것은?

z	$P(0 \leq Z \leq z)$
1.0	0.3413
1.2	0.3849
1.4	0.4192
1.6	0.4452

① 0.8041

② 0.7698

③ 0.7605

④ 0.7262

해설

이항분포의 정규근사

문제의 조건에 의해, 100명을 임의추출하였을 때 평균 참석자는 50명이다. 100명을 초대했다고 할 때, 참석자의 비율이 0.5이므로 확률변수 X는 이항분포 $B(100, 0.5)$를 따르고, $np = 50 > 5$이고 $nq = 50 > 5$로 이항분포의 정규근사 조건을 만족하므로 확률변수 X는 근사적으로 정규분포 $N(50, 5^2)$을 따른다.

$$\therefore \ P(43 \leq X \leq 56) = P\left(\frac{43-50}{5} \leq Z \leq \frac{56-50}{5}\right)$$
$$= P(-1.4 \leq Z \leq 1.2) = P(0 \leq Z \leq 1.4) + P(0 \leq Z \leq 1.2)$$
$$= 0.4192 + 0.3849 = 0.8041$$

06 빨간 공 5개, 노란 공 4개, 파란 공 2개, 흰 공 9개가 들어있는 주머니가 있다. 이 주머니에서 공을 하나 꺼내어 색깔을 확인한 후 다시 넣는다. 이와 같은 시행을 3번 반복할 때, 꺼내는 순서에 관계없이 빨간 공, 노란 공, 파란 공을 각각 하나씩 꺼낼 확률은?

① $\dfrac{1}{200}$

② $\dfrac{3}{100}$

③ $\dfrac{1}{100}$

④ $\dfrac{3}{200}$

해설

확률의 계산

전체 공의 개수 20개 중 빨간 공, 노란 공, 파란 공을 복원추출하여 하나씩 꺼낼 확률은 각각 $\dfrac{5}{20}$, $\dfrac{4}{20}$, $\dfrac{2}{20}$이다. 하지만 꺼내는 순서에 관계가 없으므로 빨간 공, 노란 공, 파란 공을 일렬로 세우는 $3! = 3 \times 2 \times 1 = 6$가지 경우의 수가 있다.

$$\therefore \ \text{구하고자 하는 확률은} \ \frac{5}{20} \times \frac{4}{20} \times \frac{2}{20} \times 6 = \frac{3}{100} \text{이다.}$$

07 어느 대기업에 근무하는 직원들을 대상으로 퇴직 후 귀농하려는 비율(p)을 알아보기 위해 500명을 조사한 결과 100명이 귀농하겠다고 응답하였다. 이 회사 직원들의 귀농비율 p의 95% 신뢰구간은?

① $\left(0.2 - 1.96\sqrt{\dfrac{0.2 \times 0.8}{500}},\ 0.2 + 1.96\sqrt{\dfrac{0.2 \times 0.8}{500}}\right)$

② $\left(0.2 - 1.96\sqrt{\dfrac{0.5 \times 0.5}{500}},\ 0.2 + 1.96\sqrt{\dfrac{0.5 \times 0.5}{500}}\right)$

③ $\left(0.5 - 1.96\sqrt{\dfrac{0.2 \times 0.8}{500}},\ 0.5 + 1.96\sqrt{\dfrac{0.2 \times 0.8}{500}}\right)$

④ $\left(0.5 - 1.96\sqrt{\dfrac{0.5 \times 0.5}{500}},\ 0.5 + 1.96\sqrt{\dfrac{0.5 \times 0.5}{500}}\right)$

해설

모비율에 대한 $100(1-\alpha)\%$ 신뢰구간

모비율 p에 대한 $100(1-\alpha)\%$ 양측 신뢰구간은 $\left(\hat{p} - z_{\frac{\alpha}{2}}\sqrt{\dfrac{\hat{p}(1-\hat{p})}{n}},\ \hat{p} + z_{\frac{\alpha}{2}}\sqrt{\dfrac{\hat{p}(1-\hat{p})}{n}}\right)$ 이다.

$\hat{p} = \dfrac{100}{500} = 0.2$, $\hat{q} = (1-\hat{p}) = 0.8$, $n = 500$일 때, 모비율 p에 대한 95% 신뢰구간은

$\left(0.2 - 1.96\sqrt{\dfrac{0.2 \times 0.8}{500}},\ 0.2 + 1.96\sqrt{\dfrac{0.2 \times 0.8}{500}}\right)$ 이다.

08 크기가 10인 표본으로부터 얻은 회귀방정식은 $Y = 2 + 0.3X$이고, X의 표본평균이 2이고, 표본분산은 4, Y의 표본평균은 2.6이고 표본분산은 9이다. 이 결과치로부터 X와 Y의 상관계수는?

① 0.1　　　　　　　　　② 0.2

③ 0.3　　　　　　　　　④ 0.4

해설

상관계수의 특성

$r = b\dfrac{S_X}{S_Y} = b\dfrac{\sqrt{\sum(X_i - \overline{X})^2}}{\sqrt{\sum(Y_i - \overline{Y})^2}}$

여기서, 단순선형회귀선의 기울기 $b = \dfrac{\sum(X_i - \overline{X})(Y_i - \overline{Y})}{\sum(X_i - \overline{X})^2}$ 이다.

$\therefore r = b\dfrac{S_X}{S_Y} = 0.3 \times \left(\dfrac{\sqrt{4}}{\sqrt{9}}\right) = 0.2$

09 동전을 공정하게 3회 던지는 실험에서 앞면이 나오는 횟수를 X라고 할 때, 확률변수 $Y=(X-1)^2$의 기대값은?

① 1/2 　　　　　　　　　　　② 1
③ 3/2 　　　　　　　　　　　④ 2

해설

이항분포(Binomial Distribution)

$X \sim B(3, 0.5)$을 따르므로 $E(X)=1.5$, $Var(X)=0.75$이다.

$Var(X)=E(X^2)-[E(X)]^2=E(X^2)-2.25=0.75$

$\therefore E(X^2)=3$

$E(Y)=E[(X-1)^2]=E(X^2-2X+1)=E(X^2)-2E(X)+1=3-3+1=1$

10 정규분포를 따르는 모집단의 모평균에 대한 가설 $H_0 : \mu=50$ 대 $H_1 : \mu<50$을 검정하고자 한다. 크기 $n=100$의 임의표본을 취하여 표본평균을 구한 결과 $\bar{x}=49.1775$를 얻었다. 모집단의 표준편차가 5라면 유의확률은? (단, $P(Z\leq 1.96)=0.975$, $P(Z\leq 1.645)=0.95$)

① 0.025 　　　　　　　　　　② 0.05
③ 0.95 　　　　　　　　　　　④ 0.975

해설

유의확률 계산

p값이란 귀무가설이 사실이라는 전제하에 검정통계량이 표본에서 계산된 값과 같거나 그 값보다 대립가설 방향으로 더 극단적인 값을 가질 확률이다. $H_0 : \mu=50$, $H_1 : \mu<50$이므로 유의확률은 다음과 같다.

$\therefore p-\text{value}=P(\bar{X}<\bar{x})=P(\bar{X}<49.1775)$

$$=P\left(Z<\frac{49.1775-50}{5/\sqrt{100}}\right)=P(Z<-1.645)=0.05$$

11 $Z \sim N(0, 1)$, $V \sim \chi^2_{(1)}$을 따른다고 한다. $0.05 = P(|Z| \geq a) = P(V \geq b)$을 만족하는 (a, b)를 구하면?

① $(1.96, 3.84)$　　　　　　　　　　② $(1.645, 2.71)$

③ $(2.58, 6.66)$　　　　　　　　　　④ $(1.96, 1.96)$

해설

표준정규분포와 카이제곱분포의 관계

$0.05 = P(|Z| \geq a) = P(Z \geq z_{0.025}) + P(Z \leq z_{-0.025})$으로 $z_{0.025} = 1.96$이다.

$Z^2 \sim \chi^2_{(1)}$이므로 $0.05 = P(|Z| \geq a) = P(V \geq \chi^2_{\alpha, (1)}) = P(Z^2 \geq a^2)$이 성립하므로 $b = a^2 = (1.96)^2 = 3.84$이다.

12 어느 지역의 원자력발전소 건립에 대한 지지율이 남녀별로 다른지를 알아보기 위해서 남자 250명, 여자 200명을 대상으로 조사한 결과 남자 지지자수는 110명이고 여자 지지자수는 104명이다. 남녀별로 지지율에 차이가 있는지를 유의수준 5%에서 검정하고자 한다. 다음 가설검정의 설명 중에서 맞는 것은?

① 귀무가설의 기각역은 단측검정법으로 계산해야 한다.

② 검정통계량의 확률분포는 t 분포이다.

③ 두 모비율 차에 대한 검정으로 검정통계량은 $Z = \dfrac{\hat{p_1} - \hat{p_2}}{\sqrt{\hat{p}(1 - \hat{p})\left(\dfrac{1}{n_1} + \dfrac{1}{n_2}\right)}}$ 이다.

④ 남자의 지지율이 0.44이고 여자의 지지율이 0.52이므로 지지율에서 남녀 간의 차이가 있는 것으로 볼 수 있다.

해설

두 모비율의 차에 대한 검정(합동표본비율 이용)

두 모비율의 차에 대한 검정통계량은 합동표본비율을 이용한 $Z = \dfrac{\hat{p_1} - \hat{p_2}}{\sqrt{\hat{p}(1 - \hat{p})\left(\dfrac{1}{n_1} + \dfrac{1}{n_2}\right)}}$ 이다.

13 4종류 휘발유(A, B, C, D)의 연비에 대한 실험 자료의 분석결과가 다음의 분산분석표로 주어져 있다. 4명의 운전자(갑, 을, 병, 정)와 4종류의 자동차(가, 나, 다, 라)를 대상으로 실험하고자 한다. 최소 실험횟수를 통해서 연비의 차이를 검정하는 통계실험에 대한 설명이다. 다음 중 맞는 설명은? (단, 유의수준 5%에서 $F(3, 6) = 4.76$이다)

요 인	제곱합	자유도	평균제곱
휘발유	120	3	40
운전자	6	3	2
자동차	720	3	240
오 차	24	6	4
합 계	870	15	

① 운전자와 휘발유 종류에 따라 연비에 차이가 있다고 할 수 없다.
② 자동차 유형과 휘발유 종류간의 상호작용효과는 통계적으로 유의할 것이다.
③ 자동차 유형만이 연비에 차이가 있다고 할 수 있다.
④ 휘발유 종류는 연비에 차이가 있다고 할 수 있다.

해설

반복이 없는 삼원배치 분산분석

〈반복이 없는 삼원배치 분산분석표〉

요 인	제곱합	자유도	평균제곱	F
휘발유	120	3	40	10
운전자	6	3	2	0.5
자동차	720	3	240	60
오 차	24	6	4	
합 계	870	15		

위의 결과로부터 유의수준 5%하에서 휘발유 종류와 자동차 종류의 검정통계량 값은 각각 10과 60으로 $F(3, 6) = 4.76$보다 크므로 귀무가설을 기각한다. 즉, 휘발유 종류와 자동차 유형 간에는 연비에 차이가 있다고 할 수 있다. 또한 운전자의 검정통계량 값은 0.5로 $F(3, 6) = 4.76$보다 작으므로 귀무가설을 채택한다. 따라서 운전자에 따라 연비에 차이가 있다고 할 수 없다.

14 어느 여론조사기관에서 대통령의 국정현안에 대한 지지율을 조사하고자 한다. 지난번의 조사에서 지지율이 45%이었으며 지지율의 95% 추정오차한계가 2.5% 이내가 되도록 하는 데 필요한 표본의 크기는?

① $0.5 \times 0.5 \left(\dfrac{1.96}{0.025} \right)^2$ ② $0.45 \times 0.55 \left(\dfrac{1.96}{0.025} \right)^2$

③ $0.5 \times 0.5 \left(\dfrac{1.96}{0.025} \right)$ ④ $0.45 \times 0.55 \left(\dfrac{1.96}{0.025} \right)$

해설

모비율의 추정에 필요한 표본크기 결정

모비율 p에 대한 $100(1-\alpha)\%$ 신뢰한계는 $\hat{p} \pm z_{\alpha/2} \sqrt{\dfrac{\hat{p}(1-\hat{p})}{n}}$ 이다.

여기서 $\sqrt{\dfrac{\hat{p}(1-\hat{p})}{n}}$ 을 표준오차라 하고, $z_{\alpha/2} \sqrt{\dfrac{\hat{p}(1-\hat{p})}{n}}$ 을 추정오차(오차한계)라 하며, 추정오차가 d 이내가 되도록 하려면 $z_{\alpha/2} \sqrt{\dfrac{\hat{p}(1-\hat{p})}{n}} = d$로부터, $n = \hat{p}(1-\hat{p}) \left(\dfrac{z_{\alpha/2}}{d} \right)^2$ 에 의하여 표본의 크기 n을 결정할 수 있다.

$\therefore n \geq \hat{p}(1-\hat{p}) \left(\dfrac{z_{\alpha/2}}{d} \right)^2 = 0.45 \times 0.55 \left(\dfrac{1.96}{0.025} \right)^2$

15 어떤 회사에 근무하는 직원들의 월급에 차이가 있는지를 알아보기 위하여 다중회귀모형 $y_i = \beta_0 + \beta_1 x_1 + \beta_2 x_2 + \beta_3 x_3 + \epsilon_i$를 사용하였다. 여기서 독립변수 x_1은 근무연수, x_2는 성별변수로서 남자면 0, 여자면 1, 그리고 x_3는 생산직이면 1, 사무직이면 0이다. 주어진 자료로부터 추정된 회귀직선이 $\hat{y} = 33.83 - 0.10x_1 + 8.13x_2 - 0.04x_3$일 때, 생산직인 여자의 추정된 회귀직선은?

① $\hat{y} = 33.83 - 0.10x_1$ ② $\hat{y} = 41.92 - 0.10x_1$

③ $\hat{y} = 33.87 - 0.10x_1$ ④ $\hat{y} = 41.97 - 0.10x_1$

해설

추정된 회귀식 계산

추정된 회귀식이 $\hat{y} = 33.83 - 0.10x_1 + 8.13x_2 - 0.04x_3$ 이고, 생산직인 여자의 경우는 $x_3 = 1$, $x_2 = 1$인 경우이므로, 추정된 회귀식에 대입하여 구한 생산직인 여자의 추정된 회귀식은 $\hat{y} = 41.92 - 0.10x_1$이 된다.

16 완전확률화계획법(Completely Randomized Design)에 의한 기본 모형 및 가정은 다음과 같다. 이 모형에서 i는 반복수, j는 처리수를 나타낸다. 효과 간에 차이가 있는지를 분산분석하려고 할 때, 처리(집단 간 변동)와 오차(집단 내 변동)의 자유도를 각각 구하면?

$$X_{ij} = \mu + \beta_j + e_{ij}, \ e_{ij} \sim iid \ N(0, \sigma^2), \ i = 1, \cdots, l \ ; \ j = 1, \cdots, m$$

① $m-1$, $m(l-1)$　　　　　　② $l-1$, $m(l-1)$

③ $l-1$, $m-1$　　　　　　　④ $m-1$, $lm-1$

해설

일원배치 분산분석(완전확률화계획법)

일원배치 분산분석의 기본 모형 및 가정이 $X_{ij} = \mu + \beta_j + e_{ij}$, $e_{ij} \sim iid \ N(0, \sigma^2)$일 때,
$i = 1, \cdots, l$, $j = 1, \cdots, m$ (i는 반복수, j는 처리수)

요 인	제곱합	자유도	평균제곱	F
처 리	SSR	$m-1$	MSR	MSR/MSE
오 차	SSE	$m(l-1)$	MSE	
전 체	SST	$ml-1$		

17 다음의 교차표는 연령과 정치적 성향과의 관계를 조사한 것이다. 이 표로부터 카이제곱 검정통계량의 값은?

정치성향	연 령		
	30세 미만	30세 이상	합 계
보 수	50	50	100
진 보	60	40	100
합 계	110	90	200

① $\dfrac{20}{11}$　　　　　　　　② $\dfrac{200}{99}$

③ $\dfrac{20}{9}$　　　　　　　　④ $\dfrac{99}{200}$

해설

카이제곱 독립성 검정의 검정통계량 값 계산

$E_{11} = \dfrac{100 \times 110}{200} = 55$, $E_{12} = \dfrac{100 \times 90}{200} = 45$, $E_{21} = \dfrac{100 \times 110}{200} = 55$, $E_{22} = \dfrac{100 \times 90}{200} = 45$

$\therefore \chi_c^2 = \sum\sum \dfrac{(O_{ij} - E_{ij})^2}{E_{ij}} = \dfrac{(50-55)^2}{55} + \dfrac{(50-45)^2}{45} + \dfrac{(60-55)^2}{55} + \dfrac{(40-45)^2}{45} = \dfrac{200}{99}$

18 계절(봄, 여름, 가을, 겨울)별로 피자 판매량의 정도(상, 중, 하)가 다른지 알아보려고 한다. 이 때 쓰이는 검정법과 그에 따른 자유도는?

① t-검정, 3

② t-검정, 6

③ χ^2-검정, 3

④ χ^2-검정, 6

해설

카이제곱 검정의 자유도와 검정통계량

두 범주형 변수 계절(봄, 여름, 가을, 겨울)과 피자 판매량의 정도(상, 중, 하)에 차이가 있는지를 검정하는 χ^2 검정이다. $r \times c$ 분할표에서 χ^2 검정통계량의 자유도는 $(r-1)(c-1) = (4-1)(3-1) = 6$이다.

19 맞으면 O, 틀리면 X로 답하는 문제 100개를 아무런 생각 없이 풀어서 65개 이상 맞을 근사확률은?

① $P(Z \le 3)$

② $P(Z \le 1.645)$

③ $1 - P(Z \le 3)$

④ $1 - P(Z \le 1.645)$

해설

이항분포의 정규근사

$X \sim B\left(100, \dfrac{1}{2}\right)$ 이므로 구하고자 하는 확률은 $P(X \ge 65) = \displaystyle\sum_{x=65}^{100} {}_{100}C_x \left(\dfrac{1}{2}\right)^x \left(\dfrac{1}{2}\right)^{100-x}$ 이다.

하지만, 계산이 복잡하므로 이항분포의 정규근사를 이용한다.

$X \sim B\left(100, \dfrac{1}{2}\right)$ 이므로 기대값 $E(X) = np = 50$ 이며, 분산은 $Var(X) = npq = 25$ 이다.

이항분포의 정규근사 조건 $np = 50 > 5$ 이고 $n(1-p) = 50 > 5$ 를 만족하므로,

$P(X \ge 65) = P\left(Z \ge \dfrac{65-50}{\sqrt{25}}\right) = P(Z \ge 3) = 1 - P(Z \le 3)$ 이다.

20 표본의 크기를 $n = 100$ 에서 $n = 1600$ 으로 증가시키면, $n = 100$ 에서 얻은 평균의 표준오차는 몇 배로 증가하는가?

① 1/4

② 1/2

③ 2

④ 4

해설

표본크기와 표준오차(Standard Error)

평균의 표준오차는 추정량 $\overline{X}$ 의 표준편차로 $\dfrac{\sigma}{\sqrt{n}}$ 이다.

∴ 표본크기를 n 에서 $16n \, (n = 100)$ 으로 증가시키면 평균의 표준오차는 $\dfrac{1}{4}$ 배 감소한다.

01 주머니 속에 1의 숫자가 적혀있는 공 1개, 2의 숫자가 적혀있는 공 2개, 3의 숫자가 적혀있는 공 5개가 들어있다. 이 주머니에서 임의로 1개의 공을 꺼내어 공에 적혀있는 수를 확인한 후 다시 넣는다. 이와 같은 시행을 2번 반복할 때, 꺼낸 공에 적혀있는 수의 평균을 $\overline{X}$라 하자. $P(\overline{X}=2)$의 값은?

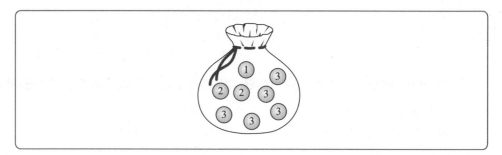

① $\dfrac{1}{32}$

② $\dfrac{3}{32}$

③ $\dfrac{5}{32}$

④ $\dfrac{7}{32}$

해설

확률의 계산

평균이 2가 되려면 주머니에서 꺼낸 두 공이 $(1, 3)$, $(2, 2)$, $(3, 1)$이어야 한다.

· 꺼낸 두 공이 $(1, 3)$ 또는 $(3, 1)$일 확률은 $\dfrac{1}{8} \times \dfrac{5}{8} \times 2 = \dfrac{5}{32}$ 이다.

· 꺼낸 두 공이 $(2, 2)$일 확률은 $\left(\dfrac{1}{4}\right)^2 = \dfrac{1}{16}$

$\therefore \dfrac{5}{32} + \dfrac{1}{16} = \dfrac{7}{32}$

02 다음은 어떤 모집단의 확률분포표이다.

X	1	2	3	합 계
$P(X)$	0.5	0.3	0.2	1

이 모집단에서 크기 2인 표본을 복원추출할 때, 표본평균 $\overline{X}$의 확률분포표는 다음과 같다.

$\overline{X}$	1	1.5	2	2.5	3
도 수	1	a	b	2	1
$P(\overline{X})$	0.25	c	d	0.12	0.04

이때, $100(b+c)$의 값을 구하면?

① 300

② 330

③ 360

④ 400

[해설]
확률분포표 작성
$\overline{X} = 1.5$이기 위해서는 크기 2인 표본을 복원추출할 때, X는 $(1, 2)$ 또는 $(2, 1)$이 나와야 한다.
∴ $P(\overline{X} = 1.5) = 2 \times 0.5 \times 0.3 = 0.3$
$\overline{X} = 2$이기 위해서는 크기 2인 표본을 복원추출할 때, X는 $(1, 3)$, $(2, 2)$, $(3, 1)$이 나와야 한다.
∴ $P(\overline{X} = 2) = (2 \times 0.5 \times 0.2) + (0.3 \times 0.3) = 0.29$
위의 결과를 바탕으로 확률분포표를 작성하면 다음과 같다.

$\overline{X}$	1	1.5	2	2.5	3	합 계
도 수	1	2	3	2	1	9
$P(\overline{X})$	0.25	0.30	0.29	0.12	0.04	1

∴ $100(b+c) = 100(3+0.3) = 330$

03 이항분포 $B(n, p)$에 대한 설명으로 틀린 것은?

① 기대값은 $E(X) = np$이고 분산은 $Var(X) = npq$이다.

② 이항분포는 비복원추출에 이용되는 분포이다.

③ 베르누이 확률변수는 $n = 1$인 이항분포 $B(1, p)$로 표현할 수 있다.

④ $X \sim B(n_1, p)$, $Y \sim B(n_2, p)$이고 서로 독립이면, $X + Y \sim B(n_1 + n_2, p)$이다.

[해설]
이항분포
이항분포는 복원추출에 이용되는 분포이고, 비복원추출에 이용되는 분포는 초기하분포이다.

04 두 사건 A, B에 대하여 $P(A) = \dfrac{1}{3}$, $P(A \cap B) = \dfrac{1}{8}$일 때, $P(B^C|A)$의 값은? (단, B^C은 B의 여사건이다)

① $\dfrac{1}{2}$　　　　　　　　　　　　② $\dfrac{2}{3}$

③ $\dfrac{5}{12}$　　　　　　　　　　　　④ $\dfrac{5}{8}$

해설

확률의 계산

$$P(B^C|A) = \frac{P(B^C \cap A)}{P(A)} = \frac{P(A) - P(A \cap B)}{P(A)} = \frac{\dfrac{1}{3} - \dfrac{1}{8}}{\dfrac{1}{3}} = \frac{5}{8}$$

05 어느 회사의 직원은 모두 60명이고, 각 직원은 두 개의 부서 A, B 중 한 부서에 속해있다. 이 회사의 A부서는 20명, B부서는 40명의 직원으로 구성되어 있다. A부서에 속해있는 직원의 50%가 여성이고, 여성 직원의 60%가 B부서에 속해있다. 이 회사의 직원 60명 중에서 임의로 선택한 한 명이 B부서에 속해 있을 때, 이 직원이 여성일 확률은?

① $\dfrac{1}{8}$　　　　　　　　　　　　② $\dfrac{1}{4}$

③ $\dfrac{3}{8}$　　　　　　　　　　　　④ $\dfrac{5}{8}$

해설

교차표 작성

성별 ＼ 부서	A	B	합 계
남 성	10	25	35
여 성	10	15	25
합 계	20	40	60

∴ B부서에 속해 있을 때 여성일 확률은 $\dfrac{15}{40} = \dfrac{3}{8}$ 이다.

06 구간 $[0, 1]$의 모든 실수 값을 가지는 연속확률변수 X의 확률밀도함수가 다음과 같다면, $24k$의 값은?

$$f(x) = kx(1-x^3), \quad 0 \leq x \leq 1$$

① 60

② 70

③ 80

④ 90

해설

확률밀도함수(Probability Density Function)

확률밀도함수의 성질에 따라 $\displaystyle\int_0^1 f(x)dx = 1$이 성립한다.

$$\int_0^1 f(x)dx = \int_0^1 kx(1-x^3)dx = \left[\frac{1}{2}kx^2\right]_0^1 - \left[\frac{1}{5}kx^5\right]_0^1 = \frac{1}{2}k - \frac{1}{5}k = 1$$

$\therefore\ k = \dfrac{10}{3}$이 되어 $24k = 80$이다.

07 A상표 전구와 B상표 전구의 수명을 비교하기 위해서 A상표 전구 40개와 B상표 전구 50개를 랜덤하게 수거하여 실험한 결과 표본의 평균수명시간이 각각 $\overline{X_A} = 418$(시간)과 $\overline{X_B} = 402$(시간)임을 알았다. A, B 각 상표 전구의 수명시간은 정규분포를 따르며, 표준편차는 각각 $\sigma_A = 26$(시간)과 $\sigma_B = 22$(시간)이라고 가정할 때, 두 상표 전구의 평균수명시간의 차 $\mu_A - \mu_B$에 대한 95% 신뢰구간은?

① $\left((418-402) - 2.58\sqrt{\dfrac{26^2}{40} + \dfrac{22^2}{50}}\ ,\ (418-402) + 2.58\sqrt{\dfrac{26^2}{40} + \dfrac{22^2}{50}}\right)$

② $\left((418-402) - 2.58\sqrt{\dfrac{26}{40} + \dfrac{22}{50}}\ ,\ (418-402) + 2.58\sqrt{\dfrac{26}{40} + \dfrac{22}{50}}\right)$

③ $\left((418-402) - 1.96\sqrt{\dfrac{26^2}{40} + \dfrac{22^2}{50}}\ ,\ (418-402) + 1.96\sqrt{\dfrac{26^2}{40} + \dfrac{22^2}{50}}\right)$

④ $\left((418-402) - 1.96\sqrt{\dfrac{26}{40} + \dfrac{22}{50}}\ ,\ (418-402) + 1.96\sqrt{\dfrac{26}{40} + \dfrac{22}{50}}\right)$

해설

대표본에서 두 모분산을 알고 있을 경우 두 모평균의 차 $\mu_A - \mu_B$에 대한 $100(1-\alpha)\%$ 신뢰구간

대표본에서 두 모분산을 알고 있을 경우 두 모평균의 차 $\mu_A - \mu_B$에 대한 $100(1-\alpha)\%$ 신뢰구간은

$$\left(\left(\overline{X_A} - \overline{X_B}\right) - z_{\frac{\alpha}{2}}\sqrt{\frac{\sigma_A^2}{n_A} + \frac{\sigma_B^2}{n_B}},\ \left(\overline{X_A} - \overline{X_B}\right) + z_{\frac{\alpha}{2}}\sqrt{\frac{\sigma_A^2}{n_A} + \frac{\sigma_B^2}{n_B}}\right)$$이다.

$$\therefore\ \left((418-402) - 1.96\sqrt{\frac{26^2}{40} + \frac{22^2}{50}},\ (418-402) + 1.96\sqrt{\frac{26^2}{40} + \frac{22^2}{50}}\right)$$

08 오른쪽으로 꼬리가 길게 늘어진 형태의 분포에 대해 옳은 설명으로만 짝지어진 것은?

> A. 왜도는 양의 값을 갖는다.
> B. 왜도는 음의 값을 갖는다.
> C. 자료의 평균은 중위수보다 큰 값을 갖는다.
> D. 자료의 평균은 중위수보다 작은 값을 갖는다.

① A, C
② A, D
③ B, C
④ B, D

해설

분포의 형태에 따른 대표값의 비교

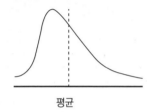

평균
① 최빈수 < 중위수 < 평균
② 오른쪽으로 기울어진 분포
③ 왼쪽으로 치우친 분포
④ 왜도 > 0

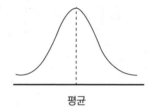

평균
① 평균 = 중위수 = 최빈수
② 좌우대칭형인 분포
③ 종 모양의 분포
④ 왜도 = 0(정규분포, t분포)

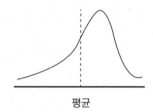

평균
① 평균 < 중위수 < 최빈수
② 왼쪽으로 기울어진 분포
③ 오른쪽으로 치우친 분포
④ 왜도 < 0

09 제1종의 오류(Type I Error)를 α, 제2종의 오류(Type II Error)를 β라 할 때, 다음 설명으로 옳은 것은?

① $\alpha + \beta = 1$이면 귀무가설을 기각해야 한다.
② $\alpha = \beta$이면 귀무가설을 채택해야 한다.
③ $\alpha = \beta$이면 $(1-\alpha)$는 검정력(Power)과 같다.
④ $\alpha \neq \beta$이면 항상 귀무가설을 채택해야 한다.

해설

검정력(Power)

검정력$(1-\beta)$은 대립가설이 참일 때 귀무가설을 기각할 확률이다. 즉, $\alpha = \beta$이면 $(1-\alpha)$는 검정력(Power)과 같다.

08 ① 09 ③ 정답

10 다음 중 상관계수에 대한 설명으로 옳은 것은?

① 두 변수 간에 강한 상관관계가 존재하면 두 변수는 서로 독립이다.

② 상관계수의 값은 항상 0 이상 1 이하이다.

③ 상관계수의 부호는 공분산의 부호와 항상 같다.

④ 상관계수의 크기는 회귀직선의 기울기 크기와 항상 같다.

해설

상관계수의 특성

두 변수가 서로 독립이면 상관계수는 0이며, 상관계수의 범위는 $-1 \leq r \leq 1$이고, 상관계수, 공분산, 회귀직선의 기울기의 부호는 항상 동일하다.

11 확률변수 X의 평균은 $E(X) = 2$이고, X^2의 평균은 $E(X^2) = 5$이다. 확률변수 Y를 $Y = 4X - 3$이라 할 때, X와 Y의 공분산 $Cov(X, Y)$를 구하면?

① 2

② 3

③ 4

④ 5

해설

공분산 계산

$Y = 4X - 3$이므로, $E(Y) = E(4X - 3) = 4E(X) - 3 = 5$

$$
\begin{aligned}
Cov(X, Y) &= E[(X - E(X))(Y - E(Y))] \\
&= E[(X - 2)(4X - 8)] = 4E(X^2) - 16E(X) + 16 \\
&= (4 \times 5) - (16 \times 2) + 16 = 4
\end{aligned}
$$

12 확률변수 X가 포아송분포 $Possion(\lambda)$을 따를 때 다음 설명 중 옳지 않은 것은?

① 기하분포에서 시행횟수 n이 매우 크고 성공의 확률 p가 0에 가까워질 경우 포아송분포로 근사한다.

② 확률변수 X의 기대값은 $E(X) = \lambda$이다.

③ 확률변수 X의 분산은 $Var(X) = \lambda$이다.

④ 확률변수 X의 확률질량함수는 $f(x) = \dfrac{e^{-\lambda} \lambda^x}{x!}$, $x = 0, 1, 2, \cdots$이다.

해설

이항분포의 포아송분포 근사

이항분포에서 시행횟수 n이 매우 크고 성공의 확률 p가 0에 가까워질 경우 포아송분포로 근사한다.

13 자료 $X_i = i$, $Y_i = -(X_i - 5)^2$이라 할 때, (X_i, Y_i) 사이의 표본상관계수를 구하면?
(단, $i = 1, 2, \cdots, 9$)

① 1   ② 0

③ -1   ④ -0.5

해설

표본상관계수

X	1	2	3	4	5	6	7	8	9
Y	-16	-9	-4	-1	0	-1	-4	-9	-16

X_i가 증가함에 따라 Y_i는 $X_i = i = 5$를 중심으로 좌우대칭인 2차 곡선의 형태를 띠므로 상관계수는 0이다.

14 어떤 동전의 앞뒷면이 나올 확률이 동일한지를 알아보기 위해서 동일한 조건하에 독립적으로 5번 던져서 5번 모두 같은 면이 나오면 앞뒷면이 나올 확률이 동일하다는 귀무가설을 기각하고 그렇지 않으면 귀무가설을 기각하지 않기로 한다고 한다. 이 검정방법의 제1종의 오류를 범할 확률은?

① $\left(\dfrac{1}{2}\right)^5$ ② $\left(\dfrac{1}{2}\right)^5 \times 2$

③ $_5C_2\left(\dfrac{1}{2}\right)^5$ ④ $_5C_4\left(\dfrac{1}{2}\right)^5$

해설

제1종의 오류를 범할 확률

제1종의 오류는 귀무가설이 참인데 귀무가설을 기각할 오류로 귀무가설 $H_0 : p = 0.5$하에서 5번 모두 앞면이 나오거나 모두 뒷면이 나올 확률이다.

$$\therefore \;_5C_5\left(\frac{1}{2}\right)^5\left(\frac{1}{2}\right)^0 + \;_5C_0\left(\frac{1}{2}\right)^0\left(\frac{1}{2}\right)^5 = \left(\frac{1}{2}\right)^5 \times 2$$

15 표본의 크기 $n = 12$인 자료에서 독립변수 X와 종속변수 Y의 표본평균은 각각 2와 3이고 표본분산(S^2)은 모두 1로 동일하다. X와 Y의 표본상관계수(r)는 0.5라고 할 때, Y를 X에 단순회귀모형을 적합시킬 경우 최소제곱법으로 추정될 회귀직선은?

① $\hat{Y} = 3 + 2X$ ② $\hat{Y} = 3 + 0.5X$

③ $\hat{Y} = 2 + 2X$ ④ $\hat{Y} = 2 + 0.5X$

해설

회귀계수(Regression Coefficient)

$n = 12$, $\bar{x} = 2$, $\bar{y} = 3$, $S_x^2 = 1$, $S_y^2 = 1$, $r = 0.50$이고, $r = b\dfrac{S_x}{S_y}$ 이므로, $b = 0.5$가 된다.

추정된 회귀선은 $(\bar{X}, \bar{Y})$를 지나므로 $\bar{y} = a + b\bar{x}$으로부터 $3 = a + (0.5 \times 2)$가 성립되어 $a = 2$이다.

13 ② 14 ② 15 ④ 정답

16 2차원 교차표에서 행 변수의 범주수는 6이고, 열 변수의 범주수는 3개이다. 두 변수 간의 독립성 검정에 사용되는 검정통계량의 분포는?

① 자유도 18인 카이제곱분포　　　　　② 자유도 10인 카이제곱분포

③ 자유도 18인 t분포　　　　　　　　④ 자유도 17인 t분포

해설
카이제곱 독립성 검정(Chi-Square Independence Test)
$r \times c$ 교차표에서 χ^2 검정통계량의 자유도는 $(r-1)(c-1) = (6-1)(3-1) = 10$이다.

17 컴퓨터 학원에서는 수강생이 자격증 취득까지 소요되는 일수를 남녀 2명씩 조사하여 분석한 결과 아래의 표를 얻었다. 유의수준 5%하에서 다음 분산분석표의 설명으로 맞는 것은?
(단, $F(2, 6 ; 0.05) = 5.14$, $F(1, 6 ; 0.05) = 5.99$이다)

요 인	제곱합	자유도	평균제곱	F
학 원	47.2	2	23.6	3.37
성 별	161.3	1	161.3	23.0
교호작용	10.2	2	5.1	0.73
오 차	42.0	6	7	
전 체	260.7	11		

① 학원과 성별의 교호작용효과는 통계적으로 유의하지 않기 때문에 오차항에 포함시킬 필요가 없다.

② 자격증 취득에서 남자가 유리할 것으로 생각할 수 있는 근거가 명확하다.

③ 교호작용효과가 통계적으로 유의할 경우에는 학원이나 성별의 효과에 대한 검정통계량을 계산할 수 없다.

④ 자격증 취득에서 남자가 여자보다 유리하거나 여자가 남자보다 유리하다는 증거는 없으나, 남자 와 여자 간에 차이가 있다고 볼 수 있다.

해설
분산분석표 해석
• 학원과 성별의 교호작용효과에 대한 검정통계량 값이 0.73으로 기각치 $F(2, 6 ; 0.05) = 5.14$보다 작기 때문에 통계 적으로 유의하지 않으며 오차항에 포함시킬 필요가 있다.
• 교호작용효과가 통계적으로 유의할 경우에는 학원이나 성별의 주효과에 대한 분석은 무의미하다. 단, 주효과에 대한 검정통계량 값은 계산할 수 있다.
• 성별에 대한 검정통계량 값이 23.0으로 기각치 $F(1, 6 ; 0.05) = 5.99$보다 크기 때문에 통계적으로 유의하다. 즉, 남 자와 여자 간의 차이가 있다고 할 수 있다.

18 어떤 주사위가 공정한지를 검정하기 위해 60회를 굴려 아래와 같은 결과를 얻었다. 이에 대한 분석방법으로 옳은 것은?

눈의 수	1	2	3	4	5	6
관측도수	13	19	11	8	5	4

① 실험횟수가 $n \geq 30$이므로 중심극한정리를 이용해 정규분포의 평균값 검정을 실시한다.

② 주사위의 눈이 관측도수에 얼마나 영향을 미치는지 알기 위한 단순회귀분석을 실시한다.

③ 관측도수와 기대도수를 이용하여 카이제곱 검정을 실시한다.

④ 주사위의 눈(6개)에 따라 관측도수에 차이가 있는지를 검정하는 일원배치 분산분석을 실시한다.

해설

카이제곱 적합성 검정(χ^2 Goodness of Fit Test)

• 귀무가설(H_0) : 주사위는 공정하다.

• 대립가설(H_1) : 주사위는 공정하지 않다.

• 기대도수를 구하면 다음과 같다.

눈의 값	1	2	3	4	5	6
관찰도수	13	19	11	8	5	4
기대도수	10	10	10	10	10	10

• 검정통계량은 $\chi^2 = \sum_{i=1}^{k} \dfrac{(O_i - E_i)^2}{E_i} \sim \chi^2_{(k-1)}$으로 단일표본에서 한 변수의 범주 값에 따라 기대빈도와 관측빈도 간에 유의한 차이가 있는지를 검정하는 카이제곱 적합성 검정을 실시한다.

19 회귀모형에서 결정계수 R^2에 대한 설명으로 맞는 것은?

① 결정계수가 −1일 경우 두 변수는 완전한 선형관계에 있다고 표현한다.

② 회귀모형에 독립변수를 추가하게 되면 R^2값이 증가하므로 추가된 모형이 이전의 모형보다 항상 우월하게 된다.

③ R^2값이 0에 근사해지면 총변동을 회귀변동으로 거의 모두 설명할 수 있음을 의미한다.

④ 결정계수는 $R^2 = 1 - \dfrac{SSE}{SST}$($SST$: 총제곱합, SSE : 잔차제곱합)으로 계산된다.

해설

결정계수(Coefficient of Determination)의 성질

• 결정계수의 범위는 $0 \leq R^2 \leq 1$이다.

• 회귀모형에 설명변수를 추가하면 R^2값은 증가한다. 하지만 추가된 모형이 이전의 모형보다 반드시 우월하게 되는 것은 아니다.

• 결정계수가 1에 가까울수록 추정된 회귀식은 의미가 있고 0에 가까울수록 추정된 회귀식은 의미가 없다.

• 결정계수는 $R^2 = \dfrac{SSR}{SST} = \dfrac{SST - SSE}{SST} = 1 - \dfrac{SSE}{SST}$으로 계산된다.

20 대학생들의 라이프스타일을 조사하기 위해 전국에서 몇 개의 대학을 선정하고 이들로부터 다시
몇 개의 학과와 학년을 선정하여 해당되는 학생들을 모두 조사하는 표본추출방법은?

① 군집표본추출방법

② 층화표본추출방법

③ 단순무작위표본추출방법

④ 계통표본추출방법

해설

군집표본추출법(Cluster Sampling)

군집표본추출법은 모집단을 조사단위 또는 집계단위를 모은 군집(Cluster)으로 나누고 이들 군집들 중에서 일부의 군집을 추출한 후 추출된 군집에서 일부 또는 전부를 표본으로 추출하는 방법이다.

04회 | 통계학 총정리 모의고사

01 다음과 같은 줄기와 잎 그림에 대한 설명 중 틀린 것은?

줄 기	잎
0	0 2 3 5 7 8 9 9
1	0 0 0 2 3 3 4 4 5 5 5 6 7 7 7 8
2	0 1 2 3 7
3	0 1 1 5
4	6
5	0 0 2

① 오른쪽으로 치우친 분포의 형태를 갖고 있다.
② 최빈수는 하나가 아닌 여러 개이다.
③ 중위수보다 평균이 크다.
④ 왜도(Skewness)는 0보다 크다.

해설

분포의 형태에 따른 대표값의 비교

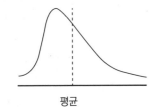 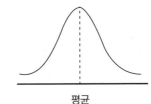 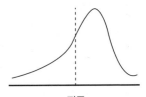

평균	평균	평균
① 최빈수＜중위수＜평균	① 평균＝중위수＝최빈수	① 평균＜중위수＜최빈수
② 오른쪽으로 기울어진 분포	② 좌우대칭형인 분포	② 왼쪽으로 기울어진 분포
③ 왼쪽으로 치우친 분포	③ 종 모양의 분포	③ 오른쪽으로 치우친 분포
④ 왜도＞0	④ 왜도＝0(정규분포, t분포)	④ 왜도＜0

02 이산확률변수 X의 확률분포를 표로 나타내면 다음과 같다. $E(4X+3)$의 값은?

X	-5	0	5	합 계
$P(X=x)$	$\dfrac{1}{5}$	$\dfrac{1}{5}$	$\dfrac{3}{5}$	1

① 9   ② 10

③ 11   ④ 12

기댓값의 계산

$$E(X) = \sum x_i p_i = \left(-5 \times \frac{1}{5}\right) + \left(0 \times \frac{1}{5}\right) + \left(5 \times \frac{3}{5}\right) = 2$$

$$\therefore\ E(4X+3) = 4E(X) + 3 = 11$$

03 두 사건 A, B가 서로 독립이고, $P(A^C) = \frac{1}{4}$, $P(A \cap B) = \frac{1}{2}$일 때, $P(B|A^C)$의 값은?
(단, A^C은 A의 여사건이다)

① $\frac{1}{3}$ ② $\frac{2}{3}$

③ $\frac{1}{4}$ ④ $\frac{3}{4}$

독립사건(Independent Events)

두 사건 A, B가 서로 독립이므로 $P(A \cap B) = P(A)P(B) = \frac{1}{2}$이 성립한다.

$P(A^C) = \frac{1}{4}$이므로 $P(A) = \frac{3}{4}$이 되고, $\frac{3}{4}P(B) = \frac{1}{2}$이 성립하여 $P(B) = \frac{2}{3}$이다.

두 사건 A, B가 서로 독립이면 A^C, B 역시 독립이다.

$$\therefore\ P(B|A^C) = \frac{P(B \cap A^C)}{P(A^C)} = \frac{P(B)P(A^C)}{P(A^C)} = P(B) = \frac{2}{3}$$

04 어느 회사의 전체 신입사원 1,000명을 대상으로 신체검사를 한 결과, 키는 평균이 μ이고 표준편차가 10인 정규분포를 따른다고 한다. 전체 신입사원 중에서 키가 177 이상인 사원은 242명이었다. 전체 신입사원 중에서 임의로 선택한 한 명의 키가 180 이상일 확률을 다음의 표준정규분포표를 이용하여 구한 것은? (단, 키의 단위는 cm이다)

z	$P(0 \leq Z \leq z)$
0.7	0.2580
0.8	0.2881
0.9	0.3159
1.0	0.3413

① 0.1587   ② 0.1841

③ 0.2119   ④ 0.2267

정규분포의 확률 계산

$P(0 \leq Z \leq 0.7) = 0.2580$이므로 $P(Z \geq 0.7) = 0.2420$이다.

$$P(X \geq 177) = P\left(Z \geq \frac{177 - \mu}{10}\right) = P(Z \geq 0.7) = 0.2420 \quad \therefore\ \mu = 170$$

$$P(X \geq 180) = P\left(Z \geq \frac{180 - 170}{10}\right) = P(Z \geq 1) = 0.5 - P(0 \leq Z \leq 1) = 0.5 - 0.3413 = 0.1587$$

05 다음은 신뢰구간, 신뢰수준의 관계를 설명한 것이다.

> 정규분포 $N(\mu, \sigma^2)$을 따르는 모집단이 있다. 이 모집단에서 크기 n인 표본을 임의추출하면 표본평균은 정규분포 (가)에 근사한다.
> 이 표본평균의 분포를 이용하여 추정한 모평균 μ에 대한 신뢰수준 α의 신뢰구간을 $a \le \mu \le b$라 하자. 표본크기를 n으로 고정하고 신뢰수준을 α보다 높게 한 신뢰구간을 $c \le \mu \le d$라 할 때 $d-c$는 $b-a$보다 (나).

위의 과정에서 (가), (나)에 알맞은 것은?

	(가)	(나)
①	$N(\mu, \sigma^2)$	크다
②	$N\left(\mu, \dfrac{\sigma^2}{n}\right)$	크다
③	$N\left(\mu, \dfrac{\sigma}{\sqrt{n}}\right)$	크다
④	$N\left(\mu, \dfrac{\sigma^2}{n}\right)$	작다

해설

중심극한정리(Central Limit Theorem)

정규분포 $N(\mu, \sigma^2)$을 따르는 모집단에서 크기가 n인 표본을 추출하면 표본평균 $\overline{X}$에 대해 $E(\overline{X}) = \mu$, $\sigma(\overline{X}) = \dfrac{\sigma}{\sqrt{n}}$ 이다. 이를 정규분포로 나타내면 $N\left(\mu, \dfrac{\sigma^2}{n}\right)$이다. 신뢰수준을 높이면 신뢰구간은 넓어지므로 $d-c$는 $b-a$보다 크다.

06 피어슨 상관계수에 대한 설명으로 바르지 않은 것은?

① 상관계수의 부호는 공분산의 부호와 항상 동일하다.
② 상관계수의 부호는 회귀계수의 기울기 부호와 항상 동일하다.
③ 상관계수의 절대치가 클수록 두 변수의 선형관계는 강하다고 할 수 있다.
④ 상관계수의 크기는 변수의 단위에 영향을 받는다.

해설

상관계수의 특성

상관계수는 단위가 없는 수이며, 측정단위에 영향을 받지 않는다.

07 우리나라 대학생들의 독서시간은 1주일 동안 평균 20시간, 분산 9시간인 정규분포라고 알려져 있다. 이를 확인하기 위해 36명의 학생을 조사하였더니 평균이 19시간으로 나타났다. 이를 이용하여 우리나라 대학생들의 평균 독서시간이 20시간보다 작다고 말할 수 있는지 검정한다고 할 때 다음 중 옳은 것은?

① 검정통계량을 계산하면 −2가 된다.
② 가설검정에는 F분포가 이용된다.
③ 유의수준 0.05에서 우리나라 대학생들의 평균 독서시간이 20시간보다 작다고 말할 수 없다.
④ 표본분산이 알려져 있지 않아 가설검정을 수행할 수 없다.

해설

검정통계량 결정

$\mu = 20$, $\sigma^2 = 9$, $n = 36$, $\overline{X} = 19$일 때, $\overline{X}$를 이용한 검정통계량은 $Z = \dfrac{\overline{X} - \mu}{\sigma/\sqrt{n}}$이다.

$$\therefore z_c = \frac{19 - 20}{3/\sqrt{36}} = -2$$

08 점추정치(Point Estimate)에 대한 설명 중 틀린 것은?

① 표본의 크기가 커질수록, 표본으로부터 구한 추정치가 모수와 다를 확률이 0에 가깝다는 것을 일치성(Consistency)이 있다고 한다.
② 표본에 의한 추정치 중에서 중위수는 평균보다 중앙에 위치하기 때문에 더욱 효율성(Efficiency)이 있는 추정치가 될 수 있다.
③ 좋은 추정량의 성질 중 하나는 추정량의 기대값이 모수값이 되는 것인데 이를 불편성(Unbiasedness)이라 한다.
④ 좋은 추정량의 성질 중 하나는 추정량의 값이 주어질 때 조건부 분포가 모수에 의존하지 않는다는 것이며 이를 충분성(Sufficiency)이라 한다.

해설

효율성

효율성은 추정량 $\hat{\theta}$이 불편추정량이고, 그 분산이 다른 추정량 $\hat{\theta}_i$에 비해 최소의 분산을 갖는 성질이다. 평균은 항상 불편추정량이지만 중위수는 좌우대칭형분포에서만 불편추정량이며, 치우친 분포에서는 편향추정량이 된다.

09 어떤 대학의 취업정보센터에서 취업률(%)을 높이기 위한 실험을 실시하였다. 대학 내 취업교육을 이수한 횟수(없음, 1회, 2회 이상)에 대해 각각 8명씩 무작위로 뽑아 검정을 실시한 결과이다. 분석에 대한 설명으로 틀린 것은?

구 분	제곱합	자유도	평균제곱	F−값
요 인	2.4	****	****	****
잔 차	10.5	****	****	
합 계	12.9	****		

① 일원배치 분산분석을 실시한 결과이다.
② 잔차제곱합에 대한 자유도는 21이다.
③ 요인에 대한 평균제곱은 0.8이다.
④ F 검정통계량의 값은 2.4이다.

해설

일원배치 분산분석(One−way ANOVA)

구 분	제곱합	자유도	평균제곱	F−값
요 인	2.4	2	1.2	2.4
잔 차	10.5	21	0.5	
합 계	12.9	23		

10 가설검정의 오류에 대한 설명으로 틀린 것은?

① 제2종의 오류는 대립가설이 사실일 때 귀무가설을 채택하는 오류이다.
② 가설검정의 오류는 유의수준과 관계가 있다.
③ 제1종의 오류를 적게 하기 위해서는 유의수준을 크게 할 필요가 있다.
④ 제1종의 오류와 제2종의 오류를 범할 가능성은 반비례 관계에 있다.

해설

제1종의 오류(Type I Error)
제1종의 오류를 범할 확률을 유의수준이라 하며 α로 표기한다. 즉, 제1종의 오류를 범할 확률을 적게 하면 유의수준은 감소한다.

11 일원배치 분산분석에서 4개의 평균차를 동시에 검정하기 위한 귀무가설을 $H_0 : \mu_1 = \mu_2 = \mu_3 = \mu_4$ 라고 할 때, 대립가설로 옳은 것은?

① 모든 평균이 다르다.
② 적어도 한 쌍 이상의 평균이 다르다.
③ 적어도 두 쌍 이상의 평균이 다르다.
④ 적어도 세 쌍 이상의 평균이 다르다.

> **해설**
> **일원배치 분산분석의 가설**
> • 귀무가설(H_0) : $\mu_1 = \mu_2 = \mu_3 = \mu_4\,(a_1 = a_2 = a_3 = a_4 = 0)$
> • 대립가설(H_1) : 적어도 한 쌍의 μ_i는 다르다(적어도 하나의 a_i는 0이 아니다).

12 결정계수(R^2)에 대한 설명과 가장 거리가 먼 것은?

① 결정계수의 범위는 $0 \le R^2 \le 1$이다.
② $R^2 = \dfrac{SSE}{SST} = 1 - \dfrac{SSR}{SST}$
③ R^2이 1에 가까울수록 추정된 회귀식이 총변동량의 많은 부분을 설명한다.
④ R^2이 0에 가까울수록 추정된 회귀식이 총변동량을 적절히 설명하지 못한다.

> **해설**
> **결정계수(Coefficient of Determination)**
> 결정계수는 $R^2 = \dfrac{SSR}{SST} = 1 - \dfrac{SSE}{SST}$으로 정의한다.

13 청량음료 판매량이 계절(봄, 여름, 가을, 겨울)별로 동일한 비율인지 검정하려고 200개의 편의점을 조사하였다. 분석에 가장 적합한 방법은?

① 카이제곱 적합성 검정
② 카이제곱 독립성 검정
③ 카이제곱 동일성 검정
④ 대응표본 t검정

> **해설**
> **카이제곱 적합성 검정(χ^2 Goodness of Fit Test)**
> 카이제곱 적합성 검정은 단일표본에서 한 변수의 범주 값에 따라 기대빈도와 관측빈도 간에 유의한 차이가 있는지를 검정한다.

14 다음 중 모평균의 점추정량(Point Estimator)의 성질을 나타내지 않는 것은?

① 불편추정량(Unbiased Estimator)

② 일치추정량(Consistent Estimator)

③ 충분추정량(Sufficient Estimator)

④ 최대가능도추정량(Maximum Likelihood Estimator)

해설
바람직한 추정량의 성질
• 바람직한 추정량의 성질 : 불편추정량, 일치추정량, 충분추정량, 유효추정량
• 추정방법에 의한 추정량 구분 : 적률추정량, 최대가능도추정량, 최소제곱추정량

15 두 설명변수 X_1과 X_2를 사용한 회귀추정식이 $\hat{y} = 3.2 + 2.4x_1 + 1.2x_2$일 때, 회귀계수에 대한 설명으로 옳은 것은?

① 회귀계수의 값 2.4의 의미는 설명변수 X_1의 값을 1단위 증가시킬 때 반응변수 Y의 값은 2.4단위 증가할 것임을 나타낸다.

② 회귀계수의 값 1.2의 의미는 설명변수 X_1을 고정시킨 상태에서 X_2의 값을 1단위 증가시키면 반응변수 Y의 값은 1.2단위 증가할 것임을 나타낸다.

③ 설명변수 X_1만을 이용하여 회귀모형을 적합하였을 때 회귀추정식의 기울기는 2.4일 것이다.

④ 설명변수 X_1과 X_2는 서로 높은 선형연관성이 있어야 유의한 회귀추정식을 얻을 수 있다.

해설
회귀계수 해석
회귀계수값 1.2의 의미는 설명변수 X_1을 고정시킨 상태에서 X_2의 값을 1단위 증가시켰을 때 반응변수 Y의 값이 1.2단위 증가할 것임을 나타낸다. 설명변수 X_1과 X_2는 서로 높은 선형연관성이 있으면 다중공선성 문제가 발생한다.

16 10개의 등산용품 대리점에 대해 홍보금액과 매출액을 조사하였다. 홍보금액(X)과 매출액(Y) 간의 회귀분석을 실시하여 다음과 같은 결과를 얻었을 때, 다음 (   )에 들어갈 가장 알맞은 값은?

예측변수	계 수	표준오차	t 값
상수항	12	2	6
매출액(X)	6	3	( )

① 2

② 3

③ 4

④ 6

해설
검정통계량의 값 계산

$$t \text{ 검정통계량의 값} = \frac{b_i - \beta_i}{\sqrt{Var(b_i)}} = \frac{b_i - \beta_i}{\sqrt{MSE/S_{xx}}} = \frac{6-0}{3} = 2$$

17 인구 10만명인 어떤 도시에 거주하는 20세 이상의 성인 중 아침에 우유를 마시는 사람의 비율을 알아보기 위하여 400명을 랜덤 추출하여 조사한 결과 360명이 아침에 우유를 마신다고 대답하였다. 이 도시 전체에서 아침에 우유를 마시는 성인의 비율에 대한 95% 신뢰구간은?
(단, $z_{0.05} = 1.645$, $z_{0.0.25} = 1.96$)

① $\left(0.9 - 1.645 \sqrt{\dfrac{0.9(1-0.9)}{400}}, \ 0.9 + 1.645 \sqrt{\dfrac{0.9(1-0.9)}{400}} \right)$

② $\left(0.9 - 1.96 \sqrt{\dfrac{0.9(1-0.9)}{400}}, \ 0.9 + 1.96 \sqrt{\dfrac{0.9(1-0.9)}{400}} \right)$

③ $\left(0.5 - 1.645 \sqrt{\dfrac{0.5(1-0.5)}{400}}, \ 0.5 + 1.645 \sqrt{\dfrac{0.5(1-0.5)}{400}} \right)$

④ $\left(0.5 - 1.96 \sqrt{\dfrac{0.5(1-0.5)}{400}}, \ 0.9 + 1.96 \sqrt{\dfrac{0.5(1-0.5)}{400}} \right)$

해설

모비율 p에 대한 신뢰구간

$\hat{p} = \dfrac{X}{n} = \dfrac{360}{400} = 0.9$이므로, p에 대한 95% 신뢰구간을 구하면 다음과 같다.

$\left(\hat{p} - z_{\alpha/2} \sqrt{\dfrac{\hat{p}(1-\hat{p})}{n}}, \ \hat{p} + z_{\alpha/2} \sqrt{\dfrac{\hat{p}(1-\hat{p})}{n}} \right)$

$\therefore \left(0.9 - 1.96 \sqrt{\dfrac{0.9(1-0.9)}{400}}, \ 0.9 + 1.96 \sqrt{\dfrac{0.9(1-0.9)}{400}} \right)$

18 카이제곱분포에 대한 다음 설명 중 옳지 않은 것은?

① 서로 독립인 확률변수 $X_i (i = 1, 2, \cdots, n)$들이 각각 자유도 k_i인 카이제곱분포를 따르면 $Y = \sum_{i=1}^{n} X_i$는 자유도가 $\sum_{i=1}^{n} k_i$인 카이제곱분포를 따른다.

② 카이제곱분포는 감마분포의 특수한 경우이다.

③ 확률변수 Z가 $N(\mu, \sigma^2)$을 따를 때, $X = Z^2$은 $\chi_{(1)}^2$분포를 따른다.

④ $X \sim \chi_{(n)}^2$이면, $E(X) = n$, $Var(X) = 2n$이다.

해설

χ^2−분포

$Z \sim N(0, 1)$을 따를 때, Z^2은 자유도가 1인 $\chi_{(1)}^2$ 분포를 따른다.

19 확률밀도함수의 분포가 다음과 같을 때 $Var(-2X-2)$은?

Y \ X	0	1	2
0	0.10	0.20	0.15
1	0.05	0.30	0.20

① 1.25　　　　　　　　　　　② 1.57

③ 1.84　　　　　　　　　　　④ 1.92

해설

분산의 성질

확률변수 X의 확률밀도함수는 다음과 같다.

X	0	1	2	합 계
$P(X)$	0.15	0.50	0.35	1.00

$Var(-2X-2) = 4\,Var(X) = 4\{E(X^2) - [E(X)]^2\} = 4(1.9 - 1.2^2) = 1.84$

$\therefore\ E(X) = (0 \times 0.15) + (1 \times 0.50) + (2 \times 0.35) = 1.2$

$E(X^2) = (0^2 \times 0.15) + (1^2 \times 0.50) + (2^2 \times 0.35) = 1.9$

20 어느 학급은 남학생 18명, 여학생 16명으로 이루어져 있다. 이 학급의 모든 학생은 중국어와 일본어 중 한 과목만 수업을 받는다고 한다. 남학생 중에서 중국어 수업을 받는 학생은 12명이고, 여학생 중에서 일본어 수업을 받는 학생은 7명이다. 이 학급에서 선택된 한 학생이 중국어 수업을 받는다고 할 때, 이 학생이 여학생일 확률은?

① $\dfrac{1}{7}$　　　　　　　　　　　② $\dfrac{2}{7}$

③ $\dfrac{3}{7}$　　　　　　　　　　　④ $\dfrac{4}{7}$

해설

조건부 확률의 계산

남학생 중 중국어 수업을 받는 학생이 12명이고, 여학생 16명 중에서 일본어 수업을 받는 학생이 7명이므로 여학생 중에서 중국어 수업을 받는 학생은 9명이다. 즉, 전체 학생 중 중국어 수업을 받은 학생은 남학생과 여학생을 합쳐 21명이고 이중 여학생은 9명이다.

$\therefore$ 이 학급에서 선택된 한 학생이 중국어 수업을 받는다고 할 때, 이 학생이 여학생일 확률은 $\dfrac{9}{21} = \dfrac{3}{7}$ 이다.

05회 | 통계학 총정리 모의고사

01 각 면에 1, 1, 1, 2의 숫자가 하나씩 적혀있는 정사면체 모양의 상자가 있다. 이 상자를 던져서 밑면에 적힌 숫자가 1이면 아래 그림의 영역 A에, 숫자가 2이면 영역 B에 색을 칠하기로 하였다. 두 영역에 색이 모두 칠해질 때까지 이 상자를 계속 던질 때, 세 번째에 마칠 확률은?

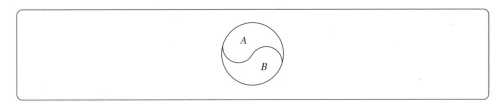

① $\dfrac{1}{16}$ ② $\dfrac{3}{16}$

③ $\dfrac{5}{16}$ ④ $\dfrac{7}{16}$

해설

확률의 계산

세 번째만에 처음으로 A와 B가 모두 칠해지기 위해서는 첫 번째와 두 번째는 서로 같은 주사위의 눈이 나와야 하고 세 번째에는 앞의 두 번과는 다른 색이 나와야 한다. 즉, 1, 1, 2 순서 또는 2, 2, 1의 순서로 주사위의 눈이 나와야 한다.

• 1, 1, 2 순서대로 나오는 확률은 $\dfrac{3}{4} \times \dfrac{3}{4} \times \dfrac{1}{4} = \dfrac{9}{64}$

• 2, 2, 1 순서대로 나오는 확률은 $\dfrac{1}{4} \times \dfrac{1}{4} \times \dfrac{3}{4} = \dfrac{3}{64}$

∴ 구하고자 하는 확률은 $\dfrac{9}{64} + \dfrac{3}{64} = \dfrac{12}{64} = \dfrac{3}{16}$ 이다.

02 배기량이 동일한 4개 자동차회사의 차량(A, B, C, D)에 대해 평균연비가 동일한지 일원배치 분산분석을 실시하고자 한다. 각 차량 A, B, C, D에 대해 반복수를 8, 7, 7, 5회 실시하였을 경우 잔차제곱합의 자유도는?

① 26   ② 3

③ 27   ④ 23

해설

반복수가 동일하지 않은 일원배치 분산분석

전체 실험횟수가 $8+7+7+5=27$회이므로 총제곱합의 자유도는 $n-1=27-1=26$이며, 차량이 4종류이므로 처리의 자유도는 $k-1=4-1=3$이다. $\phi_{SST} = \phi_{SSA} + \phi_{SSE}$이므로 잔차제곱합의 자유도는 23이다.

03 다음과 같은 A, B, C 세 개의 자료가 있고, 이 세 개의 자료에 대한 표준편차를 순서대로 a, b, c라고 할 때, a, b, c의 대소관계를 바르게 나타낸 것은?

> A : 1부터 50까지의 자연수
> B : 51부터 100까지의 자연수
> C : 1부터 100까지의 짝수

① $a = b < c$

② $a < b < c$

③ $a < b = c$

④ $a = b = c$

해설

표준편차(Standard Deviation)

표준편차는 분산의 제곱근으로 각각의 관측값에서 평균을 뺀 편차의 제곱을 전체 자료의 수로 나눈 분산의 제곱근을 의미한다. A와 B는 평균이 각각 25와 750이고 각각의 관측값에서 평균을 뺀 편차가 동일하므로 편차의 제곱 역시 동일하며 전체 자료의 수도 50으로 동일하므로 표준편차 역시 동일하다.

C는 A에 2를 곱한 것으로 A의 표준편차를 a라고 할 때 C의 표준편차는 $2a$가 된다.

∴ $a = b < c$

04 구간 $[0, 1]$에서 정의된 연속확률변수 X의 확률밀도함수가 $f(x) = ax + a$로 주어졌을 때, 상수 a의 값은?

① $\dfrac{1}{3}$

② $\dfrac{2}{3}$

③ 1

④ $\dfrac{3}{2}$

해설

확률밀도함수(Probability Density Function)

확률변수 X가 연속확률밀도함수가 되기 위한 조건은 $\int_{-\infty}^{\infty} f(x)dx = 1$이 성립해야 된다. 위의 문제에서는 확률변수 X가 구간 $[0, 1]$에서 정의되었으므로 $\int_{0}^{1} f(x)dx = 1$이 성립한다.

∴ $\int_{0}^{1} (ax + a)\,dx = \left[\dfrac{a}{2}x^2 + ax\right]_{0}^{1} = \dfrac{a}{2} + a = 1$이 성립되어 $a = \dfrac{2}{3}$ 가 된다.

05 어느 회사의 남직원 수는 여직원 수의 1.5배이다. 입사시험 성적의 통계에 따르면 남직원의 평균점수는 400점 만점에 225점이고 여직원의 평균점수는 235점이다. 회사 전체 직원들의 평균점수는 몇 점인가?

① 229   ② 230

③ 231   ④ 232

해설

평균의 계산

여직원수를 X라 하면 남직원 수는 $1.5X$가 된다. 남직원의 평균점수는 225점이므로, 남직원 점수의 총합은 $225 \times 1.5X$로 나타낼 수 있다. 또한 여직원의 평균점수는 235점이므로, 여직원 점수의 총합은 $235X$이다. 회사 전체 직원들의 점수 총합은 $(225 \times 1.5X) + 235X = 572.5X$이고, 회사 전체 직원들의 수는 $X + 1.5X = 2.5X$이다.

$$\therefore \frac{(225 \times 1.5X) + 235X}{2.5X} = \frac{572.5X}{2.5X} = 229$$

06 다음의 산점도로부터 유추할 수 있는 표본상관계수에 대한 설명으로 옳은 것은?

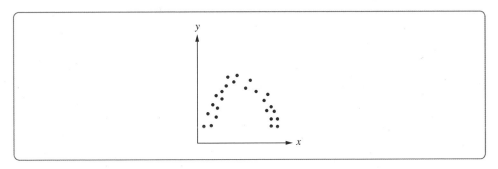

① X와 Y는 대략적인 2차 곡선의 형태를 띠므로 강한 음의 상관관계에 있음을 알 수 있다.

② X가 증가함에 따라 Y가 증가하다가 감소하므로 표본상관계수는 -1에 가까울 것이다.

③ X와 Y는 대략적인 2차 곡선의 형태를 띠므로 표본상관계수는 0에 가까울 것이다.

④ 위의 산점도만으로는 표본상관계수를 알 수 없지만 강한 양의 상관관계에 있음을 알 수 있다.

해설

표본상관계수

표본상관계수는 두 변수 간의 선형연관성을 나타내는 측도이다. 위의 산점도는 2차 곡선의 형태를 띠므로 표본상관계수는 0에 가까운 값을 갖는다.

07 두 변수 X와 Y의 상관계수(r_{XY})에 대한 설명으로 틀린 것은?

① 상관계수 r_{XY}는 두 변수 X와 Y의 산포의 정도를 나타낸다.

② 상관계수 범위는 $-1 \leq r_{XY} \leq 1$이다.

③ $r_{XY} = 0$이면 두 변수는 선형이 아니거나 무상관이다.

④ $r_{XY} = -1$이면 두 변수는 완전상관관계에 있다.

해설
상관계수의 정의
상관계수 r_{XY}는 두 변수 X와 Y의 선형연관성을 나타내는 측도이지 산포의 정도를 나타내는 산포도는 아니다.

08 모평균 μ에 대한 구간추정에서 95% 신뢰수준(Confidence Level)을 갖는 신뢰구간이 (95, 105)라고 할 때, 신뢰수준 95%의 의미는?

① 구간추정치가 맞을 확률이다.

② 모평균의 추정치가 100 ± 5 내에 있을 확률이다.

③ 모평균과 구간추정치가 95%로 같다.

④ 동일한 추정방법을 사용하여 신뢰구간을 반복하여 추정할 경우 평균적으로 100회 중에서 95회는 추정구간이 모평균을 포함한다.

해설
신뢰수준의 의미
신뢰수준 95%라 함은, 똑같은 연구를 똑같은 방법으로 100번 반복해서 신뢰구간을 구하는 경우, 그중 적어도 95번은 그 구간 안에 모평균이 포함될 것임을 의미한다.

09 다음 중 일원배치 분산분석으로 부적합한 경우는?

① 어느 시멘트 공장의 3개의 생산라인에서 생산되는 시멘트의 평균소요시간이 동일한지를 검정하기 위하여 각각의 소요시간(분) 자료를 수집하였다.

② 어느 회사의 생산직, 사무직, 전문직 직종에 대해 업무만족도 차이가 있는지 알기 위해 각 직종별 20명씩을 추출하여 5점 척도로 된 15개 항목으로 직무스트레스를 조사하였다.

③ 어느 회사에 다니는 회사원은 입사 시 학점(4.5점 만점)이 높은 사람일수록 급여를 많이 받는다고 알려져 있다. 이 회사 직원 30명을 무작위로 추출하여 평균 평점과 월 급여를 조사하였다.

④ A구, B구, C구 등 3개 지역이 서울시에서 아파트 가격이 가장 높은 것으로 나타났다. 각 구마다 15개씩 아파트 실거래가격을 조사하였다.

해설
단순회귀분석(Simple Regression Analysis)
학점은 연속형 변수이고 급여 역시 연속형 변수이므로 단순회귀분석을 실시한다.

07 ① 08 ④ 09 ③ 정답

10 어느 아파트에서는 난방 방식(중앙식, 개별식, 혼합식)에 대한 선호도조사를 실시하여 다음과 같은 분할표를 얻었다. '혼합식'이 '매우 좋다'에 응답한 셀의 기대도수를 구하면?

선호도	중앙식	개별식	혼합식
매우 좋다	20	30	10
보 통	20	40	40
좋지 않다	50	20	10

① 10
② 15
③ 20
④ 25

해설

교차표 분석

선호도	중앙식	개별식	혼합식	합 계
매우 좋다	20	30	10	60
보 통	20	40	40	100
좋지 않다	50	20	10	80
합 계	90	90	60	240

$$\therefore \ E_{13} = \frac{60 \times 60}{240} = 15$$

11 다음 중 회귀분석에 대한 설명으로 틀린 것은?

① 회귀분석은 자료를 통하여 독립변수와 종속변수 간의 함수관계를 통계적으로 규명하는 분석방법이다.

② 회귀분석은 종속변수의 값 변화에 영향을 미치는 중요한 독립변수들이 무엇인지 알 수 있다.

③ 단순회귀선형모형의 오차 ϵ_i에 대한 가정은 $\epsilon_i \sim N(0, \sigma^2)$이며, 오차는 서로 독립이다.

④ 최소제곱법은 회귀모형의 절편과 기울기를 구하는 방법으로 잔차의 합을 최소화시킨다.

해설

최소제곱법(Method of Least Squares)
최소제곱법은 회귀모형의 절편과 기울기를 구하는 방법으로 잔차의 제곱합을 최소화시킨다.

12 두 변수 (x, y)의 상관계수는 0.92이다. $u = \dfrac{3}{4}x - 2$, $v = -\dfrac{3}{2}y + 4$라 할 때, 두 변수 (u, v)의 상관계수는?

① 0.69

② -0.69

③ 0.92

④ -0.92

13 분산이 동일한 정규분포를 따르는 두 모집단으로부터 표본을 추출하여 다음 표와 같은 결과를 구하였다. 이 자료에 대한 모집단의 분산 추정치로 옳은 것은?

구 분	크 기	표본평균	표본분산
표본 1	16	10	4
표본 2	31	12	1

① 1

② 2

③ 3

④ 4

14 확률변수 X의 확률분포표가 다음과 같을 때, $(X - 1)$의 기대값은?

X	-1	0	1	2	3
$P(X)$	$\dfrac{1}{8}$	$\dfrac{1}{8}$	$\dfrac{2}{8}$	$\dfrac{2}{8}$	$\dfrac{2}{8}$

① $\dfrac{1}{8}$

② $\dfrac{3}{8}$

③ $\dfrac{5}{8}$

④ $\dfrac{11}{8}$

15 동전을 독립적으로 n회 던져서 앞면이 나오는 횟수를 X라고 할 때, 앞면이 나오는 비율 p의 추정량 $\hat{p} = \dfrac{X}{n}$의 평균제곱오차(MSE ; Mean Square Error)는?

① $np(1-p)$

② $p(1-p)$

③ $\dfrac{1}{n}p(1-p)$

④ $\dfrac{n-1}{n}p(1-p)$

[해설]
표본비율 $\hat{p}$의 분산

$$Var(\hat{p}) = Var\left(\frac{X}{n}\right) = \frac{1}{n^2}Var(X) = \frac{1}{n^2} \times np(1-p) = \frac{1}{n}p(1-p)$$

16 정규분포 $N(\mu, 10^2)$을 따르는 모집단으로부터 추출된 크기 100의 랜덤표본을 이용하여, $H_0 : \mu = 1.5$ 대 $H_1 : \mu > 1.5$를 검정하려고 한다. $\overline{X} > 1.8$이면 귀무가설(H_0)을 기각하려고 할 때, 제1종의 오류를 범할 확률은? (단, Z는 표준정규분포를 따르는 확률변수이다)

① $P(Z > 0.03)$

② $P(Z > -0.3)$

③ $P(Z > 0.3)$

④ $P(Z > 1.8)$

[해설]
제1종의 오류 계산
제1종의 오류는 귀무가설이 참일 때 귀무가설을 기각할 오류이므로 제1종의 오류를 범할 확률은

$$P(\overline{X} > 1.8 \mid \mu = 1.5) = P\left(Z > \frac{\overline{X} - \mu}{\sigma/\sqrt{n}} \mid \mu = 1.5\right) = P\left(Z > \frac{1.8 - 1.5}{10/\sqrt{100}}\right) = P(Z > 0.3) \text{이다.}$$

17 흰 공 10개와 검은 공 20개가 들어있는 주머니에서 비복원으로 5개의 공을 꺼낼 때 흰 공이 3개 포함될 확률을 구하는 데 가장 적합한 확률분포는 어느 것인가?

① 정규분포

② 이항분포

③ 초기하분포

④ 카이제곱분포

[해설]
초기하분포
이항분포는 복원추출인 경우, 초기하분포는 비복원추출인 경우의 확률을 구하는 데 사용된다.

18 모수 θ에 따른 이산형 확률변수 X의 분포 $f(x;\theta)$는 다음과 같다.

$f(x;\theta)$ ＼ θ	$\theta=1$	$\theta=2$	$\theta=3$	$\theta=4$
$f(1;\theta)$	1/5	2/5	1/5	1/5
$f(2;\theta)$	1/5	1/5	3/5	2/5
$f(3;\theta)$	3/5	2/5	1/5	2/5

위 분포로부터 크기 2인 확률표본 X_2과 X_3가 각각 1과 3으로 관측되었을 때, θ에 대한 최대가능도 추정치(Maximum Likelihood Estimate)는?

① 1　　　　　　　　　　　　② 2
③ 4　　　　　　　　　　　　④ 6

해설

최대가능도수정치

모수 θ에 따라 X_2와 X_3이 각각 1과 3으로 관측될 확률은 다음과 같다.

$$P(X|\theta=1)=\frac{1}{5}\times\frac{3}{5}=\frac{3}{25}$$

$$P(X|\theta=2)=\frac{2}{5}\times\frac{2}{5}=\frac{4}{25}$$

$$P(X|\theta=3)=\frac{1}{5}\times\frac{1}{5}=\frac{1}{25}$$

$$P(X|\theta=4)=\frac{1}{5}\times\frac{2}{5}=\frac{2}{25}$$

따라서 최대가능도추정방법에 따라 θ에 대한 최대가능도추정치는 2이다.

19 추정된 회귀선이 주어진 자료에 얼마나 잘 적합되는지를 알아보는 데 사용하는 결정계수를 나타낸 식이 아닌 것은? (단, Y_i는 주어진 자료의 값이고, $\widehat{Y_i}$은 추정값이며, $\overline{Y}$는 자료의 평균이다)

① $\dfrac{회귀제곱합}{총제곱합}$

② $\dfrac{\sum\left(\widehat{Y_i}-\overline{Y}\right)^2}{\sum\left(Y_i-\overline{Y}\right)^2}$

③ $1-\dfrac{잔차제곱합}{회귀제곱합}$

④ $1-\dfrac{\sum\left(Y_i-\widehat{Y_i}\right)^2}{\sum\left(Y_i-\overline{Y}\right)^2}$

해설

결정계수

$$R^2=\frac{SSR}{SST}=\frac{회귀제곱합}{총제곱합}=\frac{\sum\left(\widehat{Y_i}-\overline{Y}\right)^2}{\sum\left(Y_i-\overline{Y}\right)^2}=1-\frac{SSE}{SST}=1-\frac{잔차제곱합}{총제곱합}=1-\frac{\sum\left(Y_i-\widehat{Y_i}\right)^2}{\sum\left(Y_i-\overline{Y}\right)^2}$$

20 단순임의추출법(Simple Random Sampling)에 대한 설명으로 틀린 것은?

① 모집단에 대한 사전지식이 필요 없다.

② 추출확률이 동일하기 때문에 표본의 대표성이 높다.

③ 동일한 표본크기에서 층화추출법보다 표본오차가 작다.

④ 다른 확률표본추출방법과 결합하여 사용할 수 있다.

해설

단순임의추출법

단순임의추출법의 장점	단순임의추출법의 단점
• 모집단에 대한 사전지식이 필요 없다. • 추출확률이 동일하기 때문에 표본의 대표성이 높다. • 표본오차의 계산이 용이하다. • 확률표본추출방법 중 가장 적용이 용이하다. • 다른 확률표본추출방법과 결합하여 사용할 수 있다.	• 모집단에 대한 정보를 활용할 수 없다. • 동일한 표본크기에서 층화추출법보다 표본오차가 크다. • 비교적 표본의 크기가 커야 한다. • 표집틀 작성이 어렵다.

06회 │ 통계학 총정리 모의고사

01 다음은 어느 초등학교 학생 10명의 줄넘기 횟수를 측정한 결과를 줄기와 잎 그림으로 나타내었다. 줄넘기 횟수의 평균을 μ, 중앙값을 m, 최빈값을 f라 할 때, 다음 중 옳은 것은?

줄 기	잎
1	5 9
2	3 7 8
3	2 6 6
4	1 5

① $\mu < m < f$ ② $\mu < f < m$

③ $f < \mu < m$ ④ $m < \mu < f$

해설

대표값의 계산

$$\mu = \frac{15 + 19 + 23 + 27 + 28 + 32 + 36 + 36 + 41 + 45}{10} = \frac{302}{10} = 30.2$$

중앙값 m은 자료를 크기 순으로 나열했을 때 중앙에 위치하는 값으로 28과 32의 평균인 30이다.

최빈값 f는 빈도수가 가장 높게 나온 값으로 36이다.

$\therefore\ m < \mu < f$

02 마라톤 경기의 총 구간 거리는 42.195km이다. 어떤 마라톤 선수의 기록이 2시간 6분 30초였다. 마지막 195m를 30초에 달렸다면, 처음 42km 구간에서 100m를 평균 몇 초에 달렸는가?

① 16초   ② 17초

③ 18초   ④ 19초

해설

평균의 계산

마지막 195m를 30초에 달렸으므로, 처음 42km 구간은 총 2시간 6분에 달렸다. 2시간 6분을 초 단위로 환산하면 7,560초이고, 42km=420×100m이므로 100m를 달린 평균시간은 $\frac{7560}{420} = 18$(초)이다.

03 현재 사형제도는 존재하지만 법무부에서는 사형집행을 하지 않고 있어 사형집행에 대한 국민들의 찬성 여부를 조사한 결과가 다음과 같다.

성 별 \ 찬성 여부	찬 성	반 대	합 계
남 자	120	80	200
여 자	110	90	200

다음 가설을 유의수준 α에서 검정하고자 할 때, 검정 방법과 임계값(Critical Value)을 옳게 짝지은 것은? (단, z_α와 $\chi^2_\alpha(r)$는 각각 표준정규분포와 자유도가 r인 카이제곱분포의 제$100 \times (1-\alpha)$ 백분위수이다)

$$H_0 : \text{남자의 찬성률} = \text{여자의 찬성률}$$
$$H_1 : \text{남자의 찬성률} > \text{여자의 찬성률}$$

① (Z 검정, $z_{\alpha/2}$)
② (Z 검정, z_α)
③ (χ^2 검정, $\chi^2_{\alpha/2}(1)$)
④ (χ^2 검정, $\chi^2_\alpha(2)$)

해설
교차분석
2×2로 주어진 교차표에 대한 검정은 Z 검정 또는 카이제곱 검정으로 실시할 수 있다. 위의 대립가설로부터 단일검정임을 알 수 있으므로 Z 검정을 이용할 경우 임계값은 z_α이고, 카이제곱 검정을 이용할 경우 임계값은 $\chi^2_\alpha(1)$이다.

04 0 또는 1의 값만 가질 수 있는 확률변수 X가 $E(X) = 2 Var(X)$를 만족할 때 X의 기대값은? (단, $Var(X) \neq 0$이다)

① $\dfrac{3}{4}$
② $\dfrac{1}{3}$
③ $\dfrac{1}{4}$
④ $\dfrac{1}{2}$

해설
베르누이 시행의 기대값과 분산
베르누이 시행의 $E(X) = p$, $Var(X) = p(1-p)$이므로,
$$p = 2p(1-p) \Rightarrow 2p^2 - p = 0 \Rightarrow p(2p-1) = 0 \quad \therefore \ p = \frac{1}{2} \ (\because Var(X) \neq 0)$$

05 사건 전체의 집합 S의 두 사건 A와 B가 서로 배반사건이고, $A \cup B = S$, $P(A) = 2P(B)$일 때, $P(A)$의 값은?

① $\dfrac{2}{3}$ ② $\dfrac{3}{4}$

③ $\dfrac{2}{5}$ ④ $\dfrac{3}{5}$

해설

배반사건(Exclusive Events)

두 사건 A와 B가 서로 배반사건이면 $P(A \cap B) = 0$이 성립한다. $A \cup B = S$이므로 $P(A) + P(B) = 1$이다.

$P(A) = 2P(B)$일 때 $2P(B) + P(B) = 3P(B) = 1$이 성립하므로 $P(B) = \dfrac{1}{3}$이다.

$\therefore\ P(A) + P(B) = P(A) + \dfrac{1}{3} = 1$이므로 $P(A) = \dfrac{2}{3}$이다.

06 확률변수 X가 이항분포 $B(100, 0.2)$를 따를 때, 확률변수 $3X - 4$의 표준편차는?

① 12   ② 15

③ 18   ④ 21

해설

이항분포의 표준편차

확률변수 X가 이항분포 $B(100, 0.2)$를 따르므로 $E(X) = np = 100 \times 0.2 = 20$이고,
$Var(X) = npq = 100 \times 0.2 \times 0.8 = 16$이다.
즉, X의 표준편차 $\sigma(X) = \sqrt{Var(X)} = 4$이다.
$\therefore$ 표준편차 $\sigma(3X - 4) = |3|\sigma(X) = 3 \times 4 = 12$

07 X와 Y의 상관계수를 $Corr(X, Y)$로 나타낼 때, 성립하지 않는 내용을 모두 짝지은 것은?

> ㄱ. X와 Y가 서로 독립이면 $Corr(X, Y) = 0$이다.
> ㄴ. $Corr(8X, Y) = 8Corr(X, Y)$이 성립한다.
> ㄷ. 두 변수 간의 상관계수가 1에 가까울수록 선형의 관계가 강하고, -1에 가까울수록 선형의 관계는 약하다.

① ㄱ, ㄴ   ② ㄱ, ㄷ

③ ㄴ, ㄷ   ④ ㄱ, ㄴ, ㄷ

해설

상관계수의 특성

$Corr(8X, Y) = Corr(X, Y)$이고, 두 변수 간의 상관계수가 1 또는 -1에 가까울수록 선형의 관계가 강하다.

08 다음은 카이제곱 통계량을 이용하여 두 변수가 서로 독립인지 알아보기 위한 분할표이다. 카이제곱 (χ^2) 검정에 대한 설명으로 옳지 않은 것은? (단, 귀무가설이 참일 때 각 셀의 기대도수는 5 이상이고, 카이제곱 통계량의 값은 k이다.)

구 분		변수2		합 계
		범주1	범주2	
변수1	범주1	O_{11}	O_{12}	$T_1.$
	범주2	O_{21}	O_{22}	$T_2.$
합 계		$T._1$	$T._2$	T

① 관측도수가 O_{11}인 셀의 기대도수는 $\dfrac{T_1. \times T._1}{T}$과 같다.

② 관측도수가 O_{11}인 셀의 기대도수와 O_{12}인 셀의 기대도수의 합은 $T_1.$와 같다.

③ X가 자유도 1인 카이제곱분포를 따를 때, 유의확률은 $P(X \le k)$와 같다.

④ 전체 관측도수의 합과 전체 기대도수의 합은 같다.

해설

유의확률($p-value$)

X가 자유도 1인 카이제곱분포를 따를 때, 유의확률은 우측검정임을 감안하면 $P(X > k)$이다.

09 다음은 분산분석표의 일부이다. (   )에 알맞은 것은?

요 인	제곱합	자유도	평균제곱	F
처 리	27	3	9	(B)
잔 차	(A)			
합 계	115	47		

① A : 88, B : 4.5
② A : 80, B : 4.0
③ A : 80, B : 4.5
④ A : 88, B : 4.0

해설

분산분석표 작성

$SST = SSR + SSE = 27 + SSE = 115$

$\therefore SSE = 88$

$\varnothing_{SST} = \varnothing_{SSR} + \varnothing_{SSE} = 3 + \varnothing_{SSE} = 47$

$\therefore \varnothing_{SSE} = 44$

$F = \dfrac{SSR/\varnothing_{SSR}}{SSE/\varnothing_{SSE}} = \dfrac{27/3}{88/44} = \dfrac{9}{2} = 4.5$

10 회귀분석에서 결정계수 R^2에 대한 설명으로 틀린 것은? (단, SST는 총제곱합, SSR는 회귀제곱합, SSE는 잔차제곱합을 나타낸다)

① $R^2 = \dfrac{SSR}{SST}$

② $0 \le R^2 \le 1$

③ 잔차제곱합 SSE가 작아지면 R^2도 작아진다.

④ 독립변수의 수를 증가시키면 R^2도 항상 증가한다.

해설

결정계수(Coefficient of Determination)

$R^2 = \dfrac{SSR}{SST} = 1 - \dfrac{SSE}{SST}$이므로 잔차제곱합 SSE가 작아지면 결정계수 R^2은 커진다.

11 다음은 가설 $H_0 : \mu = \mu_0$에 대한 유의수준 α인 단측검정에 관한 그림이다. 그림에서 f_0와 f_1으로 표시된 분포는 각각 귀무가설과 대립가설의 특정 모수값하에서의 검정통계량의 분포를 나타내며, c는 검정의 임계값(Critical Value)을 나타낸다. 이에 대한 설명으로 옳지 않은 것은?

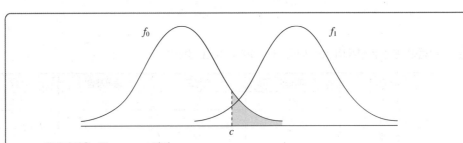

ㄱ. 대립가설은 $H_1 : \mu < \mu_0$이다.

ㄴ. 음영 부분의 넓이는 α이다.

ㄷ. f_1이 우측으로 이동할수록 검정력은 커진다.

ㄹ. c를 검정통계량의 값으로 정할 때 음영부분의 넓이가 p - 값이다.

① ㄱ   ② ㄴ

③ ㄷ   ④ ㄹ

해설

가설검정

위 그림을 확인하면 f_0 분포보다 f_1 분포가 오른쪽에 있으므로 대립가설은 $H_1 : \mu > \mu_0$이다.

12 X_1, X_2, $\cdots$, X_m은 $N(\mu_1, \sigma_1^2)$으로부터 랜덤표본이고, Y_1, Y_2, $\cdots$, Y_n은 $N(\mu_2, \sigma_2^2)$으로부터 랜덤표본이고, 서로 독립이라고 한다. 두 랜덤표본의 표본분산이 각각 S_1^2, S_2^2일 때, $\dfrac{S_1^2/\sigma_1^2}{S_2^2/\sigma_2^2}$는 어떤 분포를 따르는가?

① $F_{(m, n)}$ ② $F_{(m-1, n-1)}$

③ $\chi_{(n-1)}^2$ ④ Z

해설

모분산비 검정을 위한 검정통계량의 분포

$$F = \frac{S_1^2/\sigma_1^2}{S_2^2/\sigma_2^2} = \frac{S_1^2}{S_2^2} \sim F_{(m-1, n-1)}$$

13 어느 공공기관의 민원서비스 만족도에 대한 여론조사를 하기 위해 적절한 표본크기를 결정하고자 한다. 95% 신뢰수준에서 모비율에 대한 추정오차의 한계가 ±4% 이내에 있게 하려면 표본크기는 최소 얼마가 되어야 하는가? (단, 표준정규분포에서 $P(Z \geq 1.96) = 0.025$)

① 157명 ② 601명

③ 1,201명 ④ 2,401명

해설

모비율 추정에 필요한 표본크기

모비율의 추정에 필요한 표본크기는 $n \geq \hat{p}(1-\hat{p})\left(\dfrac{z_{\frac{\alpha}{2}}}{d}\right)^2 = 0.5 \times 0.5 \times \left(\dfrac{1.96}{0.04}\right)^2 = 600.25$이다.

∵ $\hat{p}$에 대한 사전정보가 없기 때문에 $\hat{p}(1-\hat{p})$을 최대로 해주는 $\hat{p} = 1/2$을 선택한다.

14 환자군과 대조군의 혈압을 비교하고자 한다. 각 집단에서 혈압은 정규분포를 따르고, 모분산은 같다는 것이 알려져 있다. 환자군 12명, 대조군 12명을 추출하여 평균을 조사한 후 두 표본의 t 검정을 실시할 때 적절한 자유도는 얼마인가?

① 11 ② 12

③ 22 ④ 24

해설

독립표본 t 검정

조사대상 개체가 환자군과 대조군으로 각각 나누어져 있으며 각 집단이 정규분포를 따르고, 모분산이 같다는 것이 알려져 있으므로 독립표본 t 검정을 실시한다. 독립표본 t검정을 위한 검정통계량은 $T = \dfrac{\overline{X_1} - \overline{X_2}}{S_p\sqrt{\dfrac{1}{n_1} + \dfrac{1}{n_2}}} \sim t_{(n_1 + n_2 - 2)}$을 따른다.

∴ 독립표본 t 검정을 위한 자유도는 $n_1 + n_2 - 2 = 12 + 12 - 2 = 22$이다.

15 확률변수 Y는 고등학교 3학년 학생의 신장이 167cm와 190cm 사이에 있으면 1, 그렇지 않으면 0의 값을 갖는다고 한다. 고등학교 3학년 학생 중 크기가 20인 확률표본 Y_1, Y_2, $\cdots$, Y_{20}을 추출하여 얻은 통계량 $Z = \sum_{i=1}^{20} Y_i$의 분포는?

① 표준정규분포   ② 정규분포
③ 이항분포   ④ 음이항분포

해설

이항분포(Binomial Distribution)

확률변수 Y는 베르누이 분포를 따른다. 확률변수 Y가 베르누이 분포를 따를 때, $Z = \sum_{i=1}^{20} Y_i$은 이항분포를 따른다.

16 자유도가 10인 T분포에 대해서 $0.05 = P(|T| \geq t_{0.025}(10))$과 동일한 기각역을 갖는 확률은?

① $P(F \geq F_{0.025}(1, 10))$ ② $P(F \geq F_{0.05}(1, 10))$
③ $P(F \geq F_{0.025}(10, 1))$ ④ $P(F \geq F_{0.05}(10, 1))$

해설

T분포와 F분포의 관계

자유도가 r인 T분포 $T(r)$에 대해서 $[T(r)]^2 = F(1, r)$이 성립한다.

$\therefore \ \alpha = P(|T| \geq t_{\alpha/2}(r)) = P(F \geq F_\alpha(1, r))$

17 어느 편의점에 진열되어 있는 라면 중 10%는 A회사의 제품이라고 한다. 한 고객이 이 편의점에서 임의로 100봉지의 라면을 구입했을 때, A회사 제품이 13개 이상 포함될 확률을 다음의 표준정규분포표를 이용하여 구한 것은?

z	$P(0 \leq Z \leq z)$
0.75	0.2734
1.00	0.3413
1.25	0.3944
1.50	0.4332

① 0.0668
② 0.1056
③ 0.1587
④ 0.2266

[해설]
이항분포의 정규근사
A회사 제품의 개수를 X라 할 때, 확률변수 X는 이항분포 $B(100, 0.1)$을 따른다. $np = 10 > 5$이고 $nq = 90 > 5$로 이항분포의 정규근사 조건을 만족하므로 확률변수 X는 근사적으로 정규분포 $N(10, 3^2)$을 따른다.

$\therefore P(X \geq 13) = P\left(Z \geq \dfrac{13-10}{3}\right) = P(Z \geq 1) = 0.5 - P(0 \leq Z \leq 1) = 0.5 - 0.3413 = 0.1587$

18 단순회귀모형 $y_i = \alpha + \beta x_i + \epsilon_i$, $i = 1, \cdots, n$에서 회귀계수 추정에 대한 다음 설명 중 옳지 않은 것은? (단, $\epsilon_i \sim N(0, \sigma^2)$이며, 서로 독립이고, $S_{xx} = \sum\limits_{i=1}^{n}(x_i - \overline{x})^2$, $S_{yy} = \sum\limits_{i=1}^{n}(y_i - \overline{y})^2$, $S_{xy} = \sum\limits_{i=1}^{n}(x_i - \overline{x})(y_i - \overline{y})$이다)

① β에 대한 최소제곱추정량은 $\hat{\beta} = \dfrac{S_{xy}}{S_{xx}}$이다.

② 최소제곱추정량 $\hat{\beta}$의 확률분포는 $\hat{\beta} \sim N\left(\beta, \ \sigma^2\left(\dfrac{1}{n} + \dfrac{\overline{x}^2}{S_{xx}}\right)\right)$이다.

③ $\sum\limits_{i=1}^{n} e_i = \sum\limits_{i=1}^{n}\left(y_i - \hat{y}_i\right) = 0$

④ σ^2의 추정량 $\hat{\sigma}^2 = MSE = \dfrac{SSE}{n-2}$이다.

[해설]
회귀계수의 분포
$\hat{\alpha}$의 분포는 $\hat{\alpha} \sim N\left(\alpha, \ \sigma^2\left(\dfrac{1}{n} + \dfrac{\overline{x}^2}{S_{xx}}\right)\right)$이고, $\hat{\beta}$의 분포는 $\hat{\beta} \sim N\left(\beta, \ \dfrac{\sigma^2}{S_{xx}}\right)$이다.

19 정규분포를 따르는 집단의 모평균의 값에 대하여 가설 $H_0 : \mu = 10$, $H_1 : \mu > 10$을 세우고 표본 25개의 평균을 구한 결과 $\overline{x} = 8.04$를 얻었다. 모집단의 표준편차를 5라고 할 때, 유의확률은?

① 0.0125

② 0.025

③ 0.05

④ 0.975

해설

유의확률 계산

유의확률 p값은 $P(\overline{X} \geq 8.04 \mid \mu = 10) = P\left(Z \geq \dfrac{8.04 - 10}{5/\sqrt{25}}\right) = P(Z \geq -1.96) = 0.975$

20 다음 설명 중 옳지 않은 것은?

① 평균은 이상치(Outlier)에 의해 크게 영향을 받지만 중위수(Median)는 별로 영향을 받지 않는다.

② 분포가 비대칭 형태일 경우는 중위수를 대표값으로 사용하는 것이 좋다.

③ 변동계수(Coefficient of Variation)는 $V = \dfrac{\sigma^2}{X}$로 정의되며 단위가 상이한 서로 다른 자료의 산포도를 비교하는 데 유용하게 쓰인다.

④ 산술평균 A, 기하평균 G, 조화평균 H일 때 $A \geq G \geq H$의 관계가 성립한다.

해설

변동계수(Coefficient of Variation)

변동계수는 변이계수라고도 하며 자료의 단위가 다르거나, 평균의 차이가 클 때 평균에 대한 표준편차의 상대적 크기를 비교하기 위해 사용한다. 모집단에 대한 변동계수는 $\dfrac{\sigma}{\mu}$이며, 표본에 대한 변동계수는 $\dfrac{S}{X}$이다.

07회 | 통계학 총정리 모의고사

01 다음은 어느 회사에서 전체직원 360명을 대상으로 근무연수와 조직개편안에 대한 찬반여부를 조사한 결과이다.

(단위 : 명)

근무연수 ＼ 찬반	찬 성	반 대	합 계
10년 미만	a	b	120
10년 이상	c	d	240
합 계	150	210	360

근무연수가 10년 미만일 사건과 조직개편안에 찬성할 사건이 서로 독립일 때, a의 값을 구하면?

① 48

② 50

③ 52

④ 54

해설

독립사건(Independent Events)

근무연수가 10년 미만일 사건을 A, 조직개편안에 찬성할 사건을 B라고 할 때, 두 사건이 서로 독립이므로 $P(A \cap B) = P(A) \times P(B)$를 만족한다.

∴ $\dfrac{a}{360} = \dfrac{120}{360} \times \dfrac{150}{360}$ 이 성립되어 $a = 50$이다.

02 확률변수 X가 갖는 값의 범위는 $0 \leq X \leq 3$이고, 확률밀도함수의 그래프는 다음과 같다. $P(m \leq X \leq 2) = P(2 \leq X \leq 3)$이 성립할 때, m의 값은? (단, $0 < m < 2$이다)

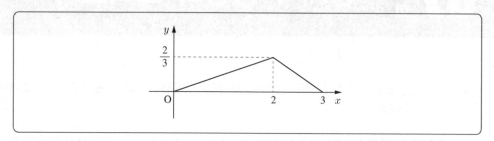

① $\sqrt{5}$

② 2

③ $\sqrt{3}$

④ $\sqrt{2}$

해설

확률밀도함수(Probability Density Function)

$P(2 \leq X \leq 3) = 1 \times \dfrac{2}{3} \times \dfrac{1}{2} = \dfrac{1}{3}$ 이다.

$0 < m < 2$이므로 $P(m \leq X \leq 2) = P(0 \leq X \leq 2) - P(0 \leq X \leq m)$이 성립한다.

$P(0 \leq X \leq 2) - P(0 \leq X \leq m) = \left(2 \times \dfrac{2}{3} \times \dfrac{1}{2}\right) - \left(m \times \dfrac{1}{3}m \times \dfrac{1}{2}\right) = \dfrac{4 - m^2}{6}$

$\because \ y = \dfrac{1}{3}x, \ 0 \leq x \leq 2$

$\therefore \ \dfrac{4 - m^2}{6} = \dfrac{1}{3}$ 이므로 $m = \sqrt{2}$ 이다.

03 어느 공장에서 생산되는 탁구공을 일정한 높이에서 강철바닥에 떨어뜨렸을 때 탁구공이 튀어 오른 높이는 정규분포를 따른다고 한다. 이 공장에서 생산된 탁구공 중 임의로 추출한 100개에 대해 튀어 오른 높이를 측정하였더니 평균이 245, 표준편차가 20이었다. 이 공장에서 생산되는 탁구공 전체의 튀어 오른 높이의 평균에 대한 신뢰수준 95%의 신뢰구간에 속하는 정수의 개수는? (단 높이의 단위는 mm이고, Z가 표준정규분포를 따를 때 $P(0 \leq Z \leq 1.96) = 0.4750$이다)

① 5

② 6

③ 7

④ 8

해설

대표본$(n \geq 30)$에서 모평균 μ에 대한 $100(1-\alpha)\%$ 신뢰구간

대표본에서 모분산 σ^2을 모르고 있는 경우 μ에 대한 $100(1-\alpha)\%$ 신뢰구간은

$\left(\overline{X} - z_{\alpha/2} \dfrac{S}{\sqrt{n}}, \ \overline{X} + z_{\alpha/2} \dfrac{S}{\sqrt{n}} \right)$이다.

$\therefore \ P\left(245 - 1.96 \times \dfrac{20}{\sqrt{100}} \leq X \leq 245 + 1.96 \times \dfrac{20}{\sqrt{100}}\right) = (241.08, \ 248.92)$ 이므로, 신뢰구간에 속하는 정수는 242 부터 248까지 총 7개이다.

04 서로 독립인 두 사건 A, B에 대하여 $P(A \cap B) = 2P(A \cap B^C)$, $P(A^C \cap B) = \dfrac{1}{12}$ 일 때, $P(A)$의

값은? (단, $P(A) \neq 0$이다)

① $\dfrac{1}{8}$ ② $\dfrac{3}{8}$

③ $\dfrac{5}{8}$ ④ $\dfrac{7}{8}$

해설

독립사건(Independent Events)

A, B가 서로 독립이므로 $P(A \cap B) = P(A)P(B) = 2P(A)P(B^C) = 2P(A)\{1 - P(B)\}$이 성립한다. 이를 $P(B)$

에 대해 정리하면 $3P(B) = 2$가 성립되어, $P(B) = \dfrac{2}{3}$ 이다.

$P(A^C \cap B) = \{1 - P(A)\}P(B) = \{1 - P(A)\}\dfrac{2}{3} = \dfrac{1}{12}$ 이므로,

이를 $P(A)$에 대해 정리하면 $\dfrac{2}{3}P(A) = \dfrac{7}{12}$ 이 성립되어, $P(A) = \dfrac{7}{8}$ 이다.

05 **정규분포에 대한 설명으로 옳지 않은 것은?**

① 정규분포의 왜도는 0, 첨도는 3이다.

② 정규분포의 양측꼬리는 x축에 닿지 않는다.

③ $X_1, \cdots, X_n \sim N(\mu, \sigma^2)$이고 서로 독립이면, $\displaystyle\sum_{i=1}^{n} X_i \sim N(n\mu, n\sigma^2)$이다.

④ 정규분포의 곡선은 분산을 중심으로 좌우대칭이다.

해설

정규분포의 특성

정규분포의 곡선의 모양은 평균과 분산에 의해 유일하게 결정되며, 평균을 중심으로 좌우대칭이다.

06 어느 전통시장에서 물품을 구입한 후 20%의 고객이 온누리 상품권으로 결제한다는 것이 알려져 있다. 오늘 1,200명의 고객이 이 전통시장에서 물건을 구입하였을 때, 몇 명의 고객이 온누리 상품권으로 결제하였을 것이라 기대되는가?

① 120명

② 240명

③ 360명

④ 480명

해설

이항분포의 기대값

$X \sim B(n, p)$, $E(X) = np = 1200 \times 0.2 = 240$

07 두 변수 X와 Y의 함수관계를 알아보기 위하여 크기가 10인 표본을 취하여 단순회귀분석을 실시한 결과 회귀식 $\hat{y} = 5 - 0.2x$를 얻었고, 결정계수 R^2은 0.81이었다. X와 Y의 상관계수는?

① 0.81

② −0.81

③ −0.9

④ 0.9

해설

상관계수(Correlation Coefficient)

단순선형회귀분석에서는 상관계수의 제곱이 결정계수가 된다. 또한, 상관계수와 회귀직선의 기울기 부호는 동일하다. $r^2 = R^2 = 0.81$이므로 $r = 0.9$ 또는 $r = -0.9$가 되며 회귀직선의 기울기의 부호와 상관계수의 부호가 동일하므로 $r = -0.9$가 된다.

08 다음 분산분석표에 대한 설명으로 틀린 것은?

요 인	제곱합	자유도	F
급 간	10.95	1	****
급 내	73	10	
합 계	****	****	

① F 검정통계량은 1.5이다.

② 급내 평균제곱 기대값은 7.3이다.

③ 관찰치의 총 개수는 12개이다.

④ 검정통계량 값이 기각치보다 작으면 집단 내에 평균이 같다는 귀무가설을 채택한다.

해설

검정결과 해석

검정통계량 값이 기각치보다 작으면 집단 간에 평균이 같다는 귀무가설을 채택한다.

09 정규모집단의 모평균에 대한 신뢰구간의 설명으로 틀린 것은?

① 신뢰수준이 높을수록 신뢰구간 폭은 넓어진다.

② 표본의 크기가 증가할수록 신뢰구간 폭은 넓어진다.

③ 표본평균은 모평균에 대한 신뢰구간의 길이에 영향을 미치지 않는다.

④ 95% 신뢰구간이라 함은 동일한 추정방법에 의해 반복하여 신뢰구간을 추정할 경우, 전체 반복횟수의 약 95% 정도는 신뢰구간의 내에 모평균이 포함되어 있음을 의미한다.

해설

대표본에서 모분산 σ^2을 알고 있는 경우 μ에 대한 $100(1-\alpha)\%$ 신뢰구간

모분산 σ^2을 알고 있을 경우 모평균 μ에 대한 $100(1-\alpha)\%$ 신뢰구간은 $\left(\overline{X}-z_{\alpha/2}\dfrac{\sigma}{\sqrt{n}},\ \overline{X}+z_{\alpha/2}\dfrac{\sigma}{\sqrt{n}}\right)$이다.

신뢰수준은 $z_{\alpha/2}$으로 신뢰수준이 높을수록 신뢰구간의 폭은 넓어지고, 표본의 크기가 증가할수록 신뢰구간의 폭은 좁아진다. 신뢰구간의 길이는 $2z_{\alpha/2}\dfrac{\sigma}{\sqrt{n}}$으로 표본평균은 모평균에 대한 신뢰구간의 길이에 영향을 미치치 않는다.

10 어떤 공장에서 생산된 전자제품 중 5개의 표본에서 한 개 이상의 불량품이 발견되면, 그날의 생산된 모든 제품을 불합격으로 처리하고 그렇지 않으면 합격으로 처리한다. 이 공장의 생산 공정의 실제 불량률이 0.1일 때, 어느 날 생산된 모든 제품이 불합격 처리될 확률은?

① ${}_5C_0(0.1)^0(0.9)^5$

② $1-{}_5C_0(0.1)^0(0.9)^5$

③ ${}_5C_1(0.1)^1(0.9)^4$

④ $1-{}_5C_1(0.1)^1(0.9)^4$

해설

여확률의 계산

생산된 전자제품 5개 중 합격으로 처리될 확률은 $P(X=0)={}_5C_0(0.1)^0(0.9)^5$이므로, 전 제품이 불합격 처리될 확률은 $1-P(X=0)=1-{}_5C_0(0.1)^0(0.9)^5$이다.

11 표본으로 추출된 7명의 학생이 지원했던 여름방학 아르바이트의 수가 다음과 같이 정리되었다. 왜도(피어슨의 비대칭계수)에 근거한 자료의 분포에 대한 설명으로 옳은 것은?

> 10, 3, 2, 14, 9, 13, 12

① 왜도가 0에 근사하여 좌우대칭형분포를 나타낸다.

② 왜도가 양의 값을 나타내어 오른쪽으로 꼬리를 길게 늘어뜨린 모양을 나타낸다.

③ 왜도가 음의 값을 나타내어 왼쪽으로 꼬리를 길게 늘어뜨린 모양을 나타낸다.

④ 관측값들이 주로 왼쪽에 모여 있어 오른쪽으로 꼬리를 길게 늘어뜨린 모양을 나타낸다.

해설

분포의 형태에 따른 대표값의 비교

① 최빈수 < 중위수 < 평균

② 오른쪽으로 기울어진 분포

③ 왼쪽으로 치우친 분포

④ 왜도 > 0

① 평균 = 중위수 = 최빈수

② 좌우대칭형인 분포

③ 종 모양의 분포

④ 왜도 = 0(정규분포, t 분포)

① 평균 < 중위수 < 최빈수

② 왼쪽으로 기울어진 분포

③ 오른쪽으로 치우친 분포

④ 왜도 < 0

평균이 $\dfrac{10+3+2+14+9+13+12}{7}=9$ 이고 중위수가 10으로 오른쪽으로 치우친 분포이다.

12 어떤 동전이 공정한가를 검정하고자 20회를 던져본 결과 15번 앞면이 나왔다. 이 검정에 사용된 카이제곱 통계량 $\chi^2 = \sum \dfrac{(O_i - E_i)^2}{E_i}$ 값은?

① 2.5

② 5

③ 10

④ 12.5

해설

카이제곱 적합성 검정(χ^2 Goodness of Fit Test)

동 전	앞 면	뒷 면
관측도수	15	5
기대도수	10	10

$\therefore \chi^2_c = \sum \dfrac{(O_i - E_i)^2}{E_i} = \dfrac{(15-10)^2}{10} + \dfrac{(5-10)^2}{10} = \dfrac{50}{10} = 5$

13 어느 회사 직원의 연봉과 근무연수, 학력 간의 관계를 알아보기 위하여 연봉을 종속변수로 하여 회귀분석을 실시하기로 하였다. 근무연수는 양적변수이고 학력은 중졸, 고졸, 대졸로 수준수가 3개인 지시변수(또는 가변수)이다. 다중회귀모형 설정 시 필요한 독립변수는 모두 몇 개인가?

① 1   ② 2

③ 3   ④ 4

해설

가변수(Dummy Variable)

n개의 범주로 분류되는 질적변수는 $n-1$개의 가변수를 사용하여 나타내므로 $n-1=3-1=2$이다. 또한, 근무연수는 양적변수로 하나의 독립변수가 되므로 필요한 독립변수는 $1+2=3$이 된다.

14 다음은 왼손으로 글씨를 쓰는 사람 16명에 대하여 왼손의 악력 X와 오른손의 악력 Y를 측정하여 정리한 결과이다.

구 분	관측값	평 균	표준편차
X	90, ⋯, 110	107.25	8.29
Y	87, ⋯, 100	103.25	20.46
$D = X - Y$	3, ⋯, 110	4	8

왼손으로 글씨를 쓰는 사람들의 왼손 악력이 오른손 악력보다 강하다고 할 수 있는지에 대해 유의수준 5%에서 검정하고자 한다. 검정통계량 t의 값을 구하면?

① $t = 2.00$ ② $t = 0.70$

③ $t = 7.00$ ④ $t = 0.20$

해설

대응표본 t검정

귀무가설 : $\mu_1 - \mu_2 = 0$ 대 대립가설 : $\mu_1 - \mu_2 > 0$을 검정하기 위한 대응표본 t검정의 검정통계량은

$$t = \frac{\overline{D}}{S_D / \sqrt{n}} \sim t_{(n-1)} \text{이다.}$$

$$\therefore \ t_c = \frac{\overline{D}}{S_D / \sqrt{n}} = \frac{4}{8 / \sqrt{16}} = 2.00$$

15 철수는 동전 1개를 3회 던져, 나타나는 앞면의 횟수당 10만 원의 상금을 받는 게임을 하기로 하였다. 게임을 한 번 할 때마다 10만 원을 내고 한다면, 이 게임을 한 번 할 때마다 얼마의 금액을 벌 것으로 기대되는가?

① 3만 원

② 4만 원

③ 5만 원

④ 6만 원

해설

기대값의 계산

확률변수 X를 앞면이 나오는 횟수라고 한다면 X의 확률분포는 다음과 같다.

X	0	1	2	3
$P(X=x)$	$\frac{1}{8}$	$\frac{3}{8}$	$\frac{3}{8}$	$\frac{1}{8}$

$$E(X) = \sum x_i p_i = \left(0 \times \frac{1}{8}\right) + \left(1 \times \frac{3}{8}\right) + \left(2 \times \frac{3}{8}\right) + \left(3 \times \frac{1}{8}\right) = \frac{12}{8} = \frac{3}{2}$$

앞면이 나오는 횟수당 10만 원의 상금을 받게 되므로 기대되는 금액은 $\frac{3}{2} \times 100,000 = 150,000$원이 되며 한 번 게임을 할 때마다 10만 원을 내야하므로 한 번 게임을 할 때마다 기대되는 금액은 $150,000 - 100,000 = 50,000$원이 된다.

16 단순회귀분석에서 잔차에 대한 설명으로 틀린 것은?

① 잔차들의 합은 0이다.

② 잔차(e_i)와 독립변수 x_i의 곱들의 합은 0이다.

③ 잔차(e_i)와 종속변수 y_i의 곱들의 합은 0이다.

④ 잔차(e_i)와 종속변수 $\hat{y}_i$의 곱들의 합은 0이다.

해설

단순회귀분석에서 잔차의 성질

잔차는 오차의 추정값으로 다음과 같이 정의한다.

$e_i = y_i - \hat{y} = $ 관측값 $-$ 예측값

- $\sum e_i = 0$
- $\sum y_i = \sum \hat{y}_i$
- $\sum x_i e_i = 0$
- $\sum \hat{y}_i e_i = 0$

17 표준편차가 6인 정규분포를 따르는 표본의 크기 36인 자료를 이용하여 모평균 μ에 대한 다음 가설을 유의수준 $\alpha = 0.05$에서 검정하려 할 때, 기각역은?

$$H_0 : \mu = 3 , \quad H_1 : \mu < 3$$

① $\overline{X} < 1.04$ 　　　　　　　　② $\overline{X} < 1.355$

③ $|\overline{X}| > 4.645$ 　　　　　　　④ $|\overline{X}| > 4.96$

해설

기각역(Critical Region)

$P(Z < -1.645) = 0.05$

$\therefore P\left(\dfrac{\overline{X} - \mu}{\sigma / \sqrt{n}} < z\right) = P\left(\dfrac{\overline{X} - 3}{6 / \sqrt{36}} < -1.645\right) = P(\overline{X} < 1.355) = 0.05$이므로, 기각역은 $\overline{X} < 1.355$가 된다.

18 어떤 화학제품의 중요한 품질 특성의 하나로, 점도 Y가 문제되고 있다. 점도에 영향을 미치는 주요 요인인 반응온도 X와의 관계를 알아보기 위하여 단순회귀분석을 실시하기로 하였다. 20번의 실험에서 X와 Y를 관측한 자료를 정리하여 다음의 결과를 얻었다. 추정된 회귀직선을 바르게 표현한 것은? (단, $s_{xx} = \sum \left(x_i - \overline{x}\right)^2$, $s_{xy} = \sum \left(x_i - \overline{x}\right)\left(y_i - \overline{y}\right)$, $s_{yy} = \sum \left(y_i - \overline{y}\right)^2$)

$$\overline{x} = 15.0, \ \overline{y} = 13.0, \ s_{xx} = 160.0, \ s_{xy} = 80.0, \ s_{yy} = 83.3$$

① $\hat{y} = 4.5 - 0.5x$ 　　　　　　② $\hat{y} = 5.5 + 0.5x$

③ $\hat{y} = -4.5 - 0.5x$ 　　　　　④ $\hat{y} = -5.5 + 0.5x$

해설

추정된 단순회귀직선

$b = \dfrac{s_{xy}}{s_{xx}} = \dfrac{\sum \left(x_i - \overline{x}\right)\left(y_i - \overline{y}\right)}{\sum \left(x_i - \overline{x}\right)^2} = \dfrac{80}{160} = 0.5$, $\quad a = \overline{y} - b\overline{x} = 13 - (0.5 \times 15) = 5.5$

$\therefore$ 추정된 회귀식은 $\hat{y} = 5.5 + 0.5x$이다.

19 처리 수준의 수가 4인 인자 A와 처리 수준의 수가 3인 인자 B에 대해 반복이 없는 이원배치법의 실험에서 다음과 같은 자료를 얻었다. 분산분석 결과에서 인자 A와 B 모두 유의하다고 할 때, A_2수준과 B_3수준을 조합한 모평균의 점추정값은?

인자 A / 인자 B	A_1	A_2	A_3	A_4
B_1	8	3	12	6
B_2	4	4	11	4
B_3	5	5	4	6

① 1   ② 2

③ 3   ④ 4

[해설]

분산분석 후 모평균 추정

$\hat{\mu}(A_2) = \hat{\mu} + \hat{a_2} = \bar{x}_{2.} = \dfrac{3+4+5}{3} = 4$, $\hat{\mu}(B_3) = \hat{\mu} + \hat{b_3} = \bar{x}_{.3} = \dfrac{5+5+4+6}{4} = 5$

A_2수준과 B_3수준을 조합한 모평균의 점추정값은 $\hat{\mu}(A_2 B_3) = \bar{x}_{2.} + \bar{x}_{.3} - \bar{\bar{x}}$ 이다.

$\bar{\bar{x}} = \dfrac{72}{12} = 6$이므로 $\hat{\mu}(A_2 B_3) = \bar{x}_{2.} + \bar{x}_{.3} - \bar{\bar{x}} = 4 + 5 - 6 = 3$이다.

20 다음과 같은 확률밀도함수가 있다. 다음 설명 중 옳지 않은 것은?

$$f(x) = \begin{bmatrix} \dfrac{1}{2}, & 1 \leq x \leq a \\ 0, & \text{그 외 범위} \end{bmatrix}$$

① $F(0.5) = 0$ ② $a = 3$

③ $E(X) = 2$ ④ $Var(X) = \dfrac{2}{3}$

[해설]

연속형 확률변수

$x \leq 0.5$에서 $f(x) = 0$이므로 $F(0.5) = P(X \leq 0.5) = 0$이다.

$f(x)$는 확률밀도함수이므로 $\displaystyle\int_1^a \dfrac{1}{2} dx = \left[\dfrac{1}{2}x \right]_1^a = \dfrac{1}{2}(a-1) = 1$이다.

$\therefore a = 3$

기대값 $E(X) = \displaystyle\int_1^3 \dfrac{x}{2} dx = \left[\dfrac{x^2}{4} \right]_1^3 = \dfrac{9-1}{4} = 2$이다.

분산 $Var(X) = E(X^2) - [E(X)]^2 = \displaystyle\int_1^3 \dfrac{x^2}{2} dx - 4 = \left[\dfrac{x^3}{6} \right]_1^3 - 4 = \dfrac{27-1}{6} - 4 = \dfrac{26}{6} - 4 = \dfrac{1}{3}$이다.

01 두 확률변수 X와 Y의 결합확률밀도함수가 다음과 같다.

$$f_{X,\,Y}(x,\,y) = c(x+y), \quad x=1,\,2, \quad y=2,\,3,\,4$$

$f_{X,\,Y}(x,\,y)$가 결합확률밀도함수의 가정을 만족시키도록 c의 값을 구하면?

① $\dfrac{1}{5}$　　　　　　　　　　② $\dfrac{1}{27}$

③ $\dfrac{1}{9}$　　　　　　　　　　④ $\dfrac{1}{18}$

해설

결합확률밀도함수(Joint Probability Density Function)

$c(3+4+5+4+5+6)=27c=1$이 되므로 $c=\dfrac{1}{27}$이다.

02 두 사건 A, B가 서로 독립이고, $P(A^C) = P(B) = \dfrac{1}{3}$일 때, $P(A\cap B)$의 값은? (단, A^C은 A의 여사건이다)

① $\dfrac{2}{5}$　　　　　　　　　　② $\dfrac{2}{7}$

③ $\dfrac{2}{9}$　　　　　　　　　　④ $\dfrac{2}{11}$

해설

독립사건(Independent Events)

두 사건 A, B가 서로 독립이면 $P(A\cap B) = P(A)P(B)$이 성립한다.

$P(A^C) = 1 - P(A) = \dfrac{1}{3}$이므로 $P(A) = \dfrac{2}{3}$이다.

$\therefore P(A)P(B) = \dfrac{2}{3} \times \dfrac{1}{3} = \dfrac{2}{9}$

03 연속확률변수 X가 갖는 값의 범위는 $0 \leq X \leq 3$이고, 확률 $P(X \leq 1)$과 확률 $P(X \leq 2)$의 값이 이차방정식 $6x^2 - 5x + 1 = 0$의 두 근일 때, 확률 $P(1 < X \leq 2)$의 값은?

① $\dfrac{1}{12}$ ② $\dfrac{1}{6}$

③ $\dfrac{1}{4}$ ④ $\dfrac{1}{3}$

해설

확률의 계산

확률 $P(X \leq 1)$과 확률 $P(X \leq 2)$의 값이 이차방정식 $6x^2 - 5x + 1 = 0$의 두 근이므로 $x = \dfrac{1}{2}$과 $x = \dfrac{1}{3}$이다. 확률 $P(1 < X \leq 2) = P(X \leq 2) - P(X \leq 1)$이고, 이 값이 양수여야 하므로 $P(X \leq 2)$이 $P(X \leq 1)$보다 더 커야 한다.

$\therefore \; P(1 < X \leq 2) = P(X \leq 2) - P(X \leq 1) = \dfrac{1}{2} - \dfrac{1}{3} = \dfrac{1}{6}$

04 확률변수 X가 포아송분포 $Poisson(\lambda)$를 따를 때 $E(X-1)^2$의 값은?

① $\lambda^2 - \lambda + 1$

② $\lambda^2 - 2\lambda + 1$

③ $\lambda^2 + \lambda + 1$

④ $\lambda^2 + 2\lambda + 1$

해설

포아송분포의 평균과 분산

포아송분포의 평균과 분산은 모두 λ로 동일하다.

$E(X-1)^2 = E(X^2 - 2X + 1) = E(X^2) - 2E(X) + 1 = Var(X) + [E(X)]^2 - 2E(X) + 1$

$\qquad\qquad = \lambda + \lambda^2 - 2\lambda + 1 = \lambda^2 - \lambda + 1$

05 기대값과 분산의 성질 중 옳지 않은 것은?

① $Var(a+bX) = b^2\,Var(X)$

② $Var(aX-bY) = a^2\,Var(X) + b^2\,Var(Y) + 2ab\,Cov(X,\,Y)$

③ $E(aX+b) = aE(X) + b$

④ $E(X+Y) = E(X) + E(Y)$

해설

분산의 성질

$Var(aX-bY) = a^2\,Var(X) + b^2\,Var(Y) - 2ab\,Cov(X,\,Y)$

06 두 변수 X와 Y의 상관계수 r에 대한 설명으로 틀린 것은?

① 상관계수의 범위는 $-1 \leq r \leq 1$이다.

② X와 Y의 상관계수 값과 $(X+5)$와 $3Y$의 상관계수 값은 동일하다.

③ X와 Y의 상관계수 값과 $-4X$와 $3Y$의 상관계수 값은 동일하다.

④ 공분산 $Cov(X,\,Y) = 0$이면, X와 Y의 상관계수의 값은 0이다.

해설

상관계수의 특성

임의의 상수 a, b, c, d에 대하여 X, Y의 상관계수는 $a+bX$, $c+dY$의 상관계수와 $bd>0$일 때 동일하며, $bd<0$일 때 부호만 바뀐다.

07 다음의 대표값과 산포도에 대한 설명 중 틀린 것은?

① 평균은 각 자료에서 유일하게 얻어진다.

② 중위수는 평균보다 이상치에 의해 영향을 더 많이 받는다.

③ 최빈수는 하나 이상일 수도 있고 없을 수도 있다.

④ 표준편차의 단위는 원자료의 단위와 일치한다.

해설

중위수(Median)

평균은 이상치에 영향을 많이 받으므로 이상치가 포함된 자료에서는 중위수를 대표값으로 사용하는 것이 바람직하다.

08 확률변수 X와 Y의 분산과 공분산은 다음과 같다. 확률변수 U와 V를 각각 $U=3X+5$, $V=-2Y+4$이라고 할 때, U와 V의 상관계수는?

$$Var(X)=25, \quad Var(Y)=16, \quad Cov(X, Y)=-10$$

① 1

② -1

③ $\dfrac{1}{2}$

④ $-\dfrac{1}{2}$

해설

상관계수의 성질

$U=3X+5$, $V=-2Y+4$이므로 상관계수의 성질을 이용하면 $Corr(U, V)=-Corr(X, Y)$이다.

$$Corr(X, Y)=\frac{Cov(X, Y)}{\sqrt{Var(X)}\sqrt{Var(Y)}}=\frac{-10}{5\times4}=-\frac{1}{2}$$

$\therefore Corr(U, V)=\dfrac{1}{2}$

09 확률변수 X가 평균이 18이고 분산이 25인 정규분포를 따른다. 확률변수 $Y=10-2X$일 때, $P(Y<4)$와 같은 값은? (단, Z는 표준정규분포를 따르는 확률변수이다)

① $P(X<3)$

② $P(X>-3)$

③ $P(Z>3)$

④ $P(Z>-3)$

해설

확률의 계산

$$P(Y<4)=P(10-2X<4)=P(2X>6)=P(X>3)=P\left(\frac{X-18}{5}>\frac{3-18}{5}\right)=P(Z>-3)$$

10 표집을 위한 명단 배열에 일정한 주기성이 있는 경우 편중된 표본을 추출할 위험이 있는 표본추출
    방법은?

① 집락표본추출   ② 판단표본추출
③ 층화표본추출   ④ 체계적 표본추출

해설

계통표본추출법(Systematic Sampling)
계통추출법은 체계적 표본추출법이라고도 하며, 추출단위에 일련번호를 부여하고 이를 등간격으로 나눈 후 첫 구간에
서 한 개의 번호를 무작위로 선정한 다음, 등간격으로 떨어져 있는 번호들을 계속해서 추출해 가는 방법으로 모집단의
단위가 주기성을 가지면 표본의 대표성에 문제가 발생한다.

11 확률변수 X는 정규분포 $N(\mu, \sigma^2)$을 따른다. 다음 설명 중 틀린 것은?

① 왜도는 0이다.
② X를 표준화한 확률변수는 표준정규분포를 따른다.
③ $P(\mu-\sigma < X < \mu+\sigma) \approx 0.688$이다.
④ X^2은 자유도가 1인 카이제곱분포를 따른다.

해설

카이제곱분포(Chi-square Distribution)
확률변수 X가 정규분포 $N(\mu, \sigma^2)$을 따를 때, 이를 표준화 한 $Z = \dfrac{X-\mu}{\sigma}$의 제곱이 자유도가 1인 카이제곱분포를
따른다.

12 다음 검정 중 검정통계량의 분포가 다른 것은?

① 범주형 자료의 독립성 검정
② 범주형 자료의 동일성 검정
③ 중회귀분석에서 회귀계수에 대한 유의성 검정
④ 단일 모집단에서의 모분산에 대한 검정

해설

검정통계량의 분포
범주형 자료의 독립성 검정, 범주형 자료의 동일성 검정, 단일 모집단에서의 모분산에 대한 검정을 위한 검정통계량의
분포는 모두 카이제곱분포를 이용하며, 중회귀분석에서 회귀계수에 대한 유의성 검정은 t분포를 이용한다.

13 모평균과 모분산이 각각 μ, σ^2인 모집단으로부터 크기 2인 확률표본 X_1, X_2를 추출하고 이에 근거하여 모평균 μ를 추정하고자 한다. 모평균 μ의 추정량으로 다음의 두 추정량을 고려할 때, 일반적으로 $\hat{\theta}_2$보다 $\hat{\theta}_1$을 선호하는 이유는?

$$\hat{\theta}_1 = \frac{X_1 + X_2}{2}, \quad \hat{\theta}_2 = \frac{2X_1 + X_2}{3}$$

① 불편성　　　　　　　　　　② 유효성
③ 일치성　　　　　　　　　　④ 충분성

해설

바람직한 추정량

$\hat{\theta}_1$과 $\hat{\theta}_2$ 모두 불편성, 일치성, 충분성을 만족한다.

$Var(\hat{\theta}_1) = Var\left(\dfrac{X_1 + X_2}{2}\right) = \dfrac{1}{4} Var(X_1 + X_2) = \dfrac{1}{4} Var(X_1) + \dfrac{1}{4} Var(X_2) = \dfrac{1}{2}\sigma^2$

$Var(\hat{\theta}_2) = Var\left(\dfrac{2X_1 + X_2}{3}\right) = \dfrac{1}{9} Var(2X_1 + X_2) = \dfrac{4}{9} Var(X_1) + \dfrac{1}{9} Var(X_2) = \dfrac{5}{9}\sigma^2$

$Var(\hat{\theta}_1) < Var(\hat{\theta}_2)$이므로 $\hat{\theta}_1$이 유효성을 만족한다.

14 평균이 μ이고 분산이 16인 정규모집단으로부터 크기 100인 랜덤표본을 추출하여 표본평균 $\overline{X}$를 얻었다. 귀무가설 $H_0 : \mu = 8$ 대 대립가설 $H_1 : \mu = 6.416$을 검정할 때 기각역을 $\left(\overline{X} < 7.2\right)$로 정하면 제2종의 오류의 확률은?

① $P\left(Z > \dfrac{7.2 - 8}{4/\sqrt{100}}\right)$　　　　　　② $P\left(Z < \dfrac{7.2 - 8}{4/\sqrt{100}}\right)$

③ $P\left(Z > \dfrac{7.2 - 6.416}{4/\sqrt{100}}\right)$　　　　　④ $P\left(Z < \dfrac{7.2 - 6.416}{4/\sqrt{100}}\right)$

해설

제2종의 오류 확률

제2종의 오류를 범할 확률은 β로 표기한다. 즉, β는 대립가설이 참일 때 귀무가설을 채택하는 오류를 범할 확률을 의미하며 $\beta = P(\text{제2종의 오류}) = P(H_0 \text{ 채택} \mid H_1 \text{ 사실})$으로 나타낸다.

$\therefore\ P(\overline{X} > 7.2 \mid \mu = 6.416) = P\left(Z > \dfrac{7.2 - 6.416}{4/\sqrt{100}}\right)$

15 완전확률화계획법의 분산분석표 일부가 다음과 같이 주어져 있다. 반복수가 동일하다고 한다면 처리수와 반복수는 얼마인가?

변 인	자유도
처 리	*****
오 차	35
합 계	41

① 처리수 : 5, 반복수 : 7　　　② 처리수 : 5, 반복수 : 8

③ 처리수 : 7, 반복수 : 6　　　④ 처리수 : 6, 반복수 : 7

해설

일원배치 분산분석(One-way ANOVA)

총제곱합의 자유도는 $n-1=41$이므로 전체 표본크기는 $n=42$이다. 처리의 자유도는 $k-1=6$이므로 $k=7$이다. 즉, 처리의 자유도가 7이고 전체 표본크기가 42이므로 반복수는 6이 된다.

16 산업폐기물처리장으로 고려되고 있는 세 지역으로부터 90명을 임의추출하여 각 후보지의 지지자 수를 파악한 자료가 다음과 같이 나타났다. 후보지에 대한 지지율이 동일한지를 검정하는 카이제곱 통계량과 자유도를 구하면?

지 역	A	B	C
지지자수	24	35	31

　　검정통계량 값　　　　　　자유도

① $\dfrac{(24-30)^2+(35-30)^2+(31-30)^2}{15}$,　2

② $\dfrac{(24-30)^2+(35-30)^2+(31-30)^2}{15}$,　3

③ $\dfrac{(24-30)^2+(35-30)^2+(31-30)^2}{30}$,　2

④ $\dfrac{(24-30)^2+(35-30)^2+(31-30)^2}{30}$,　23

해설

카이제곱 적합성 검정(χ^2 Goodness of Fit Test)

지 역	A	B	C	합 계
지지자수	24	35	31	90
관측도수	30	30	30	90

카이제곱 적합성 검정을 위한 검정통계량은 $\chi^2 = \sum \dfrac{(O_i-E_i)^2}{E_i} \sim \chi^2_{(k-1)}$ 을 따른다.

$\therefore \chi^2_c = \sum \dfrac{(O_i-E_i)^2}{E_i} = \dfrac{(24-30)^2}{30} + \dfrac{(35-30)^2}{30} + \dfrac{(31-30)^2}{30}$

17 서로 독립인 두 정규모집단 $N(\mu_1, \sigma^2)$과 $N(\mu_2, \sigma^2)$으로부터 각각 n개와 m개의 랜덤표본을 얻어 각 집단의 표본평균 $\overline{X}$, $\overline{Y}$와 표본분산 S_1^2, S_2^2을 얻었다. 이때 두 모평균의 차이에 대한 95% 신뢰구간을 구하면?

(단, b는 95% 신뢰수준을 만족하는 상수이고, $S_p^2 = \dfrac{(n-1)S_1^2 + (m-1)S_2^2}{n+m-2}$이다)

① $\left[(\overline{X} - \overline{Y}) - b\sqrt{S_p\left(\dfrac{1}{n} - \dfrac{1}{m}\right)} \ , \ (\overline{X} - \overline{Y}) + b\sqrt{S_p\left(\dfrac{1}{n} - \dfrac{1}{m}\right)} \ \right]$

② $\left[(\overline{X} - \overline{Y}) - b\sqrt{S_p\left(\dfrac{1}{n} + \dfrac{1}{m}\right)} \ , \ (\overline{X} - \overline{Y}) + b\sqrt{S_p\left(\dfrac{1}{n} + \dfrac{1}{m}\right)} \ \right]$

③ $\left[(\overline{X} - \overline{Y}) - b\sqrt{S_p^2\left(\dfrac{1}{n} - \dfrac{1}{m}\right)} \ , \ (\overline{X} - \overline{Y}) + b\sqrt{S_p^2\left(\dfrac{1}{n} - \dfrac{1}{m}\right)} \ \right]$

④ $\left[(\overline{X} - \overline{Y}) - b\sqrt{S_p^2\left(\dfrac{1}{n} + \dfrac{1}{m}\right)} \ , \ (\overline{X} - \overline{Y}) + b\sqrt{S_p^2\left(\dfrac{1}{n} + \dfrac{1}{m}\right)} \ \right]$

> **해설**
> 소표본에서 두 모분산을 모르지만 같다는 것은 알고 있을 경우의 $100(1-\alpha)$% 신뢰구간
> $$\overline{X} - \overline{Y} \sim t_{n_1 + n_2 - 2} \left(\mu_X - \mu_Y, \ S_p \sqrt{\dfrac{1}{n} + \dfrac{1}{m}} \right)$$
> 여기서, 합동표본분산 $S_p^2 = \dfrac{(n-1)S_1^2 + (m-1)S_2^2}{n+m-2}$
> $\overline{X} - \overline{Y}$를 표준화시킨 t 통계량 $= \dfrac{\overline{X} - \overline{Y} - (\mu_X - \mu_Y)}{S_p \sqrt{\dfrac{1}{n} + \dfrac{1}{m}}} \sim t_{n_1 + n_2 - 2}$
> $$\therefore \left((\overline{X} - \overline{Y}) - t_{(\alpha/2, \ n_1 + n_2 - 2)} S_p \sqrt{\dfrac{1}{n} + \dfrac{1}{m}} \ , \ (\overline{X} - \overline{Y}) + t_{(\alpha/2, \ n_1 + n_2 - 2)} S_p \sqrt{\dfrac{1}{n} + \dfrac{1}{m}} \right)$$

18 자료수가 12인 이변량 자료에서 단순회귀모형을 적합시킨 결과 결정계수 R^2가 0.8이고, 반응변수 (종속변수) Y의 총제곱합이 100이라고 할 때 회귀모형의 오차항의 분산값(σ^2)의 불편추정치는?

① 1   ② 2

③ 3   ④ 4

> **해설**
> σ^2의 불편추정량(MSE)
> 전체 자료수가 $n = 12$이므로 SST의 자유도는 11, SSR의 자유도는 1, SSE의 자유도가 10이 된다.
> $SSE = SST(1 - r^2) = 100(1 - 0.8) = 20$이므로 $MSE = \dfrac{SSE}{\varnothing_{SSE}} = \dfrac{20}{10} = 2$

19 인터넷 평균 이용시간에 대한 신뢰구간을 구하고자 한다. 하루 동안 인터넷을 이용하는 시간은 표준편차가 1.5시간인 정규분포를 따른다고 할 때, 하루 평균 인터넷 이용시간에 대한 95% 신뢰구간의 길이가 0.5시간 이하가 되도록 하는 데 필요한 최소 표본크기는?

① 135   ② 137

③ 139   ④ 141

해설

모평균의 추정에 필요한 표본크기 결정

$X_1, X_2, \cdots, X_n$ 이 평균이 μ, 분산이 σ^2인 모집단에서의 확률표본일 때 모평균 μ의 $100(1-\alpha)\%$ 신뢰한계는 $\overline{X} \pm z_{\alpha/2} \dfrac{\sigma}{\sqrt{n}}$ 이다. 여기서, $\dfrac{\sigma}{\sqrt{n}}$ 을 표준오차라 하고, $z_{\alpha/2} \dfrac{\sigma}{\sqrt{n}}$ 을 추정오차(오차한계)라 하며, 추정오차가 d 이내가 되도록 하려면 $z_{\alpha/2} \dfrac{\sigma}{\sqrt{n}} = d$으로부터, $n = \left(\dfrac{z_{\alpha/2} \times \sigma}{d} \right)^2$ 에 의하여 표본의 크기 n을 결정할 수 있다.

$$\therefore\ n \geq \left(\frac{z_{\alpha/2} \times \sigma}{d} \right)^2 = \left(\frac{1.96 \times 1.5}{0.25} \right)^2 = 138.3$$

$\because$ 신뢰구간의 길이는 $2 \times z_{\alpha/2} \dfrac{\sigma}{\sqrt{n}} = 0.5$

20 이산형 확률변수 X의 확률밀도함수가 각각 다음과 같이 주어졌다고 가정하자. $H_0 : \theta = \theta_0$, $H_1 : \theta = \theta_1$일 때 아래 표에서 $f(x \mid \theta_0)$과 $f(x \mid \theta_1)$은 각각 귀무가설과 대립가설에서의 확률밀도함수이다. 유의수준 $\alpha = 0.05$인 모든 기각역은?

X	1	2	3	4	5	6
$f(x \mid \theta_0)$	0.01	0.02	0.02	0.05	0.40	0.50
$f(x \mid \theta_1)$	0.02	0.03	0.05	0.25	0.30	0.35

① $\{X = 4\}$

② $\{X = 1, 2, 3\}$, $\{X = 4\}$

③ $\{X = 1, 2\}$, $\{X = 3\}$

④ $\{X = 1, 2\}$, $\{X = 1, 2, 3\}$, $\{X = 3\}$, $\{X = 4\}$

해설

기각역

$\alpha = 0.05$이므로 $f(x \mid \theta_0) = 0.05$인 영역을 기각역으로 제시할 수 있으므로 가능한 기각역은 $C_1 = \{X = 1, 2, 3\}$, $C_2 = \{X = 4\}$이다.

09회 | 통계학 총정리 모의고사

01 상자그림(Box Plot)으로부터 알 수 없는 통계량은?

① 최소값(Minimum)

② 사분위수 범위(Interquartile Range)

③ 평균(Mean)

④ 범위(Range)

해설

상자그림(Box Plot)

상자그림으로부터 알 수 있는 통계량은 최소값, 제1사분위수, 중앙값, 제3사분위수, 최대값이다. 사분위수 범위는 제3사분위수에서 제1사분위수를 뺀 값이며, 범위는 최대값에서 최소값을 뺀 값이다.

02 두 사건 A, B가 서로 독립이고 $P(A) = \dfrac{1}{3}$, $P(B) = \dfrac{1}{3}$일 때, $P(A \cap B^C)$의 값은?

(단, B^C은 B의 여사건이다)

① $\dfrac{1}{9}$

② $\dfrac{2}{9}$

③ $\dfrac{4}{9}$

④ $\dfrac{5}{9}$

해설

독립사건(Independent Events)

두 사건 A, B가 서로 독립이면 $P(A \cap B) = P(A)P(B)$가 성립한다.

$$\therefore \ P(A \cap B^C) = P(A)P(B^C) = P(A)[1 - P(B)] = \frac{1}{3} \times \left(1 - \frac{1}{3}\right) = \frac{2}{9}$$

03 확률변수 X가 이항분포 $B(9, p)$를 따르고 $[E(X)]^2 = Var(X)$일 때, p의 값은? (단, $0 < p < 1$)

① $\dfrac{1}{9}$

② $\dfrac{1}{10}$

③ $\dfrac{1}{11}$

④ $\dfrac{1}{12}$

해설

이항분포의 분산

확률변수 X가 이항분포 $B(9, p)$를 따르므로 $E(X) = 9p$이고, $Var(X) = 9p(1-p)$이다.

$[E(X)]^2 = Var(X)$이므로 $81p^2 = 9p(1-p)$이 되어 $p = \dfrac{1}{10}$이다.

04 표본의 크기가 8인 어느 자료에 단순선형회귀모형 $Y_i = \beta_0 + \beta_1 X_i + \epsilon_i$, $i = 1, 2, \cdots, 8$을 적용하여 최소제곱법으로 얻은 오차제곱합(잔차제곱합)이 36일 때, Y_i의 분산에 대한 불편추정량의 값은? (단, ϵ_i는 서로 독립이며 평균이 0, 분산이 σ^2인 정규분포를 따른다)

① 3

② 4

③ 5

④ 6

해설

평균제곱오차(MSE)

단순회귀분석에서 Y_i의 분산에 대한 불편추정량의 값은 평균제곱오차로서 오차제곱합(잔차제곱합)을 오차(잔차)의 자유도로 나눈 값이다. 이때 오차(잔차)의 자유도는 $n - 2 = 6$이므로 구하고자 하는 값은 $\dfrac{36}{6} = 6$이다.

05 어느 제약회사에서 신약을 개발하여 신약이 환자들의 질병에 효과가 있는지를 알아보고자 실험그룹에는 신약을 처방하고, 대조그룹에는 가짜 약(Placebo)을 처방하여 다음과 같은 결과를 얻었다. 오즈비와 상대비율은? (단, 실험그룹에서의 효과 발생률은 P_1, 대조그룹에서의 효과 발생률은 P_2, 상대비율은 $\dfrac{P_1}{P_2}$, 오즈비는 $\dfrac{P_1/(1-P_1)}{P_2/(1-P_2)}$ 으로 정의한다)

구 분	효과 발생	효과 미발생
실험그룹	10	20
대조그룹	30	40

① 3/4, 1/4   ② 2/3, 3/4

③ 1/4, 1/3   ④ 2/3, 7/9

해설

오즈비와 상대효율

오즈비는 $\dfrac{P_1/(1-P_1)}{P_2/(1-P_2)} = \dfrac{P_1(1-P_2)}{P_2(1-P_1)} = \left(\dfrac{10}{10+20}\right)\left(\dfrac{40}{30+40}\right) / \left(\dfrac{30}{30+40}\right)\left(\dfrac{20}{10+20}\right) = \dfrac{2}{3}$ 이다.

상대비율은 $\dfrac{n_1}{n_1+n_2} / \dfrac{n_3}{n_3+n_4} = \dfrac{10}{10+20} / \dfrac{30}{30+40} = \dfrac{7}{9}$ 이다.

06 두 확률변수의 상관계수에 대한 설명으로 틀린 것은?

① 상관계수는 두 변수의 공분산을 두 변수의 표준편차의 곱으로 나눈 값으로 정의되는 측도이다.

② 상관계수는 두 변수 사이에 함수관계를 이용하여 인과관계를 설명하는 측도이다.

③ 두 확률변수가 서로 독립이면 상관계수는 0이다.

④ 두 변수 사이에 일차함수의 관계가 존재하면, 상관계수는 1 또는 -1이다.

해설

회귀분석(Regression Analysis)

상관계수는 두 변수 사이의 선형관계를 나타내는 측도이며, 회귀분석은 주어진 자료를 통해 변수 간의 함수관계를 밝히고 이 함수관계를 이용하여 독립변수 값에 대응되는 종속변수의 값을 예측 또는 설명하는 분석방법이다.

07 등산 모자를 제조하는 회사에서 모자를 착용할 사람들의 머리둘레의 평균을 알고자 한다. 사람들의 머리둘레는 표준편차가 약 2.0cm인 정규분포를 따른다고 알려져 있다. 실제 사람들의 머리둘레 평균 μ를 95% 신뢰수준에서 오차한계를 0.1cm 이하로 추정하기 위한 최소 인원은?

① 1,000명   ② 1,500명

③ 1,537명   ④ 2,035명

모평균 추정에 필요한 표본크기

모평균 추정에 필요한 표본크기는 $n \geq \left(\dfrac{z_{\alpha/2} \times \sigma}{d} \right)^2 = \left(\dfrac{1.96 \times 2.0}{0.1} \right)^2 = 1536.64$ 이다.

08 정규분포의 특징에 대한 설명으로 틀린 것은?

① 평균을 중심으로 좌우대칭이다.

② 평균과 중위수는 동일하다.

③ 확률밀도곡선 아래의 면적은 평균과 분산에 따라 달라진다.

④ 확률밀도곡선의 모양은 표준편차가 작아질수록 평균 부근의 확률이 커지고, 표준편차가 커질수록 가로축에 가깝게 평평해진다.

해설

정규분포의 특징

확률밀도곡선의 모양은 평균과 분산에 의해 달라지며, 확률밀도곡선 아래의 면적은 항상 1로 동일하다.

09 단순회귀분석의 회귀모형은 다음과 같다. 보통최소제곱법에 의해 추정된 회귀식이 $\hat{y} = a + bx$ 라 할 때, 다음 중 틀린 것은? (단, $S_{xx} = \sum\limits_{i=1}^{n} \left(x_i - \bar{x} \right)^2$ 이며 $MSE = \sum\limits_{i=1}^{n} \left(y_i - \hat{y}_i \right)^2 / (n-2)$)

$$Y_i = \alpha + \beta X_i + \epsilon_i, \ i = 1, 2, \cdots, n, \ \epsilon_i \sim N(0, \sigma^2)$$

① 추정량 b는 β의 불편추정량이다.

② 추정량 a는 α의 불편추정량이다.

③ MSE는 오차항 ϵ_i의 분산 σ^2의 불편추정량이다.

④ $\dfrac{b - \beta}{\sqrt{MSE/S_{xx}}}$ 는 자유도가 $n-2$인 카이제곱분포 $\chi^2_{(n-2)}$를 따른다.

해설

단순회귀분석에서 회귀계수의 유의성 검정

단순회귀분석에서 회귀계수의 유의성 검정에 사용되는 검정통계량은 다음과 같다.

$$t = \frac{b - \beta}{\sqrt{Var(b)}} = \frac{b - \beta}{\sqrt{MSE/s_{xx}}} \sim t_{(n-2)}$$

10 다음 ( )에 알맞은 것은?

> 군집표본추출(Cluster Sampling)에서는 추출된 군집들은 가능한 군집 간에는 (A)이고, 군집 내에 포함된 표본요소 간에는 (B)이어야 한다.

① A : 동질적, B : 이질적　　　　　② A : 동질적, B : 동질적

③ A : 이질적, B : 이질적　　　　　④ A : 이질적, B : 동질적

해설
군집표본추출(Cluster Sampling)
군집표본추출에서는 추출된 군집들은 가능한 군집 간에는 동질적이고, 군집 내에 포함된 표본요소 간에는 이질적이어야 정도를 높일 수 있다. 하지만 층화표본추출에서는 층 내부는 동질적이고, 층 간에는 이질적이어야 정도를 높일 수 있다.

11 체비세프 부등식(Chebyshev's Inequality)은 "확률변수 X의 평균이 μ, 분산이 $\sigma^2 < \infty$일 때, 0보다 큰 k에 대해 $P(|X-\mu| \ge k\sigma) \le \dfrac{1}{k^2}$"이다. $E(X) = 10$이고 $E(X^2) = 104$일 때, 체비세프 부등식을 이용한 $P(6 < X < 14)$의 하한값은?

① $\dfrac{1}{4}$　　　　　　　　　② $\dfrac{1}{3}$

③ $\dfrac{2}{3}$　　　　　　　　　④ $\dfrac{3}{4}$

해설
체비세프 부등식
$E(X) = 10$, $E(X^2) = 104$이므로 $Var(X) = E(X^2) - [E(X)]^2 = 104 - 100 = 4$이다.

$\sigma = 2$이므로 $P(|X-10| \ge 2k) \le \dfrac{1}{k^2}$이 성립되어, $k = 2$를 대입하면 $P(X \le 6) + P(X \ge 14) \le \dfrac{1}{4}$이다.

따라서 $P(6 < X < 14)$의 하한값은 $1 - \dfrac{1}{4} = \dfrac{3}{4}$이다.

12 중회귀분석의 회귀계수 유의성 검정 결과가 다음과 같다. ( ) 안에 들어갈 알맞은 값은?

Model	Unstandardized Coefficients		Standardized Coefficients	t
	B	Std. Error	Beta	
(Constants)	40	20		
중 량	6	2	0.20	(A)
온 도	0.8	0.2	0.42	(B)

① (A)$=3$, (B)$=4$
② (A)$=1$, (B)$=10$

③ (A)$=\dfrac{1}{3}$, (B)$=\dfrac{1}{4}$
④ (A)$=4$, (B)$=0.004$

해설
t 검정통계량 값의 계산

β_i 검정을 위한 t 검정통계량$=\dfrac{b_i-\beta_i}{se(b_i)}=\dfrac{\text{회귀계수 } b_i}{\text{표준오차}}$

α 검정을 위한 t 검정통계량$=\dfrac{a-\alpha}{se(a)}=\dfrac{\text{회귀계수 } a}{\text{표준오차}}$

$\therefore$ (A)$=\dfrac{6}{2}=3$, (B)$=\dfrac{0.8}{0.2}=4$

13 분산분석에 대한 설명으로 옳은 것만을 고른 것은?

> A. 집단 간 분산이 동일하지 않은 경우 사용하는 분석기법이다.
> B. 집단 간 평균을 비교하는 분석기법이다.
> C. 검정통계량은 집단 내 평균제곱합과 집단 간 평균제곱합으로 구한다.
> D. 검정통계량은 총제곱합과 집단 간 제곱합으로 구한다.

① A, C
② A, D

③ B, C
④ B, D

해설
분산분석(Analysis of Variance)
분산분석은 집단 간 분산이 동일해야 한다는 가정하에 집단 간과 집단 내의 분산을 비교하여 집단 간 평균에 차이가 있는지를 분석한다.

14 결정계수(Coefficient of Determination)에 대한 설명으로 틀린 것은?

① 총변동 중에서 회귀식에 의하여 설명되는 변동의 비율을 뜻한다.

② 종속변수에 미치는 영향이 적은 독립변수가 추가된다면 결정계수는 감소한다.

③ 모든 측정값들이 추정회귀직선상에 있는 경우 결정계수는 1이다.

④ 단순회귀의 경우 독립변수와 종속변수간의 표본상관계수의 제곱과 같다.

> **해설**
> 결정계수(Coefficient of Determination)
> 다중회귀분석에서는 독립변수의 수를 증가시키면 독립변수의 영향에 관계없이 결정계수의 값이 항상 증가한다.

15 통계청에서는 A도시의 실업률이 5%라고 발표하였다. 그러나 관련 민간단체에서는 실업률 5%는 너무 낮게 추정된 값이라고 판단하여 이에 대해 확인하고자 한다. 경제활동인구 중 500명을 임의 추출하여 조사한 결과 35명이 직업이 없음을 알게 되었다. 이 문제에 대한 적합한 검정통계량 값은?

① $\dfrac{0.93-0.07}{\sqrt{(0.07\times0.93)/500}}$ ② $\dfrac{0.07-0.05}{\sqrt{(0.07\times0.93)/500}}$

③ $\dfrac{0.07-0.05}{\sqrt{(0.05\times0.95)/500}}$ ④ $\dfrac{0.95-0.05}{\sqrt{(0.5\times0.5)/500}}$

> **해설**
> 검정통계량 값 계산
> 모비율 $p=0.05$, $\hat{p}=35/500=0.07$, $\hat{q}=(1-\hat{p})=0.93$, $n=500$일 때,
>
> 검정통계량은 $Z=\dfrac{\hat{p}-p_0}{\sqrt{\hat{p}(1-\hat{p})/n}}$ 이다.
>
> 하지만 모비율 p가 알려져 있으므로 검정통계량 값을 구하면
>
> $z_c=\dfrac{\hat{p}-p_0}{\sqrt{p_0(1-p_0)/n}}=\dfrac{0.07-0.05}{\sqrt{(0.05\times0.95)/500}}$ 이다.

16 확률변수 X와 Y는 서로 독립이고, 각각 베르누이 분포 $X \sim Ber(0.4)$와 $Y \sim Ber(0.6)$을 따를 때, $P(X \neq Y)$의 값은?

① 0.26 ② 0.29

③ 0.52 ④ 0.58

> **해설**
> 베르누이 분포
> X와 Y가 각각 성공의 확률이 0.4과 0.6인 베르누이 분포를 따르므로 각각의 확률질량함수는 다음과 같다.
> $f(x)=0.4^x(1-0.4)^{1-x}$, $x=0,\ 1$
> $f(y)=0.6^y(1-0.6)^{1-y}$, $y=0,\ 1$
> $P(X \neq Y)=P(X=0,\ Y=1)+P(X=1,\ Y=0)=(0.6\times0.6)+(0.4\times0.4)=0.52$

17 눈의 수가 1이 나타날 때까지 계속해서 공정한 주사위를 던지는 실험에서 던진 횟수를 확률변수 X라고 할 때, X의 기대값과 분산은?

① 기대값 : 5 분산 : 30　　　② 기대값 : 5 분산 : 15

③ 기대값 : 6 분산 : 15　　　④ 기대값 : 6 분산 : 30

해설

기하분포의 기대값과 분산

X	1	2	3	⋯
$P(X)$	$\left(\dfrac{1}{6}\right)$	$\left(\dfrac{1}{6}\right)\left(\dfrac{5}{6}\right)$	$\left(\dfrac{1}{6}\right)\left(\dfrac{5}{6}\right)^2$	⋯

확률변수 X는 성공의 확률이 p인 베르누이 시행을 처음으로 성공할 때까지의 시행횟수이므로 기하분포를 따른다.

기하분포 $G(p)$의 기대값은 $E(X) = \dfrac{1}{p}$이며, 분산은 $Var(X) = \dfrac{q}{p^2}$이다.

$\therefore E(X) = \dfrac{1}{p} = \dfrac{1}{1/6} = 6$, $Var(X) = \dfrac{q}{p^2} = \dfrac{5/6}{(1/6)^2} = 30$

18 $X_1, \cdots, X_n$은 평균이 μ, 표준편차가 1인 정규모집단에서의 임의표본일 때, 모평균 μ에 대한 가설 $H_0 : \mu = 100$ 대 $H_1 : \mu = 110$ 를 검정하고자 한다. 이 검정에서 검정통계량을 표본평균 $\overline{X}$로 하고 기각역을 $\overline{X} \geq 105$로 선택할 경우, 다음 중 제2종 오류를 범할 확률을 나타내는 식은?

① $P(\overline{X} < 105 \,|\, \mu = 110)$

② $P(\overline{X} < 105 \,|\, \mu = 100)$

③ $P(\overline{X} \geq 110 \,|\, \mu = 100)$

④ $P(\overline{X} \geq 100 \,|\, \mu = 110)$

해설

제2종 오류를 범할 확률

제2종의 오류는 대립가설이 참일 때 귀무가설을 채택할 오류이므로 제2종의 오류를 범할 확률은 $P(\overline{X} < 105 \,|\, \mu = 110)$이다.

19 다음은 분산분석표의 일부이다. F 검정통계량의 값은?

요 인	제곱합	자유도	평균제곱	F값
처 리	****	5	8	****
잔 차	****	****	****	
합 계	100	20		

① 1.5   ② 2.0

③ 2.5   ④ 3.0

해설

일원배치 분산분석표 작성

요 인	제곱합	자유도	평균제곱	F값
처 리	40	5	8	2
잔 차	60	15	4	
합 계	100	20		

20 카이제곱분포에 대한 설명으로 틀린 것은?

① $X_1, \cdots, X_n$이 $N(\mu, \sigma^2)$에서 확률표본일 때, $Y = \sum_{i=1}^{n} \left(\dfrac{X_i - \mu}{\sigma} \right)^2 \sim \chi^2_{(n)}$을 따른다.

② $X_1, \cdots, X_n$이 $N(\mu, \sigma^2)$에서 확률표본이고, $\overline{X} = \dfrac{1}{n}\sum_{i=1}^{n} X_i$, $S^2 = \dfrac{1}{n-1}\sum_{i=1}^{n}\left(X_i - \overline{X}\right)^2$으로 정의

한다면, $\overline{X}$와 S^2은 독립이며, $\dfrac{(n-1)S^2}{\sigma^2} = \dfrac{\sum_{i=1}^{n}\left(X_i - \overline{X}\right)^2}{\sigma^2} \sim \chi^2_{(n-1)}$을 따른다.

③ 모집단이 정규분포인 대표본에서 모분산 σ^2의 검정에 이용된다.

④ 카이제곱분포 $X \sim \chi^2_{(n)}$의 기대값과 분산은 $E(X) = Var(X) = n$으로 동일하다.

해설

카이제곱분포의 특성

카이제곱분포 $X \sim \chi^2_{(n)}$의 기대값은 $E(X) = n$이며, 분산은 $Var(X) = 2n$이다.

10회 통계학 총정리 모의고사

01 두 사건 A와 B는 서로 독립이고, $P(A) = \dfrac{2}{3}$, $P(A \cap B) = P(A) - P(B)$일 때, $P(B)$의 값은?

① $\dfrac{1}{5}$

② $\dfrac{1}{10}$

③ $\dfrac{2}{5}$

④ $\dfrac{3}{10}$

해설

독립사건(Independent Events)

두 사건 A와 B는 서로 독립이므로 $P(A \cap B) = P(A)P(B)$이 성립한다.

$P(A \cap B) = P(A)P(B) = \dfrac{2}{3} \times P(B) = \dfrac{2}{3} - P(B)$이므로 $P(B) = \dfrac{2}{5}$ 이다.

02 어떤 제품을 생산하는 회사에서 4개의 생산라인에 대해 평균생산량에 차이가 있는지를 분석한 분산분석표의 일부가 다음과 같다. 실험 중 정전으로 인해 각각의 라인별로 6, 5, 6, 4회의 실험을 실시하였다. 검정통계량의 값은?

변 인	제곱합	자유도	평균제곱	F
처 리	60			
오 차				
전 체	94			

① 2

② 5

③ 10

④ 20

해설

반복수가 동일하지 않은 일원배치 분산분석

변 인	제곱합	자유도	평균제곱	F
처 리	60	3	20	10
오 차	34	17	2	
전 체	94	20		

전체 실험 횟수가 $6+5+6+4 = 21$회이므로 총제곱합의 자유도는 $n-1 = 21-1 = 20$이며, 생산라인이 4종류이므로 처리의 자유도는 $k-1 = 4-1 = 3$이다. $\phi_{SST} = \phi_{SSA} + \phi_{SSE}$이므로 잔차제곱합의 자유도는 17이다.

$SST = SSR + SSE = 60 + SSE = 94$이므로 $SSE = 34$가 된다.

$\therefore \ F = \dfrac{SSA/\phi_{SSA}}{SSE/\phi_{SSE}} = \dfrac{MSA}{MSE} = \dfrac{20}{2} = 10$

03 구간 $[0, 1]$에서 정의된 연속확률변수 X의 확률밀도함수가 $f(x)$이다. X의 평균이 $\frac{1}{4}$이고, $\int_0^1 (ax+5)f(x)dx = 10$일 때, 상수 a의 값을 구하면?

① 10

② 20

③ 30

④ 40

해설

확률밀도함수(Probability Density Function)

확률밀도함수의 성질에 따라 $\int_0^1 f(x) = 1$이 성립하고, $E(X) = \int_0^1 xf(x)dx = \frac{1}{4}$이다.

$\int_0^1 (ax+5)f(x)dx = a\int_0^1 xf(x)dx + 5\int_0^1 f(x)dx = \left(a \times \frac{1}{4}\right) + 5 = 10$이므로 $\frac{1}{4}a + 5 = 10$이 성립되어 $a = 20$이다.

04 포아송분포 $Poisson(\lambda)$의 확률질량함수는 $f(x) = \dfrac{e^{-\lambda} \lambda^x}{x!}$, $x = 0, 1, 2, \cdots$ 이다.

$P(X=0) = P(X=1)$을 만족하는 λ의 값은?

① 1

② 2

③ 3

④ 4

해설

포아송분포

$P(X=0) = P(X=1) = \dfrac{e^{-\lambda}\lambda^0}{0!} = \dfrac{e^{-\lambda}\lambda^1}{1!} = e^{-\lambda} = e^{-\lambda}\lambda$이 성립하므로 $\lambda = 1$이다.

05 확률변수 X의 확률분포표는 다음과 같다. $E(4X+10)$의 값은?

X	0	1	2	합 계
$P(X=x)$	$\frac{1}{4}$	a	$2a$	1

① 13

② 14

③ 15

④ 16

해설

기대값의 계산

확률의 총합은 1이 되어야 하므로 $\frac{1}{4} + a + 2a = 1$, $a = \frac{1}{4}$

확률분포표를 이용하여 평균을 구하면 $E(X) = \left(\frac{1}{4} \times 0\right) + \left(\frac{1}{4} \times 1\right) + \left(\frac{1}{2} \times 2\right) = \frac{5}{4}$이다.

$\therefore E(4X+10) = 4E(X) + 10 = 15$

06 상관계수에 대한 설명으로 옳은 것은?

① 두 변수 X, Y 사이의 선형관계의 정도를 나타내는 측도이다.

② 상관계수는 0과 1 사이의 값이다.

③ X와 Y의 상관계수가 r_{XY}이면 aX, bY의 상관계수는 abr_{XY}이다.

④ X가 증가할 때 Y가 감소하면 상관계수는 0에 근사하게 된다.

해설

상관계수의 특성

상관계수의 범위는 $-1 \leq r \leq 1$이고, X와 Y의 상관계수가 r_{XY}이면 aX, bY의 상관계수 역시 r_{XY}이다.

X가 증가할 때 Y가 감소하면 상관계수는 −1에 가까워지고, X가 증가할 때 Y가 증가하면 상관계수는 1에 가까워진다.

07 모집단의 모수 θ에 대한 추정량으로서 지녀야 할 성질 중 일치추정량(Consistency Estimator)에 대한 설명으로 옳은 것은?

① 추정량의 평균이 θ가 되는 추정량을 의미한다.

② 모집단으로부터 추출한 표본의 정보를 모두 사용한 추정량을 의미한다.

③ 표본의 크기가 커질수록 추정량과 모수와의 차이에 대한 확률이 0으로 수렴함을 의미한다.

④ 여러 가지 추정량 중 분산이 가장 작은 추정량을 의미한다.

해설

바람직한 추정량

표본의 크기가 커짐에 따라 추정량 $\hat{\theta}$이 확률적으로 모수 θ에 가깝게 수렴하는 성질이다. 일치성을 확률적 수렴으로 나타내면, $X_1, \cdots, X_n$이 확률표본이고 $\hat{\theta} = f(X_1, \cdots, X_n)$일 때, $\hat{\theta} \xrightarrow[n \to \infty]{P} \theta$이면 추정량 $\hat{\theta}$는 θ의 일치추정량 (Consistent Estimator)이라 한다. 이를 수학적으로 달리 표현한다면 임의의 $\epsilon > 0$에 대해 $\lim_{n \to \infty} P(|\hat{\theta} - \theta| \leq \epsilon) = 1$을 만족하는 추정량 $\hat{\theta}$이 일치추정량이다.

08 카이제곱분포에 대한 설명으로 틀린 것은?

① 자유도가 k인 카이제곱분포의 평균은 k이고, 분산은 $2k$이다.

② 카이제곱분포의 확률밀도함수는 오른쪽으로 치우쳐있고, 왼쪽으로 긴 꼬리를 갖는다.

③ V_1, V_2가 서로 독립이며 각각 자유도가 k_1, k_2인 카이제곱분포를 따를 때, $V_1 + V_2$는 자유도가 $k_1 + k_2$인 카이제곱분포를 따른다.

④ $Z_1, \cdots, Z_k$가 서로 독립이며 각각 표준정규분포를 따르는 확률변수일 때, $Z_1^2 + \cdots + Z_k^2$는 자유도가 k인 카이제곱분포를 따른다.

해설

카이제곱분포(Chi-square Distribution)

카이제곱분포의 확률밀도함수는 왼쪽으로 치우쳐있고, 오른쪽으로 긴 꼬리를 갖는다.

09 대기업들 간 30대 직원의 연봉에 차이가 있는지 알아보기 위해 몇 개의 기업을 조사한 결과 다음과 같은 분산분석표를 얻었다. 총 몇 개의 기업이 비교대상이 되었으며 총 몇 명이 조사되었는가?

요 인	제곱합	자유도	평균제곱	F
그룹 간	777.39	2	388.69	5.36
그룹 내	1522.58	21	72.50	
합 계	2299.97	23		

① 2개 회사, 23명

② 2개 회사, 24명

③ 3개 회사, 23명

④ 3개 회사, 24명

해설

일원배치 분산분석(One-way ANOVA)

총제곱합의 자유도는 $n-1 = 23$이므로 전체 표본크기는 $n = 24$이다. 그룹 간의 자유도는 $k-1 = 2$이므로 $k = 3$이다.

10 주사위의 각 눈이 나타날 확률이 동일한지 알아보기 위해 주사위를 60번 던진 결과가 다음과 같다. 다음 설명 중 잘못된 것은?

눈	1	2	3	4	5	6
관측도수	10	12	10	8	10	10

① 귀무가설은 '각 눈이 나올 확률은 $\frac{1}{6}$이다'라고 할 수 있다.

② 카이제곱 동질성 검정을 이용한다.

③ 귀무가설하에서 각 눈이 나올 기대도수는 10이다.

④ 카이제곱 검정통계량 값은 0.8이다.

> **해설**
> 카이제곱 적합성 검정(χ^2 Goodness of Fit Test)
> 카이제곱 적합성 검정은 단일표본에서 한 변수의 범주 값에 따라 기대빈도와 관측빈도 간에 유의한 차이가 있는지를 검정한다.

11 표본자료로부터 추정한 모평균 μ에 대한 95% 신뢰구간이 (−0.042, 0.522)일 때, 유의수준 0.05에서 귀무가설 $H_0 : \mu = 0$ 대 대립가설 $H_1 : \mu \neq 0$의 검정결과는 어떻게 해석할 수 있는가?

① 검정통계량을 계산하지 않았으므로 검정에 대한 어떠한 결론도 내릴 수 없다.

② 신뢰구간이 0을 포함하기 때문에 귀무가설을 기각할 수 없다.

③ 신뢰구간의 상한이 0.522로 0보다 상당히 크기 때문에 귀무가설을 기각해야 한다.

④ 신뢰구간을 계산할 때 표준정규분포의 임계값을 사용했는지 또는 t분포의 임계값을 사용했는지에 따라 해석이 다르다.

> **해설**
> 검정결과 해석
> 귀무가설이 $H_0 : \mu = 0$이고 신뢰구간이 0을 포함하기 때문에 귀무가설을 기각할 수 없다.

12 서로 독립인 두 정규모집단의 모평균은 각각 μ_1과 μ_2이고 모분산은 동일하다고 가정한다. 이 두 모집단으로부터 표본의 크기가 각각 n_1과 n_2인 랜덤표본을 취하여 얻은 표본평균을 각각 $\overline{Y_1}$과 $\overline{Y_2}$이라 하고, 표본분산을 각각 S_1^2과 S_2^2이라 하면 검정통계량 $T = \dfrac{\overline{Y_1} - \overline{Y_2} - (\mu_1 - \mu_2)}{\sqrt{S_p^2\left(\dfrac{1}{n_1} + \dfrac{1}{n_2}\right)}}$ 은 t분포를 따른다. 이때 t분포의 자유도는? (단, S_p^2은 공통분산의 추정량이다)

① $n_1 + n_2$ ② $n_1 + n_2 - 1$

③ $n_1 + n_2 - 2$ ④ $n_1 + n_2 + 2$

해설

소표본에서 두 모분산을 모르지만 같다는 것은 알고 있을 경우 검정통계량

소표본에서 두 모분산을 모르지만 같다는 것은 알고 있을 경우 t 검정통계량은

$T = \dfrac{\overline{Y_1} - \overline{Y_2}}{S_p \sqrt{\dfrac{1}{n_1} + \dfrac{1}{n_2}}} \sim t_{(n-2)}$을 따른다.

13 변수 X와 Y에 대한 n개의 자료 $(x_1, y_1), \cdots, (x_n, y_n)$에 대하여 단순선형회귀모형 $y_i = \beta_0 + \beta_1 x_i + \epsilon_i$을 적합시키는 경우, 잔차 $e_i = y_i - \hat{y}_i$, $i = 1, \cdots, n$에 대한 성질이 아닌 것은?

① $\displaystyle\sum_{i=1}^{n} e_i = 0$ ② $\displaystyle\sum_{i=1}^{n} x_i e_i = 0$

③ $\displaystyle\sum_{i=1}^{n} y_i e_i = 0$ ④ $\displaystyle\sum_{i=1}^{n} \hat{y}_i e_i = 0$

해설

잔차의 성질

• 잔차들의 합은 0이다.

$\sum e_i = \sum (y_i - \hat{y}_i) = \sum (y_i - a - bx_i) = \sum y_i - na - b\sum x_i = 0$

∴ $\sum y_i - na - b\sum x_i = 0$이 정규방정식이다.

• 잔차들의 x_i에 대한 가중합은 0이다.

$\sum x_i e_i = \sum x_i(y_i - \hat{y}_i) = \sum x_i(y_i - a - bx_i) = \sum x_i y_i - a\sum x_i - b\sum x_i^2 = 0$

∴ $\sum x_i y_i - a\sum x_i - b\sum x_i^2 = 0$이 정규방정식이다.

• 잔차들의 $\hat{y}_i$에 대한 가중합은 0이다.

$\sum \hat{y}_i e_i = \sum (a + bx_i)e_i = a\sum e_i + b\sum x_i e_i = 0$

∴ $\sum e_i = 0$, $\sum x_i e_i = 0$

14 어느 대학교 학생들의 흡연율을 조사하고자 한다. 실제 흡연율과 추정치의 차이가 5% 이내라고 90% 정도의 확신을 갖기 위해서는 얼마만큼 크기의 표본이 필요한가? (단, $z_{0.1} = 1.282$, $z_{0.05} = 1.645$, $z_{0.025} = 1.96$)

① $0.5 \times 0.5 \times \left(\dfrac{1.645}{0.95}\right)^2$

② $0.05 \times 0.95 \times \left(\dfrac{1.645}{0.95}\right)^2$

③ $0.5 \times 0.5 \times \left(\dfrac{1.645}{0.05}\right)^2$

④ $0.05 \times 0.95 \times \left(\dfrac{1.645}{0.05}\right)^2$

해설

모비율 추정에 필요한 표본크기

모비율 추정에 필요한 표본크기는 $n \geq \hat{p}(1-\hat{p})\left(\dfrac{z_{\alpha/2}}{d}\right)^2 = 0.5 \times 0.5 \times \left(\dfrac{1.645}{0.05}\right)^2$ 이다.

∴ $\hat{p}$에 대한 사전정보가 없기 때문에 $\hat{p}(1-\hat{p})$을 최대로 해주는 $\hat{p} = 0.5$를 선택한다.

---

15 다음 표는 완전확률화계획법(Completely Randomized Design)으로 얻어진 자료의 분산분석표의 일부이다. 처리별 반복수를 동일하게 하였다면 반복수는 얼마인가?

변 인	제곱합	자유도	평균제곱	F
처 리	40	****	****	****
오 차	30	16	1.875	
전 체	70	19		

① 4

② 5

③ 6

④ 7

해설

일원배치 분산분석

완전확률화계획법(Completely Randomized Design)의 기본모형 및 가정이 다음과 같다면, 일원배치 분산분석을 의미한다.

$X_{ij} = \mu + \beta_j + e_{ij}$, $e_{ij} \sim N(0, \sigma^2)$

($i = 1, \cdots, n$, $j = 1, \cdots, t$, 여기서 i는 반복수, j는 처리수)

〈일원배치 분산분석표〉

요 인	제곱합	자유도	평균제곱	F
처 리	40	$t-1 = 3$	13.33	7.11
오 차	30	$t(n-1) = 16$	1.875	
전 체	70	$nt-1 = 19$		

∴ 전체 데이터 수가 20이고 처리수가 4이기 때문에 반복은 5회이다.

16 귀무가설 $H_0 : \mu \leq 50$ 대 대립가설 $H_1 : \mu > 50$일 때, 크기가 81인 표본의 평균 $\bar{X}$를 검정하려고 한다. 다음 중 이 모집단의 표준편차가 9인 정규분포로 알려져 있을 때, 유의수준 5%에 해당하는 기각역에 가장 가까운 것은?

① $\bar{X} > 50.9$ ② $\bar{X} > 51.7$

③ $\bar{X} > 52.9$ ④ $\bar{X} > 53.7$

해설

기각역(Critical Region)

$P(Z > 1.645) = 0.05$

$\therefore \ P\left(\dfrac{\bar{X} - \mu}{\sigma / \sqrt{n}} > z\right) = P\left(\dfrac{\bar{X} - 50}{9 / \sqrt{81}} > 1.645\right) = P(\bar{X} > 51.645) = 0.05$이므로,

기각역은 $\bar{X} > 51.645$가 된다.

17 모평균의 신뢰구간의 길이를 $\dfrac{1}{4}$로 줄이기 위해선 원래 표본크기를 몇 배로 증가해야 하는가?

① 2   ② 4

③ 8   ④ 16

해설

표본크기 결정

모평균 μ의 $100(1 - \alpha)\%$ 신뢰구간의 길이는 $2\,z_{\frac{\alpha}{2}} \dfrac{\sigma}{\sqrt{n}}$ 이 된다. 신뢰구간의 길이 $2\,z_{\frac{\alpha}{2}} \dfrac{\sigma}{\sqrt{n}}$ 을 $\dfrac{1}{4}$로 줄이기 위해서

는 $2\,z_{\frac{\alpha}{2}} \dfrac{\sigma}{\sqrt{16n}}$ 가 되어야 하므로 표본크기를 16배로 증가시키면 된다.

18 원점을 지나는 단순회귀모형에 대한 설명 중 틀린 것은?

① 잔차들의 합이 반드시 0인 것은 아니다.

② 잔차제곱합인 $\displaystyle\sum_{i=1}^{n} e_i^2 = \sum \left(Y_i - \widehat{Y_i}\right)^2$의 자유도는 $(n-2)$이다.

③ 추정된 회귀직선이 항상 $(\bar{X}, \ \bar{Y})$을 지나는 것은 아니다.

④ 원점을 지나는 회귀모형에서 회귀직선의 기울기 $\widehat{\beta_1}$은 β_1의 불편추정량이다.

해설

원점을 지나는 단순회귀모형

원점을 지나는 단순회귀모형에서는 잔차제곱합 $\displaystyle\sum_{i=1}^{n} e_i^2 = \sum \left(Y_i - \widehat{Y_i}\right)^2$의 자유도는 $(n-1)$이다.

19 단순회귀분석에서 표준화 회귀계수에 대한 설명 중 틀린 것은?

① 표준화 회귀계수는 −1과 1 사이의 값을 가진다.

② 단순회귀분석에서 표준화 회귀계수는 두 변수의 상관계수와 같다.

③ 단순회귀분석에서 표준화 회귀계수＝비표준화 회귀계수×(S_X / S_Y)이다.

④ 표준화 회귀계수와 비표준화 회귀계수의 부호는 항상 같은 것은 아니다.

해설
표준화 회귀계수의 성질
단순회귀분석에서는 표준화 회귀계수, 상관계수, 비표준화 회귀계수의 부호는 항상 동일하다.

20 모집단이 서로 상이한 특성으로 이루어져 있을 경우, 모집단을 유사한 특성으로 묶은 여러 부분집단에서 단순무작위추출법에 의해 표본을 추출하는 방법은?

① 편의표본추출법   ② 층화표본추출법
③ 군집표본추출법   ④ 계통표본추출법

해설
층화표본추출법(Stratified Sampling)
층화표본추출법은 모집단을 비슷한 성질을 갖는 2개 이상의 동질적인 층(Stratum)으로 구분하고, 각 층으로부터 단순임의추출방법을 적용하여 표본을 추출하는 방법으로 모집단에 대한 정확한 정보가 필요하다.

우리가 해야 할 일은 끊임없이 호기심을 갖고
새로운 생각을 시험해보고 새로운 인상을 받는 것이다.

– 월터 페이터 –

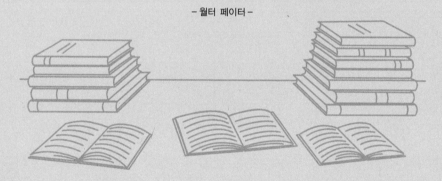

PART 2

Level 2
통계학 총정리 모의고사

11~20회 통계직 공무원, 공사, 공기업 통계학 총정리 모의고사

※ 실제 공무원, 공사, 공기업 시험과 비슷한 난이도를 가진 모의고사를 수록하였습니다.

작은 기회로부터 종종 위대한 업적이 시작된다.

– 데모스테네스 –

11 회 | 통계학 총정리 모의고사

01 다음의 식을 계산한 값은?

$$\sum_{x=0}^{100} x \times {}_{100}C_x 0.9^x 0.1^{100-x}$$

① 9

② 90

③ 0.9

④ 0.1

해설

이항분포의 기대값

이항분포 $B(n, p)$의 확률질량함수는 $f(x) = {}_n C_x \, p^x \, q^{n-x}$이고, 위의 식은 이항분포 $B(100, 0.9)$의 기대값 $E(X)$을 구하는 식이다.

이항분포 $B(n, p)$의 기대값이 $E(X) = np$이므로, 이항분포 $B(100, 0.9)$의 기대값은 $E(X) = 100 \times 0.9 = 90$이다.

02 두 확률변수 X와 Y의 상관계수 $Corr(X, Y)$에 대한 설명으로 옳은 것은?

① $X = -0.5Y + 1$일 때, $Corr(X, Y)$는 -0.5이다.

② $Corr(X, Y)$와 $Corr(X, -Y)$의 합은 0이다.

③ X와 Y가 서로 독립일 때, $Corr(X, Y)$가 0이 아닐 수 있다.

④ $Corr(X, Y) = 0$일 때, X와 Y는 서로 독립이다.

해설

상관계수의 성질

• $X = -0.5Y + 1$이면, $Y = -2X + 2$이므로 $Corr(X, Y)$는 $-2 \times \dfrac{S_X}{S_Y}$이다. X의 표본표준편차(S_X)와 Y의 표본표준편차(S_Y)의 값에 따라 $Corr(X, Y)$의 값이 달라질 수 있다.

• X와 Y가 서로 독립이면, $Corr(X, Y)$는 0이다. 하지만 $Corr(X, Y) = 0$이라고 해서 반드시 X와 Y가 서로 독립인 것은 아니다.

• 임의의 상수 a, b, c, d에 대하여 X, Y의 상관계수는 $a + bX$, $c + dY$의 상관계수와 $bd > 0$일 때 동일하며, $bd < 0$일 때 부호만 바뀐다. 즉, $Corr(X, Y)$와 $Corr(X, -Y)$는 서로 부호만 바뀌기 때문에 $Corr(X, Y)$와 $Corr(X, -Y)$의 합은 0이 된다.

정답 01 ② 02 ②

제11회 :: 통계학 총정리 모의고사 **177**

03 확률변수 X의 확률분포표가 다음과 같다. X의 평균이 24일 때, k의 값을 구하면?

X	k	$2k$	$4k$	합 계
$P(X=x)$	$\dfrac{4}{7}$	$\dfrac{4}{7}r$	$\dfrac{4}{7}r^2$	1

① 14

② 15

③ 16

④ 17

해설

이산확률분포표

확률질량함수의 성질을 이용하면 $\dfrac{4}{7}+\dfrac{4}{7}r+\dfrac{4}{7}r^2=1$이 성립해야 하므로 $4r^2+4r-3=0$이 되어 $r=-\dfrac{3}{2}$ 또는

$\dfrac{1}{2}$이 된다. 하지만 확률은 음의 값을 갖지 못하기 때문에 $r=\dfrac{1}{2}$이다.

$E(X)=\sum x_i p_i=\left(k\times\dfrac{4}{7}\right)+\left(2k\times\dfrac{2}{7}\right)+\left(4k\times\dfrac{1}{7}\right)=\dfrac{12k}{7}=24$

$\therefore k=14$

04 다음은 어느 지역 편의점 6곳에 대한 3년 전 매출액 자료이다.

> (단위 : 백만 원)
>
> 30, 42, 64, 82, 70, 36

3년 전 매출액의 평균은 54이고 표준편차는 20.9이었다. 6개 모든 편의점의 매출액이 3년 전에 비해 두 배가 되었다면 현재 매출액의 평균과 표준편차는?

① 54, 20.9

② 54, 41.8

③ 108, 41.8

④ 108, 20.9

해설

기대값과 표준편차의 성질

3년 전 매출액의 평균을 $E(X)$라 하고 표준편차를 $\sigma(Y)$라 하면 현재의 매출액은 3년 전에 비해 두 배로 인상되었으므로 현재 매출액의 평균은 $E(2X)$이고 표준편차는 $\sigma(2Y)$가 된다.

$\therefore E(2X)=2E(X)=2\times54=108, \ \sigma(2Y)=|2|\sigma(Y)=2\times20.9=41.8$

05 확률변수 X_i, $i = 1, \cdots, n$은 각각 평균이 i이고 분산이 i^2인 정규분포 $N(i, i^2)$를 따른다고 할 때, 다음 중 옳지 않은 것은?

① $\displaystyle\sum_{i=1}^{n} \left(\frac{X_i - i}{i} \right)^2$ 은 자유도가 n인 카이제곱분포를 따른다.

② $\dfrac{3(X_1 - 1)}{\sqrt{(X_3 - 3)^2}}$ 은 자유도가 1인 t분포를 따른다.

③ $(X_1 - 1)^2$ 은 자유도가 1인 카이제곱분포를 따른다.

④ $\dfrac{4(X_1 - 1)^2}{(X_2 - 2)^2}$ 은 분자의 자유도가 1, 분모의 자유도가 2인 F분포를 따른다.

> **해설**
>
> **표본분포(Sample Distribution)**
>
> ④ 자유도가 m, n인 F분포는 $F = \dfrac{U/m}{V/n}$ 이며, 여기서 U는 자유도가 m인 카이제곱(χ^2)분포를 따르고, V는 자유도가 n인 카이제곱(χ^2)분포를 따른다.
>
> 즉, $F = \dfrac{U/m}{V/n} = \dfrac{(X_1 - 1)^2 / 1}{\left(\dfrac{X_2 - 2}{2} \right)^2 / 1} = \dfrac{4(X_1 - 1)^2}{(X_2 - 2)^2} \sim F_{(1,\,1)}$ 을 따른다.
>
> ① $X \sim N(i, i^2)$이므로, $Z = \dfrac{X - \mu}{\sigma} = \dfrac{X - i}{i} \sim N(0, 1)$을 따른다.
>
> $Z \sim N(0, 1)$을 따를 때 $Z^2 \sim \chi^2_{(1)}$을 따르며, $Y = Z_1^2 + \cdots + Z_n^2 \sim \chi^2_{(n)}$을 따른다.
>
> ② 자유도가 k인 t분포는 $t = \dfrac{Z}{\sqrt{U/k}}$ 이며, 여기서 Z는 정규분포, U는 자유도가 k인 카이제곱(χ^2)분포를 따른다.
>
> 즉, 자유도가 1인 t분포는 $t = \dfrac{Z}{\sqrt{U/1}} = \dfrac{(X_1 - 1)/1}{\sqrt{\left(\dfrac{X_3 - 3}{3} \right)^2 / 1}} = \dfrac{3(X_1 - 1)}{\sqrt{(X_3 - 3)^2}}$ 이다.
>
> ③ $Z \sim N(0, 1)$을 따를 때 $Z^2 = \left(\dfrac{X_1 - 1}{1} \right)^2 = (X_1 - 1)^2 \sim \chi^2_{(1)}$ 을 따른다.

06 이산확률변수 X의 확률질량함수가 $P(X=x) = \dfrac{x}{15}$, $x=1, 2, 3, 4, 5$이다. $E(3X)$의 값은?

① 10   ② 11
③ 12   ④ 13

해설
기대값의 성질

$$E(X) = \sum_{x=1}^{5} P(X=x) \cdot x = \frac{1+4+9+16+25}{15} = \frac{11}{3}, \quad E(3X) = 3E(X) = \frac{33}{3} = 11$$

07 절편이 포함된 단순선형회귀모형에서 b를 x에 대한 y의 회귀계수, r을 x와 y의 상관계수라고 할 때 다음 중 옳지 않은 것은?

① $b > 0$이면 $r > 0$이다.
② $r = 0$이면 $b = 0$이다.
③ $b = 1$이면 $r = 1$이다.
④ b'을 y에 대한 x의 회귀계수라고 할 때 $r^2 = bb'$이 성립한다.

해설
상관계수의 성질

절편이 있는 단순선형회귀선의 기울기 $b = \dfrac{\sum (X_i - \overline{X})(Y_i - \overline{Y})}{\sum (X_i - \overline{X})^2}$ 이므로

$r = b \dfrac{S_X}{S_Y} = b \dfrac{\sqrt{\sum (X_i - \overline{X})^2}}{\sqrt{\sum (Y_i - \overline{Y})^2}}$ 이 성립한다.

즉, X와 Y의 표준편차 S_X와 S_Y가 모두 양수이므로 b의 부호는 r의 부호와 항상 일치한다.
$b = 1$이고, $S_X = S_Y$이면 $r = 1$이다.

$r = \dfrac{Cov(X, Y)}{S_X S_Y} = \dfrac{\sum (X_i - \overline{X})(Y_i - \overline{Y})}{\sqrt{\sum (X_i - \overline{X})^2} \sqrt{\sum (Y_i - \overline{Y})^2}}$ 이고 $b' = \dfrac{\sum (X_i - \overline{X})(Y_i - \overline{Y})}{\sum (Y_i - \overline{Y})^2}$ 이므로

$r^2 = \dfrac{[\sum (X_i - \overline{X})(Y_i - \overline{Y})]^2}{\sum (X_i - \overline{X})^2 \sum (Y_i - \overline{Y})^2} = \dfrac{\sum (X_i - \overline{X})(Y_i - \overline{Y})}{\sum (X_i - \overline{X})^2} \dfrac{\sum (X_i - \overline{X})(Y_i - \overline{Y})}{\sum (Y_i - \overline{Y})^2} = bb'$ 이 성립한다.

08 확률변수 X가 정규분포 $N(5, 3^2)$을 따르고 확률변수 Y가 정규분포 $N(4, 2^2)$을 따르며 서로 독립일 때, $P(X < 5 < Y)$의 값은? (단, Z가 표준정규분포를 따르는 확률변수일 때, $P(Z \le -0.5) = 0.31$ 이다)

① 0.018
② 0.174
③ 0.342
④ 0.155

해설

정규분포

$P(X < 5 < Y) = P(X < 5) \times P(5 < Y)$ 이다.

$P(X < 5) = P\left(Z < \dfrac{5-5}{3}\right) = P(Z < 0) = 0.5$ 이고,

$P(5 < Y) = P\left(\dfrac{5-4}{2} < Z\right) = P(0.5 < Z) = P(Z \le -0.5) = 0.31$ 이므로 구하고자 하는 확률은 $0.5 \times 0.31 = 0.155$ 이다.

09 평균이 μ이고, 분산이 16인 정규모집단으로부터 크기가 100인 랜덤표본을 얻고 그 표본평균을 $\overline{X}$라 하자. 귀무가설 $H_0 : \mu = 7.858$과 대립가설 $H_1 : \mu = 6.416$의 검정을 위하여 기각역을 $\overline{X} < 7.2$로 둘 때 제1종 오류와 제2종 오류의 확률은?

① 제1종 오류의 확률 0.05, 제2종 오류의 확률 0.025
② 제1종 오류의 확률 0.10, 제2종 오류의 확률 0.025
③ 제1종 오류의 확률 0.10, 제2종 오류의 확률 0.05
④ 제1종 오류의 확률 0.05, 제2종 오류의 확률 0.05

해설

제1종 오류와 제2종 오류의 확률

• 제1종 오류의 확률 : $P(\overline{X} < 7.2 \,|\, \mu = 7.858) = P\left(Z < \dfrac{7.2-7.858}{4/\sqrt{100}}\right) = P(Z < -1.645) = 0.05$

• 제2종 오류의 확률 : $P(\overline{X} > 7.2 \,|\, \mu = 6.416) = P\left(Z > \dfrac{7.2-6.416}{4/\sqrt{100}}\right) = P(Z > 1.96) = 0.025$

10 다음 단순회귀모형에 대한 설명으로 옳은 것은?

(단, $S_Y^2 = \sum_{i=1}^{n} (Y_i - \overline{Y})^2$, $S_X^2 = \sum_{i=1}^{n} (X_i - \overline{X})^2$, $e_i \sim N(0, \sigma^2)$)

$$Y_i = \alpha + \beta X_i + \epsilon_i, \ i = 1, 2, \cdots, n$$

① X와 Y의 표본상관계수를 r이라 하면 β의 최소제곱추정량은 $\hat{\beta} = r\dfrac{S_Y}{S_X}$이다.

② 모형에서 X_i와 Y_i를 바꾸어도 β의 추정량은 같다.

③ X가 Y의 변동을 설명하는 정도는 결정계수로 계산되며 Y의 변동이 커질수록 높아진다.

④ $Y_i \sim N(0, \sigma^2)$을 따른다.

해설

상관계수와 회귀직선의 기울기 관계

단순선형회귀모형에서는 X와 Y의 표본상관계수를 r이라 하면 β의 최소제곱추정량은 $\hat{\beta} = r\dfrac{S_Y}{S_X}$이다.

11 두 확률변수 X와 Y의 표준편차는 각각 σ_X와 σ_Y이고 X와 Y의 상관계수가 0.8일 때, $Var\left(\dfrac{X}{\sigma_X} - \dfrac{Y}{\sigma_Y}\right)$의 값은? (단, $\sigma_X > 0$이고 $\sigma_Y > 0$이다)

① 0.1 ② 0.2

③ 0.4 ④ 0.8

해설

분산의 계산

$$Var\left(\frac{X}{\sigma_X} - \frac{Y}{\sigma_Y}\right) = \frac{Var(X)}{\sigma_X^2} + \frac{Var(Y)}{\sigma_Y^2} - \frac{2Cov(X, Y)}{\sigma_X \sigma_Y} \ (\because \sigma_X \text{와 } \sigma_Y \text{는 상수})$$

$$= 1 + 1 - (2 \times 0.8) = 0.4 \ \left(\because \ r = \frac{Cov(X, Y)}{\sigma_X \sigma_Y}, \ Var(X) = \sigma_X^2, \ Var(Y) = \sigma_Y^2\right)$$

12 A도시에서 새벽 1시부터 3시 사이에 일어나는 범죄 건수는 시간당 평균 0.2건이다. 범죄발생 건수의 분포가 포아송분포를 따른다면, 오늘 새벽 1시와 2시 사이에 범죄발생이 전혀 없을 확률은?

① $e^{0.2}$

② $e^{0.02}$

③ $e^{-0.2}$

④ $e^{-0.02}$

해설

포아송분포의 확률 계산

$P(X=x) = \dfrac{e^{-\lambda}\, \lambda^x}{x!}$, $\lambda = 0.2$이므로 구하고자 하는 확률은

$P(X=0) = \dfrac{e^{-0.2}\, 0.2^0}{0!} = e^{-0.2}$

13 일원배치 분산분석 모형을 $x_{ij} = \mu + a_i + \epsilon_{ij}$, $i = 1, 2, \cdots, k$, $j = 1, 2, \cdots, n$으로 나타낼 때, 분산분석표를 이용하여 검정하려는 귀무가설은? (단, i는 처리, j는 반복을 나타내는 첨자이며, 오차항 $\epsilon_{ij} \sim N(0, \sigma^2)$이며, 서로 독립이고 $\overline{X}_i = \sum\limits_{j=1}^{n} x_{ij}/n$)

① $\overline{x}_1 = \overline{x}_2 = \cdots = \overline{x}_k$

② $a_1 = a_2 = \cdots = a_k = 0$

③ 적어도 하나의 a_i, $i = 1, 2, \cdots, k$는 0이 아니다.

④ 적어도 하나의 $\overline{x}_i$, $i = 1, 2, \cdots, k$는 0이 아니다.

해설

일원배치 분산분석의 귀무가설

귀무가설(H_0) : $\mu_1 = \mu_2 = \cdots = \mu_k$ ($a_1 = a_2 = \cdots = a_k = 0$)

14 다음은 어느 회사의 마케팅 지출액이 제품 판매액에 어떻게 영향을 미치는가에 대한 분산분석표의 일부이다. 아래 분산분석표에서 결정계수(R^2)는?

요 인	제곱합	자유도	평균제곱	F값
회 귀	45	1	45	3
잔 차	****	8	****	

① $\dfrac{3}{11}$

② $\dfrac{5}{11}$

③ $\dfrac{7}{11}$

④ $\dfrac{9}{11}$

해설

결정계수(Coefficient of Determination)

$$F = \frac{MSR}{MSE} = \frac{SSR/\varnothing_{SSR}}{SSE/\varnothing_{SSE}} = \frac{45/1}{SSE/8} = \frac{45 \times 8}{SSE} = 3$$

$$\therefore SSE = 120$$

$$R^2 = \frac{SSR}{SST} = \frac{45}{165} = \frac{3}{11}$$

15 정규분포를 따르는 모집단으로부터 얻은 표본의 크기 n인 자료를 이용하여 모평균 μ에 대한 가설 $H_0 : \mu = \mu_0$ 대 $H_1 : \mu > \mu_0$을 검정하기 위한 검정통계량의 값이 $t = \dfrac{\sqrt{n}\,(\overline{X} - \mu_0)}{S} = 2$일 때, 유의확률은?

① $P(|T| < 2)$

② $P(|T| > 2)$

③ $P(T > 2)$

④ $P(T < 2)$

해설

유의확률

귀무가설 $H_0 : \mu = \mu_0$ 이고 대립가설 $H_1 : \mu > \mu_0$ 이며, t 검정통계량 값이 2이므로 단측검정임을 감안하면 유의확률은 $P(T > 2)$이 된다.

16 $X_1, X_2, \cdots, X_n$ 이 정규분포 $N(\theta_1, \theta_2)$로부터 취한 크기 n인 임의표본일 때, θ_1과 θ_2의 최대가능도추정량(Maximum Likelihood Estimator)을 각각 구하면?

① $\hat\theta_1 = \sum_{i=1}^{n} \dfrac{X_i}{(n-1)}$, $\hat\theta_2 = \sum_{i=1}^{n} \dfrac{\left(X_i - \overline{X}\right)^2}{(n-1)}$

② $\hat\theta_1 = \sum_{i=1}^{n} \dfrac{X_i}{n}$, $\hat\theta_2 = \sum_{i=1}^{n} \dfrac{\left(X_i - \overline{X}\right)^2}{(n-1)}$

③ $\hat\theta_1 = \sum_{i=1}^{n} \dfrac{X_i}{n}$, $\hat\theta_2 = \sum_{i=1}^{n} \dfrac{\left(X_i - \overline{X}\right)^2}{n}$

④ $\hat\theta_1 = \sum_{i=1}^{n} \dfrac{X_i}{(n-1)}$, $\hat\theta_2 = \sum_{i=1}^{n} \dfrac{\left(X_i - \overline{X}\right)^2}{n}$

해설

최대가능도추정량(Maximum Likelihood Estimator)

n개의 관측값 $x_1, \cdots, x_n$에 대한 결합밀도함수인 가능도함수 $L(\theta) = f(\theta; x_1, \cdots, x_n)$을 θ의 함수로 간주할 때 $L(\theta)$를 최대로 하는 θ의 값 $\hat\theta$을 구하는 방법이다.

$$L(\theta_1, \theta_2) = \prod_{i=1}^{n} \frac{1}{\sqrt{2\pi\theta_2}} e^{-\frac{(X_i - \theta_1)^2}{2\theta_2}}$$

$$= \left(\frac{1}{2\pi\theta_2}\right)^{\frac{n}{2}} \exp\left[-\frac{1}{2\theta_2}\sum(X_i - \theta_1)^2\right]$$

$$\log L(\theta_1, \theta_2) = -\frac{n}{2}\log 2\pi - \frac{n}{2}\log\theta_2 - \frac{1}{2\theta_2}\sum(X_i - \theta_1)^2$$

$$\frac{\partial \log L(\theta_1, \theta_2)}{\partial \theta_1} = \frac{1}{\theta_2}\sum(X_i - \theta_1), \quad \frac{\partial \log L(\theta_1, \theta_2)}{\partial \theta_2} = -\frac{n}{2}\frac{1}{\theta_2} + \frac{1}{2\theta_2^2}\sum(X_i - \theta_1)^2$$

$$\therefore \hat\theta_1^{MLE} = \frac{1}{n}\sum X_i = \overline{X}, \quad \hat\theta_2^{MLE} = \frac{\sum(X_i - \overline{X})^2}{n}$$

17 확률변수 X가 $X \sim N(0,1)$을 따를 때, $E(X^2)$의 값은?

① 1   ② 2

③ 3   ④ 4

해설

카이제곱분포의 성질

$Y = X^2$이라 한다면 $X \sim N(0, 1)$을 따를 때 $Y = X^2$은 $\chi_{(1)}^2$을 따른다.

카이제곱분포의 기대값은 자유도이므로 $E(Y) = E(X^2) = 1$이다.

18 음주와 흡연과의 연관성이 있는지 알아보기 위해 각각 200명을 조사한 결과 다음의 교차표를 얻었다. 다음 설명으로 옳지 않은 것은?

음 주	흡 연		합 계
	한 다	하지 않는다	
한 다	120	80	200
하지 않는다	60	140	200
합 계	180	220	400

① 검정통계량은 자유도가 1인 카이제곱분포를 이용한다.
② 카이제곱 적합성 검정을 실시한다.
③ 귀무가설을 '음주와 흡연은 서로 연관성이 없다'라고 설정하였다.
④ 음주와 흡연 모두 하는 사람의 기대도수는 90명이다.

해설
카이제곱 독립성 검정
카이제곱 독립성 검정은 두 범주형 변수 간에 서로 연관성이 있는지(종속인지) 없는지(독립인지)를 검정한다.

19 일원배치 분산분석에서 처리는 모두 4개이며, 각 처리 당 5회씩 반복 실험을 하였다. 결정계수의 값이 0.8, 처리평균제곱의 값이 400이라면 오차제곱합의 값은 얼마인가?

① 200   ② 300
③ 600   ④ 800

해설
제곱합 계산
• 처리평균제곱(400)＝처리제곱합／처리자유도＝처리제곱합／3
   ∴ 처리제곱합＝1200
• 결정계수(0.8)＝처리제곱합(1200)／총제곱합
   ∴ 총제곱합＝1500
• 총제곱합(1500)＝처리제곱합(1200)＋오차제곱합
   ∴ 오차제곱합＝300

20 다음의 단순선형회귀모형에 대한 설명으로 틀린 것은?

$$Y_i = \beta_0 + \beta_1 X_i + \epsilon_i, \quad i = 1, 2, \cdots, n$$

① 각 Y_i의 기대값은 $\beta_0 + \beta_1 X_i$ 이다.

② 오차인 ϵ_i와 Y_i는 동일한 분산을 갖는다.

③ β_0는 X_i가 $\overline{X}$일 경우 Y의 평균 반응량을 나타낸다.

④ 모든 Y_i들은 상호 독립적으로 측정된다.

해설

단순회귀모형

$E(Y_i) = E(\beta_0 + \beta_1 X_i + \epsilon_i) = \beta_0 + \beta_1 X_i + E(\epsilon_i) = \beta_0 + \beta_1 X_i \quad \because E(\epsilon_i) = 0$

$Var(Y_i) = Var(\beta_0 + \beta_1 X_i + \epsilon_i) = Var(\epsilon_i) = \sigma^2 \quad \because Var(\beta_0 + \beta_1 X_i) = 0$

회귀분석의 가정은 $e_{ij} \sim N(0, \sigma^2)$이고 서로 독립이므로, Y_i도 서로 독립이다.

단순회귀모형의 추정식 $Y = \hat{\beta_0} + \hat{\beta_1} X$은 반드시 $(\overline{X}, \overline{Y})$를 지난다.

12회 | 통계학 총정리 모의고사

01 100원짜리 동전 5개를 동시에 던졌을 때, 적어도 1개의 동전이 뒷면으로 나올 확률은?

① $\dfrac{15}{32}$

② $\dfrac{21}{32}$

③ $\dfrac{27}{32}$

④ $\dfrac{31}{32}$

> **해설**
>
> **여확률의 계산**
>
> 적어도 1개의 동전이 뒷면으로 나올 확률은 전체 확률 1에서 5개의 동전 모두가 앞면이 나올 확률을 뺀 확률과 같다.
>
> 5개의 동전 모두가 앞면이 나올 확률은 $\dfrac{1}{2} \times \dfrac{1}{2} \times \dfrac{1}{2} \times \dfrac{1}{2} \times \dfrac{1}{2} = \dfrac{1}{32}$ 이다. 따라서, 적어도 1개의 동전이 뒷면으로 나올
>
> 확률은 $1 - \dfrac{1}{32} = \dfrac{31}{32}$ 이다.

02 단순회귀분석에서 오차항에 대한 등분산성을 검토하기 위해 잔차들의 산점도를 그렸더니 다음과 같았다. 아래의 산점도로부터 알 수 있는 것은?

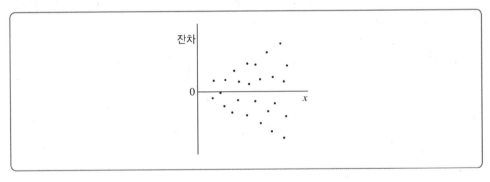

① x축을 기준으로 위와 아래가 대칭 형태이므로 오차항은 등분산성을 만족한다.

② 독립변수로 2차항을 추가한 이차곡선식 $\hat{y} = b_0 + b_1 x + b_2 x^2$이 적합하다.

③ 오차의 분산이 증가하기 때문에 원점을 지나는 회귀선이 적합하다.

④ 오차의 분산이 증가하기 때문에 가중회귀직선이 적합하다.

> **해설**
>
> **오차항의 가정 검토**
>
> 잔차들의 산점도로부터 오차항의 등분산성을 검토할 수 있으며 위의 잔차 산점도는 오차의 분산이 증가하기 때문에 가중회귀직선이 적합하다.

03 두 사건 A, B에 대하여 $P(A^C \cup B^C) = \dfrac{4}{5}$, $P(A \cap B^C) = \dfrac{1}{4}$일 때, $P(A^C)$의 값은?

(단, A^C은 A의 여사건이다)

① $\dfrac{7}{20}$ ② $\dfrac{9}{20}$

③ $\dfrac{11}{20}$ ④ $\dfrac{13}{20}$

해설

확률의 계산

$P(A^C \cup B^C) = P(A \cap B)^C = \dfrac{4}{5}$ 이므로 $P(A \cap B) = 1 - P(A \cap B)^C = \dfrac{1}{5}$ 이다.

$P(A) = P(A \cap B) + P(A \cap B^C) = \dfrac{9}{20}$ 이므로 $P(A^C) = 1 - P(A) = 1 - \dfrac{9}{20} = \dfrac{11}{20}$ 이다.

04 구간 $[0, a]$에서 정의된 확률변수 X의 확률밀도함수가 연속이다. 확률변수 X가 다음 조건을 만족시킬 때, 상수 k의 값은?

> (가) $0 \le x \le a$인 모든 x에 대하여 $P(0 \le X \le x) = kx^2$이다.
> (나) $E(X) = 1$

① $\dfrac{1}{9}$ ② $\dfrac{2}{9}$

③ $\dfrac{1}{3}$ ④ $\dfrac{4}{9}$

해설

누적분포함수(Cumulative Distribution Function)

확률변수 X의 확률밀도함수가 연속이고 구간 $[0, a]$에서 정의되었으므로 $ka^2 = 1$이다.

$P(0 \le X \le x) = F(x) = kx^2$이므로 $f(x) = 2kx$임을 알 수 있다.

$E(X) = \displaystyle\int_0^a x \cdot 2kx\, dx = \left[\dfrac{2}{3}kx^3\right]_0^a = \dfrac{2}{3}ka^3 = 1$이므로 $a = \dfrac{3}{2}$, $k = \dfrac{4}{9}$ 이다.

05 어느 도시의 중앙공원을 이용한 경험이 있는 주민의 비율을 알아보기 위하여 이 도시의 주민 중 n명을 임의추출하여 조사한 결과 80%가 이 중앙공원을 이용한 경험이 있다고 답하였다. 이 결과를 이용하여 구한 이 도시 주민 전체의 중앙공원을 이용한 경험이 있는 주민의 비율에 대한 신뢰수준 95%의 신뢰구간이 $[a,\ b]$ 이다. $b-a=0.098$일 때, n의 값은? (단, Z가 표준정규분포를 따르는 확률변수일 때, $P(|Z| \le 1.96) = 0.95$로 계산한다)

① $\left(\dfrac{0.8 \times 0.2}{0.098} \right)^2 (2 \times 1.96)$

② $\left(\dfrac{0.8 \times 0.2}{0.098} \right)(2 \times 1.96)^2$

③ $\left(\dfrac{2 \times 1.96}{0.098} \right)^2 (0.8 \times 0.2)$

④ $\left(\dfrac{2 \times 1.96}{0.098} \right)(0.8 \times 0.2)^2$

해설

표본크기 결정

이 도시 주민 전체의 중앙공원을 이용한 경험이 있는 주민의 비율에 대한 신뢰수준 95%의 신뢰구간은

$\left(0.8 - 1.96\sqrt{\dfrac{0.8 \times 0.2}{n}},\ \ 0.8 + 1.96\sqrt{\dfrac{0.8 \times 0.2}{n}} \right)$ 이다.

$b-a=0.098$이므로 $\left(0.8 + 1.96\sqrt{\dfrac{0.8 \times 0.2}{n}} \right) - \left(0.8 - 1.96\sqrt{\dfrac{0.8 \times 0.2}{n}} \right) = 0.098$이 성립한다.

$\therefore\ 2 \times 1.96 \sqrt{\dfrac{0.8 \times 0.2}{n}} = 0.098$을 n에 대해 정리하면 $n = \left(\dfrac{2 \times 1.96}{0.098} \right)^2 (0.8 \times 0.2)$ 이다.

06 확률변수 X가 이항분포 $B\left(n, \dfrac{1}{3} \right)$을 따르고 $Var(3X) = 40$일 때, n의 값은?

① 10

② 20

③ 30

④ 40

해설

이항분포의 분산

분산의 성질에 의해 $Var(3X) = 9\,Var(X) = 40$이다.

확률변수 X가 이항분포 $B\left(n, \dfrac{1}{3} \right)$을 따르므로 $Var(X) = n \times \dfrac{1}{3} \times \dfrac{2}{3} = \dfrac{2n}{9}$ 이다.

$9\,Var(X) = 9 \times \dfrac{2n}{9} = 2n = 40$이 되어 $n = 20$이다.

07 새로운 상품을 개발한 회사에서는 이 상품에 대한 선호도를 조사하려고 한다. 400명의 조사 대상자 중에서 이 상품을 선호한 사람은 220명이었다. 이때, 다음 가설에 대한 유의확률은? (단, Z는 표준정규분포를 따르는 확률변수이다)

$$H_0 : p = 0.5, \ H_1 : p > 0.5$$

① $P(Z \geq 1)$ ② $P(Z \geq 1.5)$
③ $P(Z \geq 1.75)$ ④ $P(Z \geq 2)$

해설
유의확률($p - \text{value}$)
p값이란 귀무가설이 사실이라는 전제하에 검정통계량이 표본에서 계산된 값과 같거나 그 값보다 대립가설 방향으로 더 극단적인 값을 가질 확률이다.

$$\therefore \ p - \text{value} = P\left(Z \geq \frac{0.55 - 0.5}{\sqrt{0.5 \times 0.5 / 400}} \ \middle| \ p = 0.5\right) = P(Z \geq 2)$$

08 상관계수에 대한 설명으로 틀린 것은?

① 두 변수 사이의 선형관계의 정도를 측정한다.
② 상관계수가 음이면 대부분의 관찰값들이 평균점을 중심으로 2사분면 및 4사분면에 위치한다.
③ 상관계수 값은 측정단위의 영향을 받지 않는다.
④ 상관계수가 0에 가까우면 두 변수 사이에는 아무런 관계도 없다.

해설
상관계수의 특성
상관계수가 0에 가까우면 두 변수 사이에 선형의 연관성이 없는 것이지 곡선의 연관성은 있을 수 있다.

09 다음은 확률변수 X에 대한 확률분포일 때 $2X - 5$의 분산은?

X	0	1	2	합 계
$P(X=x)$	0.2	0.6	0.2	1

① 0.4 ② 0.6
③ 1.6 ④ 2.4

해설
분산의 계산
$E(X) = \sum x_i p_i = (1 \times 0.6) + (2 \times 0.2) = 1$
$E(X^2) = \sum x_i^2 p_i = (1^2 \times 0.6) + (2^2 \times 0.2) = 1.4$
$Var(X) = E(X^2) - [E(X)]^2 = 1.4 - 1 = 0.4$
$\therefore \ Var(2X - 5) = 4 Var(X) = 4 \times 0.4 = 1.6$

10 다음은 분산분석표의 일부이다. ( )에 알맞은 것은?

요 인	제곱합	자유도	평균제곱	F
회 귀	200	1	200	(C)
잔 차	300	6	(B)	
합 계	500	(A)		

① A : 8, B : 1800, C : $\dfrac{1}{9}$ ② A : 8, B : 50, C : 4

③ A : 7, B : 50, C : 4 ④ A : 7, B : 50, C : 2000

해설

분산분석표 작성

$\varnothing_{SST} = \varnothing_{SSR} + \varnothing_{SSE} = 1 + 6 = 7$

$MSE = \dfrac{SSE}{\varnothing_{SSE}} = \dfrac{300}{6} = 50$

$F = \dfrac{MSR}{MSE} = \dfrac{200}{50} = 4$

11 인자 A는 네 가지 수준을 갖고 인자 B는 다섯 가지 수준을 갖는 반복이 없는 이원배치 분산분석법을 적용하여 얻은 분산분석표의 일부가 다음과 같다. ㉠의 값은?

요 인	제곱합	자유도	평균제곱	F
인자 A	15			
인자 B	12			㉠
오 차				
합 계	51			

① $\dfrac{5}{2}$ ② $\dfrac{5}{3}$

③ $\dfrac{3}{19}$ ④ $\dfrac{3}{2}$

해설

반복이 없는 이원배치 분산분석

요 인	제곱합	자유도	평균제곱	F
A	$S_A = 15$	$\varnothing_A = l - 1 = 3$	$V_A = \dfrac{S_A}{l-1} = 5$	$F = \dfrac{V_A}{V_E} = \dfrac{5}{2}$
B	$S_B = 12$	$\varnothing_B = m - 1 = 4$	$V_B = \dfrac{S_B}{m-1} = 3$	$F = \dfrac{V_B}{V_E} = \dfrac{3}{2}$
E	$S_E = 24$	$\varnothing_E = (l-1)(m-1) = 12$	$V_E = \dfrac{S_E}{(l-1)(m-1)} = 2$	
T	$S_T = 51$	$\varnothing_T = lm - 1 = 19$		

12 성인 남자 20명을 랜덤하게 추출하여, 소변 중 요산량(mg/dl)을 조사하였더니 평균 $\overline{x} = 5.31$, 표준편차 $s = 0.7$이었다. 성인 남자의 요산량이 정규분포를 따른다고 할 때, 모분산 σ^2에 대한 95% 신뢰구간은? (단, $V \sim \chi^2(19)$일 때, $P(V \geq 32.85) = 0.025$, $P(V \geq 8.91) = 0.975$)

① $\dfrac{8.91}{19 \times 0.7^2} \leq \sigma^2 \leq \dfrac{32.85}{19 \times 0.7^2}$

② $\dfrac{19 \times 0.7^2}{32.85} \leq \sigma^2 \leq \dfrac{19 \times 0.7^2}{8.91}$

③ $\dfrac{8.91}{20 \times 0.7^2} \leq \sigma^2 \leq \dfrac{32.85}{20 \times 0.7^2}$

④ $\dfrac{20 \times 0.7^2}{32.85} \leq \sigma^2 \leq \dfrac{20 \times 0.7^2}{8.91}$

해설

모분산 σ^2에 대한 $100(1-\alpha)\%$ 신뢰구간

모분산 σ^2에 대한 $100(1-\alpha)\%$ 신뢰구간은 $\left(\dfrac{(n-1)S^2}{\chi^2_{\frac{\alpha}{2},\, n-1}},\ \dfrac{(n-1)S^2}{\chi^2_{1-\frac{\alpha}{2},\, n-1}} \right)$이다.

---

13 단순회귀모형 $Y_i = \alpha + \beta X_i + \epsilon_i$, $i = 1, 2, \cdots, n$을 적합하여 다음을 얻었다. 이때 결정계수 R^2을 구하면? (단, $\hat{y}_i$은 i번째 추정값을 나타냄)

$$\sum_{i=1}^{n} \left(y_i - \hat{y} \right)^2 = 400, \quad \sum_{i=1}^{n} \left(\hat{y}_i - \overline{y} \right)^2 = 600$$

① 0.4

② 0.5

③ 0.6

④ 0.7

해설

결정계수(Coefficient of Determination)

$\sum \left(y_i - \overline{y} \right)^2 = \sum \left(y_i - \hat{y}_i \right)^2 + \sum \left(\hat{y}_i - \overline{y} \right)^2$

$SST = SSE + SSR = 400 + 600 = 1000$

$R^2 = \dfrac{SSR}{SST} = \dfrac{600}{1000} = 0.6$

14 두 사건 A, B에 대해 $P(A) > 0$, $P(B) > 0$, $P(B^C) > 0$일 때, 다음 중 성립하지 않는 것은?

① $A \subset B$이면 $P(A) \leq P(B)$

② $A \cap B = \varnothing$이면 A와 B는 서로 배반사건이다.

③ $P(A \mid B) = P(A)$이면 A와 B는 서로 독립사건이다.

④ $P(A \mid B) = P(A \mid B^C) = 1$이다.

해설

조건부 확률(Conditional Probability)

두 사건 A, B에 대해 $A \subset B$이면 $P(A) \leq P(B)$이 성립한다.

$P(A \cup B) = P(A) + P(B) - P(A \cap B)$으로 $P(A \cap B) = 0$이면 두 사건 A, B는 서로 배반사건이다.

$P(A \mid B) = \dfrac{P(A \cap B)}{P(B)}$으로 두 사건 A와 B가 서로 독립이면 $\dfrac{P(A \cap B)}{P(B)} = \dfrac{P(A)P(B)}{P(B)} = P(A)$이다.

$P(A \cap B) + P(A \cap B^C) = P(A)$

15 표준정규분포에서 오른쪽 꼬리부분의 면적이 α가 되는 점을 z_α라 하고, 자유도가 v인 t분포에서 오른쪽 꼬리부분의 면적이 α가 되는 점을 $t_{(v, \alpha)}$라 하자. Z는 표준정규분포, T는 자유도가 v인 t분포를 따른다고 할 때 다음 설명 중 틀린 것은?

① v에 관계없이 $z_{0.05} < t_{(v, 0.05)}$이 성립한다.

② $t_{(5, 0.05)} = -t_{(5, 0.95)}$

③ $t_{(5, 0.05)} < t_{(10, 0.05)}$

④ v가 아주 커지면 $t_{(v, \alpha)}$는 z_α와 거의 같아진다.

해설

정규분포와 t분포의 관계

t분포는 표준정규분포에 비해 양쪽 꼬리부분이 두텁고, 가운데 부분은 표준정규분포보다 낮다. 또한, t분포는 자유도가 증가함에 따라 표준정규분포에 근사한다. 즉, 꼬리부분이 두텁기 때문에 v에 관계없이 $z_{0.05} < t_{(v, 0.05)}$이 성립하고, 자유도가 증가함에 따라 표준정규분포에 근사하므로 $t_{(5, 0.05)} > t_{(10, 0.05)}$이 성립한다.

16 균일분포 $U(0, \theta)$로부터 확률표본을 $X_1, \cdots, X_n$이라 할 때, 모수 θ에 대한 **최대가능도추정량** (*MLE*)은? (단, $X_{(n)} = \max(X_1, \cdots, X_n)$이다)

① $X_{(n)}$

② $\dfrac{n+1}{n} X_{(n)}$

③ $\dfrac{n}{n+1} X_{(n)}$

④ $2\overline{X}$

해설

최대가능도추정량(Maximum Likelihood Estimator)

$X \sim U(0, \theta)$이므로 $f(x \ ; \ \theta) = \dfrac{1}{\theta}$, 단, $X_{(n)} = \max(X_1, \cdots, X_n)$, $X_{(1)} = \min(X_1, \cdots, X_n)$

$$L(\theta) = \prod_{i=1}^{n} f(x \ ; \ \theta) = \left(\frac{1}{\theta}\right)^n \prod_{i=1}^{n} I_{[0, \theta]}(x_i) = \left(\frac{1}{\theta}\right)^n I_{[0, \theta]}(x_1) \cdots I_{[0, \theta]}(x_n)$$

$$= \left(\frac{1}{\theta}\right)^n I_{[0, \theta]}(X_{(n)}) \cdot I_{[0, X_{(n)}]}(X_{(1)})$$

$L(\theta)$가 최대가 되기 위해서는 θ가 최소가 되어야 하며, θ를 가장 작게 만드는 θ의 추정량은 $X_{(n)}$이다.

$\therefore \ \theta$의 최대가능도추정량은 $X_{(n)}$이다.

가능도함수 형태를 그래프를 통해 살펴보면 쉽게 최대가능도추정량을 찾을 수 있다.

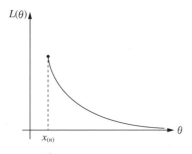

17 편의점 A와 B를 이용하는 고객의 나이는 각각 $A \sim N(\mu_A, 36)$와 $B \sim N(\mu_B, 10)$인 정규분포를 따른다고 한다. 편의점 A를 이용하는 고객 중 12명, 편의점 B를 이용하는 고객 중 10명을 임의추출하였을 때 나이의 표본평균은 각각 $\overline{X}_A = 38$과 $\overline{X}_B = 34$이며, 두 표본은 서로 독립이다. 모평균의 차 $\mu_A - \mu_B$에 대한 95% 신뢰구간은? (단, z_α와 $t_\alpha(k)$는 각각 표준정규분포와 자유도가 k인 t분포의 $1 - \alpha \times 100$번째 백분위수를 나타낸다)

① $6 \pm t_{0.025}(20) \times 3$

② $4 \pm z_{0.025} \times 2$

③ $4 \pm t_{0.025}(20) \times 2$

④ $6 \pm z_{0.025} \times 3$

> **해설**
>
> **독립표본인 경우 두 모평균의 차 $\mu_A - \mu_B$에 대한 $100(1-\alpha)\%$ 신뢰구간**
>
> 독립표본인 경우 두 모분산을 알고 있을 경우 두 모평균의 차 $\mu_A - \mu_B$에 대한 $100(1-\alpha)\%$ 신뢰구간은
>
> $$\left((\overline{X}_A - \overline{X}_B) - z_{\frac{\alpha}{2}} \sqrt{\frac{\sigma_A^2}{n_A} + \frac{\sigma_B^2}{n_B}}, \ (\overline{X}_A - \overline{X}_B) + z_{\frac{\alpha}{2}} \sqrt{\frac{\sigma_A^2}{n_A} + \frac{\sigma_B^2}{n_B}} \right) \text{이다.}$$
>
> $$\therefore (\overline{X}_A - \overline{X}_B) \pm z_{0.025} \sqrt{\frac{\sigma_A^2}{n_A} + \frac{\sigma_B^2}{n_B}} \ \Rightarrow \ (38 - 34) \pm z_{0.025} \sqrt{\frac{36}{12} + \frac{10}{10}} \ \Rightarrow \ 4 \pm z_{0.025} \times 2$$

18 가설검정의 원리에 대한 설명으로 틀린 것은?

① 검정을 수행하기 위해서는 귀무가설하에서의 검정통계량의 분포가 필요하다.

② 검정의 오류 가운데 제1종의 오류가 제2종의 오류보다 중요한 의미를 가진다.

③ 유의수준은 제1종 오류의 최대값이라 할 수 있다.

④ 검정력 함수는 대립가설하에서 제2종의 오류와 동일하다.

> **해설**
>
> **검정력 함수(Power Function)**
> 검정력 함수는 귀무가설(H_0)을 기각시킬 확률을 모수 θ의 함수로 나타낸 것으로 수식으로 표현하면
> $\pi(\theta) = P[H_0 \text{를 기각} \mid \theta]$가 된다. 검정력$(1-\beta)$은 전체 확률에서 제2종의 오류를 뺀 값이다.

19 대학 진학을 앞둔 150명의 고등학교 3학년 학생을 대상으로 선호하는 진학계열을 다음과 같이 얻었다.

구 분	사회계열	인문계열	자연계열	합 계
응답자수	50	47	53	150

3가지 진학계열의 선호도가 동일한지를 검정하는 카이제곱 검정통계량의 값은?

① $\dfrac{17}{50}$

② $\dfrac{18}{50}$

③ $\dfrac{19}{50}$

④ $\dfrac{20}{50}$

해설

카이제곱 적합성 검정(Goodness of Fit Test)

구 분	사회계열	인문계열	자연계열	합 계
응답자수	50	47	53	150
기대도수	50	50	50	150

검정통계량은 $\chi^2 = \dfrac{(O_1 - E_1)^2}{E_1} + \dfrac{(O_2 - E_2)^2}{E_2} + \cdots + \dfrac{(O_k - E_k)^2}{E_k} \sim \chi^2_{(k-1)}$ 이므로,

$$= \dfrac{(50-50)^2}{50} + \dfrac{(47-50)^2}{50} + \dfrac{(53-50)^2}{50} = \dfrac{18}{50}$$

20 다음과 같은 누적분포함수 $F(x) \, (-\infty < x < \infty)$ 의 그래프에 대한 설명으로 가장 적절한 것은?

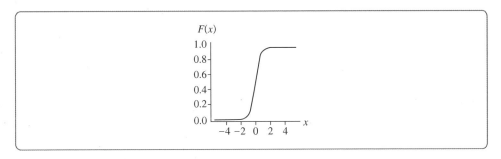

① x의 값이 -2에서 2까지 누적 확률값이 한 번에 증가하므로 계단함수(Step Function)이다.

② -1에서 1 사이의 누적 확률값이 급격히 증가하므로 평균이 0이고 분산이 작은 정규분포이다.

③ 누적 확률값이 우측에서 높게 나타나므로 오른쪽으로 치우친 분포이다.

④ x의 값이 증가함에 따라 $F(x)$이 증가하는 χ^2분포이다.

해설

누적분포함수

위의 누적분포함수로부터 확률밀도함수를 고려해보면 평균 0을 중심으로 좌우대칭형이며, 자료의 대부분이 평균 0 근처에 분포되어 있다. 즉, 평균이 0이고 분산이 작은 정규분포의 형태이다.

13회 │ 통계학 총정리 모의고사

01 주머니 A에는 흰 공 2개와 검은 공 3개가 들어있고, 주머니 B에는 흰 공 1개와 검은 공 3개가 들어있다. 주머니 A에서 임의로 1개의 공을 꺼내어 흰 공이면 흰 공 2개를 주머니 B에 넣고 검은 공이면 검은 공 2개를 주머니 B에 넣은 후, 주머니 B에서 임의로 1개의 공을 꺼낼 때 꺼낸 공이 흰 공일 확률은?

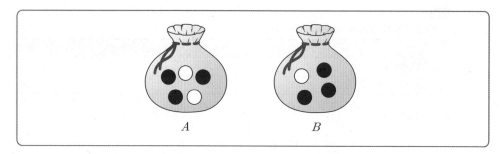

① $\dfrac{1}{9}$

② $\dfrac{1}{10}$

③ $\dfrac{3}{10}$

④ $\dfrac{2}{9}$

해설

확률의 계산

• 주머니 A에서 꺼낸 공이 흰 공일 경우 문제의 조건을 만족할 확률은 $\dfrac{2}{5} \times \dfrac{3}{6} = \dfrac{1}{5}$ 이다.

• 주머니 A에서 꺼낸 공이 검은 공일 경우 문제의 조건을 만족할 확률은 $\dfrac{3}{5} \times \dfrac{1}{6} = \dfrac{1}{10}$ 이다.

∴ $\dfrac{1}{5} + \dfrac{1}{10} = \dfrac{3}{10}$

01 ③ 정답

02 어느 학교 전체학생의 시험점수는 정규분포 $N(500, 25^2)$을 따른다고 한다. 이 학교 학생 중 임의로 1명을 선택할 때, 이 학생의 시험점수가 475점 이상이고 550점 이하일 확률을 아래의 표준정규분포표를 이용하여 구한 것은?

z	$P(0 \le Z \le z)$
1.0	0.3413
1.5	0.4332
2.0	0.4772
2.5	0.4938

① 0.7745   ② 0.8185

③ 0.9104   ④ 0.9270

해설

정규분포의 확률 계산

학생들의 시험점수를 X라 할 때 확률변수 X는 정규분포 $N(500, 25^2)$을 따른다.

$$\therefore \ P(475 \le X \le 550) = P\left(\frac{475-500}{25} \le Z \le \frac{550-500}{25} \right)$$
$$= P(-1 \le Z \le 2) = P(0 \le Z \le 1) + P(0 \le Z \le 2)$$
$$= 0.3413 + 0.4772 = 0.8185$$

03 빨간 공 5개와 파란 공 4개가 들어 있는 주머니에서 연속하여 2개의 공을 꺼낼 때, 2개 모두 파란 공일 확률은?

① $\dfrac{1}{4}$ ② $\dfrac{1}{6}$

③ $\dfrac{1}{8}$ ④ $\dfrac{1}{10}$

해설

확률의 계산

총 9개의 공에서 2개의 공을 연속해서 꺼내는 모든 경우의 수는 ${}_9C_2 = \dfrac{9 \times 8}{2} = 36$이고, 파란 공 4개 중에서 2개의 공을 꺼내는 경우의 수는 ${}_4C_2 = \dfrac{4 \times 3}{2} = 6$이다.

$\therefore$ 구하고자 하는 확률은 $\dfrac{{}_5C_0 \times {}_4C_2}{{}_9C_2} = \dfrac{1 \times 6}{36} = \dfrac{1}{6}$ 이다.

04 두 사건 A, B에 대하여 $P(A \cap B) = \dfrac{1}{8}$, $P(B^C|A) = 2P(B|A)$일 때, $P(A)$의 값은? (단, B^C은 B의 여사건이다)

① $\dfrac{5}{12}$ 　　　　　　　　　　② $\dfrac{3}{8}$

③ $\dfrac{1}{3}$ 　　　　　　　　　　④ $\dfrac{5}{24}$

해설

확률의 계산

문제의 조건에 의해 $P(B^C|A) = \dfrac{P(A \cap B^C)}{P(A)} = 2P(B|A) = \dfrac{2P(A \cap B)}{P(A)}$ 이므로

$P(A \cap B^C) = 2P(A \cap B)$이 성립하여 $P(A \cap B^C) = 2P(A \cap B) = \dfrac{2}{8} = \dfrac{1}{4}$ 이다.

따라서 $P(A) = P(A \cap B) + P(A \cap B^C) = \dfrac{1}{8} + \dfrac{1}{4} = \dfrac{3}{8}$

---

05 확률변수 X가 이항분포 $B(n, p)$를 따른다. 확률변수 $2X-5$의 평균과 표준편차가 각각 175와 12일 때, n의 값은?

① 130 　　　　　　　　　　② 140

③ 150 　　　　　　　　　　④ 160

해설

이항분포의 평균과 분산

확률변수 X가 이항분포 $B(n, p)$을 따를 때 $E(X) = np$, $Var(X) = npq$이다.
$E(2X-5) = 2E(X) - 5 = 175$이므로 $E(X) = 90$이다.
$\sigma(2X-5) = 2\sigma(X) = 12$이므로 $\sigma(X) = 6$이다.
즉, $np = 90$, $np(1-p) = 36$이므로 $90(1-p) = 36$이 되어 $1-p = 0.4$이고 $p = 0.6$이 된다.
∴ $0.6n = 90$이므로 $n = 150$이다.

---

06 어느 회사에서 생산된 모니터의 수명은 정규분포를 따른다고 한다. 이 회사에서 생산된 모니터 중 임의추출한 100대의 수명의 표본평균이 $\overline{x}$, 표본표준편차가 500이었다. 이 결과를 이용하여 이 회사에서 생산된 모니터의 수명의 평균을 신뢰수준 95%로 추정한 신뢰구간이 $(\overline{x} - c, \overline{x} + c)$이다. c의 값을 구하면? (단, Z가 표준정규분포를 따르는 확률변수일 때, $P(0 \le Z \le 1.96) = 0.4750$이다)

① 98 　　　　　　　　　　② 100

③ 102 　　　　　　　　　　④ 104

해설

모평균 μ에 대한 95% 신뢰구간

이 회사에서 생산된 모니터 중 임의추출한 100대의 수명의 표본평균이 $\overline{x}$, 표본표준편차가 $\hat{\sigma} = 500$이므로 표준오차는
$\dfrac{\sigma}{\sqrt{n}} = \dfrac{500}{\sqrt{100}} = 50$이다.
∴ $c = 1.96 \times 50 = 98$

07 변수 X와 Y 간의 두 회귀식이 $Y=aX+b$, $X=cY+d$이고, r을 두 변수 간의 상관계수라고 할 때 다음 중 옳은 것은?

① $r=a\times c$

② $a=c$

③ $r=\sqrt{\dfrac{a}{b}\times\dfrac{c}{d}}$

④ $r^2=a\times c$

해설

상관계수의 성질

$$r^2=\frac{\left[\sum\left(X_i-\overline{X}\right)\left(Y_i-\overline{Y}\right)\right]^2}{\sum\left(X_i-\overline{X}\right)^2\sum\left(Y_i-\overline{Y}\right)^2}=\frac{\sum\left(X_i-\overline{X}\right)\left(Y_i-\overline{Y}\right)}{\sum\left(X_i-\overline{X}\right)^2}\times\frac{\sum\left(X_i-\overline{X}\right)\left(Y_i-\overline{Y}\right)}{\sum\left(Y_i-\overline{Y}\right)^2}=a\times c$$

08 어느 지역의 성별에 따른 흡연율이 차이가 있는지 알아보기 위해 해당 지역의 남성과 여성들 중에서 각각 80명과 60명을 랜덤하게 추출하여 다음과 같은 교차표를 얻었다.

흡연여부 \ 성별	남 성	여 성	합 계
흡 연	30	5	35
비흡연	50	55	105
합 계	80	60	140

분석 목적과 표집과정을 고려할 때, 이에 대한 설명으로 옳지 않은 것은?

① 남성의 흡연율은 $\hat{p}_1=\dfrac{30}{80}$ 으로 추정된다.

② 카이제곱 독립성 검정을 통해 성별에 따라 흡연율에 차이가 있는지 검정한다.

③ 귀무가설은 성별에 따라 흡연율에 차이가 없는 것으로 설정한다.

④ 모비율 차이 검정으로 합동표본비율을 이용한 검정통계량 $Z=\dfrac{\hat{p}_1-\hat{p}_2}{\sqrt{\hat{p}\left(1-\hat{p}\right)\left(\dfrac{1}{n_1}+\dfrac{1}{n_2}\right)}}$ 로 분석한다.

해설

모비율 차이 검정

분석 목적이 성별에 따라 흡연율과 비흡연율이 동일한 확률인지를 검정한다면 카이제곱 동일성 검정을 하고, 성별과 흡연여부에 연관성이 있는지를 검정한다면 카이제곱 독립성 검정을 실시한다. 하지만, 분석 목적이 성별에 따라 흡연율에 차이가 있는지를 검정하므로 모비율 차이 검정에 해당한다.

즉, $\hat{p}_1=\dfrac{30}{80}$, $\hat{p}_2=\dfrac{5}{60}$로 검정통계량 $Z=\dfrac{\hat{p}_1-\hat{p}_2}{\sqrt{\hat{p}\left(1-\hat{p}\right)\left(\dfrac{1}{n_1}+\dfrac{1}{n_2}\right)}}$ 을 이용하여 분석한다. 여기서, 합동표본비율 $\hat{p}=\dfrac{x_1+x_2}{n_1+n_2}$ 이다.

09 확률변수 X는 정규분포를 따른다고 한다. $P(X<8)=0.025$, $P(X<9)=0.16$, $P(X<10)=0.5$일 때, X의 기대값은?

① 8 ② 8.5

③ 9 ④ 10

해설

정규분포의 특성

정규분포는 좌우대칭형이므로 정규분포를 이등분하는 확률 $P(X>x)=0.5$ 또는 $P(X<x)=0.5$에서 확률변수 X의 기대값은 x이다. 즉, $P(X<10)=0.5$이므로 10이 X의 기대값이 된다.

10 다음 중 아래의 분산분석표에 대한 설명으로 틀린 것은?

요 인	제곱합	자유도	평균제곱	F값	유의확률
처 리	3836.55	4	959.14	15.48	0.000
잔 차	1549.27	25	61.97		
합 계	4385.83	29			

① 분산분석에 사용된 집단의 수는 5개이다.

② 분산분석에 사용된 관찰값의 수는 30개이다.

③ 각 처리별 평균값의 차이가 있다.

④ 유의확률이 0이므로 이 분석결과는 아무런 의미가 없다.

해설

분산분석 결과해석

유의확률이 0이므로 어떤 유의수준하에서도 귀무가설을 기각한다. 즉, 각 처리별 평균값에 차이가 있다고 할 수 있다.

09 ④ 10 ④ 정답

11 단순회귀모형에서 추정된 회귀직선이 $\hat{y} = a + bx$일 때, b의 값은?

변 수	평 균	표준편차	상관계수
x	40	4	0.75
y	30	2	

① 0.0725　　　　　　　　　② 0.375

③ 1　　　　　　　　　　　　④ 1.5335

해설

상관계수와 추정된 회귀선의 기울기 관계

상관계수와 추정된 회귀선의 기울기 간에는 다음과 같은 식이 성립한다.

$$r = b\frac{S_X}{S_Y} = b \times \left(\frac{4}{2}\right) = 0.75$$

$$\therefore\ b = 0.75 \times \frac{2}{4} = 0.375$$

12 모평균 μ에 대한 귀무가설 $H_0 : \mu = 70$ 대 대립가설 $H_1 : \mu = 80$의 검정에서 표본평균 $\overline{X} \geq c$이면 귀무가설을 기각한다. $P(\overline{X} \geq c \mid \mu = 70) = 0.045$이고 $P(\overline{X} \geq c \mid \mu = 80) = 0.921$일 때, 다음 설명 중 옳은 것은?

① 유의확률은 0.045이다.

② 제1종의 오류는 0.079이다.

③ 제2종의 오류는 0.045이다.

④ $\mu = 80$일 때의 검정력은 0.921이다.

해설

검정력(Power)

검정력은 대립가설이 참일 때, 귀무가설을 기각하는 확률이다. 즉, $P(\overline{X} \geq c \mid \mu = 80) = 0.921$이다.

13 변동계수에 대한 설명으로 틀린 것은?

① 평균의 차이가 큰 두 집단의 산포를 비교할 때 이용한다.

② 단위가 서로 다른 두 집단의 산포를 비교할 때 이용한다.

③ 관측값의 산포의 정도를 상대적으로 비교할 때 이용한다.

④ 평균을 표준편차로 나눈 값이며 때로는 %로 나타내기도 한다.

해설

변동계수(Coefficient of Variation)

변동계수는 표준편차를 평균으로 나눈 값이며 때로는 %로 나타내기도 한다.

14 단순회귀분석의 회귀모형은 다음과 같다. 회귀모형의 유의성 검정을 위한 검정통계량은?

$$Y_i = \alpha + \beta X_i + \epsilon_i, \ i = 1, 2, \cdots, n, \ \epsilon_i \sim N(0, \sigma^2)$$

① $\dfrac{\sum_{i=1}^{n} (\hat{y}_i - \bar{y})^2}{\sum_{i=1}^{n} (y_i - \bar{y})^2 / (n-1)}$

② $\dfrac{\sum_{i=1}^{n} (y_i - \hat{y}_i)^2 / (n-2)}{\sum_{i=1}^{n} (y_i - \bar{y})^2 / (n-1)}$

③ $\dfrac{\sum_{i=1}^{n} (\hat{y}_i - \bar{y})^2}{\sum_{i=1}^{n} (y_i - \hat{y}_i)^2 / (n-2)}$

④ $\dfrac{\sum_{i=1}^{n} (y_i - \hat{y}_i)^2 / (n-1)}{\sum_{i=1}^{n} (y_i - \bar{y})^2 / (n-2)}$

해설

단순회귀분석에서 회귀모형의 유의성 검정

단순회귀분석에서 잔차제곱합 $SSE = \sum_{i=1}^{n} (y_i - \hat{y}_i)^2$ 의 자유도는 $n-2$이고,

회귀제곱합 $SSR = \sum_{i=1}^{n} (\hat{y}_i - \bar{y})^2$ 의 자유도는 1이므로 F 검정통계량은 $\dfrac{\sum_{i=1}^{n} (\hat{y}_i - \bar{y})^2 / 1}{\sum_{i=1}^{n} (y_i - \hat{y}_i)^2 / (n-2)}$ 이다.

15 확률변수 Z가 $Z \sim N(0, 1)$을 따른다고 할 때, 확률변수 X를 $X = Z^2$으로 정의하였다. 확률변수 X에 대한 설명으로 옳은 것은?

① 중앙값이 평균과 같은 대칭인 분포이다.
② 중앙값이 평균과 같은 비대칭인 분포이다.
③ 중앙값이 평균보다 큰 비대칭인 분포이다.
④ 중앙값이 평균보다 작은 비대칭인 분포이다.

해설

카이제곱분포

표준정규분포 Z의 제곱인 Z^2은 자유도가 1인 카이제곱분포 $\chi^2_{(1)}$를 따른다. 카이제곱분포는 왼쪽으로 치우친 분포이며 중앙값이 평균보다 작은 비대칭분포이다.

16 다음 설명 중 옳지 않은 것은?

① 이항분포에서 $n \to \infty$ 이면 포아송(Poisson)분포로 근사한다.

② 두 사건 A, B가 상호 배반이면 서로 독립이다.

③ 모든 사건 A, B에 대하여 $P(A \cup B | C) \leq P(A|C) + P(B|C)$ 이 성립한다.

④ 포아송(Poisson)분포의 평균과 지수(Exponential)분포의 평균은 역의 관계를 가지고 있다.

해설

사건의 상호 배반과 상호 독립

• 사건의 상호 배반과 상호 독립은 서로 다른 개념이다.

• 사건 A와 B가 서로 동시에 일어날 수 없는 경우 A와 B를 배반사건이라 하며, 이때 $P(A \cap B) = 0$이다.

• 어떤 사건 A가 일어나는 것이 사건 B가 일어날 확률에 영향을 미치지 않거나 이와 반대로 사건 B가 일어나는 것이 사건 A가 일어날 확률에 영향을 미치지 않는 경우 이 두 사건 A와 B를 서로 독립이라고 하며, 이때 $P(A \cap B) = P(A)P(B)$이다.

17 θ_1과 θ_2는 서로 독립이고, $Var(\theta_1) = \sigma_1^2$, $Var(\theta_2) = \sigma_2^2$을 만족한다. $\theta_3 = a\theta_1 + (1-2a)\theta_2$라고 할 때, $Var(\theta_3)$를 최소로 하는 상수 a의 값은 얼마인가?

① $\dfrac{2\sigma_1^2}{\sigma_1^2 + 2\sigma_2^2}$

② $\dfrac{2\sigma_2^2}{\sigma_1^2 + 4\sigma_2^2}$

③ $\dfrac{1}{\sigma_1^2 + 2\sigma_2^2}$

④ $\dfrac{2\sigma_1\sigma_2}{\sigma_1^2 + 4\sigma_2^2}$

해설

분산의 계산

$Var(\theta_3) = a^2 Var(\theta_1) + (1-2a)^2 Var(\theta_2)$이다.

$Var(\theta_3) = f(a)$라 하자. $f(a)$를 최소로 하는 상수 a를 구하려면, $f(a)$를 1차 미분한 값이 0이고, 2차 미분한 값이 양수이면 된다.

$$\frac{\partial f}{\partial a} = 2a\sigma_1^2 - 4(1-2a)\sigma_2^2 = 0$$

$$\therefore \ a = \frac{2\sigma_2^2}{\sigma_1^2 + 4\sigma_2^2}$$

모든 상수 a에 대해 $\dfrac{\partial^2 f}{\partial a^2} = 2\sigma_1^2 + 8\sigma_2^2 > 0$이므로 위에 언급한 조건이 성립한다.

18 지역(도시, 농촌)에 따라 정당선호도(A, B, C)에 차이가 있는지 검정하기 위해 지역별 100명씩 조사한 결과 다음의 교차표를 얻었다. 검정통계량으로 옳은 것은?

지역	정당선호도			합계
	A	B	C	
도 시	40	30	30	100
농 촌	30	50	20	100
합 계	70	80	50	200

① $Z = \dfrac{\overline{X}_1 - \overline{X}_2}{\sqrt{\dfrac{S_1^2}{n_1} + \dfrac{S_2^2}{n_2}}}$

② $t = \dfrac{\overline{X}_1 - \overline{X}_2}{\sqrt{\dfrac{S_1^2}{n_1} + \dfrac{S_2^2}{n_2}}}$

③ $\chi^2 = \displaystyle\sum_{i=1}^{r}\sum_{j=1}^{c} \dfrac{(O_{ij} - E_{ij})^2}{E_{ij}}$

④ $\chi^2 = \displaystyle\sum_{i=1}^{r}\sum_{j=1}^{c} \dfrac{(E_{ij} - O_{ij})^2}{O_{ij}}$

[해설]

카이제곱 동일성 검정

표본의 크기가 고정되어 있고 지역에 따라 정당선호도에 차이가 있는지를 검정하기 위해서는 카이제곱 동일성 검정을

실시한다. 카이제곱 동일성 검정의 검정통계량은 $\chi^2 = \displaystyle\sum_{i=1}^{r}\sum_{j=1}^{c} \dfrac{(O_{ij} - E_{ij})^2}{E_{ij}}$ 이다.

19 다음은 추정에 대한 설명이다. 틀린 것은?

① 표본표준편차 $S = \sqrt{\dfrac{1}{n-1}\sum(X_i - \overline{X})^2}$ 는 모표준편차의 불편추정량이다.

② 추정에는 점추정(Point Estimation)과 구간추정(Interval Estimation)이 있다.

③ 바람직한 추정량의 기준으로 불편성(Unbiasedness), 일치성(Consistency), 충분성(Sufficiency), 효율성(Efficiency) 등이 있다.

④ 표본평균 $\overline{X}$는 모평균의 불편추정량이다.

표본표준편차의 기대값

$$E(S) = E(\sqrt{S^2}) = \frac{\sigma}{\sqrt{n-1}} E\left(\sqrt{\frac{(n-1)S^2}{\sigma^2}}\right)$$

$\dfrac{(n-1)S^2}{\sigma^2}$ 을 v 라 놓으면 $v \sim \chi^2_{(n-1)}$ 을 따른다.

$$E(\sqrt{v}) = \sqrt{v} \int_0^\infty \frac{1}{\Gamma\left(\frac{n-1}{2}\right) 2^{\frac{n-1}{2}}} v^{\frac{n-1}{2}-1} e^{-\frac{v}{2}} dv$$

$$= \sqrt{v}\, v^{-\frac{1}{2}} \frac{\Gamma\left(\frac{n}{2}\right) 2^{\frac{n}{2}}}{\Gamma\left(\frac{n-1}{2}\right) 2^{\frac{n-1}{2}}} \int_0^\infty \frac{1}{\Gamma\left(\frac{n}{2}\right) 2^{\frac{n}{2}}} v^{\frac{n}{2}-1} e^{-\frac{v}{2}} dv$$

$$= \frac{\Gamma\left(\frac{n}{2}\right) 2^{\frac{n}{2}}}{\Gamma\left(\frac{n-1}{2}\right) 2^{\frac{n-1}{2}}} \quad \because \text{확률밀도함수의 성질 이용}$$

$\therefore E(S) = \dfrac{\sigma}{\sqrt{n-1}} \dfrac{\Gamma\left(\frac{n}{2}\right) 2^{\frac{n}{2}}}{\Gamma\left(\frac{n-1}{2}\right) 2^{\frac{n-1}{2}}}$ 으로 $E(S) \neq \sigma$ 이므로 표본표준편차 S는 모표준편차 σ의 편의추정량이다.

20 다음 상황에서 가장 유용한 확률표본추출방법은?

> 서울의 강남과 강북 지역은 월 평균 가계소비지출에 있어서 강남 지역이 강북 지역에 비해 매우
> 높게 나타나고 있다. 이에 지역별 월 평균 가계소비지출을 분석하기 위해 강남과 강북 지역에서
> 각각 3개의 구를 임의추출한 후, 이 추출된 3개의 구에서 각각 100가구씩 임의추출하였다.

① 할당표본추출   ② 계통표본추출
③ 층화표본추출   ④ 군집표본추출

층화표본추출
강남의 3개 구는 월 평균 가계소비지출이 높게 나타나고, 강북의 3개 구는 월 평균 가계소비지출이 낮게 나타나므로,
층 내부는 동질적이고 층 간은 이질적인 층화표본추출을 사용하는 것이 바람직하다.

14 회 통계학 총정리 모의고사

01 1부터 5까지의 자연수가 각각 하나씩 적혀있는 5개의 박스가 있다. 5개의 박스 중 영희에게 임의로 2개를 배정해 주려고 한다. 영희에게 배정되는 박스에 적혀있는 자연수 중 작은 수를 확률변수 X라 할 때, $E(10X)$의 값은?

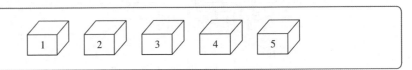

① 10　　　　　　　　　　　　　② 20

③ 30　　　　　　　　　　　　　④ 40

[해설]

이산확률분포표

확률변수 X에 대한 확률분포표는 다음과 같다.

X	1	2	3	4	5
$P(X)$	$\dfrac{4}{10}$	$\dfrac{3}{10}$	$\dfrac{2}{10}$	$\dfrac{1}{10}$	$\dfrac{0}{10}$

$$E(10X) = 10E(X) = 10\left[\left(1 \times \frac{4}{10}\right) + \left(2 \times \frac{3}{10}\right) + \left(3 \times \frac{2}{10}\right) + \left(4 \times \frac{1}{10}\right) + \left(5 \times \frac{0}{10}\right)\right] = 20$$

02 주사위의 각 면에 각각 0, 1, 1, −1, −1, −1의 숫자가 적혀 있다. 이 주사위를 두 번 던져 나온 눈의 합이 0이 될 확률은?

① $\dfrac{7}{36}$　　　　　　　　　　② $\dfrac{11}{36}$

③ $\dfrac{13}{36}$　　　　　　　　　　④ $\dfrac{17}{36}$

[해설]

경우의 수

눈의 합이 0이 되는 경우는 $(1, -1)$, $(0, 0)$, $(-1, 1)$이 있다.

(i) $(1, -1)$이 나오는 확률은 $\dfrac{2}{6} \times \dfrac{3}{6} = \dfrac{6}{36} = \dfrac{1}{6}$이다.

(ii) $(0, 0)$이 나오는 확률은 $\dfrac{1}{6} \times \dfrac{1}{6} = \dfrac{1}{36}$이다.

(iii) $(-1, 1)$이 나오는 확률은 $\dfrac{3}{6} \times \dfrac{2}{6} = \dfrac{6}{36} = \dfrac{1}{6}$이다.

∴ 구하고자 하는 확률은 $\dfrac{1}{6} + \dfrac{1}{36} + \dfrac{1}{6} = \dfrac{13}{36}$이다.

03 어느 마라톤 대회에 참가한 50명의 동호회 회원 중 마라톤에서 완주한 회원 수와 기권한 회원 수가 다음과 같다. 참가한 회원 중에서 임의로 선택한 한 명의 회원이 여성이었을 때, 이 회원이 마라톤에서 완주하였을 확률 p는?

(단위 : 명)

구 분	남 성	여 성
완주한 회원 수	27	9
기권한 회원 수	8	6

① 0.3

② 0.4

③ 0.5

④ 0.6

해설

조건부 확률의 계산

참가한 회원 중에서 임의로 선택한 한 명의 회원이 여성이었을 때, 이 회원이 마라톤에서 완주하였을 확률은

$p = \dfrac{\text{완주한 여성회원의 수}}{\text{여성회원의 수}} = \dfrac{9}{15} = 0.6$이다.

04 구간 $[0, 3]$의 모든 실수 값을 가지는 연속확률변수 X에 대하여 X의 확률밀도함수의 그래프는 다음 그림과 같다. $P(0 \leq X \leq 2)$의 값은? (단, k는 상수이다)

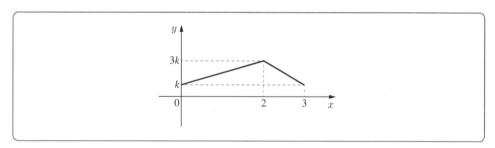

① $\dfrac{1}{4}$

② $\dfrac{1}{3}$

③ $\dfrac{1}{2}$

④ $\dfrac{2}{3}$

해설

확률밀도함수(Probability Density Function)

연속확률변수 X에 대해 확률의 총합이 1이어야 하므로 위의 확률밀도함수의 밑넓이는 1이 된다.

즉, $3k + \left(3 \times 2k \times \dfrac{1}{2}\right) = 6k = 1$이 되어 $k = \dfrac{1}{6}$이다.

$\therefore P(0 \leq X \leq 2) = (2 \times k) + \left(2 \times 2k \times \dfrac{1}{2}\right) = 4k = \dfrac{4}{6} = \dfrac{2}{3}$

05 회귀분석에 대한 설명으로 옳지 않은 것은?

① 단순회귀분석에서는 모형의 유의성에 대한 F 검정과 회귀계수(β_1)의 유의성에 대한 t 검정의 결과는 항상 같다.

② 독립변수가 k개인 다중회귀모형의 유의성에 대한 F 검정의 자유도는 $(k-1, n-k-1)$이다.

③ 다중회귀분석에서 독립변수를 추가하면 결정계수는 항시 증가한다.

④ 잔차분석을 이용하여 오차에 대한 가정들이 타당한지 확인할 수 있다.

> **해설**
>
> **회귀분석**
>
> 독립변수가 k개인 경우 SSR의 자유도는 k이며 SSE의 자유도는 $n-k-1$이 되어 다중회귀모형의 유의성에 대한 F 검정의 자유도는 $(k, n-k-1)$이다.

06 평균이 μ, 분산이 σ^2인 정규모집단에서의 임의표본 $X_1, \cdots, X_n$에 대하여 $\overline{X} = \dfrac{1}{n}\sum_{i=1}^{n} X_i$이고 $S^2 = \dfrac{1}{n-1}\sum_{i=1}^{n}(X_i - \overline{X})^2$일 때, 다음 중 옳은 것으로만 묶인 것은?

> ㄱ. $\overline{X}$는 평균이 μ이고 분산이 σ^2인 정규분포를 따른다.
>
> ㄴ. 확률변수 $\dfrac{(n-1)S^2}{\sigma^2}$은 자유도가 $n-1$인 카이제곱분포를 따른다.
>
> ㄷ. S^2은 σ^2의 불편추정량(Unbiased Estimator)이다.
>
> ㄹ. $\overline{X}$와 S^2은 서로 독립이다.

① ㄷ, ㄹ   ② ㄴ, ㄷ, ㄹ

③ ㄱ, ㄴ, ㄷ, ㄹ   ④ ㄱ, ㄷ, ㄹ

> **해설**
>
> **표본평균과 표본분산**
>
> 평균이 μ, 분산이 σ^2인 정규모집단에서의 임의표본 $X_1, \cdots, X_n$에 대하여
>
> $\overline{X} = \dfrac{1}{n}\sum_{i=1}^{n} X_i$이고, $S^2 = \dfrac{1}{n-1}\sum_{i=1}^{n}(X_i - \overline{X})^2$ 일 때, $\overline{X}$와 S^2은 서로 독립이며, $\overline{X}$는 평균이 μ이고, 분산이 σ^2/n
>
> 인 정규분포를 따르며, 확률변수 $\dfrac{(n-1)S^2}{\sigma^2}$은 자유도가 $n-1$인 카이제곱분포를 따른다.
>
> $E\left(\dfrac{(n-1)S^2}{\sigma^2}\right) = E\left(\dfrac{\sum(X_i - \overline{X})^2}{\sigma^2}\right) = n-1$이므로, $E(S^2) = \dfrac{(n-1)\sigma^2}{n-1} = \sigma^2$이 된다.
>
> 따라서 S^2은 σ^2의 불편추정량(Unbiased Estimator)이다.

07 다음 중 공분산에 대한 설명으로 틀린 것은?

① 공분산은 범위에 제한이 없다.　　② 공분산은 측정단위에 영향을 받지 않는다.

③ 공분산이 0이면 상관계수도 0이다.　　④ 공분산은 선형관계의 측도이다.

해설

공분산의 성질

공분산은 측정단위에 영향을 받기 때문에 선형관계의 측도로 측정단위에 영향을 받지 않은 상관계수를 고려한다.

08 다음 중 상관계수에 대한 설명으로 틀린 것은?

① 상관계수는 항상 −1과 1 사이의 값을 갖는다.

② 상관계수는 단위가 없는 수이며, 측정단위에 영향을 받지 않는다.

③ 두 변수의 선형관계가 강해질수록 상관계수는 1 또는 −1에 근접하게 된다.

④ 상관계수의 부호는 공분산의 부호와 동일하며, 단순회귀직선의 기울기 부호와는 반대이다.

해설

상관계수의 성질

상관계수의 부호는 공분산 및 단순회귀직선의 기울기 부호와 항상 같다.

09 다음과 같은 x값에 대한 함수를 $f(x)$로 정의할 때, 확률분포가 될 수 있는 것은?

① $f(x) = \dfrac{x}{4}$, $x = 0, 1, 2, 3, 4$　　② $f(x) = \dfrac{x+1}{15}$, $x = 0, 1, 2, 3, 4$

③ $f(x) = \dfrac{x-2}{5}$, $x = 1, 2, 3, 4, 5$　　④ $f(x) = \dfrac{x^2}{30}$, $x = 1, 2, 3$

해설

확률질량함수의 성질

$f(x) = \dfrac{x-2}{5}$, $x = 1, 2, 3, 4, 5$일 때, $\displaystyle\sum_{i=1}^{5} f(x_i) = \dfrac{-1+0+1+2+3}{5} = 1$이 되어 $f(x)$는 확률질량함수이다.

10 확률변수 X의 누적분포함수가 다음과 같다고 할 때, 기대값 $E(X)$는?

$$F(x) = \begin{cases} 0, & x < 0 \\ \dfrac{x+1}{2}, & 0 \le x < 1 \\ 1, & x \ge 1 \end{cases}$$

① $\dfrac{1}{4}$ ② $\dfrac{1}{3}$

③ $\dfrac{1}{2}$ ④ $\dfrac{2}{3}$

해설

혼합분포의 기대값 계산

위의 누적분포함수의 그래프는 다음과 같다.

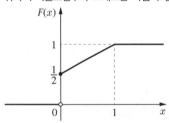

위와 같은 함수를 이산형과 연속형이 혼합되어 있는 혼합분포라 한다.

$P(X=0) = P(X \le 0) - P(X < 0) = F(0) - F(0-) = \dfrac{1}{2} - 0 = \dfrac{1}{2}$ 이므로, 확률밀도함수는 다음과 같다.

$$f(x) = \begin{cases} \dfrac{1}{2}, & x = 0 \quad \text{(이산확률밀도함수)} \\ \dfrac{1}{2}, & 0 < x < 1 \quad \text{(연속확률밀도함수)} \\ 0, & \text{elsewhere} \end{cases}$$

$\therefore E(X) = (0) \times \left(\dfrac{1}{2}\right) + \displaystyle\int_0^1 \dfrac{1}{2}x \, dx = \left[\dfrac{1}{4}x^2\right]_0^1 = \dfrac{1}{4}$

11 모수인자 A와 변량인자 B를 가지는 반복이 없는 이원배치 분산분석에 대한 설명으로 틀린 것은?

① 오차항과 변량인자의 효과에 대해 정규분포의 가정이 필요하다.

② 변량인자 B보다는 모수인자 A의 효과에 대한 검출이 주목적이다.

③ 변량인자의 효과가 유의하지 않으면 이를 오차항에 풀링한다.

④ 변량인자를 무시한 일원배치 분산분석에 비해 오차항의 자유도가 커진다.

난괴법(확률화 블록 계획법 ; Randomized Block Design)

이원배치법에서 하나의 인자는 모수인자, 다른 하나는 변량인자인 경우의 실험계획을 난괴법이라 한다.

〈난괴법의 분산분석표〉

요 인	제곱합	자유도	평균제곱	F	F_α
A	S_A	$l-1$	$\dfrac{S_A}{l-1}$	$\dfrac{V_A}{V_E}$	$F_{(\varnothing_A,\ \varnothing_E\,;\alpha)}$
B	S_B	$m-1$	$\dfrac{S_B}{m-1}$	$\dfrac{V_B}{V_E}$	$F_{(\varnothing_B,\ \varnothing_E\,;\alpha)}$
E	S_E	$(l-1)(m-1)$	$\dfrac{S_E}{(l-1)(m-1)}$		
T	S_T	$lm-1$			

〈일원배치법의 분산분석표〉

요 인	제곱합	자유도	평균제곱	F	F_α
A	S_A	$l-1$	$\dfrac{S_A}{l-1}$	$\dfrac{V_A}{V_E}$	$F_{(\varnothing_A,\ \varnothing_E\,;\alpha)}$
E	S_E	$l(m-1)$	$\dfrac{S_E}{l(m-1)}$		
T	S_T	$lm-1$			

∴ 난괴법(RBD)의 오차항에 대한 자유도 $(l-1)(m-1)$은 변량인자를 무시한 일원배치법의 오차항에 대한 자유도 $l(m-1)$보다 작다.

12 확률변수 Z_1, Z_2, Z_3, Z_4 가 서로 독립이고 표준정규분포인 $N(0,1)$을 따른다고 할 때 $\dfrac{Z_1+Z_2}{\sqrt{Z_3^2+Z_4^2}}$ 의 분포는?

① $t_{(1)}$ 　　　　　　　② $t_{(2)}$

③ $\chi^2_{(1)}$ 　　　　　　　④ $\chi^2_{(2)}$

t분포

Z_1+Z_2은 정규분포의 가법성을 이용하면 $Z_1+Z_2 \sim N(0,2)$을 따르므로, $\dfrac{Z_1+Z_2}{\sqrt{2}} \sim N(0,1)$이고, 카이제곱분포의

가법성에 의해 $Z_3^2+Z_4^2 = U \sim \chi^2_{(2)}$이 성립한다.

확률변수 Z는 평균 0과 표준편차 1인 표준정규분포를 따르고, 확률변수 U는 자유도가 k인 카이제곱분포를 따르며,

Z와 U가 서로 독립일 경우 자유도가 k인 t분포는 $t = \dfrac{Z}{\sqrt{U/k}}$ 와 같이 정의한다.

$$\therefore\ \frac{Z_1+Z_2}{\sqrt{Z_3^2+Z_4^2}} = \frac{\sqrt{2}\,Z}{\sqrt{U}} = \frac{Z}{\sqrt{U/2}} \sim t_{(2)}$$

13 정규분포를 따르는 모집단에서 모평균의 신뢰구간에 대한 설명 중 틀린 것은?

① 신뢰수준이 높을수록 신뢰구간 폭은 좁아진다.

② 표본수가 증가할수록 신뢰구간 폭은 좁아진다.

③ 모분산을 아는 경우는 정규분포를, 모르는 경우는 t분포를 이용하여 신뢰구간을 구한다.

④ 신뢰구간의 길이는 표본평균 $\overline{X}$에 영향을 받지 않는다.

해설

신뢰구간(Confidence Interval)

모분산을 아는 경우 모평균 μ에 대한 신뢰구간은 $\left(\overline{X} - z_{\frac{\alpha}{2}} \dfrac{\sigma}{\sqrt{n}}, \ \overline{X} + z_{\frac{\alpha}{2}} \dfrac{\sigma}{\sqrt{n}} \right)$이다.

즉, 신뢰계수 $z_{\frac{\alpha}{2}}$와 σ값이 커지면 신뢰구간 폭은 넓어지고, 표본크기 n이 커지면 신뢰구간 폭은 좁아진다.

따라서 신뢰구간의 길이는 $2z_{\frac{\alpha}{2}} \dfrac{\sigma}{\sqrt{n}}$으로 표본평균 $\overline{X}$에 영향을 받지 않는다.

14 평균이 μ이고 분산은 σ^2인 정규모집단에서 모평균 μ를 추정하기 위해서 크기 3인 확률표본 X_1, X_2, X_3를 추출하였다. 두 추정량 $Y_1 = (X_1 + X_2 + X_3)/3$과 $Y_2 = (2X_1 + X_2 + 2X_3)/5$에 대한 설명으로 옳은 것은?

① Y_1은 불편추정량이고, Y_2는 편향추정량이다.

② Y_1과 Y_2는 모두 유효추정량이다.

③ Y_1은 유효추정량이고, Y_2는 불편추정량이다.

④ Y_1은 유효추정량이고, Y_2는 편향추정량이다.

해설

효율성(Efficiency)

$$E(Y_1) = E\left(\frac{X_1 + X_2 + X_3}{3} \right) = \frac{1}{3} E(X_1 + X_2 + X_3) = \frac{3\mu}{3} = \mu$$

∴ Y_1은 μ에 대한 불편추정량이다.

$$E(Y_2) = E\left(\frac{2X_1 + X_2 + 2X_3}{5} \right) = \frac{1}{5} E(2X_1 + X_2 + 2X_3) = \mu$$

∴ Y_2은 μ에 대한 불편추정량이다.

$$Var(Y_1) = Var\left(\frac{X_1 + X_2 + X_3}{3} \right) = \frac{1}{9} Var(X_1 + X_2 + X_3) = \frac{3\sigma^2}{9} = \frac{\sigma^2}{3}$$

$$Var(Y_2) = Var\left(\frac{2X_1 + X_2 + 2X_3}{5} \right) = \frac{1}{25} Var(2X_1 + X_2 + 2X_3) = \frac{4\sigma^2 + \sigma^2 + 4\sigma^2}{25} = \frac{9}{25}\sigma^2$$

모평균의 수많은 불편추정량 중에서 표본평균 $Y_1 = \overline{X} = \dfrac{\sum X_i}{n}$이 어떤 다른 추정량보다 최소분산을 가지므로 유효추정량이 된다.

15 어느 자격시험 성적은 평균이 68.4점이고 표준편차가 10점인 정규분포를 따른다고 한다. 이 시험에서 88점을 받은 응시자는 상위 α%에 해당한다. α의 값은? (단, Z가 표준정규분포를 따르는 확률변수일 때, $P(|Z| < 1.645) = 0.9$, $P(|Z| < 1.96) = 0.95$ 이다)

① 0.5　　　　　　　　　　② 2.5

③ 5.0　　　　　　　　　　④ 10

해설
표준정규분포 계산

$$P(X > 88) = P\left(Z > \frac{88 - 68.4}{10}\right) = P(Z > 1.96) = 0.025$$

16 독립시행의 수가 n, 성공 비율이 θ인 이항모집단에서 성공 수 X를 관측하였다. 귀무가설과 대립가설을 각각 $H_0 : \theta = 0.3$, $H_1 : \theta = 0.7$이라고 할 때, p값(유의확률)은?

① $\binom{n}{x} 0.3^x 0.7^{n-x}$

② $\binom{n}{x} 0.7^x 0.3^{n-x}$

③ $\sum_{i=x}^{n} \binom{n}{i} 0.3^i 0.7^{n-i}$

④ $\sum_{i=x}^{n} \binom{n}{i} 0.7^i 0.3^{n-i}$

해설
유의확률 계산
p값이란 귀무가설이 사실이라는 전제하에 검정통계량이 표본에서 계산된 값과 같거나 그 값보다 대립가설 방향으로 더 극단적인 값을 가질 확률이다.

$\therefore$ $X \sim B(n, \theta)$이므로 p값은 $P(X > x \mid \theta = 0.3) = \sum_{i=x}^{n} \binom{n}{i} 0.3^i 0.7^{n-i}$이다.

17 쓰레기 매립장으로 거론되는 세 지역의 여론을 비교하기 위해 각 지역에서 300명, 250명, 200명을 임의추출하여 건립에 대한 찬성여부를 물어 분할표를 작성한 결과 검정통계량의 값이 7.42라 하면, 유의수준 5%에서 이 검정의 결과는? (단, $X \sim \chi^2(r)$ 일 때 $P\left[X > \chi^2_\alpha(r)\right] = \alpha$ 로 표현하면 $x^2_{0.025}(2) = 7.38$, $x^2_{0.05}(2) = 5.99$, $x^2_{0.025}(3) = 9.35$, $x^2_{0.05}(3) = 7.81$)

① 지역에 따라 쓰레기 매립장 건립에 대한 찬성률에 차이가 없다.

② 지역에 따라 쓰레기 매립장 건립에 대한 찬성률에 차이가 있다.

③ 표본의 크기가 지역에 따라 다르므로 말할 수 없다.

④ 비교해야 하는 카이제곱분포의 값이 주어지지 않아서 말할 수 없다.

해설

카이제곱 동일성 검정

귀무가설(H_0) : 지역에 따라 쓰레기 매립장 건립에 대한 찬성률에 차이가 없다.

지역을 3개 속성, 찬반여부는 2개 속성이므로, 자유도는 $(r-1)(c-1) = (3-1)(2-1) = 2$이다.

검정통계량 값 $\chi^2_c = 7.42$가 기각치 $x^2_{0.05}(2) = 5.99$보다 크므로 귀무가설을 기각한다.

∴ 유의수준 5%에서 지역에 따라 쓰레기 매립장 건립에 대한 찬성률에 차이가 있다.

18 어느 소방서에 걸려오는 전화통화 건수는 한 시간에 평균 4인 포아송분포를 따른다. 오전 9시 이후이 소방서에 처음 걸려오는 전화가 같은 날 오전 9시 30분 이후일 확률은?

① e^{-0} ② e^{-1}

③ e^{-2} ④ e^{-3}

해설

포아송분포와 지수분포

단위 시간동안 어느 소방서에 걸려오는 전화통화 건수가 4이므로 $\lambda = 4$이다.

처음 전화가 걸려올 때까지의 시간 T는 지수분포 $\epsilon(4)$를 따른다.

오전 9시 이후 소방서에 처음 걸려오는 전화가 같은 날 오전 9시 30분 이후일 확률은 기준 단위가 시간이므로 $P\left(T \geq \dfrac{1}{2}\right)$이다.

∴ $P\left(T \geq \dfrac{1}{2}\right) = 1 - P\left(T \leq \dfrac{1}{2}\right) = 1 - \int_0^{\frac{1}{2}} 4e^{-4t} dt = 1 - \left[-e^{-4t}\right]_0^{\frac{1}{2}} = 1 - (-e^{-2} + 1) = e^{-2}$

19 확률변수 X, Y가 서로 독립일 경우 틀린 것은?

① $E(XY) = E(X)E(Y)$

② $r_{XY} = 1$

③ $Cov(X, Y) = 0$

④ $Var(X - Y) = Var(X) + Var(Y)$

해설

상관계수

두 확률변수 X, Y가 서로 독립이면 상관계수 $r_{XY} = 0$이 된다.

20 다음에 해당하는 표본추출방법은?

> 성인의 정치의식을 조사하기 위해 소득을 기준으로 최상, 상, 하, 최하로 구분하고, 각 계층이 모집단에서 차지하고 있는 비율에 따라 1,500명의 표본을 4개의 소득계층별로 무작위표본추출하였다.

① 층화표본추출법

② 군집표본추출법

③ 할당표본추출법

④ 편의표본추출법

해설

층화표본추출(Stratified Sampling)

모집단을 비슷한 성질을 갖는 2개 이상의 동질적인 층(Stratum)으로 구분하고, 각 층으로부터 단순무작위추출방법을 적용하여 표본을 추출하는 방법이다.

01 중년층과 장년층을 대상으로 현 부동산 대책에 대한 찬반에 차이가 있는지 알아보기 위하여 중년층 150명, 장년층 120명을 임의추출하여 조사한 결과가 다음과 같을 때, 이에 대한 설명으로 옳은 것은? (단, 중년층에서의 찬성률은 P_1, 장년층에서의 찬성률은 P_2, 상대비율은 $\dfrac{P_1}{P_2}$, 오즈비는 $\dfrac{P_1/(1-P_1)}{P_2/(1-P_2)}$ 이다)

정책 찬반 연령층	찬 성	반 대	계
중년층	50	100	150
장년층	70	50	120
계	120	150	270

① 상대비율은 $\dfrac{50 \times 70}{150 \times 120} = \dfrac{7}{36}$ 이다.

② 오즈비는 $\dfrac{50 \times 120}{150 \times 70} = \dfrac{4}{7}$ 이다.

③ 오즈비의 값이 1이면 연령층에 따른 찬성률은 동일하다고 할 수 있다.

④ 오즈비의 값이 0.5이면 중년층에 비해 장년층은 현 부동산 정책에 찬성할 가능성이 0.5배 더 낮다.

[해설]

교차표에 대한 비율

- 상대비율 : $\dfrac{n_1}{n_1+n_2} \bigg/ \dfrac{n_3}{n_3+n_4} = \dfrac{50/150}{70/120} = \dfrac{50 \times 120}{150 \times 70} = \dfrac{4}{7}$

- 오즈비 : $\dfrac{n_1/n_2}{n_3/n_4} = \dfrac{50/100}{70/50} = \dfrac{50 \times 50}{100 \times 70} = \dfrac{5}{14}$

∴ 오즈비의 값이 0.5이면 장년층에 비해 중년층은 현 부동산 정책에 찬성할 가능성이 0.5배 더 낮다.

02 두 사건 A, B에 대하여 $P(A) = \dfrac{1}{2}$, $P(B^C) = \dfrac{2}{3}$ 이며 $P(B|A) = \dfrac{1}{6}$ 일 때, $P(A^C|B)$의 값은? (단, A^C은 A의 여사건이다)

① $\dfrac{1}{4}$ 　　　　　　　　　② $\dfrac{3}{4}$

③ $\dfrac{1}{5}$ 　　　　　　　　　④ $\dfrac{4}{5}$

조건부 확률의 계산

$P(B|A) = \dfrac{P(B \cap A)}{P(A)} = \dfrac{P(B \cap A)}{1/2} = \dfrac{1}{6}$ 이므로 $P(A \cap B) = \dfrac{1}{12}$ 이다.

$P(A^C \cap B) = P(B) - P(A \cap B) = 1 - P(B^C) - P(A \cap B) = 1 - \dfrac{2}{3} - \dfrac{1}{12} = \dfrac{1}{4}$

$\therefore \ P(A^C|B) = \dfrac{P(A^C \cap B)}{P(B)} = \dfrac{1/4}{1/3} = \dfrac{3}{4}$

03 평균이 μ, 분산이 σ^2인 정규모집단에서의 임의표본 $X_1, \cdots, X_n$에 대하여 $\overline{X} = \dfrac{1}{n}\sum_{i=1}^{n} X_i$ 이고

$S^2 = \dfrac{1}{n-1}\sum_{i=1}^{n}(X_i - \overline{X})^2$일 때, 다음 중 옳은 것은 몇 개인가?

> ㄱ. $\overline{X}$는 평균이 μ이고 분산이 σ^2/n인 정규분포를 따른다.
>
> ㄴ. $\dfrac{\overline{X} - \mu}{S/\sqrt{n}}$은 자유도가 $n-2$인 t분포를 따른다.
>
> ㄷ. 확률변수 $\dfrac{(n-1)S^2}{\sigma^2}$은 자유도가 $n-1$인 카이제곱분포를 따른다.
>
> ㄹ. t분포의 자유도가 ∞이면 정규분포 $N(\mu, \sigma^2)$을 따른다.
>
> ㅁ. $\overline{X}$와 S^2은 서로 독립이다.
>
> ㅂ. 확률변수 $\dfrac{\displaystyle\sum_{i=1}^{n}(X_i - \mu)^2}{\sigma^2}$은 자유도가 n인 카이제곱분포를 따른다.

① 2   ② 3

③ 4   ④ 5

해설

$\overline{X}$와 S^2

평균이 μ, 분산이 σ^2인 정규모집단에서의 임의표본 $X_1, \cdots, X_n$에 대하여

$\overline{X} = \dfrac{1}{n}\sum_{i=1}^{n} X_i$이고, $S^2 = \dfrac{1}{n-1}\sum_{i=1}^{n}(X_i - \overline{X})^2$ 일 때, $\overline{X}$와 S^2은 서로 독립이며, $\overline{X}$는 평균이 μ이고, 분산이 σ^2/n

인 정규분포를 따르며, 확률변수 $\dfrac{(n-1)S^2}{\sigma^2}$은 자유도가 $n-1$인 카이제곱분포를 따른다.

$\dfrac{\overline{X} - \mu}{S/\sqrt{n}} \sim t_{(n-1)}$, $Z = \dfrac{\overline{X} - \mu}{\sigma}$ 이므로 $Z_1^2 + Z_2^2 + \cdots + Z_n^2 \sim \chi_{(n)}^2$을 따른다. t분포의 자유도가 ∞이면 표준정규분포

$N(0, 1)$을 따른다.

04 다음은 어느 백화점에서 판매하고 있는 등산화에 대한 제조회사별 고객의 선호도를 조사한 결과이다.

제조회사	A	B	C	D	합 계
선호도(%)	20	28	25	27	100

192명의 고객이 각각 한 켤레씩 등산화를 산다고 할 때, C회사 제품을 선택할 고객이 42명 이상일 확률을 다음의 표준정규분포표를 이용하여 구한 것은?

z	$P(0 \leq Z \leq z)$
0.5	0.1915
1.0	0.3413
1.5	0.4332
2.0	0.4772

① 0.6915
② 0.8256
③ 0.8332
④ 0.8413

해설

이항분포의 정규근사

C회사 제품을 선택하는 고객의 수를 확률변수 X라 하면 C회사 제품에 대한 선호도는 $\dfrac{25}{100}=0.25$이다. 192명이 등산화를 산다고 할 때 확률변수 X는 이항분포 $B(192, 0.25)$를 따른다. $np=48>5$이고 $nq=144>5$으로 이항분포의 정규근사 조건을 만족하므로 확률변수 X는 근사적으로 정규분포 $N(48, 6^2)$을 따른다.

$$\therefore\ P(X \geq 42) = P\left(Z \geq \frac{42-48}{6}\right) = P(Z \geq -1) = 0.5 + P(0 \leq Z \leq 1) = 0.5 + 0.3413 = 0.8413$$

05 단순회귀분석에서 오차항에 대한 등분산성을 검토하기 위해 잔차들의 산점도를 그렸더니 다음과 같았다. 아래의 산점도로부터 알 수 있는 것은?

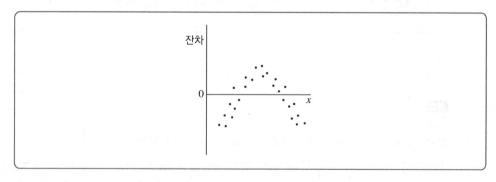

① x축을 기준으로 위와 아래가 대칭 형태이므로 오차항은 등분산성을 만족한다.
② 독립변수로 2차항을 추가한 이차곡선식 $\hat{y} = b_0 + b_1 x + b_2 x^2$이 적합하다.
③ 오차의 분산이 증가하기 때문에 원점을 지나는 회귀선이 적합하다.
④ 오차의 분산이 증가하기 때문에 가중회귀직선이 적합하다.

오차항의 가정 검토

잔차들의 산점도로부터 오차항의 등분산성을 검토할 수 있으며 위의 잔차 산점도는 2차 곡선의 형태를 보이므로 독립변수로 2차항을 추가한 이차곡선식 $\hat{y} = b_0 + b_1 x + b_2 x^2$ 이 적합하다.

---

06 왜도(Skewness)에 대한 설명으로 틀린 것은?

① 왜도의 부호는 관측값 분포의 긴 쪽 꼬리방향을 나타낸다.

② 왜도의 값이 3이면 좌우대칭형인 분포를 나타낸다.

③ 왜도는 대칭성 혹은 비대칭성을 나타내는 측도이다.

④ 왜도의 값이 음수이면 자료의 분포형태는 왼쪽으로 꼬리가 길게 늘어뜨린 모양을 나타낸다.

해설

왜도(Skewness)

왜도의 값이 0이면 좌우대칭형인 분포이며, 왜도의 값이 3으로 양수이면 왼쪽으로 치우친 분포의 형태를 보인다.

---

07 다음 중 두 변수 간의 상관계수가 1이 되는 경우에 해당하는 것은?

① 한 고등학교에서 수험생들의 수학능력시험 점수와 내신 성적

② 지난 한 달 동안 기온을 섭씨로 잰 온도 값과 화씨로 잰 온도 값

③ 학급 학생들의 키와 몸무게

④ 지난 달 매일의 주가 지수와 환율

해설

상관계수의 성질

섭씨를 화씨로 고치는 식은 °F = (℃ × 1.8) + 32이다.

상관계수의 성질 중 임의의 상수 a, b에 대하여 Y를 $Y = a + bX$와 같이 X의 선형변환으로 표현할 수 있다면, $b > 0$ 일 때 상관계수는 1이고, $b < 0$일 때 상관계수는 −1이 된다.

08 확률밀도함수(Probability Density Function)가 $f(x) = p(1-p)^x$, $x = 0, 1, 2, \cdots$인 기하분포를 따르는 모집단으로부터 추출된 확률표본을 $\{X_1, X_2, \cdots, X_n\}$라 할 때, p의 최대가능도추정량 (Maximum Likelihood Estimator)은? (단, $\overline{X} = \dfrac{1}{n}\sum_{i=1}^{n} X_i$이다)

① $\dfrac{1}{\overline{X}+1}$

② $\dfrac{1}{\overline{X}-1}$

③ $\dfrac{1}{\overline{X}}$

④ $\dfrac{1}{2\overline{X}}$

해설

최대가능도추정량(Maximum Likelihood Estimator)

$X \sim G(p)$이므로 $f(x) = p(1-p)^x$, $x = 0, 1, 2, \cdots$이다.

$L(p) = \prod_{i=1}^{n} f(x \ ; \ p) = p^n (1-p)^{\sum x_i}$

$\ln L(p) = n\ln p + \sum x_i \ln(1-p)$

$\dfrac{\partial \ln L(p)}{\partial p} = \dfrac{n}{p} - \dfrac{\sum x_i}{1-p} = 0$

$\therefore \ \hat{p}^{MLE} = \dfrac{n}{n + \sum x_i} = \dfrac{1}{1 + \overline{X}}$

09 A씨와 B씨에게 선호하는 국내 여행지의 순위를 다음 표와 같이 받았다. 스피어만의 순위상관계수는?

구 분	서 울	경 기	강 원	충 청	전 라	경 상	제 주
A씨	1	3	6	5	7	4	2
B씨	2	6	3	7	5	4	1

① 0.45

② 0.50

③ 0.55

④ 0.60

해설

스피어만의 순위상관계수(Spearman Rank Correlation Coefficient)

〈각 순위에 대한 편차제곱합 표〉

구 분	서 울	경 기	강 원	충 청	전 라	경 상	제 주
A씨	1	3	6	5	7	4	2
B씨	2	6	3	7	5	4	1
d_i	−1	−3	3	−2	2	0	1
d_i^2	1	9	9	4	4	0	1

$\therefore$ 스피어만의 순위상관계수 : $r_s = 1 - \dfrac{6\sum d_i^2}{n^3 - n} = 1 - \dfrac{6 \times 28}{343 - 7} = 0.5$

10 한 건전지 회사는 건전지의 평균수명을 알고자 15개의 건전지를 무작위로 추출하여 평균수명을 측정했다. 표본평균수명은 25시간이었고, 표본표준편차는 2시간이었다. 이 회사의 건전지 평균수명을 신뢰수준 90%에서 구한 신뢰구간은? (단, 모집단은 정규분포를 따른다)

① $\left(25 - t_{0.025,\,14}\dfrac{2}{\sqrt{15}}\,,\ 25 + t_{0.025,\,14}\dfrac{2}{\sqrt{15}}\right)$

② $\left(25 - t_{0.025,\,14}\dfrac{4}{\sqrt{15}}\,,\ 25 + t_{0.025,\,14}\dfrac{4}{\sqrt{15}}\right)$

③ $\left(25 - t_{0.05,\,14}\dfrac{2}{\sqrt{15}}\,,\ 25 + t_{0.05,\,14}\dfrac{2}{\sqrt{15}}\right)$

④ $\left(25 - t_{0.05,\,14}\dfrac{4}{\sqrt{15}}\,,\ 25 + t_{0.05,\,14}\dfrac{4}{\sqrt{15}}\right)$

해설

소표본에서 모분산 σ^2을 모르고 있을 경우 모평균 μ에 대한 $100(1-\alpha)\%$ 신뢰구간

소표본에서 모분산 σ^2을 모르고 있을 경우 모평균 μ에 대한 $100(1-\alpha)\%$ 양측 신뢰구간은

$\left(\overline{X} - t_{\alpha/2,\,(n-1)}\dfrac{S}{\sqrt{n}}\,,\ \overline{X} + t_{\alpha/2,\,(n-1)}\dfrac{S}{\sqrt{n}}\right)$이다.

$\therefore \left(25 - t_{0.05,\,14}\dfrac{2}{\sqrt{15}}\,,\ 25 + t_{0.05,\,14}\dfrac{2}{\sqrt{15}}\right)$

11 어느 지역에서 지역발전계획에 대한 지지율이 남녀별로 다른지를 알아보기 위해서 남자 250명, 여자 200명에 대하여 조사하였다. 그 결과 남자 지지자는 125명이고 여자 지지자는 80명이었다. 남녀별로 지지율에 차이가 있는지를 유의수준 5%에서 검정하고자 한다. 다음 중 검정통계량의 값으로 옳은 것은?

① $\dfrac{0.5-0.4}{\sqrt{(0.5\times0.5)\times\left(\dfrac{1}{250}+\dfrac{1}{200}\right)}}$

② $\dfrac{0.5-0.4}{\sqrt{\left(\dfrac{41}{90}\times\dfrac{49}{90}\right)\times\left(\dfrac{1}{250}+\dfrac{1}{200}\right)}}$

③ $\dfrac{0.5-0.4}{\sqrt{\left(\dfrac{41}{90}\times\dfrac{49}{90}\right)\times\left(\dfrac{1}{450}\right)}}$

④ $\dfrac{0.5-0.4}{\sqrt{(0.5\times0.5)\times\left(\dfrac{1}{450}\right)}}$

해설

두 모비율의 차에 대한 검정통계량 값 계산

두 모비율의 차에 대한 검정통계량 : $Z = \dfrac{\hat{p_1}-\hat{p_2}}{\sqrt{\hat{p}(1-\hat{p})\left(\dfrac{1}{n_1}+\dfrac{1}{n_2}\right)}}$

여기서, $\hat{p_1} = \dfrac{125}{250} = 0.5$, $\hat{p_2} = \dfrac{80}{200} = 0.4$, $\hat{p} = \dfrac{x_1+x_2}{n_1+n_2} = \dfrac{125+80}{250+200} = \dfrac{205}{450} = \dfrac{41}{90}$

$\therefore z_c = \dfrac{0.5-0.4}{\sqrt{\left(\dfrac{41}{90}\times\dfrac{49}{90}\right)\times\left(\dfrac{1}{250}+\dfrac{1}{200}\right)}}$

12 모집단 $\{1, 3, 5, 7\}$에서 크기가 2인 표본을 비복원추출할 때, 표본평균 $\overline{X}$의 확률분포는 다음과 같다. 이때 $a+b-c$의 값은?

$\overline{X}$	2	3	4	5	6	합 계
$P(\overline{X}=\overline{x})$	$\dfrac{2}{12}$	a	b	$\dfrac{2}{12}$	c	1

① $\dfrac{1}{2}$

② $\dfrac{1}{3}$

③ $\dfrac{1}{4}$

④ $\dfrac{1}{5}$

해설

표본평균의 분포

모집단 $\{1, 3, 5, 7\}$에서 크기가 2인 표본을 비복원추출할 경우의 수는 $4 \times 3 = 12$이다.

• $\overline{X} = 3$인 경우 $(1, 5)$, $(5, 1)$로 2가지 경우이므로 $a = P(\overline{X}=3) = \dfrac{2}{12}$ 이다.

• $\overline{X} = 4$인 경우 $(1, 7)$, $(3, 5)$, $(5, 3)$, $(7, 1)$로 4가지 경우이므로 $b = P(\overline{X}=4) = \dfrac{4}{12}$ 이다.

• $\overline{X} = 6$인 경우 $(5, 7)$, $(7, 5)$로 2가지 경우이므로 $c = P(\overline{X}=5) = \dfrac{2}{12}$ 이다.

$\therefore a+b-c = \dfrac{2}{12} + \dfrac{4}{12} - \dfrac{2}{12} = \dfrac{4}{12} = \dfrac{1}{3}$

13 다음은 중심극한정리(Central Limit Theorem)의 정의이다. ( ) 안에 들어갈 내용을 차례대로 나열한 것은?

> 모집단의 평균이 μ이고 분산이 σ^2인 분포로부터 n 개의 표본을 추출하여 만든 표본평균 $\overline{X}$의 분포는 표본의 크기가 커짐에 따라 원래 분포와 무관하게 평균은 ( )이고, 분산은 ( )인 ( )분포에 근사한다.

① μ, σ^2, 표준정규

② μ, $\sigma/\sqrt{n}$, 정규

③ 0, 1, 표준정규

④ μ, σ^2/n, 정규

해설

중심극한정리(Central Limit Theorem)

중심극한정리에 의하면 표본의 크기($n \geq 30$)가 커짐에 따라 모집단의 분포와 관계없이 표본평균 $\overline{X}$의 분포는 기대값이 모평균 μ이고, 분산이 $\dfrac{\sigma^2}{n}$인 정규분포에 근사한다고 한다.

14 다음 중 제1종의 오류와 제2종의 오류에 대한 설명으로 옳은 것은?

① 제1종의 오류는 대립가설이 사실일 때 귀무가설을 채택하는 오류이다.

② 제1종의 오류를 범할 확률을 고정시키고 표본의 크기를 증가시키면 제2종의 오류를 범할 확률은 증가한다.

③ 제1종의 오류를 범할 확률과 제2종의 오류를 범할 확률은 상호 역의 관계에 있다.

④ 제1종의 오류는 귀무가설에 대한 것이고 제2종의 오류는 대립가설에 대한 것이므로 상호 연관성이 없다.

해설

제1종의 오류와 제2종의 오류

제1종의 오류를 범할 확률을 증가시키면 제2종의 오류를 범할 확률은 감소하고, 제1종의 오류를 범할 확률을 감소시키면 제2종의 오류를 범할 확률은 증가하여, 제1종의 오류를 범할 확률과 제2종의 오류를 범할 확률은 상호 역의 관계에 있다.

15 동양인들의 혈액형과 눈의 색깔에 대한 400명의 자료가 아래와 같을 때 혈액형과 눈의 색깔에 상호 연관성이 있는지 유의수준 5%에서 검정하고자 한다. 갈색 눈을 가지고 있으면서 혈액형이 AB형인 사람의 기대도수는?

눈의 색깔	혈액형			
	A	B	O	AB
검은색	95	40	80	25
갈 색	65	50	40	5

① 6   ② 8

③ 10   ④ 12

해설

기대도수의 계산

각각의 기대도수를 구하기 위해서 다음과 같은 교차표를 작성한다.

눈의 색깔	혈액형				합 계
	A	B	O	AB	
검은색	95	40	80	25	240
갈 색	65	50	40	5	160
합 계	160	90	120	30	400

$$\therefore E_{24} = \frac{160 \times 30}{400} = 12$$

16 다음 자료는 세 자동차 회사의 하이브리드 차량에 대한 연비를 각각 4회, 4회, 3회 측정하여 분석한 분산분석표의 일부이다. 차량에 따라 연비가 모두 같다고 할 수 있는지 유의수준 5%에서 검정한 결과 옳은 것은? (단, $F_{0.05;\,2,\,3} = 10.13$, $F_{0.05;\,2,\,5} = 5.79$, $F_{0.05;\,2,\,8} = 4.46$)

요 인	제곱합(SS)	자유도	평균제곱(MS)
처 리	72	2	36
잔 차			6
합 계	120		

① 귀무가설은 차량에 따라 연비에 차이가 있다.
② 검정결과 차량의 종류에 따라 연비는 동일하다고 할 수 있다.
③ 전체제곱합(SST)의 자유도는 11이다.
④ 검정통계량은 $F_{2,\,8}$을 따른다.

해설

일원배치 분산분석
귀무가설(H_0) : $\mu_1 = \mu_2 = \mu_3$ 대 대립가설(H_1) : 모든 μ_i가 같은 것은 아니다.
위의 자료를 바탕으로 분산분석표를 작성하면 다음과 같다.

요 인	제곱합(SS)	자유도	평균제곱(MS)	F값	$F_{\alpha;\,k-1,\,n-k}$
처 리	72	2	36	6	4.46
잔 차	48	8	6		
합 계	120	10			

검정통계량 F값이 6으로 기각치 $F_{0.05;\,2,\,8} = 4.46$보다 크기 때문에 귀무가설을 기각한다. 즉, 유의수준 5%에서 차량의 종류에 따라 연비는 다르다고 할 수 있다.

17 회귀분석에서 표준화 회귀계수에 대한 설명 중 틀린 것은?

① 표준화 회귀계수는 범위에 제한이 없다.
② 단순회귀분석에서 표준화 회귀계수는 두 변수의 상관계수와 같다.
③ 단순회귀분석에서 표준화 회귀계수 = 비표준화 회귀계수×(S_X / S_Y)이다.
④ 표준화 회귀계수로 종속변수에 대한 독립변수의 상대적 중요도를 결정할 수 있다.

해설

표준화 회귀계수의 범위
표준화 회귀계수는 −1과 1 사이에 있다.

18 크기가 12인 표본으로부터 얻은 자료 (x_1, y_1), (x_2, y_2), $\cdots$, (x_{12}, y_{12})에서 얻은 단순선형회귀식의 기울기가 $\beta = 0$인지 아닌지를 검정할 때, 사용되는 t분포의 자유도는 얼마인가?

① 9

② 10

③ 11

④ 12

해설

회귀직선의 기울기의 자유도

b의 검정통계량은 $T = \dfrac{b - \beta}{\sqrt{\dfrac{MSE}{s_{xx}}}} \sim t_{n-2}$ 이므로, 자유도는 $12 - 2 = 10$이 된다.

19 F-분포에 대한 설명으로 옳은 것만을 모두 고르면?

> ㄱ. T가 자유도 n인 t-분포를 따를 때, 확률변수 T^2은 분자의 자유도가 1이고 분모의 자유도가 n인 $F_{(1, n)}$분포를 따른다.
>
> ㄴ. X가 $F_{(m, n)}$을 따를 때 $\dfrac{1}{X}$의 분포는 $F_{(n, m)}$을 따른다.
>
> ㄷ. F분포는 자유도에 의존해 확률을 구한다.

① ㄱ, ㄴ

② ㄱ, ㄷ

③ ㄴ, ㄷ

④ ㄱ, ㄴ, ㄷ

해설

F-분포의 특성

• $T \sim t_{(n)}$일 때 $T^2 \sim F_{(1, n)}$이다.

• X가 $F_{(m, n)}$을 따를 때 $\dfrac{1}{X}$의 분포는 $F_{(n, m)}$을 따른다.

• 두 집단의 분산비 검정에 사용된다.

• 세 집단 이상의 모평균 비교에 사용된다.

• t분포, F분포, χ^2분포는 자유도에 의존해 확률을 구한다.

20 집락표본추출(Cluster Sampling)에 대한 설명으로 틀린 것은?

① 확률표본추출(Probability Sampling)의 하나로써 표본오차의 크기를 계산할 수 있다.

② 조사자의 필요에 따라서는 집락을 2개 이상의 단계에서 설정할 수도 있다.

③ 집락 내에서는 동질성이 크고 집락 간에는 이질성이 크도록 집락을 설정하면, 표본오차 (Sampling Error)와 조사비용을 동시에 줄일 수 있다.

④ 완전한 표본틀(Sampling Frame)이 없는 경우에도 사용가능하며, 비교적 비용이 적게 든다는 장점이 있기 때문에 전국 규모의 조사에 많이 사용된다.

해설

집락표본추출의 특징

집락표본추출법은 집락 내는 이질적이고 집락 간은 동질적이어야 표본오차와 조사비용을 동시에 줄일 수 있다.

01 15개 자료의 누적도수가 다음과 같을 때, 평균값, 중앙값, 최빈값은?

자료값	누적도수
1	2
2	6
3	7
4	10
5	15

① 평균값 : 8/3,   중앙값 : 3,   최빈값 : 5
② 평균값 : 10/3, 중앙값 : 4,   최빈값 : 5
③ 평균값 : 10/3, 중앙값 : 4,   최빈값 : 없음
④ 평균값 : 8/3,   중앙값 : 4,   최빈값 : 없음

해설

누적도수분포표

각 자료값에 대한 도수분포표는 다음과 같다.

자료값	도 수	누적도수
1	2	2
2	4	6
3	1	7
4	3	10
5	5	15

평균값은 $\dfrac{(1\times2)+(2\times4)+(3\times1)+(4\times3)+(5\times5)}{15}=\dfrac{10}{3}$

중앙값은 자료를 오름차순 또는 내림차순으로 배열했을 때 중앙에 위치하는 값으로 4가 되며, 최빈값은 도수가 5로 가장 큰 5가 된다.

02 철수가 받은 전자우편의 10%는 '대박'이라는 단어를 포함한다. '대박'을 포함한 전자우편의 50%가 광고이고, '대박'을 포함하지 않은 전자우편의 20%가 광고이다. 철수가 받은 한 전자우편이 광고일 때, 이 전자우편이 '대박'을 포함할 확률은?

① $\dfrac{5}{23}$

② $\dfrac{6}{23}$

③ $\dfrac{7}{23}$

④ $\dfrac{8}{23}$

해설

조건부 확률의 계산

전자우편이 광고일 확률은 $\left(\dfrac{1}{10}\times\dfrac{1}{2}\right)+\left(\dfrac{9}{10}\times\dfrac{2}{10}\right)=\dfrac{23}{100}$ 이다.

전자우편이 광고이고 '대박'을 포함할 확률은 $\dfrac{1}{10}\times\dfrac{1}{2}$ 이다.

∴ 철수가 받은 한 전자우편이 광고일 때, 이 전자우편이 '대박'을 포함할 확률은 $\dfrac{1/20}{23/100}=\dfrac{5}{23}$ 이다.

03 어느 신발공장에서 하루 동안 생산되는 신발의 개수는 2,000개이고 이중 불량률은 5%이다. 하루 동안 발생하는 불량품의 개수는 이항분포를 따른다고 할 때, 이 신발공장에서 하루 동안 발생하는 불량품의 개수가 120개보다 작게 될 근사확률은?

① $P\left(Z>\dfrac{120-100}{\sqrt{2000\times0.05\times0.95}}\right)$

② $P\left(Z<\dfrac{120-100}{\sqrt{2000\times0.5\times0.5}}\right)$

③ $P\left(Z<\dfrac{120-100}{\sqrt{2000\times0.05\times0.95}}\right)$

④ $P\left(Z>\dfrac{120-100}{\sqrt{2000\times0.5\times0.5}}\right)$

해설

이항분포의 정규근사

$X \sim B(2000, 0.05)$ 을 따르고, 이항분포의 정규근사 조건인 $np>5$과 $nq>5$ 을 만족하므로 확률변수 X는 근사적으로 $X \sim N(100, 95)$를 따른다.

∴ $P(X<120)=P\left(Z<\dfrac{120-100}{\sqrt{2000\times0.05\times0.95}}\right)$

04 어느 직장에 남직원 3명, 여직원 2명으로 구성된 모임이 10개 있다. 각 모임에서 임의로 2명씩 선택할 때, 남직원들만 선택된 모임의 수를 확률변수 X라고 하자. X의 평균 $E(X)$의 값은? (단, 두 모임 이상에 속한 학생은 없다)

① 2
② 3
③ 4
④ 5

해설
이항분포의 평균 계산

모임에서 임의로 2명을 선택할 때 남직원들만 선택될 확률은 $\dfrac{_3C_2}{_5C_2}=\dfrac{3}{10}$ 이다.

각 모임에서 임의로 2명씩 선택할 때, 남직원들만 선택된 모임의 수를 확률변수 X라 하면, X는 이항분포 $B\left(10,\dfrac{3}{10}\right)$ 을 따른다.

$$\therefore\ E(X)=10\times\dfrac{3}{10}=3$$

05 어느 뼈 화석이 두 동물 A와 B 중에서 어느 동물의 것인지 판단하는 방법 가운데 한 가지는 특정 부위의 길이를 이용하는 것이다. 동물 A의 이 부위의 길이는 정규분포 $N(10,0.4^2)$을 따르고, 동물 B의 이 부위의 길이는 정규분포 $N(12,0.6^2)$을 따른다. 이 부위의 길이가 d 미만이면 동물 A의 화석으로 판단하고, d 이상이면 동물 B의 화석으로 판단한다. 동물 A의 화석을 동물 A의 화석으로 판단할 확률과 동물 B의 화석을 동물 B의 화석으로 판단할 확률이 같아지는 d의 값은? (단, 길이의 단위는 cm이다)

① 10.5
② 10.6
③ 10.7
④ 10.8

해설
정규분포의 확률 계산
동물 A의 이 부위의 길이를 확률변수 X라 하고, 동물 B의 이 부위의 길이를 확률변수 Y라 하자.
$P(X<d)=P(Y\geq d)$이 성립해야 하므로 각각을 표준화하여 정리하면 다음과 같다.
$$P\left(Z<\dfrac{d-10}{0.4}\right)=P\left(Z\geq\dfrac{d-12}{0.6}\right)=P\left(Z<-\dfrac{d-12}{0.6}\right)$$
$$\therefore\ \dfrac{d-10}{0.4}=-\dfrac{d-12}{0.6}\ \text{을 } d\text{에 대해 풀면 } d=10.8\text{이 된다.}$$

06 상관계수에 대한 설명으로 틀린 것은?

① 상관계수는 측정 단위에 영향을 받지 않는다.

② 상관계수가 $r=1$이면 완전상관으로 X와 Y값은 반드시 일치해야 한다.

③ 상관계수 r은 -1로부터 $+1$까지 범위의 값을 취한다.

④ 단순회귀분석에서 결정계수는 상관계수의 제곱과 같다.

해설

상관계수의 성질

X와 Y값이 일치하면 상관계수는 1이 되지만 상관계수가 1이라고 해서 X와 Y가 반드시 일치하는 것은 아니다.
∴ X와 $Y=2X$의 상관계수 또한 1이 된다.

07 정규분포를 따르는 두 모집단 $N(\mu_X, \sigma_X^2)$과 $N(\mu_Y, \sigma_Y^2)$에서 각각 독립표본 X_1, X_2, ⋯, X_8와 Y_1, Y_2, ⋯, Y_{10}을 임의추출하여 구한 표본분산은 $S_X^2 = 16$와 $S_Y^2 = 4$이다. 확률변수 V는 분자와 분모의 자유도가 각각 7, 9인 F분포를 따를 때, 가설 $H_0 : \dfrac{\sigma_X^2}{\sigma_Y^2} = 1$ 대 $H_1 : \dfrac{\sigma_X^2}{\sigma_Y^2} > 1$을 검정하기 위한 유의확률은?

① $P(V \geq 3)$
② $P(V \geq 4)$
③ $P(V \leq 3)$
④ $P(V \leq 4)$

해설

유의확률 계산

유의확률은 귀무가설이 사실이라는 전제하에 검정통계량의 값이 대립가설 방향으로 더 극단적인 값을 가질 확률이다.

$S_X^2 = 16$, $S_Y^2 = 4$이므로 검정통계량의 값은 $W = \dfrac{S_X^2}{S_Y^2} = \dfrac{16}{4} = 4$이고, 대립가설의 형태가 $H_1 : \dfrac{\sigma_X^2}{\sigma_Y^2} > 1$이므로 유의확률은 $P(V \geq 4)$이다.

08 표본크기가 $n = 4$이고, 모수가 p인 이항분포하에서 다음과 같은 검정을 하고자 한다.

$$H_0 : p = 0.5, \quad H_1 : p = 0.6$$

기각역을 $\{3, 4\}$라고 할 때, 다음 누적확률표를 이용한 유의확률(α)와 검정력($1-\beta$)의 값은?

$$P(X \leq x)$$

p \ X	0	1	2	3	4
0.5	0.31	0.488	0.500	0.812	0.969
0.6	0.01	0.087	0.317	0.663	0.922

① $\alpha = 0.5$, $1 - \beta = 0.683$

② $\alpha = 0.188$, $1 - \beta = 0.337$

③ $\alpha = 0.5$, $1 - \beta = 0.01$

④ $\alpha = 0.188$, $1 - \beta = 0.913$

해설

유의확률과 검정력 계산

유의확률은 검정통계량의 관측값에 대하여 귀무가설(H_0)을 기각시킬 수 있는 최소의 유의수준으로 기각역이 $\{3, 4\}$이므로 유의확률은 $P(X \geq 3 \mid p = 0.5) = 0.5$가 된다. 제2종의 오류 β는 대립가설이 참일 때 귀무가설을 채택할 오류이다. 즉, 기각역이 $\{3, 4\}$이므로 $\beta = P(X \leq 2 \mid p = 0.6) = 0.317$이 된다. 검정력($1-\beta$)은 전체 확률에서 제2종의 오류를 범할 확률을 뺀 값으로 $1 - 0.317 = 0.683$이 된다.

09 평균이 μ, 분산이 σ^2인 정규분포로부터 크기 n인 확률표본 $X_1, \cdots, X_n$을 얻었을 때, σ^2에 대한 추정량으로 $S^2 = \dfrac{1}{n-1} \sum \left(X_i - \overline{X} \right)^2$을 선택했다. 이에 대한 설명으로 옳은 것은?

① 추정량 S^2의 기대값은 $E(S^2) = \dfrac{n-1}{n} \sigma^2$이다.

② $\dfrac{(n-1)S^2}{\sigma^2}$은 자유도가 n인 카이제곱분포를 따른다.

③ 추정량 S^2의 분산은 $Var(S^2) = \dfrac{2}{n-1} \sigma^4$이다.

④ $\dfrac{(n-1)S^2}{n\sigma^2}$은 자유도가 n인 카이제곱분포를 따른다.

> **해설**
> 카이제곱분포의 기대값과 분산
> $\chi^2_{(n)}$의 기대값은 n이고, 분산은 $2n$이다.
>
> $\dfrac{(n-1)S^2}{\sigma^2} = \dfrac{\sum\limits_{i=1}^{n} (X_i - \overline{X})^2}{\sigma^2} \sim \chi^2_{(n-1)}$을 따르므로, $E\left[\dfrac{(n-1)S^2}{\sigma^2} \right] = \dfrac{n-1}{\sigma^2} E(S^2) = n-1$이다.
>
> $\therefore\ E(S^2) = \sigma^2$
>
> $Var\left[\dfrac{(n-1)S^2}{\sigma^2} \right] = \dfrac{(n-1)^2}{\sigma^4} Var(S^2) = 2(n-1)$
>
> $\therefore\ Var(S^2) = \dfrac{2}{n-1} \sigma^4$

10 단순회귀모형 $Y_i = \alpha + \beta X_i + \epsilon_i$, $i = 1, 2, \cdots, n$, $\epsilon_i \sim N(0, \sigma^2)$에 대한 분산분석표가 다음과 같다.

요 인	제곱합	자유도	평균제곱	F-통계량
회 귀	24.0	1	24.0	4.0
오 차	60.0	10	6.0	

종속변수와 독립변수가 양의 상관관계를 가질 때, $H_0 : \beta = 0$ 대 $H_1 : \beta \neq 0$을 검정하기 위한 t - 검정통계량의 값은?

① 1   ② 2

③ 3   ④ 4

> **해설**
> 회귀계수의 유의성 검정
> 단순선형회귀모형에서는 $(t\ \text{검정통계량})^2 = \left(\dfrac{b - \beta}{\sqrt{Var(b)}} \right)^2 = F$이므로, 단순회귀계수의 유의성 검정은 단순회귀모형의 유의성 검정과 동일함을 알 수 있다. 즉, F 검정통계량의 값이 4이고 종속변수와 독립변수가 양의 상관관계를 가지므로 t 검정통계량의 값은 2이다.

11 표본의 크기가 7인 자료에 단순선형회귀모형 $Y_i = \beta_0 + \beta_1 X_i + \epsilon_i$, $i = 1, 2, \cdots, 7$을 적용하여 추정된 회귀직선의 결정계수(Coefficient of Determination)가 0.8이라고 한다. 회귀제곱합이 20이라고 할 때, 이 회귀모형의 유의성 검정을 위한 F 검정통계량의 값은? (단, ϵ_i는 서로 독립이며 평균이 0이고 분산이 σ^2인 정규분포를 따른다)

① 12

② 15

③ 18

④ 20

해설

검정통계량의 값 계산

요 인	제곱합	자유도	평균제곱	F-통계량
회 귀	20	1	20	20
오 차	5	5	1	
합 계	25	6		

12 확률변수 X는 정규분포를 따른다고 한다. $P(X < -1) = 0.16$, $P(X < -0.5) = 0.31$, $P(X < 0) = 0.5$일 때, $P(0.5 < X < 1)$의 값은?

① 0.235

② 0.15

③ 0.19

④ 0.335

해설

정규분포의 확률 계산

$P(X < 0) = 0.5$이므로 $X = 0$을 중심으로 좌우대칭인 정규분포이다.

$\therefore$ $P(0.5 < X < 1) = P(X < -0.5) - P(X < -1) = 0.31 - 0.16 = 0.15$

13 다음은 특정한 4개의 처리수준에서 각각 6번의 반복을 통해 측정된 반응값을 이용하여 계산한 값들이다. 이를 이용하여 계산된 평균오차제곱합(MSE)은?

> 총제곱합(SST) = 1200, 총자유도 = 23, 처리제곱합(SSR) = 640

① 28.0

② 5.29

③ 31.1

④ 231.3

해설

평균제곱오차(MSE)
총제곱합의 자유도는 $n-1=23$이므로 전체 표본크기는 $n=24$이다. 그룹 간의 자유도는 $4-1=3$이므로 오차제곱합의 자유도는 20이다.
$SST = SSR + SSE = 640 + SSE = 1200$이 성립하므로 $SSE = 560$이다.
$$\therefore MSE = \frac{SSE}{\varnothing_{SSE}} = \frac{560}{20} = 28$$

14 한 철강회사는 강관을 생산하는 데 5개의 강관을 무작위로 추출하여 인장강도를 측정했다. 표본평균은 제곱인치당 22kg이었고, 표본표준편차는 8kg이었다. 이 회사의 강관 평균 인장강도를 신뢰수준 90%에서 구한 신뢰구간은? (단, 모집단은 정규분포를 따른다)

① $\left(22 - t_{0.025, 4} \dfrac{8}{\sqrt{5}},\ 22 + t_{0.025, 4} \dfrac{8}{\sqrt{5}} \right)$

② $\left(22 - t_{0.025, 4} \dfrac{64}{5},\ 22 + t_{0.025, 4} \dfrac{64}{5} \right)$

③ $\left(22 - t_{0.05, 4} \dfrac{8}{\sqrt{5}},\ 22 + t_{0.05, 4} \dfrac{8}{\sqrt{5}} \right)$

④ $\left(22 - t_{0.05, 4} \dfrac{64}{5},\ 22 + t_{0.05, 4} \dfrac{64}{5} \right)$

해설

소표본에서 모분산 σ^2을 모르고 있을 경우 모평균 μ에 대한 $100(1-\alpha)\%$ 신뢰구간
소표본에서 모분산 σ^2을 모르고 있을 경우 모평균 μ에 대한 $100(1-\alpha)\%$ 양측 신뢰구간은
$$\left(\overline{X} - t_{\alpha/2, (n-1)} \frac{S}{\sqrt{n}},\ \overline{X} + t_{\alpha/2, (n-1)} \frac{S}{\sqrt{n}} \right)$$이다.
$$\therefore \left(22 - t_{0.05, 4} \frac{8}{\sqrt{5}},\ 22 + t_{0.05, 4} \frac{8}{\sqrt{5}} \right)$$

15 X_1, X_2, $\cdots$, X_n이 평균 μ, 표준편차 σ인 정규모집단에서의 확률표본일 때, 모평균에 대한 귀무가설 $H_0 : \mu = 0$ 대 대립가설 $H_1 : \mu = 1$을 검정하고자 한다. 이 검정에서 H_0에 대한 기각역을 $\overline{X} > 0.7$로 사용할 경우 이 검정의 검정력은?

① $P(\overline{X} \leq 0.7 \,|\, \mu = 0)$

② $P(\overline{X} > 0.7 \,|\, \mu = 0)$

③ $P(\overline{X} > 0.7 \,|\, \mu = 1)$

④ $P(\overline{X} \leq 0.7 \,|\, \mu = 1)$

[해설]

검정력의 계산

제2종의 오류 β는 대립가설이 참일 때 귀무가설을 채택할 오류이다. 즉, $\beta = P(\overline{X} \leq 0.7 \,|\, \mu = 1)$이다.

$\therefore 1 - \beta = P(\overline{X} > 0.7 \,|\, \mu = 1)$

16 행변수가 r개의 범주를 갖고 열변수가 c개의 범주를 갖는 분할표에서 행변수와 열변수가 서로 독립인지를 검정하고자 한다. (i, j)셀의 관측도수를 O_{ij}, 귀무가설하에서의 기대도수를 E_{ij}라 할 때, 이 검정을 위한 검정통계량은?

① $\sum_{i=1}^{r} \sum_{j=1}^{c} \left(\dfrac{(O_{ij} - E_{ij})^2}{O_{ij}} \right)$

② $\sum_{i=1}^{r} \sum_{j=1}^{c} \left(\dfrac{(O_{ij} - E_{ij})^2}{E_{ij}} \right)$

③ $\sum_{i=1}^{r} \sum_{j=1}^{c} \left(\dfrac{O_{ij} - E_{ij}}{E_{ij}} \right)$

④ $\sum_{i=1}^{r} \sum_{j=1}^{c} \left(\dfrac{O_{ij} - E_{ij}}{\sqrt{nE_{ij}O_{ij}}} \right)$

[해설]

카이제곱 독립성 검정의 검정통계량

카이제곱 독립성 검정의 검정통계량은 $\chi^2 = \sum_{i=1}^{r} \sum_{j=1}^{c} \left(\dfrac{(O_{ij} - E_{ij})^2}{E_{ij}} \right) \sim \chi^2_{(r-1)(c-1)}$이다.

17 일원배치 분산분석에서 각 처리에 대한 반복수가 같은 경우 처리에 대한 모집단 모형은 $Y_{ij}=\mu+a_i+\epsilon_{ij}$와 같다. 이 모형에 대한 가정으로 틀린 것은?

① ϵ_{ij}는 정규분포를 따른다.

② ϵ_{ij}의 기대값은 0이다.

③ Y_{ij}의 기대값은 μ이다.

④ ϵ_{ij}의 분산은 σ^2이다.

해설

일원배치 분산분석의 오차항에 대한 기본 가정

$e_{ij} \sim iid\ N(0, \sigma_E^2)$, ϵ_{ij}의 기대값이 0이므로 Y_{ij}의 기대값은 $E(Y_{ij})=E(\mu+a_i+\epsilon_{ij})=\mu+a_i$ 이다.

18 중심위치로부터 자료들이 얼마만큼 흩어져 있는지를 나타내는 통계량 중에서 원자료의 측정단위와 일치하는 통계량은?

① 조화평균(Harmonic Mean)

② 상관계수(Correlation Coefficient)

③ 표준편차(Standard Deviation)

④ 변동계수(Coefficient of Variation)

해설

대표값과 산포도

산포도에는 범위, 사분위범위, 표준편차, 분산, 변동계수 등이 있다. 상관계수와 변동계수는 단위가 없는 값이며, 조화평균은 대표값에 해당된다.

19 카이제곱분포에 대한 설명으로 틀린 것은?

① $Z \sim N(0, 1)$을 따를 때 $Z^2 \sim \chi^2_{(1)}$을 따른다.

② $Z_1, \cdots, Z_n$이 $N(0, 1)$에서 확률표본일 때, $Y = Z_1^2 + \cdots + Z_n^2 \sim \chi^2_{(1+2+\cdots+n)}$을 따른다.

③ $X_1, \cdots, X_n$이 $N(\mu, \sigma^2)$에서 확률표본일 때, $Y = \sum_{i=1}^{n} \left(\frac{X_i - \mu}{\sigma} \right)^2 \sim \chi^2_{(n)}$을 따른다.

④ $X_1, \cdots, X_n$이이 $N(\mu, \sigma^2)$에서 확률표본이고, $\overline{X} = \frac{1}{n} \sum_{i=1}^{n} X_i$, $S^2 = \frac{1}{n-1} \sum_{i=1}^{n} (X_i - \overline{X})^2$으로

정의한다면, $\overline{X}$와 S^2은 독립이며, $\dfrac{(n-1)S^2}{\sigma^2} = \dfrac{\sum_{i=1}^{n}(X_i - \overline{X})^2}{\sigma^2} \sim \chi^2_{(n-1)}$을 따른다.

해설

카이제곱분포의 특성

$Z_1, \cdots, Z_n$이 $N(0, 1)$에서 확률표본일 때, $Y = Z_1^2 + \cdots + Z_n^2 \sim \chi^2_{(n)}$을 따른다.

20 5,000명으로 구성된 모집단에서 500명을 뽑아 연구를 하고자 할 때 첫 번째 사람은 무작위로 추출하고 그다음부터는 목록에서 매 10번째 사람을 뽑아 표본을 구성하는 표본추출방법은?

① 층화(Stratified)표본추출

② 편의(Convenience)표본추출

③ 체계적(Systematic) 표본추출

④ 단순무작위(Simple Random)표본추출

해설

계통표본추출(체계적 표본추출, Systematic Sampling)

모집단의 크기가 5,000명이고 표본의 크기가 500명이므로 1~10명 중에서 한 명을 랜덤하게 추출하고 추출된 표본으로부터 매 10번째 표본을 선정하면 500명의 표본을 계통추출하게 된다.

01 다음은 A대학교 통계학과 학생들의 한 달 동안 읽은 독서량을 조사하여 만든 도수분포표의 일부이다. ㉠+㉡+㉢+㉣의 값은?

독서량	도수(명)	상대도수
0	20	㉠
1	㉡	0.4
2	5	㉢
3	㉣	0.1

① 25.5

② 26

③ 26.5

④ 27

해설

도수분포표

독서량	도수(명)	누적도수	상대도수
0	20	20	㉠=20/(20+㉡+5+㉣)
1	㉡	20+㉡	0.4=㉡/(20+㉡+5+㉣)
2	5	20+㉡+5	㉢=5 / (20+㉡+5+㉣)
3	㉣	20+㉡+5+㉣	0.1=㉣ / (20+㉡+5+㉣)

상대도수의 합(㉠+0.4+㉢+0.1)은 1이 되므로 ㉠+㉢=0.5이고, 상대도수 수식으로부터 ㉠+㉢=[20 / (20+㉡+5 +㉣)]+[5 / (20+㉡+5+㉣)]=0.5이므로 25 / (㉡+㉣+25)=0.5가 된다.

∴ ㉡+㉣=25가 되어 ㉠+㉡+㉢+㉣=25.5이다.

02 두 사건 A, B에 대하여 $P(A) = \dfrac{1}{4}$, $P(B) = \dfrac{2}{3}$, $A \subset B$일 때, $P(A|B)$의 값은?

① $\dfrac{1}{8}$

② $\dfrac{3}{8}$

③ $\dfrac{5}{8}$

④ $\dfrac{7}{8}$

해설

조건부 확률의 계산

$A \subset B$이므로 $P(A \cap B) = P(A)$이다.

$$\therefore \ P(A|B) = \frac{P(A \cap B)}{P(B)} = \frac{P(A)}{P(B)} = \frac{\dfrac{1}{4}}{\dfrac{2}{3}} = \frac{3}{8}$$

03 어떤 농구선수는 매일 40번씩 자유투 연습을 하였다. 아래의 줄기와 잎 그림은 처음 10일 동안 매일 성공한 횟수에 대하여 십의 자리수를 줄기로, 일의 자리수를 잎으로 나타낸 것이다. 11일째의 자유투 성공 횟수가 n번이었으며 처음 11일 동안의 자유투 성공 횟수에 대한 평균이 아래의 줄기와 잎 그림에서의 최빈값과 같았을 때, n의 값은?

줄 기	잎
0	9
1	7 9
2	1 4 4 6
3	0 1 3

① 28

② 30

③ 32

④ 34

해설

줄기와 잎 그림 해석

위의 줄기와 잎 그림으로부터 최빈값은 24임을 알 수 있다. 또한 처음 10일 동안의 자유투 성공 횟수의 합은 $9+17+19+21+24+24+26+30+31+33=234$회이다. 처음 11일 동안의 자유투 성공 횟수에 대한 평균이 최빈 값 24와 같으므로 $234+n=24\times11$을 만족해야 한다.

∴ $n=264-234=30$

04 한 개의 동전을 세 번 던져 나온 결과에 대하여, 다음 규칙에 따라 얻은 점수를 확률변수 X라 하자.

> (가) 같은 면이 연속해서 나오지 않으면 0점으로 한다.
> (나) 같은 면이 연속해서 두 번만 나오면 1점으로 한다.
> (다) 같은 면이 연속해서 세 번 나오면 3점으로 한다.

확률변수 X의 분산 $Var(X)$의 값은?

① $\dfrac{9}{8}$

② $\dfrac{19}{16}$

③ $\dfrac{9}{16}$

④ $\dfrac{21}{8}$

해설

분산의 계산

• 같은 면이 연속해서 나오지 않을 경우는 (앞, 뒤, 앞) 또는 (뒤, 앞, 뒤)가 나오는 경우이므로 확률은 $2\times\left(\dfrac{1}{2}\right)^3$이다.

• 같은 면이 연속해서 두 번만 나오는 경우는 (앞, 뒤, 뒤), (뒤, 앞, 앞), (뒤, 뒤, 앞), (앞, 앞, 뒤)가 나오는 경우이므로 확률은 $4\times\left(\dfrac{1}{2}\right)^3$이다.

• 같은 면이 연속해서 세 번 나오는 경우는 (앞, 앞, 앞) 또는 (뒤, 뒤, 뒤)가 나오는 경우이므로 확률은 $2 \times \left(\frac{1}{2}\right)^3$ 이다.

이를 확률분포표를 이용하여 나타내면 다음과 같다.

X	0	1	3
$P(X)$	$\frac{1}{4}$	$\frac{1}{2}$	$\frac{1}{4}$

$$E(X) = \sum x_i p_i = \left(0 \times \frac{1}{4}\right) + \left(1 \times \frac{1}{2}\right) + \left(3 \times \frac{1}{4}\right) = \frac{5}{4}$$

$$Var(X) = \sum x_i^2 p_i - [E(X)]^2 = \left(0^2 \times \frac{1}{4}\right) + \left(1^2 \times \frac{1}{2}\right) + \left(3^2 \times \frac{1}{4}\right) - \left(\frac{5}{4}\right)^2 = \frac{11}{4} - \frac{25}{16} = \frac{19}{16}$$

05 평균이 20이고 분산이 4인 정규모집단에서 25개의 표본을 임의로 추출할 때, 모평균보다 작은 표본의 수를 확률변수 X라고 하자. X의 표준편차는?

① 20

② $\frac{5}{2}$

③ $\frac{25}{2}$

④ $\frac{25}{4}$

해설

이항분포의 표준편차

정규모집단은 평균을 중심으로 좌우대칭형으로 평균보다 작은 수가 나올 확률은 $p = \frac{1}{2}$ 이다. 모평균보다 작은 표본의 수를 확률변수 X라고 정의했으므로 $X \sim B(25, 1/2)$을 따른다.

∴ 이항분포의 분산이 $Var(X) = npq = 25 \times \frac{1}{2} \times \frac{1}{2} = \frac{25}{4}$ 이므로, $\sigma(X) = \sqrt{\frac{25}{4}} = \frac{5}{2}$ 이다.

06 다음 중 항상 성립한다고 볼 수 없는 것은? (단, a, b는 상수이다)

① $Var(X) = E[(X - \mu)^2] = E(X^2) - [E(X)]^2$

② $Var(a) = 0$

③ $Var(a + bX) = b^2 Var(X)$

④ $Var(aX + bY) = a^2 Var(X) + b^2 Var(Y)$

해설

분산의 성질

$Var(aX + bY) = a^2 Var(X) + b^2 Var(Y) + 2ab Cov(X, Y)$이며, 만약, X와 Y가 독립이면 $Cov(X, Y) = 0$이 성립하므로 $Var(aX + bY) = a^2 Var(X) + b^2 Var(Y)$ 이 된다.

07 다음 중 상관계수에 대한 설명으로 틀린 것은?

① 두 확률변수가 서로 독립이면 공분산과 상관계수는 0이지만, 공분산과 상관계수가 0이라고 해서 두 확률변수가 서로 독립인 것은 아니다.
② 절편이 있는 단순선형회귀에서는 상관계수의 제곱이 결정계수와 같다.
③ 상관계수는 변수들 간의 선형관계를 나타내는 것이지 인과관계를 나타내는 것은 아니다.
④ 상관계수가 0이면 변수 간에 곡선의 연관성이 없음을 의미한다.

해설
상관계수의 성질
상관계수가 0이면 변수 간에 선형연관성이 없는 것이지 곡선의 연관성은 있을 수 있다.

08 다음 그림과 같은 확률분포에 대한 설명으로 맞지 않는 것은?

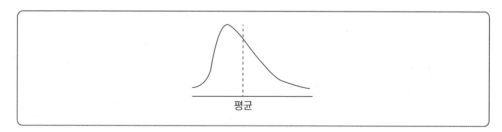

평균

① 최빈수 < 중위수 < 평균 순이다.
② 오른쪽으로 기울어진 분포이다.
③ 왼쪽으로 치우친 분포이다.
④ 왜도는 0보다 작다.

해설
분포의 형태에 따른 대표값의 비교

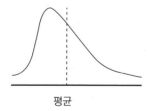

평균
① 최빈수 < 중위수 < 평균
② 오른쪽으로 기울어진 분포
③ 왼쪽으로 치우친 분포
④ 왜도 > 0

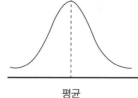

평균
① 평균 = 중위수 = 최빈수
② 좌우대칭형인 분포
③ 종 모양의 분포
④ 왜도 = 0(정규분포, t분포)

평균
① 평균 < 중위수 < 최빈수
② 왼쪽으로 기울어진 분포
③ 오른쪽으로 치우친 분포
④ 왜도 < 0

09 1부터 9까지의 숫자가 기록된 카드가 한 장씩 있다. 이 9장의 카드들 중에서 한 장을 뽑았을 경우 뽑힌 카드의 숫자가 7 이상임을 알았을 때 뽑힌 카드의 숫자가 9일 확률은?

① 1/2
② 1/3
③ 1/4
④ 1/5

해설

조건부 확률의 계산

$$P(X=9 \mid X \geq 7) = \frac{P(X=9 \cap X \geq 7)}{P(X \geq 7)} = \frac{{}_1C_1 / {}_9C_1}{{}_3C_1 / {}_9C_1} = \frac{1/9}{3/9} = \frac{1}{3}$$

10 표준정규분포와 자유도가 r인 t-분포에 대한 설명으로 옳지 않은 것은? (단, $r > 2$)

① 두 분포 모두 평균이 0이고, 평균에 대해 좌우대칭형인 분포이다.
② 자유도 r이 무한대로 커지면 t-분포는 정규분포 $N(\mu, \sigma^2/n)$로 수렴한다.
③ t-분포의 제95백분위수는 표준정규분포의 제95백분위수보다 크다.
④ t-분포의 분산은 1보다 크다.

해설

표준정규분포와 t-분포

자유도 r이 무한대로 커지면 t-분포는 표준정규분포 $N(0, 1)$로 수렴한다. t-분포는 표준정규분포에 비해 꼬리가 두꺼운 모습을 보이므로, t-분포의 제95백분위수는 표준정규분포의 제95백분위수보다 크다.

11 어느 선거구의 국회의원 선거에서 특정후보에 대한 지지율을 조사하고자 한다. 지지율의 95% 추정오차한계가 5% 이내가 되기 위한 표본의 크기는 최소한 얼마 이상이어야 하는가?
(단, $P(Z \leq 1.96) = 0.975$)

① $n \geq (0.05 \times 0.95)^2 \times \left(\dfrac{1.96}{0.5}\right)$

② $n \geq (0.5 \times 0.5)^2 \times \left(\dfrac{1.96}{0.05}\right)$

③ $n \geq 0.05 \times 0.95 \times \left(\dfrac{1.96}{0.5}\right)^2$

④ $n \geq 0.5 \times 0.5 \times \left(\dfrac{1.96}{0.05}\right)^2$

모비율 추정에 필요한 표본크기

모비율 추정에 필요한 표본크기는 $n \geq \hat{p}\,(1-\hat{p})\left(\dfrac{z_{\frac{\alpha}{2}}}{d}\right)^2 = 0.5 \times 0.5 \times \left(\dfrac{1.96}{0.05}\right)^2$ 이다.

∵ $\hat{p}$에 대한 사전정보가 없기 때문에 $\hat{p}\,(1-\hat{p})$을 최대로 해주는 $\hat{p} = 0.5$를 선택한다.

12 다음 분산분석(ANOVA)표의 일부는 상품디자인(A, B, C)이 상품판매량에 미치는 영향을 알아보기 위해 4곳의 가게를 대상으로 실험한 결과이다. 분산분석표의 일부에서 잔차평균제곱은 얼마인가?

요 인	제곱합	자유도	평균제곱
상품디자인	104	2	52
잔 차	54	****	****

① 6

② 8

③ 10

④ 13

잔차평균제곱(MSE)
표본의 크기 $n = 12$이므로 총제곱합의 자유도는 11이며, 잔차제곱합의 자유도는 9가 된다.
∴ $MSE = SSE / \varnothing_{SSE} = 54 / 9 = 6$

13 회귀모형 $Y_i = \alpha + \beta X_i + \epsilon_i$, $i = 1, 2, \cdots, n$에 대한 설명으로 틀린 것은?

① 결정계수는 Y의 총변동에 대한 회귀모형으로 인한 변동의 비율을 말하며 X와 Y의 상관계수의 제곱근에 해당한다.

② $\beta = 0$인 가설을 검정하기 위하여 자유도가 $n-2$인 t분포를 사용할 수 있다.

③ 오차 ϵ_i의 분산 추정량은 평균제곱오차이며 보통 MSE로 나타낸다.

④ 잔차그림을 그려보면 회귀모형의 가정이 자료에 잘 들어맞는지를 알 수 있다.

결정계수의 특성
결정계수는 Y의 총변동에 대한 회귀모형으로 인한 변동의 비율을 말하며 X와 Y의 상관계수의 제곱에 해당한다. 즉, 단순선형회귀분석에서는 $r^2 = R^2$의 관계가 성립한다.

14 아래와 같은 결합확률분포표가 주어졌을 때, 결합누적분포함수 $F(2, 3)$의 확률은?

(x, y)	$(1, 1)$	$(1, 2)$	$(1, 3)$	$(1, 4)$	$(2, 2)$	$(2, 3)$	$(2, 4)$	$(3, 3)$	$(3, 4)$	$(4, 4)$
$f(x, y)$	1/16	1/16	1/16	1/16	2/16	1/16	1/16	3/16	1/16	4/16

① $\dfrac{1}{8}$ ② $\dfrac{1}{4}$

③ $\dfrac{3}{8}$ ④ $\dfrac{1}{2}$

해설

결합누적분포함수의 확률의 계산

$$F(2, 3) = P(X \leq 2, \ Y \leq 3) = \sum_{x \leq 2} \sum_{y \leq 3} f(x, y)$$

$$= f(1, 1) + f(1, 2) + f(1, 3) + f(2, 2) + f(2, 3) = \frac{6}{16} = \frac{3}{8}$$

15 바람직한 추정량의 성질 중 틀린 것은?

① 불편성(Unbiasedness) : 모수 θ의 추정량을 $\hat{\theta}$으로 나타낼 때, $\hat{\theta}$의 기대값이 θ가 되는 성질이다. 즉, $E(\hat{\theta}) = \theta$이면 $\hat{\theta}$을 불편추정량이라 하며, 불편성을 만족한다고 한다.

② 일치성(Consistency) : 표본의 크기가 커짐에 따라 추정량 $\hat{\theta}$이 확률적으로 모수 θ에 가깝게 수렴하는 성질이다. 즉, 임의의 $\epsilon > 0$에 대해 $\lim_{n \to \infty} P(|\hat{\theta} - \theta| \leq \epsilon) = 0$을 만족하는 추정량 $\hat{\theta}$이 일치추정량이다.

③ 충분성(Sufficiency) : 모수에 대하여 가능한 많은 표본정보를 내포하고 있는 추정량의 성질이다.

④ 효율성(Efficiency) : 추정량 $\hat{\theta}$이 불편추정량이고, 그 분산이 다른 추정량 $\hat{\theta}_i$에 비해 최소의 분산을 갖는 성질이다.

해설

바람직한 추정량의 성질

일치성(Consistency)이란 표본의 크기가 커짐에 따라 추정량 $\hat{\theta}$이 확률적으로 모수 θ에 가깝게 수렴하는 성질이다. 즉, 임의의 $\epsilon > 0$에 대해 $\lim_{n \to \infty} P(|\hat{\theta} - \theta| \leq \epsilon) = 1$을 만족하는 추정량 $\hat{\theta}$이 일치추정량이다.

16 다음과 같은 확률분포를 따르는 확률변수 X에 대하여 3개의 임의표본(Random Sample)으로 1, 0, 1을 얻었을 때, 모수 θ에 대한 최대우도추정치(Maximum Likelihood Estimate)는? (단, $0 < \theta < 1$ 이다)

$$f(x) = \begin{cases} \theta^x(1-\theta)^{1-x}, & x = 0, 1 \\ 0, & \text{elsewhere} \end{cases}$$

① $\dfrac{1}{4}$　　　　　　　　　　② $\dfrac{1}{3}$

③ $\dfrac{1}{2}$　　　　　　　　　　④ $\dfrac{2}{3}$

해설

최대가능도추정법(Method of Maximum Likelihood)

최대가능도추정법은 n개의 관측값 $x_1, \cdots, x_n$에 대한 결합밀도함수인 가능도함수 $L(\theta) = f(\theta ; x_1, \cdots, x_n)$을 θ의 함수로 간주할 때 $L(\theta)$를 최대로 하는 θ의 값 $\hat{\theta}$을 구하는 방법이다.

확률변수 X에 대하여 3개의 임의표본(Random Sample)으로 1, 0, 1을 얻었으므로 가능도함수는 $L(\theta) = \theta^2(1-\theta)$가 된다. 가능도함수를 최대로 하는 θ를 찾기 위해 양변에 로그(ln)를 취한 후 1차 미분하여 0으로 놓고 θ에 대해 계산하면 최대가능도추정치를 구할 수 있다.

$$\ln L(\theta) = 2\ln\theta + \ln(1-\theta) \quad \frac{\partial \log L(\theta)}{\partial \theta} = \frac{2}{\theta} - \frac{1}{(1-\theta)} = 0$$

$2 - 2\theta - \theta = 0$이므로 최대가능도추정치는 $\hat{\theta} = \dfrac{2}{3}$ 이다.

17 다음 중 검정력(Power)에 대한 설명으로 옳은 것은?

① 검정력은 전체 확률 1에서 제1종의 오류를 범할 확률 α를 뺀 확률이다.

② 검정력은 작으면 작을수록 좋다.

③ 검정력은 대립가설이 사실일 때 귀무가설을 기각할 확률이다.

④ 검정력은 귀무가설이 사실일 때 대립가설을 기각할 확률이다.

해설

검정력(Power)

검정력$(1-\beta)$은 전체 확률 1에서 제2종의 오류를 범할 확률 β를 뺀 확률로, 대립가설이 참일 때 귀무가설을 기각할 확률이다.

$1 - \beta = 1 - P(H_0 \text{ 채택} \mid H_1 \text{ 사실}) = P(H_0 \text{ 기각} \mid H_1 \text{ 사실})$

18 평균이 μ이고 분산이 σ^2인 정규모집단에서의 임의표본(Random Sample) X_1, X_2, $\cdots$, X_n에 대하여 표본평균 $\overline{X} = \dfrac{1}{n}\sum_{i=1}^{n} X_i$, 표본분산 $S^2 = \dfrac{1}{n-1}\sum_{i=1}^{n}\left(X_i - \overline{X}\right)^2$일 때, 다음 중 확률변수의 분포에 대한 설명으로 옳은 것은? (단, 표본의 크기 n은 1보다 크다)

① $\dfrac{\overline{X}}{\sigma}$는 평균이 $\dfrac{\mu}{\sigma}$이고 분산이 $\dfrac{\sigma^2}{n^2}$인 정규분포를 따른다.

② $\overline{X}$와 S^2은 독립이며, $\dfrac{(n-1)S^2}{\sigma^2} = \dfrac{\sum_{i=1}^{n}\left(X_i - \overline{X}\right)^2}{\sigma^2} \sim \chi^2_{(n)}$을 따른다.

③ $\sum_{i=1}^{n} X_i$는 평균이 $n\mu$이고 분산이 $n\sigma^2$인 정규분포를 따른다.

④ $\dfrac{\sqrt{n}\left(\overline{X} - \mu\right)}{\sigma}$는 자유도가 $n-1$인 t분포를 따른다.

해설

여러 가지 특수한 분포

① $E\left(\dfrac{\overline{X}}{\sigma}\right) = \dfrac{1}{\sigma}E(\overline{X}) = \dfrac{1}{\sigma}E\left(\dfrac{X_1 + X_2 + \cdots + X_n}{n}\right) = \dfrac{1}{\sigma}\dfrac{E(X_1) + E(X_2) + \cdots + E(X_n)}{n}$

$\qquad = \dfrac{1}{\sigma}\dfrac{n\mu}{n} = \dfrac{\mu}{\sigma}$

$\quad Var\left(\dfrac{\overline{X}}{\sigma}\right) = \dfrac{1}{\sigma^2}Var(\overline{X}) = \dfrac{1}{\sigma^2}Var\left(\dfrac{X_1 + X_2 + \cdots + X_n}{n}\right)$

$\qquad = \dfrac{1}{\sigma^2}\dfrac{Var(X_1) + Var(X_2) + \cdots + Var(X_n)}{n^2} = \dfrac{1}{\sigma^2}\dfrac{n\sigma^2}{n^2} = \dfrac{1}{n}$

② $\overline{X}$와 S^2은 독립이며, $\dfrac{(n-1)S^2}{\sigma^2} = \dfrac{\sum_{i=1}^{n}\left(X_i - \overline{X}\right)^2}{\sigma^2} \sim \chi^2_{(n-1)}$을 따른다.

③ $E\left(\sum_{i=1}^{n} X_i\right) = E(X_1 + X_2 + \cdots + X_n) = E(X_1) + E(X_2) + \cdots + E(X_n) = n\mu$

$\quad Var\left(\sum_{i=1}^{n} X_i\right) = Var(X_1 + X_2 + \cdots + X_n) = Var(X_1) + Var(X_2) + \cdots + Var(X_n) = n\sigma^2$

④ X_1, $\cdots$, X_n이 $N(\mu, \sigma^2)$에서 확률표본일 때 확률변수 $Z = \dfrac{\overline{X} - \mu}{\sigma / \sqrt{n}} \sim N(0, 1)$을 따른다.

19 어느 주사위가 공정한지 알기 위해 120번의 동전던지기 실험을 한 결과 다음의 표를 얻었다. 2의 눈이 나올 기대도수는?

주사위	1	2	3	4	5	6
실험결과	20	15	30	10	25	20

① 20

② 15

③ 10

④ 5

해설

카이제곱 적합성 검정의 기대도수

$E_i = 120 \times \dfrac{1}{6} = 20$

20 단순선형회귀모형 $Y_i = \beta_0 + \beta_1 X_i + \epsilon_i$, $i = 1, \cdots, n$에서 오차항 ϵ_i는 서로 독립이고, 정규분포 $N(0, \sigma^2)$을 따른다고 하자. $\beta_1 = 0$이라고 믿을 만한 충분한 근거가 있을 때의 모형 $Y_i = \beta_0 + \epsilon_i$에서 β_0의 최소제곱추정량은?

① $\overline{X}$

② $\overline{Y}$

③ $\dfrac{\sum (X_i - \overline{X})(Y_i - \overline{Y})}{\sum (X_i - \overline{X})^2}$

④ $\dfrac{\sum (X_i - \overline{X})(Y_i - \overline{Y})}{\sqrt{\sum (X_i - \overline{X})^2} \sqrt{\sum (Y_i - \overline{Y})^2}}$

해설

보통최소제곱추정량(Ordinary Least Square Estimator)

보통최소제곱추정량(OLSE)는 $f = \sum_{i=1}^{n} (Y_i - \widehat{Y_i})^2 = \sum_{i=1}^{n} (Y_i - \widehat{\beta_0})^2$을 최소화하는 β_0의 추정량 $\widehat{\beta_0}$이다.

이를 구하기 위해 식 f를 $\widehat{\beta_0}$에 대해 미분한 후 0으로 놓으면 $\sum_{i=1}^{n} (Y_i - \widehat{\beta_0})^2$을 최소로 하는 $\widehat{\beta_0}$을 구할 수 있다.

$\dfrac{\partial f}{\partial \widehat{\beta_0}} = -2 \sum_{i=1}^{n} (Y_i - \widehat{\beta_0}) = 0$

$\Rightarrow -2 \sum_{i=1}^{n} Y_i + 2n\widehat{\beta_0} = 0$

$\therefore \ \widehat{\beta_0} = \dfrac{\sum_{i=1}^{n} Y_i}{n} = \overline{Y}$

18회 | 통계학 총정리 모의고사

01 어떤 상품의 가격은 매달 50%의 확률로 10% 상승하거나 50%의 확률로 10% 하락한다. 이 상품의 현재가격은 500원이다. 두 달 후 이 상품의 가격이 500원 이하이면 500원에서 두 달 후 상품가격을 뺀 금액을 받고, 500원 이상이면 받지 않기로 하였다. 두 달 후 받을 수 있는 금액의 기대값을 소수점 아래 둘째 자리까지 구하면? (단, 첫 번째 달의 가격변동과 두 번째 달의 가격변동은 서로 독립이다)

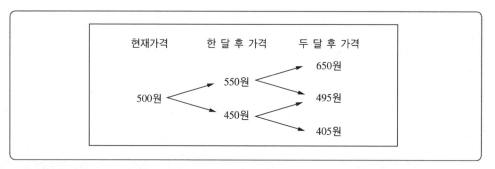

① 26.25

② 26.35

③ 26.45

④ 26.50

해설

기대값의 계산

한 달 후 500원은 $\frac{1}{2}$ 의 확률로 550원이 되거나 450원이 될 수 있다. 두 달 후 마찬가지의 방법으로 550원은 605원이 될 수 있고, 495원이 될 수도 있다. 마찬가지로, 450원의 경우에도 495원, 405원이 될 수 있다. 495원일 때는 5원을 받을 수 있고, 405원일 때는 95원을 받을 수 있다. 이때, 495원이 될 확률은 $\frac{1}{2} \times \frac{1}{2} + \frac{1}{2} \times \frac{1}{2} = \frac{1}{2}$ 이고, 405원이 될 확률은 $\frac{1}{2} \times \frac{1}{2} = \frac{1}{4}$ 이다. 확률변수 X를 두 달 후 받을 수 있는 금액이라고 할 때 이를 확률분포표로 나타내면 다음과 같다.

X	0	5	95
$P(X)$	$\frac{1}{4}$	$\frac{1}{2}$	$\frac{1}{4}$

$\therefore \; E(X) = \sum x_i p_i = \left(0 \times \frac{1}{4} \right) + \left(5 \times \frac{1}{2} \right) + \left(95 \times \frac{1}{4} \right) = 26.25$

02 어느 연속확률변수의 확률밀도함수 $f(x)$가 다음과 같을 때, 상수 c의 값은?

$$f(x) = \begin{cases} c(2+x), & 0 \le x < 2 \\ 0, & x < 0 \text{ 또는 } x \ge 2 \end{cases}$$

① $\dfrac{1}{2}$ ② $\dfrac{1}{6}$

③ $\dfrac{1}{8}$ ④ $\dfrac{1}{16}$

해설

연속확률밀도함수의 특성

$P(-\infty \le X \le \infty) = \displaystyle\int_{-\infty}^{\infty} f(x)\,dx = 1$이 된다.

$\therefore \displaystyle\int_{0}^{2} c(2+x)\,dx = \int_{0}^{2} 2c + cx\,dx = \left[2cx + \frac{c}{2}x^2 \right]_{0}^{2} = 4c + 2c = 1$이 되므로 $c = \dfrac{1}{6}$이다.

03 흰 공 2개, 검은 공 2개가 들어있는 상자에서 1개의 공을 꺼내어 그것이 흰 공이면 동전을 3회 던지고 검은 공이면 동전을 4회 던질 때, 앞면이 3회 나올 확률은? (단, 동전의 앞면과 뒷면이 나올 확률은 동일하다)

① $\dfrac{3}{16}$ ② $\dfrac{5}{16}$

③ $\dfrac{7}{16}$ ④ $\dfrac{9}{16}$

해설

확률의 계산

상자에서 1개의 공을 꺼낼 때, 그 공의 색깔에 따라 동전을 던지는 횟수가 달라진다.

· 상자에서 흰 공을 꺼낼 확률은 $\dfrac{{}_2C_1}{{}_4C_1} = \dfrac{2}{4} = \dfrac{1}{2}$이고, 동전을 3회 던졌을 때 모두 앞면이 나올 확률은 $\left(\dfrac{1}{2}\right)^3 = \dfrac{1}{8}$이다.

  즉, 상자에서 흰 공을 꺼내고 동전을 3회 던져서 모두 앞면이 나올 확률은 $\dfrac{1}{2} \times \dfrac{1}{8} = \dfrac{1}{16}$이다.

· 상자에서 검은 공을 꺼낼 확률은 $\dfrac{{}_2C_1}{{}_4C_1} = \dfrac{2}{4} = \dfrac{1}{2}$이고, 동전을 4회 던져서 앞면이 3번 나올 확률은

  ${}_4C_3 \left(\dfrac{1}{2}\right)^3 \left(\dfrac{1}{2}\right) = \dfrac{4}{16} = \dfrac{1}{4}$이다. 즉, 상자에서 검은 공을 꺼내고 동전을 4회 던져서 앞면이 3번 나올 확률은

  $\dfrac{1}{2} \times \dfrac{1}{4} = \dfrac{1}{8}$이다.

$\therefore \dfrac{1}{16} + \dfrac{1}{8} = \dfrac{3}{16}$

정답 02 ② 03 ①

04 중심 위치의 측도에 대한 설명으로 옳지 않은 것은?

① 이상치가 존재하는 경우 절사평균을 그 자료의 대표값으로 사용한다.

② 최빈값이 없는 자료는 존재하지 않는다.

③ 자료값들 중에 그 자료의 중앙값과 동일한 값이 없을 수도 있다.

④ 중앙값보다 산술평균이 이상치의 영향을 더 많이 받는다.

해설
중심위치 측도
자료 중에 최빈값은 없을 수도 있고 여러 개일 수도 있다.

05 어느 고등학교에서 오전 8시 이전에 등교하는 학생의 비율 p를 알아보기 위하여 어느 날 이 학교 학생 중 300명을 임의추출하여 오전 8시 이전에 등교한 학생의 표본비율 $\hat{p}$을 구하였다. 표본비율 $\hat{p}$을 이용하여 구한 모비율 p에 대한 신뢰수준 95%의 신뢰구간이 (0.701, 0.799)일 때, 임의추출된 300명의 학생 중에서 오전 8시 이전에 등교한 학생의 수를 구하면? (단, Z가 표준정규분포를 따를 때, $P(|Z| \leq 1.96) = 0.95$이다)

① 222

② 223

③ 224

④ 225

해설
표본비율의 계산
신뢰구간의 양끝 값인 신뢰한계의 평균을 구하면 표본비율 $\hat{p}$과 같다. 따라서 $\hat{p} = \dfrac{0.701 + 0.799}{2} = 0.75$이다. 오전 8시 이전에 등교한 학생의 수를 X라 할 때, $n = 300$이고 $\hat{p} = 0.75$이므로 $\hat{p} = \dfrac{X}{n} = \dfrac{X}{300} = 0.75$이 성립하여 $X = 225$가 된다.

06 한 개의 주사위를 20번 던질 때 1의 눈이 나오는 횟수를 확률변수 X라 하고, 한 개의 동전을 n번 던질 때 앞면이 나오는 횟수를 확률변수 Y라 하자. Y의 분산이 X의 분산보다 크게 되도록 하는 n의 최소값은?

① 10

② 12

③ 14

④ 16

해설
이항분포의 분산
확률변수 X는 이항분포 $B\left(20, \dfrac{1}{6}\right)$을 따르고, 확률변수 Y는 이항분포 $B\left(n, \dfrac{1}{2}\right)$을 따른다.

$Var(X) = 20 \times \dfrac{1}{6} \times \dfrac{5}{6} = \dfrac{25}{9}$, $Var(Y) = n \times \dfrac{1}{2} \times \dfrac{1}{2} = \dfrac{n}{4}$

$\therefore \dfrac{25}{9} < \dfrac{n}{4}$ 이 성립하기 위해서는 n의 최소값은 12이다.

07 다음 중 상관계수에 대한 설명으로 틀린 것은?

① X와 Y의 상관계수 값과 Y와 X의 상관계수 값은 서로 같다.

② $r = b \dfrac{S_X}{S_Y} = b \dfrac{\sqrt{\sum (X_i - \overline{X})^2}}{\sqrt{\sum (Y_i - \overline{Y})^2}}$, 여기서 단순선형회귀선의 기울기 $b = \dfrac{\sum (X_i - \overline{X})(Y_i - \overline{Y})}{\sum (X_i - \overline{X})^2}$ 이다.

③ X와 Y의 표본표준편차가 같다면 상관계수와 단순선형회귀선의 기울기는 같다.

④ 임의의 상수 a, b에 대하여 Y를 $Y = a + bX$와 같이 X의 선형변환으로 표현할 수 있다면, 상관계수는 항상 1이 된다.

해설
상관계수의 성질
임의의 상수 a, b에 대하여 Y를 $Y = a + bX$와 같이 X의 선형변환으로 표현할 수 있다면, $b > 0$일 때 상관계수는 1이고, $b < 0$일 때 상관계수는 −1이 된다.

08 다음 중 공분산에 대한 설명으로 틀린 것은?

① $Cov(X, Y) = E[(X - \mu_x)(Y - \mu_y)]$

② $Cov(X, Y) = Cov(Y, X)$

③ $Cov(aX + b, cY + d) = ac\, Cov(X, Y)$ (단, a, b, c, d는 상수)

④ $Cov\left(\displaystyle\sum_{i=1}^{n} X_i, \sum_{j=1}^{m} Y_j \right) = \displaystyle\prod_{i=1}^{n}\prod_{j=1}^{m} Cov(X_i, Y_j)$

해설
공분산의 성질
$Cov\left(\displaystyle\sum_{i=1}^{n} X_i, \sum_{j=1}^{m} Y_j \right) = \displaystyle\sum_{i=1}^{n}\sum_{j=1}^{m} Cov(X_i, Y_j)$

09 다음은 자료의 요약에 대한 설명이다. 옳은 것은 몇 개인가?

> ㄱ. 도수분포표의 상대도수의 총합은 1이 된다.
> ㄴ. 히스토그램의 횡축을 도수분포표의 각 계급으로 설정하면 각 기둥의 너비와 높이는 모두 정보를 가지고 있다.
> ㄷ. 막대그래프의 횡축을 범주형 변수로 선택하면 각 막대의 높이는 정보를 가지지 못하며, 너비만이 정보를 가진다.
> ㄹ. 히스토그램의 종축을 빈도로 고려하면 히스토그램의 전체 면적은 항상 1이 된다.
> ㅁ. 줄기와 잎 그림을 통해 분포의 중심을 알 수 있으며 전체적인 분포의 형태를 알 수 있다.
> ㅂ. 상자와 수염 그림을 통해 평균을 계산할 수 있다.

① 1   ② 2
③ 3   ④ 4

해설
자료의 요약
ㄱ. 도수분포표에서 상대도수의 총합은 1이다.
ㄴ. 히스토그램의 횡축을 도수분포표의 각 계급으로 설정하면 각 기둥의 너비와 높이는 모두 정보를 가지고 있다.
ㄷ. 막대그래프의 각 막대의 너비는 정보를 가지지 못하며, 높이만이 정보를 가진다.
ㄹ. 히스토그램의 종축이 빈도임을 감안하면 히스토그램의 전체 면적은 1이 아니다. 단, 상대도수밀도가 확률임을 감안하면 상대도수밀도 히스토그램의 전체 면적은 1이 된다.
ㅁ. 줄기와 잎 그림을 통해 분포의 중심을 알 수 있으며 전체적인 분포의 형태를 알 수 있다.
ㅂ. 상자와 수염 그림을 통해 중위수를 알 수 있는 것이지 평균을 알 수 있는 것은 아니다.

10 두 확률변수 X와 Y의 결합밀도함수가 다음과 같을 때, 조건부 확률밀도함수 $f(x|y)$은?

> $$f(x, y) = x + y,\ 0 < x < 1,\ 0 < y < 1$$

① $\dfrac{x+y}{y+\dfrac{1}{2}},\ 0 < x < 1$ ② $\dfrac{x+y}{y+\dfrac{1}{2}},\ 0 < x < 2$

③ $\dfrac{x+y}{x+\dfrac{1}{2}},\ 0 < x < 1$ ④ $\dfrac{x+y}{x+\dfrac{1}{2}},\ 0 < x < 2$

해설
조건부 확률밀도함수

$$f_Y(y) = \int_{-\infty}^{\infty} f(x, y)\, dx = \int_0^1 (x+y)\, dx = \left[\frac{x^2}{2} + xy\right]_0^1 = y + \frac{1}{2},\ 0 < y < 1$$

$$\therefore\ f(x|y) = \frac{f(x, y)}{f_Y(y)} = \frac{x+y}{y+\dfrac{1}{2}},\ 0 < x < 1$$

11 확률변수 X는 정규분포 $N(4, 3^2)$을 따르고, 확률변수 Y는 정규분포 $N(3, 2^2)$을 따른다. 확률변수 X와 Y가 서로 독립일 때, $X-Y$의 분포는?

① $N(1, 5)$ ② $N(1, 13)$

③ $\chi^2_{(1)}$ ④ $t_{(1)}$

해설

기대값과 분산의 성질

$E(X-Y) = E(X) - E(Y) = 4 - 3 = 1$

$V(X-Y) = V(X) + V(Y) = 9 + 4 = 13$

12 절편이 있는 단순선형회귀모형에 최소제곱법을 적용하여 회귀모수를 추정할 때, 옳지 않은 것은?

① 잔차들의 제곱합을 최소로하는 회귀추정량을 구한다.

② 결정계수는 두 변수의 표본상관계수의 제곱과 같다.

③ 오차항의 분산에 대한 불편추정량은 $MSE = \dfrac{\sum (y_i - \hat{y_i})^2}{n-1}$ 이다.

④ 추정된 회귀직선은 두 변수의 표본평균에 해당하는 점을 지닌다.

해설

단순회귀분석

오차항의 분산 σ^2에 대한 불편추정량은 $MSE = \dfrac{\sum (y_i - \hat{y_i})^2}{n-2}$ 이다.

13 확률변수 X는 시행횟수가 20이고 성공확률이 p인 이항분포를 따른다. 가설 $H_0 : p = 0.5$ 대 $H_1 : p < 0.5$의 검정에서 기각역이 $X \leq 1$이라면, 제1종의 오류를 범할 확률은?

① $10 \times \left(\dfrac{1}{2}\right)^{20}$ ② $11 \times \left(\dfrac{1}{2}\right)^{20}$

③ $20 \times \left(\dfrac{1}{2}\right)^{20}$ ④ $21 \times \left(\dfrac{1}{2}\right)^{20}$

해설

제1종의 오류를 범할 확률

제1종의 오류는 귀무가설이 참일 때 귀무가설을 기각할 오류이므로 제1종의 오류를 범할 확률은

$P(X \leq 1 \,|\, p = 0.5) = P(X = 0 \,|\, p = 0.5) + P(X = 1 \,|\, p = 0.5)$ 이다.

∵ X는 이산확률변수이다.

$P(X \leq 1 \,|\, p = 0.5) = {}_{20}C_0 \left(\dfrac{1}{2}\right)^{20} \left(\dfrac{1}{2}\right)^0 + {}_{20}C_1 \left(\dfrac{1}{2}\right)^{19} \left(\dfrac{1}{2}\right)^1$

14 X_1, X_2, $\cdots$, X_{100}이 평균 μ, 표준편차 5인 정규모집단에서의 확률표본일 때, 모평균에 대한 귀무가설 $H_0 : \mu = 0$, $H_1 : \mu = 1$을 검정하고자 한다. 이 검정에서 H_0에 대한 기각역을 $\overline{X} > 0.65$로 사용할 경우 이 검정의 검정력은? (단, $\varPhi(\,\cdot\,)$은 누적표준정규분포함수를 의미한다)

① $\varPhi(0.5)$
② $\varPhi(1)$
③ $\varPhi(1.645)$
④ $\varPhi(0.7)$

해설

검정력(Power)

제2종의 오류(β)는 대립가설이 참일 때 귀무가설을 채택할 오류이다.

$$\therefore \ \beta = P(\overline{X} \le 0.65 \mid \mu = 1) = P\left(Z \le \frac{0.65 - 1}{5/\sqrt{100}} \mid \mu = 1\right)$$
$$= P(Z \le -0.7) = 1 - \varPhi(0.7)$$

검정력($1 - \beta$)은 $1 - \beta = 1 - [1 - \varPhi(0.7)] = \varPhi(0.7)$이 된다.

15 반복이 없는 이원배치 분산분석 모형이 아래와 같을 때 다음 중 설명이 틀린 것은?

$$y_{ij} = \mu + \alpha_i + \beta_j + \epsilon_{ij} \ \ (i = 1, 2, \cdots, l, \ j = 1, 2, \cdots, m)$$

① 총 실험횟수는 $lm - 1$이다.
② 오차항은 $e_{ij} \sim iid \, N(0, \sigma_E^2)$임을 가정한다.
③ 반응변수는 일반적으로 정규분포를 따른다고 가정하고 이의 분산은 오차항의 분산과 같다.
④ 두 인자의 효과를 알아보는 방법으로 분산분석을 이용한 F-검정을 이용한다.

해설

총 실험횟수

인자 A의 수준이 l이고, 인자 B의 수준이 m이므로 총 실험횟수는 lm이다.

16 보건복지부에서는 네 가지 주요 암에 의한 사망률은 각각 38%, 26%, 20%, 16%라고 한다. 어떤 병원에서 암으로 인한 사망자 250명을 분류해 보니 다음 표와 같았다. 이 병원에서의 사망 비율은 보건복지부에서 발표된 사망 비율과 다르다고 주장할 수 있는지 검정하고자 한다. 어떤 검정법을 사용해야 하는가?

질 병	사망자 수
간 암	102
위 암	74
골수암	52
췌장암	22
합 계	250

① 카이제곱 독립성 검정
② 카이제곱 동일성 검정
③ 카이제곱 적합성 검정
④ 상관분석

카이제곱 적합성 검정의 검정통계량
카이제곱 적합성 검정은 단일표본에서 한 변수의 범주 값에 따라 기대빈도와 관측빈도 간에 유의한 차이가 있는지를 검정한다.

17 원점을 지나는 단순회귀모형에 대한 설명 중 틀린 것은?

① 잔차들의 합이 반드시 0인 것은 아니다.

② 잔차제곱합인 $\sum_{i=1}^{n} e_i^2 = \sum \left(Y_i - \hat{Y}_i \right)^2$의 자유도는 $(n-1)$이다.

③ 추정된 회귀직선은 항상 $(\overline{X}, \overline{Y})$을 지난다.

④ 잔차제곱합을 최소로 하는 회귀추정량을 구하여 회귀선을 추정한다.

원점을 지나는 단순회귀모형
원점을 지나는 단순회귀모형에서는 추정된 회귀직선이 항상 $(\overline{X}, \overline{Y})$를 지나는 것은 아니다.

18 중회귀모형에서 다중공선성(Multicollinearity)에 대한 설명으로 틀린 것은?

① 다중공선성은 독립변수 사이에 선형관계가 높을 때 발생한다.

② 다중공선성이 존재하면 회귀계수 추정치의 분산이 매우 작아진다.

③ 결정계수(R^2)의 값이 크더라도 다중공선성의 문제는 발생할 수 있다.

④ 다중공선성의 문제를 해결할 수 있는 한 가지 방법은 상관관계가 높은 설명변수를 회귀모형에서 제거하는 것이다.

다중공선성(Multicollinearity)
다중공선성이 존재하면 독립변수에 대해 추정된 회귀계수의 분산과 표준오차가 증가하여 결과적으로 t 값을 떨어트린다.

19 다음은 단순회귀모형 $Y_i = \beta_0 + \beta_1 X_i + \epsilon_i$, $i = 1, 2, \cdots, 10$에서 조사된 분산분석표의 일부분이다. 다음 정보를 이용하여 검정통계량 F의 값을 구하면?

요 인	제곱합	자유도
회 귀	800	****
잔 차	*****	****
합 계	880	****

① 80

② 60

③ 40

④ 20

해설

단순선형회귀모형의 유의성 검정

〈단순선형회귀모형의 유의성 검정을 위한 분산분석표〉

요 인	제곱합	자유도	평균제곱	F
회 귀	800	1	800	80
잔 차	80	8	10	
합 계	880	9		

20 표본오차와 비표본오차에 대한 설명으로 틀린 것은?

① 표본오차는 표본의 크기가 증가함에 따라 감소한다.

② 표본오차의 크기는 표본크기의 제곱근에 반비례한다.

③ 비표본오차는 표본조사와 전수조사 모두에서 발생할 수 있다.

④ 전수조사의 경우 비표본오차는 0이며, 표본오차는 상당히 클 수 있다.

해설

전수조사(Census)

전수조사의 경우 표본오차는 0이며, 비표본오차는 상당히 클 수 있다.

01 상관계수 r과 회귀계수 b의 관계에 대한 설명으로 항상 성립한다고 볼 수 없는 것은?

① $r=0$이면 $b=0$이다.

② $r>0$이면 $b>0$이다.

③ $r=1$이면 $b=1$이다.

④ $r<0$이면 $b<0$이다.

해설

상관계수와 회귀계수의 관계

$r = b\dfrac{S_X}{S_Y} = b\dfrac{\sqrt{\sum\left(X_i - \overline{X}\right)^2}}{\sqrt{\sum\left(Y_i - \overline{Y}\right)^2}}$ 이 성립하므로 $r=1$이면 $b=1$이 항상 성립하는 것은 아니고 $r=1$이고 X의 표본표

준편차와 Y의 표본표준편차가 동일할 경우 $b=1$이 성립한다.

02 3개의 동전을 동시에 던질 때, 앞면이 나오는 동전이 1개 이하인 사건을 A, 동전 3개가 모두 같은 면이 나오는 사건을 B라 하자. 다음에서 옳은 것을 모두 고르면?

> ㄱ. $P(A) = \dfrac{1}{2}$
>
> ㄴ. $P(A \cap B) = \dfrac{1}{8}$
>
> ㄷ. 사건 A와 사건 B는 서로 독립이다.

① ㄱ, ㄴ

② ㄴ, ㄷ

③ ㄱ, ㄷ

④ ㄱ, ㄴ, ㄷ

독립사건(Independent Events)

- 앞면이 나오는 동전이 0개일 확률은 $_3C_0\left(\frac{1}{2}\right)^0\left(\frac{1}{2}\right)^3 = \frac{1}{8}$ 이고, 앞면이 나오는 동전이 1개일 확률은

  $_3C_1\left(\frac{1}{2}\right)^1\left(\frac{1}{2}\right)^2 = \frac{3}{8}$ 이다.

  $\therefore\ P(A) = \frac{1}{8} + \frac{3}{8} = \frac{1}{2}$

- 3개의 동전을 동시에 던질 때, 앞면이 나오는 동전이 1개 이하이면서 동전 3개가 모두 같은 면이 나오는 경우는 모두 뒷면이 나오는 경우와 같다. 따라서 $P(A \cap B)$는 앞면이 나오는 동전이 0개일 확률이므로 $_3C_0\left(\frac{1}{2}\right)^0\left(\frac{1}{2}\right)^3 = \frac{1}{8}$ 이다.

- 동전 3개가 모두 같은 면이 나올 확률은 $P(B) = {}_3C_0\left(\frac{1}{2}\right)^0\left(\frac{1}{2}\right)^3 + {}_3C_3\left(\frac{1}{2}\right)^3\left(\frac{1}{2}\right)^0 = \frac{1}{8} + \frac{1}{8} = \frac{1}{4}$ 이다.

  $P(A \cap B) = \frac{1}{8}$ 이고, $P(A) = \frac{1}{2}$, $P(B) = \frac{1}{4}$ 이므로 $P(A \cap B) = P(A) \times P(B)$를 만족한다.

  따라서 사건 A와 사건 B는 서로 독립이다.

03 주머니 A에는 1, 2, 3, 4, 5의 숫자가 하나씩 적혀있는 5장의 카드가 들어있고, 주머니 B에는 6, 7, 8, 9, 10의 숫자가 하나씩 적혀있는 5장의 카드가 들어있다. 두 주머니 A, B에서 각각 카드를 임의로 한 장씩 꺼냈다. 꺼낸 2장의 카드에 적혀있는 두 수의 합이 홀수일 때, 주머니 A에서 꺼낸 카드에 적혀있는 수가 짝수일 확률은?

① $\frac{1}{13}$ ② $\frac{2}{13}$

③ $\frac{3}{13}$ ④ $\frac{4}{13}$

조건부 확률의 계산

꺼낸 2장의 카드에 적혀있는 두 수의 합이 홀수인 경우는 A에서 홀수, B에서 짝수의 카드를 뽑는 경우와 A에서 짝수, B에서 홀수의 카드를 뽑는 경우가 있다.

- A에서 홀수, B에서 짝수 카드를 뽑는 경우의 수는 $3 \times 3 = 9$가지이다.
- A에서 짝수, B에서 홀수 카드를 뽑는 경우는 $2 \times 2 = 4$가지이다.

∴ 꺼낸 2장의 카드에 적혀있는 두 수의 합이 홀수일 때, 주머니 A에서 꺼낸 카드에 적혀있는 수가 짝수일 확률은

$\frac{4}{9+4} = \frac{4}{13}$

04 다음은 어느 학급 전체학생의 성적에 대한 도수분포다각형이다. 다음에서 옳은 것을 모두 고르면? (단, 계급의 하한값과 상한값을 각각 이상과 미만으로 나타낸다)

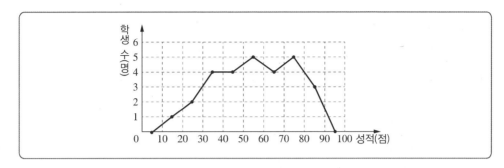

ㄱ. 이 학급의 학생 수는 모두 28명이다.
ㄴ. 중앙값은 50점 이상 60점 미만이다.
ㄷ. 30점 이상 40점 미만 계급의 상대도수는 0.25이다.

① ㄱ   ② ㄴ
③ ㄷ   ④ ㄱ, ㄴ

해설
도수분포다각형 해석
• 각 구간에 해당하는 학생 수를 모두 더하면 $1+2+4+4+5+4+5+3 = 28$명이다.
• 중앙값은 변량들을 크기 순으로 나열했을 때 가장 중앙에 위치하는 수이다. 즉, 중앙값은 50점 이상 60점 미만에 위치한다.
• 상대도수는 $\dfrac{\text{계급의 도수}}{\text{전체 도수}}$ 를 뜻한다. 따라서 30점 이상 40점 미만 계급의 상대도수는 $\dfrac{4}{28} = \dfrac{1}{7}$ 이다.

05 성공의 확률을 p라 하고 실패할 확률을 q라 할 때, 베르누이 시행에 대한 설명으로 틀린 것은?

① 한 번의 시행에서 2가지의 가능한 결과만을 나타난다.
② 베르누이 시행의 기대값은 p이다.
③ 베르누이 시행을 독립적으로 n번 반복했을 경우 이항분포를 따른다.
④ 확률질량함수는 $f(x) = p^x(1-p)^{1-x}$, $x = 1, 2$, $0 \le p \le 1$이다.

해설
베르누이 시행
베르누이 시행의 확률질량함수는 $f(x) = p^x(1-p)^{1-x}$, $x = 0, 1$, $0 \le p \le 1$이다.

06 다음과 같은 결합확률분포표가 주어졌을 때, X와 Y의 상관계수에 대한 설명으로 옳은 것은?

구 분	$y=1$	$y=3$	$y=5$	합계 $f_X(x)$
$x=0$	0.30	0.00	0.00	0.30
$x=1$	0.00	0.40	0.00	0.40
$x=2$	0.00	0.00	0.30	0.30
합계 $f_Y(y)$	0.30	0.40	0.30	1.00

① 상관계수는 양의 부호를 갖는다.

② 상관계수는 음의 부호를 갖는다.

③ 상관계수는 0이다.

④ 위의 결합확률분포표로는 상관계수를 계산할 수 없다.

해설

상관계수의 부호

X가 0, 1, 2로 보다 큰 값을 가질 때, Y도 1, 3, 5로 큰 값을 가지려는 경향이 있으므로 공분산과 상관계수는 양의 부호를 가지게 될 것이다.

07 다음 중 상관계수에 대한 설명으로 틀린 것은?

① 임의의 상수 a, b, c, d에 대하여 X, Y의 상관계수는 $a+bX$, $c+dY$의 상관계수와 $bd>0$일 때 동일하며, $bd<0$일 때 부호만 바뀐다.

② 단순선형회귀분석에서 변수들을 표준화한 표준화 회귀계수(b)는 상관계수와 같다.

③ 상관계수에서 자료를 절단할 때 윗부분(제3사분위값) 또는 아랫부분(제1사분위값)을 절단하면 상관계수는 커지고, 중간부분(IQR)을 절단하면 상관계수는 작아진다.

④ 두 변수 간 상관계수의 유의확률과 단순선형회귀분석에서 독립변수의 회귀계수(b) 검정의 유의확률은 같다.

해설

상관계수의 성질

상관계수에서 자료를 절단할 때 윗부분(제3사분위값) 또는 아랫부분(제1사분위값)을 절단하면 상관계수는 작아지고, 중간부분(IQR)을 절단하면 상관계수는 커진다.

08 어느 유치원 20명의 키를 측정한 자료를 분석한 결과 중앙값과 평균값이 동일함을 알았다. 이에 대한 설명으로 가장 적합한 것은?

① 자료의 분포형태는 좌우대칭이다.
② 자료는 표준정규분포를 따른다.
③ 자료의 대표값으로 표본평균보다는 중앙값을 사용하는 것이 바람직하다.
④ 우측으로 치우친 분포이다.

해설

분포의 형태에 따른 대표값의 비교

중위수와 평균이 동일한 분포는 좌우대칭형분포이다. 표준정규분포 역시 좌우대칭형분포이지만 중위수와 평균이 동일하다고 해서 반드시 표준정규분포를 따르는 것은 아니다.

09 다음 표는 A대학 입학시험에서 인문계열과 자연계열의 지원자 중 임의로 추출한 응시자의 논술고사 성적을 조사하여 정리한 결과이다. 계열별 논술고사 성적이 모두 정규분포를 따른다고 할 때 양 계열 간의 분산비 σ_1^2/σ_2^2 에 대한 90% 신뢰구간을 추정하면? (단, 표본분산은 불편분산이며, $F(20, 30 : 0.05) = 1.93$, $F(30, 20 : 0.05) = 2.04$ 이다)

계 열	표본크기	표본평균	표본분산
인문계열	21	62.5	9.2^2
자연계열	31	60.5	10.4^2

① $\left(\dfrac{1}{1.93} \times \dfrac{9.2^2}{10.4^2}, \ 2.04 \times \dfrac{9.2^2}{10.4^2} \right)$ ② $\left(\dfrac{1}{1.93} \times \dfrac{9.2^2}{10.4^2}, \ \dfrac{1}{2.04} \times \dfrac{9.2^2}{10.4^2} \right)$

③ $\left(1.93 \times \dfrac{9.2^2}{10.4^2}, \ 2.04 \times \dfrac{9.2^2}{10.4^2} \right)$ ④ $\left(1.93 \times \dfrac{9.2^2}{10.4^2}, \ \dfrac{1}{2.04} \times \dfrac{9.2^2}{10.4^2} \right)$

해설

분산비에 대한 신뢰구간

분산비 σ_1^2/σ_2^2 에 대한 $100(1-\alpha)\%$의 신뢰구간은 $\left(\dfrac{1}{F_{\frac{\alpha}{2}, \varnothing_1, \varnothing_2}} \times \dfrac{S_1^2}{S_2^2}, \ \dfrac{1}{F_{1-\frac{\alpha}{2}, \varnothing_1, \varnothing_2}} \times \dfrac{S_1^2}{S_2^2} \right)$이다.

$\dfrac{1}{F_{1-\frac{\alpha}{2}, \varnothing_1, \varnothing_2}} = F_{\frac{\alpha}{2}, \varnothing_2, \varnothing_1}$ 임을 감안하여 신뢰구간을 구하면

$\left(\dfrac{1}{F_{\frac{\alpha}{2}, \varnothing_1, \varnothing_2}} \times \dfrac{S_1^2}{S_2^2}, \ F_{\frac{\alpha}{2}, \varnothing_2, \varnothing_1} \times \dfrac{S_1^2}{S_2^2} \right) = \left(\dfrac{1}{1.93} \times \dfrac{9.2^2}{10.4^2}, \ 2.04 \times \dfrac{9.2^2}{10.4^2} \right)$

10 불량률이 p인 모집단에 대한 귀무가설 $H_0 : p = p_0$를 검정하기 위해 n개의 제품을 랜덤하게 추출하여 조사한 결과 X개가 불량품이었다. $\hat{p}$을 표본비율이라 할 때, 가설검정과 관련한 설명으로 가장 거리가 먼 것은?

① 불량률 p의 불편추정량은 X/n이다.

② 표본크기가 작은 경우에는 이항분포를 사용해 검정한다.

③ $np_0 > 5$, $n(1-p_0) > 5$이면 검정통계량 $Z = \dfrac{\hat{p} - p_0}{\sqrt{p_0(1-p_0)/n}}$ 를 이용한다.

④ n이 크고 $np_0 < 5$인 경우 X는 정규분포 $N(np_0,\ np_0(1-p_0))$에 근사한다.

해설

이항분포의 정규근사

$X \sim B(n,\ p)$일 때 $np > 5$이고 $n(1-p) > 5$이면, 확률변수 X는 정규분포 $N(np,\ npq)$에 근사한다.

$\therefore\ \hat{p} = \dfrac{X}{n} \sim N\left(p,\ \dfrac{p(1-p)}{n}\right)$

11 t분포에 대한 설명으로 틀린 것은?

① t분포는 정규분포와 같이 μ에 대해 좌우대칭이다.

② t분포는 자유도가 증가함에 따라 표준정규분포 $N(0,\ 1)$에 수렴한다.

③ t분포는 소표본에 주로 이용되는 분포이다.

④ t분포의 기대값은 $E(X) = 0$이며, 분산은 $Var(X) = \dfrac{k}{k-2}$이다.

해설

t분포의 특성

t분포는 표준정규분포와 같이 $x = 0$에 대해 좌우대칭이다.

12 반복측정이 있는 이원배치 분산분석에서 교호작용(Interaction)에 대한 설명으로 틀린 것은?

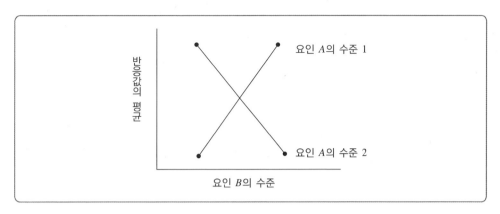

① 요인 A와 요인 B의 각 수준조합에서 반응값의 평균이 위 그림과 같을 때 교호작용이 존재한다.

② 요인 A와 요인 B의 모든 수준조합에서 반복측정이 있는 경우 교호작용효과를 확인할 수 있다.

③ 분산분석에서 교호작용에 대한 유의성 검정은 F분포를 사용한다.

④ 요인 A와 요인 B의 주효과(Main Effect)가 통계적으로 유의할 때만 요인 A와 요인 B의 교호작용이 유의하다.

[해설]
교호작용효과(Interaction Effect)
교호작용 $A \times B$가 유의한 경우에는 일반적으로 요인 A, B의 각 수준의 모평균을 추정하는 것은 의미가 없으며 수준의 조합 $A_i B_j$에서 모평균을 추정하는 것이 실제로 의미가 있다.

13 두 확률변수 X, Y에 대한 설명으로 옳지 않은 것은?

① $E(XY) = E(X)E(Y)$이면 확률변수 X와 Y는 서로 독립이다.

② $E_Y[E(X|Y)] = E(X)$

③ $Var(X) = E[Var(X|Y)] + Var[E(X|Y)]$

④ 확률변수 X와 Y가 서로 독립이면 두 확률변수의 공분산 $Cov(X, Y) = 0$이다.

[해설]
확률변수
확률변수 X와 Y가 서로 독립이면 $E(XY) = E(X)E(Y)$이지만, 그 역은 성립하지 않는다.

14 어느 전구회사에서 생산한 전구의 수명은 표준편차가 80시간이라고 한다. 새로운 공정에 의해 신제품 100개를 생산하여 실험한 결과 평균수명이 20,000시간이었다. 모평균에 대한 95% 오차한계는?

① 11.28 　　　　　　　　　　② 12.39

③ 15.68 　　　　　　　　　　④ 17.26

해설

대표본에서 모분산 σ^2을 알고 있는 경우 μ에 대한 $100(1-\alpha)$% 오차한계

$\overline{X} = 20000$, $\sigma = 80$, $n = 100$일 때, 대표본에서 모분산 σ^2을 알고 있을 경우 모평균 μ에 대한 95% 오차한계는 $z_{\frac{\alpha}{2}} \dfrac{\sigma}{\sqrt{n}}$ 이다.

$\therefore z_{\frac{\alpha}{2}} \dfrac{\sigma}{\sqrt{n}} = 1.96 \dfrac{80}{\sqrt{100}} = 1.96 \times 8 = 15.68$

---

15 다음 중 제2종의 오류를 범할 확률에 대한 설명으로 옳은 것은?

① 귀무가설이 사실일 때 귀무가설을 채택할 확률

② 귀무가설이 사실일 때 귀무가설을 기각할 확률

③ 대립가설이 사실일 때 대립가설을 채택할 확률

④ 대립가설이 사실일 때 대립가설을 기각할 확률

해설

제2종의 오류를 범할 확률

제2종의 오류를 범할 확률은 β로 표기하며, β는 대립가설이 참일 때 귀무가설을 채택하는 오류를 범할 확률을 의미한다.

$\beta = P(제2종의\ 오류) = P(H_0\ 채택\mid H_1\ 사실)$

---

16 단위면적당 논벼 생산량을 구한 결과 평균이 300kg, 표준편차가 42kg인 지역으로부터 36호의 농가를 랜덤하게 추출하여 그 평균생산량을 조사한 결과 328kg이었다. 이 지역의 단위면적당 논벼 생산량을 300kg이라고 해도 좋은지 검정하기 위한 검정통계량의 값은?

① 4 　　　　　　　　　　② 5

③ 6 　　　　　　　　　　④ 8

해설

검정통계량의 값

귀무가설($H_0 : \mu = 300$)과 대립가설($H_1 : \mu \neq 300$)을 검정하기 위한 검정통계량은 다음과 같다.

$Z = \dfrac{\overline{X} - \mu}{\sigma / \sqrt{n}} \sim N(0, 1)$

$\therefore z_0 = \dfrac{328 - 300}{42 / \sqrt{36}} = 4.0$

17 다음 설명 중 옳은 것만을 모두 고르면 몇 개인가?

> ㄱ. 유의확률(p–값)이 유의수준보다 작으면 귀무가설을 기각한다.
> ㄴ. 검정통계량의 값이 기각치보다 작으면 귀무가설을 기각한다.
> ㄷ. 검정에서 제1종 오류의 확률을 줄이면 제2종 오류의 확률은 증가한다.
> ㄹ. 유의수준을 고정시킨 후 표본의 크기를 증가시키면 제2종 오류의 확률은 증가한다.
> ㅁ. 유의수준을 고정시킨 후 표준편차를 증가시키면 제2종 오류의 확률은 증가한다.

① 2   ② 3
③ 4   ④ 5

해설

검정 원칙

ㄱ・ㄴ. 유의확률이 유의수준보다 작으면 귀무가설을 기각하고, 검정통계량 값이 기각치보다 크면 귀무가설을 기각한다.

ㄷ. 제1종의 오류와 제2종의 오류는 역의 관계에 있다.

ㄹ・ㅁ. 유의수준을 고정시킨 상태에서 표본의 크기를 증가시키면 제2종 오류는 감소하고, 표준편차를 증가시키면 제 2종 오류는 증가한다.

18 1평(3.3m^2)당 서로 다른 세 가지 비료를 사용하여 얻은 토마토 생산량에 차이가 있는지 분석한 분산분석표의 일부이다. 유의수준 5%에서 검정한 결과 옳지 않은 것은? (단, $F_{0.05\,;\,2,\,3} = 10.13$, $F_{0.05\,;\,2,\,5} = 5.79$, $F_{0.05\,;\,2,\,8} = 4.46$)

요 인	제곱합(SS)	자유도	평균제곱(MS)	F값
처 리	72			
잔 차				
합 계	120	10		

① 가설은 '귀무가설(H_0) : $\mu_1 = \mu_2 = \mu_3$' 대 '대립가설(H_1) : 모든 μ_i가 같은 것은 아니다.'이다.

② 잔차제곱합의 자유도는 8이다.

③ 검정통계량 값은 6이다.

④ 유의수준 5%에서 비료의 종류에 따라 토마토 생산량은 같다고 할 수 있다.

해설

일원배치 분산분석

귀무가설(H_0) : $\mu_1 = \mu_2 = \mu_3$ 대 대립가설(H_1) : 모든 μ_i가 같은 것은 아니다.

위의 자료를 바탕으로 분산분석표를 작성하면 다음과 같다.

요 인	제곱합(SS)	자유도	평균제곱(MS)	F값	$F_{\alpha\,;\,k-1,\,n-k}$
처 리	72	2	36	6	4.46
잔 차	48	8	6		
합 계	120	10			

검정통계량 F값이 6으로 기각치 $F_{0.05\,;\,2,\,8} = 4.46$보다 크기 때문에 귀무가설을 기각한다. 즉, 유의수준 5%에서 비료의 종류에 따라 토마토 생산량은 다르다고 할 수 있다.

19 단순회귀분석에서 종속변수의 제곱합이 25,400, 평균이 50이고 오차제곱합이 300일 때의 설명으로 옳은 것은? (단, 자료의 표본크기는 10이다)

① 종속변수 y의 총변동은 380이다.

② 선형회귀선에 의해 설명되는 변동은 200이다.

③ 종속변수 y와 독립변수 x의 상관계수는 0.5이다.

④ 오차제곱합의 자유도는 7이다.

해설

회귀분석에서 상관계수 계산

$\sum y_i^2 = 25400$, $\bar{y} = 50$, $SSE = 300$이므로

$SST = \sum \left(y_i - \bar{y}\right)^2 = \sum y_i^2 - n\bar{y}^2 = 25400 - (10 \times 50^2) = 400$

$SSR = SST - SSE = 400 - 300 = 100$

$r = \sqrt{\dfrac{SST - SSE}{SST}} = \sqrt{\dfrac{SSR}{SST}} = 0.5$

20 단순회귀모형 $y_i = \beta_0 + \beta_1 x_{i1} + e_i$, $i = 1, 2, \cdots, n$에서 기울기 β_1의 추정치를 $\hat{\beta}_1$이라 할 때, 기울기 β_1의 $100(1-\alpha)\%$ 신뢰한계로 옳은 것은?

① $\hat{\beta}_1 \pm t_{(\alpha, n-1)} \dfrac{\sqrt{MSE}}{\sqrt{\sum\limits_{i=1}^{n} \left(x_i - \bar{x}\right)^2}}$

② $\hat{\beta}_1 \pm t_{(\alpha/2, n-1)} \dfrac{\sqrt{MSE}}{\sqrt{\sum\limits_{i=1}^{n} \left(x_i - \bar{x}\right)^2}}$

③ $\hat{\beta}_1 \pm t_{(\alpha, n-2)} \dfrac{\sqrt{MSE}}{\sqrt{\sum\limits_{i=1}^{n} \left(x_i - \bar{x}\right)^2}}$

④ $\hat{\beta}_1 \pm t_{(\alpha/2, n-2)} \dfrac{\sqrt{MSE}}{\sqrt{\sum\limits_{i=1}^{n} \left(x_i - \bar{x}\right)^2}}$

해설

단순회귀에서 σ^2을 모르는 경우 기울기의 분포

$\hat{\beta}$의 분포는 $\hat{\beta} \sim t_{(\alpha/2, n-2)} \left(\beta_1, \dfrac{MSE}{S_{xx}}\right)$이다.

01 $A \subset B$, $P(B) \neq 0$일 때 $P(A|B)$는 $P(A)$보다 어떠한가?

① 작 다   ② 작거나 같다

③ 크 다   ④ 크거나 같다

해설

조건부 확률

$P(A|B) = \dfrac{P(A \cap B)}{P(B)} = \dfrac{P(A)}{P(B)}$

$P(A|B) - P(A) = \dfrac{P(A)}{P(B)} - P(A) = \dfrac{P(A)[1 - P(B)]}{P(B)} \geq 0$

$\therefore\ P(A) \geq 0,\ P(B) > 0$

02 1부와 2부로 나누어 진행하는 어느 음악회에서 독창 2팀, 중창 2팀, 합창 3팀이 모두 공연할 때, 다음 두 조건에 따라 7팀의 공연순서를 정하려고 한다. 이 음악회의 공연순서를 정하는 방법은 총 몇 가지인가?

> (가) 1부에는 독창, 중창, 합창 순으로 3팀이 공연한다.
> (나) 2부에는 독창, 중창, 합창, 합창 순으로 4팀이 공연한다.

① 20   ② 22

③ 24   ④ 26

해설

경우의 수

• 1부에서 독창 2팀, 중창 2팀, 합창 3팀 중 한 팀씩 순서대로 공연하는 경우의 수는 $2 \times 2 \times 3 = 12$이다.

• 2부에서 남은 독창 1팀과 중창 1팀은 공연순서가 고정되어 있고, 합창 2팀의 공연순서는 서로 뒤바뀔 수 있으므로 2가지 경우가 가능하다.

$\therefore\ 12 \times 2 = 24$

정답 01 ④   02 ③

03 어느 학교 전체학생의 60%는 버스로, 나머지 40%는 걸어서 등교하였다. 버스로 등교한 학생의 $\frac{1}{20}$ 이 지각하였고, 걸어서 등교한 학생의 $\frac{1}{15}$ 이 지각하였다. 이 학교 전체학생 중 임의로 선택한 1명의 학생이 지각하였을 때, 이 학생이 버스로 등교하였을 확률은?

① $\frac{1}{17}$

② $\frac{3}{17}$

③ $\frac{7}{17}$

④ $\frac{9}{17}$

해설

조건부 확률의 계산

전체학생 중 임의로 선택한 1명의 학생이 지각할 확률은 $\left(\frac{3}{5}\times\frac{1}{20}\right)+\left(\frac{2}{5}\times\frac{1}{15}\right)=\frac{425}{7500}=\frac{17}{300}$ 이다.

지각을 하고 버스로 등교하였을 확률은 $\frac{3}{5}\times\frac{1}{20}=\frac{3}{100}$ 이다.

$$\therefore \frac{\frac{3}{5}\times\frac{1}{20}}{\left(\frac{3}{5}\times\frac{1}{20}\right)+\left(\frac{2}{5}\times\frac{1}{15}\right)}=\frac{3/100}{17/300}=\frac{9}{17}$$

04 확률변수 X가 정규분포 $N(\mu, \sigma^2)$을 따르고 다음의 조건을 만족한다.

> (가) $P(X \geq 64) = P(X \leq 56)$
>
> (나) $E(X^2) = 3616$

$P(X \leq 68)$의 값을 아래의 표를 이용하여 구한 것은?

x	$P(\mu \leq X \leq x)$
$\mu+1.5\sigma$	0.4332
$\mu+2\sigma$	0.4772
$\mu+2.5\sigma$	0.4938

① 0.9104

② 0.9332

③ 0.9544

④ 0.9772

해설

정규분포의 확률 계산

정규분포는 평균을 중심으로 좌우대칭형이므로 조건 (가)에 의해 $E(X)=60$임을 알 수 있다.

$Var(X)=E(X^2)-[E(X)]^2$이므로 조건 (나)에 의해 $Var(X)=3616-60^2=16$임을 알 수 있다.

$P(\mu \leq X \leq x)=P\left(0 \leq Z \leq \frac{x-\mu}{\sigma}\right)$이고 $x=\mu+2\sigma$일 경우 $P(0 \leq Z \leq 2)=0.4772$이다.

$\therefore P(X \leq 68)=P\left(Z \leq \frac{68-60}{4}\right)=P(Z \leq 2)=0.5+P(0 \leq Z \leq 2)=0.5+0.4772=0.9772$

05 다음 중 공분산에 대한 설명으로 틀린 것은?

① 공분산은 범위에 제한이 없다.

② 공분산은 측정단위에 영향을 받는다.

③ 두 변수가 서로 독립이라고 해서 공분산이 반드시 0인 것은 아니다.

④ 공분산이 0이라고 해서 두 변수가 반드시 독립인 것은 아니다.

해설

공분산의 성질

두 변수가 서로 독립이면 공분산은 0이지만, 공분산이 0이라고 해서 두 변수가 반드시 독립인 것은 아니다.

06 공정한 주사위를 1 또는 2의 눈이 처음 나올 때까지 던지는 횟수를 확률변수 X라 할 때, 조건부 확률 $P(X \leq 1 | X \leq 3)$의 값은?

① $\dfrac{9}{19}$

② $\dfrac{7}{19}$

③ $\dfrac{5}{19}$

④ $\dfrac{3}{19}$

해설

기하분포(Geometric Distribution)

공정한 주사위를 던졌을 때 1 또는 2의 눈이 나오는 확률은 $\dfrac{1}{3}$이다.

따라서 주어진 확률변수 X는 $G\left(\dfrac{1}{3}\right)$인 기하분포를 따르며 확률질량함수는 $f(x) = \left(\dfrac{1}{3}\right)\left(\dfrac{2}{3}\right)^{x-1}$, $x = 1, 2, 3, \cdots$이다.

$P(X \leq 1 | X \leq 3) = \dfrac{P(X \leq 1 \cap X \leq 3)}{P(X \leq 3)} = \dfrac{P(X \leq 1)}{P(X \leq 3)} = \dfrac{\dfrac{1}{3}}{\dfrac{1}{3} + \dfrac{2}{9} + \dfrac{4}{27}} = \dfrac{9}{19}$이다.

07 다음에 주어진 함수가 연속확률밀도함수가 되기 위한 c는?

$$f(x) = cx^2, \quad 1 \leq x \leq 2$$

① $\dfrac{1}{7}$

② $\dfrac{2}{7}$

③ $\dfrac{3}{7}$

④ $\dfrac{4}{7}$

해설

확률밀도함수의 성질

연속확률분포의 특성 $P(-\infty < X < \infty) = \displaystyle\int_{-\infty}^{\infty} f(x)dx = 1$을 이용하여 c를 구할 수 있다.

$\displaystyle\int_{-\infty}^{\infty} f(x)dx = \int_{1}^{2} cx^2\,dx = \left[\dfrac{cx^3}{3}\right]_{1}^{2} = \dfrac{8c}{3} - \dfrac{c}{3} = \dfrac{7c}{3} = 1$이므로 $c = \dfrac{3}{7}$이다.

08 다음과 같은 결합확률분포표가 주어졌을 때, 주변확률밀도함수 $f_X(2)$의 확률은?

(x, y)	$(1, 1)$	$(1, 2)$	$(1, 3)$	$(1, 4)$	$(2, 2)$	$(2, 3)$	$(2, 4)$	$(3, 3)$	$(3, 4)$	$(4, 4)$
$f(x, y)$	1/16	1/16	1/16	1/16	2/16	1/16	1/16	3/16	1/16	4/16

① $\dfrac{1}{2}$ ② $\dfrac{1}{3}$

③ $\dfrac{1}{4}$ ④ $\dfrac{1}{5}$

해설

주변확률밀도함수의 확률의 계산

$$f_X(x) = \sum_y f(x, y) = f_X(2) = f(2, 2) + f(2, 3) + f(2, 4) = \frac{2}{16} + \frac{1}{16} + \frac{1}{16} = \frac{4}{16} = \frac{1}{4}$$

09 확률변수 X는 이항분포 $B(4, p)$를 따르고, 확률변수 Y는 이항분포 $B(2, 1-p)$를 따른다고 한다. $E(X) = E(5Y-3)$이 성립할 때, $P(X \geq 3) + P(Y=2)$의 값은?

① $\dfrac{5}{16}$ ② $\dfrac{7}{16}$

③ $\dfrac{9}{16}$ ④ $\dfrac{11}{16}$

해설

확률의 계산

$E(X) = 4p$, $E(Y) = 2(1-p)$이므로 $E(X) = E(5Y-3)$이 성립하기 위한 p는 다음과 같다.

$4p = 10(1-p) - 3$

$\therefore p = \dfrac{1}{2}$

$P(X \geq 3) + P(Y=2) = P(X=3) + P(X=4) + P(Y=2)$

$$= {}_4C_3\left(\frac{1}{2}\right)^3\left(\frac{1}{2}\right)^1 + {}_4C_4\left(\frac{1}{2}\right)^4\left(\frac{1}{2}\right)^0 + {}_2C_2\left(\frac{1}{2}\right)^2\left(\frac{1}{2}\right)^0$$

$$= \left(4 \times \frac{1}{16}\right) + \frac{1}{16} + \frac{1}{4} = \frac{9}{16}$$

10 평균이 μ이고 분산이 σ^2인 정규분포로부터 크기 n인 확률표본 $X_1, \cdots, X_n$을 추출했을 때, 모분산 σ^2을 추정하기 위해 추정량 $S^2 = \dfrac{1}{n-1} \sum\limits_{i=1}^{n} (X_i - \overline{X})^2$을 사용하였다. 이때, 편향(Bias)은?

① 0

② 1

③ $\dfrac{\sigma^2}{n}$

④ $-\dfrac{\sigma^2}{n}$

> **해설**
>
> **불편추정량(Unbiasedness Estimatior)**
>
> 편향은 추정량의 기대값과 모수의 차이로 $Bias(\hat{\theta}) = E(\hat{\theta}) - \theta$으로 정의한다.
>
> 카이제곱분포의 성질 중 $\dfrac{\sum (X_i - \overline{X})^2}{\sigma^2} \sim \chi^2_{(n-1)}$을 따른다.
>
> $E\left(\dfrac{(n-1)S^2}{\sigma^2} \right) = E\left(\dfrac{\sum (X_i - \overline{X})^2}{\sigma^2} \right) = n - 1$이므로, $E(S^2) = \dfrac{(n-1)\sigma^2}{n-1} = \sigma^2$이 된다.
>
> $\therefore Bias(S^2) = E(S^2) - \sigma^2 = 0$

11 확률변수 X가 정규분포 $N(\mu, 1)$을 따르고, 모평균 μ에 대한 가설 $H_0 : \mu = 0$ 대 $H_1 : \mu = 1$의 기각역이 $X > 2$인 검정법에 대한 설명 중 옳은 것은?

z	$P(Z > z)$
0.5	0.3085
1.0	0.1587
1.5	0.0668
2.0	0.0228

① 제1종의 오류를 범할 확률은 0.6915이다.

② 제2종의 오류를 범할 확률은 0.8413이다.

③ 검정력(Power)은 0.3085이다.

④ X의 관측값이 1이라면 귀무가설을 기각한다.

> **해설**
>
> **제2종 오류를 범할 확률**
>
> • 제1종의 오류를 범할 확률은 귀무가설이 참일 때 귀무가설을 기각할 확률이다.
>
> $\therefore \alpha = P(X > 2 | \mu = 0) = P(Z > 2) = 0.0228$
>
> • 제2종의 오류 β는 대립가설이 참일 때 귀무가설을 채택할 오류이다.
>
>   즉, $\beta = P(X \leq 2 | \mu = 1)$이 된다.
>
> $\therefore \beta = P(X \leq 2 | \mu = 1) = P\left(Z \leq \dfrac{2-1}{1} \right) = P(Z \leq 1) = 1 - P(Z > 1)$
>
> $= 1 - 0.1587 = 0.8413$
>
> • 검정력$(1 - \beta) = 1 - 0.8413 = 0.1587$

12 모분산(σ^2)의 추정치를 각각 $S_1^2 = \dfrac{\sum (X_i - \overline{X})^2}{n}$, $S_2^2 = \dfrac{\sum (X_i - \overline{X})^2}{n-1}$ 이라 할 때, 다음 설명 중 틀린 것은?

① S_1^2과 S_2^2은 모두 일치추정량이다.

② S_1^2은 편향추정량이고, S_2^2은 불편추정량이다.

③ 정규모집단 가정하에서 S_2^2은 최대가능도추정량(MLE)이다.

④ 정규모집단 가정하에서 $n S_1^2 / \sigma^2$은 $\chi^2_{(n-1)}$ 분포를 따른다.

[해설]

추정량의 성질

- 모든 최대가능도추정량(MLE)은 실질적으로 일치추정량이다. 따라서 S_1^2은 일치추정량이다.

  S_2^2이 일치추정량이 되기 위해서는 $\displaystyle\lim_{n \to \infty} P(|S_2^2 - \sigma^2| > c) = 0$이 성립해야 한다.

  $$P(|S_2^2 - \sigma^2| > c) \le \frac{E(|S_2^2 - \sigma^2|)}{c} \text{ by Chebyshev's Inequality}$$

  $$P(|S_2^2 - \sigma^2| > c) = 0$$

  $$\because E(S_2^2) = E\left[\frac{\sum (X_i - \overline{X})^2}{n-1}\right] = \sigma^2$$

  $\therefore \displaystyle\lim_{n \to \infty} P(|S_2^2 - \sigma^2| > c) = 0$이 성립하므로 S_2^2은 일치추정량이다.

- $E\left(\dfrac{\sum (X_i - \overline{X})^2}{\sigma^2}\right) = E\left(\dfrac{n S_1^2}{\sigma^2}\right) = n-1$이므로, $E(S_1^2) = \dfrac{(n-1)\sigma^2}{n}$ 이 된다. 따라서 S_1^2은 편향추정량이다.

  $$E(S_2^2) = E\left[\frac{\sum (X_i - \overline{X})^2}{n-1}\right]$$

  $$= \frac{1}{n-1} E\left[\sum (X_i - \mu)^2 - n(\overline{X} - \mu)^2\right] = \frac{1}{n-1}\left\{\sum E\left[(X_i - \mu)^2\right] - n E\left[(\overline{X} - \mu)^2\right]\right\}$$

  $$= \frac{1}{n-1}\left\{\sum \sigma^2 - n \, Var(\overline{X})\right\} = \frac{1}{n-1}\left(n\sigma^2 - n\frac{\sigma^2}{n}\right) = \sigma^2$$

  $\therefore S_2^2$은 불편추정량이다.

- $L(\mu, \sigma^2) = \displaystyle\prod_{i=1}^{n} \frac{1}{\sqrt{2\pi}\,\sigma} e^{-\frac{(X_i - \mu)^2}{2\sigma^2}}$

  $$= \left(\frac{1}{2\pi\sigma^2}\right)^{\frac{n}{2}} \exp\left[-\frac{1}{2\sigma^2}\sum (X_i - \mu)^2\right]$$

  $$\log L(\mu, \sigma^2) = -\frac{n}{2}\log 2\pi - \frac{n}{2}\log \sigma^2 - \frac{1}{2\sigma^2}\sum (X_i - \mu)^2$$

  $$\frac{\partial \log L(\mu, \sigma^2)}{\partial \mu} = \frac{1}{\sigma^2}\sum (X_i - \mu)^2, \quad \frac{\partial \log L(\mu, \sigma^2)}{\partial \sigma^2} = -\frac{n}{2}\frac{1}{\sigma^2} + \frac{1}{2\sigma^4}\sum (X_i - \mu)^2$$

  $$\therefore \hat{\mu}^{MLE} = \frac{1}{n}\sum X_i = \overline{X}, \quad \hat{\sigma^2}^{MLE} = \frac{\sum (X_i - \overline{X})^2}{n}$$

- 정규모집단 가정하에서 $\dfrac{n S_1^2}{\sigma^2} = \dfrac{\displaystyle\sum_{i=1}^{n} (X_i - \overline{X})^2}{\sigma^2} \sim \chi^2_{(n-1)}$이 성립한다.

12 ③ [정답]

13 단순회귀모형에 대한 설명으로 틀린 것은?

① 최소제곱법에 의해 구한 회귀직선은 관측값과 추정값 간의 차의 제곱을 최소화한다.

② 추정된 회귀직선은 좌표 $(\bar{x}, \bar{y})$를 지난다.

③ $Y = a + bX^2$와 같은 2차의 완벽한 관계가 있는 자료의 상관계수의 절대값은 1이 된다.

④ 표본상관계수는 확률변수이다.

[해설]

상관계수(Correlation Coefficient)

$y = a + bx^2$와 같이 2차의 완벽한 관계가 있는 자료의 상관계수는 0이 된다.

14 어느 제조회사에서 3개의 제품(P)별로 각각 3개의 전문업체(S)에 3개의 모델을 아웃소싱하였다. 이에 따른 생산량에 차이가 있는지를 분석한 결과이다. 다음 설명 중 옳은 것은?
(단, 유의수준 5%에서 교호작용의 기각역은 2.93이다)

요 인	자유도	제곱합	평균제곱합
제품(P)	2	20	10
전문업체(S)	2	8	4
교호작용($P \times S$)	4	48	12
오 차	****	36	2
합 계	****	112	

① 전체 자유도는 24이다.

② 반복이 없는 모수모형의 이원배치 분산분석 결과이다.

③ 교호작용이 유의하므로 주요인에 대한 분석은 무의미하다.

④ 교호작용이 유의하지 않으므로 오차항에 풀링(Pooling)할 필요가 있다.

[해설]

반복이 있는 이원배치 분산분석

〈반복이 있는 이원배치 분산분석표〉

요 인	자유도	제곱합	평균제곱합	F
제품(P)	2	20	10	5
전문업체(S)	2	8	4	4
교호작용($P \times S$)	4	48	12	6
오 차	18	36	2	
합 계	26	112		

교호작용이 유의한 경우 주요인에 대한 분석은 무의미하며 교호작용 위주로 분석을 한다. 단, 교호작용이 유의하지 않은 경우 오차항에 풀링하여 다시 분석한다.

15 크기가 50인 표본을 활용하여 3개의 독립변수로 하나의 종속변수를 설명하려고 하는 회귀분석에서 회귀모형의 유의성을 검정하기 위한 방법은?

① 자유도가 2, 48인 F-검정

② 자유도가 47인 t-검정

③ 자유도가 3, 46인 F-검정

④ 자유도가 46인 t-검정

해설

회귀분석에서 회귀모형의 유의성 검정

〈회귀모형의 유의성 검정을 위한 분산분석표〉

Source	제곱합	자유도	평균제곱합	F
회 귀	SSR	3	$MSR = SSR/3$	MSR/MSE
오 차	SSE	46	$MSE = SSE/46$	
합 계	SST	49		

16 네 가지 다른 모델의 냉장고에 대해 400명의 소비자를 대상으로 선호도를 조사하였더니, A형 26%, B형 32%, C형 22%, D형 20%로 나타났다. 모델에 따라 선호도가 동일한지 분석하고자 할 때 사용되는 검정통계량은?

① 자유도가 4인 카이제곱 검정통계량

② 자유도가 3인 카이제곱 검정통계량

③ 자유도가 3인 t-검정통계량

④ 자유도가 (3, 399)인 F-검정통계량

해설

카이제곱 적합성 검정의 검정통계량

속성을 4개로 나누었으므로, 자유도가 $4-1=3$인 χ^2 검정통계량을 이용한다.

17 두 상표에 대한 전구의 수명을 비교하기 위해서 A상표 전구 40개와 B상표 전구 50개를 랜덤하게 수거하여 실험한 결과 표본의 평균수명시간이 각각 $\overline{X}_A = 418$시간과 $\overline{X}_B = 402$시간임을 알았다. A, B 각 상표 전구의 수명시간은 정규분포를 따르며, 표준편차는 각각 $\sigma_A = 26$시간과 $\sigma_B = 22$시간이라고 알려져 있다. 두 상표 전구의 평균수명시간의 차 $\mu_A - \mu_B$에 대한 95% 신뢰구간은?

① $\left(16 - 1.96\sqrt{\dfrac{26^2}{40} + \dfrac{22^2}{50}}, \ 16 + 1.96\sqrt{\dfrac{26^2}{40} + \dfrac{22^2}{50}} \right)$

② $\left(16 - 1.96\left(\dfrac{26^2}{\sqrt{40}} + \dfrac{22^2}{\sqrt{50}}\right), \ 16 + 1.96\left(\dfrac{26^2}{\sqrt{40}} + \dfrac{22^2}{\sqrt{50}}\right) \right)$

③ $\left(16 - 1.645\sqrt{\dfrac{26^2}{40} + \dfrac{22^2}{50}}, \ 16 + 1.645\sqrt{\dfrac{26^2}{40} + \dfrac{22^2}{50}} \right)$

④ $\left(16 - 1.645\left(\dfrac{26^2}{\sqrt{40}} + \dfrac{22^2}{\sqrt{50}}\right), \ 16 + 1.645\left(\dfrac{26^2}{\sqrt{40}} + \dfrac{22^2}{\sqrt{50}}\right) \right)$

해설
대표본에서 두 모분산을 알고 있을 경우 $\mu_A - \mu_B$에 대한 $100(1-\alpha)\%$ 신뢰구간

$$\left(\left(\overline{X}_A - \overline{X}_B\right) - z_{\frac{\alpha}{2}}\sqrt{\dfrac{\sigma_1^2}{n_1} + \dfrac{\sigma_2^2}{n_2}}, \ \left(\overline{X}_A - \overline{X}_B\right) + z_{\frac{\alpha}{2}}\sqrt{\dfrac{\sigma_1^2}{n_1} + \dfrac{\sigma_2^2}{n_2}} \right)$$

$$\therefore \ \left(16 - 1.96\sqrt{\dfrac{26^2}{40} + \dfrac{22^2}{50}}, \ 16 + 1.96\sqrt{\dfrac{26^2}{40} + \dfrac{22^2}{50}} \right)$$

18 독립인 두 개의 정규분포 $N(100, 25)$ 및 $N(90, 16)$에서 각각 100개의 표본을 추출하여 그 표본평균을 각각 $\overline{X}_1$, $\overline{X}_2$이라 할 때, $\left(\overline{X}_1 - \overline{X}_2\right)$의 분포는?

① $N(10, 0.21)$ ② $N(10, 0.41)$

③ $N(190, 41)$ ④ $N(10, 9)$

해설
표본평균의 차에 대한 분포
$$E\left(\overline{X}_1 - \overline{X}_2\right) = E\left(\overline{X}_1\right) - E\left(\overline{X}_2\right) = 100 - 90 = 10$$

$$Var\left(\overline{X}_1 - \overline{X}_2\right) = Var\left(\overline{X}_1\right) + Var\left(\overline{X}_2\right) = \dfrac{\sigma_1^2}{n_1} + \dfrac{\sigma_2^2}{n_2} = \dfrac{25}{100} + \dfrac{16}{100} = 0.41$$

$\because \ \overline{X}_1$과 $\overline{X}_2$는 독립이다.

$\therefore \ \left(\overline{X}_1 - \overline{X}_2\right) \sim N(10, 0.41)$을 따른다.

19 두 집단의 평균 차이에 대하여 신뢰구간을 구하거나 검정하기 위해서는 두 집단의 표본에서 구한 통계량의 차이($\overline{X}_1 - \overline{X}_2$)의 표준편차를 구할 필요가 있다. 표본의 특성과 통계량이 다음과 같을 때, $\overline{X}_1 - \overline{X}_2$의 표준편차는? (단, 두 집단의 모집단은 정규분포를 이루고 모분산은 서로 같다)

집 단	표본크기	평 균	분 산
집단 1	17	120	25
집단 2	10	100	16

① $\sqrt{\dfrac{(17-1)25 + (10-1)16}{17+10-2}}$

② $\dfrac{(17-1)25 + (10-1)16}{17+10-2}$

③ $\sqrt{\dfrac{(17-1)25 + (10-1)16}{17+10-2}} \sqrt{\dfrac{1}{17} + \dfrac{1}{10}}$

④ $\dfrac{(17-1)25 + (10-1)16}{17+10-2} \left(\dfrac{1}{17} + \dfrac{1}{10} \right)$

해설

합동표본분산(Pooled Variance)

소표본에서 두 모분산이 동일하다고 할 경우에는 $\overline{X}_1 - \overline{X}_2$의 표준편차는 합동표본분산을 이용하여 구한다.

$$S_p^2 = \frac{(n_1 - 1)s_1^2 + (n_2 - 1)s_2^2}{(n_1 + n_2 - 2)} = \frac{(17-1)25 + (10-1)16}{17+10-2}$$

$$\therefore \overline{X}_1 - \overline{X}_2 \text{의 표준편차} = S_p \sqrt{\frac{1}{n_1} + \frac{1}{n_2}} = \sqrt{\frac{(17-1)25 + (10-1)16}{17+10-2}} \sqrt{\frac{1}{17} + \frac{1}{10}}$$

20 다음 사례에 해당하는 표집방법은?

> 서울의 지역사회체육관에 근무하는 종사자의 직무만족도를 조사하기 위하여 설문조사를 실시하였다. 표본은 서울시 각 구별 체육관 종사자 비율에 따라 결정된 인원수를 작위적으로 모집하였다.

① 눈덩이표집(Snowball Sampling)

② 할당표집(Quota Sampling)

③ 비비례 층화표집(Disproportionate Stratified Sampling)

④ 군집표집(Cluster Sampling)

해설

할당표집(Quota Sampling)

표본을 서울시 각 구별 체육관 종사자 비율에 따라 무작위적(Random)으로 표본을 추출하면 비례층화표집법이 되고 작위적으로 표본을 추출하면 할당표집법이 된다.

19 ③ 20 ② 정답

PART 3

Level 3
통계학 총정리 모의고사

21~30회 통계직 공무원, 공사, 공기업 통계학 총정리 모의고사

※ 실제 공무원, 공사, 공기업 시험과 비슷한 난이도를 가진 모의고사를 수록하였습니다.

무언가를 위해 목숨을 버릴 각오가 되어 있지 않는 한
그것이 삶의 목표라는 어떤 확신도 가질 수 없다.

– 체 게바라 –

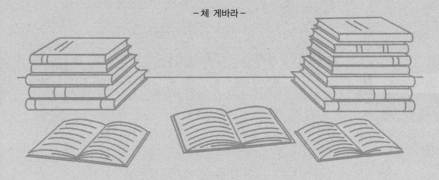

01   $N(\mu, \sigma^2)$인 정규분포의 확률밀도함수를 $f(x)$라 할 때, $\displaystyle\int_{-\infty}^{\mu} f(x)\,dx$의 값은?

① μ ② σ^2

③ 0.5   ④ 1

해설

정규분포의 확률 계산

확률변수 X는 정규분포 $N(\mu, \sigma^2)$을 따르므로 μ에 대해 좌우대칭이다.

$\displaystyle\int_{-\infty}^{\infty} f(x)\,dx = 1$이고 μ에 대해 좌우대칭이므로 $\displaystyle\int_{-\infty}^{\mu} f(x)\,dx = 0.5$가 된다.

02   두 확률변수 X와 Y에 대하여 $Var(X+Y)=20$이고 $Var(X-Y)=0$일 때, X와 Y의 공분산은?

① 3   ② 4

③ 5   ④ 6

해설

공분산의 계산

$Var(X+Y) = Var(X) + Var(Y) + 2Cov(X, Y) = 20$

$Var(X-Y) = Var(X) + Var(Y) - 2Cov(X, Y) = 0$

$Var(X+Y) - Var(X-Y) = 4Cov(X, Y) = 20$

$\therefore \; Cov(X, Y) = 5$

03 확률변수 X와 Y는 평균이 모두 0이고 분산이 각각 σ^2과 $\dfrac{\sigma^2}{4}$인 정규분포를 따르고, 확률변수 Z는 표준정규분포를 따른다. 두 양수 a와 b에 대하여 $P(|X| \le a) = P(|Y| \le b)$일 때, 다음 중 옳은 것을 모두 고르면?

> ㄱ. $a > b$
>
> ㄴ. $P\left(Z > \dfrac{2b}{\sigma}\right) = P\left(Y > \dfrac{a}{\sigma}\right)$
>
> ㄷ. $P(Y \le b) = 0.7$일 때, $P(|X| \le a) = 0.3$이다.

① ㄱ, ㄷ   ② ㄱ, ㄴ

③ ㄴ, ㄷ   ④ ㄱ, ㄴ, ㄷ

해설

정규분포의 확률 계산

ㄱ. $P(|X| \le a) = P\left(|Z| \le \dfrac{a-0}{\sigma}\right)$이고 $P(|Y| \le b) = P\left(|Z| \le \dfrac{b-0}{\sigma/2}\right)$이다.

$P(|X| \le a) = P(|Y| \le b)$을 만족시키기 위해서는 $\dfrac{a}{\sigma} = \dfrac{2b}{\sigma}$이므로 $a > b$이 성립한다.

ㄴ. $a = 2b$이므로 $P\left(Z > \dfrac{2b}{\sigma}\right) = P\left(Y > \dfrac{a}{2}\right) = P\left(Z > \dfrac{a/2-0}{\sigma/2}\right) = P\left(Z > \dfrac{a}{\sigma}\right)$이 성립한다.

ㄷ. $P(Y \le b) = P\left(Z \le \dfrac{a/2}{\sigma/2}\right) = P\left(Z \le \dfrac{a}{\sigma}\right) = 0.7$이므로 $P\left(0 \le Z \le \dfrac{a}{\sigma}\right) = 0.7 - 0.5 = 0.2$이다.

$\therefore P(|X| \le a) = P(-a \le X \le a) = P\left(-\dfrac{a}{\sigma} \le Z \le \dfrac{a}{\sigma}\right) = 2P\left(0 \le Z \le \dfrac{a}{\sigma}\right) = 2 \times 0.2 = 0.4$

04 다음은 강관에 포함된 두 인자 A, B의 수준에 따라 강관의 강도에 어떤 영향을 미치는지 알아보기 위해 반복이 있는 이원배치 모형을 적용하여 얻은 분산분석표이다.

요 인	제곱합	자유도	평균제곱	F-값
인자 A	20	2	10	5
인자 B	40	2	20	10
교호작용 $A \times B$	8	4	2	1
오 차	36	18	2	
전 체	104	26		

여기서 교호작용효과의 검정통계량 값 1이 유의수준 5%에서의 기각치 $F_{0.05}(4, 18) = 2.93$보다 작아 유의하지 않은 것으로 나타났다. 교호작용을 포함하지 않는 이원배치 모형을 적용하여 재분석을 실시할 때 분석방법으로 옳은 것은?

① 유의하지 않은 교호작용효과를 인자 A에 포함하여 재분석한다.
② 유의하지 않은 교호작용효과를 오차에 포함하여 재분석한다.
③ 유의하지 않은 교호작용효과를 인자 B에 포함하여 재분석한다.
④ 유의하지 않은 교호작용효과를 전체에 포함하여 재분석한다.

해설
오차항에 풀링(Pooling)
교호작용이 유의하지 않으면 교호작용을 오차항에 포함하여 새로운 오차항을 만드는 데, 이를 유의하지 않은 교호작용을 오차항에 풀링(Pooling)한다고 한다.

05 어느 공장에서 생산되는 제품은 한 상자에 50개씩 넣어 판매되는데, 상자에 포함된 불량품의 개수는 이항분포를 따르고 평균이 μ, 분산이 $\frac{48}{25}$이다. μ는 5 이하인 자연수라 할 때, μ의 값은?

① 0.5 ② 1
③ 1.5 ④ 2

해설
이항분포의 기대값과 분산

50개씩 넣어 판매되는 상자 속 불량품의 개수는 평균이 μ, 분산이 $\frac{48}{25}$이므로 이항분포 $B\left(50, \frac{\mu}{50}\right)$을 따른다. 분산이 $\frac{48}{25}$이라는 사실을 이용하면 $50 \times \frac{\mu}{50} \times \left(1 - \frac{\mu}{50}\right) = \frac{\mu(50 - \mu)}{50} = \frac{48}{25}$이 성립함을 알 수 있고, 이를 정리하여 $\mu = 2$ ($\because \mu$는 5 이하인 자연수)를 구할 수 있다.

06 다음 중 공분산에 대한 설명으로 틀린 것은?

① 공분산은 −1에서 1 사이의 값을 갖는다.

② 공분산은 측정단위에 영향을 받는다.

③ 두 변수가 서로 독립이면 공분산은 반드시 0이다.

④ 공분산이 0이라고 해서 두 변수가 반드시 독립인 것은 아니다.

해설

공분산의 성질

공분산의 범위는 제한이 없다. 두 변수가 서로 독립이면 공분산은 0이지만, 공분산이 0이라고 해서 두 변수가 반드시 독립인 것은 아니다.

07 다음 결합확률밀도함수의 상관계수는 얼마인가?

X \ Y	−1	0	1
0	0	1/5	0
1	2/5	0	2/5

① 0

② −1

③ 1

④ 1/2

해설

상관계수 계산

• X 가 큰 값을 가질 때 Y는 큰 값 또는 작은 값을 가지려는 경향 없이 자료가 고르게 분포되어 있으므로 X와 Y는 서로 연관성이 없음을 짐작할 수 있다.

• 공분산의 정의에 의해 계산하면 다음과 같다.

$Cov(X, Y) = E(XY) - E(X) \times E(Y)$

$E(X) = (0 \times 1/5) + (1 \times 4/5) = 4/5$

$E(Y) = (-1 \times 2/5) + (0 \times 1/5) + (1 \times 2/5) = 0$

$E(XY) = 1 \times (-1) \times \dfrac{2}{5} + 1 \times 1 \times \dfrac{2}{5} = 0$

$\therefore Cov(X, Y) = E(XY) - E(X)E(Y) = 0 - \left(\dfrac{4}{5} \times 0\right) = 0$

08 X_1, X_2, $\cdots$, X_n은 평균이 μ, 분산이 σ^2인 확률표본(Random Sample)이라고 하자. 표본평균 $\overline{X}$에 대한 설명 중 옳은 것을 모두 고르면?

> ㄱ. $\overline{X}$의 분산은 X_1의 분산보다 작다.
> ㄴ. $\overline{X}$의 기대값은 X_1의 기대값과 같다.
> ㄷ. $\overline{X}$의 분산은 n이 증가함에 따라 커진다.

① ㄱ, ㄴ   ② ㄱ, ㄷ

③ ㄴ, ㄷ   ④ ㄱ, ㄴ, ㄷ

해설

표본평균의 성질

$$Var(\overline{X}) = \frac{\sigma^2}{n} \leq Var(X_1) = \sigma^2$$

$$E(\overline{X}) = E\left(\frac{X_1 + X_2 + \cdots + X_n}{n}\right) = E\left(\frac{X_1}{n}\right) + E\left(\frac{X_2}{n}\right) + \cdots + E\left(\frac{X_n}{n}\right) = \frac{\mu}{n} + \frac{\mu}{n} + \cdots + \frac{\mu}{n} = \mu$$

$E(X_1) = \mu$, $Var(\overline{X}) = \frac{\sigma^2}{n}$ 이므로 n이 커질수록 $Var(\overline{X})$는 작아진다.

09 어느 합성수지공장에서 1년 동안 발생하는 인명사고 건수의 평균이 4건이라고 할 때 1년 동안 한 건 이하의 인명사고가 일어날 확률은?

① $2e^{-4}$ ② $3e^{-4}$

③ $4e^{-4}$ ④ $5e^{-4}$

해설

포아송분포(Poisson Distribution)

1년 동안 발생하는 인명사고 건수가 확률변수 X가 되어 구하고자 하는 확률은 $P(X \leq 1)$가 된다.

확률변수 X는 인명사고 건수의 평균 $\lambda = 4$인 포아송분포를 따르므로 구하고자 하는 확률은 다음과 같다.

$$P(X \leq 1) = P(X=0) + P(X=1) = \frac{e^{-4} 4^0}{0!} + \frac{e^{-4} 4^1}{1!} = 5e^{-4}$$

10 평균이 0이고 분산이 1인 정규분포에서 랜덤하게 얻어진 2개의 자료를 X_1과 X_2라고 할 때, $(X_1 + X_2)^2$의 평균과 분산은?

① 평균 : 2, 분산 : 4   ② 평균 : 2, 분산 : 8

③ 평균 : 4, 분산 : 4   ④ 평균 : 4, 분산 : 8

해설

기대값과 분산의 계산

X_1, $X_2 \sim N(0, 1)$을 따르므로 정규분포의 가법성에 의해 $X_1 + X_2 \sim N(0, 2)$를 따른다.

$E(X_1 + X_2) = E(X_1) + E(X_2) = 0 + 0 = 0$

$Var(X_1 + X_2) = Var(X_1) + Var(X_2) = 1 + 1 = 2$

이를 표준화하면 $\dfrac{X_1 + X_2}{\sqrt{2}} \sim N(0, 1)$이 되므로 $\dfrac{(X_1 + X_2)^2}{2} \sim \chi^2_{(1)}$을 따른다.

$E\left[\dfrac{(X_1 + X_2)^2}{2}\right] = 1$이 성립하므로 $\dfrac{1}{2}E[(X_1 + X_2)^2] = 1$이 되어 $E[(X_1 + X_2)^2] = 2$이다.

$Var\left[\dfrac{(X_1 + X_2)^2}{2}\right] = 2$가 성립하므로 $\dfrac{1}{4}Var[(X_1 + X_2)^2] = 2$가 되어 $Var[(X_1 + X_2)^2] = 8$이다.

11 직업별로 소비성향에 어떤 차이가 있는지 보기 위해 취업주부를 대상으로 전문직, 사무직, 생산직으로 구분하여 소비성향을 측정하였다. 이때 소비성향은 연속변수의 척도를 구성하였다. 직업별로 소비성향에 차이가 있는지를 알아보려면 어떤 통계적 분석을 실시하는 것이 가장 적합한가?

① 분할표 분석   ② 판별분석

③ 상관관계분석   ④ 분산분석

해설

일원배치 분산분석(One-way ANOVA)

3개의 집단(전문직, 사무직, 생산직)에 대한 소비성향(연속변수)에 차이가 있는지 검정하기 위해서는 일원배치 분산분석을 실시한다.

12 어느 방문 판매업에 해당하는 화장품 회사는 3명의 판매원에 대해서 지난 5개월간 화장품 평균판매량에 차이가 있는지 분석하고자 한다. 유의수준 5%에서 검정할 때 다음 중 틀린 것은?

($F_{(2, 4, 0.05)} = 6.94$, $F_{(2, 4, 0.025)} = 10.65$, $F_{(2, 12, 0.05)} = 3.89$, $F_{(2, 12, 0.025)} = 5.10$)

월 \ 판매원	A	B	C
1	28	24	14
2	24	14	20
3	22	14	16
4	23	22	18
5	28	24	20

① $H_0 : \mu_1 = \mu_2 = \mu_3$, H_1 : 적어도 하나의 μ_i, $i = 1, 2, 3$는 같지 않다.

② 검정통계량 F값과 기각치 3.89를 비교하여 통계적 결정을 한다.

③ 총제곱합에 대한 자유도는 14이다.

④ 모수인자가 3개(A, B, C)인 일원배치 분산분석이다.

[해설]
일원배치 분산분석(One-way ANOVA)
모수인자가 판매원으로 하나이고 인자의 수준이 A, B, C인 일원배치 분산분석이다.

13 모평균이 μ인 정규모집단으로부터 크기 16의 확률표본을 취하여 다음의 결과를 얻었다.

$$\sum_{i=1}^{16} x_i / 16 = 2, \quad \sum_{i=1}^{16} x_i^2 = 124$$

모분산을 모를 때 모평균 μ에 대한 95% 신뢰구간을 구하면? (단, 표준정규분포와 자유도가 15인 t분포의 제97.5백분위수는 각각 1.96과 2.130이다)

① $\left(2 - 2.13 \times \dfrac{4}{16}, \; 2 + 2.13 \times \dfrac{4}{16} \right)$

② $\left(2 - 2.13 \times \dfrac{2}{\sqrt{16}}, \; 2 + 2.13 \times \dfrac{2}{\sqrt{16}} \right)$

③ $\left(2 - 1.96 \times \dfrac{4}{16}, \; 2 + 1.96 \times \dfrac{4}{16} \right)$

④ $\left(2 - 1.96 \times \dfrac{2}{\sqrt{16}}, \; 2 + 1.96 \times \dfrac{2}{\sqrt{16}} \right)$

[해설]
소표본에서 모분산 σ^2을 모르고 있는 경우 μ에 대한 $100(1-\alpha)\%$ 신뢰구간
소표본에서 모분산 σ^2을 모르고 있는 경우 μ에 대한 $100(1-\alpha)\%$ 신뢰구간은
$\left(\overline{X} - t_{(\alpha/2, \, n-1)} \dfrac{S}{\sqrt{n}}, \; \overline{X} + t_{(\alpha/2, \, n-1)} \dfrac{S}{\sqrt{n}} \right)$이다.

$\overline{X} = \dfrac{\sum_{i=1}^{16} x_i}{16} = 2$, $S^2 = \dfrac{\sum_{i=1}^{n} (x_i - \overline{x})^2}{n-1} = \dfrac{\sum_{i=1}^{n} x_i^2 - n\overline{x}^2}{n-1} = \dfrac{124 - 16 \times 4}{15} = 4$이므로,

구하고자 하는 신뢰구간은 $\left(2 - 2.13 \times \dfrac{2}{\sqrt{16}}, \; 2 + 2.13 \times \dfrac{2}{\sqrt{16}} \right)$가 된다.

14 회귀계수와 관련된 설명으로 가장 적합한 것은?

① 회귀계수의 추정값의 크기가 큰 설명변수가 종속변수에 더 많은 영향력을 미친다.

② 설명변수들 사이의 상관관계가 커지면 회귀계수 추정량들에 대한 신뢰성이 높아진다.

③ 회귀계수의 추정값은 종속변수와 설명변수의 측정단위에 영향을 받지 않는다.

④ 표준화 회귀계수를 사용하면 설명변수들이 종속변수에 미치는 영향의 정도를 비교할 수 있다.

[해설]
표준화 회귀계수
종속변수에 대한 독립변수의 상대적 중요도는 표준화 회귀계수의 절대값이 큰 순서로 높다.

15 어느 제약회사에서 새로 개발된 소화제의 소화효과가 나타나는 시간(단위 : 분)은 정규분포 $N(\mu, 25)$를 따른다고 알려져 있다. 100명의 실험자를 임의추출하여 조사한 결과 $\overline{X} = 28.5$이었다. 이 제약회사는 μ가 30분 미만이라고 주장한다. 다음의 설명 중 틀린 것은?

① 이 문제의 가설은 $H_0 : \mu = 30$, $H_1 : \mu < 30$이다.

② 이 문제에서 검정통계량 값은 $z_c = \dfrac{28.5 - 30}{5 / \sqrt{100}} = -3.0$이다.

③ 이 문제의 가설검정에 대한 유의확률은 $P(Z \geq -3.0)$이다.

④ 5% 유의수준에서 검정하면 귀무가설은 기각된다.

[해설]
유의확률
유의확률은 표본으로부터 계산된 검정통계량 값보다 더 극단적인 검정통계량 값을 구할 수 있는 확률값이다. 이 문제에서 검정통계량 값이 -3이고, 대립가설이 $H_1 : \mu < 30$이므로 유의확률은 $P(Z \leq -3)$이 된다.

16 다음 중 F-분포에 대한 설명으로 옳은 것은? (단, $F_\alpha(k_1, k_2)$는 분자의 자유도가 k_1이고 분모의 자유도가 k_2인 F-분포의 제$100 \times (1-\alpha)$백분위수이다)

① 서로 독립인 두 확률변수 Z_1, $Z_2 \sim N(0, 1)$일 때, 확률변수 $\left(\dfrac{Z_1}{Z_2}\right)^2 \sim \chi^2_{(1)}$을 따른다.

② T가 자유도 k인 t-분포를 따를 때, $T^2 \sim F(k, 1)$이다.

③ F-분포는 단일 모분산 검정에 사용된다.

④ $F_\alpha(k_1, k_2) \times F_{1-\alpha}(k_2, k_1) = 1$

F-분포의 특성

Z_1, $Z_2 \sim_{iid} N(0, 1)$이므로 $U = Z_1^2$과 $V = Z_2^2$은 각각 자유도가 1인 카이제곱분포를 따른다.

$$\therefore \left(\frac{Z_1}{Z_2} \right)^2 = \frac{U/1}{V/1} \sim F(1, 1)$$

T가 자유도 k인 t-분포를 따를 때, $T^2 \sim F(1, k)$이다.

$F_\alpha(k_1, k_2) = \dfrac{1}{F_{1-\alpha}(k_2, k_1)}$ 이 성립한다. 따라서, $F_\alpha(k_1, k_2) \times F_{1-\alpha}(k_2, k_1) = 1$이다.

17 한 변수는 6개, 다른 한 변수는 3개의 범주로 구성된 교차표가 있다. 두 변수 간에 서로 독립인지 검정하기 위해 카이제곱 검정을 한다면 이 검정통계량의 자유도는?

① 8

② 9

③ 10

④ 18

카이제곱 검정의 자유도

$r \times c$ 분할표에서 χ^2 검정통계량의 자유도는 $(r-1)(c-1) = (6-1)(3-1) = 10$이다.

18 X_1, X_2, $\cdots$, X_n이 서로 독립이고 균일분포 $U(0, 1)$을 따른다고 하자. $X_{(1)} \leq X_{(2)} \leq \cdots \leq X_{(n)}$는 X_1, X_2, $\cdots$, X_n의 순서통계량이라고 할 때, $0 < y < 1$에서 $Y = X_{(1)}$의 누적분포함수 $F(y)$는?

① $1 - (1-y)^n$

② $(1-y)^n$

③ $(1-e^{-y})^n$

④ y^n

최소값의 누적분포함수

$X \sim U(0, 1)$을 따르므로 확률밀도함수는 $f(x) = \begin{cases} 1, & 0 < x < 1 \\ 0, & \text{elsewhere} \end{cases}$ 이고 누적분포함수는 $F(x) = x$이다.

$$\begin{aligned} F_1(y) = P[Y \leq y] &= 1 - P[Y > y] = 1 - P(X_1 > y, X_2 > y, \cdots, X_n > y) \\ &= 1 - [1 - F(y)]^n \quad \because X_1, X_2, \cdots, X_n \text{은 서로 독립} \\ &= 1 - (1-y)^n \end{aligned}$$

19 모비율 추정에 필요한 표본의 크기를 구할 때, 최대추정오차, $d = z_{\alpha/2}\sqrt{\dfrac{p(1-p)}{n}}$ 을 n에 대해 정리하면 $n = (z_{\alpha/2})^2\,\dfrac{p(1-p)}{d^2}$ 가 된다. 만약 모비율 p에 대한 사전 정보가 없다면 표본크기를 구하기 위해 어떤 값을 이용해야 하는가?

① $p = \dfrac{1}{4}$ ② $p = \dfrac{1}{2}$

③ $p = \dfrac{3}{4}$ ④ $p = 1$

해설
모비율 추정에 필요한 표본크기

모비율 추정에 필요한 표본의 크기를 구할 때 모비율 p에 대한 사전정보가 없다면 $n = \hat{p}(1-\hat{p})\left(\dfrac{z_{\alpha/2}}{d}\right)^2$ 에서 최소의 표본수를 선택하기 위해 $\hat{p}(1-\hat{p})$이 최대가 되는 $\hat{p} = 0.5$를 선택한다.

$f(\hat{p}) = -\hat{p}^2 + \hat{p}$ 이므로 $\hat{p}$에 대해 미분한 $f'(\hat{p}) = -2\hat{p} + 1$을 0으로 하는 $\hat{p}$에서 최대값을 갖기 때문이다.

20 다음과 같은 함수가 있다고 할 때 이 함수가 확률밀도함수가 되기 위한 상수 c값은?

$$f(x) = c\,x^3\,e^{-\frac{x}{2}}, \quad x > 0$$

① $\dfrac{1}{96}$ ② $\dfrac{1}{48}$

③ $\dfrac{1}{24}$ ④ $\dfrac{1}{16}$

해설
감마분포(Gamma Distribution)

감마분포의 확률밀도함수는 $f(x) = \dfrac{1}{\Gamma(\alpha)\beta^\alpha}\,x^{\alpha-1}\,e^{-\frac{x}{\beta}}$, $x > 0$, $\alpha > 0$, $\beta > 0$이다.

위의 함수는 $\alpha = 4$, $\beta = 2$인 감마분포의 일부이므로, 확률밀도함수의 성질 $\displaystyle\int_0^\infty f(x)dx = 1$을 이용하면

$\displaystyle\int_0^\infty \dfrac{1}{\Gamma(4)2^4}\,x^3\,e^{-\frac{x}{2}}\,dx = 1$ 이다.

$\therefore c = \dfrac{1}{\Gamma(4)2^4} = \dfrac{1}{3\times2\times1\times2^4} = \dfrac{1}{96}$

01 단순회귀모형의 분산분석표가 다음과 같을 때, 빈칸의 숫자를 모두 합친 값은?

요 인	제곱합	자유도	평균제곱	F-값	$p-\text{value}$
회 귀	( )	( )	( )	( )	0.001
잔 차	( )	( )	5		
계	200	11			

① 391
② 503
③ 378
④ 420

해설

단순회귀모형의 분산분석표

빈칸을 채우면 다음과 같다.

요 인	제곱합	자유도	평균제곱	F-값	$p-\text{value}$
회 귀	150	1	150	30	0.001
잔 차	50	10	5		
계	200	11			

따라서 구하고자 하는 값은 $150+50+1+10+150+30 = 391$ 이다.

02 어느 소방서에서 30분당 평균 2건의 장난전화를 받는다. 이 소방서에서 1시간 동안 받은 장난전화의 수가 포아송분포를 따르는 확률변수 X일 때, X의 변동계수(Coefficient of Variation)는?
(단, 변동계수의 단위는 백분율(%)이다)

① 33%
② 50%
③ 75%
④ 99%

해설

포아송분포의 기대값과 분산

$X \sim P(\lambda)$를 따를 때 $E(X) = \overline{X} = \lambda$, $Var(X) = \sigma^2 = \lambda$이다. 30분당 평균 2건의 장난전화를 받으므로 1시간 동안 받는 평균 문자메시지의 수는 $P(4)$을 따른다.

$\therefore$ 변동계수 $= \dfrac{\sigma}{\overline{X}} \times 100\% = \dfrac{2}{4} \times 100\% = 50\%$

03 두 자료 A와 B가 있다. 서로 다른 5개의 수로 이루어진 A의 평균과 중앙값은 모두 25이다. 7개의 수로 이루어진 B에서 5개는 A의 자료와 일치하고, 나머지 2개는 x, y이다. 다음 중 옳은 것을 모두 고르면?

> ㄱ. B의 평균이 25이면 B의 중앙값도 25이다.
> ㄴ. B의 평균이 27 이상이면 x와 y 중에서 적어도 하나는 32 이상이다.
> ㄷ. x와 y가 모두 25이면 B의 표준편차가 A의 표준편차보다 작다.

① ㄱ
② ㄴ, ㄷ
③ ㄱ, ㄷ
④ ㄱ, ㄴ, ㄷ

해설
대표값과 산포도
• 서로 다른 5개의 수로 이루어진 A의 평균과 중앙값이 25로 동일하므로 A는 좌우대칭형인 분포를 가지고 있다. B에서 5개는 A의 자료와 일치하므로 B의 평균이 25이면 좌우대칭형인 분포가 되어야 하므로 중앙값 역시 25이다.
• B의 평균이 27 이상이면 B자료의 총합은 189 이상이어야 하며 A와 동일한 5개 자료의 합이 $25 \times 5 = 125$이므로 $x + y \geq 64$이어야 한다. 즉, $x + y$의 평균이 적어도 32보다 커야 하므로 적어도 하나는 32 이상이어야 한다.
• x와 y가 모두 25이면 B자료는 A자료보다 평균에 밀집되어 있다. 즉, B의 표준편차가 A의 표준편차보다 작다.

04 확률변수 X는 모수가 λ인 포아송분포를 따른다고 할 때, 확률변수 $Y = 3X + 5$에 대해서 $E(Y) + Var(Y)$의 값은?

① 12λ
② $12\lambda + 5$
③ $15\lambda + 5$
④ $15\lambda + 8$

해설
포아송분포의 성질
포아송분포의 성질에 의해 $E(X) = \lambda$이고, $Var(X) = \lambda$이다.
따라서, $E(Y) = E(3X + 5) = 3E(X) + 5 = 3\lambda + 5$이고, $Var(Y) = Var(3X + 5) = 9Var(X) = 9\lambda$이다.
즉, 구하고자 하는 값은 $12\lambda + 5$이다.

05 연속확률변수 X가 평균이 μ이고, 표준편차가 σ인 정규분포를 따를 때 다음의 표준정규분포표를 이용하여 $\int_{4}^{6.6} \sqrt{\dfrac{2}{\pi}}\, e^{-\frac{(x-5)^2}{8}}\, dx$의 근사값을 구하면?

〈표준정규분포표〉

Z	$P(0 < Z \le z)$
0.1	0.0398
0.2	0.0793
0.3	0.1179
0.4	0.1554
0.5	0.1915
0.6	0.2257
0.7	0.2580
0.8	0.2881
0.9	0.3159
1.0	0.3413

① 0.3864

② 0.4796

③ 0.6826

④ 1.9184

해설

정규분포의 확률 계산

정규분포의 확률밀도함수가 $f(x)=\dfrac{1}{\sqrt{2\pi}\,\sigma}\,e^{-\frac{1}{2}\left(\frac{x-\mu}{\sigma}\right)^2}$ 이므로, $\sqrt{\dfrac{2}{\pi}}\,e^{-\frac{(x-5)^2}{8}}$ 은

$4\times\left[\dfrac{1}{\sqrt{2\pi}\times 2}\,e^{-\frac{(x-5)^2}{8}}\right]$ 으로 나타낼 수 있고, 이때 $\dfrac{1}{\sqrt{2\pi}\times 2}\,e^{-\frac{(x-5)^2}{8}}$ 는 평균이 5이고 표준편차가 2인 정규분포

$N(5,\ 2^2)$의 확률밀도함수이다. 적분 범위인 4와 6.6을 표준화하면 $\dfrac{4-5}{2}=-0.5$와 $\dfrac{6.6-5}{2}=0.8$이 되므로 구하고자

하는 확률은 $4P(-0.5<Z<0.8)$이다. 표준정규분포는 좌우대칭형임을 이용하면 구하고자 하는 확률은 다음과 같다.

$\therefore\ 4\times P(-0.5<Z<0.8)=4\times[P(0<Z<0.5)+P(0<Z<0.8)]$
$=4\times(0.1915+0.2881)=1.9184$

06 다음과 같은 결합확률분포표가 주어졌을 때, X와 Y의 상관계수에 대한 설명으로 옳은 것은?

구 분	$y=1$	$y=3$	$y=5$
$x=0$	0	0	0.3
$x=1$	0	0.4	0
$x=2$	0.3	0	0

① 상관계수는 양의 부호를 갖는다.
② 상관계수는 음의 부호를 갖는다.
③ 상관계수는 0이다.
④ 위의 결합확률분포표로는 상관계수를 계산할 수 없다.

해설

상관계수의 부호

X가 0, 1, 2로 보다 큰 값을 가질 때, Y는 5, 3, 1로 보다 작은 값을 가지려는 경향이 있으므로 공분산과 상관계수는 음의 부호를 가지게 될 것이다.

07 전자제품 구매자는 제품이 20개씩 포장되어 있는 상품을 구입하려고 한다. 포장된 20개의 제품 중에서 불량품이 4개 있을 때, 구매자가 2개를 임의로 추출할 경우 한 개가 불량품일 확률은?

① $\dfrac{32}{95}$

② $\dfrac{32}{75}$

③ $\dfrac{34}{95}$

④ $\dfrac{34}{75}$

해설

초기하분포(Hypergeometric Distribution)

확률변수 X가 x개 불량품을 뽑을 시행횟수라 하면 구하고자 하는 확률은 $P(X=1)$이 된다.

확률변수 X는 $N=20$, $k=4$, $n=2$인 초기하분포를 따르며 초기하분포의 확률질량함수가

$f(x) = \dfrac{\binom{k}{x}\binom{N-k}{n-x}}{\binom{N}{n}}$ 이므로 구하고자 하는 확률은 다음과 같다.

$P(X=1) = \dfrac{\binom{4}{1}\binom{20-4}{2-1}}{\binom{20}{2}} = \dfrac{4 \times 16}{190} = \dfrac{32}{95}$

08 다음의 확률분포 중 무기억성의 성질(Memoryless Property)을 가지는 분포로만 짝지어진 것은?

① 초기하분포, 지수분포
② 음이항분포, 지수분포
③ 이항분포, 지수분포
④ 기하분포, 지수분포

해설
무기억성의 성질(Memoryless Property)
이산형 확률분포에서는 기하분포가 유일하게 무기억성의 성질을 가지고 있으며, 연속형 확률분포에서는 지수분포가 유일하게 무기억성의 성질을 가지고 있다.

09 어느 경찰서에는 범죄 신고가 10분에 5번 걸려오는 포아송분포를 따른다고 한다. 한 번 전화가 걸려온 후 다음 전화가 걸려올 때까지 걸린 시간이 2분 이내일 확률은?

① $1-e^{-3}$ ② $1-e^{-2}$
③ $1-e^{-1.5}$ ④ $1-e^{-1}$

해설
지수분포의 확률 계산
범죄 신고가 10분에 5번 걸려오므로 단위시간(1분)에 평균적으로 0.5번 걸려오는 $\lambda=0.5$인 포아송분포를 따른다. 확률변수 X를 전화가 한 번 걸려온 후 다음 전화가 걸려올 때까지 걸린 시간이라고 한다면 X는 평균이 $\frac{1}{\lambda}=2$인 지수분포를 따른다. 한 번 전화가 걸려온 후 다음 전화가 걸려올 때까지 걸린 시간이 2분 이내일 확률은 $P(X\leq 2)$이다.

$$\therefore\ P(X\leq 2)=\int_0^2 0.5e^{-0.5x}\,dx=\left[-e^{-0.5x}\right]_0^2=1-e^{-1}$$

10 확률변수 Z_1, Z_2, Z_3, Z_4 가 서로 독립이고 표준정규분포인 $N(0, 1)$을 따른다고 할 때 $\dfrac{Z_1+Z_2}{\sqrt{(Z_1-Z_2)^2}}$

의 분포는?

① $t_{(1)}$　　　　　　　　　　　② $t_{(2)}$

③ $\chi^2_{(1)}$　　　　　　　　　　　④ $\chi^2_{(2)}$

해설

t분포

자유도가 1인 t분포는 $t = \dfrac{Z}{\sqrt{U/1}}$ 이며, 여기서 Z는 정규분포, U는 자유도가 1인 카이제곱분포를 따른다.

Z_1+Z_2은 정규분포의 가법성을 이용하면 $Z_1+Z_2 \sim N(0, 2)$을 따르므로, $\dfrac{Z_1+Z_2}{\sqrt{2}} \sim N(0, 1)$이고, Z_1-Z_2 역시 정

규분포의 가법성을 이용하면 $Z_1-Z_2 \sim N(0, 2)$을 따르므로, $\dfrac{Z_1-Z_2}{\sqrt{2}} \sim N(0, 1)$이 되어 $Z^2 = \left(\dfrac{Z_1-Z_2}{\sqrt{2}}\right)^2 \sim \chi^2_{(1)}$이

성립한다.

$\therefore \dfrac{(Z_1+Z_2)/\sqrt{2}}{\sqrt{(Z_1-Z_2)^2/2}} = \dfrac{Z_1+Z_2}{\sqrt{(Z_1-Z_2)^2}} \sim t_{(1)}$

11 확률변수 X가 이항분포 $B(64, 0.5)$를 따를 때, X는 근사적으로 정규분포 $N(a, b)$를 따르고 다음이 성립할 때, $a+b+c$의 값은?

$$P(32 \le X \le 40) = P(0 \le Z \le c)$$

① 40　　　　　　　　　　　② 50

③ 60　　　　　　　　　　　④ 70

해설

이항분포의 정규근사

$X \sim B(64, 0.5)$를 따르므로 $E(X) = 64 \times 0.5 = 32$, $Var(X) = 64 \times 0.5 \times 0.5 = 16$이다.

$np > 5$, $nq > 5$이므로, 확률변수 X는 $N(32, 16)$에 근사한다.

$P(32 \le X \le 40) = P\left(\dfrac{32-32}{4} \le Z \le \dfrac{40-32}{4}\right) = P(0 \le Z \le 2)$

$\therefore a+b+c = 32+16+2 = 50$

12 다중회귀모형 $Y = \beta_0 + \beta_1 X_1 + \beta_2 X_2 + \beta_3 X_3 + \beta_4 X_4 + \epsilon$의 잔차제곱합은 120이다. '$H_0 : \beta_2 = \beta_4 = 0$ 대 H_1 : 적어도 하나의 β_i는 0이 아니다(단, $i = 2, 4$)'를 검정하기 위하여 모형 $Y = \beta_0 + \beta_1 X_1 + \beta_3 X_3 + \epsilon$을 회귀분석한 결과 회귀제곱합은 150이고 잔차제곱합은 100이었다. 다중회귀모형 $Y = \beta_0 + \beta_1 X_1 + \beta_2 X_2 + \beta_3 X_3 + \beta_4 X_4 + \epsilon$의 전체제곱합은?

① 200　　　　　　　　　　　　　　② 250

③ 300　　　　　　　　　　　　　　④ 400

해설

부분 F-검정

완전모형의 전체제곱합과 축소모형의 전체제곱합은 동일하므로 $SST = SSR(F) + SSE(F) = SSR(R) + SSE(R)$이 성립한다. 즉, 축소모형의 전체제곱합이 $SST = SSR(R) + SSE(R) = 150 + 100 = 250$이므로 완전모형의 전체제곱합도 250이다.

13 어느 선거구에서 A후보의 지지율을 조사하기 위하여 300명의 유권자를 조사한 결과 A후보의 지지율이 70%이었다. A후보의 지지율에 대한 95%의 신뢰구간은?

① $\left(0.7 - 1.96 \sqrt{\dfrac{0.7 \times 0.3}{300}} \ , \ 0.7 + 1.96 \sqrt{\dfrac{0.7 \times 0.3}{300}} \right)$

② $\left(0.7 - 1.96 \times \dfrac{0.7 \times 0.3}{300} \ , \ 0.7 + 1.96 \times \dfrac{0.7 \times 0.3}{300} \right)$

③ $\left(0.7 - 1.645 \sqrt{\dfrac{0.7 \times 0.3}{300}} \ , \ 0.7 + 1.645 \sqrt{\dfrac{0.7 \times 0.3}{300}} \right)$

④ $\left(0.7 - 1.645 \times \dfrac{0.7 \times 0.3}{300} \ , \ 0.7 + 1.645 \times \dfrac{0.7 \times 0.3}{300} \right)$

해설

모비율에 대한 $100(1 - \alpha)\%$ 신뢰구간

모비율 p에 대한 $100(1 - \alpha)\%$ 양측 신뢰구간은 $\left(\hat{p} - z_{\frac{\alpha}{2}} \sqrt{\dfrac{\hat{p}(1 - \hat{p})}{n}} \ , \ \hat{p} + z_{\frac{\alpha}{2}} \sqrt{\dfrac{\hat{p}(1 - \hat{p})}{n}} \right)$이다.

$\hat{p} = 0.7$, $\hat{q} = (1 - \hat{p}) = 0.3$, $n = 300$일 때, A후보의 지지율 p에 대한 95% 신뢰구간은

$\left(0.7 - 1.96 \sqrt{\dfrac{0.7 \times 0.3}{300}} \ , \ 0.7 + 1.96 \sqrt{\dfrac{0.7 \times 0.3}{300}} \right)$이다.

14 어느 고등학교에서는 매일 온라인게임을 하는 학생들의 비율을 추정하기 위해 이 학교 학생을 성별 구성비에 따라 남학생 200명, 여학생 100명을 각각 무작위로 추출하여 조사하였더니 남학생 중 80명, 여학생 중 40명이 매일 온라인게임을 한다는 조사결과를 얻었다. 이 고등학교 전체 학생들 중 매일 온라인게임을 한다고 추정할 수 있는 비율은?

① 0.3　　　　　　　　　　　　　　② 0.4

③ 0.5　　　　　　　　　　　　　　④ 0.6

해설

합동표본비율

$$\hat{p} = \frac{X + Y}{n + m} = \frac{80 + 40}{200 + 100} = \frac{120}{300} = 0.4$$

15 두 연속형 변수 (X, Y)를 측정한 자료값이 $(-1, -1)$, $(-1, 1)$, $(0, 0)$, $(1, 1)$, $(1, -1)$이다. X를 설명변수, Y를 반응변수로 하는 단순선형회귀모형을 적합할 때, 추정된 회귀직선은?

① $\hat{y} = 2x$　　　　　　　　　　　② $\hat{y} = x$

③ $\hat{y} = 0$　　　　　　　　　　　④ $\hat{y} = -x$

해설

회귀계수 계산

$\bar{x} = 0$, $\bar{y} = 0$이므로 회귀직선의 기울기 $b = \dfrac{\sum (x_i - \bar{x})(y_i - \bar{y})}{\sum (x_i - \bar{x})^2} = \dfrac{\sum x_i y_i - n\bar{x}\bar{y}}{\sum x_i^2 - n\bar{x}^2} = \dfrac{0}{4} = 0$이고,

회귀직선의 절편은 $a = \bar{y} - b\bar{x}$이므로 0이 된다.

16 X_1, X_2, $\cdots$, X_{36}이 평균 μ, 표준편차 4인 정규모집단에서의 확률표본일 때, 모평균에 대한 귀무가설 $H_0 : \mu = 0$, $H_1 : \mu = 1$을 검정하고자 한다. 이 검정에서 H_0에 대한 기각역을 $\bar{X} > 0.72$로 사용할 경우 이 검정의 검정력은? (단, $\Phi(\cdot)$은 누적표준정규분포함수를 의미한다)

① $\Phi(1.96)$　　　　　　　　　　② $\Phi(2.58)$

③ $\Phi(0.02)$　　　　　　　　　　④ $\Phi(0.42)$

해설

검정력(Power)

제2종의 오류(β)는 대립가설이 참일 때 귀무가설을 채택할 오류이다.

$\therefore \beta = P(\bar{X} \leq 0.72 \,|\, \mu = 1) = P\left(Z \leq \dfrac{0.72 - 1}{4 / \sqrt{36}} \,\Big|\, \mu = 1\right)$

$\qquad = P(Z \leq -0.42) = 1 - \Phi(0.42)$

검정력$(1 - \beta)$은 $1 - \beta = 1 - [1 - \Phi(0.42)] = \Phi(0.42)$이 된다.

17 계절(봄, 여름, 가을, 겨울)별로 감자탕 판매량의 정도(상, 중, 하)가 다른지 알아보려고 한다. 이 때 쓰이는 검정법과 그에 따른 자유도는?

① t-검정, 3

② t-검정, 6

③ χ^2-검정, 3

④ χ^2-검정, 6

해설

카이제곱 검정의 자유도와 검정통계량

두 범주형 변수 계절(봄, 여름, 가을, 겨울)과 감자탕 판매량의 정도(상, 중, 하)에 차이가 있는지를 검정하는 χ^2 검정이다. $r \times c$ 분할표에서 χ^2 검정통계량의 자유도는 $(r-1)(c-1) = (4-1)(3-1) = 6$ 이다.

18 반복이 없는 이원배치 분산분석 모형이 아래와 같을 때 다음 중 설명이 틀린 것은?

$$y_{ij} = \mu + \alpha_i + \beta_j + \epsilon_{ij} \ (i = 1, 2, \cdots, l, \ j = 1, 2, \cdots, m)$$

① 총 실험횟수는 lm 이다.

② 두 인자 모두 모수인자인 경우를 난괴법(Randomized Block Design)이라 한다.

③ 반복이 없는 이원배치 분산분석으로 교호작용효과는 검출할 수 없다.

④ 두 인자의 효과를 알아보는 방법으로 분산분석을 이용한 F-검정을 이용한다.

해설

난괴법(RBD ; Randomized Block Design)

1인자는 모수인자이고 1인자는 변량인 반복이 없는 이원배치 분산분석을 난괴법이라 한다.

19 다음 모형 중 선형으로 변환할 수 없는 것은?

① $Y = \beta_0 \beta_1^{-Xe^{\epsilon}}$

② $Y = e^{\beta_0 + \beta_1 X + \epsilon}$

③ $Y = \dfrac{e^{\beta_0 + \beta_1 X + \epsilon}}{1 + e^{\beta_0 + \beta_1 X + \epsilon}}$

④ $Y = \beta_0 \beta_1^X + \epsilon$

해설

변환에 의한 선형모형

- $Y = \beta_0 \beta_1^{-X} e^{\epsilon}$의 양변에 $\ln$을 취하면 $\ln Y = \ln \beta_0 - X \ln \beta_1 + \epsilon$이 성립한다. $Y' = \ln Y$, $\beta_1' = \ln \beta_1$이라 놓으면, 선형모형 $y' = \beta_0 - \beta_1' X + \epsilon$을 얻을 수 있다.

- $Y = e^{\beta_0 + \beta_1 X + \epsilon}$의 양변에 $\ln$을 취하면 $\ln Y = \beta_0 + \beta_1 X + \epsilon$이 성립한다. $Y' = \ln Y$라 놓으면, 선형모형 $y' = \beta_0 + \beta_1 x + \epsilon$을 얻을 수 있다.

- $\dfrac{Y}{1-Y} = e^{\beta_0 + \beta_1 X + \epsilon}$을 만족하므로 양변에 $\ln$을 취하면 $\ln\left(\dfrac{Y}{1-Y}\right) = \beta_0 + \beta_1 X + \epsilon$이 성립한다. $Y' = \ln\left(\dfrac{Y}{1-Y}\right)$라 놓으면, 선형모형 $Y' = \beta_0 + \beta_1 X + \epsilon$을 얻을 수 있다.

20 X_1, X_2, $\cdots$, X_n이 서로 독립이고 각각 균일분포 $U(0, 1)$을 따른다. X_1, X_2, $\cdots$, X_n 중 가장 작은 확률변수를 Y라 할 때, $0 < y < 1$에서 Y의 확률밀도함수 $f_1(y)$는?

① ny^{n-1} ② $(n-1)(1-y)^{n-2}$

③ $n(1-e^{-y})^{n-1}$ ④ $n(1-y)^{n-1}$

해설

순서통계량의 최소값의 확률밀도함수

$X \sim U(0, 1)$을 따르므로 확률밀도함수는 $f(x) = \begin{cases} 1, & 0 < x < 1 \\ 0, & \text{elsewhere} \end{cases}$ 이고 누적분포함수는 $F(x) = x$이다.

$$F_1(y) = P[Y \leq y] = 1 - P[Y > y] = 1 - P(X_1 > y,\ X_2 > y,\ \cdots,\ X_n > y)$$
$$= 1 - [1 - F(y)]^n \qquad \because X_1,\ X_2,\ \cdots,\ X_n \text{은 서로 독립}$$
$$= 1 - (1-y)^n$$
$$f_1(y) = \frac{d}{dy} F_1(y) = n(1-y)^{n-1}$$

01 어떤 회사에서 휴대폰 배터리를 생산하는데 전체 생산량의 5%가 불량품으로 알려져 있다. 4개의
    배터리가 담겨 있는 상자에서 적어도 하나의 불량품이 존재할 확률은?

① $\left(\dfrac{19}{20}\right)^4$

② $1-\left(\dfrac{19}{20}\right)^3$

③ $1-\left(\dfrac{19}{20}\right)^4$

④ $\left(\dfrac{1}{20}\right)^4$

해설

여확률의 계산

4개의 배터리 중 적어도 하나가 불량품일 확률은 전체 확률 1에서 모두 불량품이 아닐 확률을 뺀 값과 같다. 4개의
배터리 모두 불량이 아닌 확률은 $\left(\dfrac{19}{20}\right)^4$ 이다.

∴ 구하고자 하는 확률은 $1-\left(\dfrac{19}{20}\right)^4$ 이다.

02 두 사건 A와 B는 서로 배반사건이고 $P(A) = P(B)$, $P(A)P(B) = \dfrac{1}{9}$일 때, $P(A \cup B)$의 값은?

① $\dfrac{1}{6}$

② $\dfrac{1}{3}$

③ $\dfrac{2}{3}$

④ $\dfrac{1}{4}$

해설

배반사건(Exclusive Events)

$P(A) = P(B)$, $P(A)P(B) = \dfrac{1}{9}$ 이므로 $P(A) = P(B) = \dfrac{1}{3}$ 이다.

배반사건이므로 $P(A \cap B) = 0$이 성립하여 $P(A \cup B) = P(A) + P(B) = \dfrac{2}{3}$ 이다.

03 확률변수 X의 확률분포표는 다음과 같다. 확률변수 $7X$의 분산 $Var(7X)$의 값은?

X	0	1	2	합 계
$P(X=x)$	$\dfrac{2}{7}$	$\dfrac{3}{7}$	$\dfrac{2}{7}$	1

① 21   ② 25

③ 28   ④ 31

해설

분산의 성질

$E(X) = \sum x_i p_i = \left(0 \times \dfrac{2}{7}\right) + \left(1 \times \dfrac{3}{7}\right) + \left(2 \times \dfrac{2}{7}\right) = 1$

$E(X^2) = \sum x_i^2 p_i = \left(0^2 \times \dfrac{2}{7}\right) + \left(1^2 \times \dfrac{3}{7}\right) + \left(2^2 \times \dfrac{2}{7}\right) = \dfrac{11}{7}$

$Var(X) = E(X^2) - [E(X)]^2 = \dfrac{11}{7} - 1^2 = \dfrac{4}{7}$

$\therefore \; Var(7X) = 49 \, Var(X) = 49 \times \dfrac{4}{7} = 28$

04 관측된 10개의 자료를 가지고 단순선형회귀모형의 유의성 검정을 실시한 결과 결정계수(R^2)가 0.8이라는 것을 알았다. 이 회귀직선의 유의성검정을 위한 F 검정통계량의 값은?

① 16   ② 24

③ 28   ④ 32

해설

회귀모형의 유의성 검정

$R^2 = \dfrac{SSR}{SST}$이므로 $SSR = 0.8SST$이고, $SSE = SST - SSR = (1-0.8)SST = 0.2SST$가 성립한다.

요 인	제곱합	자유도	평균제곱	검정통계량 F
회 귀	$SSR = 0.8SST$	1	$0.8SST$	$F = \dfrac{0.8SST}{0.2SST/8} = 32$
잔 차	$SSE = 0.2SST$	8	$0.2SST/8$	
합 계	SST	9		

05 어떤 자료에 단지 두 개의 관찰점 (x_1, y_1)과 (x_2, y_2)가 있다고 가정하자. 이 자료로부터 구할 수 있는 표본상관계수의 값으로 틀린 것은?

① 1

② −1

③ 0

④ 정의할 수 없다.

해설

상관계수의 성질

두 관측치 사이에는 $y - y_1 = \dfrac{y_2 - y_1}{x_2 - x_1}(x - x_1)$라는 직선의 방정식을 생각할 수 있다. 여기서 기울기는 $\dfrac{y_2 - y_1}{x_2 - x_1}$이 된다.

- 기울기 $\dfrac{y_2 - y_1}{x_2 - x_1} > 0$인 경우, $Y = a + bX$의 선형의 관계식에서 $b > 0$이 되어 표본상관계수는 1이 된다.

- 기울기 $\dfrac{y_2 - y_1}{x_2 - x_1} < 0$인 경우, $Y = a + bX$의 선형의 관계식에서 $b < 0$이 되어 표본상관계수는 −1이 된다.

- $x_1 = x_2$ 또는 $y_1 = y_2$인 경우, $r = \dfrac{Cov(X, Y)}{S_X S_Y} = \dfrac{\sum (X_i - \overline{X})(Y_i - \overline{Y})}{\sqrt{\sum (X_i - \overline{X})^2}\sqrt{\sum (Y_i - \overline{Y})^2}}$ 이므로 분모가 0이 되어 표본상관계수를 정의할 수 없다.

06 회귀분석의 오차항에 대한 가정을 검토하기 위해 잔차들의 산점도를 그렸을 때 오차항의 등분산성을 만족하는 잔차 산점도는?

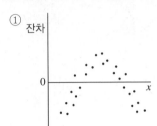

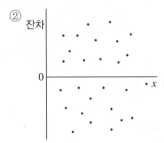

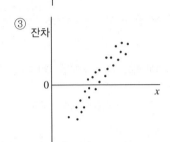

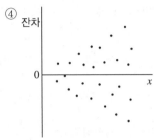

해설

오차항의 가정 검토를 위한 잔차 산점도

② 0을 중심으로 랜덤하게 분포되어 있으므로 오차항의 등분산성을 만족한다.

07 100명의 학생이 영어와 수학과목을 시험 친 결과가 다음과 같다. 하지만 수학답안지 중 1장이 잘못 채점되어 실제로 10점인데 70점으로 계산되었다. 실제 수학점수의 평균은?

구 분	인 원	평 균	분 산
영 어	40	80	100
수 학	60	70	25

① 68 ② 69

③ 70 ④ 71

해설

평균의 계산

수학점수의 전체합계 $\sum_{i=1}^{40} x_i$ 는 $60 \times 70 = 4200$ 이다.

1장이 잘못 채점되어 실제 10점인데 70점으로 계산되었으므로 전체합계는 60점을 뺀 $4200 - 60 = 4140$ 이다.

∴ 수학점수의 평균은 $\dfrac{4140}{60} = 69$ 이다.

08 자료들의 분포형태와 대표값에 대한 설명 중 옳은 것은?

① 오른쪽 꼬리가 긴 분포에서는 중앙값이 평균보다 크다.

② 왼쪽 꼬리가 긴 분포에서는 최빈값 < 평균 < 중앙값 순이다.

③ 중앙값은 분포와 무관하게 최빈값보다 작다.

④ 비대칭의 정도가 강한 경우에는 대표값으로 평균보다 중앙값을 사용하는 것이 더 바람직하다고 할 수 있다.

해설

대표값의 결정

주어진 자료의 비대칭 정도가 강한 경우에는 대표값으로 이상치의 영향을 많이 받는 평균보다 중앙값 또는 절사평균을 사용하는 것이 바람직하다.

09 평균 μ이고 분산 σ^2인 분포로부터 X_1, X_2, X_3를 랜덤하게 추출할 때, 평균 μ의 추정치로 가장 바람직한 것은? (단, 분산 σ^2은 알려져 있다)

① $Y_1 = \dfrac{X_1 + X_2 + X_3}{3}$

② $Y_2 = \dfrac{2X_1 + X_2 + 2X_3}{5}$

③ $Y_3 = \dfrac{X_1 + X_2 + 2X_3}{4}$

④ $Y_4 = \dfrac{X_1 + 2X_2 + 3X_3}{6}$

해설

효율성(Efficiency)

Y_1, Y_2, Y_3, Y_4 모두 모평균 μ의 불편추정량이다.

- $Var(Y_1) = Var\left(\dfrac{X_1 + X_2 + X_3}{3}\right) = \dfrac{1}{9}\sigma^2 + \dfrac{1}{9}\sigma^2 + \dfrac{1}{9}\sigma^2 = \dfrac{3}{9}\sigma^2 = 0.33\sigma^2$

- $Var(Y_2) = Var\left(\dfrac{2X_1 + X_2 + 2X_3}{5}\right) = \dfrac{4}{25}\sigma^2 + \dfrac{1}{25}\sigma^2 + \dfrac{4}{25}\sigma^2 = \dfrac{9}{25}\sigma^2 = 0.36\sigma^2$

- $Var(Y_3) = Var\left(\dfrac{X_1 + X_2 + 2X_3}{4}\right) = \dfrac{1}{16}\sigma^2 + \dfrac{1}{16}\sigma^2 + \dfrac{4}{16}\sigma^2 = \dfrac{6}{16}\sigma^2 = 0.375\sigma^2$

- $Var(Y_4) = Var\left(\dfrac{X_1 + 2X_2 + 3X_3}{6}\right) = \dfrac{1}{36}\sigma^2 + \dfrac{4}{36}\sigma^2 + \dfrac{9}{36}\sigma^2 = \dfrac{14}{36}\sigma^2 = 0.389\sigma^2$

∴ Y_1이 최소 분산을 갖기 때문에 바람직한 추정량이라 할 수 있다.

10   어느 콜센터 직원 100명 중 65명이 심각한 감정노동에 시달리고 있는 것으로 나타났다. 이 회사 전체 직원 중 심각한 감정노동에 시달리고 있다고 추정되는 직원의 비율에 대한 90% 신뢰구간은? (단, $Z_{0.05} = 1.645$)

① $\left(0.65 - 1.645 \dfrac{\sqrt{0.65 \times 0.35}}{100} , \ 0.65 + 1.645 \dfrac{\sqrt{0.65 \times 0.35}}{100} \right)$

② $\left(0.65 - 1.645 \sqrt{\dfrac{0.65 \times 0.35}{100}} , \ 0.65 + 1.645 \sqrt{\dfrac{0.65 \times 0.35}{100}} \right)$

③ $\left(0.65 - 1.96 \dfrac{\sqrt{0.65 \times 0.35}}{100} , \ 0.65 + 1.96 \dfrac{\sqrt{0.65 \times 0.35}}{100} \right)$

④ $\left(0.65 - 1.96 \sqrt{\dfrac{0.65 \times 0.35}{100}} , \ 0.65 + 1.96 \sqrt{\dfrac{0.65 \times 0.35}{100}} \right)$

해설

모비율에 대한 $100(1-\alpha)\%$ 신뢰구간

모비율 p에 대한 $100(1-\alpha)\%$ 양측 신뢰구간은 $\left(\hat{p} - z_{\frac{\alpha}{2}} \sqrt{\dfrac{\hat{p}(1-\hat{p})}{n}} , \ \hat{p} + z_{\frac{\alpha}{2}} \sqrt{\dfrac{\hat{p}(1-\hat{p})}{n}} \right)$ 이다.

$\hat{p} = 0.4$, $\hat{q} = (1-\hat{p}) = 0.6$, $n = 200$일 때, 모비율 p에 대한 90% 양측 신뢰구간은

$\left(0.65 - 1.645 \sqrt{\dfrac{0.65 \times 0.35}{100}} , \ 0.65 + 1.645 \sqrt{\dfrac{0.65 \times 0.35}{100}} \right)$

11   정규분포를 따르는 집단의 모평균의 값에 대하여 가설($H_0 : \mu = 50$ 대 $H_1 : \mu < 50$)을 세우고 표본 100개의 평균을 구한 결과 $\overline{x} = 49.02$를 얻었다. 모집단의 표준편차가 5라면 유의확률은? (단, $P(Z \leq -1.96) = 0.025$, $P(Z \leq -1.645) = 0.05$)

① 0.025

② 0.05

③ 0.95

④ 0.975

해설

유의확률 계산

$\overline{X} = 49.02$, $\mu_0 = 50$, $\sigma = 5$, $n = 100$일 때,

$p\text{-value} = P(\overline{X} < \overline{x}) = P(\overline{X} \leq 49.02) = P\left(Z \leq \dfrac{49.02 - 50}{5/\sqrt{100}} \right) = P(Z \leq -1.96) = 0.025$

12 100명의 한국인을 무작위로 추출하여 개헌에 대한 찬성 여부를 물었더니 60명이 찬성했다. 이 자료로부터 개헌에 대한 찬성률 p가 과반수 이상이 되는지를 유의수준 5%에서 통계적 가설검정을 실시했다. 다음 중 옳은 것은?

① 개헌의 찬성률이 과반수 이상이라고 결론을 내릴 수 있다.
② 개헌의 찬성률이 과반수 이상이라고 결론을 내릴 수 없다.
③ 이 자료의 통계적 분석으로 표본의 수가 부족해서 결론을 얻을 수 없다.
④ 표본 중 과반수 이상이 찬성하여 찬성률이 과반수 이상이라고 결론을 내릴 수 있다.

해설
검정결과 해석
$H_0 : p = 0.5$, $H_1 : p > 0.5$
모비율 $p_0 = 0.5$, $\hat{p} = 60/100 = 0.6$, $\hat{q} = (1 - \hat{p}) = 0.4$, $n = 100$일 때,

검정통계량은 $Z = \dfrac{\hat{p} - p_0}{\sqrt{\hat{p}(1 - \hat{p})/n}}$ 이다.

하지만 모비율 p가 알려져 있으므로 검정통계량 값을 구하면

$z_c = \dfrac{\hat{p} - p_0}{\sqrt{p_0(1 - p_0)/n}} = \dfrac{0.6 - 0.5}{\sqrt{(0.5 \times 0.5)/100}} = \dfrac{0.1}{0.05} = 2$이다.

단측검정이므로 검정통계량 값이 유의수준 5%에서 기각치 1.645보다 크므로 귀무가설을 기각한다.

13 카이제곱분포에 대한 설명으로 옳은 것만을 모두 고른 것은?

> ㄱ. 확률변수 $X \sim N(0, 1)$일 때, $Y = X^2$이라 한다면 $E(Y) = 1$이다.
> ㄴ. 3×3분할표를 이용하여 카이제곱 독립성 검정을 하려고 할 때, 검정통계량은 자유도가 8인 카이제곱분포를 따른다.
> ㄷ. $X \sim \chi^2_{(2)}$이고 $Y \sim \chi^2_{(4)}$을 따르며 서로 독립이면, $X + Y \sim \chi^2_{(6)}$을 따른다.

① ㄱ
② ㄱ, ㄴ
③ ㄱ, ㄷ
④ ㄱ, ㄴ, ㄷ

해설
카이제곱분포의 특성
• $X \sim N(0, 1)$을 따를 때 $X^2 \sim \chi^2_{(1)}$을 따른다.
• 두 범주형자료의 독립성 검정에서 행의 수가 r이고 열의 수가 c이면 카이제곱 검정통계량은 자유도가 $(r-1)(c-1)$인 카이제곱분포 $\chi^2 = \displaystyle\sum_{i=1}^{r} \sum_{j=1}^{c} \dfrac{(O_{ij} - E_{ij})^2}{E_{ij}} \sim \chi^2_{(r-1)(c-1)}$을 따른다.
• 카이제곱분포의 가법성 : $X_1, \cdots, X_k$가 상호독립이고 $X_i \sim \chi^2_{(r_i)}$, $i = 1, \cdots, k$일 때, $Y = X_1 + \cdots + X_k$는 자유도 $(r_1 + \cdots + r_k)$인 카이제곱분포 $\chi^2_{(r_1 + \cdots + r_k)}$를 따른다.

14 분산분석법에 대한 설명으로 옳지 않은 것은?

① 일원배치 분산분석에서 인자(Factor)의 각 수준에서의 반복수는 다를 수 있다.

② 반복이 있는 이원배치 분산분석에서는 교호작용(Interaction)효과를 검출할 수 있다.

③ 반복이 있는 이원배치 분산분석에서 교호작용효과가 유의하지 않은 경우 오차항에 풀링하여 다시 분석한다.

④ 인자가 2개이면 t-검정을 실시하고 인자가 3개 이상일 경우 분산분석을 이용하여 인자들을 비교한다.

해설
인자의 수에 따른 분석법
집단을 나타내는 변수인 인자의 수가 1개인 경우 일원배치 분산분석, 인자의 수가 2개인 경우 이원배치 분산분석, 인자의 수가 3개 이상인 경우를 다원배치법이라 한다.

15 다음 확률의 성질 중 옳지 않은 것은? (단, $P(A) > 0$, $P(B) > 0$, $P(C) > 0$)

① $P(A \mid B) \geq P(A)$이면, $P(B \mid A) \geq P(B)$이다.

② $P(A \cap C \mid B) = P(A \mid B)P(C \mid B)$이면, $P(A \mid B \cap C) = P(A \mid B)$이다.

③ $P(A \cup B \mid C) + P(A \cap B \mid C) = P(A \mid C) + P(B \mid C)$이다.

④ $P(A \cap B) = P(A)P(B)$, $P(A \cap C) = P(A)P(C)$, $P(B \cap C) = P(B)P(C)$이면, A, B, C는 상호 독립(Mutually Independent)이다.

해설
확률의 성질
- $P(A \cap B) = P(A)P(B \mid A) = P(B)P(A \mid B)$이므로, $\dfrac{P(A \mid B)}{P(A)} = \dfrac{P(B \mid A)}{P(B)}$ 이다. 따라서 $P(A \mid B) \geq P(A)$이면, $P(B \mid A) \geq P(B)$이다.
- B가 일어난다는 조건하에 A와 C가 독립이더라도 $P(A \mid B \cap C) = P(A \mid B)$인 것은 아니다.
- $P(A \cup B) + P(A \cap B) = P(A) + P(B)$이며, 이는 C 조건하에서도 성립한다.
- 상호 독립(Mutually Independent)의 정의이다.

16 추정된 회귀직선 $\hat{y} = a + bx$의 통계적 성질에 대한 설명으로 맞는 것은?

① $E(\hat{y}) = \alpha + \beta x$

② $Var(\hat{y}) = \dfrac{(x - \bar{x})^2}{S_{xx}} \sigma^2$, 단, $S_{xx} = \sum (x_i - \bar{x})^2$

③ $\hat{y}$의 분포는 정규분포 $N\left(\alpha + \beta x, \dfrac{(x - \bar{x})^2}{S_{xx}} \sigma^2\right)$이다.

④ σ^2을 모르는 경우 y의 $100(1-\alpha)\%$ 신뢰한계는 $\hat{y} \pm t_{(\alpha/2,\, n-2)} \sqrt{MSE \dfrac{(x - \bar{x})^2}{S_{xx}}}$ 이다.

> **해설**
>
> **회귀직선의 통계적 성질**
>
> - $Var(\hat{y}) = MSE\left[\dfrac{1}{n} + \dfrac{(x - \bar{x})^2}{S_{xx}}\right]$
>
> - $\hat{y} \sim N\left(\alpha + \beta x,\ \sigma^2\left[\dfrac{1}{n} + \dfrac{(x - \bar{x})^2}{S_{xx}}\right]\right)$
>
> - $\hat{y} \pm t_{(\alpha/2,\, n-2)} \sqrt{MSE\left[\dfrac{1}{n} + \dfrac{(x - \bar{x})^2}{S_{xx}}\right]}$

17 두 연속형 변수 (X, Y)를 측정한 자료값이 다음과 같다. X를 설명변수, Y를 반응변수로 하는 단순선형회귀모형을 적합할 때, 추정된 회귀직선은?

X	−4	−4	0	4	4
Y	−4	4	0	−4	4

① $\hat{y} = 0$ ② $\hat{y} = x$

③ $\hat{y} = -x$ ④ $\hat{y} = 2x$

> **해설**
>
> **회귀계수 계산**
>
> $\bar{x} = 0$, $\bar{y} = 0$이므로 회귀직선의 기울기 $b = \dfrac{\sum (x_i - \bar{x})(y_i - \bar{y})}{\sum (x_i - \bar{x})^2} = \dfrac{\sum x_i y_i - n\bar{x}\bar{y}}{\sum x_i^2 - n\bar{x}^2} = \dfrac{0}{64} = 0$이고, 회귀직선의 절편은 $a = \bar{y} - b\bar{x}$이므로 0이 된다.

18 두 확률변수 X_1과 X_2는 서로 독립이며, 각각 정규분포 $N(0, 2^2)$을 따른다. $W = \left(\dfrac{X_1}{2}\right)^2 + \left(\dfrac{X_2}{2}\right)^2$ 이라고 할 때, W는 어떤 분포를 따르는가?

① 자유도가 2인 $t_{(2)}$분포를 따른다.

② 분자와 분모의 자유도가 각각 1인 $F_{(1,1)}$분포를 따른다.

③ 자유도가 2인 $\chi^2_{(2)}$분포를 따른다.

④ 표준정규분포 Z를 따른다.

해설

카이제곱분포

확률변수 X_1과 X_2는 서로 독립이며, 각각 정규분포 $N(0, 2^2)$를 따른다.

$X \sim N(0, 2^2)$을 따를 때, $Z = \dfrac{X}{2} \sim N(0, 1)$을 따르고, Z^2은 자유도가 1인 카이제곱분포 $\chi^2_{(1)}$를 따른다.

$W^2 = Z_1^2 + Z_2^2$이므로 카이제곱분포의 가법성을 이용하면 $W^2 \sim \chi^2_{(2)}$을 따른다.

19 확률변수 X가 정규분포 $N(\mu, \sigma^2)$을 따를 때, 다음 설명으로 틀린 것은?

① 정규분포는 평균과 중위수가 동일하다.

② $X = \mu$에 대해 좌우대칭이고, 이 점에서 확률밀도함수가 최대값 $\dfrac{1}{2\pi\sigma^2}$를 갖는다.

③ 분포의 기울어진 방향과 정도를 나타내는 왜도 $a_3 = 0$이다.

④ 정규분포 곡선의 모양은 오직 평균과 분산에 의해서 결정된다.

해설

정규분포의 특성

정규분포의 확률밀도함수 $f(x) = \dfrac{1}{\sqrt{2\pi}\,\sigma} e^{-\frac{(x-\mu)^2}{2\sigma^2}}$에서, $X = \mu$인 경우 $f(x) = \dfrac{1}{\sqrt{2\pi}\,\sigma} e^0$이 되어 최대값은 $\dfrac{1}{\sqrt{2\pi}\,\sigma}$이 된다.

20 유의수준이 α이고 자유도가 k인 검정통계량 $t_\alpha(k)$ 값에 대한 다음의 설명으로 옳은 것은?

> 검정통계량 $t_\alpha(k)$ 값은 자유도가 무한대로 증가할수록 (A)에 수렴하고, 자유도 k가 고정되었을
> 때, 유의수준 α가 증가할수록 (B)한다.

① A : 표준정규분포, B : 감소
② A : 카이제곱분포, B : 감소
③ A : 감마분포,   B : 증가
④ A : F−분포,   B : 증가

해설

검정통계량 t 값

검정통계량 $t_\alpha(k)$ 값은 자유도 k가 증가할수록 표준정규분포에 수렴하며 자유도 k가 고정되었을 때, 유의수준 α가
증가할수록 감소한다.

01 축구경기에서 A팀과 B팀이 연장전까지 0:0으로 승부를 가리지 못하여 승부차기를 하였다. 각 팀 당 5명의 선수가 A팀부터 시작하여 1명씩 교대로 승부차기를 할 때, B팀이 5:4로 이길 확률은? (단, 각 선수의 승부차기는 독립시행이고 성공할 확률은 0.8이다)

① $0.2 \times (0.8)^8$
② $(0.8)^9$
③ $0.2 \times (0.8)^9$
④ $(0.8)^{10}$

해설
확률의 계산
승부차기에 성공하면 O, 실패하면 X라 할 때, B팀이 5:4로 이기는 경우는 다음의 5가지이다.

A	X	O	O	O	O
B	O	O	O	O	O

A	O	X	O	O	O
B	O	O	O	O	O

A	O	O	X	O	O
B	O	O	O	O	O

A	O	O	O	X	O
B	O	O	O	O	O

A	O	O	O	O	X
B	O	O	O	O	O

각 선수의 승부차기는 독립시행이고 성공할 확률은 0.8이므로 각 사건이 일어날 확률은 $(0.8)^9 \times (0.2)$이다. 즉, 구하고자 하는 확률은 $5 \times (0.8)^9 \times (0.2) = (0.8)^9$이다.

02 $X_i = i$, $Y_i = |X_i - 4|$라 할 때 자료 (X_i, Y_i) 사이의 표본상관계수는? (단, $i = 1, 2, \cdots, 7$)

① 1
② 0
③ −1
④ 0.5

해설
표본상관계수

X	1	2	3	4	5	6	7
Y	3	2	1	0	1	2	3

$Y_i = |X_i - 4|$는 $X_i = i = 4$를 중심으로 좌우대칭이므로 표본상관계수는 0이다.

03 1개의 주사위와 1개의 동전을 던질 때 A는 동전의 앞면이, B는 주사위의 눈이 5 또는 6이 나오는 사건으로 정의할 때 $P(A|B)$의 값은?

① $\dfrac{1}{6}$ ② $\dfrac{1}{2}$

③ $\dfrac{1}{4}$ ④ $\dfrac{1}{12}$

해설
조건부 확률의 계산
$$P(A) = \frac{1}{2}, \ P(B) = \frac{1}{3}, \ P(A|B) = \frac{P(A \cap B)}{P(B)} = \frac{P(A) \, P(B)}{P(B)} = P(A) = \frac{1}{2}$$
$\therefore$ A와 B는 서로 독립

04 도수분포가 비대칭이고 이상치들이 있을 때 보다 적절한 중심성향 측도는?

① 산술평균, 절사평균   ② 중위수, 절사평균
③ 이상치, 조화평균   ④ 중위수, 조화평균

해설
대표값 결정
주어진 자료에 이상치들이 있으면 산술평균은 이상치에 영향을 많이 받기 때문에 대표값으로 중위수 또는 절사평균을 이용한다.

05 다음 중 변동계수(Coefficient of Variation)에 대한 설명으로 틀린 것은?

① 상대적인 산포의 측도로서 표준편차를 표본평균으로 나눈 값으로 정의된다.
② 변동계수는 단위에 의존하지 않는 통계량이다.
③ 단위가 서로 다르거나 또는 집단 간에 평균의 차이가 큰 산포를 비교하는 데 유용하게 사용된다.
④ 변동계수는 -1에서 1 사이의 값을 가지며, 때로는 %로 표현하기도 한다.

해설
변동계수의 특성
변동계수는 표준편차를 표본평균으로 나눈 값으로 단위에 의존하지 않으며, 범위에 제약을 받지 않는다.

06 상관계수 r의 성질이 아닌 것은?

① $-1 \leq r \leq 1$

② 두 자료의 직선적인 관계가 전혀 없으면 r은 0이다.

③ r이 1에 가까울수록 두 자료의 회귀선의 기울기 값이 크다.

④ r이 음수면 음의 상관관계가 있다.

해설

상관계수와 회귀직선의 기울기

$r = b\dfrac{s_x}{s_y} = b\dfrac{\sqrt{\sum(x_i - \overline{x})^2}}{\sqrt{\sum(y_i - \overline{y})^2}}$, 여기서 회귀선의 기울기 $b = \dfrac{\sum(x_i - \overline{x})(y_i - \overline{y})}{\sum(x_i - \overline{x})^2}$ 이므로 상관계수는 회귀직선의

기울기와 x, y의 표준편차로 나타낼 수 있다.

∴ 상관계수가 1에 가까울수록 회귀직선의 기울기 값이 커진다고는 할 수 없다.

07 회귀분석에서 오차항에 대한 정규성 검토를 위해 정규확률도표를 그려보았는데 다음과 같은 형태였다. 이 정규확률도표로부터 알 수 있는 것은?

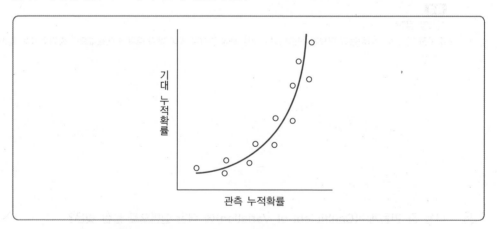

① 정규분포보다 꼬리가 긴 분포로 성장곡선의 형태이다.

② 큰 값 쪽으로 긴 꼬리를 가진 기울어진 분포의 형태이다.

③ 정규분포보다 꼬리가 짧은 분포로 성장곡선의 형태이다.

④ 작은 값 쪽으로 긴 꼬리를 가진 기울어진 분포의 형태이다.

해설

오차항의 정규성 검정을 위한 정규확률도표

문제의 정규확률도표와 같이 J자 형태의 정규확률도표는 큰 값 쪽으로 긴 꼬리를 가진 기울어진 분포이다.

08 정규분포 $N(\mu, \sigma^2)$를 따르는 모집단으로부터 추출된 크기 10인 랜덤표본에서 표본분산 $S^2 = \dfrac{1}{n-1} \sum_{i=1}^{n} (X_i - \overline{X})^2$을 얻었다. 이때 μ를 모른다고 하자. 적당한 상수 a와 $b\,(a < b)$에 대하여 분산 σ^2의 95% 신뢰구간을 구하면?

① $\left(\dfrac{nS^2}{a}, \dfrac{nS^2}{b} \right)$ ② $\left(\dfrac{nS^2}{b}, \dfrac{nS^2}{a} \right)$

③ $\left(\dfrac{(n-1)S^2}{a}, \dfrac{(n-1)S^2}{b} \right)$ ④ $\left(\dfrac{(n-1)S^2}{b}, \dfrac{(n-1)S^2}{a} \right)$

해설

모분산 σ^2에 대한 $100(1-\alpha)\%$ 신뢰구간

모분산 σ^2에 대한 $100(1-\alpha)\%$ 신뢰구간은 $\left(\dfrac{(n-1)S^2}{\chi^2_{\frac{\alpha}{2},\, n-1}}, \dfrac{(n-1)S^2}{\chi^2_{1-\frac{\alpha}{2},\, n-1}} \right)$이다. 신뢰계수가 95%이고 표본크기가

10이므로 신뢰구간은 $\left(\dfrac{(n-1)S^2}{\chi^2_{0.025,\, 9}}, \dfrac{(n-1)S^2}{\chi^2_{0.975,\, 9}} \right)$이 된다.

09 다음은 확률변수 X의 확률분포이다. 확률변수 Y를 $Y = X^2$으로 정의할 때, X와 Y의 상관계수는?

x	0	1
$P(X=x)$	$\dfrac{1}{2}$	$\dfrac{1}{2}$

① -1 ② 0

③ 1   ④ 0.5

해설

상관계수의 계산
확률변수 X와 Y의 결합확률분포표를 작성하면 다음과 같다.

x \ y	0	1
0	$\dfrac{1}{2}$	0
1	0	$\dfrac{1}{2}$

$Cov(X, Y) = E(XY) - E(X)E(Y)$이고 $E(XY) = \dfrac{1}{2}$, $E(X) = E(Y) = \dfrac{1}{2}$이다.

$Cov(X, Y) = E(XY) - E(X)E(Y) = \dfrac{1}{2} - \dfrac{1}{4} = \dfrac{1}{4}$

$Var(X) = E(X^2) - [E(X)]^2 = \dfrac{1}{2} - \dfrac{1}{4} = \dfrac{1}{4}$, $Var(Y) = E(Y^2) - [E(Y)]^2 = \dfrac{1}{2} - \dfrac{1}{4} = \dfrac{1}{4}$

$\therefore r = \dfrac{Cov(X, Y)}{\sqrt{Var(X)}\sqrt{Var(Y)}} = \dfrac{1/4}{\sqrt{1/4}\sqrt{1/4}} = 1$

10 100g으로 표시된 커피용기의 실제 내용물의 무게는 $N(\mu, \sigma^2)$을 따른다고 한다. 가설 $H_0 : \mu = 100$, $H_1 : \mu < 100$을 검정하기 위해 $n = 100$의 표본을 취하여 조사한 결과 $\bar{x} = 99.5$을 얻었다. 다음 물음 (가)와 (나)에 대한 올바른 답을 순서대로 나열한 것은? (단, $z_{0.05} = 1.645$, $z_{0.025} = 1.96$이다)

> (가) 모분산 $\sigma^2 = 4$인 경우, 유의수준 $\alpha = 0.05$에서 귀무가설 H_0에 대한 기각여부는?
>
> (나) 모분산을 모르고 표본분산이 $S^2 = 25$인 경우, 유의수준 $\alpha = 0.05$에서 귀무가설 H_0에 대한 기각여부는?

① (가) 기각,　　　　　(나) 기각
② (가) 기각,　　　　　(나) 기각하지 못함
③ (가) 기각하지 못함, (나) 기각
④ (가) 기각하지 못함, (나) 기각하지 못함

해설

모분산이 기지인 경우와 미지인 경우

- 모분산이 기지인 경우의 검정통계량 값이 $z_c = \dfrac{\bar{X} - \mu_0}{\sigma/\sqrt{n}} = \dfrac{99.5 - 100}{2/\sqrt{100}} = -2.5$이므로

  기각치 $z_{0.05} = -1.645$보다 작기 때문에 귀무가설을 기각한다.

- 모분산이 미지인 경우의 검정통계량 값은 $z_c = \dfrac{\bar{X} - \mu_0}{S/\sqrt{n}} = \dfrac{99.5 - 100}{5/\sqrt{100}} = -1.0$이므로

  기각치 $z_{0.05} = -1.645$보다 크기 때문에 귀무가설을 기각하지 못한다.

11 어느 공장에서는 전자제품의 부품을 생산하는데 생산하는 부품의 약 10%가 불량품이라고 한다. 이 공장에서 생산하는 부품 10개를 임의로 추출하여 검사할 때, 불량품이 2개 이하일 확률을 다음의 누적이항확률분포표를 이용하여 구하면?

$$P(X \leq c) \quad \text{and} \quad X \sim B(n, p)$$

구 분	c	p		
		0.80	0.90	0.95
	⋮	⋮	⋮	⋮
	7	0.322	0.070	0.012
$n = 10$	8	0.624	0.264	0.086
	9	0.893	0.651	0.401
	⋮	⋮	⋮	⋮

① 0.070　　　　　　　　　② 0.264
③ 0.736　　　　　　　　　④ 0.930

해설

이항분포(Binomial Distribution)

주어진 경우를 확률분포 X로 나타내면 $n=10$, $p=\dfrac{1}{10}$ 인 이항분포이다.

이때, $P(X \le 2) = \left(\dfrac{9}{10}\right)^{10} + {}_{10}C_1 \left(\dfrac{9}{10}\right)^9 \left(\dfrac{1}{10}\right) + {}_{10}C_2 \left(\dfrac{9}{10}\right)^8 \left(\dfrac{1}{10}\right)^2$ 이다.

그런데 이 값은 확률분포 $Y \sim B\left(10, \dfrac{9}{10}\right)$ 에서 $P(Y \ge 8)$의 값과 같으므로 위의 누적이항확률분포표를 이용하면 $P(X \le 2) = P(Y \ge 8) = 1 - P(Y \le 7) = 1 - 0.070 = 0.930$이다.

12 초기하분포와 이항분포의 설명으로 틀린 것은?

① 초기하분포는 통상적으로 무한모집단으로부터 비복원추출을 전제로 한다.
② 이항분포는 베르누이 시행을 전제로 한다.
③ 초기하분포는 모집단의 크기가 충분히 큰 경우 이항분포로 근사될 수 있다.
④ 이항분포는 적절한 조건하에서 정규분포로 근사될 수 있다.

해설

초기하분포(Hypergeometric Distribution)
초기하분포는 유한모집단으로부터 비복원추출을 전제로 한다.

13 어떤 자격증 시험 성적 분포는 정규분포 $N(80, 4^2)$를 따른다고 알려져 있다. 과거의 자격증 시험 성적 분포에 따라 상위 30%에 해당하는 점수를 얻으면 합격시키려 한다. 이 자격증 시험에 합격하기 위해서는 몇 점을 받아야 하는가? (단, 표준정규분포에서 $P(Z \le 0.52) = 0.7$)

① 75.24점
② 80.00점
③ 81.42점
④ 82.08점

해설

정규분포의 확률 계산

$X \sim N(80, 4^2)$일 때,

$P(X > x) = P\left(Z > \dfrac{x-\mu}{\sigma}\right) = P\left(Z > \dfrac{x-80}{4}\right) = P\left(Z > \dfrac{x-80}{4} = 0.52\right) = 0.3$

$\because P(Z \le 0.52) = 0.7$

$z = \dfrac{x-80}{4} = 0.52$를 만족하는 $x = 82.08$이다.

14 확률변수 X는 균일분포 $U(a, b)$를 따른다고 할 때, 제3사분위수 Q_3의 값은?

① $0.75(b-a)$

② $0.25(b-a)$

③ $\dfrac{0.75}{b-a}$

④ $\dfrac{0.25}{b-a}$

해설

균일분포의 제3사분위수

$X \sim U(a, b)$을 따르므로 확률밀도함수는 $f(x) = \dfrac{1}{b-a}$ 이다.

제3사분위수는 $P(X \leq Q_3) = 0.75$을 만족하는 Q_3의 값이다.

$P(X \leq Q_3) = \displaystyle\int_0^{Q_3} \dfrac{1}{b-a} dx = \left[\dfrac{x}{b-a} \right]_0^{Q_3} = \dfrac{Q_3}{b-a} = 0.75$이 성립되어 제3사분위수는 $Q_3 = 0.75(b-a)$이 된다.

15 세 개의 독립변수 X_1, X_2, X_3와 종속변수 Y에 대한 15개의 데이터가 있다. 이때, 회귀제곱합이 $SSR = 126$, 잔차제곱합이 $SSE = 77$이라 가정하고 이 다중회귀모형의 유의성을 검정하기 위한 F-통계량의 값과 F-분포의 자유도를 바르게 나타낸 것은?

① F-통계량의 값 : 7, F-분포의 자유도 : $(3, 12)$

② F-통계량의 값 : 7, F-분포의 자유도 : $(3, 11)$

③ F-통계량의 값 : 6, F-분포의 자유도 : $(3, 11)$

④ F-통계량의 값 : 6, F-분포의 자유도 : $(3, 12)$

해설

다중회귀모형의 유의성 검정

독립변수가 3개이므로 상수항까지 포함한다면 회귀에 대한 자유도는 3이 된다.

〈다중회귀모형의 유의성 검정에 대한 분산분석표〉

요 인	제곱합	자유도	평균제곱	F
회 귀	126	3	42	6
오 차	77	11	7	
합 계	203	14		

16 어떤 합금의 열처리에서 가장 영향을 준다고 생각되는 인자로서 온도(A), 시간(B)을 택하여 각각 2회씩 랜덤하게 실험하여 얻은 데이터로부터 교호작용효과의 오차항 풀링 전과 후의 분산분석표가 다음과 같다. 다음 설명 중 가장 부적합한 것은?

교호작용항 풀링 전					교호작용항 풀링 후				
요 인	SS	DF	F_0	$F_{0.95}$	요 인	SS	DF	F_0	$F_{0.95}$
A	15	3	(㉠)	3.49	A	15	3	(㉵)	3.17
B	24	2	(㉡)	3.89	B	24	2	(㉻)	4.25
$A \times B$	3	6	(㉢)	3.00	e^*	(㉣)	(㉤)		
e	12	12							

① 요인 A, B, $A \times B$의 검정통계량의 값(F_0)은 각각 ㉠ 5, ㉡ 12, ㉢ 0.5이다.

② 교호작용효과를 오차항에 풀링하여 구한 새로운 오차항 e^*의 제곱합(SS)은 ㉣ 15이고 자유도는 ㉤ 18이다.

③ 교호작용효과의 오차항 풀링 전과 후의 A와 B요인의 검정통계량은 동일하여 각각 ㉵ 5와 ㉻ 12이다.

④ 교호작용효과의 풀링 전후의 A와 B요인의 효과는 모두 유의수준 0.05에서 유의하다.

해설

교호작용효과의 풀링

교호작용효과를 오차항에 넣어서 새로운 오차항을 만드는 과정을 교호작용효과를 오차항에 풀링한다고 표현한다. 즉, 교호작용효과 풀링 후의 새로운 오차항은 $SS = SS_{A \times B} + SS_e = 3 + 12 = 15$가 되며 자유도는 $6 + 12 = 18$이 된다.

∴ 교호작용효과 풀링 후 요인 A의 검정통계량 값은 $\dfrac{15/3}{15/18} = 6$이다.

17 다음은 어떤 자료를 다중선형회귀모형 $Y = \beta_0 + \beta_1 X_1 + \beta_2 X_2 + \epsilon$, $\epsilon \sim N(0, \sigma^2)$에 적합하여 얻은 결과의 일부이다. 유의수준 5%에서 이에 대한 설명으로 옳지 않은 것은?

모 형	비표준화 계수	표준화 계수	유의확률
상 수	2.325		
X_1	−1.632	−0.775	0.002
X_2	2.415	0.235	0.005

① X_2가 고정되어 있을 때 X_1이 증가하면 Y는 감소하는 경향이 있다.

② X_1, X_2의 회귀계수는 유의수준 5%에서 모두 유의하다.

③ Y에 X_1이 X_2보다 더 크게 영향을 미친다.

④ X_1이 고정되어 있을 때 X_2가 1단위 증가하면 Y의 추정값이 0.235배 증가한다.

해설

회귀분석

추정된 회귀모형이 $\hat{Y} = 2.325 - 1.632 X_1 + 2.415 X_2$이므로, X_1이 고정되어 있을 때 X_2가 1단위 증가하면 Y의 추정값이 2.415배 증가한다.

18 성별에 따라 흡연여부에 차이가 있는지 검정하기 위해 남성과 여성 각각 200명씩을 임의추출하여 다음과 같은 2×2 교차표를 얻었다.

구 분	흡 연	비흡연	합 계
남 성	150	50	200
여 성	50	150	200
합 계	200	200	400

이를 검정하기 위해 χ^2 동일성 검정을 실시할 때, 이 검정과 동일한 검정결과를 얻을 수 있는 검정방법은?

① 대표본에서 모비율 차이$(p_1 - p_2)$ 검정   ② 피어슨 상관분석

③ 단순회귀모형의 유의성 검정   ④ 반복이 있는 이원배치 분산분석

해설

카이제곱 동일성 검정

남성과 여성을 각각 200명씩 표본추출하였으므로 성별에 따라 흡연여부의 비율이 동일한지 카이제곱 동일성 검정을 할 수 있다.

카이제곱 동일성 검정의 검정통계량은 $\chi^2 = \sum_{i=1}^{r} \sum_{j=1}^{c} \frac{(O_{ij} - E_{ij})^2}{E_{ij}} \sim \chi^2_{(r-1)(c-1)}$ 이다.

남성과 여성을 각각 독립적으로 표본추출 하였으므로 두 모비율 차이$(p_1 - p_2)$에 대한 검정통계량은

$Z = \dfrac{\hat{p}_1 - \hat{p}_2}{\sqrt{\hat{p}(1-\hat{p})\left(\dfrac{1}{n_1} + \dfrac{1}{n_2}\right)}} = \dfrac{0.75 - 0.25}{\sqrt{0.5 \times 0.5\left(\dfrac{1}{200} + \dfrac{1}{200}\right)}}$ 를 이용한다. 여기서, $\hat{p}$은 합동표본비율 $\hat{p} = \dfrac{x_1 + x_2}{n_1 + n_2}$ 이다.

두 모비율 차이$(p_1 - p_2)$에 대한 검정통계량은 표준정규분포를 따르고, 카이제곱 동일성 검정의 검정통계량은 자유도가 1인 카이제곱분포 $\chi^2(1)$을 따른다. 표준정규분포의 제곱 Z^2은 자유도가 1인 카이제곱분포 $\chi^2(1)$을 따르므로 두 검정결과는 동일하며, 두 검정의 유의확률 또한 동일하다.

19 〈표A〉와 〈표B〉에서 행과 열의 독립성 가설을 검증(검정)하고자 한다. 〈표A〉에서의 카이제곱 통계량을 χ^2_A, p-값(유의확률)을 p_A라 하고 〈표B〉에서의 카이제곱 통계량을 X^2_B, p-값(유의확률)을 p_B라고 하자. 다음 중 맞는 것은?

〈표A〉

구 분	열1	열2
행1	12	32
행2	24	62
행3	6	12

〈표B〉

구 분	열1	열2
행1	120	320
행2	240	620
행3	60	120

① $\chi^2_A = \chi^2_B$, $p_A = p_B$

② $\chi^2_A = \chi^2_B$, $p_A > p_B$

③ $\chi^2_A < \chi^2_B$, $p_A = p_B$

④ $\chi^2_A < \chi^2_B$, $p_A > p_B$

카이제곱 독립성 검정

카이제곱 독립성 검정의 검정통계량은 $\chi^2 = \sum_{i=1}^{r} \sum_{j=1}^{c} \frac{(O_{ij} - E_{ij})^2}{E_{ij}} \sim \chi^2_{(r-1)(c-1)}$ 이다.

위 식에서 검정통계량 값은 관측도수와 기대도수의 차이가 크면 커진다. 또한 검정통계량 값이 크면 유의확률은 줄어든다.

〈표A〉과 〈표B〉의 1행 1열의 검정통계량 값을 구해보면,

〈표A〉: $E_{11} = \frac{42 \times 44}{148} = 12.48$이므로 $\frac{(O_{11} - E_{11})^2}{E_{11}} = \frac{(12 - 12.48)}{12.48} = 0.018$

〈표B〉: $E_{11} = \frac{420 \times 440}{1480} = 124.86$이므로 $\frac{(O_{11} - E_{11})^2}{E_{11}} = \frac{(120 - 124.86)}{124.86} = 0.189$로

전체적인 검정통계량 값은 〈표B〉가 크며, 〈표B〉의 검정통계량 값이 크므로 유의확률은 작다.

---

20 확률변수 X의 확률밀도함수가 다음과 같을 때, 확률변수 X의 제75백분위수(Percentile)는?

$$f(x) = \frac{1}{\lambda} \exp\left(-\frac{x}{\lambda}\right), \quad x > 0, \quad \lambda > 0$$

① $\lambda \ln 4$

② $\lambda \ln 0.75$

③ $\frac{1}{\lambda} \ln 4$

④ $\frac{1}{\lambda} \ln 0.75$

지수분포(Exponential Distribution)

제75백분위수의 정의는 $P(X < x) \leq 0.75$이고 $P(X \leq x) > 0.75$인 x이다. 하지만 연속형분포에서는 $P(X = x) = 0$이므로 $P(X < x) = P(X \leq x)$가 성립한다. 즉, $P(X \leq x) = 0.75$을 만족하는 x값이 확률변수 X의 제75백분위수(Percentile)가 된다.

$$P(X \leq x) = \int_0^x \frac{1}{\lambda} \exp\left(-\frac{t}{\lambda}\right) dt = \left[-\exp\left(-\frac{t}{\lambda}\right)\right]_0^x = 1 - \exp\left(-\frac{x}{\lambda}\right) = 0.75$$

$$\exp\left(-\frac{x}{\lambda}\right) = 0.25 \Rightarrow -\frac{x}{\lambda} = \ln 0.25$$

$$\therefore x = \lambda \ln 4$$

01 A그룹에서의 사건발생 확률이 p_1이고, B그룹에서의 사건발생 확률이 p_2이다. 오즈비는 각각의

오즈에 대한 비율로서 오즈비 $= \dfrac{A\text{그룹의 사건발생 오즈}}{B\text{그룹의 사건발생 오즈}}$ 로 정의한다. 다음 중 옳은 것은?

구 분	사건발생	사건미발생
A그룹	p_1	$1-p_1$
B그룹	p_2	$1-p_2$

① 오즈비는 $\dfrac{p_1}{p_2}$ 으로 계산한다.

② A그룹의 사건발생 오즈는 $\dfrac{p_1}{p_1+p_2}$ 이다.

③ 오즈비가 2이고 A그룹의 사건발생 확률이 0.5이면 B그룹의 사건발생 확률은 0.2이다.

④ 오즈비가 2이고 A그룹의 사건발생 오즈가 0.5이면 B그룹의 사건발생 확률은 0.2이다.

해설

오즈비(Odds Ratio)

상대비율이 $\dfrac{p_1}{p_2}$ 이고, A그룹의 사건발생 오즈는 $\dfrac{p_1}{1-p_1}$ 이다.

오즈비가 2이고 A그룹의 사건발생 확률이 0.5이면 A그룹의 사건발생 오즈는 1이므로 B그룹의 사건발생 오즈는 0.5

이다. 따라서 $\dfrac{p_2}{1-p_2} = \dfrac{1}{2}$ 이므로 $p_2 = \dfrac{1}{3}$ 이다.

오즈비가 2이고 A그룹의 사건발생 확률이 0.5이면 $2 = \dfrac{0.5}{B\text{그룹의 사건발생 오즈}}$ 이므로 B그룹의 사건발생 오즈는

0.25이다. 따라서 $\dfrac{p_2}{1-p_2} = \dfrac{1}{4}$ 이므로 $p_2 = 0.2$ 이다.

02 서로 독립인 두 확률변수 X와 Y의 결합확률분포표가 다음과 같을 때, b의 값은?

X \ Y	1	2
2	0.3	0.4
3	a	b

① $\dfrac{1}{15}$

② $\dfrac{3}{35}$

③ $\dfrac{6}{35}$

④ $\dfrac{2}{75}$

해설

결합확률분포표

X \ Y	1	2	$f_X(x)$
2	0.3	0.4	0.7
3	a	b	$a+b$
$f_Y(y)$	$a+0.3$	$b+0.4$	1

두 확률변수 X와 Y는 이산형 결합밀도함수이므로 $\displaystyle\sum_{y=1}^{2}\sum_{x=2}^{3} f(x,y) = 1$이 성립한다.

즉, $a+b+0.7 = 1$이 성립되어 $a+b = 0.3$임을 알 수 있다.

또한, 두 확률변수 X와 Y는 서로 독립이므로 $f(x,y) = f_X(x)f_Y(y)$이 성립한다.

즉, $X = 3$이고 $Y = 2$인 경우 $f(3,2) = (a+b)(b+0.4) = 0.3(b+0.4) = b$가 성립되어 $b = \dfrac{0.12}{0.7} = \dfrac{6}{35}$ 이다.

03 모평균 75, 모표준편차 5인 정규분포를 따르는 모집단에서 임의추출한 크기 25인 표본의 표본평균을 $\overline{X}$라 하자. 표준정규분포를 따르는 확률변수 Z에 대하여 양의 상수 c가 $P(|Z| > c) = 0.06$을 만족시킬 때, 다음 중 옳은 것을 고르면?

ㄱ. $P(Z > a) = 0.05$인 상수 a에 대하여 $c > a$이다.

ㄴ. $P(\overline{X} \leq c + 75) = 0.97$

ㄷ. $P(\overline{X} > b) = 0.01$인 상수 b에 대하여 $c < b - 75$이다.

---

① ㄱ, ㄷ   ② ㄱ, ㄴ

③ ㄴ, ㄷ   ④ ㄱ, ㄴ, ㄷ

해설

정규분포의 확률 계산

- $P(Z > c) = 0.06/2 = 0.03$이다. $P(Z > a) = 0.05$이므로 $c > a$은 성립한다.

- $P(\overline{X} \leq c + 75) = P\left(\dfrac{\overline{X} - 75}{1} \leq \dfrac{c + 75 - 75}{1}\right) = P(Z \leq c) = 1 - 0.03 = 0.97$이다.

- $P(Z > c) = 0.03$, $P(\overline{X} > b) = P\left(\dfrac{\overline{X} - 75}{1} > \dfrac{b - 75}{1}\right) = P(Z > b - 75) = 0.01$이므로 $c < b - 75$가 성립한다.

04 확률분포에 대한 설명 중 옳은 것은?

① X가 정규분포 $N(\mu, \sigma^2)$을 따를 때, X^2은 카이제곱분포 $\chi^2_{(1)}$를 따른다.

② X가 이항분포 $B(n, p)$를 따를 때, $n - X$는 이항분포 $B(n, 1-p)$를 따른다.

③ X가 자유도가 10인 t분포를 따를 때, X^2은 분자의 자유도가 10, 분모의 자유도가 1인 F분포를 따른다.

④ X_1과 X_2가 성공의 확률이 p인 베르누이 분포를 따르고 서로 독립일 때, $X_1 + X_2$는 이항분포 $B(n, 2p)$를 따른다.

해설

이항분포

X가 이항분포 $B(n, p)$를 따를 때, $E(X) = np$, $Var(X) = np(1-p)$이다.

$E(n - X) = n - E(X) = n - np = n(1-p)$

$Var(n - X) = Var(X) = np(1-p)$이 성립한다.

∴ $n - X$는 이항분포 $B(n, 1-p)$를 따른다.

05 연속확률변수 X가 갖는 값의 범위는 $0 \le X \le 4$이고 X의 확률밀도함수의 그래프는 다음과 같다. $100P(0 \le X \le 2)$의 값은?

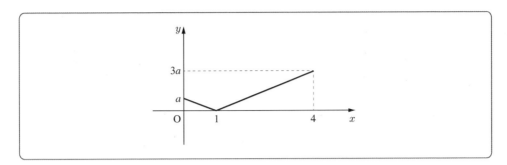

① 10

② 20

③ 30

④ 40

해설

확률밀도함수(Probability Density Function)

확률밀도함수는 $\int_{-\infty}^{\infty} f(x)dx = 1$이 성립한다.

즉, 그래프에서 밑면적의 넓이가 1이므로 $\dfrac{a}{2} + \dfrac{9}{2}a = 5a = 1$이 성립되어 $a = \dfrac{1}{5}$이다.

위의 확률밀도함수를 구해보면 다음과 같다.

$$f(x) = \begin{cases} \dfrac{1}{5} - \dfrac{1}{5}x, & 0 < x \le 1 \\ -\dfrac{1}{5} + \dfrac{1}{5}x, & 1 < x \le 4 \end{cases}$$

$$P(0 \le X \le 2) = \int_0^1 \left(\frac{1}{5} - \frac{1}{5}x \right)dx + \int_1^2 \left(-\frac{1}{5} + \frac{1}{5}x \right)dx = \left[\frac{1}{5}x - \frac{1}{10}x^2 \right]_0^1 + \left[-\frac{1}{5}x + \frac{1}{10}x^2 \right]_1^2$$

$$= \left(\frac{1}{5} - \frac{1}{10} \right) + \left(-\frac{2}{5} + \frac{4}{10} \right) - \left(-\frac{1}{5} + \frac{1}{10} \right) = \frac{2}{10}$$

$$\therefore 100P(0 \le X \le 2) = 100 \times \frac{2}{10} = 20$$

06 확률변수 N은 평균이 λ인 포아송분포를 따른다. N이 주어졌을 때 확률변수 X의 조건부 분포 (Conditional Distribution)는 시행횟수가 N, 성공확률이 p인 이항분포를 따른다고 할 때 확률변수 X의 기대값은?

① $p(1-p)$

② $n\lambda$

③ $p\lambda$

④ $\lambda p(1-p)$

해설

이중기댓값의 정리

• $N \sim Poisson(\lambda)$, $X \mid N \sim B(N, p)$이므로 이항분포의 기대값의 성질을 이용하면 $E(X \mid N) = Np$이다.

• 이중기댓값의 성질을 이용하면 $E(E(X \mid N)) = E(X)$이다.

• 포아송분포의 기대값의 성질을 이용하면 $E(X) = E(E(X \mid N)) = E(Np) = pE(N) = p\lambda$이다.

07 서로 독립인 두 확률변수 X와 Z는 각각 평균이 0, 분산이 1인 표준정규분포를 따른다. $Y = X + kZ$ 일 때, X와 Y의 상관계수는?

① $\rho_{XY} = 1$ ② $\rho_{XY} = \sqrt{\dfrac{1}{k^2}}$

③ $\rho_{XY} = \sqrt{\dfrac{1}{1+k}}$ ④ $\rho_{XY} = \sqrt{\dfrac{1}{1+k^2}}$

해설

상관계수(Correlation Coefficient)

서로 독립인 두 확률변수 $X, Z \sim N(0, 1)$이고, $Y = X + kZ$일 때,

$Cov(X, Y) = E[X - E(X)][Y - E(Y)] = E(XY)$

$\because E(Y) = E(X + kZ) = E(X) + kE(Z) = 0$

$E(XY) = E[(X(X+kZ)] = E(X^2 + kXZ) = E(X^2) + kE(XZ) = E(X^2) + kE(X)E(Z)$

$\because X, Z$는 서로 독립

$E(X^2) = Var(X) + [E(X)]^2 = 1 + 0^2 = 1$

$\because Var(X) = E(X^2) - [E(X)]^2$

$\therefore \rho_{XY} = \dfrac{Cov(X, Y)}{\sqrt{Var(X)}\sqrt{Var(Y)}} = \dfrac{1}{\sqrt{Var(X)}\sqrt{Var(X+kZ)}}$

$= \dfrac{1}{\sqrt{Var(X)}\sqrt{Var(X) + k^2Var(Z) + 2kCov(X, Z)}} = \dfrac{1}{\sqrt{1}\sqrt{1+k^2}}$

$\because Cov(X, Z) = 0$

08 두 집단의 자료를 분석한 결과 다음 표를 얻었다. 두 집단의 분산이 같다고 가정할 때, 두 집단의 공통분산의 추정값은?

집 단	표본크기	자료의 합	자료의 제곱합
1	6	54	498
2	5	50	524

① 2.6 ② 3.5

③ 4.0 ④ 5.7

해설

공통표본분산(Pooled Sample Variance)

두 모분산을 모르지만 같다는 것은 알고 있을 경우 두 집단의 공통분산은

$s_p^2 = \dfrac{(n_1 - 1)s_1^2 + (n_2 - 1)s_2^2}{(n_1 + n_2 - 2)}$ 이다.

$s_1^2 = \dfrac{\sum(x_i - \bar{x})^2}{n_1 - 1} = \dfrac{\sum x_i^2 - n_1\bar{x}^2}{n_1 - 1} = \dfrac{498 - 6 \times 9^2}{6 - 1} = 2.4$

$s_2^2 = \dfrac{\sum(x_i - \bar{x})^2}{n_2 - 1} = \dfrac{\sum x_i^2 - n_2\bar{x}^2}{n_2 - 1} = \dfrac{524 - 5 \times 10^2}{5 - 1} = 6$

$\therefore s_p^2 = \dfrac{(n_1 - 1)s_1^2 + (n_2 - 1)s_2^2}{(n_1 + n_2 - 2)} = \dfrac{12 + 24}{6 + 5 - 2} = 4$

09 주머니에 5개의 공이 들어 있는데, 그중 θ개가 빨간색 공이고 나머지는 파란색 공이다. 가설 $H_0 : \theta = 3$ 대 $H_1 : \theta = 4$를 검정하기 위하여 3개의 공을 비복원추출하여 3개 모두 빨간색 공이면 귀무가설 H_0을 기각하고 그 이외의 경우에는 귀무가설을 기각하지 않는다. 이 검정방법에 대한 제2종의 오류를 범할 확률은?

① $\dfrac{1}{5}$ ② $\dfrac{2}{5}$

③ $\dfrac{3}{5}$ ④ $\dfrac{4}{5}$

해설
제2종의 오류를 범할 확률
제2종의 오류를 범할 확률은 β로 표기한다. 즉, β는 대립가설이 참일 때 귀무가설을 채택하는 오류를 범할 확률이다.
$\beta = P(\text{제2종의 오류}) = P(H_0 \text{ 채택} \mid H_1 \text{ 사실}) = 1 - P(H_0 \text{ 기각} \mid H_1 \text{ 사실})$

$\therefore \ \beta = 1 - P(\text{3개 모두 빨간색 공일 경우} \mid \theta = 4) = 1 - \dfrac{_4C_3}{_5C_3} = 1 - \left(\dfrac{2}{5}\right) = \dfrac{3}{5}$

10 두 확률변수 X와 Y에 대하여 $Var(X+Y) = 2$ 이고 $Var(X-Y) = 6$ 일 때, X와 Y의 공분산은?

① 1   ② 2
③ 3   ④ 4

해설
공분산의 계산
$Var(X+Y) = Var(X) + Var(Y) + 2Cov(X, Y) = 12$
$Var(X-Y) = Var(X) + Var(Y) - 2Cov(X, Y) = 4$
$Var(X+Y) - Var(X-Y) = 4Cov(X, Y) = 8$
$\therefore \ Cov(X, Y) = 2$

11 확률변수 X가 $X \sim N(0, 1)$을 따를 때, $Var(X^2)$의 값은?

① 1   ② 2
③ 3   ④ 4

해설
카이제곱분포의 성질
$Y = X^2$ 이라 한다면 $X \sim N(0, 1)$을 따를 때 $Y = X^2$은 $\chi^2_{(1)}$을 따른다.
카이제곱분포의 기대값은 자유도이며 분산은 자유도의 두 배이므로, $Var(Y) = Var(X^2) = 2$이다.

12 확률변수 Z_1, Z_2, Z_3, Z_4 가 서로 독립이고 표준정규분포인 $N(0, 1)$을 따른다고 할 때 $\dfrac{Z_1^2 + Z_2^2}{Z_3^2 + Z_4^2}$ 의 분포는?

① $\chi^2_{(1)}$　　　　　　　　　　　　② $\chi^2_{(2)}$

③ $F_{(1, 1)}$　　　　　　　　　　　　④ $F_{(2, 2)}$

해설

F분포

확률변수 $Z_i \sim iid\, N(0, 1)$일 때 Z_i^2은 각각 자유도가 1인 χ^2분포를 따른다.

카이제곱분포의 가법성을 이용하면 $Z_1^2 + Z_2^2 = U \sim \chi^2_{(2)}$, $Z_3^2 + Z_4^2 = V \sim \chi^2_{(2)}$ 이 된다.

$$\therefore \frac{Z_1^2 + Z_2^2}{Z_3^2 + Z_4^2} = \frac{U/2}{V/2} \sim F_{(2, 2)}$$

13 다음 일원배치 분산분석 모형에 대한 분산분석표가 아래와 같을 때, 가설 $H_0 : \alpha_1 = \alpha_2 = \alpha_3 = \alpha_4 = 0$ 대 $H_1 :$ not H_0를 검정하기 위해 (　)에 들어갈 값은?

$$X_{ij} = \mu + \alpha_i + \epsilon_{ij}, \ i = 1, 2, \cdots, 4, \ j = 1, 2, \cdots, 5$$

$$\left(\text{단}, \ \sum_{i=1}^{4} \alpha_i = 0 \text{이고} \ \epsilon_{ij} \sim N(0, \sigma^2) \text{이며 서로 독립이다}\right)$$

요 인	제곱합	자유도	F통계량
처 리	48.0	****	(　)
오 차	32.0	16	
합 계	80.0		

① 4　　　　　　　　　　　　② 8

③ 16　　　　　　　　　　　④ 32

해설

일원배치 분산분석

요인의 수준이 4이고 반복이 5회이므로 처리에 대한 자유도는 $4 - 1 = 3$이 된다.

$$F = \frac{SSA / \varnothing_{SSA}}{SSE / \varnothing_{SSE}} = \frac{48/3}{32/16} = 8$$

14 반복이 3회 있는 이원배치법에서 모수인자(Fixed Factor) A의 수준은 4개이고 변량인자(Random Factor) B의 수준은 5개이다. 다음의 분산분석표에서 인자 A와 B의 주효과를 검정하는 검정통계량의 값 ㉠, ㉡은 각각 얼마인가?

변동요인	제곱합	자유도	평균제곱	F-값
A	18	****	****	㉠
B	48	****	****	㉡
$A \times B$	****	****	****	****
오 차	80	****	****	
전 체	182	****		

① (㉠, ㉡) = (2.0, 4.0) ② (㉠, ㉡) = (3.0, 4.0)

③ (㉠, ㉡) = (2.5, 3.6) ④ (㉠, ㉡) = (2.0, 6.0)

해설

반복이 있는 이원배치 혼합모형

〈반복이 있는 이원배치 혼합모형의 분산분석표〉

변동요인	제곱합	자유도	평균제곱	평균제곱 기대값	F-값
A	S_A	$l-1$	V_A	$\sigma_E^2 + r\sigma_{A \times B}^2 + mr\sigma_A^2$	$V_A / V_{A \times B}$
B	S_B	$m-1$	V_B	$\sigma_E^2 + lr\sigma_B^2$	V_B / V_E
$A \times B$	$S_{A \times B}$	$(l-1)(m-1)$	$V_{A \times B}$	$\sigma_E^2 + r\sigma_{A \times B}^2$	$V_{A \times B} / V_E$
E	S_E	$lm(r-1)$	V_E	σ_E^2	
T	S_T	$lmr-1$			

반복이 있는 이원배치 혼합모형(A가 모수인자, B가 변량인자)의 경우 요인 A의 효과를 검정하기 위한 F검정통계량은 $F = \dfrac{V_A}{V_{A \times B}}$ 이다.

∵ $E(V_A) = \sigma_E^2 + r\sigma_{A \times B}^2 + mr\sigma_A^2$, $E(V_{A \times B}) = \sigma_E^2 + r\sigma_{A \times B}^2$ 이므로 귀무가설 $H_0 : \sigma_A^2 = 0$이 성립된다면 $E(V_A)$이 $E(V_{A \times B})$에 나타나기 때문이다.

그러므로 구하고자 하는 분산분석표는 다음과 같다.

변동요인	제곱합	자유도	평균제곱	F-값
A	18	3	6	$V_A / V_{A \times B} = 2$
B	48	4	12	$V_B / V_E = 6$
$A \times B$	36	12	3	$V_{A \times B} / V_E = 1.5$
E	80	40	2	
T	182	59		

15 두 변수 x와 y의 상관계수를 r이라 하고 상관관계는 직선적이고 회귀방정식을 $ax+by=1$이라 할 때, $r=-1$인 경우 a, b 사이의 관계가 옳은 것은?

① $a \geq 0$, $b \geq 0$　　　　　　② $a \geq 0$, $b < 0$

③ $a > 0$, $b > 0$　　　　　　④ $a \leq 0$, $b > 0$

해설

상관계수와 회귀선의 기울기

회귀방정식이 $ax+by=1$이므로, 이는 $y=-\dfrac{a}{b}x+\dfrac{1}{b}$이다.

상관계수의 성질 중에서 회귀직선의 기울기와 상관계수의 부호가 동일함을 이용한다.

$r=-1$이므로, 회귀직선의 기울기 $-\dfrac{a}{b}$는 음수여야 된다.

$\therefore$ $a \neq 0$, $b \neq 0$이어야 하며, a와 b의 부호는 동일해야 한다.

16 설명변수(X)와 반응변수(Y) 사이에 단순회귀모형을 가정할 때, 회귀직선의 기울기에 대한 추정 값은 얼마인가?

X_i	0	1	2	3	4	5
Y_i	4	3	2	0	-3	-6

① -2　　　　　　② -1

③ 1　　　　　　④ 2

해설

회귀직선의 기울기

$\sum_{i=1}^{6} X_i = 15$, $\sum_{i=1}^{6} Y_i = 0$, $\sum_{i=1}^{6} X_i Y_i = -35$, $\sum_{i=1}^{6} X_i^2 = 55$, $\sum_{i=1}^{6} Y_i^2 = 74$이므로, $\overline{X}=2.5$, $\overline{Y}=0$이다.

$\therefore$ $b = \dfrac{\sum(X_i-\overline{X})(Y_i-\overline{Y})}{\sum(X_i-\overline{X})^2} = \dfrac{\sum X_i Y_i - n\overline{X}\,\overline{Y}}{\sum X_i^2 - n\overline{X}^2} = \dfrac{-35}{55-6\times2.5^2} = \dfrac{-35}{17.5} = -2$

17 두 변수에 대한 분할표(Contingency Table)에서 두 변수의 독립성 여부를 검정하기 위하여 카이 제곱(Chi-square) 검정을 실시하고자 할 때 필요한 항목만으로 구성된 것은?

① 실측도수, 기대도수, 자유도, 평균　　② 실측도수, 기대도수, 자유도, 분산

③ 실측도수, 기대도수, 자유도, 유의수준　④ 실측도수, 기대도수, 변동계수, 유의수준

해설

카이제곱 독립성 검정

카이제곱 독립성 검정의 검정통계량은 $\chi^2 = \sum_{i=1}^{r}\sum_{j=1}^{c}\dfrac{(O_{ij}-E_{ij})^2}{E_{ij}} \sim \chi^2_{(r-1)(c-1)}$로 관측도수(실측도수)와 기대도수, 자유도가 필요하며, 검정통계량 값과 비교할 기각치 $\chi^2_{\alpha,\,(r-1)(c-1)}$을 구하기 위해 유의수준 α가 필요하다.

18 확률변수 X가 다음과 같은 균일분포 $U(0, 1)$을 따른다고 할 때, $Y = \sqrt{X}$의 확률밀도함수는?

$$f_X(x) = 1, \ 0 < x < 1$$

① $2y, \ 0 < y < 1$　　　　　② $2y, \ 0 < y < 2$

③ $y^2, \ 0 < y < 1$　　　　　④ $y^2, \ 0 < y < 2$

해설

확률변수의 함수의 분포

• 누적분포함수를 이용한 방법(CDF Method)

　Y의 분포함수는 $F_Y(y) = P(Y \leq y) = P(\sqrt{X} \leq y) = P(X \leq y^2)$이다.

　확률변수 X의 확률밀도함수를 통해 분포함수를 구하면 다음과 같다.

$$F_X(x) = \begin{cases} 0, & x \leq 0 \\ x, & 0 < x < 1 \\ 1, & x \geq 1 \end{cases}$$

　$Y = \sqrt{X}$라 하였으므로 $Y > 0$이고 다음과 같은 식이 성립한다.

$$F_Y(y) = P(X \leq y^2) = \begin{cases} 0, & y \leq 0 \\ y^2, & 0 < y < 1 \\ 1, & y \geq 1 \end{cases}$$

　Y의 확률밀도함수 $f_Y(y)$는 $F_Y(y)$의 1차 미분이므로 다음과 같다.

$$\frac{d}{dy} F_Y(y) = f_Y(y) = \begin{cases} 2y, & 0 < y < 1 \\ 0, & \text{elsewhere} \end{cases}$$

• 변수변환을 이용한 방법(Transformation Method)

　$Y = \sqrt{X}$은 단조함수이고, 정의역 $0 < x < 1$에서 $X = Y^2$이다.

　$dx = 2y\,dy$이므로 $Y = \sqrt{X}$의 확률밀도함수는 다음과 같이 바로 구할 수 있다.

$$f_Y(y) = \left| \frac{dx}{dy} \right| f_X(x) = 2y \cdot 1 = 2y, \ 0 < y < 1$$

　$\because \ dx = 2y\,dy$

19 어느 회사에서는 30명의 직원 중 반려견을 키우고 있는 직원이 20명, 키우고 있지 않는 직원이 10명 있는 경우, 전체 직원 중 5명을 비복원으로 랜덤추출하여 반려견을 키우고 있는 직원 수를 확률변수 X라고 정의하면 확률변수 X의 분포는?

① 이항분포　　　　　② 초기하분포

③ 포아송분포　　　　　④ 정규분포

해설

초기하분포(Hypergeometric Distribution)

크기 N의 유한모집단 중 크기 n의 확률표본을 뽑을 경우, N개 중 k개는 성공으로, 나머지 $(N-k)$개는 실패로 분류하여 비복원으로 뽑을 때 성공 횟수 X의 확률분포는 초기하분포를 따른다.

20 16개의 표본자료를 이용하여 다중선형회귀모형 $Y_i = \beta_0 + \beta_1 X_{1i} + \beta_2 X_{2i} + \beta_3 X_{3i} + \beta_4 X_{4i} + \beta_5 X_{5i}$ $+ \epsilon_i$에 대해 회귀모형의 유의성 검정을 실시하여 다음의 분산분석표 일부를 얻었다.

요 인	제곱합	자유도	평균제곱
회 귀			
오차(잔차)			20
합 계	500		

동일한 자료를 이용하여 다중선형회귀모형 $Y_i = \beta_0 + \beta_1 X_{1i} + \beta_5 X_{5i} + e_i$에 대해 회귀모형의 유의성 검정을 실시하여 다음의 분산분석표 일부를 얻었다.

요 인	제곱합	자유도	평균제곱
회 귀	240		
오차(잔차)			
합 계			

가설($H_0: \beta_2 = \beta_3 = \beta_4 = 0$ 대 $H_1:$ 적어도 하나의 β_i는 0이 아니다. $i = 2, 3, 4$)을 검정하기 위한 검정통계량의 값은?

① 0.5   ② 1

③ 1.5   ④ 2

해설

부분 $F-$검정

• 전체 자료가 $n = 16$이므로 총제곱합의 자유도는 15가 된다. 이를 고려하여 완전모형(Full Model)
  $Y_i = \beta_0 + \beta_1 X_{1i} + \beta_2 X_{2i} + \beta_3 X_{3i} + \beta_4 X_{4i} + \beta_5 X_{5i} + \epsilon_i$의 분산분석표를 완성하면 다음과 같다.

요 인	제곱합	자유도	평균제곱	$F-$값
회 귀	300	5	60	3
오차(잔차)	200	10	20	
합 계	500	15		

• 완전모형과 축소모형(Reduced Model)의 총제곱합이 동일함을 이용하여 축소모형 $Y_i = \beta_0 + \beta_1 X_{1i} + \beta_5 X_{5i} + e_i$의
  분산분석표를 완성하면 다음과 같다.

요 인	제곱합	자유도	평균제곱	$F-$값
회 귀	240	2	120	6
오차(잔차)	260	13	20	
합 계	500	15		

∴ 위 가설검정을 위한 검정통계량의 값은 다음과 같다.

$$F = \frac{[SSR(F) - SSR(R)]/k - r}{SSE(F)/n - k - 1} = \frac{(300 - 240)/3}{200/10} = \frac{20}{20} = 1$$

26회 | 통계학 총정리 모의고사

01 상자 A에는 빨간 공 3개와 검은 공 5개가 들어 있고, 상자 B는 비어있다. 상자 A에서 임의로 2개의 공을 꺼내어 빨간 공이 나오면 [실행 1]을, 빨간 공이 나오지 않으면 [실행 2]를 할 때, 상자 B에 있는 빨간 공의 개수가 1일 확률은?

> [실행 1] 꺼낸 공을 상자 B에 넣는다.
> [실행 2] 꺼낸 공을 상자 B에 넣고, 상자 A에서 임의로 2개의 공을 더 꺼내어 상자 B에 넣는다.

① $\dfrac{1}{2}$ 　　　　　　　　　② $\dfrac{1}{4}$

③ $\dfrac{2}{3}$ 　　　　　　　　　④ $\dfrac{3}{4}$

해설

확률의 계산

상자 B에 있는 빨간 공의 개수가 1이 되기 위해서는 상자 A에서 빨간 공 1개, 검은 공 1개를 뽑을 경우 또는 검은 공 2개를 뽑고 다음 시행에서 빨간 공 1개, 검은 공 1개를 뽑을 경우가 있다.

• 상자 A에서 빨간 공 1개, 검은 공 1개를 뽑을 확률은 $\dfrac{_3C_1 \times _5C_1}{_8C_2} = \dfrac{15}{28}$ 이다.

• 상자 A에서 검은 공 2개를 뽑고 다음 시행에서 빨간 공 1개, 검은 공 1개를 뽑을 확률은

$\dfrac{_5C_2}{_8C_2} \times \dfrac{_3C_1 \times _3C_1}{_6C_2} = \dfrac{10}{28} \times \dfrac{9}{15} = \dfrac{3}{14}$ 이다.

$\therefore \ \dfrac{15}{28} + \dfrac{3}{14} = \dfrac{21}{28} = \dfrac{3}{4}$

02 두 사건 A와 B는 서로 독립이고, $P(A \cup B) = \dfrac{1}{2}$, $P(A|B) = \dfrac{3}{8}$일 때, $P(A \cap B^C)$의 값은?

(단, B^C은 B의 여사건이다)

① $\dfrac{1}{10}$ 　　　　　　　　　② $\dfrac{3}{10}$

③ $\dfrac{1}{20}$ 　　　　　　　　　④ $\dfrac{3}{20}$

해설

독립사건(Independent Events)

두 사건 A, B가 서로 독립이므로 $P(A|B) = \dfrac{P(A \cap B)}{P(B)} = \dfrac{P(A)P(B)}{P(B)} = P(A) = \dfrac{3}{8}$ 이고,

$P(A \cup B) = P(A) + P(B) - P(A)P(B) = \dfrac{3}{8} + P(B) - \dfrac{3}{8}P(B) = \dfrac{1}{2}$ 이다. $\dfrac{5}{8}P(B) = \dfrac{1}{8}$ 이므로 $P(B) = \dfrac{1}{5}$ 이다.

$\therefore \ P(A \cap B^C) = P(A)P(B^c) = P(A)[1 - P(B)] = P(A) - P(A)P(B) = \dfrac{3}{8} - \left(\dfrac{3}{8} \times \dfrac{1}{5} \right) = \dfrac{3}{10}$

03 동전 2개를 동시에 던지는 시행을 10회 반복할 때, 동전 2개 모두 앞면이 나오는 횟수를 확률변수 X라고 하자. 확률변수 $4X+1$의 분산 $Var(4X+1)$의 값을 구하면?

① 10

② 20

③ 30

④ 40

해설

이항분포의 분산

동전 2개 모두 앞면이 나오는 횟수를 확률변수 X라고 할 때 X는 이항분포 $B\left(10, \dfrac{1}{4}\right)$을 따른다.

$Var(X) = 10 \times \dfrac{1}{4} \times \dfrac{3}{4} = \dfrac{30}{16}$ 이고, 분산의 성질에 의해 $Var(4X+1) = 16\,Var(X)$을 만족한다.

$\therefore\ 16\,Var(X) = 16 \times \dfrac{30}{16} = 30$

04 확률변수 X의 확률질량함수 $f(x)$가 다음과 같다고 할 때, 기대값 $E(X)$의 값은?

$$f(x) = \left(\frac{1}{2}\right)^{x},\ x = 1, 2, 3, \cdots$$

① 1

② 2

③ $\dfrac{1}{2}$

④ $\dfrac{3}{2}$

해설

기대값의 계산

확률변수 X의 확률질량함수가 $f(x)$일 때, 기대값은 $E(X) = \sum x f(x)$이다.

$\bigcirc = E(X) = 1 \times \dfrac{1}{2} + 2 \times \left(\dfrac{1}{2}\right)^{2} + 3 \times \left(\dfrac{1}{2}\right)^{3} + \cdots$

$\bigcirc = \dfrac{1}{2} E(X) = 1 \times \left(\dfrac{1}{2}\right)^{2} + 2 \times \left(\dfrac{1}{2}\right)^{3} + 3 \times \left(\dfrac{1}{2}\right)^{4} + \cdots$

$\bigcirc - \bigcirc = \dfrac{1}{2} E(X) = \dfrac{1}{2} + \left(\dfrac{1}{2}\right)^{2} + \left(\dfrac{1}{2}\right)^{3} + \left(\dfrac{1}{2}\right)^{4} + \cdots = \dfrac{\dfrac{1}{2}}{1 - \dfrac{1}{2}} = 1$

$\therefore\ E(X) = 2$

05 대표값으로는 최빈수, 산술평균, 중위수, 기하평균, 조화평균 등이 있다. 다음 중 $\sum\limits_{i=1}^{n}|(X_i - a)|$와

$\sum\limits_{i=1}^{n}(X_i - b)^2$을 최소로 하는 a와 b는?

	a	b		a	b
①	최빈수	중위수	②	중위수	산술평균
③	산술평균	중위수	④	중위수	최빈수

해설

산술평균과 중위수

- 확률변수 X의 확률밀도함수가 $f(x)$인 연속형 확률변수라 한다면 중위수 m에 대해 다음이 성립한다.
  - $a \leq m$일 경우

$$E(|X - a|) = \int_{-\infty}^{a} -(x-a)f(x)dx + \int_{a}^{\infty} (x-a)f(x)dx$$

$$= \int_{-\infty}^{m} -(x-a)f(x)dx + \int_{a}^{m} (x-a)f(x)dx + \int_{a}^{m} (x-a)f(x)dx + \int_{m}^{\infty} (x-a)f(x)dx$$

$$= \int_{-\infty}^{m} -xf(x)dx + a\int_{-\infty}^{m} f(x)dx + 2\int_{a}^{m} (x-a)f(x)dx + \int_{m}^{\infty} xf(x)dx - a\int_{m}^{\infty} f(x)dx$$

$$= \int_{-\infty}^{m} -xf(x)dx + \int_{m}^{\infty} xf(x)dx + 2\int_{a}^{m} (x-a)f(x)dx$$

$$= \int_{-\infty}^{m} -xf(x)dx + \int_{-\infty}^{m} mf(x)dx + \int_{m}^{\infty} xf(x)dx - \int_{m}^{\infty} mf(x)dx + 2\int_{a}^{m} (x-a)f(x)dx$$

$$= E(|X - m|) + 2\int_{a}^{m} (x-a)f(x)dx$$

  - $a > m$일 경우

$$E(|X - m|) + 2\int_{m}^{a} (a-x)f(x)dx \text{이 성립한다.}$$

한편 $E(|X - a|) = E(|X - m|) + 2\int_{m}^{a} (a-x)f(x)dx \geq E(|x - m|)$에서 $x = m$일 때 등호가 성립된다.

∴ $E(|X - a|)$가 최소가 되기 위해서는 $X = m$일 때이다.

- 관측값으로부터의 차이를 제곱한 제곱합을 $S = \sum\limits_{i=1}^{n}(X_i - b)^2$이라 한다면, S를 통계량 b에 대해 편미분한

$\dfrac{\partial S}{\partial b} = -2\sum\limits_{i=1}^{n}(X_i - b) = 0$을 만족하는 통계량 b가 S를 최소로 한다.

$\sum\limits_{i=1}^{n}(X_i - b) = \sum\limits_{i=1}^{n}X_i - nb = 0$이므로, $b = \dfrac{\sum\limits_{i=1}^{n}X_i}{n} = \overline{X}$이다.

06 다음 산포도(Scatter Diagram)를 보고 상관계수 $(a,\ b,\ c,\ d)$의 크기가 바르게 배열된 것은?

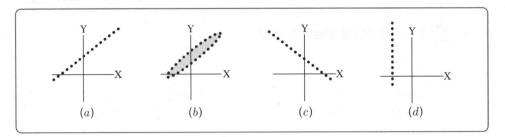

① $a > b > d > c$　　　　　　② $a = d > b > c$

③ $a > b > c > d$　　　　　　④ 답이 없음

해설

상관계수의 성질

a은 관측값들이 모두 일직선상에 있으며 X가 증가할 때 Y가 증가하므로 완전한 양의 선형관계에 있어 상관계수는 1이 된다. b는 양의 강한 선형관계에 있으므로 상관계수는 1보다 작지만 1에 가까운 값을 가진다. c는 관측값들이 모두 일직선상에 있으며 X가 증가할 때 Y가 감소하므로 완전한 음의 선형관계에 있어 상관계수는 −1이 된다.

상관계수 $r = \dfrac{\sum (X_i - \overline{X})(Y_i - \overline{Y})}{\sqrt{\sum (X_i - \overline{X})^2}\ \sqrt{\sum (Y_i - \overline{Y})^2}}$ 이며 d는 X의 관측값들과 X의 평균이 동일하기 때문에 d는 상관계수를 정의할 수 없다.

07 표준편차가 16인 모집단에서 임의추출한 64개의 표본을 이용하여 모평균이 70보다 크다는 주장을 검정하고자 한다. 기각역이 $\overline{X} > c$인 검정의 유의수준이 $\alpha = 0.025$가 되도록 c를 구하면?
(단, Z가 표준정규분포를 따르는 확률변수일 때, $P(Z > 1.96) = 0.025$)

① 70.98　　　　　　② 71.96

③ 73.92　　　　　　④ 77.84

해설

제1종의 오류(Type I Error)를 범할 확률

제1종의 오류는 귀무가설이 참일 때 귀무가설을 기각할 오류이므로 제1종의 오류를 범할 확률은 $P(\overline{X} > c \mid \mu = 70)$이다.

$\alpha = P(\overline{X} > c \mid \mu = 70) = P\left(\dfrac{\overline{X} - \mu}{\sigma / \sqrt{n}} > \dfrac{c - 70}{16 / \sqrt{64}}\right) = P\left(Z > \dfrac{c - 70}{2} = 1.96\right) = 0.025$ 이다.

$\therefore\ c = 73.92$

08 두 확률변수 X와 Y의 결합확률밀도함수 $f(x, y)$가 다음과 같이 주어졌을 때 $E(XY)$의 값은?

Y \\ X	−1	0	1	2
0	1/24	3/24	2/24	1/24
1	3/24	8/24	2/24	0
2	1/24	2/24	1/24	0

① $-\dfrac{1}{8}$

② $-\dfrac{1}{16}$

③ $-\dfrac{1}{24}$

④ $-\dfrac{1}{32}$

해설

기대값의 계산

$$E(XY) = \sum\sum xyf(x, y) = \left(-1 \times \frac{3}{24}\right) + \left(-2 \times \frac{1}{24}\right) + \left(1 \times \frac{2}{24}\right) + \left(2 \times \frac{1}{24}\right) = -\frac{1}{24}$$

09 X는 특정기간에 증권회사를 방문한 고객 수이고, Y는 증권계좌를 신규 개설한 고객 수이다. $E(X) = 5$, $Var(X) = 3$이며, $E(Y|X = x) = x/3$, $Var(Y|X = x) = 2x/3$일 경우 $Var(Y)$는?

① $\dfrac{10}{3}$

② $\dfrac{11}{3}$

③ $\dfrac{13}{3}$

④ $\dfrac{14}{3}$

해설

조건부 분산(Conditional Variance)

확률변수 X와 Y에 대해 다음의 등식이 성립한다.

$$\begin{aligned} E[Var(Y|X)] &= E\{E(Y^2|X) - [E(Y|X)]^2\} \quad \because E[E(Y^2|X)] = E(Y^2) \\ &= E(Y^2) - [E(Y)]^2 - E[E(Y|X)^2] + [E(Y)]^2 \quad \because E[E(Y|X)] = E(Y) \\ &= Var(Y) - E[E(Y|X)^2] + \{E[E(Y|X)]\}^2 \\ &= Var(Y) - Var[E(Y|X)] \end{aligned}$$

즉, $Var(Y) = E[Var(Y|X)] + Var[E(Y|X)]$ 이 성립한다.

$E[Var(Y|X)] = E\left(\dfrac{2}{3}X\right) = \dfrac{2}{3}E(X) = \dfrac{10}{3}$ 이고, $Var[E(Y|X)] = Var\left(\dfrac{1}{3}X\right) = \dfrac{1}{9}Var(X) = \dfrac{1}{3}$ 이다.

$\therefore Var(Y) = \dfrac{10}{3} + \dfrac{1}{3} = \dfrac{11}{3}$

10 X_1, X_2, $\cdots$, X_{10}은 서로 독립이며 $N(\mu, \sigma^2)$을 따를 때, 가설 $H_0 : \sigma^2 = 15$ 대 $H_1 : \sigma^2 > 15$ 을 유의수준 5%에서 검정하기 위한 기각역(Rejection Region)은?

① $\displaystyle\sum_{i=1}^{10} \left(X_i - \overline{X} \right)^2 \geq 15\chi^2_{0.05}(9)$

② $\displaystyle\sum_{i=1}^{10} \left(X_i - \overline{X} \right)^2 \geq 9\chi^2_{0.05}(15)$

③ $\displaystyle\sum_{i=1}^{10} \left(X_i - \overline{X} \right)^2 \geq 15\chi^2_{0.05}(10)$

④ $\displaystyle\sum_{i=1}^{10} \left(X_i - \overline{X} \right)^2 \geq 9\chi^2_{0.05}(9)$

해설

기각역의 계산

$\dfrac{\displaystyle\sum_{i=1}^{n} \left(X_i - \overline{X} \right)^2}{\sigma^2} \sim \chi^2(n-1)$을 따르므로 귀무가설하에서 통계량 $\dfrac{\displaystyle\sum_{i=1}^{10} \left(X_i - \overline{X} \right)^2}{15} \sim \chi^2(9)$이 된다.

대립가설 $H_1 : \sigma^2 > 15$이므로 $P\left[\dfrac{\displaystyle\sum_{i=1}^{10} \left(X_i - \overline{X} \right)^2}{15} \geq \chi^2_{0.05}(9) \,\middle|\, H_0 \right] = P\left[\displaystyle\sum_{i=1}^{10} \left(X_i - \overline{X} \right)^2 \geq 15\chi^2_{0.05}(9) \right]$이 되어 기각역

은 $\displaystyle\sum_{i=1}^{10} \left(X_i - \overline{X} \right)^2 \geq 15\chi^2_{0.05}(9)$이 된다.

11 이산형 확률변수 X의 확률밀도함수가 각각 다음과 같이 주어졌다고 가정하자. $H_0 : \theta = \theta_0$, $H_1 : \theta = \theta_1$일 때 아래 표에서 $f(x \,|\, \theta_0)$과 $f(x \,|\, \theta_1)$은 각각 귀무가설과 대립가설에서의 확률밀도함수이다.

X	1	2	3	4	5	6
$f(x \,|\, \theta_0)$	0.01	0.04	0.15	0.05	0.40	0.35
$f(x \,|\, \theta_1)$	0.05	0.07	0.14	0.20	0.24	0.30

유의수준 $\alpha = 0.05$인 모든 기각역은?

① $\{X = 4\}$

② $\{X = 1, 2\}$, $\{X = 4\}$

③ $\{X = 1\}$

④ $\{X = 1\}$, $\{X = 1, 2\}$, $\{X = 4\}$

해설

기각역

$\alpha = 0.05$이므로 $f(x \,|\, \theta_0) = 0.05$인 영역을 기각역으로 제시할 수 있으므로 가능한 기각역은 $C_1 = \{X = 1, 2\}$, $C_2 = \{X = 4\}$이다.

12 확률변수 X는 분산이 16인 정규분포 $N(\theta, 16)$를 따른다고 한다. 평균에 대한 가설 $H_0 : \theta = \theta_0$ 대 $H_1 : \theta > \theta_0$을 검정하기 위한 검정통계량 값으로 1.856을 얻었다면 검정통계량 값에 의해 계산되는 유의확률을 표준정규분포의 확률밀도함수를 이용하여 수식으로 표현하면?

① $\displaystyle \int_{-\infty}^{1.856} \frac{1}{\sqrt{2\pi}} \exp\left[-\frac{\sum_{i=1}^{n} z_i^2}{2}\right] dz$

② $\displaystyle 1 - \int_{-\infty}^{1.856} \frac{1}{\sqrt{2\pi}} \exp\left[-\frac{\sum_{i=1}^{n} z_i^2}{2}\right] dz$

③ $\displaystyle \int_{-\infty}^{1.856} \frac{1}{\sqrt{2\pi}} \exp\left[-\frac{\sum_{i=1}^{n} z_i^2}{4}\right] dz$

④ $\displaystyle 1 - \int_{-\infty}^{1.856} \frac{1}{\sqrt{2\pi}} \exp\left[-\frac{\sum_{i=1}^{n} z_i^2}{4}\right] dz$

해설

유의확률

유의확률은 검정통계량 값에 대해서 귀무가설을 기각시킬 수 있는 최소의 유의수준이다.

$P(Z \le z) = 1 - \alpha$이므로 $\alpha = 1 - P(Z \le z) = 1 - P(Z \le 1.856)$이 성립한다.

표준정규분포의 확률밀도함수가 $f(z) = \dfrac{1}{\sqrt{2\pi}} \exp\left[-\dfrac{\sum_{i=1}^{n} z_i^2}{2}\right]$, $-\infty < z < \infty$이므로 유의확률은 다음과 같이 구할 수 있다.

$$1 - P(Z \le 1.856) = 1 - \int_{-\infty}^{1.856} \frac{1}{\sqrt{2\pi}} \exp\left[-\frac{\sum_{i=1}^{n} z_i^2}{2}\right] dz$$

---

13 두 생산라인 A, B에서 생산되는 철근의 인장강도는 과거의 경험으로 정규분포를 가정할 수 있다. 두 생산라인에서 각각 15개씩 관측하여 다음의 자료를 얻었다.

구 분	표본크기	표본평균	표본분산
A	15	65	4
B	15	62	9

두 분산비 σ_B^2 / σ_A^2에 대한 95% 신뢰구간은?

① $\left(F_{0.975,\ 14,\ 14} \dfrac{4}{9},\ F_{0.025,\ 14,\ 14} \dfrac{4}{9} \right)$

② $\left(F_{0.025,\ 14,\ 14} \dfrac{4}{9},\ F_{0.975,\ 14,\ 14} \dfrac{4}{9} \right)$

③ $\left(F_{0.975,\ 14,\ 14} \dfrac{9}{4},\ F_{0.025,\ 14,\ 14} \dfrac{9}{4} \right)$

④ $\left(F_{0.025,\ 14,\ 14} \dfrac{9}{4},\ F_{0.975,\ 14,\ 14} \dfrac{9}{4} \right)$

해설

모분산의 비 σ_B^2 / σ_A^2에 대한 $100(1-\alpha)\%$ 신뢰구간

모분산비 σ_B^2 / σ_A^2에 대한 $100(1-\alpha)\%$ 신뢰구간은 $\left(F_{1-\frac{\alpha}{2},\ m-1,\ n-1} \dfrac{S_B^2}{S_A^2},\ F_{\frac{\alpha}{2},\ m-1,\ n-1} \dfrac{S_B^2}{S_A^2} \right)$이다.

14 모집단에서 무작위로 표본 3개 X_1, X_2, X_3를 추출했다. 모평균을 추정하기 위한 가장 바람직한 추정량은?

① X_2

② $\dfrac{X_1 + X_3}{2}$

③ $\dfrac{2X_1 + X_2 + 2X_3}{5}$

④ $\dfrac{X_1 + 2X_2 + X_3}{4}$

해설

효율성(Efficiency)

X_2, $\dfrac{X_1 + X_3}{2}$, $\dfrac{2X_1 + X_2 + 2X_3}{5}$, $\dfrac{X_1 + 2X_2 + X_3}{4}$ 는 모두 불편추정량이다.

- $Var(X_2) = \sigma^2$
- $Var\left(\dfrac{X_1 + X_3}{2}\right) = \dfrac{1}{4}\sigma^2 + \dfrac{1}{4}\sigma^2 = \dfrac{1}{2}\sigma^2$
- $Var\left(\dfrac{2X_1 + X_2 + 2X_3}{5}\right) = \dfrac{4}{25}\sigma^2 + \dfrac{1}{25}\sigma^2 + \dfrac{4}{25}\sigma^2 = \dfrac{9}{25}\sigma^2$
- $Var\left(\dfrac{X_1 + 2X_2 + X_3}{4}\right) = \dfrac{1}{16}\sigma^2 + \dfrac{4}{16}\sigma^2 + \dfrac{1}{16}\sigma^2 = \dfrac{6}{16}\sigma^2$

$\therefore \dfrac{2X_1 + X_2 + 2X_3}{5}$ 의 분산이 가장 작으므로 위의 4개의 보기 중에서는 가장 바람직한 추정량이다.

15 다음은 요인 A의 수준이 l개이고 요인 B의 수준이 m개인 반복이 없는 이원배치 분산분석표이다. 제곱합과 자유도에 대한 설명으로 옳은 것은? (단, Y_{ij}는 A의 수준이 i이고 B의 수준이 j에서의 관찰값이고, $\overline{Y} = \dfrac{1}{lm}\sum\limits_{i=1}^{l}\sum\limits_{j=1}^{m} Y_{ij}$임)

요 인	제곱합	자유도
요인 A	SSA	$\varnothing_A$
요인 B	SSB	$\varnothing_B$
잔 차	SSE	$\varnothing_E$
합 계	SST	$\varnothing_T$

① $SST = SSA + SSB$

② $\varnothing_T = \varnothing_A + \varnothing_B$

③ $\varnothing_T = (l-1)(m-1)$

④ $SST = \sum\limits_{i=1}^{l}\sum\limits_{j=1}^{m}\left(Y_{ij} - \overline{\overline{Y}}\right)^2$

해설

반복이 없는 이원배치 분산분석
- $SST = SSA + SSB + SSE$
- $\varnothing_T = \varnothing_A + \varnothing_B + \varnothing_E$
- $\varnothing_T = lm - 1$

16 어떤 화학제품의 불순물에 대한 영향을 조사하기 위하여 첨가량 A를 A_1, A_2, A_3와 같이 3개의 수준으로 선택하고, 2회의 반복 실험을 위해 로트 B를 B_1, B_2, B_3와 같이 변량인자로 간주하여 전체 $3 \times 3 \times 2 = 18$회의 실험을 실시한 결과 다음의 분산분석표를 얻었다. (가)+(나)의 값은?

요 인	제곱합	자유도	평균제곱	F
A(첨가량)	60	2	30	(가)
B(로트)	10	2	5	(나)
$A \times B$	4	4	1	***
E	45	9	5	
T	119	17		

① 7

② 11

③ 30

④ 31

해설

반복이 있는 이원배치 혼합모형

〈반복이 있는 이원배치 혼합모형의 분산분석표〉

요 인	제곱합	자유도	평균제곱	평균제곱 기대값	F
A	S_A	$l-1$	V_A	$\sigma_E^2 + r\,\sigma_{A \times B}^2 + mr\,\sigma_A^2$	$V_A / V_{A \times B}$
B	S_B	$m-1$	V_B	$\sigma_E^2 + lr\,\sigma_B^2$	V_B / V_E
$A \times B$	$S_{A \times B}$	$(l-1)(m-1)$	$V_{A \times B}$	$\sigma_E^2 + r\,\sigma_{A \times B}^2$	$V_{A \times B} / V_E$
E	S_E	$lm(r-1)$	V_E	σ_E^2	
T	S_T	$lmr-1$			

$\therefore\ V_A / V_{A \times B} = 30$, $V_B / V_E = 5/5 = 1$

17 어느 병원에서 흡연여부와 폐암이 관련이 있는지 알아보기 위해 100명을 임의추출하여 조사한 자료이다. 이때 카이제곱 독립성 검정을 위한 귀무가설과 카이제곱 통계량의 자유도는?

구 분	폐 암	정 상	계
흡 연	28	12	40
비흡연	22	38	60
계	50	50	100

	귀무가설	자유도
①	흡연과 폐암은 서로 독립이 아님	3
②	흡연과 폐암은 서로 독립임	3
③	흡연과 폐암은 서로 독립이 아님	1
④	흡연과 폐암은 서로 독립임	1

해설

카이제곱 독립성 검정
• 카이제곱 독립성 검정은 두 범주형 변수 간에 서로 연관성이 있는지(종속인지) 없는지(독립인지)를 검정한다.
• 귀무가설(H_0) : 흡연과 폐암은 서로 독립이다(흡연과 폐암은 서로 연관성이 없다).
• 검정통계량 : $\chi^2 = \sum_{i=1}^{r} \sum_{j=1}^{c} \dfrac{(O_{ij}-E_{ij})^2}{E_{ij}} \sim \chi^2_{(r-1)(c-1)}$ 으로 자유도는 $(r-1)(c-1)=1$ 이 된다.

18 단순회귀분석에서 회귀선이 $\hat{Y}=0.5-2X$ 와 같이 주어졌을 때 잘못된 것은?

① 반응변수는 Y 이고 설명변수는 X 이다.
② 설명변수가 한 단위 증가할 때 반응변수는 2단위 감소한다.
③ 반응변수와 설명변수의 상관계수는 0.5이다.
④ 설명변수가 0일 때 반응변수의 예측값은 0.5이다.

해설

회귀직선의 기울기와 상관계수
$r=b\dfrac{S_X}{S_Y}$ 식에서 X 와 Y 의 표준편차가 주어지지 않았으므로 상관계수는 알지 못한다.

19 4종류의 코로나19 진단키트 성능 비교를 위해 실험을 실시하였다. 인력과 장비의 부족으로 실험은 월, 화, 수, 목, 금요일을 블록으로 하여 확률화블록계획법(RBD ; Randomized Block Design)을 실시한 결과 다음과 같은 분산분석표를 얻었다. 분석 결과에 대한 설명으로 옳은 것은?

〈분산분석표〉

요 인	자유도	제곱합	평균제곱	F값	p-값
진단키트(처리)	3	360	120	40	0.00
실험일(블록)	4	24	6	2	0.45
오 차	12	36	3		
합 계	19				

① 유의수준 5%에서 요일별 산포가 매우 작다고 할 수 있다.
② 두 인자 모두 모수인자인 일원배치 분산분석을 실시한 결과이다.
③ 유의수준 5%에서 코로나19 진단키트별 성능에 차이가 없다.
④ 요일별로 실험을 실시하였으므로 교호작용효과를 검출할 수 있다.

해설

난괴법(확률화블록계획법)
난괴법은 1인자는 모수이고 1인자는 변량인 반복이 없는 이원배치 실험으로 변량인자인 실험일의 유의확률이 0.45로 유의수준 0.05보다 크므로 귀무가설(요일별 산포는 균일하다)을 채택한다.

20 1,000명을 번호 순서대로 배열한 모집단에서 4번이 처음 무작위로 선정되고 9번, 14번, 19번, … 등을 차례로 체계적(Systematic) 표본을 추출하였다. 여기서 표본추출간격(ㄱ)과 표본크기 (ㄴ)가 바르게 짝지어진 것은?

① ㄱ : 4   ㄴ : 200   ② ㄱ : 4   ㄴ : 250
③ ㄱ : 5   ㄴ : 200   ④ ㄱ : 5   ㄴ : 250

해설

표본추출간격과 표본크기
모집단에서 4번이 처음 무작위로 선정된 후 9번을 뽑았으므로 표본추출간격은 $9-4=5$가 된다. 표본의 크기는 모집단의 크기를 표본추출단위로 나눈 것으로 $1000/5=200$이 된다.

27회 | 통계학 총정리 모의고사

01 6명의 학생 A, B, C, D, E, F를 임의로 2명씩 짝을 지어 3개의 조로 편성하려고 한다. A와 B는 같은 조에 편성되고, C와 D는 서로 다른 조에 편성될 확률은?

① $\dfrac{1}{15}$

② $\dfrac{1}{10}$

③ $\dfrac{2}{15}$

④ $\dfrac{3}{10}$

> **해설**
>
> **확률의 계산**
>
> 6명의 학생을 임의로 2명씩 짝을 지어 3개의 조로 편성하는 경우의 수는 다음과 같다.
>
> $$\frac{_6C_2 \times _4C_2 \times _2C_2}{3!} = \frac{15 \times 6 \times 1}{6} = 15$$
>
> A와 B는 같은 조에 편성되고, C와 D는 서로 다른 조에 편성될 경우의 수는 C가 E 또는 F와 같은 조에 편성되는 2가지 경우뿐이다. 따라서 구하고자 하는 확률은 $\dfrac{2}{15}$ 이다.

02 두 확률변수 X와 Y의 표준편차는 각각 2와 3이고 X와 Y의 상관계수가 0.4일 때, $Var\left(\dfrac{X}{2} + \dfrac{Y}{3}\right)$ 의 값은?

① 0.5

② 1.2

③ 1.5

④ 2.8

> **해설**
>
> **분산의 계산**
>
> $$r = \frac{Cov(X, Y)}{\sigma_X \sigma_Y} = \frac{Cov(X, Y)}{6} = 0.4$$
>
> $$Var\left(\frac{X}{2} + \frac{Y}{3}\right) = \frac{Var(X)}{4} + \frac{Var(Y)}{9} + \frac{2Cov(X, Y)}{6}$$
> $$= 1 + 1 + (2 \times 0.4) = 2.8$$

03 이산확률변수 X의 확률질량함수가 $P(X=x)=\dfrac{ax+2}{10}$, $x=-1, 0, 1, 2$일 때, 확률변수 $3X+2$

의 분산 $Var(3X+2)$은? (단, a는 상수이다)

① 9   ② 12

③ 15   ④ 18

해설

분산의 성질

• 이산확률변수 X에 대한 확률분포표는 다음과 같다.

X	-1	0	1	2	합 계
$P(X)$	$\dfrac{-a+2}{10}$	$\dfrac{2}{10}$	$\dfrac{a+2}{10}$	$\dfrac{2a+2}{10}$	1

• 확률의 총합은 1이므로 $\dfrac{-a+2}{10}+\dfrac{2}{10}+\dfrac{a+2}{10}+\dfrac{2a+2}{10}=1$이 성립되어 $a=1$이다.

• $E(X)=\sum x_i p_i = \left(-1\times\dfrac{1}{10}\right)+\left(0\times\dfrac{2}{10}\right)+\left(1\times\dfrac{3}{10}\right)+\left(2\times\dfrac{4}{10}\right)=1$

• $E(X^2)=\sum x_i^2 p_i = \left((-1)^2\times\dfrac{1}{10}\right)+\left(0^2\times\dfrac{2}{10}\right)+\left(1^2\times\dfrac{3}{10}\right)+\left(2^2\times\dfrac{4}{10}\right)=\dfrac{20}{10}=2$

• $Var(X)=E(X^2)-[E(X)]^2=2-1^2=1$

∴ $Var(3X+2)=9\,Var(X)=9\times1=9$

04 $X_1, X_2, \cdots, X_n$이 평균 μ, 분산 σ^2인 정규모집단에서의 임의표본(Random Sample)일 때,

$\displaystyle\sum_{i=1}^{n}(X_i-\mu)^2$의 평균과 분산은? (단, $n \geq 2$)

	평 균	분 산
①	$(n-1)\sigma^2$	$2(n-1)\sigma^2$
②	$(n-1)\sigma^2$	$2(n-1)\sigma^4$
③	$n\sigma^2$	$2n\sigma^2$
④	$n\sigma^2$	$2n\sigma^4$

해설

카이제곱분포의 특성

$X_i \sim N(\mu, \sigma^2)$일 때 $Z=\dfrac{X-\mu}{\sigma} \sim N(0, 1)$을 따르며 $Z^2 \sim \chi^2(1)$을 따른다.

$\dfrac{\displaystyle\sum_{i=1}^{n}(X_i-\mu)^2}{\sigma^2} \sim \chi^2(n)$을 따르므로 $E\left[\dfrac{\displaystyle\sum_{i=1}^{n}(X_i-\mu)^2}{\sigma^2}\right]=n$이고 $Var\left[\dfrac{\displaystyle\sum_{i=1}^{n}(X_i-\mu)^2}{\sigma^2}\right]=2n$이 된다.

∴ $E\left[\displaystyle\sum_{i=1}^{n}(X_i-\mu)^2\right]=n\sigma^2$이고 $Var\left[\displaystyle\sum_{i=1}^{n}(X_i-\mu)^2\right]=2n\sigma^4$이다.

05 다음 중 오른쪽 꼬리가 긴 분포인 경우는?

① 평균 = 60, 중위수 = 60, 최빈수 = 60
② 평균 = 60, 중위수 = 55, 최빈수 = 50
③ 평균 = 50, 중위수 = 55, 최빈수 = 60
④ 평균 = 50, 중위수 = 60, 최빈수 = 65

해설
분포의 형태에 따른 대표값의 비교
왼쪽으로 치우친(오른쪽으로 꼬리가 길게 늘어진 형태) 분포는 왜도>0이고, 최빈수<중위수<평균 순이다.

06 두 확률변수 X와 Y의 결합밀도함수가 다음과 같을 때 조건부 기대값 $E[E(Y|x)]$은?

$$f(x, y) = 2, \quad 0 < x < y < 1$$

① $\dfrac{1}{2}$ ② $\dfrac{1}{3}$

③ $\dfrac{2}{3}$ ④ $\dfrac{1}{4}$

해설
이중기대값의 정리
이중기대값의 정리에 의해 $E_X[E(Y|X)] = E(Y)$가 성립한다.

$$f_Y(y) = \int_0^y 2\,dx = 2y, \ 0 < y < 1$$

$$E_X[E(Y|x)] = E(Y) = \int_0^1 y \cdot 2y\,dy = \left[\frac{2y^3}{3}\right]_0^1 = \frac{2}{3}$$

07 두 확률변수 X와 Y의 결합밀도함수가 다음과 같을 때, 조건부 확률밀도함수 $f(y|x)$은?

$$f(x, y) = x + y, \quad 0 < x < 1, \quad 0 < y < 1$$

① $\dfrac{x+y}{y+\dfrac{1}{2}}, \quad 0 < y < 1$

② $\dfrac{x+y}{y+\dfrac{1}{2}}, \quad 0 < y < 2$

③ $\dfrac{x+y}{x+\dfrac{1}{2}}, \quad 0 < y < 1$

④ $\dfrac{x+y}{x+\dfrac{1}{2}}, \quad 0 < y < 2$

해설

조건부 확률밀도함수

$$f_X(x) = \int_{-\infty}^{\infty} f(x, y)\, dy = \int_0^1 (x+y)\, dy = \left[xy + \frac{y^2}{2} \right]_0^1 = x + \frac{1}{2}, \quad 0 < x < 1$$

$$f(y|x) = \frac{f(x, y)}{f_X(x)} = \frac{x+y}{x+\dfrac{1}{2}}, \quad 0 < y < 1$$

08 확률변수 X의 확률질량함수가 다음과 같다. 확률변수 X의 기대값이 $E(X) = 6$일 때 두 상수 $a+b$의 값은?

$$P(X = x) = a + (-1)^x b, \quad x = 1, 2, \cdots, 10$$

① $\dfrac{1}{3}$

② $\dfrac{1}{4}$

③ $\dfrac{1}{5}$

④ $\dfrac{1}{6}$

해설

확률질량함수의 성질

$$\sum_{x=1}^{10} P(X = x) = P(X=1) + P(X=2) + \cdots + P(X=10)$$

$$= (a-b) + (a+b) + \cdots + (a+b) = 10a = 1$$

$$\therefore a = \frac{1}{10}$$

$$E(X) = 1 \times \left(\frac{1}{10} - b \right) + 2 \times \left(\frac{1}{10} + b \right) + \cdots + 10 \times \left(\frac{1}{10} + b \right)$$

$$= \frac{1}{10}(1 + 2 + \cdots + 10) + (-b + 2b - 3b + \cdots + 10b)$$

$$= \frac{1}{10} \times \frac{10 \times 11}{2} + 5b = \frac{11}{2} + 5b = 6$$

$$\therefore b = \frac{1}{10}$$

09 확률변수 X가 다음과 같은 베타분포 $Beta(\lambda, 1)$을 따른다고 할 때, $Y = -\ln X$의 확률밀도함수는?

$$f(x) = \lambda x^{\lambda-1}, \quad 0 < x < 1, \quad \lambda > 0$$

① $\dfrac{1}{\lambda} e^{-\frac{y}{\lambda}}, \quad y > 0$

② $\lambda e^{-\lambda y}, \quad y > 0$

③ $\dfrac{e^{-\lambda} \lambda^y}{y!}, \quad y = 0, 1, 2, \cdots$

④ $\dfrac{1}{\Gamma(\alpha)\beta^\alpha} y^{\alpha-1} e^{-\frac{y}{\beta}}, \quad y > 0, \ \alpha > 0, \ \beta > 0$

해설

확률변수의 함수의 분포

• 누적분포함수를 이용한 방법(CDF Method)

Y의 분포함수는

$F_Y(y) = P(Y \le y) = P(-\ln X \le y) = P(\ln X \ge -y) = 1 - P(\ln X < -y) = 1 - P(X < e^{-y})$이다.

확률변수 X의 확률밀도함수를 통해 분포함수를 구하면 다음과 같다.

$$F_X(x) = \begin{cases} 0, & x \le 0 \\ x^\lambda, & 0 < x < 1 \\ 1, & x \ge 1 \end{cases}$$

$Y = -\ln X$이므로 다음과 같은 식이 성립한다.

$$F_Y(y) = 1 - P(X < e^{-y}) = \begin{cases} 1, & y \le 0 \\ 1 - e^{-\lambda y}, & y > 0 \end{cases}$$

Y의 확률밀도함수 $f_Y(y)$는 $F_Y(y)$의 1차 미분이므로 다음과 같다.

$$\frac{d}{dy} F_Y(y) = f_Y(y) = \begin{cases} \lambda e^{-\lambda y}, & y > 0 \\ 0, & \text{elsewhere} \end{cases}$$

• 변수변환을 이용한 방법(Transformation Method)

$Y = -\ln X$는 단조함수이고, 정의역 $0 < x < 1$에서 $X = e^{-Y}$이다.

$dx = -e^{-y} dy$이므로 $Y = -\ln X$의 확률밀도함수는 다음과 같이 바로 구할 수 있다.

$f_Y(y) = \left| \dfrac{dx}{dy} \right| f_X(x) = e^{-y} \cdot \lambda e^{-y(\lambda-1)} = \lambda e^{-\lambda y}, \ 0 < y < \infty$

10 표준편차 σ가 알려진 정규분포를 따르는 모집단에서 크기가 n인 표본을 랜덤하게 추출하여 얻은 모평균에 대한 신뢰수준 95%의 신뢰구간이 $(100.4,\ 139.6)$이었다. 같은 표본을 이용하여 얻은 모평균에 대한 신뢰수준 99%의 신뢰구간에 속하는 자연수의 개수를 구하면? (단, Z가 표준정규분포를 따르는 확률변수일 때, $P(0 \le Z \le 1.96) = 0.475$, $P(0 \le Z \le 2.58) = 0.495$로 계산한다)

① 50

② 51

③ 52

④ 53

해설

모평균 μ에 대한 $100(1-\alpha)$%의 신뢰구간

모평균에 대한 신뢰수준 95%의 신뢰구간이 $(100.4,\ 139.6)$이므로 $\mu = \dfrac{100.4 + 139.6}{2} = 120$이고,

$1.96 \times \dfrac{\sigma}{\sqrt{n}} = 19.6$임을 알 수 있다.

모평균에 대한 신뢰수준 99%의 신뢰구간을 $P(0 \le Z \le 2.58) = 0.495$를 이용해 나타내면 다음과 같다.

$\left(120 - 2.58 \times \dfrac{\sigma}{\sqrt{n}},\ 120 + 2.58 \times \dfrac{\sigma}{\sqrt{n}}\right) = (94.2,\ 145.8)$

∴ 모평균에 대한 신뢰수준 99%의 신뢰구간에 속하는 자연수는 95∼145이므로 총 51개이다.

11 임의의 모집단으로부터 표본을 추출할 때, 표본의 크기가 커짐에 따라 표본평균의 분포는 기대값이 모평균 μ이고, 분산이 σ^2/n인 정규분포에 근사한다는 사실의 근거가 되는 이론은?

① 중심극한의 정리

② Basu의 정리

③ Rao−Blackwell의 정리

④ Neymann−Pearson의 정리

해설

중심극한정리(Central Limit Theorem)

중심극한정리란 표본의 크기($n \ge 30$)가 커짐에 따라 모집단의 분포와 관계없이 표본평균 $\overline{X}$의 분포는 기대값이 모평균 μ이고, 분산이 σ^2/n인 정규분포에 근사한다는 것이다.

12 처리 수준의 수가 3인 인자 A와 처리 수준의 수가 2인 인자 B에 대한 반복이 없는 이원배치법의 실험에서 다음과 같은 자료를 얻었다. 분산분석 결과에서 인자 A와 인자 B가 모두 유의수준 5%에서 유의한 것으로 나타났다. A_2수준과 B_2수준을 조합한 실험 조건에서 모평균의 추정값은?

인자 B \ 인자 A	A_1	A_2	A_3	합 계
B_1	79	43	88	210
B_2	43	27	80	150
합 계	122	70	168	360

① 10   ② 15
③ 20   ④ 25

해설

반복이 없는 이원배치 분산분석

A인자의 i수준과 B인자의 j수준에서의 모평균의 점추정값은 다음과 같다.

$$\hat{\mu}(A_i B_j) = \hat{\mu} + \hat{a_i} + \hat{b_j}$$
$$= \hat{\mu} + \hat{a_i} + \hat{\mu} + \hat{b_j} - \hat{\mu}$$
$$= \bar{x}_{i.} + \bar{x}_{.j} - \bar{\bar{x}}$$

$\bar{x}_{2.} = \dfrac{43+27}{2} = 35$, $\bar{x}_{.2} = \dfrac{43+27+80}{3} = 50$, $\bar{\bar{x}} = \dfrac{360}{6} = 60$이므로 A_2수준과 B_2수준의 모평균 추정값은

$35 + 50 - 60 = 25$이다.

13 10아르(약 300평)당 콩 생산량은 정규분포 $N(\mu, 100)$을 따른다고 한다. 10아르당 콩 생산량에 대한 가설 $H_0 : \mu = 400$ 대 $H_1 : \mu \neq 400$을 검정하기 위해 64가구의 표본 농가를 선정하였다. $\bar{x} = 397$을 얻었다면 p값은?

① $P(Z < -2.4)$ ② $2P(Z < -2.4)$
③ $2P(Z < -0.5)$ ④ $P(Z < -1.645)$

해설

유의확률(p-value)

가설 $H_0 : \mu = \mu_0$, $H_1 : \mu \neq \mu_0$에 대한 유의확률은 $P(|\bar{X}| > |\bar{x}|)$이다.

$$p\text{-value} = P(|\bar{X}| > |397| \mid \mu = 400) = P\left(|Z| > \left|\frac{397-400}{10/\sqrt{64}}\right|\right) = P(|Z| > |-2.4|)$$
$$= P(|Z| > 2.4) = P(Z < -2.4) + P(Z > 2.4) = 2P(Z < -2.4)$$

14 관측치 X들이 정규분포를 따르고, 20개의 자료로부터 $\displaystyle\sum_{i=1}^{20} X_i = 200$, $\displaystyle\sum_{i=1}^{20} X_i^2 = 2020$임을 얻었을 때, $H_0 : \sigma^2 = 10$, $H_1 : \sigma^2 > 10$을 유의수준 5%에서 검정하기 위한 검정통계량의 값과 비교할 기각치를 바르게 나열한 것은?

① 1, $\chi_{0.025}^2(19)$

② 1, $\chi_{0.05}^2(19)$

③ 2, $\chi_{0.025}^2(19)$

④ 2, $\chi_{0.05}^2(19)$

해설

모분산 검정

모분산 검정에 사용되는 검정통계량은 $\dfrac{(n-1)S^2}{\sigma_0^2} = \dfrac{\displaystyle\sum_{i=1}^{n}\left(X_i - \overline{X}\right)^2}{\sigma_0^2}$ 이다.

$\therefore$ 검정통계량 값은 $\chi_{(n-1)}^2 = \dfrac{\displaystyle\sum_{i=1}^{n}\left(X_i - \overline{X}\right)^2}{\sigma^2} = \dfrac{\displaystyle\sum_{i=1}^{n} X_i^2 - n\overline{X}^2}{\sigma^2} = \dfrac{2020 - (20 \times 10^2)}{10} = 2$ 이고,

단측검정임을 감안하면 임계치는 $\chi_{0.05}^2(19)$ 이다.

15 다음은 세 집단(처리)의 평균에 차이가 있는지 알아보기 위해 분산분석을 한 결과이다. 세 집단의 평균에 차이가 없다는 귀무가설을 검정하기 위한 F-검정통계량의 값은?

요 인	제곱합	자유도	평균제곱합	F
처 리	32.0	****	****	****
오 차	****	****	****	
전 체	52.0	22		

① 13

② 14

③ 15

④ 16

해설

일원배치 분산분석표

〈일원배치 분산분석표〉

요 인	제곱합	자유도	평균제곱	F
집단 간(처리)	32	2	16	16
집단 내(잔차)	20	20	1	
합 계	52	22		

16 두 교수법을 비교하기 위하여 그룹 Ⅰ과 그룹 Ⅱ에 50명씩 랜덤하게 배치하여 한 학기 강의가 끝난 후에 학생들이 받는 학점을 조사하여 다음의 표를 얻었다. 위 내용을 검정하기 위하여 사용되는 통계량의 분포는?

구 분	A	B	C	D	E
그룹 Ⅰ	8	13	16	10	3
그룹 Ⅱ	4	9	14	16	7

① 자유도가 3인 카이제곱분포
② 자유도가 4인 카이제곱분포
③ 자유도가 8인 t-분포
④ 자유도가 4인 t-분포

해설

카이제곱 동일성 검정의 검정통계량

그룹이 r개로 나뉘어져 있고, 과목이 k개로 나뉘어져 있으므로 카이제곱 검정통계량의 자유도는 $(k-1)(r-1)=(5-1)(2-1)=4$이며, 카이제곱분포를 이용한다.

17 $X_1,\ X_2,\ \cdots,\ X_n$을 평균이 μ, 분산이 1인 정규모집단으로부터의 확률표본이라고 할 때, μ에 대한 추정량 $\hat{\mu}$은 아래와 같다. $\hat{\mu}$에 대한 기대값과 표준오차는 무엇인가?

$$\hat{\mu}=\frac{1}{n}\sum_{i=1}^{n}X_i$$

① $\mu,\ \dfrac{1}{n}$

② $\mu,\ \dfrac{1}{\sqrt{n}}$

③ $n\mu,\ \dfrac{1}{n}$

④ $n\mu,\ \dfrac{1}{\sqrt{n}}$

해설

기대값과 표준오차 계산

$$E(\hat{\mu})=\frac{1}{n}\sum_{i=1}^{n}E(X_i)=\frac{1}{n}[E(X_1)+E(X_2)+\cdots+E(X_n)]=\frac{1}{n}\times n\times \mu=\mu$$

$$Var(\hat{\mu})=\frac{1}{n^2}\sum_{i=1}^{n}Var(X_i)=\frac{1}{n^2}[Var(X_1)+Var(X_2)+\cdots+Var(X_n)]=\frac{1}{n^2}\times n=\frac{1}{n}$$

표준오차는 추정량의 표준편차이므로 $\sigma(\hat{\mu})=\sqrt{Var(\hat{\mu})}=\dfrac{1}{\sqrt{n}}$ 이다.

18 다음 모형 중 선형으로 변환할 수 없는 것은?

① $Y=\beta_0 X^{-\beta_1}e^\epsilon$

② $Y=e^{\beta_0+\beta_1 X+\epsilon}$

③ $Y=\dfrac{e^{\beta_0+\beta_1 X+\epsilon}}{1+e^{\beta_0+\beta_1 X+\epsilon}}$

④ 답이 없음

변환에 의한 선형모형

- $Y = \beta_0 \beta_1^{-X} e^\epsilon$의 양변에 $\ln$을 취하면 $\ln Y = \ln \beta_0 - X \ln \beta_1 + \epsilon$이 성립한다.

  $Y' = \ln Y$, $\beta_1' = \ln \beta_1$이라 놓으면, 선형모형 $y' = \beta_0 - \beta_1' X + \epsilon$을 얻을 수 있다.

- $Y = e^{\beta_0 + \beta_1 X + \epsilon}$의 양변에 $\ln$을 취하면 $\ln Y = \beta_0 + \beta_1 X + \epsilon$이 성립한다.

  $Y' = \ln Y$라 놓으면, 선형모형 $y' = \beta_0 + \beta_1 x + \epsilon$을 얻을 수 있다.

- $\dfrac{Y}{1-Y} = e^{\beta_0 + \beta_1 X + \epsilon}$을 만족하므로 양변에 $\ln$을 취하면 $\ln\left(\dfrac{Y}{1-Y}\right) = \beta_0 + \beta_1 X + \epsilon$이 성립한다.

  $Y' = \ln\left(\dfrac{Y}{1-Y}\right)$라 놓으면, 선형모형 $Y' = \beta_0 + \beta_1 X + \epsilon$을 얻을 수 있다.

---

19 두 확률변수 X와 Y의 결합확률밀도함수(Joint Probability Density Function)가 다음과 같을 때, Y의 주변확률밀도함수(Marginal Probability Density Function)는?

$$f(x, y) = \begin{cases} 3x, & 0 < y < x < 1 \\ 0, & \text{그 외} \end{cases}$$

① $\dfrac{2}{3}(1 - y^2)$, $0 < y < 1$ ② $\dfrac{3}{2}(1 - y^2)$, $0 < y < 1$

③ $\dfrac{2}{3}(y^2 - 1)$, $0 < y < 1$ ④ $\dfrac{3}{2}(y^2 - 1)$, $0 < y < 1$

주변확률밀도함수(Marginal Probability Density Function)

확률변수 Y의 주변확률밀도함수는 $f_Y(y) = \displaystyle\int_{-\infty}^{\infty} f(x, y)\, dx$로 정의된다.

$\therefore f_Y(y) = \displaystyle\int_{y}^{1} 3x\, dx = \left[\dfrac{3}{2} x^2\right]_{y}^{1} = \dfrac{3}{2}(1 - y^2)$, $0 < y < 1$

---

20 층화표본추출(Stratified Sampling)에 대한 설명으로 틀린 것은?

① 비례층화추출법과 불비례층화추출법으로 구분할 수 있다.

② 모집단을 일정 기준에 따라 서로 상이한 집단들로 재구성한다.

③ 동질적인 집단에서의 표집오차가 이질적인 집단에서의 표집오차보다 작다는 데 논리적인 근거를 둔다.

④ 집단 간에 이질성이 존재하는 경우 무작위표본추출보다 정확하게 모집단을 대표하지 못하는 단점이 있다.

층화추출법의 특징
층화추출법에서 층 내는 동질적이고 층 간이 이질적이면 단순임의추출법보다 표본오차를 줄일 수 있다.

---

01 주머니 A에는 1, 2, 3, 4, 5의 숫자가 하나씩 적혀있는 5장의 카드가 들어있고, 주머니 B에는 1, 2, 3, 4, 5, 6의 숫자가 하나씩 적혀있는 6장의 카드가 들어있다. 한 개의 주사위를 한 번 던져서 나온 눈의 수가 3의 배수이면 주머니 A에서 임의로 카드를 한 장 꺼내고, 3의 배수가 아니면 주머니 B에서 임의로 카드를 한 장 꺼낸다. 주머니에서 꺼낸 카드에 적힌 수가 짝수일 때, 그 카드가 주머니 A에서 꺼낸 카드일 확률은?

① $\dfrac{1}{5}$

② $\dfrac{1}{6}$

③ $\dfrac{2}{7}$

④ $\dfrac{3}{8}$

해설

조건부 확률의 계산

주머니에서 꺼낸 카드에 적힌 수가 짝수일 확률은 $\left(\dfrac{1}{3}\times\dfrac{2}{5}\right)+\left(\dfrac{2}{3}\times\dfrac{1}{2}\right)=\dfrac{7}{15}$ 이다.

∴ 주머니에서 꺼낸 카드에 적힌 수가 짝수일 때 그 카드가 주머니 A에서 꺼낸 카드일 확률은

$$\dfrac{\dfrac{1}{3}\times\dfrac{2}{5}}{\left(\dfrac{1}{3}\times\dfrac{2}{5}\right)+\left(\dfrac{2}{3}\times\dfrac{1}{2}\right)}=\dfrac{2/15}{7/15}=\dfrac{2}{7} \text{ 이다.}$$

02 다음 중 확률분포에 대한 설명으로 옳은 것은?

① t분포의 자유도가 ∞이면 정규분포 $N(\mu,\sigma^2)$을 따른다.

② 자유도가 n인 카이제곱분포의 분산은 기대값과 동일하다.

③ 이항분포 $B(n,p)$에서 $p=\dfrac{1}{2}$일 때 분산이 가장 크다.

④ 무기억성을 갖는 분포는 기하분포와 초기하분포이다.

해설

확률분포의 특성

• t분포의 자유도가 ∞이면 표준정규분포 $N(0,1)$을 따르고, 자유도가 n인 카이제곱분포의 기대값은 n, 분산은 $2n$ 이다.

• 이항분포 $B(n,p)$의 분산은 $Var(X)=np(1-p)=-np^2+np$이 되며 p에 대해 미분하면 $-2np+n$으로 $p=\dfrac{1}{2}$ 일 때 $Var(X)$는 최대가 된다.

  ∴ 2차 편미분 값이 $-2n$으로 음수이므로 $p=\dfrac{1}{2}$에서 $Var(X)$는 최대가 된다.

• 무기억성을 갖는 분포는 기하분포와 지수분포이다.

03 측정단위가 서로 다른 두 자료를 비교하기 위한 적절한 통계량은?

① 표준편차
② 공분산
③ 표준화변수
④ 절사평균

해설

표준화변수

자료의 측정단위가 다를 경우 표준화변수 또는 변동계수를 이용하여 자료를 비교한다.

04 평균이 100이고, 표준편차가 5인 어떤 분포에 점수가 5인 10개의 사례가 더 추가되는 경우, 표준편차는 어떻게 변하게 되는가?

① 기존의 표준편차보다 더 커진다.
② 기존의 표준편차보다 더 작아진다.
③ 변하지 않는다.
④ 판단할 수 없다.

해설

표준편차(Standard Deviation)

표준편차는 산포도로서 각 관측값들이 중심위치로부터 얼마만큼 떨어져 있는지를 나타내는 측도이다. 평균이 100인데 점수가 5인 데이터를 10개 추가하면 중심위치로부터 더 멀리 떨어지게 되어 표준편차는 커지게 된다.

05 확률변수 X는 평균이 3이고 표준편차가 2일 때, $Y = -4X + 2$의 평균과 표준편차는?

① -10, 4
② -10, 8
③ 14, 4
④ 14, 8

해설

평균과 표준편차의 성질

• 평균의 성질 : $E(Y) = E(-4X + 2) = -4E(X) + 2 = (-4 \times 3) + 2 = -10$
• 표준편차의 성질 : $\sigma(Y) = \sigma(-4X + 2) = |-4|\sigma(X) = 4 \times 2 = 8$

06 다음 결과에서 X와 Y의 상관계수 r을 계산하면?

$$n=10 , \quad \sum x_i = 100 , \quad \sum x_i^2 = 1140 , \quad \sum y_i = 200 , \quad \sum y_i^2 = 4140 , \quad \sum x_i y_i = 2070$$

① 0.35   ② 0.40

③ 0.45   ④ 0.50

해설

상관계수 계산

$$r = \frac{\sum (x_i - \bar{x})(y_i - \bar{y})}{\sqrt{\sum (x_i - \bar{x})^2} \sqrt{\sum (y_i - \bar{y})^2}} = \frac{\sum x_i y_i - n \bar{x} \bar{y}}{\sqrt{\sum x_i^2 - n \bar{x}^2} \sqrt{\sum y_i^2 - n \bar{y}^2}}$$

$$= \frac{2070 - 10 \times 10 \times 20}{\sqrt{1140 - 10 \times 10^2} \sqrt{4140 - 10 \times 20^2}} = \frac{70}{\sqrt{140} \sqrt{140}} = 0.5$$

07 6개의 확률변수 X_1, X_2, $\cdots$, X_6은 서로 독립이며, 각각 1, 2, $\cdots$, 6을 평균값으로 갖는 포아송분포를 따른다고 하자. 즉, X_k 각각의 확률질량함수는 다음과 같다($k=1, 2, \cdots, 6$).

$$f_k(x) = \frac{e^{-k} k^x}{x!} , \quad x = 0, 1, 2, \cdots$$

확률변수 $W = \sum_{k=1}^{6} k X_k$이라 할 때, W의 기대값은 무엇인가?

① 90   ② 91

③ 92   ④ 93

해설

기대값의 계산

$$E(W) = E\left(\sum_{k=1}^{6} k X_k \right) = \sum_{k=1}^{6} k E(X_k) = \sum_{k=1}^{6} k^2 = 1 + 4 + 9 + 16 + 25 + 36 = 91$$

08 연속확률변수 U_1과 U_2는 각각 균일분포 $U(0, 1)$을 따르고 서로 독립이다. 확률 $P(U_1 < U_2)$는?

① $\frac{1}{4}$ ② $\frac{1}{3}$

③ $\frac{1}{2}$ ④ 1

해설

확률의 계산

U_1과 U_2의 결합확률밀도함수는 아래와 같다.

$$f_{U_1, U_2}(u_1, u_2) = \begin{cases} 1, & 0 < u_1 < 1, \ 0 < u_2 < 1 \\ 0, & \text{elsewhere} \end{cases}$$

$$\therefore \ P(U_1 < U_2) = \int_0^1 \int_0^{u_2} 1 \, du_1 \, du_2 = \int_0^1 [u_1]_0^{u_2} \, du_2 = \int_0^1 u_2 \, du_2 = \left[\frac{1}{2} u_2^2 \right]_0^1 = \frac{1}{2}$$

09 다음과 같은 결합확률밀도함수가 주어졌을 때, $P(0 < X < 1, \ 0 < Y < 0.2)$의 확률은?

$$f(x, y) = \begin{cases} 16xy, & 0 < x < 1, \ 0 < y < 0.5 \\ 0, & \text{elsewhere} \end{cases}$$

① 0.12   ② 0.14

③ 0.16   ④ 0.18

해설

결합확률밀도함수의 확률의 계산

$$P(0 < X < 1, \ 0 < Y < 0.2) = \int_0^{0.2} \int_0^1 16xy \, dx \, dy$$

$$= \int_0^{0.2} [8x^2 y]_0^1 \, dy$$

$$= \int_0^{0.2} 8y \, dy = [4y^2]_0^{0.2} = 0.16$$

10 X와 Y의 결합확률분포표가 다음과 같을 때, $E(X+Y)$를 구하면?

X \\ Y	0	1	2	$f_X(x)$
0	0	0	1/8	1/8
1	0	2/8	1/8	3/8
2	1/8	2/8	0	3/8
3	1/8	0	0	1/8
$f_Y(y)$	2/8	4/8	2/8	1

① 1.5   ② 2

③ 2.5   ④ 3

해설

기대값의 계산

$$E(X) = \sum_{x=0}^{3} x f_X(x) = \left(0 \times \frac{1}{8}\right) + \left(1 \times \frac{3}{8}\right) + \left(2 \times \frac{3}{8}\right) + \left(3 \times \frac{1}{8}\right) = \frac{12}{8} = \frac{3}{2}$$

$$E(Y) = \sum_{y=0}^{2} y f_Y(y) = \left(0 \times \frac{2}{8}\right) + \left(1 \times \frac{4}{8}\right) + \left(2 \times \frac{2}{8}\right) = \frac{8}{8} = 1$$

기대값의 성질을 이용하면 $E(X+Y) = E(X) + E(Y)$이므로 구하고자 하는 기대값은 다음과 같다.

$$E(X+Y) = E(X) + E(Y) = \frac{3}{2} + 1 = \frac{5}{2}$$

11 확률변수 $X_1, \cdots, X_5$ 는 균일분포 $U(0, 1)$를 따를 때, 확률변수 W_i를 다음과 같이 정의하였다.

$$W_i = \begin{cases} 1, & x_i \leq 0.5 \\ 0, & x_i > 0.5 \end{cases}$$

$T = W_1 + W_2 + \cdots + W_5$ 라 하면, T의 기대값 $E(T)$는?

① 0.5
② 1
③ 1.5
④ 2.5

해설

확률변수의 합의 기대값 계산

확률변수 X가 균일분포를 $U(0, 1)$을 따르므로 확률밀도함수 $f(x) = \begin{cases} 1, & 0 < x < 1 \\ 0, & \text{elsewhere} \end{cases}$ 이 된다.

$W(x) = \begin{cases} 1, & 0 \leq x \leq 0.5 \\ 0, & \text{elsewhere} \end{cases}$ 이므로 $E[w(x)] = \int_0^{0.5} w(x)f(x)dx = \int_0^{0.5} 1\,dx = [x]_0^{0.5} = 0.5$이 된다.

$E(T) = E(W_1 + W_2 + \cdots + W_5) = E(W_1) + E(W_2) + \cdots + E(W_5) = 5E(W) = 5 \times 0.5 = 2.5$

12 다음 중 기술통계량에 대한 설명으로 옳은 것은?

① 자료의 최소값이 현재 값보다 더 작은 값으로 바뀌어도 중앙값에는 변함이 없다.
② 자료의 개수가 적을수록 평균과 분산에서 극단값의 영향을 덜 받는다.
③ 최대값이 α만큼 증가하고, 최소값이 α만큼 감소하여도 변동계수(Coefficient of Variation) 값은 바뀌지 않는다.
④ 평균보다 작은 자료의 개수가 평균보다 큰 자료의 개수보다 많으면 중앙값은 평균보다 크다.

해설

기술통계량

① 자료의 최소값 또는 최대값이 현재 값보다 더 작은 값 또는 큰 값으로 바뀐다 하더라도 중앙값은 변하지 않는다.
② 자료의 개수가 적을수록 평균과 분산에서 극단값의 영향은 많이 받는다.
③ 변동계수는 $\dfrac{\hat{\sigma}}{\bar{X}}$ 이며 최대값이 α만큼 증가하고, 최소값이 α만큼 감소하면 $\bar{X}$는 변하지 않지만 $\hat{\sigma}$의 값은 증가하므로 변동계수 값은 증가한다.
④ 평균보다 작은 자료의 개수가 평균보다 큰 자료의 개수보다 많으면 중앙값은 평균보다 작다.

13 두 분포 f_0와 f_1이 다음과 같을 때, 확률변수 X에 대한 가설 H_0 : "X는 f_0의 분포를 따른다." 대 H_1 : "X는 f_1의 분포를 따른다."를 검정하기 위해 하나의 X를 관측하고 이에 대한 기각역으로 $X=0$ 또는 $X=1$을 설정하였다. 이때, 검정력은?

X	0	1	2	3	합 계
f_0	0.2	0.1	0.3	0.4	1
f_1	0.3	0.3	0.3	0.1	1

① 0.6
② 0.7
③ 0.8
④ 0.9

해설

검정력 계산

제2종 오류를 범할 확률은 대립가설이 참일 때 귀무가설을 채택하는 오류를 범할 확률을 의미한다.

$\beta \because P($제2종의 오류$) = P(H_0$ 채택 $| H_1$ 사실$) = P(X=2$ or $X=3 | X=f_1) = 0.3+0.1 = 0.4$

$\therefore \ 1-\beta = 1-0.4 = 0.6$

14 $Y \sim N(\theta, 4)$를 따르는 확률변수라고 하자. 다음의 가설에 대한 검정을 실시하고자 할 때, 기각역을 $|Y| > 2$라고 설정하면 유의수준은? (단, $Z \sim N(0, 1)$일 때, $P(-1 < Z < 1) = 0.683$, $P(-2 < Z < 2) = 0.954$, $P(-3 < Z < 3) = 0.997$, $P(Z < 2) = 0.977$)

$$H_0 : \theta = 0, \ H_1 : \theta \neq 0$$

① 0.317
② 0.046
③ 0.003
④ 0.023

해설

유의수준(Significant Level)

유의수준이란 제1종의 오류를 범할 최대 확률을 의미하며 α로 표기한다.

유의수준은 H_0가 참일 때 H_0를 기각할 확률로 $\theta=0$일 때 $|Y| > 2$일 확률을 구하면 된다.

$\therefore \ P(|Y| > 2 \, | \, \theta = 0) = P(Y < -2 \, | \, \theta = 0) + P(Y > 2 \, | \, \theta = 0)$

$\qquad\qquad\qquad\quad = 1 - P(-2 < Y < 2)$

$\qquad\qquad\qquad\quad = 1 - P(-1 < Z < 1) = 1 - 0.683$

$\qquad\qquad\qquad\quad = 0.317$

15 어떤 확률변수 X가 연속확률변수일 때 다음 중 항상 성립한다고 보기 어려운 것은?

① $P(a \leq X \leq b) = P(a < X < b)$　　② $P(a \leq X \leq b) = 2P(0 < X < b)$

③ $P(X = b) = 0$　　④ $P(-\infty < X < \infty) = 1$

해설

연속확률변수의 성질

확률변수 X가 0을 중심으로 좌우대칭인 분포이고 $-a = b$인 경우 $P(a \leq X \leq b) = 2P(0 < X < b)$이 성립한다.

16 어떤 동전이 공정한가를 검정하고자 30회를 던져본 결과 25번 앞면이 나왔다. 이 검정에 사용된 카이제곱 통계량의 값은?

① $\dfrac{28}{3}$　　② $\dfrac{31}{3}$

③ $\dfrac{37}{3}$　　④ $\dfrac{40}{3}$

해설

카이제곱 적합성 검정

기대도수를 구하면 다음과 같다.

앞 · 뒷면	앞 면	뒷 면
관측도수	25	5
기대도수	15	15

$$\therefore \chi^2 = \sum \frac{(O_i - E_i)^2}{E_i} = \frac{(25-15)^2}{15} + \frac{(5-15)^2}{15} = \frac{40}{3}$$

17 아래 분산분석표에 대한 설명으로 틀린 것은?

변 동	제곱합(SS)	자유도(df)	F
급간(Between)	10.95	1	
급내(Within)	73	10	
합계(Total)			

① F 통계량은 0.15이다.

② 두 개의 집단의 평균을 비교하는 경우이다.

③ 관찰치의 총 개수는 12개이다.

④ F 통계량이 기각치보다 작으면 집단 사이에 평균이 같다는 귀무가설을 기각하지 않는다.

해설

검정통계량 값 계산

F 검정통계량 값은 $F = \dfrac{MSB}{MSW} = \dfrac{SSB/\varnothing_b}{SSW/\varnothing_w} = \dfrac{10.95/1}{73/10} = 1.5$이다.

18 회귀분석에 대한 설명으로 옳지 않은 것은?

① 절편이 있는 단순회귀분석에서는 상관계수의 제곱이 결정계수가 된다.

② 단순회귀분석에서 회귀모형의 유의성에 대한 F검정과 회귀계수의 유의성에 대한 t검정의 결과는 항상 같다.

③ 설명변수가 k개인 다중회귀모형의 유의성에 대한 F검정의 자유도는 $(k-1, n-k-1)$이다.

④ 다중회귀분석에서 설명변수가 추가될 때 결정계수의 값이 감소하는 경우는 없다.

해설
회귀분석
설명변수가 k개인 경우 SSR의 자유도는 k이며 SSE의 자유도는 $n-k-1$이 되어 다중회귀모형의 유의성에 대한 F검정의 자유도는 $(k, n-k-1)$이다.

19 LED전구는 평균수명이 10만 시간인 지수분포를 따른다고 한다. 이 LED전구를 지금까지 5만 시간을 사용하였다면 앞으로 7만 시간 이상 더 사용할 확률은?

① $e^{-0.2}$
② $e^{-0.5}$
③ $e^{-0.7}$
④ $e^{-1.2}$

해설
지수분포의 무기억성
단위를 만 시간으로 하면 평균수명 $E(X) = \dfrac{1}{\lambda} = 10$인 지수분포를 따르므로 $\lambda = 0.1$이 되어 확률밀도함수는 $f(x) = 0.1e^{-0.1x}$가 된다.

$$P(X > 7+5 \mid X > 5) = \frac{P(X > 12) \cap P(X > 5)}{P(X > 5)} = \frac{P(X > 12)}{P(X > 5)}$$

$$P(X > t) = \int_{t}^{\infty} 0.1e^{-0.1x}dx = e^{-0.1t} \text{ 이므로 } \frac{P(X > 12)}{P(X > 5)} = \frac{e^{-1.2}}{e^{-0.5}} = e^{-0.7}$$

20 층화표본추출방법에 대한 내용으로 가장 적합한 것은?

① 프로그램 이용자의 일련번호 목록으로부터 난수표를 이용하여 표본을 추출한다.

② 유료, 무료 프로그램별로 이용자를 구분한 후 각각 무작위로 표본을 추출한다.

③ ○○시에서 구 → 동 → 번지 → 호에 따라 각각 무작위로 표본을 추출한다.

④ 아파트 단지 내 모든 세대에 일련번호를 부여한 후 1번부터 20번 중 하나의 번호를 제비뽑기로 선택하여 20세대 간격으로 표본을 추출한다.

해설
확률추출방법
• 프로그램 이용자의 일련번호 목록으로부터 난수표를 이용하여 표집 : 단순임의추출법
• 유료, 무료 프로그램별로 이용자를 구분한 후 각각 무작위로 표집 : 층화추출법
• ○○시에서 구 → 동 → 번지 → 호에 따라 각각 무작위로 표집 : 군집추출법
• 아파트 단지 내 모든 세대에 일련번호를 부여한 후 1번부터 20번 중 하나의 번호를 제비뽑기로 선택하여 20세대 간격으로 표집 : 계통추출법

29회 | 통계학 총정리 모의고사

01 다음 중 맞는 명제의 개수는?

> ⊙ $A \subset B$이면, $P(B|A) = 1$이다.
> ⓛ $A \subset B$이면, $P(A|B) \geq P(A)$이다.
> ⓒ $P(A) = P(B) = 0.6$일 때, A와 B는 서로 배반일 수 있다.

① 0

② 1

③ 2

④ 3

해설

확률의 계산

⊙ $A \subset B$이면, $A \cap B = A$이고, $P(A \cap B) = P(A)$이므로 $P(B|A) = \dfrac{P(A \cap B)}{P(A)} = 1$이다.

ⓛ $A \subset B$이면, $P(A|B) \geq P(A)$, $P(A|B) = \dfrac{P(A \cap B)}{P(B)} = \dfrac{P(A)}{P(B)}$이고, $P(B) \leq 1$이므로

$\dfrac{P(A)}{P(B)} \geq P(A)$이 성립한다.

ⓒ $P(A) = P(B) = 0.6$일 때, A와 B는 서로 배반일 수 있다고 가정하면,
$P(A \cap B) = P(A) + P(B) - P(A \cup B)$인데, A와 B는 서로 배반일 경우 $P(A \cap B) = 0$이 성립한다. 위의 식에서
$P(A \cup B) = 1.2 > 1$이므로, 확률의 값은 1보다 클 수 없기 때문에 결과적으로 A와 B는 서로 배반일 수 없다.

02 다음 중 자유도에 의존해 확률을 구하는 분포가 아닌 것은?

① t분포

② F분포

③ χ^2분포

④ 정규분포

해설

자유도에 의존하는 확률분포

자유도에 의존해 확률을 구하는 분포는 t분포, F분포, χ^2분포 등이 있으며 정규분포는 표준화한 후 표준정규분포표를 이용해 확률을 구한다.

03 다음 설명 중 틀린 것은?

① 제2사분위수는 중위수와 동일하다.

② 자료 중에 극단적인 값인 이상치가 존재하는 경우 대표값으로 절사평균을 사용하기도 한다.

③ 최빈수는 주어진 자료에서 단 하나만 존재한다.

④ 산술평균은 주어진 자료의 무게중심을 나타낸다.

해설
최빈수
주어진 자료에서 최빈수는 없을 수도 있으며, 여러 개일 수도 있다.

04 다음 중 항상 성립한다고 볼 수 없는 것은? (단, a, b, c, d는 상수이다)

① $E(X+b) = E(X) + b$

② $E(X+Y) = E(X) + E(Y)$

③ $E[abX + cdY] = aE[bX] + cE[dY]$

④ $E(acXY) = acE(X)E(Y)$

해설
기대값의 성질
$E(acXY) = acE(XY)$이고, 만약 X와 Y가 독립이면 $E(acXY) = acE(X)E(Y)$이 성립한다.

05 확률변수 X의 확률밀도함수 $f(x)$가 다음과 같을 때 $u(X) = e^X$의 기대값은?

$$f(x) = \begin{cases} 3, & 0 < x < 1 \\ 0, & \text{elsewhere} \end{cases}$$

① $e-1$ ② $2(e-1)$

③ $3(e-1)$ ④ $4(e-1)$

해설
함수의 기대값
확률변수 X가 연속형이므로 $E[u(X)] = \int_{-\infty}^{\infty} u(x) f(x)\, dx$을 이용한다.

$E[u(X)] = \int_{-\infty}^{\infty} u(x) f(x)\, dx = \int_{0}^{1} 3e^x dx = \left[3e^x\right]_{0}^{1} = 3e - 3$

06 연속확률변수 X의 확률밀도함수가 다음과 같다. 매회의 시행에서 사건 A가 일어날 확률이 $P\left(0 \leq X \leq \dfrac{1}{2}\right)$로 일정할 때, 320번의 독립시행에서 사건 A가 일어나는 횟수를 Y라 하자. $Var(4Y+1)$의 값은?

$$f(x) = 4x^3, \quad 0 \leq x \leq 1$$

① 200   ② 300

③ 400   ④ 500

해설

확률질량함수의 성질

$$P\left(0 \leq X \leq \frac{1}{2}\right) = \int_0^{\frac{1}{2}} 4x^3 dx = \left[x^4\right]_0^{\frac{1}{2}} = \frac{1}{16}$$

A가 일어날 확률을 p라 할 때, 확률변수 Y는 이항분포 $B\left(320, \dfrac{1}{16}\right)$을 따른다.

$$\therefore Var(4Y+1) = 16\,Var(Y) = 16 \times 320 \times \frac{1}{16} \times \frac{15}{16} = 300$$

---

07 확률변수 X의 누적분포함수가 다음과 같다고 할 때, $P\left(-3 < x \leq \dfrac{1}{2}\right)$의 확률은?

$$F(x) = \begin{cases} 0, & x < 0 \\ \dfrac{x+1}{2}, & 0 \leq x < 1 \\ 1, & x \geq 1 \end{cases}$$

① $\dfrac{1}{4}$ ② $\dfrac{1}{3}$

③ $\dfrac{3}{4}$ ④ $\dfrac{2}{3}$

해설

혼합분포의 확률 계산

누적분포함수의 그래프는 다음 그림과 같다. 다음과 같은 함수를 이산형과 연속형이 혼합되어 있는 혼합분포라 한다.

$$P\left(-3 < x \leq \frac{1}{2}\right) = F\left(\frac{1}{2}\right) - F(-3) = \frac{3}{4} - 0 = \frac{3}{4}$$

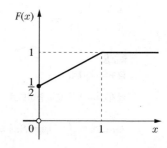

08 100원짜리 동전 3개를 동시에 던져서 앞면이 나온 금액의 합을 X라 할 때, $E[(X-a)^2]$의 최소값은?

① 6,000

② 6,500

③ 7,000

④ 7,500

해설

확률의 계산

확률변수 X가 취할 수 있는 값은 {0, 100, 200, 300}이다.

$$P(X=0) = \frac{1}{8}, \ P(X=100) = \frac{3}{8}, \ P(X=200) = \frac{3}{8}, \ P(X=300) = \frac{1}{8}$$

$$E(X) = \left(0 \times \frac{1}{8}\right) + \left(100 \times \frac{3}{8}\right) + \left(200 \times \frac{3}{8}\right) + \left(300 \times \frac{1}{8}\right) = 150$$

$$E(X^2) = \left(0^2 \times \frac{1}{8}\right) + \left(100^2 \times \frac{3}{8}\right) + \left(200^2 \times \frac{3}{8}\right) + \left(300^2 \times \frac{1}{8}\right) = 30000$$

$$E[(X-a)^2] = E(X^2) - 2aE(X) + a^2$$
$$= a^2 - 300a + 30000$$
$$= (a-150)^2 + 7500$$

∴ $a = 150$일 때 최소값 7,500을 갖는다.

09 확률변수 Z_1, Z_2, Z_3, Z_4가 서로 독립이고 표준정규분포인 $N(0, 1)$을 따른다고 할 때 $\dfrac{(Z_1 - Z_2)^2}{(Z_1 + Z_2)^2}$의 분포는?

① $\chi^2_{(1)}$

② $\chi^2_{(2)}$

③ $F_{(1, 1)}$

④ $F_{(2, 2)}$

해설

F분포

정규분포의 가법성을 이용하면 $Z_1 + Z_2 \sim N(0, 2)$, $Z_1 - Z_2 \sim N(0, 2)$을 따른다.

$\dfrac{Z_1 - Z_2}{\sqrt{2}} \sim N(0, 1)$이고 $\dfrac{Z_1 + Z_2}{\sqrt{2}} \sim N(0, 1)$이므로 $\dfrac{(Z_1 - Z_2)^2}{2}$과 $\dfrac{(Z_1 + Z_2)^2}{2}$은 각각 $\chi^2_{(1)}$을 따른다.

∴ $\dfrac{(Z_1 - Z_2)^2/2}{(Z_1 + Z_2)^2/2} = \dfrac{(Z_1 - Z_2)^2}{(Z_1 + Z_2)^2} \sim F_{(1, 1)}$

10 X_1, X_2는 서로 독립이고 균일분포 $U(0, 1)$에서 뽑은 확률표본이라 할 때, $V = \max(X_1, X_2)$의 확률밀도함수는?

① v^2, $0 \le v \le 1$

② $2v$, $0 \le v \le 1$

③ v^2, $0 \le v \le 2$

④ $2v$, $0 \le v \le 2$

해설

최대값의 확률밀도함수

최대값에 대한 누적분포함수는 다음과 같다.

$$F_n(x) = P[X_{(n)} \le x] = P(X_1 \le x, X_2 \le x, \cdots, X_n \le x)$$
$$= [F(x)]^n$$
$$\therefore F_n(v) = [F(v)]^n = v^2, \ 0 \le v \le 1$$

누적분포함수를 v에 대해 미분해 다음과 같은 최대값의 확률밀도함수를 구할 수 있다.

$$f_n(v) = \frac{d}{dv} F_n(v) = n[F(x)]^{n-1} f(x) = 2v, \ 0 \le v \le 1$$

11 수입산 땅콩의 평균 무게 μ에 대한 가설 $H_0 : \mu = 30$ 대 $H_1 : \mu \ne 30$을 검정하려고 한다. 수입산 땅콩 64개를 임의추출하여 구한 μ에 대한 95% 신뢰구간이 $(28, 36)$일 때, 이를 검정하기 위한 유의확률로 가장 적절한 것은?

① $P(|Z| > 1.645)$

② $P(|Z| > 1.96)$

③ $P(|Z| > 2.58)$

④ $P(|Z| > 1)$

해설

유의확률 계산

정규분포는 표본평균을 중심으로 좌우대칭이므로 표본평균 $\overline{X} = 32$이다. 표본크기가 64이므로 μ에 대한 95% 신뢰구간은 $\left(\overline{X} - z_{\frac{\alpha}{2}} \dfrac{S}{\sqrt{n}}, \ \overline{X} + z_{\frac{\alpha}{2}} \dfrac{S}{\sqrt{n}} \right)$이므로 $32 - 1.96 \dfrac{S}{\sqrt{64}} = 28$가 성립한다. 즉, $\dfrac{S}{\sqrt{64}} \approx 2$이다.

가설 $H_0 : \mu = 30$ 대 $H_1 : \mu \ne 30$을 검정하기 위한 검정통계량 값을 계산하면 $Z = \dfrac{32 - 30}{S / \sqrt{64}} \approx 1$이므로 유의확률은 $P(|Z| > 1)$이다.

12 감마분포의 확률밀도함수가 $f(x) = \dfrac{1}{\Gamma(\alpha)\beta^\alpha}\,x^{\alpha-1}\,e^{-\frac{x}{\beta}}$, $x > 0$, $\alpha > 0$, $\beta > 0$와 같을 때, 다음 설명 중 옳지 않은 것은 몇 개인가?

ㄱ. $\Gamma(\alpha) = (\alpha-1)\,\Gamma(\alpha-1)$

ㄴ. $\Gamma(\alpha) = (\alpha-1)!$

ㄷ. $\Gamma(1) = 0$

ㄹ. $E(X) = \alpha\beta$, $Var(X) = \alpha\beta^2$

ㅁ. $X \sim \Gamma(\alpha,\,\beta)$이고 $\alpha = 1$인 경우, $X \sim \epsilon\left(\dfrac{1}{\beta}\right)$이다.

ㅂ. $X_1,\,\cdots,\,X_k$이 서로 독립이고 각각이 $\Gamma(\alpha_i,\,\beta)$이면, $\displaystyle\sum_{i=1}^{k} X_i \sim \Gamma\left(\sum_{i=1}^{k}\alpha_i,\,\beta\right)$을 따른다.

① 1
② 2
③ 3
④ 4

[해설]
감마분포의 특성
$\Gamma(1) = 1$로 정의한다.

13 어느 회사의 제품 생산량은 정규분포 $N(\mu, 25)$를 따른다고 한다. 제품의 평균생산량에 대한 가설 $H_0 : \mu = 100$ 대 $H_1 : \mu > 100$을 검정하기 위해 64개의 제품을 랜덤하게 추출하였다. $\bar{x} = 101$을 얻었다면 p값은? (단, $\Phi(\cdot)$은 누적표준정규분포함수를 의미한다)

① $\Phi(1.2)$
② $1 - \Phi(1.2)$
③ $\Phi(1.6)$
④ $1 - \Phi(1.6)$

[해설]
유의확률(p-value)
가설 $H_0 : \mu = \mu_0$, $H_1 : \mu > \mu_0$에 대한 유의확률은 $P(\overline{X} > \overline{x})$이다.

$\therefore\ p\text{-value} = P(\overline{X} > 101 \mid \mu = 100) = P\left(Z > \dfrac{101-100}{5/\sqrt{64}}\right) = P(Z > 1.6) = 1 - \Phi(1.6)$

14 가설검정에 대한 설명으로 옳은 것은?

① 가설이 틀렸을 때 틀렸다고 판정할 확률을 유의확률이라 한다.

② 대립가설의 검정력은 작을수록 좋은 검정방법이다.

③ 유의수준 α를 작게 할수록 좋은 검정방법이다.

④ 검정통계량은 확률변수이다.

해설

검정통계량

검정통계량은 검정의 기준을 결정하는 통계량으로 확률변수이다.

15 $H_0 : \theta = \theta_0$, $H_1 : \theta = \theta_1$ 일 때 검정력 함수(Power Function) $\pi(\theta)$에 대한 설명 중 옳지 않은 것은?

① 귀무가설에 대한 기각영역이 C인 검정방법의 $\pi(\theta) = P[(X_1, X_2, \cdots, X_n) \in C | \theta]$이다.

② 검정력 함수는 표본의 크기에 의존한다.

③ $\pi(\theta_1)$은 제2종 오류를 범할 확률이다.

④ 유의수준이 고정되었을 때 검정방법의 성능을 결정하는 기준이 된다.

해설

검정력

$\pi(\theta_1)$은 대립가설이 참일 때 대립가설을 채택하는 경우의 확률로, $\theta = \theta_1$일 때의 검정력이다.

16 대학 진학을 앞둔 150명의 고3 학생을 대상으로 선호하는 진학계열을 조사한 결과가 다음과 같았다. 3가지 진학계열의 선호도가 동일한지를 검정하는 카이제곱 검정통계량의 값은?

구 분	사회계열	인문계열	자연계열	합 계
응답자수	50	47	53	150

① $\dfrac{17}{50}$

② $\dfrac{18}{50}$

③ $\dfrac{19}{50}$

④ $\dfrac{20}{50}$

카이제곱 적합성 검정의 검정통계량 값 계산
기대도수를 구하면 다음과 같다.

구 분	사회계열	인문계열	자연계열	합 계
응답자수	50	47	53	150
기대도수	50	50	50	150

$$\therefore \ \chi^2 = \sum \frac{(O_i - E_i)^2}{E_i} = \frac{(50-50)^2}{50} + \frac{(47-50)^2}{50} + \frac{(53-50)^2}{50} = \frac{18}{50}$$

17 분산분석에 대한 설명으로 옳은 것은?

① 분산분석이란 각 처리집단의 분산이 서로 같은지를 검정하기 위한 방법이다.

② 비교하려는 처리집단이 k개이면 처리에 의한 자유도는 $k-2$이다.

③ 두 개의 요인이 있을 때 각 요인의 주효과를 알아보기 위해서는 요인 간 교호작용이 있어야 한다.

④ 일원배치 분산분석에서 일원배치의 의미는 반응변수에 영향을 주는 요인이 하나인 것을 의미한다.

분산분석(Analysis of Variance)
분산분석은 집단을 나타내는 변수인 요인의 수가 1개인 경우 일원배치 분산분석이라 하고 요인의 수가 2개인 경우 이원배치 분산분석이라 한다.

18 확률변수 $X_1, \cdots, X_n$은 서로 독립이며 모두 구간 $(0, 1)$에서 균일분포를 따르고 확률변수 $U_i(i=1, \cdots, n)$를 아래와 같이 정의할 때, $E(U_1)$을 구하면?

$$U_i = \begin{cases} 1, & X_i \leq 1/n \text{일 때} \\ 0, & X_i > 1/n \text{일 때} \end{cases}$$

① 1

② n

③ $\dfrac{1}{\sqrt{n}}$

④ $\dfrac{1}{n}$

기대값의 계산

$U_1 = \begin{cases} 1, & X_1 \leq 1/n \text{일 때} \\ 0, & X_1 > 1/n \text{일 때} \end{cases}$ 이다.

$$\therefore \ E(U_1) = 1 \times P(X_1 \leq 1/n) + 0 \times P(X_1 > 1/n) = P(X_1 \leq 1/n) = \int_0^{1/n} 1 du_1 = [u_1]_0^{1/n} = 1/n$$

19 다음 중회귀모형에서 오차분산 σ^2의 추정량은? (단, e_i는 잔차이다)

$$Y_i = \beta_0 + \beta_1 X_{1i} + \beta_2 X_{2i} + \epsilon_i$$

① $\dfrac{1}{n-1} \sum e_i^2$

② $\dfrac{1}{n-2} \sum \left(Y_i - \hat{\beta}_0 - \hat{\beta}_1 X_{1i} - \hat{\beta}_2 X_{2i} \right)^2$

③ $\dfrac{1}{n-3} \sum e_i^2$

④ $\dfrac{1}{n-4} \sum \left(Y_i - \hat{\beta}_0 - \hat{\beta}_1 X_{1i} - \hat{\beta}_2 X_{2i} \right)^2$

해설

평균제곱오차(MSE)

다중회귀분석에서 오차분산 σ^2의 추정량은

$$\hat{\sigma}^2 = MSE = \frac{SSE}{n-k-1} = \frac{1}{n-k-1} \sum_{i=1}^{n} (Y_i - \hat{Y}_i)^2 = \frac{1}{n-2-1} \sum_{i=1}^{n} e_i^2 \text{ 이다.}$$

20 $X_1, \cdots, X_n$이 확률밀도함수 $f(x)$와 누적분포함수 $F(x)$를 갖는 서로 독립이고 동일한 분포를 따르는 연속확률변수라 할 때, 통계량을 순서화 시킨 $X_{(1)} \leq X_{(2)} \leq \cdots \leq X_{(n)}$을 확률변수 X_1, X_2, $\cdots$, X_n에 대응되는 순서통계량이라 한다. 순서통계량에 대한 설명으로 옳지 않은 것은?

① $f_k(x) = \dfrac{n!}{(n-k)!(k-1)!} [F(x)]^{k-1} [1-F(x)]^{n-k} f(x)$

② $F_1(x) = 1 - [1-F(x)]^n$

③ $f_n(x) = n[F(x)]^{n-1} f(x)$

④ $X \sim U(0, 1)$일 때 $E[X_{(n)}] = \dfrac{n+1}{2}$

해설

순서통계량의 분포

$X \sim U(0, 1)$일 때, $f_n(x) = nx^{n-1}$, $0 < x < 1$ 이다.

$$\therefore E[X_{(n)}] = \int_0^1 x n x^{n-1} dx = n \int_0^1 x^n dx = n \left[\frac{1}{n+1} x^{n+1} \right]_0^1 = \frac{n}{n+1}$$

30회 | 통계학 총정리 모의고사

01 어느 학교의 전체 학생 320명을 대상으로 수학동아리 가입여부를 조사한 결과 남학생의 60%와 여학생의 50%가 수학동아리에 가입하였다고 한다. 이 학교의 수학동아리에 가입한 학생 중 임의로 1명을 선택할 때 이 학생이 남학생일 확률을 p_1, 여학생일 확률을 p_2라 하자. $p_1 = 2p_2$일 때, 이 학교의 남학생의 수는?

① 180

② 190

③ 200

④ 210

해설

조건부 확률의 계산

남학생의 수를 n이라 하면 여학생의 수는 $320 - n$이다.

$p_1 = \dfrac{0.6n}{0.6n + 0.5(320-n)}$, $p_2 = \dfrac{0.5(320-n)}{0.6n + 0.5(320-n)}$ 이므로 주어진 조건 $p_1 = 2p_2$에 의해 다음이 성립한다.

$\dfrac{0.6n}{0.6n + 0.5(320-n)} = 2 \times \dfrac{0.5(320-n)}{0.6n + 0.5(320-n)}$ 이므로 $0.6n = 320 - n$이 성립하여 $n = 200$이다.

02 확률변수 X의 확률분포표는 다음과 같다.

X	-1	0	1	2	합 계
$P(X=x)$	$\dfrac{3-a}{8}$	$\dfrac{1}{8}$	$\dfrac{3+a}{8}$	$\dfrac{1}{8}$	1

$P(0 \leq X \leq 2) = \dfrac{7}{8}$일 때, 확률변수 X의 평균 $E(X)$의 값은?

① $\dfrac{1}{5}$

② $\dfrac{3}{4}$

③ $\dfrac{2}{5}$

④ $\dfrac{3}{10}$

해설

기대값의 계산

$P(0 \leq X \leq 2) = P(X=0) + P(X=1) + P(X=2) = \dfrac{1}{8} + \dfrac{3+a}{8} + \dfrac{1}{8} = \dfrac{7}{8}$ 이므로 $a = 2$이다.

$\therefore E(X) = \sum x_i p_i = \left[(-1) \times \dfrac{1}{8}\right] + \left(0 \times \dfrac{1}{8}\right) + \left(1 \times \dfrac{5}{8}\right) + \left(2 \times \dfrac{1}{8}\right) = \dfrac{3}{4}$

03 어느 재래시장을 이용하는 고객의 집에서 시장까지의 거리는 평균이 1,740m, 표준편차가 500m인 정규분포를 따른다고 한다. 집에서 시장까지의 거리가 2,000m 이상인 고객 중에서 15%, 2,000m 미만인 고객 중에서 5%는 자가용을 이용하여 시장에 온다고 한다. 자가용을 이용하여 시장에 온 고객 중에서 임의로 1명을 선택할 때, 이 고객의 집에서 시장까지의 거리가 2,000m 미만일 확률은? (단, Z가 표준정규분포를 따르는 확률변수일 때, $P(0 \le Z \le 0.52) = 0.2$로 계산한다)

① $\dfrac{3}{8}$ ② $\dfrac{7}{16}$

③ $\dfrac{5}{8}$ ④ $\dfrac{9}{16}$

해설
확률의 계산
고객의 집에서 시장까지의 거리를 X라 했을 때 확률변수 X는 $N(1740, 500^2)$을 따른다. 집에서 시장까지의 거리가 2,000m 이상일 확률은 $P(X \ge 2000) = P\left(Z \ge \dfrac{1740 - 2000}{500}\right) = P(Z \ge 0.52) = 0.3$이다.

즉, 집에서 시장까지의 거리가 2,000m 미만일 확률은 $P(X < 2000) = P(Z < 0.52) = 0.7$이다. 자가용을 이용하여 시장에 온 고객일 확률이 $(0.3 \times 0.15) + (0.7 \times 0.05) = 0.080$이고, 2,000m 미만이면서 자가용을 타고 올 확률이 $0.7 \times 0.05 = 0.035$이므로 구하고자 하는 확률은 $\dfrac{0.035}{0.080} = \dfrac{7}{16}$이다.

04 어떤 대규모 입사 시험에서 수험자가 주어진 과제를 해결하는 데 걸리는 시간은 평균이 3분인 지수분포를 따른다고 한다. 지수분포의 확률밀도함수는 $f(x) = \dfrac{1}{\lambda} e^{-x/\lambda}$, $x > 0$, $\lambda > 0$ 이다. 아래 주어진 지수함수 값을 이용하여 임의로 선택된 한 수험자가 주어진 과제를 6분 안에 해결할 확률은?

x	0.5	1	1.5	2	2.5	3	3.5	4	4.5	5
e^{-x}	0.607	0.368	0.223	0.135	0.082	0.050	0.030	0.018	0.011	0.007

① 0.368 ② 0.632

③ 0.865 ④ 0.989

해설
지수분포(Exponential Distribution)
수험자가 주어진 과제를 해결하는 데 걸리는 시간 X는 평균이 3분인 지수분포를 따른다.
즉, $E(X) = \lambda = 3$ 이 된다.
$$\therefore P(X < 6) = \int_0^6 \frac{1}{3} e^{-\frac{x}{3}} dx = \left[-e^{-\frac{x}{3}}\right]_0^6 = (1 - e^{-2}) = 1 - 0.135 = 0.865$$

05 영국 중앙은행에서 사용하고 있는 인플레이션의 확률밀도함수는 아래와 같다. 여기서 r은 왜도 (Skewness)의 척도로 −1에서 1의 범위에 존재하며, $r > 0$인 경우에 산술평균, 중위수(Median), 최빈수의 크기에 대한 설명으로 옳은 것은?

$$f(x) = \frac{2}{\dfrac{1}{\sqrt{1+r}} + \dfrac{1}{\sqrt{1-r}}} \frac{1}{\sqrt{2\pi}} \exp\left[-\frac{1}{2}\left(x^2 + r\frac{x}{|x|}x^2\right)\right]$$

① 산술평균 = 중위수 = 최빈수   ② 산술평균 < 최빈수 < 중위수

③ 최빈수 < 중위수 < 산술평균   ④ 산술평균 < 중위수 < 최빈수

해설

분포의 형태에 따른 기초통계량 비교

왜도 $r > 0$이므로 오른쪽으로 기울어진 분포(왼쪽으로 치우친 분포)이다. 즉, 오른쪽으로 기울어진 분포에서는 최빈수 < 중위수 < 평균이 성립한다.

06 모수가 λ인 포아송분포를 따르는 확률변수(X)의 확률질량함수는 다음과 같다.

$$f(x) = \begin{cases} \dfrac{e^{-\lambda}\lambda^x}{x!}, & x = 0, 1, 2, \cdots \\ 0, & \text{그 외} \end{cases} \quad (\lambda > 0)$$

X_1, X_2는 서로 독립이며 각각 모수가 $\lambda_1 = 3$, $\lambda_2 = 2$인 포아송분포를 따르는 확률변수라고 할 때, $P(X_1 + X_2 = 1)$의 값은?

① $2e^{-5}$ ② $3e^{-5}$

③ $4e^{-5}$ ④ $5e^{-5}$

해설

확률의 계산

$P(X_1 + X_2 = 2) = P(X_1 = 0, X_2 = 1) + P(X_1 = 1, X_2 = 0)$ ∵ $x = 0, 1, 2, \cdots$

$\qquad = \left(\dfrac{e^{-3}3^0}{0!} \times \dfrac{e^{-2}2^1}{1!}\right) + \left(\dfrac{e^{-3}3^1}{1!} \times \dfrac{e^{-2}2^0}{0!}\right) = 2e^{-5} + 3e^{-5} = 5e^{-5}$

07 확률변수 X가 정규분포 $N(\mu, \sigma^2)$을 따를 때, 다음 중 옳은 것만을 고른 것은?

> ㄱ. $P(\mu < X < \infty) = 0.5$
> ㄴ. $P(X \leq \mu) = P(X \geq \mu) = 0.5$
> ㄷ. $\dfrac{1}{2} P(-\infty < X < \infty) = 0.5$

① ㄱ, ㄷ   ② ㄱ, ㄴ

③ ㄴ, ㄷ   ④ ㄱ, ㄴ, ㄷ

해설

정규분포의 특성

정규분포의 X의 범위는 $-\infty < X < \infty$이며, 확률밀도함수이므로 $P(-\infty < X < \infty) = 1$이 성립되어 $\dfrac{1}{2} P(-\infty < X < \infty) = 0.5$이다. 또한, 정규분포 $N(\mu, \sigma^2)$은 μ에 대해 좌우대칭이므로 $P(\mu < X < \infty) = 0.5$와 $P(X \leq \mu) = P(X \geq \mu) = 0.5$가 성립한다.

08 어느 회사 직원이 회사에 출근하는 방법은 A, B, C 세 가지가 있다. 집에서부터 회사까지 걸리는 시간을 각각 X_A, X_B, X_C분이라 하면, 확률변수 X_A, X_B, X_C은 각각 정규분포 $N(18, 4^2)$, $N(24, 3^2)$, $N(24, 6^2)$을 따른다고 한다. 출근시간은 8시 30분까지이고, 이 직원이 집에서 출발한 시각은 8시일 때 회사에 지각할 확률이 낮은 방법을 순서대로 적으면?

① A, B, C ② C, B, A

③ B, A, C ④ B, C, A

해설

정규분포의 확률 계산

확률변수 X_A, X_B, X_C를 각각 표준화하면 $Z_A = \dfrac{X_A - 18}{4}$, $Z_B = \dfrac{X_B - 24}{3}$, $Z_C = \dfrac{X_C - 24}{6}$가 된다.

출근하는데 걸리는 시간이 30분을 초과하면 지각이므로 각각의 지각할 확률을 구하면 다음과 같다.

$P(X_A > 30) = P\left(Z_A > \dfrac{30-18}{4}\right) = P(Z_A > 3)$

$P(X_B > 30) = P\left(Z_B > \dfrac{30-24}{3}\right) = P(Z_B > 2)$

$P(X_C > 30) = P\left(Z_C > \dfrac{30-24}{6}\right) = P(Z_C > 1)$

∴ 지각할 확률은 $A < B < C$ 순으로 낮다.

09 $X_1,\ X_2,\ \cdots,\ X_n$는 서로 독립이고 균일분포 $U(0,\ \lambda)$에서 뽑은 확률표본이라 할 때, 최대값 $X_{(n)}$의 확률밀도함수는?

① $f_n(x) = n\left(\dfrac{x}{\lambda}\right)^{n-1}\dfrac{1}{\lambda},\ 0 \le x \le \lambda$

② $f_n(x) = n\left[1 - \dfrac{x}{\lambda}\right]^{n-1}\dfrac{1}{\lambda},\ 0 \le x \le \lambda$

③ $f_n(x) = nx\lambda^{n-2},\ 0 \le x \le \lambda$

④ $f_n(x) = n\left[x - \dfrac{1}{\lambda}\right]^{n-1}\dfrac{1}{\lambda},\ 0 \le x \le \lambda$

해설

최대값의 확률밀도함수

최대값에 대한 누적분포함수는 다음과 같다.

$$F_n(x) = P[X_{(n)} \le x] = P(X_1 \le x,\ X_2 \le x,\ \cdots,\ X_n \le x) = [F(x)]^n$$

누적분포함수를 x에 대해 미분해 다음과 같은 최대값의 확률밀도함수를 구할 수 있다.

$$f_n(x) = \frac{d}{dx}F_n(x) = n[F(x)]^{n-1}f(x)$$

$X \sim U(0,\ \lambda)$일 때, $f(x) = \dfrac{1}{\lambda}$이고 $F(x) = \dfrac{x}{\lambda}$이므로 최대값의 확률밀도함수는 다음과 같다.

$$f_n(x) = n\left(\frac{x}{\lambda}\right)^{n-1}\frac{1}{\lambda} = \frac{nx^{n-1}}{\lambda^n},\ 0 \le x \le \lambda$$

10 어떤 제약회사에서 A라는 병에 대한 새로운 약을 개발했다. 기존에 사용하던 약의 완치율이 40%라고 한다. 이 제약회사에서는 새로운 약이 기존의 약보다 효과가 좋다고 주장하고 있다. 이 문제를 위해 20명을 조사한 결과 효과를 본 사람이 X명이었다고 하자. 표본결과 $X = 19$명이 나타났다면 유의확률은?

① $_{20}C_{20}(0.4)^{20} \times (0.6)^0$

② $_{20}C_{19}(0.4)^{19} \times 0.6 + {}_{20}C_{20}(0.4)^{20} \times (0.6)^0$

③ $P(Z > 2)$

④ $P(Z > 1.96)$

해설

유의수준(Significant Level)

귀무가설 및 대립가설을 설정하면 $H_0 : p = 0.4$ 대 $H_1 : p > 0.4$이다.

H_0이 참일 때 $X \sim B(20,\ 0.4)$를 따르므로 유의확률 값은 다음과 같다.

$$p-\text{value} = P(X \ge 19) = P(X = 19) + P(X = 20) = {}_{20}C_{19}(0.4)^{19} \times 0.6 + {}_{20}C_{20}(0.4)^{20} \times (0.6)^0$$

11 어느 LED전구 회사에서 LED전구 20개를 랜덤하게 추출하여 조사한 결과 표본평균수명은 20,000시간이었고, 표본표준편차는 400시간이었다. LED전구의 평균수명은 정규분포를 따른다고 할 때, 모분산 σ^2에 대한 95% 신뢰구간은?

① $\left(\dfrac{19 \times 400}{\chi^2_{0.025,\,19}},\ \dfrac{19 \times 400}{\chi^2_{0.975,\,19}} \right)$

② $\left(\dfrac{19 \times 400^2}{\chi^2_{0.975,\,19}},\ \dfrac{19 \times 400^2}{\chi^2_{0.025,\,19}} \right)$

③ $\left(\dfrac{19 \times 400^2}{\chi^2_{0.025,\,19}},\ \dfrac{19 \times 400^2}{\chi^2_{0.975,\,19}} \right)$

④ $\left(\dfrac{19 \times 400}{\chi^2_{0.975,\,19}},\ \dfrac{19 \times 400}{\chi^2_{0.025,\,19}} \right)$

해설

모분산 σ^2에 대한 $100(1-\alpha)\%$ 신뢰구간

모분산 σ^2에 대한 $100(1-\alpha)\%$ 신뢰구간은 $\left(\dfrac{(n-1)S^2}{\chi^2_{\frac{\alpha}{2},\,n-1}},\ \dfrac{(n-1)S^2}{\chi^2_{1-\frac{\alpha}{2},\,n-1}} \right)$ 이다.

12 단순회귀분석에 대한 설명으로 옳은 것은 몇 개 인가?

> ㄱ. $\sum (y_i - \hat{y_i})^2$ 값이 작을수록 관측값들이 추정된 회귀선 주위에 밀집되어 있다.
>
> ㄴ. 오차항의 분산 $Var(\epsilon_i) = \sigma^2$의 불편추정량은 $MSE = \dfrac{\sum (y_i - \hat{y_i})^2}{n-2}$ 이다.
>
> ㄷ. 종속변수 y_i의 분산 $V(y_i) = \sigma^2$이다.
>
> ㄹ. 단순회귀모형의 검정통계량은 $F = \dfrac{SSR/1}{SSE/n-2} \sim F_{(1,\,n-2)}$ 이다.
>
> ㅁ. 원점을 지나는 단순회귀모형의 검정통계량은 $F = \dfrac{SSR/1}{SSE/n-1} \sim F_{(1,\,n-1)}$ 이다.
>
> ㅂ. 원점을 통과하는 회귀선에 대해서는 잔차들의 합은 항상 $\sum_{i=1}^{n} e_i = 0$이다.
>
> ㅅ. 원점을 통과하는 회귀선에 대해서 추정된 회귀선은 $(\bar{x},\, \bar{y})$을 지난다.

① 3

② 4

③ 5

④ 6

해설

원점을 지나는 단순회귀분석의 특징

원점을 지나지 않는 회귀선(절편이 있는 회귀선)의 경우 잔차들의 합은 $\sum_{i=1}^{n} e_i = 0$이 되지만, 원점을 통과하는 회귀선에 대해서는 잔차들의 합이 반드시 0인 것은 아니다.

원점을 지나지 않는 회귀선(절편이 있는 회귀선)의 경우 추정된 회귀선이 반드시 $(\bar{x},\, \bar{y})$를 지나지만 원점을 통과하는 회귀선은 반드시 $(\bar{x},\, \bar{y})$을 지나는 것은 아니다.

13 어느 고등학교에서 토론식수업과 암기식수업 방식에 따라 국어 성적에 차이가 있는지를 알기 위해 각각 11명씩의 학생들을 랜덤하게 추출하여 두 개의 그룹으로 나누어 수업한 결과가 다음 표와 같다. 두 그룹간 모분산은 모르지만 같다는 것을 알고 있을 경우 유의수준 5%에서 두 집단 간 국어성적의 차이에 대한 95% 신뢰구간은?

(단, $t_\alpha(k)$는 자유도가 k인 t분포의 제 $100 \times (1-\alpha)$ 백분위수이다)

구 분	그룹 1	그룹 2
국어성적의 합계	869	770
국어성적의 표본분산	16	32

① $9 \pm t_{0.025}(22) \times 24 \sqrt{\left(\dfrac{1}{11} + \dfrac{1}{11}\right)}$　　② $9 \pm t_{0.025}(20) \times \sqrt{24\left(\dfrac{1}{11} + \dfrac{1}{11}\right)}$

③ $9 \pm t_{0.025}(20) \times 24 \sqrt{\left(\dfrac{1}{11} + \dfrac{1}{11}\right)}$　　④ $9 \pm t_{0.025}(24) \times \sqrt{24\left(\dfrac{1}{11} + \dfrac{1}{11}\right)}$

해설

소표본에서 두 모분산을 모르지만 같다는 것은 알고 있을 경우 두 모평균의 차 $\mu_1 - \mu_2$에 대한 $100(1-\alpha)$% 신뢰구간

$$\left((\overline{X}_1 - \overline{X}_2) - t_{\frac{\alpha}{2}, (n_1+n_2-2)} S_p \sqrt{\frac{1}{n_1} + \frac{1}{n_2}} , \ (\overline{X}_1 - \overline{X}_2) + t_{\frac{\alpha}{2}, (n_1+n_2-2)} S_p \sqrt{\frac{1}{n_1} + \frac{1}{n_2}} \right)$$

$n_1 = 11$, $n_2 = 11$, $\overline{X}_1 = 79$, $\overline{X}_2 = 70$, $S_1^2 = 16$, $S_2^2 = 32$

여기서 $S_p^2 = \dfrac{(11-1)16 + (11-1)32}{(11+11-2)} = \dfrac{480}{20} = 24$이므로

구하고자 하는 신뢰구간은 $9 \pm t_{0.025}(20) \times \sqrt{24\left(\dfrac{1}{11} + \dfrac{1}{11}\right)}$ 이다.

14 서로 독립인 두 정규모집단 $N(\mu_1, \sigma_1^2)$과 $N(\mu_2, \sigma_2^2)$으로 부터 각각 n개와 m개의 랜덤표본을 얻어 각 집단의 표본평균 $\overline{X}$, $\overline{Y}$와 표본분산 S_1^2, S_2^2을 얻었다. 모분산이 동일하다는 귀무가설 $H_0 : \sigma_1^2 / \sigma_2^2 = 1$과 대립가설 $H_1 : \sigma_1^2 / \sigma_2^2 > 1$을 검정하기 위해 사용되는 통계량은?

① $F = \dfrac{\sigma_1^2 / S_1^2}{\sigma_2^2 / S_2^2}$　　　　　② $F = \dfrac{\sigma_2^2 / S_1^2}{\sigma_1^2 / S_2^2}$

③ $F = \dfrac{S_1^2 / \sigma_1^2}{S_2^2 / \sigma_2^2}$　　　　　④ $F = \dfrac{S_1^2 / \sigma_2^2}{S_2^2 / \sigma_1^2}$

해설

분산비 σ_1^2 / σ_2^2의 검정통계량

가설검정 절차	가 설	검정통계량
모분산 $\sigma_1^2 = \sigma_2^2$에 대한 검정	$H_0 : \sigma_1^2 = \sigma_2^2$ $H_1 : \sigma_1^2 > \sigma_2^2$ 또는 $H_1 : \sigma_1^2 \neq \sigma_2^2$	$F = \dfrac{S_1^2 / \sigma_1^2}{S_2^2 / \sigma_2^2} = \dfrac{S_1^2}{S_2^2}$
모분산 $\sigma_1^2 = \sigma_2^2$에 대한 검정	$H_0 : \sigma_1^2 = \sigma_2^2$ $H_1 : \sigma_1^2 < \sigma_2^2$	$F = \dfrac{S_2^2 / \sigma_2^2}{S_1^2 / \sigma_1^2} = \dfrac{S_2^2}{S_1^2}$

$\therefore H_0 : \sigma_1^2 = \sigma_2^2$, $H_1 : \sigma_1^2 > \sigma_2^2$을 검정하기 위한 검정통계량은 $F = \dfrac{S_1^2 / \sigma_1^2}{S_2^2 / \sigma_2^2} = \dfrac{S_1^2 \sigma_2^2}{S_2^2 \sigma_1^2} = \dfrac{S_1^2}{S_2^2}$ 이다.

15 카이제곱 적합성 검정에서 기대도수와 관측도수의 차이가 카이제곱 검정의 결과에 미치는 영향을 해석한 것으로 옳은 것은?

① 기대도수와 관측도수의 차이가 클수록 검정통계량의 값이 증가하여 유의확률이 커진다.
② 기대도수와 관측도수의 차이가 클수록 검정통계량의 값이 증가하여 유의확률이 작아진다.
③ 기대도수와 관측도수의 차이가 클수록 검정통계량의 값이 감소하여 유의확률이 커진다.
④ 기대도수와 관측도수의 차이가 클수록 검정통계량의 값이 감소하여 유의확률이 작아진다.

해설

카이제곱 적합성 검정

카이제곱 적합성 검정의 검정통계량이 $\chi^2 = \sum_{i=1}^{k} \frac{(O_i - E_i)^2}{E_i} \sim \chi^2_{(k-1)}$ 을 따르므로 기대도수와 관측도수의 차이가 크면 클수록 검정통계량 값은 증가하여 귀무가설을 기각시킬 확률이 작게 되므로 유의확률은 작아진다.

16 학생들의 영어교육방법에 따라 영어실력에 차이가 있는지를 비교하기 위해 영어성적이 유사한 학생들을 랜덤하게 3그룹으로 나누어 3가지 교육방법을 실시하였다. 영어교육방법에 차이가 있는가를 비교하기 위한 다음의 설명 중 틀린 것은?

① 분산분석의 모형은 $y_{ij} = \mu + \alpha_i + \beta_j + \epsilon_{ij}$, $i = 1, 2, 3$, $j = 1, 2, 3$이다.
② 오차항 ϵ_{ij}는 서로 독립이고 $N(0, \sigma^2)$를 따른다.
③ $\alpha_i = \mu_i - \mu$라고 할 때 $\sum \alpha_i = 0$이다.
④ y_{ij}는 서로 독립이고, $N(\mu + \alpha_i, \sigma^2)$를 따른다.

해설

일원배치 분산분석(One-way ANOVA)

3가지 영어교육방법에 따라 영어실력에 차이가 있는지를 알아보기 위한 일원배치 분산분석이다.

일원배치 분산분석의 모형은 $x_{ij} = \mu + a_i + e_{ij}$, $e_{ij} \sim iid\ N(0, \sigma_E^2)$이다.

(단, $\alpha_i = \mu_i - \mu$, $\sum_{i=1}^{k} a_i = 0$, $i = 1, \cdots, k$, $j = 1, \cdots, r$)

15 ② 16 ① 정답

17 반복이 없는 이원배치법 모형이 아래와 같을 때 다음 중 설명이 틀린 것은?

$$y_{ij} = \mu + \alpha_i + \beta_j + \epsilon_{ij} \ (i = 1, 2, \cdots, p, \ j = 1, 2, \cdots, q)$$

① 총 실험 횟수는 pq이다.
② 오차제곱합의 자유도는 $p(q-1)$이다.
③ 반응변수는 일반적으로 정규분포를 따른다고 가정하고 이의 분산은 오차항의 분산과 같다.
④ 두 인자의 효과를 알아보는 방법으로 분산분석을 이용한 F-검정을 이용한다.

해설

반복이 없는 이원배치 분산분석표

요 인	제곱합(SS)	자유도($\varnothing$)	평균제곱	F
A	S_A	$\varnothing_A = p-1$	$V_A = \dfrac{S_A}{p-1}$	$F = \dfrac{V_A}{V_E}$
B	S_B	$\varnothing_B = q-1$	$V_B = \dfrac{S_B}{q-1}$	$F = \dfrac{V_B}{V_E}$
E	S_E	$\varnothing_E = (p-1)(q-1)$	$V_E = \dfrac{S_E}{(p-1)(q-1)}$	
T	S_T	$\varnothing_T = pq-1$		

18 다음 중 선형회귀분석의 기본 가정으로 틀린 것은?

① 독립변수 X는 비확률변수로 가정할 수 있으며, 종속변수 Y는 오차를 수반하는 확률변수이다.
② 변수 X와 Y 사이에 존재하는 관련성은 주어진 X값에서 Y의 기대값이 X의 선형식으로 적절히 표현될 수 있다.
③ 주어진 X값에서 변수 Y는 정규분포를 한다.
④ 변수 Y의 기대값은 X가 변함에 따라 변하지 않으며, 분산도 변하지 않는다.

해설

회귀분석의 기본 가정
$E(Y_i) = E(\alpha + \beta X_i + \epsilon_i) = \alpha + \beta X_i$ 이므로 x_i가 변함에 따라 y_i의 기대값도 변하며,
$Var(Y_i) = E[Y_i - E(Y_i)]^2 = E[(\alpha + \beta X_i + \epsilon_i) - (\alpha + \beta X_i)]^2 = E(\epsilon_i^2) = \sigma^2$ 이므로 x_i가 변함에 따라 y_i의 분산은 변하지 않는다.

19 다음 자료는 2021~2023년까지 제주지역 복합비료 1포대(20kg)에 대한 가격을 조사한 자료이다. 이 기간 동안 복합비료 연평균 증가율을 구하면?

연 도	2021	2022	2023
복합비료 가격(원)	8,000	12,000	21,000

① 13.6%

② $100(\sqrt{2.625}-1)\%$

③ $100(\sqrt{1.75}-1)\%$

④ 17.5%

해설

기하평균

연 도	복합비료 가격(원)	증가율
2021	8,000	–
2022	12,000	1.5
2023	21,000	1.75

기하평균은 $\sqrt{1.5\times1.75}=\sqrt{2.625}$ 으로 1보다 크므로 연평균 증가율은 $\sqrt{2.625}-1=100(\sqrt{2.625}-1)\%$이다.

20 A와 B가 탁구 시합을 한다고 할 때 A가 승리할 확률이 0.3이라면 5번째 경기에서 3번째로 이길 확률은?

① $4(0.3)^2(0.7)^3$

② $6(0.3)^3(0.7)^2$

③ $8(0.3)^2(0.7)^3$

④ $12(0.3)^3(0.7)^2$

해설

음이항분포(Negative Binomial Distribution)

확률변수 X가 k번 성공할 때까지의 시행횟수라 하면 구하고자 하는 확률은 $P(X=5)$이 된다.

확률변수 X는 $k=2$, $p=0.3$인 음이항분포를 따르며 음이항분포의 확률질량함수가

$f(x)=\begin{pmatrix} x-1 \\ k-1 \end{pmatrix}p^k(1-p)^{x-k}$이므로 구하고자 하는 확률은 다음과 같다.

$P(X=5)=\begin{pmatrix} 5-1 \\ 3-1 \end{pmatrix}(0.3)^3(0.7)^{5-3}=6(0.3)^3(0.7)^2$

PART 4

Level 1
조사방법론 총정리 모의고사

1~10회 통계직 공무원, 공사, 공기업 조사방법론 총정리 모의고사

※ 실제 공무원, 공사, 공기업 시험과 비슷한 난이도를 가진 모의고사를 수록하였습니다.

남에게 이기는 방법의 하나는 예의범절로 이기는 것이다.

- 조쉬 빌링스 -

01회 | 조사방법론 총정리 모의고사

01 지식의 획득 방법 중 문제에 대한 정의에서 자료를 수집·분석하여 결론을 도출하는 일련의 체계적인 과정을 통해 지식을 습득하는 방법은?

① 관습에 의한 방법
② 권위에 의한 방법
③ 직관에 의한 방법
④ 과학에 의한 방법

해설
지식의 획득 방법
• 관습에 의한 방법 : 사회적인 습관이나 전통적인 관습을 의심 없이 그대로 수용하는 방법
• 신비에 의한 방법 : 신, 예언자, 초자연적인 존재로부터 지식을 습득하는 방법
• 권위에 의한 방법 : 주장하고자 하는 내용에 설득력을 높이기 위해 권위자나 전문가의 의견을 인용하는 방법
• 직관에 의한 방법 : 가설설정 및 추론의 과정을 거치지 않은 채 확실한 명제를 토대로 지식을 습득하는 방법
• 과학에 의한 방법 : 문제에 대한 정의에서 자료를 수집·분석하여 결론을 도출하는 일련의 체계적인 과정을 통해 지식을 습득하는 방법

02 면접 시 유의사항으로 옳지 않은 것은?

① 면접자는 중립적인 태도로 엄숙하고 진지하게 면접에 임한다.
② 면접자는 응답자와 친밀감(Rapport)을 형성해야 한다.
③ 면접자의 신분을 밝혀 피면접자의 불안감을 해소시킨다.
④ 면접자는 주관적 입장에서 견지한다.

해설
면접 시 유의사항
• 면접자는 중립적인 태도로 엄숙하고 진지하게 면접에 임한다.
• 면접자는 응답자와 친밀감(Rapport)을 형성해야 한다.
• 면접자의 신분을 밝혀 피면접자의 불안감을 해소시킨다.
• 피면접자에게 면접목적과 피면접자의 신변 및 비밀이 보장됨을 주지시킨다.
• 면접상황에 따라 면접방식을 융통성 있게 조정한다.
• 면접자는 객관적 입장에서 견지한다.
• 면접과 관련된 내용을 자세하게 기록한다.
• 피면접자가 "모른다"는 응답을 하는 경우 그 이유를 알아본다.

03 과학적 연구의 기초개념에서 두 개 이상의 변수들 간의 관계에 대한 진술로써 아직 검증되지 않은 사실은?

① 개 념

② 변 수

③ 가 설

④ 이 론

해설

과학적 연구의 기초개념
- 개념 : 가설과 이론의 구성요소로 보편적인 관념 안에서 특정현상을 나타내는 추상적 표현
- 변수 : 실증적인 검증과정에서 개념을 측정 가능한 형태로 변화시킨 것
- 가설 : 두 개 이상의 변수들 간의 관계에 대한 진술이며, 아직 검증되지 않은 사실
- 이론 : 어떤 특정현상을 논리적으로 설명하고 예측하려는 진술

04 온라인조사의 단점으로 옳은 것은?

① 오프라인(Off-line)조사에 비해 시간과 비용이 많이 든다.

② 특수계층의 응답자에게는 적용이 불가능하다.

③ 컴퓨터 운영체계 또는 사용 브라우저에 따라 호환성에 제한이 있다.

④ 멀티미디어 자료의 활용 등 다양한 형태의 조사가 불가능하다.

해설

온라인조사의 단점
- 컴퓨터와 인터넷을 사용할 수 있는 사람만을 대상으로 하기 때문에 표본의 대표성에 문제가 있다.
- 응답률이 낮다.
- 복잡한 질문이나 질문의 양이 많은 경우에 자발적 참여가 어렵다.
- 모집단의 정의가 어렵다.
- 컴퓨터 운영체계 또는 사용 브라우저에 따라 호환성에 제한이 있다.

05 양적연구에 대한 설명으로 옳지 않은 것은?

① 대규모 분석에 유리하다.

② 원인과 결과의 구분이 가능하다.

③ 확률적 표집방법을 사용한다.

④ 현상학적 입장을 취한다.

해설

양적연구의 특성
- 사회현상의 사실이나 원인들을 탐구
- 일반화 가능
- 구조화된 양적자료 수집
- 원인과 결과의 구분이 가능
- 객관적
- 대규모 분석에 유리
- 확률적 표집방법 사용
- 연구방법을 우선시
- 논리실증주의적 입장을 취함

384 PART 04 :: Level 1_조사방법론 총정리 모의고사   03 ③ 04 ③ 05 ④ 정답

06 횡단연구에 대한 설명으로 옳은 것은?

① 일정 시점을 기준으로 모든 관련 변수에 대한 자료를 수집하는 연구이다.

② 측정이 반복적으로 이루어진다.

③ 연구대상을 서로 다른 시점에서 동일 대상자를 추적해 조사해야 하므로 표본의 크기가 작을수록 좋다.

④ 어떤 현상의 진행과정이나 변화를 측정할 수 있다.

해설

횡단연구의 특성

- 일정 시점을 기준으로 모든 관련 변수에 대한 자료를 수집하는 연구이다.
- 측정이 한 번만 이루어진다.
- 종단연구에 비해 상대적으로 시간과 비용이 적게 든다.
- 대규모 서베이에 적합하다.
- 연구대상이 지리적으로 넓게 분포되어 있고 연구대상의 수가 많으며, 많은 변수에 대한 자료를 수집해야 할 경우 적합하다.
- 정태적인 성격을 띠는 연구이다.
- 시간의 흐름에 따라 변화의 추이를 파악하기 어려워 변수들 간의 인과관계를 확인하는 데 한계가 있다.
- 어떤 현상의 진행과정이나 변화를 측정하지 못한다.

07 종단연구의 유형 중 동일한 특색이나 행동 양식을 공유하는 동류집단이 시간의 흐름에 따라 어떻게 변화하는지를 연구하는 방법은?

① 패널연구   ② 추세연구

③ 코호트연구   ④ 사건사연구

해설

종단연구의 유형

- 패널연구 : 동일집단(패널)이 시간의 흐름에 따라 어떻게 변화하는지를 연구하는 방법
- 추세연구 : 시간의 흐름에 따라 전체 모집단 내의 변화를 연구
- 코호트연구 : 동일한 특색이나 행동 양식을 공유하는 동류집단(코호트)이 시간의 흐름에 따라 어떻게 변화하는지를 연구
- 사건사연구 : 특정 대상이 특정 시간에 다른 대상보다 특정 사건을 경험하게 될 위험이 더 높은가를 설명하기 위한 연구

08 다음 중 확률표본추출방법이 아닌 것은?

① 단순무작위추출방법
② 층화추출방법
③ 눈덩이표본추출방법
④ 계통추출방법

해설

눈덩이표본추출방법

눈덩이를 굴리면 커지는 것처럼 소수의 응답자를 찾은 다음 이들과 비슷한 사람들을 소개받아 가는 식으로 표본을 추출하는 방법으로 비확률표본추출방법이다.

09 실험설계의 종류 중 무작위할당에 의해 연구대상을 나누지 않고 비교집단 간의 동질성이 없으며 독립변수의 조작에 따른 변화의 관찰이 제한된 경우에 실시하는 설계는?

① 원시실험설계
② 순수실험설계
③ 유사실험설계
④ 사후실험설계

해설

실험설계의 종류

• 원시실험설계(전실험설계) : 무작위할당에 의해 연구대상을 나누지 않고 비교집단 간의 동질성이 없으며 독립변수의 조작에 따른 변화의 관찰이 제한된 경우에 실시하는 설계
• 순수실험설계(진실험설계) : 실험대상의 무작위화, 실험변수의 조작 및 외생변수의 통제 등 실험적 조건을 갖춘 설계
• 유사실험설계(준실험설계) : 무작위할당에 의해 실험집단과 통제집단을 동등하게 할 수 없는 경우, 무작위할당 대신 실험집단과 유사한 비교집단을 구성하여 실험하는 설계
• 사후실험설계 : 독립변수의 조작 없이 변수들 간의 관계를 검증하고자 할 때 이용되는 설계로써 중요한 변수의 발견이나 변수들 간의 관계를 밝히기 위한 사전적인 연구인 탐색연구나 가설의 검증을 위해 이용된다.

10 추상적인 개념들을 경험적, 실증적으로 측정이 가능하도록 구체화한 것은?

① 개념적 정의
② 조작적 정의
③ 재개념화
④ 실질적 정의

해설

정의의 종류

• 개념적 정의 : 연구대상이 되는 사람 또는 사물의 형태 및 속성, 다양한 사회적 현상들을 개념적으로 정의하는 것
• 조작적 정의 : 추상적인 개념들을 경험적, 실증적으로 측정이 가능하도록 구체화한 것
• 재개념화 : 주된 개념에 대한 정리, 분석을 통해 개념을 보다 명백히 재규정하는 것
• 실질적 정의 : 한 용어가 갖는 어의 상의 뜻을 전제로 그 용어가 대표하고 있는 개념 또는 실제 현상의 본질적 성격, 속성을 그대로 나타내는 것

11 변수의 종류 중 시간적으로 독립변수 다음에 위치하며 독립변수의 결과인 동시에 종속변수의 원인이 되는 변수는?

① 매개변수 ② 구성변수
③ 억제변수 ④ 왜곡변수

해설

변수의 종류
- 매개변수 : 시간적으로 독립변수 다음에 위치하며 독립변수의 결과인 동시에 종속변수의 원인이 되는 변수이다.
- 구성변수 : 하나의 포괄적 개념은 다수의 하위개념으로 구성되는데 구성변수는 포괄적 개념의 하위개념이다.
- 억제변수 : 두 변수 간에 관계가 존재하지만 어떤 변수의 방해에 의해 두 변수 간의 관계를 약화시키거나 소멸시키는 변수이다.
- 왜곡변수 : 두 변수 간의 관계를 어떤 식으로든 왜곡시키는 제3의 변수이다. 특히 두 개의 변수 간의 관계를 정반대의 관계로 나타나게 한다는 점에서 억제변수와 차이가 있다.

12 설문지 초안 작성 후, 본조사 실시 전 설문지의 개선할 사항을 찾아내기 위해 본조사에서 실시하는 것과 똑같은 절차와 방법으로 실시하는 조사는?

① 예비조사
② 사전조사
③ 문헌조사
④ 서베이조사

해설

사전조사(Pre-test)
- 설문지의 개선할 사항을 찾아내기 위해 실시
- 설문지 초안 작성 후, 본조사 실시 전 실시
- 본조사에서 실시하는 것과 똑같은 절차와 방법으로 실시

13 조사연구의 설계과정을 바르게 나타낸 것은?

① 가설 설정 → 연구문제 결정 → 표집방법 결정 → 예비조사 → 통계분석 → 결과 해석
② 연구문제 결정 → 가설 설정 → 표집방법 결정 → 예비조사 → 통계분석 → 결과 해석
③ 예비조사 → 연구문제 결정 → 가설 설정 → 표집방법 결정 → 통계분석 → 결과 해석
④ 예비조사 → 가설 설정 → 연구문제 결정 → 표집방법 결정 → 통계분석 → 결과 해석

해설

조사연구 설계과정
연구문제 결정 → 가설 설정 → 연구설계 → 표집방법 결정 → 예비조사 → 자료의 코딩 → 자료의 통계분석 → 연구결과 해석

14 전화조사에 대한 설명으로 옳지 않은 것은?

① 보조도구를 사용할 수 있다.

② 면접조사에 비해 시간과 비용이 적게 든다.

③ 컴퓨터 지원(CATI조사 ; Computer Assisted Telephone Interviewing)이 가능하다.

④ 우편조사에 비해 타인의 참여를 줄일 수 있다.

해설

전화조사의 장점
- 면접조사에 비해 시간과 비용이 적게 든다.
- 우편조사에 비해 타인의 참여를 줄일 수 있다.
- 면접이 어려운 사람의 경우에 유리하다.
- 면접조사에 비해 타당도가 높다.
- 컴퓨터 지원(CATI조사 ; Computer Assisted Telephone Interviewing)이 가능하다.

15 분석단위로 인한 오류 중 분석단위를 집단에 두고 얻어진 연구의 결과를 개인에 적용함으로써 발생하는 오류는?

① 지나친 일반화

② 개인주의적 오류

③ 생태학적 오류

④ 환원주의적 오류

해설

분석단위로 인한 오류
- 지나친 일반화 : 한두 개의 고립된 사건에 근거해서 일반적인 결론을 내리고 그것을 서로 관계없는 상황에 적용하는 오류
- 개인주의적 오류 : 분석단위를 개인에 두고 얻어진 연구의 결과를 집단에 적용함으로써 발생하는 오류
- 생태학적 오류 : 분석단위를 집단에 두고 얻어진 연구의 결과를 개인에 적용함으로써 발생하는 오류
- 환원주의적 오류 : 넓은 범위의 인간의 사회적 행위를 이해하는 데 필요한 변수 또는 개념의 종류를 지나치게 한정시킴으로써 발생하는 오류로 조사할 개념이나 변수를 설정하는 과정에서 발생

16 개방형 질문의 특징에 대한 설명으로 옳지 않은 것은?

① 복합적인 질문을 하는 데 유리하다.

② 자료의 기록 및 코딩이 용이하다.

③ 응답유형에 대한 사전지식이 부족할 때 사용한다.

④ 응답에 대한 제한을 받지 않으므로 새로운 사실을 발견할 가능성이 크다.

개방형 질문의 특징
- 복합적인 질문을 하기에 유리하다.
- 응답유형에 대한 사전지식이 부족할 때 사용한다.
- 응답에 대한 제한을 받지 않으므로 새로운 사실을 발견할 가능성이 크다.
- 본조사에 사용될 조사표 작성 시 폐쇄형 질문의 응답유형을 결정할 수 있게 해준다.
- 응답을 분류하고 코딩하는데 어렵다.
- 응답자가 어느 정도의 교육수준을 갖추어야 한다.
- 폐쇄형 질문에 비해 상대적으로 응답률이 낮다.
- 결과를 분석하여 설문지를 완성하기까지 많은 작성시간과 비용이 소요된다.

---

17 확률표본추출방법에 대한 설명으로 옳지 않은 것은?

① 모수 추정에 편향이 없다.
② 분석 결과의 일반화에 제약을 받는다.
③ 표본오차의 추정이 가능하다.
④ 시간과 비용이 많이 든다.

확률표본추출방법의 특징
- 연구대상이 표본으로 추출될 확률이 알려져 있을 때
- 무작위적 표본추출
- 모수 추정에 편향이 없음
- 분석 결과의 일반화가 가능
- 표본오차의 추정이 가능
- 시간과 비용이 많이 듦

---

18 과학적 연구의 유형 중 일정한 현상을 낳게 하는 근본 원인이 무엇이냐를 중점적으로 검토해 보는 연구로써 한 결과에 대한 그 원인을 밝히는 데 목적이 있는 연구는?

① 설명적 연구   ② 실험적 연구
③ 기술적 연구   ④ 인과적 연구

과학적 연구의 유형
- 설명적 연구 : 기술적 연구 결과의 축적을 토대로 어떤 사실과의 관계를 파악하여 인과관계를 규명하거나 미래를 예측하는 연구
- 실험적 연구 : 인과관계에 대한 가설을 검정하기 위해 변수를 조작, 통제하여 그 조작의 효과를 관찰하는 연구
- 기술적 연구 : 현상을 정확하게 기술하는 것을 주목적으로 발생빈도와 비율을 파악할 때 실시하며 두 개 이상 변수 간의 상관관계를 기술할 때 적용하는 연구
- 인과적 연구 : 일정한 현상을 낳게 하는 근본 원인이 무엇이냐를 중점적으로 검토해 보는 연구

19 신뢰도와 타당도에 대한 설명으로 옳지 않은 것은?

① 타당도가 높은 측정은 높은 신뢰도를 확보할 수 있다.

② 신뢰도가 높으면 반드시 타당도가 높다.

③ 신뢰도가 높고 타당도가 낮은 측정도 있다.

④ 신뢰도가 낮은 측정은 항상 타당도가 낮다.

해설

신뢰도와 타당도의 상호관계

• 타당도가 높은 측정은 높은 신뢰도를 확보할 수 있다.

• 신뢰도가 높다고 해서 반드시 타당도가 높은 것은 아니다.

• 타당도가 낮다고 해서 반드시 신뢰도가 낮은 것은 아니다.

• 신뢰도가 높고 타당도가 낮은 측정도 있다.

• 신뢰도가 낮고 타당도가 높은 측정은 없다.

• 신뢰도가 낮은 측정은 항상 타당도가 낮다.

• 신뢰도와 타당도 간의 관계는 비대칭적이다.

• 타당도를 측정하는 것이 신뢰도를 측정하는 것보다 어렵다.

• 신뢰도는 경험적 문제이며 타당도는 이론적 문제이다.

20 척도의 종류 중 정보를 가장 많이 포함하고 있는 척도는?

① 명목척도   ② 순위척도

③ 구간척도   ④ 비율척도

해설

척도의 정보

비율척도 > 구간척도 > 순위척도 > 명목척도 순으로 정보를 많이 포함하고 있다.

01 조사연구 윤리의 기준에 대한 설명으로 옳지 않은 것은?

① 연구자는 연구대상자에 대한 비밀보장을 해야 한다.

② 연구결과가 연구대상자에게 불리한 내용일 경우 고지해서는 안 된다.

③ 연구대상자의 자발적 참여라 할지라도 심리적, 육체적 피해를 끼쳐서는 안 된다.

④ 원하는 결과를 도출하기 위해서 조사방법을 변경해서는 안 된다.

해설
고지의 문제
연구결과가 연구대상자에게 불리한 내용이라 해서 고지하지 않으면 안 된다.

02 다음 중 연구하려고 하는 문제의 핵심적인 요소를 명백히 하기 위해 설문지 작성 전 단계에 실시하는 비지시적 조사 방식은?

① 예비조사(Pilot Study)

② 사전조사(Pre-test)

③ 사례조사(Case Survey)

④ 코호트조사(Cohort Study)

해설
예비조사(Pilot Study)
• 연구의 가설을 명백히 하기 위해 실시
• 본 연구를 진행하기에 앞서 실시
예 문헌조사, 경험자조사, 현지답사, 특례분석(소수사례분석) 등

03 과학적 연구의 절차로 옳은 것은?

① 조사설계 → 가설구성 → 문제정립 → 자료수집 → 자료분석 → 보고서 작성

② 조사설계 → 문제정립 → 가설구성 → 자료수집 → 자료분석 → 보고서 작성

③ 문제정립 → 가설구성 → 조사설계 → 자료수집 → 자료분석 → 보고서 작성

④ 가설구성 → 문제정립 → 조사설계 → 자료수집 → 자료분석 → 보고서 작성

해설
과학적 연구의 절차
문제정립 → 가설구성 → 조사설계 → 자료수집 → 자료분석 → 보고서 작성

정답 01 ② 02 ① 03 ③

04 우편조사에 대한 설명으로 옳지 않은 것은?

① 광범위한 지역에 걸쳐 조사가 가능하다.
② 질문지 회수율이 높아 일반화 가능성이 높다.
③ 면접자의 영향을 받지 않는다.
④ 면접조사에 비해 비용이 적게 든다.

해설
우편조사의 단점
우편조사는 질문지 회수율이 낮으므로 대표성이 결여되어 일반화하기에 곤란하다.

05 다음 연구에 대한 설명으로 옳지 않은 것은?

> 서울지역의 대형마트에서 수집한 자료를 이용하여 대형마트 매장면적이 매출액에 미치는 영향을 분석하였다.

① 분석단위는 대형마트이다.
② 질적인 자료를 분석한 연구이다.
③ 독립변수는 매장면적이다.
④ 종속변수는 매출액이다.

해설
용어 정의
• 매장면적과 매출액은 모두 양적자료이다.
• 분석단위 : 대형마트
• 독립변수 : 매장면적
• 종속변수 : 매출액

06 넓은 범위의 인간의 사회적 행위를 이해하는 데 필요한 변수 또는 개념의 종류를 지나치게 한정시킴으로써 발생하는 오류는?

① 지나친 일반화
② 개인주의적 오류
③ 생태학적 오류
④ 환원주의적 오류

해설
환원주의적 오류
넓은 범위의 인간의 사회적 행위를 이해하는 데 필요한 변수 또는 개념의 종류를 지나치게 한정시킴으로써 발생하는 오류로 조사할 개념이나 변수를 설정하는 과정에서 발생한다.

07 혼합연구의 특징에 대한 설명으로 옳지 않은 것은?

① 혼합연구는 질적연구와 양적연구를 결합·보완한 접근방법이다.

② 다양한 연구 패러다임을 수용할 수 있어야 한다.

③ 연구자에 따라 두 가지 연구방법의 비중은 상이할 수 있다.

④ 두 가지 연구방법의 결과는 항상 동일해야 한다.

해설

혼합연구(Mixed Method)의 특징

혼합연구는 질적연구와 양적연구를 결합·보완한 접근방법이다.

• 다양한 연구 패러다임을 수용할 수 있어야 한다.

• 양적연구뿐만 아니라 질적연구 모두에 대한 전문적 지식이 필요하다.

• 양적연구의 결과에서 질적연구가 시작될 수도 있고, 질적연구의 결과에서 양적연구가 시작될 수도 있다.

• 연구자에 따라 두 가지 연구방법의 비중은 상이할 수 있다.

• 두 가지 연구방법의 결과는 서로 상반될 수도 있다.

08 성별을 남자는 1, 여자는 2로 분류하였다면 이는 어떤 척도에 해당하는가?

① 명목척도　　　　　　　　　② 순위척도

③ 등간척도　　　　　　　　　④ 비율척도

해설

명목척도

명목척도는 가장 낮은 수준의 측정으로써 대상 자체 또는 그 특징에 대해 명목상의 이름을 부여한 것이다. 즉, 남자를 1로 여자를 2로 표현한 것은 1이 남자를 나타내는 것이고 2가 여자를 나타내는 것이지 2가 1보다 크다는 의미는 아니다.

09 사례조사(Case Study)의 장점에 대한 설명으로 옳지 않은 것은?

① 연구 대상에 대한 문제의 원인을 밝혀줄 수 있다.

② 탐색적 조사로 활용될 수 있다.

③ 본조사에 앞서 예비조사로 활용할 수 있다.

④ 대표성이 불분명하지만 조사결과의 일반화 가능성은 높다.

해설

사례조사의 장점

사례조사는 특정 사례를 연구대상 문제와 관련하여 가능한 모든 각도에서 종합적인 연구를 실시함으로써 연구문제와 관련된 연관성을 찾아내는 조사방법이다.

• 연구 대상에 대한 문제의 원인을 밝혀 줄 수 있다.

• 탐색적 조사로 활용될 수 있다.

• 연구 대상에 대해 구체적이고 상세하게 연구하는 데 유용하다.

• 본조사에 앞서 예비조사로 활용할 수 있다.

10 통제집단 사후설계와 통제집단 사전사후실험설계를 합한 설계로 실험설계 중 가장 이상적인 설계라 할 수 있는 것은?

① 통제집단 전후비교
② 통제집단 사후비교
③ 솔로몬 4집단설계
④ 요인설계

해설

실험설계 종류에 따른 모형

실험설계의 종류	모 형	내 용
통제집단 전후비교	실험집단 : (R) O_0 X O_1 통제집단 : (R) O_2 O_3	두 집단 사이의 차이로 실험효과측정 $(E = (O_1 - O_3) - (O_0 - O_2))$
통제집단 사후비교	실험집단 : (R) X O_1 통제집단 : (R) O_3	실험집단과 통제집단의 차이로 실험효과측정($E = O_1 - O_3$)
솔로몬 4집단설계	실험집단 : O_0 X O_1 통제집단 : O_0 O_3 실험집단 : X O_1 통제집단 : O_3	네 집단 사이의 차이로 실험효과측정

X : 실험실시 시점, O_0, O_2 : 실험 이전 관찰시점, O_1, O_3 : 실험 이후 관찰시점, (R) : 무작위 배정
솔로몬 4집단설계는 통제집단 사후설계와 통제집단 사전사후실험설계를 결합한 형태로 가장 이상적인 설계이다.

11 두 변수 간에 관계가 존재하지만 어떤 변수의 방해에 의해 두 변수 간의 관계를 약화시키거나 소멸시키는 변수는?

① 매개변수
② 구성변수
③ 억제변수
④ 왜곡변수

해설

변수의 종류
• 매개변수 : 시간적으로 독립변수 다음에 위치하며 독립변수의 결과인 동시에 종속변수의 원인이 되는 변수이다.
• 구성변수 : 하나의 포괄적 개념은 다수의 하위개념으로 구성되는데, 구성변수는 포괄적 개념의 하위개념이다.
• 억제변수 : 두 변수 간에 관계가 존재하지만 어떤 변수의 방해에 의해 두 변수 간의 관계를 약화시키거나 소멸시키는 변수이다.
• 왜곡변수 : 두 변수 간의 관계를 어떤 식으로든 왜곡시키는 제3의 변수이다. 특히 두 개의 변수 간의 관계를 정반대의 관계로 나타나게 한다는 점에서 억제변수와 차이가 있다.

12 사회과학과 자연과학에 대한 설명으로 옳지 않은 것은?

① 사회과학은 자연과학에 비해 일반화가 용이하다.

② 자연과학은 사고의 가능성이 무한정하고 명확한 결론을 얻을 수 있다.

③ 사회과학은 연구자 개인의 심리상태, 개성, 가치관 등에 영향을 받는다.

④ 자연과학은 사회문화적 특성에 영향을 받지 않는다.

해설

사회과학의 특징

• 추론을 가능하게 하는 조건에 보다 많은 관심을 보인다.

• 인간의 행위를 연구대상으로 한다.

• 사회문화적 특성에 영향을 받는다.

• 자연과학에 비해 일반화가 용이하지 않다.

• 사고의 가능성이 제한되고 명확한 결론을 내리기 어렵다.

• 가치판단은 복잡하고 불가분의 것이다.

• 사람과 사람간의 의사소통에 비중을 둔다.

• 연구자 개인의 심리상태, 개성, 가치관 등에 영향을 받는다.

13 표준화 면접의 장점에 대한 설명으로 옳지 않은 것은?

① 면접결과의 수치화가 용이하다.

② 측정이 용이하다.

③ 새로운 사실 및 아이디어의 발견가능성이 높다.

④ 언어구성의 오류가 적다.

해설

표준화 면접의 장·단점

표준화 면접의 장점	표준화 면접의 단점
• 면접결과의 수치화가 용이하다.	• 새로운 사실 및 아이디어의 발견가능성이 낮다.
• 측정이 용이하다.	• 의미의 표준화가 어렵다.
• 신뢰도가 높다.	• 면접상황에 대한 적응도가 낮다.
• 언어구성의 오류가 적다.	• 융통성이 없고 타당도가 낮다.
• 반복적 연구가 가능하다.	• 특정 분야의 깊이 있는 측정을 도모할 수 없다.

14 과학적 연구에서 이론의 역할로 옳은 것은 모두 몇 개인가?

> ㄱ. 연구의 주요 방향을 결정하는 토대가 된다.
> ㄴ. 현상을 개념화하고 분류하도록 한다.
> ㄷ. 기존 지식을 요약시킨다.
> ㄹ. 지식의 결함을 지적해 준다.

① 1개　　　　　　　　　　　　② 2개
③ 3개　　　　　　　　　　　　④ 4개

해설
이론의 역할
• 과학의 주요방향 결정
• 현상의 개념화 및 분류화
• 기존 지식의 요약
• 사실의 설명 및 예측
• 지식의 확장 및 결함 지적

15 다음 질문은 질문지 작성 원칙 중 어떤 항목에 대해 위배한 것인가?

> 귀하는 현재 근무하는 회사의 작업환경과 급여에 대해 만족하십니까?
> ㄱ. 예　　　　　ㄴ. 아니오

① 명확성　　　　　　　　　　② 상호배제성
③ 단순성　　　　　　　　　　④ 포괄성

해설
질문지 작성 원칙
• 명확성 : 가능한 한 뜻이 애매한 단어와 상이한 단어의 사용은 회피하고, 쉽고 명확한 단어를 사용한다.
• 상호배제성 : 응답범주의 중복을 회피한다.
• 단순성 : 하나의 질문항목으로 두 가지 질문을 해서는 안 된다.
• 포괄성 : 응답자가 응답 가능한 항목을 모두 제시한다.

16 조사항목에 대한 응답을 분류하기 위해 붙이는 문자 또는 숫자로 부호화한 안내서를 무엇이라 하는가?

① 사례집

② 코드북

③ 설문지

④ 표지편지

해설

코드북(Code Book)

조사항목에 대한 응답을 분류하기 위해 붙이는 문자 또는 숫자로 부호화(Coding)한 안내서

예 통계청 가계동향조사 항목분류집, 통계청 어가경제조사 부호표 및 어업 조업 모식도, 통계청 농가경제조사 및 농축산물생산비조사 항목분류집

17 표본오차와 비표본오차에 대한 설명으로 옳지 않은 것은?

① 표본의 크기를 증가시키면 표본오차는 감소한다.

② 전수조사에서 비표본오차는 0이다.

③ 표본오차는 신뢰수준이 결정되면 계산이 가능하다.

④ 비표본오차는 표본조사와 전수조사 모두에서 발생한다.

해설

표본오차

표본오차는 표본조사에서 발생되며 전수조사의 표본오차는 0이다.

18 측정의 신뢰도에 대한 의미를 가장 바르게 설명한 것은?

① 어떤 측정도구를 동일한 현상에 반복 적용하여 동일한 결과를 얻게 되는 정도

② 측정도구가 측정하고자 하는 개념이나 속성을 얼마나 실제에 정확히 측정하고 있는가 하는 정도

③ 종속변수의 변화가 독립변수에 의한 것인지, 아니면 다른 조건에 의한 것인지 판별하는 기준

④ 연구를 통해 얻은 결과가 다른 상황, 다른 경우, 다른 시간의 조건에서도 일반화할 수 있는 정도

해설

신뢰도

측정도구가 측정하고자 하는 현상을 일관성 있게 측정하는 능력으로 어떤 측정도구를 동일한 현상에 반복 적용하여 동일한 결과를 얻게 되는 정도를 의미한다.

19 종단연구의 유형이 아닌 것은?

① 패널연구   ② 코호트연구

③ 추세연구   ④ 현황연구

`해설`
종단연구의 유형
종단연구의 유형으로는 패널연구, 코호트연구, 추세연구, 사건사연구 등이 있다.

20 다음 빈칸에 알맞은 것은?

> 층화추출법에서 정도(Precision)를 높이기 위해서는 층 내는 (ㄱ)이고, 층 간은 (ㄴ)이어야 한다.

① (ㄱ) 동질적   (ㄴ) 동질적
② (ㄱ) 동질적   (ㄴ) 이질적
③ (ㄱ) 이질적   (ㄴ) 동질적
④ (ㄱ) 이질적   (ㄴ) 이질적

`해설`
층화추출법과 집락추출법의 특징
층화추출법의 표본추출단위는 구성요소이고 정도를 높이기 위해서는 층 내는 동질적이고 층 간은 이질적이어야 한다.
집락추출법의 표본추출단위는 집락이고 정도를 높이기 위해서는 집락 내는 이질적이고 집락 간은 동질적이어야 한다.

01 **척도와 그 예로 연결이 옳지 않은 것은?**

① 명목척도 - 종교
② 서열척도 - 국어성적 석차
③ 등간척도 - 나이
④ 비율척도 - 몸무게

해설

절대적 영점(Absolute Zero Point)

절대적 영점에서 숫자 0은 측정하고 있는 특성이 전혀 존재하지 않는다는 것을 나타낸다. 비율척도는 절대적 영점이 존재하는 척도이고, 등간척도는 절대적 영점이 존재하지 않는 척도이다. 즉, 나이가 0이라는 것은 존재하지 않기 때문에 절대적 영점이 존재하는 것으로 비율척도에 해당한다.

02 **사회과학과 자연과학에 대한 설명으로 옳지 않은 것은?**

① 자연과학은 규범적 문제에는 관여하지 않는다.
② 사회과학은 인간의 행위와 사고를 대상으로 하는 학문이다.
③ 사회과학은 사회문화적 특성에 영향을 받지 않는다.
④ 자연과학은 사고의 가능성이 무한정하고 명확한 결론을 얻을 수 있다.

해설

사회과학과 자연과학

사회과학	자연과학
• 추론을 가능하게 하는 조건에 보다 많은 관심을 보인다.	• 인과관계에 관심을 보인다.
• 인간의 행위를 연구대상으로 한다.	• 객관의 세계를 연구대상으로 한다.
• 사회문화적 특성에 영향을 받는다.	• 사회문화적 특성에 영향을 받지 않는다.
• 자연과학에 비해 일반화가 용이하지 않다.	• 사회과학에 비해 비교적 일반화가 용이하다.
• 사고의 가능성이 제한되고 명확한 결론을 내리기 어렵다.	• 사고의 가능성이 무한정하고 명확한 결론을 얻을 수 있다.
• 가치판단은 복잡하고 불가분의 것이다.	• 가치는 선험적으로 단순하고 자명하다.
• 사람과 사람 간의 의사소통에 비중을 둔다.	• 미래에 대한 예측을 포함한다.
• 연구자 개인의 심리상태, 개성, 가치관, 등에 영향을 받는다.	• 연구자의 가치관이나 사회적 지위에 의해 영향을 받지 않는다.

03 연구과정에서 가설설정과 개념적 정의 다음 단계로 옳은 것은?

① 문제정립
② 자료수집
③ 조작적 정의
④ 변수선정

해설
조작적 정의
추상적인 개념들을 경험적, 실증적으로 측정이 가능하도록 구체화한 것으로 개념적 정의를 통해 변수에 대해 개념화한 후 그것에 기초하여 조작적 정의를 한다.

04 우편조사의 회수율을 높이는 방법으로 옳지 않은 것은?

① 반송봉투가 필요 없는 봉투겸용 우편설문지를 이용한다.
② 사례품 또는 사례금 등 약간의 인센티브를 준다.
③ 조사에 앞서 예고편지(안내문 등)를 발송한다.
④ 연구기관, 연락의 목적, 연락처 등은 개인정보로 기록하지 않는다.

해설
우편조사 시 응답률을 높이는 방법
• 반송용 우표 및 봉투를 동봉한다.
• 반송봉투가 필요 없는 봉투겸용 우편(자기우편)설문지를 이용한다.
• 격려문과 함께 설문지를 다시 동봉하여 추적우편(Follow-up-mailing)을 실시한다.
• 사례품이나 사례금 등 약간의 인센티브(Incentive)를 준다.
• 조사에 앞서 예고편지(안내문 등)를 발송한다.
• 설문지 표지에 조사기관 및 조사의 중요성에 대해 설명하여 응답자가 응답하도록 동기를 부여한다.

05 분석단위를 개인에 두고 얻어진 연구의 결과를 집단에 적용함으로써 발생하는 오류는?

① 지나친 일반화
② 개인주의적 오류
③ 생태학적 오류
④ 환원주의적 오류

해설
분석단위로 인한 오류
• 지나친 일반화 : 한두 개의 고립된 사건에 근거해서 일반적인 결론을 내리고 그것을 서로 관계없는 상황에 적용하는 오류이다.
• 개인주의적 오류 : 분석단위를 개인에 두고 얻어진 연구의 결과를 집단에 적용함으로써 발생하는 오류이다.
• 생태학적 오류 : 분석단위를 집단에 두고 얻어진 연구의 결과를 개인에 적용함으로써 발생하는 오류이다.
• 환원주의적 오류 : 넓은 범위의 인간의 사회적 행위를 이해하는 데 필요한 변수 또는 개념의 종류를 지나치게 한정시킴으로써 발생하는 오류로 조사할 개념이나 변수를 설정하는 과정에서 발생한다.

06 척도의 종류와 이에 해당되는 통계기법으로 잘못 짝지어진 것은?

① 명목척도 : 도수, 최빈수
② 순위척도 : 평균, 중위수
③ 구간척도 : 표준편차, 표본상관계수
④ 비율척도 : 기하평균, 변동계수

해설

척도의 종류에 따른 통계기법

척 도	비교방법	자료의 형태	통계기법	적용 예
명목척도 (범주척도)	확인, 분류	질적자료	최빈수, 도수	성별분류, 종교분류
순위척도 (서열척도)	순위비교	순위, 등급	중위수, 백분위수, 피어만의 순위상관계수	후보자선호순위, 학교성적석차
구간척도 (등간척도)	간격비교	양적자료	평균, 표준편차, 피어슨의 적률상관계수	온도, 주가지수, 지능지수(IQ)
비율척도 (비례척도)	절대적 크기비교	양적자료	기하평균, 변동계수	무게, 소득, 나이, 투표율

07 연구보고서 작성의 기본원칙에 대한 설명으로 옳지 않은 것은?

① 가장 중요한 것은 마지막 결말 부분에 배치한다.
② 연구결과는 간단명료하게 밝히고 도표, 그림, 통계적 유의도 등으로 해명한다.
③ 연구가설을 정당화하기 위한 통계적 결과치는 명확히 밝힌다.
④ 자료수집방법 및 자료분석방법에 대해 설명한다.

해설

연구보고서 작성의 기본원칙
• 가장 중요한 것부터 앞에 배치한다.
• 이론적, 개념적 연구문제를 한 번 더 상기시킨다.
• 방법적 절차, 조작, 변수정의 및 측정 등을 자세히 기술한다.
• 연구결과는 간단명료하게 밝히고 도표, 그림, 통계적 유의도 등으로 해명한다.
• 연구가설을 정당화하기 위한 통계적 결과치는 명확히 밝힌다.
• 가급적 전문용어 사용을 피하고 일반적인 용어를 사용한다.
• 자료수집방법 및 자료분석방법에 대해 설명한다.

08 측정에 있어서 신뢰도를 높이는 방법으로 옳은 것은?

① 측정항목을 축소하여 중요한 부분을 강조한다.
② 유사하거나 동일한 질문은 반복을 피하기 위해 하나로 통합한다.
③ 애매모호한 문구를 사용하지 않아 측정도구의 모호성을 제거한다.
④ 면접자들은 면접방식과 태도를 응답자의 성향에 맞춰 반응한다.

해설
측정에 있어서 신뢰도를 높이는 방법
• 측정항목을 증가시킨다.
• 유사하거나 동일한 질문을 2회 이상 시행한다.
• 애매모호한 문구를 사용하지 않아 측정도구의 모호성을 제거한다.
• 신뢰성이 인정된 기존의 측정도구를 사용한다.
• 면접자들은 일관적인 면접방식과 태도를 유지한다.
• 조사대상이 잘 모르거나 관심이 없는 내용의 측정은 피한다.

09 체계적 오차에 대한 설명으로 옳은 것은?

① 측정과정에서 우연적 또는 일시적으로 발생하는 불규칙적인 오차
② 표집틀에는 있지만 목표모집단에는 없는 표본 요소들로 인해 일어나는 오차
③ 목표모집단에는 있지만 표집틀에는 없는 표본 요소들로 인해 일어나는 오차
④ 어떠한 영향이 측정대상에 체계적으로 미침으로써 일정한 방향성을 갖는 오차

해설
체계적 오차와 비체계적 오차
• 체계적 오차 : 편향(Bias)이라고도 하며 어떠한 영향이 측정대상에 체계적으로 미침으로써 일정한 방향성을 갖는 오차로 측정의 타당성과 관련이 있다.
• 비체계적 오차 : 측정과정에서 우연적 또는 일시적으로 발생하는 불규칙적인 오차로 측정의 신뢰성과 관련이 있다.

10 양적연구와 질적연구에 대한 설명으로 옳은 것은?

① 질적연구는 객관적이며 대규모 분석에 유리하다.
② 양적연구는 원인과 결과의 구분이 불가능하다.
③ 질적연구는 현상학적 입장을 취한다.
④ 양적연구는 연구주제를 우선시한다.

해설

양적연구와 질적연구

양적연구	질적연구
• 사회현상의 사실이나 원인들을 탐구	• 경험의 본질에 대한 풍부한 기술
• 일반화 가능	• 일반화 불가능
• 구조화된 양적자료 수집	• 비구조화된 질적자료 수집
• 원인과 결과의 구분이 가능	• 원인과 결과의 구분이 불가능
• 객관적	• 주관적
• 대규모 분석에 유리	• 소규모 분석에 유리
• 확률적 표집방법 사용	• 비확률적 표집방법 사용
• 연구방법을 우선시	• 연구주제를 우선시
• 논리실증주의적 입장을 취함	• 현상학적 입장을 취함

11 동일집단이 시간의 흐름에 따라 어떻게 변화하는지를 연구하는 방법은?

① 패널연구
② 추세연구
③ 코호트연구
④ 사건사연구

해설

종단연구의 유형

• 패널연구 : 동일집단(패널)이 시간의 흐름에 따라 어떻게 변화하는지를 연구하는 방법
• 추세연구 : 시간의 흐름에 따라 전체 모집단 내의 변화를 연구
• 코호트연구 : 동일한 특색이나 행동 양식을 공유하는 동류집단(코호트)이 시간의 흐름에 따라 어떻게 변화하는지를 연구
• 사건사연구 : 특정 대상이 특정 시간에 다른 대상보다 특정 사건을 경험하게 될 위험이 더 높은가를 설명하기 위한 연구

12 과학적 연구의 유형 중 연구문제에 대한 사전지식이 부족하거나 개념을 보다 분명히 하기 위해 조사설계를 확정하기 이전에 예비적으로 실시하는 연구는?

① 설명적 연구   ② 실험적 연구

③ 기술적 연구   ④ 탐색적 연구

해설
과학적 연구의 유형
- 설명적 연구 : 기술적 연구 결과의 축적을 토대로 어떤 사실과의 관계를 파악하여 인과관계를 규명하거나 미래를 예측하는 연구
- 실험적 연구 : 인과관계에 대한 가설을 검정하기 위해 변수를 조작, 통제하여 그 조작의 효과를 관찰하는 연구
- 기술적 연구 : 현상을 정확하게 기술하는 것을 주목적으로 발생빈도와 비율을 파악할 때 실시하며 두 개 이상 변수 간의 상관관계를 기술할 때 적용하는 연구
- 탐색적 연구 : 연구문제에 대한 사전지식이 부족하거나 개념을 보다 분명히 하기 위해 조사설계를 확정하기 이전에 예비적으로 실시하는 연구

13 주된 개념에 대한 정리, 분석을 통해 개념을 보다 명백히 재규정하는 것을 무엇이라 하는가?

① 개념적 정의   ② 조작적 정의

③ 재개념화   ④ 실질적 정의

해설
정의의 종류
- 개념적 정의 : 연구대상이 되는 사람 또는 사물의 형태 및 속성, 다양한 사회적 현상들을 개념적으로 정의하는 것
- 조작적 정의 : 추상적인 개념들을 경험적, 실증적으로 측정이 가능하도록 구체화한 것
- 재개념화 : 주된 개념에 대한 정리, 분석을 통해 개념을 보다 명백히 재규정하는 것
- 실질적 정의 : 한 용어가 갖는 어의상의 뜻을 전제로 그 용어가 대표하고 있는 개념 또는 실제 현상의 본질적 성격, 속성을 그대로 나타내는 것

14 변수의 종류 중 인과관계에서 독립변수에 앞서면서 독립변수에 대해 유효한 영향력을 행사하는 변수는?

① 매개변수   ② 구성변수

③ 억제변수   ④ 선행변수

해설
변수의 종류
- 매개변수 : 시간적으로 독립변수 다음에 위치하며 독립변수의 결과인 동시에 종속변수의 원인이 되는 변수이다.
- 구성변수 : 하나의 포괄적 개념은 다수의 하위개념으로 구성되는데 구성변수는 포괄적 개념의 하위개념이다.
- 억제변수 : 두 변수 간에 관계가 존재하지만 어떤 변수의 방해에 의해 두 변수 간의 관계를 약화시키거나 소멸시키는 변수이다.
- 선행변수 : 인과관계에서 독립변수에 앞서면서 독립변수에 대해 유효한 영향력을 행사하는 변수이다.

15 2차 자료에 대한 설명으로 옳은 것은?

① 연구자가 현재 수행 중인 조사연구의 목적을 달성하기 위해 직접 수집하는 자료이다.

② 1차 자료의 수집에 따른 시간, 노력, 비용을 절감할 수 있다.

③ 일반적으로 신뢰도와 타당도가 높다.

④ 연구의 분석단위나 조작적 정의가 다른 경우에도 사용 가능하다.

해설

2차 자료

2차 자료는 다른 목적을 위해 이미 수집된 자료로써 연구자가 자신이 수행 중인 연구문제를 해결하기 위해 사용하는 자료이다. 즉, 1차 자료의 수집에 따른 시간, 노력, 비용을 절감할 수 있다.

16 사전조사(Pre-test)의 목적으로 옳지 않은 것은?

① "모른다" 등과 같이 판단유보범주의 응답이 많은지 검토

② 중요한 응답항목을 누락하지는 않았는지 검토

③ 무응답 또는 "기타"에 대한 응답이 많은지 검토

④ 연구문제의 해결을 위한 새로운 접근방법 검토

해설

사전조사의 목적

• 질문어구의 구성

  – 중요한 응답항목을 누락하지는 않았는지 검토

  – 응답이 어느 한쪽으로 치우치게 나타나는지 검토

  – "모른다" 등과 같이 판단유보범주의 응답이 많은지 검토

  – 무응답 또는 "기타"에 대한 응답이 많은지 검토

  – 질문의 순서가 바뀌었을 때 응답한 내용에 변화가 나타나는지 검토

• 본조사에 필요한 자료수집

  – 면접장소

  – 조사에 걸리는 시간

  – 현지조사에서 필요한 협조사항

  – 기타 조사상의 애로점 및 타개방법

17 비확률표본추출방법을 사용하는 경우에 해당하지 않는 것은?

① 모집단을 규정지을 수 없는 경우

② 표본오차를 추정하고 싶을 경우

③ 표본의 규모가 매우 작은 경우

④ 조사 초기단계에서 문제에 대한 대략적인 정보를 파악하고자 하는 경우

> **해설**
> 비확률표본추출방법을 사용하는 경우
> • 모집단을 규정지을 수 없는 경우 유익하다.
> • 표본의 규모가 매우 작은 경우 유익하다.
> • 표집오차가 큰 문제가 되지 않을 경우 유익하다.
> • 조사 초기단계에서 문제에 대한 대략적인 정보가 필요한 경우 유익하다.
> • 과거의 사건들에 대해 연구하거나 또는 현재의 경우라도 조사의 대상이 매우 비협조적인 경우 유리하다.
> • 적절한 표본추출방법이 없을 경우 유익하다.

18 측정의 신뢰도와 타당도에 대한 설명으로 옳지 않은 것은?

① 신뢰도는 타당도를 확보하기 위한 필수적인 전제조건이다.

② 신뢰도와 타당도 간의 관계는 비대칭적이다.

③ 신뢰도는 타당도보다 상대적으로 확보하기 용이하다.

④ 신뢰도는 연구조사결과와 그 해석에 있어 충분조건이나 필요조건은 아니다.

> **해설**
> 신뢰도와 타당도의 관계
> 신뢰도는 연구조사결과와 그 해석에 있어 필요조건이나 충분조건은 아니다. 즉, 신뢰도가 높다고 해서 훌륭한 과학적 결과를 보장하는 것은 아니지만 신뢰도가 없는 훌륭한 과학적 결과는 존재하지 않는다.

19 다음에서 설명하는 표본추출방법은?

> 마약중독실태를 조사하기 위해 마약 복용자 몇 명을 소개받아 면접한 후 이 응답자들의 소개로 다시 여러 명의 마약 복용자를 소개받아 면접조사하였다. 이와 같이 계속해서 여러 명을 소개받는 방식으로 표본수를 충족하여 조사하였다.

① 할당표본추출법   ② 눈덩이표본추출법

③ 편의표본추출법   ④ 다단계군집추출법

> **해설**
> 눈덩이표본추출법
> 눈덩이를 굴리면 커지는 것처럼 소수의 응답자를 찾은 다음 이들과 비슷한 사람들을 소개받아 가는 식으로 표본을 추출하는 방법
> 예 마약중독자, 불법체류자 등과 같은 표본을 찾기 힘든 경우 한두 명을 조사한 후 비슷한 환경의 사람을 소개받아 조사하는 경우

20 질문지 배열 순서로 옳지 않은 것은?

① 민감한 질문은 가급적 질문지 후반부에 배치한다.
② 답변이 용이한 질문들은 전반부에 배치한다.
③ 응답자의 흥미를 유발할 수 있는 질문은 중간 부분에 배치한다.
④ 동일한 척도항목들은 모아서 배치한다.

해설

질문지 배열 순서

- 일반적인 내용에서 구체적인 내용 순으로 한다.
- 사실적인 실태나 형태를 묻는 질문에서 이미지 평가나 태도를 묻는 질문 순으로 배치한다.
- 답변이 용이한 질문은 질문지 전반부에 배치하고 연령, 직업 등과 같이 민감한 내용의 질문은 질문지의 후반부에 배치한다.
- 응답자로 하여금 흥미를 유발시키는 질문을 전반부에 배치한다.
- 응답의 신뢰도를 묻는 질문문항들은 분리하여 배치한다.
- 동일한 척도항목들은 모아서 배치한다.

04회 | 조사방법론 총정리 모의고사

01 논리적 연관성을 도출하는 연역적 방법과 귀납적 방법에 대한 설명으로 옳지 않은 것은?

① 연역적 방법은 가설이나 명제의 세계에서 출발한다.
② 귀납적 방법은 현실의 경험세계에서 출발한다.
③ 귀납적 방법은 경험적인 관찰을 통해 기존의 이론을 보충 또는 수정한다.
④ 연역적 방법과 귀납적 방법은 각각 완벽하므로 상호보완적일 수 없다.

> **해설**
> **연역적 방법과 귀납적 방법의 관계**
> 연역적 방법과 귀납적 방법은 서로의 장·단점으로 인해 상호보완적인 관계를 형성한다.

02 다음 중 과학적 연구방법에 대한 설명으로 옳지 않은 것은?

① 경험과 관찰은 객관적 현상에 대한 타당한 추론이다.
② 과학적 명제가 항상 진리라고 할 수 없으며 때로는 오류가 존재한다.
③ 과학적 지식의 획득을 위해서는 과학적으로 검증되어야 한다.
④ 과학적 연구에서는 한 가지 현상에 대해서는 한 가지 원인만 존재한다.

> **해설**
> **과학적 연구방법의 기본 과정**
> • 경험과 관찰은 객관적 현상에 대한 타당한 추론으로 지식의 원천이다.
> • 과학적 지식의 획득을 위해서는 과학적 방법의 측면으로 접근해야 한다.
> • 과학이란 어떤 현상을 다루는 방법이다.

03 질문지를 이용한 면접조사 시 응답자의 응답이 완전하지 않거나 명확하지 않을 경우 다시 질문하는 것을 무엇이라고 하는가?

① 래포(Rapport)　　　　　　　　② 깔때기 질문
③ 프로빙(Probing)　　　　　　　④ 코딩(Coding)

> **해설**
> **프로빙(Probing)**
> 응답자의 대답이 불충분할 경우보다 충분한 응답을 얻어내기 위해 재차 질문하는 기술이다.

04 사회적으로 바람직하게 보이려는 편향(Social Desirability Bias)을 줄이는 방법으로 옳지 않은 것은?

① 응답자의 비밀을 철저히 보호해준다.
② 설문조사 이외의 관찰이나 기계적 장치 등을 이용한다.
③ 조사자가 객관적인 지침에 따라 조사할 수 있도록 교육에 만전을 기한다.
④ 질문지를 작성할 때 사회적 규범을 나타내는 단어를 표현한다.

해설

사회적으로 바람직하게 보이려는 편향의 감소 방법
사회적으로 바람직하게 보이려는 편향은 질문자의 의도에 맞추어 자신의 생각과는 무관하게 본인이나 본인 소속집단을 우월하게 보이기 위해 응답하는 경우의 편향이다.
• 질문지 작성 시 사회적 규범을 나타내는 단어를 표현하지 않고 가능한 우회적 단어를 사용한다.
• 응답자의 비밀을 철저히 보호해준다.
• 설문조사 이외의 관찰이나 기계적 장치 등을 이용한다.
• 조사자가 객관적인 지침에 따라 조사할 수 있도록 교육에 만전을 기한다.

05 신뢰도를 평가하는 방법으로 옳게 짝지어진 것은?

① 통제집단 전후비교, 통제집단 사후비교, 솔로몬 4집단설계, 요인설계
② 제거, 균형화, 무작위화, 상쇄
③ 원시실험설계, 순수실험설계, 유사실험설계, 사후실험설계
④ 재검사법, 반분법, 복수양식법, 내적 일관성법

해설

신뢰도 평가 방법
• 재검사법(Test-retest Method) : 동일한 상황에서 동일한 측정도구로 동일한 대상에게 일정한 시간을 두고 측정하여 그 결과를 비교하는 방법이다.
• 반분법(Split Halves Method) : 척도의 질문을 무작위적으로 반씩 나누어 둘로 만든 후 이 두 부분을 따로 떼어서 적용하는 것이 아니라 내용적으로만 갈라놓고 실제로는 본래의 척도를 그대로 적용하는 방법이다.
• 복수양식법(Multiple Forms Techniques) : 유사한 형태의 두 개 이상의 측정도구를 이용하여 동일한 대상에 차례로 적용한 후 그 결과를 비교하는 방법이다.
• 내적 일관성법(Internal Consistency Method) : 여러 개의 항목을 이용하여 동일한 개념을 측정하고자 할 때 신뢰도를 저해하는 요인을 제거한 후 신뢰도를 향상시키는 방법이다.

06 다음의 설명은 내적타당도를 저해하는 요인 중 어디에 해당하는가?

> 실험대상의 일부가 사망, 기타 사유로 사멸 또는 추적조사가 불가능하게 될 때 실험결과에 영향을 미쳐 타당도를 해치게 된다.

① 통계적 회귀
② 상실요인
③ 성장요인
④ 역사요인

해설

내적타당도 저해 요인
• 통계적 회귀 : 사전측정에서 극단적인 값을 얻은 경우 이를 여러 번 반복 측정하게 되면 평균치로 근사하게 되는 경향으로 타당도를 해치게 된다.
• 상실요인 : 실험대상의 일부가 사망, 기타 사유로 사멸 또는 추적조사가 불가능하게 될 때 실험결과에 영향을 미쳐 타당도를 해치게 된다.
• 성장요인 : 실험기간 중에 실험집단의 육체적 또는 심리적 특성이 변화함으로써 실험결과에 영향을 미쳐 타당도를 해치게 된다.
• 역사요인 : 조사설계 이전 또는 설계과정에서 전혀 예기치 못했거나 예기할 수 없었던 상황이 타당도를 해치게 된다.

07 척도구성방법 중 소수민족, 사회계급, 사회적 가치 등에 대한 사회적 거리감의 정도를 측정하기 위해 단일연속성을 가진 문항들로 척도를 구성하는 척도는?

① 거트만척도
② 리커트척도
③ 보가더스척도
④ 서스톤척도

해설

척도의 구성
• 거트만척도 : 척도를 구성하고 있는 문항들이 내용의 강도에 따라 일관성 있게 서열화되어 있고 단일차원적이며 누적적인 척도
• 리커트척도 : 응답자가 여러 질문항목에 대해 응답한 값들을 합산하여 결과를 얻는 척도
• 보가더스척도 : 소수민족, 사회계급, 사회적 가치 등에 대한 사회적 거리감의 정도를 측정하기 위해 단일연속성을 가진 문항들로 척도를 구성하는 방법
• 서스톤척도 : 각 문항이 척도상의 어디에 위치할 것인가를 평가자로 하여금 판단케 한 다음 연구자가 대표적인 문항을 선정하여 척도를 구성하는 방법

08 다음 빈칸에 알맞은 것은?

> 집락추출법에서 정도(Precision)를 높이기 위해서는 집락 내는 (ㄱ)이고, 집락 간은 (ㄴ)이어야 한다.

① (ㄱ) 동질적   (ㄴ) 동질적
② (ㄱ) 동질적   (ㄴ) 이질적
③ (ㄱ) 이질적   (ㄴ) 동질적
④ (ㄱ) 이질적   (ㄴ) 이질적

해설
층화추출법과 집락추출법의 특징
• 층화추출법의 표본추출단위는 구성요소이고 정도를 높이기 위해서는 층 내는 동질적이고 층 간은 이질적이어야 한다.
• 집락추출법의 표본추출단위는 집락이고 정도를 높이기 위해서는 집락 내는 이질적이고 집락 간은 동질적이어야 한다.

09 면접 시 유의사항에 대한 설명으로 옳은 것을 모두 고른 것은?

> a. 면접자는 응답자와 친밀감(Rapport)을 형성해야 한다.
> b. 면접자의 신분을 밝혀 피면접자의 불안감을 해소시킨다.
> c. 피면접자가 "모른다"는 응답을 하는 경우 그 이유를 알아본다.
> d. 면접상황에 따라 면접방식을 융통성 있게 조정한다.

① a, b, c
② a, b, d
③ a, c, d
④ a, b, c, d

해설
면접 시 유의사항
• 면접자는 중립적인 태도로 엄숙하고 진지하게 면접에 임한다.
• 면접자는 응답자와 친밀감(Rapport)을 형성해야 한다.
• 면접자의 신분을 밝혀 피면접자의 불안감을 해소시킨다.
• 피면접자에게 면접목적과 피면접자의 신변 및 비밀이 보장됨을 주지시킨다.
• 면접상황에 따라 면접방식을 융통성 있게 조정한다.
• 면접자는 객관적 입장에서 견지한다.
• 면접과 관련된 내용을 자세하게 기록한다.
• 피면접자가 "모른다"는 응답을 하는 경우 그 이유를 알아본다.

10 2차 자료 분석의 특징으로 옳지 않은 것은?

① 비교적 적은 비용으로 대규모 사례분석이 가능하다.

② 1차 자료의 결측값과 오류값을 추정할 수 있다.

③ 자료를 직접 수집하지 않아도 된다.

④ 기존 자료를 수정, 편집하여 분석할 수 있다.

> **해설**
> **2차 자료의 특징**
> 2차 자료는 다른 목적을 위해 이미 수집된 자료로써 연구자가 자신이 수행 중인 연구문제를 해결하기 위해 사용하는 자료이다.
> • 1차 자료의 수집에 따른 시간, 노력, 비용을 절감할 수 있다.
> • 직접적이고 즉각적인 사용이 가능하다.
> • 국제비교나 종단적 비교가 가능하다.
> • 공신력 있는 기관에서 수집한 자료는 신뢰도와 타당도가 높다.

11 척도의 종류가 각각 바르게 짝지어진 것은?

> a. 출신 지역 : 서울
> b. 면접 후보자 순위 : 3등
> c. 지능지수(IQ) : 128
> d. 신장 : 172cm

① a : 명목척도,   b : 순위척도,   c : 비율척도,   d : 등간척도

② a : 명목척도,   b : 순위척도,   c : 등간척도,   d : 비율척도

③ a : 명목척도,   b : 등간척도,   c : 등간척도,   d : 비율척도

④ a : 명목척도,   b : 순위척도,   c : 비율척도,   d : 비율척도

> **해설**
> **척도의 종류**

척 도	비교방법	자료의 형태	통계기법	적용 예
명목척도 (범주척도)	확인, 분류	질적자료	최빈수, 도수	성별분류, 종교분류
순위척도 (서열척도)	순위비교	순위, 등급	중위수, 백분위수, 스피어만의 순위상관계수	후보자선호순위, 학교성적석차
구간척도 (등간척도)	간격비교	양적자료	평균, 표준편차, 피어슨의 적률상관계수	온도, 주가지수, 지능지수(IQ)
비율척도 (비례척도)	절대적 크기비교	양적자료	기하평균, 변동계수	무게, 소득, 나이, 투표율

12 우편조사와 비교한 대인면접조사의 특징으로 옳지 않은 것은?

① 대리응답의 가능성이 낮다.

② 질문과정에서 유연성이 높다.

③ 표집조건이 동일하다면 비용이 많이 든다.

④ 면접환경을 표준화할 수 없어 응답률이 낮다.

해설

대인면접조사의 특징

• 질문과정에서 유연성이 높다.

• 대리응답 가능성이 낮다.

• 표집조건이 동일하다면 비용이 많이 든다.

• 면접환경을 표준화할 수 있으며 응답률이 높다.

• 보다 복잡한 질문을 사용할 수 있으며 시간이 많이 소요된다.

13 개방형 질문과 폐쇄형 질문에 대한 설명으로 옳은 것은?

① 개방형 질문은 자료의 수집, 기록, 코딩이 용이하다.

② 폐쇄형 질문은 조사자의 편견개입을 방지할 수 있다.

③ 개방형 질문은 폐쇄형 질문에 비해 상대적으로 응답률이 높다.

④ 폐쇄형 질문은 복합적인 질문을 하기에 용이하다.

해설

개방형 질문과 폐쇄형 질문의 특징

개방형 질문	폐쇄형 질문
• 복합적인 질문을 하기에 유리하다. • 응답유형에 대한 사전지식이 부족할 때 사용한다. • 응답에 대한 제한을 받지 않으므로 새로운 사실을 발견할 가능성이 크다. • 본조사에 사용될 조사표 작성 시 폐쇄형 질문의 응답유형을 결정할 수 있게 해준다. • 응답을 분류하고 코딩하는 데 어렵다. • 응답자가 어느 정도의 교육수준을 갖추어야 한다. • 폐쇄형 질문에 비해 상대적으로 응답률이 낮다. • 결과를 분석하여 설문지를 완성하기까지 많은 시간과 비용이 소요된다.	• 자료의 기록 및 코딩이 용이하다. • 응답 관련 오류가 적다. • 사적인 질문 또는 응답하기 곤란한 질문에 용이하다. • 조사자의 편견개입을 방지할 수 있다. • 응답자의 의견을 충분히 반영시킬 수 없다. • 질문의 순서가 바뀌었을 때 응답한 내용에 변화가 나타날 수 있다. • 응답자 생각과 달리 응답범주가 획일화되어 있어 편향이 발생할 수 있다. • 조사자가 적절한 응답지를 제시하기가 어렵다.

14 다음에서 설명하는 조사는 무엇인가?

> 흡연자들을 대상으로 흡연이 폐암 발생에 영향을 미치는지 조사하기 위해 동일한 흡연자 200명
> 을 대상으로 10년간 매년 추적조사 하였다.

① 추세조사　　　　　　　　　　　② 코호트조사
③ 패널조사　　　　　　　　　　　④ 사건사조사

해설

종단연구의 유형
- 추세연구 : 시간의 흐름에 따라 전체 모집단 내의 변화를 연구
- 코호트연구 : 동일한 특색이나 행동 양식을 공유하는 동류집단(코호트)이 시간의 흐름에 따라 어떻게 변화하는지를
  연구
- 패널연구 : 동일집단(패널)이 시간의 흐름에 따라 어떻게 변화하는지를 연구하는 방법
- 사건사연구 : 특정 대상이 특정 시간에 다른 대상보다 특정 사건을 경험하게 될 위험이 더 높은가를 설명하기 위한
  연구

15 서베이 연구(Survey Study)에 대한 설명으로 옳은 것은?

① 특정 사례를 연구하기 때문에 소규모 모집단 연구에 직합하다.
② 현실 그대로 반영한 자료를 얻기 힘들다.
③ 수집된 자료의 표준화가 용이하지 않다.
④ 한 번의 조사로 다양한 주제에 대한 연구가 가능하다.

해설

서베이 연구의 장점
- 대규모 모집단 연구에 적합하다.
- 현실을 그대로 반영한 자료를 얻을 수 있다.
- 한 번의 조사로 다양한 주제에 대한 연구가 가능하다.
- 규모가 커서 직접적 관찰이 불가능한 집단 특성을 기술하는 데 적합하다.
- 수집된 자료의 표준화가 용이하다.

16 질문지 작성 순서를 바르게 나열한 것은?

> a. 질문어구의 구성 및 순서결정
> b. 질문지 작성의 목적 및 범위의 확정
> c. 질문항목의 선정
> d. 조사항목의 설정
> e. 사전조사

① c → b → a → e → d   ② a → b → d → c → e

③ b → a → c → d → e   ④ b → d → c → a → e

해설

질문지 작성 순서

질문지 작성의 목적 및 범위의 확정 → 조사항목의 설정 → 질문항목의 선정 → 질문어구의 구성 및 순서결정 → 사전 조사

17 분석단위로 인한 오류 중 다음에 설명하는 오류는?

> 흑인인구가 많은 도시가 흑인인구가 적은 도시보다 범죄율이 높게 나타났다고 해서 실제로 흑인 들이 범죄를 저질렀다고 단정지었다.

① 지나친 일반화   ② 개인주의적 오류

③ 생태학적 오류   ④ 환원주의적 오류

해설

분석단위로 인한 오류

• 지나친 일반화 : 한두 개의 고립된 사건에 근거해서 일반적인 결론을 내리고 그것을 서로 관계없는 상황에 적용하는 오류이다.
• 개인주의적 오류 : 분석단위를 개인에 두고 얻어진 연구의 결과를 집단에 적용함으로써 발생하는 오류이다.
• 생태학적 오류 : 분석단위를 집단에 두고 얻어진 연구의 결과를 개인에 적용함으로써 발생하는 오류이다.
• 환원주의적 오류 : 넓은 범위의 인간의 사회적 행위를 이해하는 데 필요한 변수 또는 개념의 종류를 지나치게 한정시 킴으로써 발생하는 오류로 조사할 개념이나 변수를 설정하는 과정에서 발생한다.

18 질문지 작성 시에 기존의 질문을 다시 사용함으로써 기대할 수 있는 효과에 대한 설명이 아닌 것은?

① 이미 본조사를 실시했던 질문문항이므로 사전검사가 필요 없다.

② 질문지 작성 및 사전검사에 필요한 시간과 비용이 절감된다.

③ 기존의 분석결과를 토대로 기존조사와 비교가 가능하다.

④ 기존 질문은 현실을 제대로 반영하지 못하므로 편향이 발생할 수 있다.

해설

기존질문 사용에 대한 기대효과

• 이미 본조사를 실시했던 질문문항이므로 사전검사가 필요 없다.

• 질문지 작성 및 사전검사에 필요한 시간과 비용이 절감된다.

• 기존의 분석결과를 토대로 기존조사와 비교가 가능하다.

19 다음 중 예비조사(Pilot Study)에 해당하지 않는 것은?

① 문헌조사   ② 경험자조사

③ 특례분석   ④ 패널조사

해설

예비조사 방법

예비조사 방법으로는 문헌조사, 경험자조사, 현지답사, 특례분석(소수사례분석) 등이 있다.

20 실험대상의 무작위화, 실험변수의 조작 및 외생변수의 통제 등 실험적 조건을 갖춘 설계 유형은?

① 원시실험설계   ② 순수실험설계

③ 유사실험설계   ④ 사후실험설계

해설

실험설계의 종류

• 원시실험설계 : 무작위할당에 의해 연구대상을 나누지 않고 비교집단 간의 동질성이 없으며 독립변수의 조작에 따른 변화의 관찰이 제한된 경우에 실시하는 설계

• 순수실험설계 : 실험대상의 무작위화, 실험변수의 조작 및 외생변수의 통제 등 실험적 조건을 갖춘 설계

• 유사실험설계 : 무작위할당에 의해 실험집단과 통제집단을 동등하게 할 수 없는 경우, 무작위할당 대신 실험집단과 유사한 비교집단을 구성하여 실험하는 설계

• 사후실험설계 : 독립변수의 조작 없이 변수들 간의 관계를 검증하고자 할 때 이용되는 설계

05회 | 조사방법론 총정리 모의고사

01 기술적 연구의 특성으로 옳지 않은 것은?

① 현상을 정확하게 기술하는 것이 주목적이다.

② 변수들 간의 관련성(상관관계)을 파악한다.

③ 특정 상황의 발생빈도와 비율을 파악한다.

④ 어떤 사실과의 관계를 파악하여 인과관계를 규명하거나 미래를 예측한다.

해설

기술적 연구의 특성
- 현상을 정확하게 기술하는 것이 주목적
- 변수들 간의 관련성(상관관계) 파악
- 특정 상황의 발생빈도와 비율을 파악
- 서베이를 통한 자료 수집
- 선행연구가 없어 모집단에 대한 특성을 파악하고자 할 때 실시
- 표본조사의 기본 목적인 모집단의 모수를 추정하기 위한 조사
☞ 기술적 연구 결과의 축적을 토대로 어떤 사실과의 관계를 파악하여 인과관계를 규명하거나 미래를 예측하는 연구는 설명적 연구이다.

02 분석단위에 대한 설명으로 옳은 것을 모두 고른 것은?

> a. 개인 : 사회조사 연구에서 가장 전형적인 분석단위이다.
> b. 집단 : 사회집단을 연구할 경우의 분석단위이다.
> c. 프로그램 : 정책평가연구를 진행할 때의 분석단위이다.
> d. 조직 또는 제도 : 문화적 요소, 사회적 상호작용을 연구할 경우의 분석단위이다.

① a, b

② a, c

③ a, b, c

④ a, b, c, d

해설

분석단위
조직 또는 제도는 기업, 학교 등을 연구할 경우의 분석단위이다. 문화적 요소(음악, 책 등), 사회적 상호작용(결혼 등)은 사회적 생성물이다.

03 **과학적 연구의 기초개념 중 이론에 대한 역할로 옳지 않은 것은?**

① 과학의 주요방향을 결정

② 사실의 설명과 예측

③ 지식의 확장 및 결함을 지적

④ 두 개 이상의 변수들 간의 관계에 대한 진술

해설

가 설

과학적 연구의 기초개념 중 가설은 두 개 이상의 변수들 간의 관계에 대한 진술이며, 아직 검증되지 않은 사실이다.

04 **질적연구에 대한 설명으로 옳은 것은?**

① 논리실증주의적 입장을 취한다.

② 연구주제를 우선시한다.

③ 객관적이고 원인과 결과의 구분이 가능하다.

④ 일반화가 가능하다.

해설

질적연구

• 경험의 본질에 대한 풍부한 기술

• 일반화 불가능

• 비구조화된 질적자료 수집

• 원인과 결과의 구분이 불가능

• 주관적

• 소규모 분석에 유리

• 비확률적 표집방법 사용

• 연구주제를 우선시

• 현상학적 입장을 취함

05 **참여관찰 중 완전관찰자에 대한 설명으로 옳은 것은?**

① 관찰대상자들에게는 관찰자가 알려져 있지 않기 때문에 관찰대상자들은 그들을 관찰하고 있는 사람이 있다는 사실조차 알지 못하는 관찰자

② 관찰대상자들에게도 관찰자가 명백히 알려져 있을 뿐 아니라 실제로 관찰자도 관찰대상자와 혼연일체가 되어 같이 활동하고 생활하는 관찰자

③ 관찰대상자들에게 관찰자가 그들의 행동을 관찰하고 있다는 사실이 알려져 있지만 관찰자가 직접 이들 관찰대상자들과 한 몸이 되어 행동하지는 않는 관찰자

④ 관찰대상자들에게 관찰자가 직접 참여하지 않고 완전히 제3자의 입장에서 있는 그대로를 기술하는 관찰자

참여관찰
- 완전참여자 : 관찰대상자들에게는 관찰자가 알려져 있지 않기 때문에 관찰대상자들은 그들을 관찰하고 있는 사람이 있다는 사실조차 알지 못하는 관찰자
- 관찰자로서의 참여자 : 관찰대상자들에게도 관찰자가 명백히 알려져 있을 뿐 아니라 실제로 관찰자도 관찰대상자와 혼연일체가 되어 같이 활동하고 생활하는 관찰자
- 참여자로서의 관찰자 : 관찰대상자들에게 관찰자가 그들의 행동을 관찰하고 있다는 사실이 알려져 있지만 관찰자가 직접 이들 관찰대상자들과 한 몸이 되어 행동하지는 않는 관찰자
- 완전관찰자 : 관찰대상자들에게 관찰자가 직접 참여하지 않고 완전히 제3자의 입장에서 있는 그대로를 기술하는 관찰자

06 전화조사에 대한 설명으로 옳지 않은 것은?

① 우편조사에 비해 타인의 참여를 줄일 수 있다.
② 면접조사에 비해 시간과 비용이 적게 든다.
③ 보조도구를 사용할 수 없다.
④ 전화를 이용하기 때문에 질문의 길이와 내용에 제한을 받지 않는다.

전화조사의 단점
- 보조도구를 사용할 수 없다.
- 면접조사에 비해 심층면접을 하기 곤란하다.
- 모집단이 불완전하다.
- 질문의 길이와 내용을 제한받는다.

07 코드북(Code Book)의 용도에 대한 설명으로 옳지 않은 것은?

① 범주형으로 응답한 자료를 양적자료화하는 데 활용
② 응답자료를 컴퓨터 입력에 활용
③ 조사결과의 분석에 활용
④ 응답항목의 순서 결정에 활용

코드북의 용도
- 범주형으로 응답한 자료를 양적자료화하는 데 활용
- 응답자료를 컴퓨터 입력에 활용
- 조사결과의 분석에 활용

08 　관심의 대상이 되는 모든 개체들의 집합을 무엇이라 하는가?

① 모집단
② 표 본
③ 표본추출틀
④ 군 집

해설
표본추출 용어
• 모집단 : 관심의 대상이 되는 모든 개체의 집합
• 표본 : 모집단의 일부분으로 모집단을 가장 잘 대표할 수 있는 일부
• 표본추출틀 : 표본을 추출하기 위해 사용되는 표본추출단위가 수록된 목록

09 　모집단 요소의 목록표를 이용하여 최초의 표본단위만 무작위로 추출하고, 나머지는 일정한 간격을
두고 표본을 추출하는 방법은?

① 지역추출법
② 집락추출법
③ 체계적 추출법
④ 층화추출법

해설
계통추출법(체계적 추출법, Systematic Sampling)
체계적 추출법은 계통추출법이라고도 하며 모집단 요소의 목록표를 이용하여 최초의 표본단위만 무작위로 추출하고,
나머지는 일정한 간격을 두고 표본을 추출하는 방법이다.

10 　척도구성방법 중 사회적 거리척도로 이루어진 것은?

① 거트만척도, 보가더스척도
② 리커트척도, 소시오메트리
③ 보가더스척도, 소시오메트리
④ 서스톤척도, 보가더스척도

해설
사회적 거리척도
사회적 거리척도에는 보가더스척도와 소시오메트리척도가 있다. 소시오메트리척도가 개인을 중심으로 집단 내에 있어
서의 개인 간의 친근 관계를 측정하는 데 반하여 보가더스척도는 주로 집단 간의 친근 관계를 측정하는 데 사용된다.

11 신뢰도 평가 방법 중 유사한 형태의 두 개 이상의 측정도구를 이용하여 동일한 대상에 차례로 적용한 후 그 결과를 비교하는 방법은?

① 재검사법
② 반분법
③ 복수양식법
④ 내적 일관성법

해설

신뢰도 평가 방법

- 재검사법(Test-retest Method) : 동일한 상황에서 동일한 측정도구로 동일한 대상에게 일정한 시간을 두고 측정하여 그 결과를 비교하는 방법이다.
- 반분법(Split Halves Method) : 척도의 질문을 무작위적으로 반씩 나누어 둘로 만든 후 이 두 부분을 따로 떼어서 적용하는 것이 아니라 내용적으로만 갈라놓고 실제로는 본래의 척도를 그대로 적용하는 방법이다.
- 복수양식법(Alternative Form Method) : 유사한 형태의 두 개 이상의 측정도구를 이용하여 동일한 대상에 차례로 적용한 후 그 결과를 비교하는 방법이다.
- 내적 일관성법(Internal Consistency Method) : 여러 개의 항목을 이용하여 동일한 개념을 측정하고자 할 때 신뢰도를 저해하는 요인을 제거한 후 신뢰도를 향상시키는 방법이다.

12 내적타당도 저해 요인 중 조사설계 이전 또는 설계과정에서 전혀 예기치 못했거나 예기할 수 없었던 상황이 타당도를 해치게 되는 요인은?

① 우발적 사건
② 선별효과
③ 성숙효과
④ 통계적 회귀

해설

내적타당도 저해 요인

- 우발적 사건(역사요인) : 조사설계 이전 또는 설계과정에서 전혀 예기치 못했거나 예기할 수 없었던 상황이 타당도를 해치게 된다.
- 선별효과(선택요인) : 실험집단으로 선정된 집단과 통제집단으로 선정된 집단이 여러 측면에서 현저한 차이가 나는 경우 타당도를 해치게 된다.
- 성숙효과(성장요인) : 실험기간 중에 실험집단의 육체적 또는 심리적 특성이 변화함으로써 실험결과에 영향을 미쳐 타당도를 해치게 된다.
- 통계적 회귀 : 사전측정에서 극단적인 값을 얻은 경우 이를 여러 번 반복 측정하게 되면 평균치로 근사하게 되는 경향으로 타당도를 해치게 된다.

13 다음은 척도에 사용되는 통계기법들을 나열한 것 중 옳은 것을 모두 고르면?

> a. 명목척도 : 최빈수, 중위수
> b. 서열척도 : 백분위수, 표준오차
> c. 등간척도 : 평균, 표준편차
> d. 비율척도 : 기하평균, 변동계수

① a, c, d

② b, c, d

③ c, d

④ a, b, c, d

해설

척도에 사용되는 통계기법
- 명목척도 : 최빈수, 도수
- 서열척도 : 중위수, 백분위수, 순위상관계수
- 등간척도 : 평균, 표준편차, 피어슨상관계수
- 비율척도 : 기하평균, 변동계수

14 연구보고서 작성의 기본원칙에 해당하지 않은 것은?

① 자료수집방법 및 자료분석방법에 대해 설명한다.

② 가장 중요한 것부터 앞에 배치한다.

③ 방법적 절차, 조작, 변수정의 및 측정 등을 자세히 기술한다.

④ 통계전문용어를 사용하여 연구보고서의 신뢰성을 확보한다.

해설

연구보고서 작성의 기본원칙
- 가장 중요한 것부터 앞에 배치한다.
- 이론적·개념적 연구문제를 한 번 더 상기시킨다.
- 방법적 절차, 조작, 변수정의 및 측정 등을 자세히 기술한다.
- 연구결과는 간단명료하게 밝히고 도표, 그림, 통계적 유의도 등으로 해명한다.
- 연구가설을 정당화하기 위한 통계적 결과치는 명확히 밝힌다.
- 가급적 전문용어 사용을 피하고 일반적인 용어를 사용한다.
- 자료수집방법 및 자료분석방법에 대해 설명한다.

15 어의구별척도(Semantic Differential Scale)에 대한 설명으로 옳지 않은 것은?

① 어떤 대상이 개인에게 주는 주관적 의미를 측정하는 방법이다.

② 신속성과 경제성은 다소 부족하다.

③ 일직선상의 양극단에 서로 상반되는 형용사를 배열하여 해당 속성을 평가한다.

④ 일반적으로 5~7점 척도를 많이 사용한다.

해설
어의구별척도
어의구별척도는 신속성과 경제성이 있으며, 다양한 연구문제에 적용이 가능하다.

16 패널조사와 코호트조사의 공통점은?

① 분석단위

② 횡단연구

③ 동일한 집단을 따라가며 조사

④ 연구대상의 고정

해설
패널조사와 코호트조사
• 공통점
 – 한 연구대상을 일정기간 동안 관찰하여 그 대상의 변화를 파악하는 데 초점을 두는 종단조사 방법이다.
 – 둘 이상의 시점에서 분석단위를 연구하며 어떤 연구대상의 동태적 변화 및 발전과정의 연구에 사용된다.
• 차이점
 패널연구는 연구대상이 고정되어 있는 반면 코호트연구는 연구대상이 대학교 4학년 학생들처럼 같은 시간 동안 동일한 경험의 특징을 갖는다.

17 전수조사와 표본조사 사이의 관계에 대한 설명으로 옳지 않은 것은?

① 전수조사의 표본오차는 0이다.

② 전수조사가 가능해도 비용과 시간을 고려할 때 표본조사가 효율적인 경우가 많다.

③ 일정 시점에 있어서 정부정책 선호도조사는 표본조사로 신속하게 실시하는 것이 좋다.

④ 도서지방이나 산간지방에 대한 정보는 전수조사보다 표본조사를 통해 얻을 수 있다.

해설
전수조사와 표본조사
도서지방이나 산간지방에 대한 정보는 표본조사보다 전수조사를 통해 얻을 수 있다.

18 조작적 정의에 대한 예로 옳지 않은 것은?

① 신앙심 : 월간 종교단체에 참여하는 빈도
② 서비스만족도조사 : 이용횟수
③ 빈곤 : 물질적 결핍상태
④ 성별 : 남, 여

해설

조작적 정의

추상적인 개념들을 경험적, 실증적으로 측정이 가능하도록 구체화한 것으로 빈곤에 대한 조작적 정의를 물질적 결핍상태로 정의한다면 얼마만큼이 물질적 결핍상태에 해당하는지를 알 수 없기 때문에 측정이 불가능하다.

19 내용분석에 대한 설명으로 옳지 않은 것은?

① 기록화된 것을 중심으로 그 연구대상에 대한 필요 자료를 수집, 분석함으로써 객관적이고 체계적이며 계량적인 방법으로 분석하는 방법이다.
② 2차 자료를 이용함으로써 비용과 시간이 절약된다.
③ 설문조사나 현지조사 등에 비해 안전도가 높고 재조사가 쉽다.
④ 다른 조사에 비해 실패할 경우 위험부담이 크다.

해설

내용분석(Content Analysis)

내용분석은 기록화된 것을 중심으로 그 연구대상에 대한 필요 자료를 수집, 분석함으로써 객관적이고 체계적이며 계량적인 방법으로 분석하는 방법이다.
• 2차 자료를 이용함으로써 비용과 시간이 절약된다.
• 설문조사나 현지조사 등에 비해 안전도가 높고 재조사가 쉽다.
• 장기간에 걸쳐서 발생하는 과정을 연구할 수 있어 역사적 연구에 적용 가능하다.
• 피조사자가 반작용(Reactivity)을 일으키지 않으며, 연구조사자가 연구대상에 영향을 미치지 않는다.
• 다른 조사에 비해 실패할 경우 위험부담이 적다.

20 다음에 설명하는 기술을 무엇이라고 하는가?

> 서비스업동향조사에서 "지난달 매출액은 얼마였습니까?"라는 질문에 대해 응답자는 "그저 그렇다."라고 대답하였다. 다시 조사자는 "전전월과 비교하여 매출액이 어떻습니까?", "작년 동월과 비교하여 매출액이 어떻습니까?"라고 질문하였다.

① 래포(Rapport)
② 깔때기 질문
③ 프로빙(Probing)
④ 코딩(Coding)

해설

프로빙(Probing)

응답자의 대답이 불충분할 경우 보다 충분한 응답을 얻어내기 위해 재차 질문하는 기술이다.

18 ③ 19 ④ 20 ③ 정답

06회 | 조사방법론 총정리 모의고사

01 **집단표본조사에 대한 설명으로 옳지 않은 것은?**

① 조사자가 많이 필요하지 않아 비용과 시간이 절약된다.

② 조사의 설명이나 조건을 똑같이 할 수 있어 동일성 확보가 가능하다.

③ 필요시 응답자와 직접 대화할 수 있어 질문에 대한 오류를 줄일 수 있다.

④ 응답자들이 한 장소에 모여 있어 통제가 용이하다.

해설

집단표본조사(Group Survey)

집단표본조사는 연구대상자를 개별적으로 만나서 조사하는 것이 아니라 집단적으로 모아놓고 질문지를 배부하여 응답자가 직접 기입하게 하는 방식이다.

• 집단표본조사의 장점
  - 조사자가 많이 필요하지 않아 비용과 시간이 절약된다.
  - 조사의 설명이나 조건을 똑같이 할 수 있어 동일성 확보가 가능하다.
  - 필요시 응답자와 직접 대화할 수 있어 질문에 대한 오류를 줄일 수 있다.
• 집단표본조사의 단점
  - 응답자들을 집합시킨다는 것이 쉽지 않으므로 특수한 조사에만 가능하다.
  - 응답자들의 개인별 차이를 무시함으로써 조사 자체에 타당도가 낮아지기 쉽다.
  - 응답자들이 한 장소에 모여 있어 통제가 용이하지 않다.

02 **인터넷 조사결과 실제와 많은 편향(Bias)이 발생하였다. 편향이 발생한 이유에 대한 설명으로 옳지 않은 것은?**

① 인터넷을 사용하는 대상자에 한하여 조사하므로 표본의 대표성 문제가 발생한다.

② 질문지 응답률과 회수율이 높다.

③ 모집단을 대표할 수 있는 표본추출틀을 얻기 어렵다.

④ 동일인의 복수응답 가능성이 있다.

해설

인터넷 조사의 편향 발생 이유

• 인터넷을 사용하는 대상자에 한하여 조사하므로 표본의 대표성 문제가 발생한다.
• 질문지 응답률과 회수율이 저조하다.
• 모집단을 대표할 수 있는 표본틀을 얻기 어렵다.
• 동일인의 복수응답 가능성이 있다.

03 조사방법에 따른 응답률의 변화를 높은 순으로 정렬한 것은?

① 우편조사 > 전화조사 > 면접조사

② 면접조사 > 우편조사 > 전화조사

③ 면접조사 > 전화조사 > 우편조사

④ 전화조사 > 면접조사 > 우편조사

해설

조사방법에 따른 응답률의 변화

어떤 조사방법을 선택하느냐에 따라 시간과 비용상의 제약으로 인하여 조사를 할 수 있는 정보의 내용, 양, 질문방식, 응답률이 달라질 수 있다. 응답률은 조사방법에 따라 면접조사 > 전화조사 > 우편조사 순으로 높다.

04 면접자와 피면접자 사이의 정서적 친밀감과 신뢰를 나타내는 말을 무엇이라고 하는가?

① 래포(Rapport) ② 깔때기 질문

③ 프로빙(Probing) ④ 코딩(Coding)

해설

래포(Rapport)

Rapport는 라포, 라포르, 래포 등으로 발음하며 면접자와 피면접자 사이의 정서적 친밀감과 신뢰를 나타내는 말이다.

05 신뢰도를 높이기 위한 방법으로 옳지 않은 것은?

① 측정도구의 모호성을 제거한다.

② 표준화된 측정도구를 이용한다.

③ 측정자가 무관심하거나 잘 모르는 내용은 측정하지 않는다.

④ 소수의 측정항목을 이용한다.

해설

신뢰도를 높이기 위한 방법

• 측정도구의 모호성을 제거 : 측정도구를 구성하는 문항을 분명하게 작성한다.

• 다수의 측정항목 : 측정항목을 늘린다.

• 측정의 일관성 유지 : 측정자의 태도와 측정방식의 일관성을 유지한다.

• 표준화된 측정도구 이용 : 사전에 신뢰도가 검증된 표준화된 측정도구를 이용한다.

• 대조적인 항목들의 비교 · 분석 : 측정도구가 되는 각 항목의 성격을 비교하여 서로 대조적인 항목들을 비교 · 분석한다.

• 측정자가 무관심하거나 잘 모르는 내용은 측정하지 않는다.

03 ③ 04 ① 05 ④ 정답

06 집단을 이루는 구성원 개인 간의 사회적 거리 강도를 측정하기 위해 개발된 척도는?

① 서스톤척도　　　　　　　　　　　② 소시오메트리
③ 보가더스척도　　　　　　　　　　④ 거트만척도

해설
소시오메트리척도
소시오메트리척도는 개인을 중심으로 집단 내에 있어서의 개인 간의 친근 관계를 측정하는 척도이다.

07 다음 중 질문지 문항을 배열하는 요령으로 옳은 것은?

① 질문문항의 순서를 무작위화 한다.
② 인구통계학적 사항에 대한 민감한 질문은 앞쪽에 배치한다.
③ 이미지 평가나 태도를 묻는 질문은 가급적 앞쪽에 배치하여 강조한다.
④ 일반적인 것을 먼저 묻고 특수한 것은 나중에 질문한다.

해설
질문항목 배열 시 유의사항
깔때기(Funnel) 흐름에 따라 질문을 배열한다.
☞ 질문항목의 배열은 일반적인 내용에서 구체적인 내용 순으로 구성하는 것이 바람직하며 사실적인 실태나 형태를
　묻는 질문에서 이미지 평가나 태도를 묻는 질문 순으로 진행하는 것이 바람직하다.

08 절대적 영점(Absolute Zero Point)이 존재하는 척도는 무엇인가?

① 명목척도　　　　　　　　　　　　② 서열척도
③ 등간척도　　　　　　　　　　　　④ 비율척도

해설
비율척도
측정대상의 속성에 등간척도가 지니는 성격에 더하여 절대적 영점이 존재하는 척도를 가지고 수치를 부여하는 것이다.

09 다음의 질문에 대한 문제점으로 바르게 설명한 것은?

> 우리나라 국가직 공무원들의 청렴도는 어느 정도라고 생각하십니까?
> a. 매우 높음　　b. 높 음　　c. 보 통　　d. 낮 음　　e. 매우 낮음　　f. 모르겠음

① 쉬운 단어사용　　　　　　　　　② 가치중립성
③ 우선순위배정　　　　　　　　　　④ 판단유보범주

해설
판단유보범주
'f. 모르겠음'과 같은 응답범주는 지양해야 한다.

10 어느 자동차 동호회 회원들을 대상으로 그들이 어떤 직업을 갖고 있는지에 대한 내용분석을 하였다. 이에 대한 분석단위(Unit of Analysis)는?

① 자동차   ② 동호회

③ 회원들   ④ 직 업

> **해설**
> **분석단위(Unit of Analysis)**
> 분석단위는 해당 내용을 분석하기 위한 단위로 자동차 동호회 회원들에 대한 직업을 분석하기 때문에 회원들이 분석단위가 된다.

11 토론식 수업이 학생들의 성적 향상에 끼치는 영향을 알아보기 위해 사전사후검사 통제집단 (Pretest-posttest Control Group) 실험연구를 설계할 때 필요한 최소 집단의 수는?

① 2개   ② 3개

③ 4개   ④ 5개

> **해설**
> **통제집단 전후비교(Before-after Control Group Design)**
> 무작위할당으로 실험집단과 통제집단을 구분한 후 실험집단에 대해서는 독립변수 조작을 가하고 통제집단에 대해서는 아무런 조작을 가하지 않고 두 집단 간의 차이를 전후로 비교하는 방법으로 필요한 최소 집단의 수는 2개(실험집단, 통제집단)이다.

12 다음에 해당하는 표본추출방법은?

> 수도권 가구들의 소비 형태를 조사하기 위해 소득을 기준으로 상, 중, 하로 구분하여 각 계층이 모집단에서 차지하고 있는 비율에 따라 3,000명의 표본을 3개의 소득 계층별로 무작위표본추출 하였다.

① 층화표본추출법   ② 군집표본추출법

③ 할당표본추출법   ④ 계통표본추출법

> **해설**
> **층화표본추출(Stratified Sampling)**
> 모집단을 비슷한 성질을 갖는 2개 이상의 동질적인 층(Stratum)으로 구분하고, 각 층으로부터 단순무작위추출방법을 적용하여 표본을 추출하는 방법

13 개념타당도에 해당하지 않은 것은?

① 내용타당도

② 이해타당도

③ 수렴타당도

④ 판별타당도

해설

개념타당도의 구분

• 이해타당도 : 특정 개념에 대해 이론적 구성을 토대로 어느 정도 체계적, 논리적으로 이해하고 있는가를 나타내는
타당도

• 수렴타당도 : 동일한 개념을 측정하기 위해 서로 다른 측정방법을 사용하여 측정으로 얻은 측정치들 간에 상관관계가
높아야 함을 전제로 하는 타당도

• 판별타당도 : 서로 다른 개념들을 측정했을 때 얻어진 측정문항들의 결과 간에 상관관계가 낮아야 함을 전제로 하는
타당도

14 자기 위신이나 사회적인 지위의 향상보다는 유행이나 시대에 뒤떨어진다는 두려움 때문에 자기
생각과는 다른 응답을 하게 되는 효과를 무엇이라 하는가?

① 악대마차효과(Bandwagon Effect)

② 후광효과(Halo Effect)

③ 겸양효과(Si, Senor effect)

④ 체면치레효과(Ego—threat Effect)

해설

응답의 편향 유형

• 악대마차효과 : 다수가 어떤 방향으로 생각하고 행동하니까 본인도 거기에 따르게 되는 경향

• 후광효과 : 처음 문항에 대해 좋게 또는 나쁘게 평가한 것을 다음 문항에 대해서도 계속 좋거나 나쁘게 평가하는
경향

• 겸양효과 : 면접자의 감정을 거스르지 않게 하기 위해 자신의 생각은 접어두고 면접자의 눈치를 보아가며 비위를
맞추는 경향

• 체면치레효과 : 유행이나 시대에 뒤떨어진다는 소리를 듣지 않기 위해서 그릇된 답변을 하게 되는 경향

15 다음 중 신뢰도 평가 방법에 대한 설명으로 옳은 것은?

① 반분법은 유사한 검사지를 만들어 동일한 대상에 대해 각각 실시하는 방법이다.

② 재검사법은 동일한 개념을 두 시점에서 각각 측정하여 이들의 상관관계를 이용하는 방법이다.

③ 내적 일관성법은 동일한 응답자로부터 응답의 안정성을 측정하는 방법이다.

④ 복수양식법은 여러 개의 항목을 이용하여 동일한 개념을 측정하고자 할 때 이용하는 방법이다.

해설

신뢰도 평가 방법

• 반분법 : 척도의 질문을 무작위적으로 반씩 나누어 둘로 만든 후 이 두 부분을 따로 떼어서 적용하는 것이 아니라
내용적으로만 갈라놓고 실제로는 본래의 척도를 그대로 적용하는 방법이다.

• 재검사법 : 동일한 상황에서 동일한 측정도구로 동일한 대상에게 일정한 시간을 두고 측정하여 그 결과를 비교하는
방법이다.

• 내적 일관성법 : 여러 개의 항목을 이용하여 동일한 개념을 측정하고자 할 때 신뢰도를 저해하는 요인을 제거한 후
신뢰도를 향상시키는 방법이다.

• 복수양식법 : 유사한 형태의 두 개 이상의 측정도구를 이용하여 동일한 대상에 차례로 적용한 후 그 결과를 비교하
는 방법이다.

16 다음 중 확률표본추출법으로 볼 수 있는 것은?

① 신문에 설문지를 끼워 배포한 후 설문 참여 의사에 따라 우편으로 응답하게 하는 조사

② 신발공장에서 매 200번째 생산되는 제품을 대상으로 한 불량률조사

③ 대형마트 앞에서 지나가는 사람들을 대상으로 대형마트 직원에 대한 서비스만족도를 조사

④ 초등학생, 중학생, 고등학생 각각 200명씩을 작위적으로 뽑아 학업에 대한 만족도를 조사

해설

확률표본추출법
연구대상이 표본으로 추출될 확률이 알려져 있을 때 무작위적 표본을 추출하는 방법으로 신발공장에서 매 200번째 생산되는 제품을 대상으로 한 불량률조사를 하는 것은 확률표본추출법 중 계통추출법에 해당한다.

17 표본설계에서 표본의 크기를 결정하는 데 영향을 미친다고 볼 수 없는 것은?

① 모집단의 동질성 　　　　　　② 표본추출방법

③ 표본추출틀의 형식 　　　　　④ 조사비용

해설

표본크기 결정요인
- 모집단의 성격(모집단의 이질성 여부)
- 표본추출방법
- 통계분석 기법
- 변수 및 범주의 수
- 허용오차의 크기
- 소요시간, 비용, 인력(조사원)
- 조사목적의 실현 가능성
- 조사가설의 내용
- 신뢰수준
- 모집단의 표준편차

18 설문지의 구조에 대한 설명으로 옳지 않은 것은?

① 도입부 설문을 반드시 사용한다.
② 깔때기 흐름과 같이 설문지를 구성한다.
③ 편향적 응답성향을 판단할 수 있는 설문을 넣는 것이 좋다.
④ 민감한 사안을 앞부분에 배치하고 추상적인 내용은 나중에 질문한다.

해설
설문지의 구조
설문조사에서 추상적인 내용은 연구자의 의도와 무관하게 중의적이거나 암시적인 설문이 될 수 있기 때문에 포함하지 않는다. 설문지의 내용은 추상적이 아니라 구체적으로 표현되어야 한다.

19 조사진행과정에 대한 순서로 옳은 것은?

① 사전조사 → 예비조사 → 본조사 → 사후조사
② 예비조사 → 사전조사 → 본조사 → 사후조사
③ 예비조사 → 사전조사 → 사후조사 → 본조사
④ 사전조사 → 사후조사 → 예비조사 → 본조사

해설
조사진행과정
예비조사 → 사전조사 → 본조사 → 사후조사 순서로 이루어진다.

20 구조화 면접이라고도 하며 미리 작성된 조사표의 내용에 따라 면접하는 방식으로 모든 피조사자에게 동일한 내용과 순서에 따라 질문하고 응답한 내용을 기록하여 자료를 수집하는 방법은?

① 표준화 면접
② 비표준화 면접
③ 준표준화 면접
④ 비지시적 면접

해설
면접의 종류
• 표준화 면접(구조화된 면접) : 엄격히 정해진 면접조사표에 의하여 모든 응답자에게 동일한 질문순서와 동일한 질문 내용에 따라 면접하는 방식
• 비표준화 면접(비구조화된 면접) : 면접자가 면접조사표의 질문내용, 형식, 순서를 미리 정하지 않은 채 면접상황에 따라 자유롭게 응답자와 상호작용을 통해 자료를 수집하는 방식
• 준표준화 면접(반구조화된 면접) : 일정한 수의 중요한 질문은 표준화하고 그 외의 질문은 비표준화하는 방식
• 비지시적 면접 : 면접자가 어떤 지정된 방법 및 절차에 의해 응답자를 면접하는 것이 아니고, 응답자로 하여금 어떠한 응답을 하든지 간에 공포감이 없이 자유로운 상황에서 응답할 수 있는 분위기를 마련해준 다음 면접하는 방식

07회 조사방법론 총정리 모의고사

01 다음과 같은 질문은 질문문항 작성 시 고려할 사항 중 어떤 원칙에 위배되는가?

> 귀하의 월평균 수입은 얼마입니까?
> a. 100만 원 이상 ~ 200만 원 미만 b. 200만 원 이상 ~ 300만 원 미만
> c. 300만 원 이상 ~ 400만 원 미만 d. 400만 원 이상

① 상호배제성 ② 단순성
③ 쉬운 단어사용 ④ 포괄성

해설
포괄성
위와 같은 응답범주는 100만 원 미만의 응답을 포함하고 있지 않기 때문에 포괄성에 위배되는 질문이다.

02 다음 중 첫 번째 조사에서 응답률이 가장 높은 조사방법은?
① 우편조사 ② 전화조사
③ 면접조사 ④ 인터넷조사

해설
응답률
응답률은 면접조사가 가장 높고, 전화조사는 중간이며, 우편조사와 인터넷조사는 낮다.

03 조사대상이 감정이나 생각 및 행위를 말이나 글로 표현할 능력이 없는 경우 이들을 대상으로 자료를 수집할 수 있는 방법은?
① 면접조사 ② 실험조사
③ 관찰조사 ④ 문헌조사

해설
관찰조사
관찰조사는 피관찰자의 행동이나 태도를 인간의 감각기관을 이용하여 관찰함으로써 자료를 수집하는 방법이다. 즉, 피관찰자가 영아와 같이 말이나 글로 자신의 감정이나 생각을 표현할 능력이 없는 경우 적합하다.

04 실험집단과 통제집단을 임의적으로 선정한 후 실험집단에는 실험조치를 가하는 반면 통제집단에는 이를 가하지 않은 상태로 그 결과를 비교하는 방법은?

① 통제집단 사후비교(After Only Control Group Design)
② 단일집단 사전사후설계(One-group Pretest-posttest Design)
③ 솔로몬 4집단설계(Solomon Four-group Design)
④ 정태적 집단비교(Static-group Comparison Design)

해설

실험설계의 종류

• 통제집단 사후비교 : 실험대상자를 무작위로 할당하고 사전검사 없이 실험집단에 대해서는 조작을 가하고 통제집단에 대해서는 아무런 조작을 가하지 않고 그 결과를 서로 비교하는 방법
• 단일집단 사전사후설계 : 통제집단이 없이 실험집단만을 대상으로 실험을 실시하기 전에 관찰하고 실험을 실시한 후 관찰하여 실험 이전과 실험 이후의 차이를 측정하는 설계
• 솔로몬 4집단설계 : 4개의 무작위 집단을 선정하여 사전측정한 2개의 집단 중 하나와 사전측정을 하지 않은 2개의 집단 중 하나를 실험집단으로 하며, 나머지 2개의 집단을 통제집단으로 하여 비교하는 방법. 통제집단 사후설계와 통제집단 사전사후실험설계를 결합한 형태로 가장 이상적인 설계
• 정태적 집단비교 : 실험집단과 통제집단을 임의적으로 선정한 후 실험집단에는 실험조치를 가하는 반면 통제집단에는 이를 가하지 않은 상태로 그 결과를 비교하는 방법

05 다음의 표본추출방법 중 표본오차를 통계적으로 설명할 수 있는 표본추출법은?

① 편의추출법
② 가용추출법
③ 눈덩이추출법
④ 계통추출법

해설

확률표본추출법

표본오차를 통계적으로 설명할 수 있는 표본추출법은 확률표본추출법으로 단순임의추출법, 층화추출법, 군집추출법, 계통추출법 등이 있다.

06 신뢰도와 타당도에 대한 설명으로 옳지 않은 것은?

① 신뢰도가 낮은 측정은 항상 타당도가 낮다.

② 타당도를 측정하는 것이 신뢰도를 측정하는 것보다 어렵다.

③ 타당도는 측정오차와 관련이 있고 신뢰도는 확률오차와 관련이 있다.

④ 타당도는 분산(Variance)과 관련이 있고 신뢰도는 편향(Bias)과 관련이 있다.

해설

신뢰도와 타당도의 상호관계
- 타당도가 높은 측정은 높은 신뢰도를 확보할 수 있다.
- 신뢰도가 높다고 해서 반드시 타당도가 높은 것은 아니다.
- 타당도가 낮다고 해서 반드시 신뢰도가 낮은 것은 아니다.
- 신뢰도가 높고 타당도가 낮은 측정도 있다.
- 신뢰도가 낮고 타당도가 높은 측정은 없다.
- 신뢰도가 낮은 측정은 항상 타당도가 낮다.
- 신뢰도와 타당도 간의 관계는 비대칭적이다.
- 타당도를 측정하는 것이 신뢰도를 측정하는 것보다 어렵다.
- 신뢰도는 경험적 문제이며 타당도는 이론적 문제이다.
- 타당도는 편향(Bias)과 관련이 있고 신뢰도는 분산(Variance)과 관련이 있다.
- 타당도는 측정오차와 관련이 있고 신뢰도는 확률오차와 관련이 있다.

07 명목척도에 대한 설명으로 옳지 않은 것은?

① 측정대상을 분류하거나 범주화한다.

② 연산법칙을 적용할 수 없다.

③ 각 범주는 아무런 수치적 의미가 없다.

④ 각 대상 간의 대소 관계만을 밝혀준다.

해설

순위척도
순위척도는 각 대상 간의 대소 관계만을 밝혀줄 뿐이다.

08 질문문항의 난이도를 고려하여 문항 배열의 순서를 서열화하여 단일차원적으로 구성하는 척도는?

① 거트만척도

② 서스톤척도

③ 보가더스척도

④ 리커트척도

척도의 구성
- 거트만척도 : 척도를 구성하고 있는 문항들이 내용의 강도에 따라 일관성 있게 서열화되어 있고 단일 차원적이며 누적적인 척도
- 서스톤척도 : 각 문항이 척도상의 어디에 위치할 것인가를 평가자로 하여금 판단케 한 다음 연구자가 대표적인 문항을 선정하여 척도를 구성하는 방법
- 보가더스척도 : 서열척도의 일종으로 소수민족, 사회계급, 사회적 가치 등에 대한 사회적 거리감의 정도를 측정하기 위해 단일연속성을 가진 문항들로 척도를 구성
- 리커트척도 : 응답자가 여러 질문항목에 대해 응답한 값들을 합산하여 결과를 얻는 척도

09 과학적 지식의 특징 중 연구대상은 궁극적으로 우리의 감각기관에 의해 인지될 수 있어야 하고 관찰 가능해야 한다는 것은 무엇인가?

① 재생가능성　　　　　　　　　② 변화가능성
③ 경험성　　　　　　　　　　　④ 객관성

과학적 지식의 특징
- 재생가능성 : 동일한 절차와 방법을 반복했을 때 동일한 결과가 나타날 가능성
- 변화가능성 : 기존의 신념이나 연구결과는 언제든지 비판되고 수정될 수 있음
- 경험성 : 연구대상은 궁극적으로 인간의 감각에 의해 지각될 수 있는 것이어야 함
- 객관성 : 동일한 실험을 행하는 경우 서로 다른 동기가 있더라도 표준화된 도구와 절차 등을 통해 누구나 납득할 수 있는 결과가 나타남

10 행렬식 질문에 대한 설명으로 옳지 않은 것은?

① 질문지의 공간을 효율적으로 사용할 수 있다.
② 응답들의 비교성을 증가시켜준다.
③ 다항선택식 질문의 응용형태이다.
④ 응답자들에게 특정한 응답세트를 유도하게끔 할 수 있다.

행렬식 질문의 장·단점
동일한 일련의 응답범주를 가지고 있는 여러 개의 질문문항들을 한데 묶어서 하나의 질문세트를 만든 것으로 평정식 질문의 응용형태이다.

행렬식 질문의 장점	행렬식 질문의 단점
• 질문지의 공간을 효율적으로 사용할 수 있다. • 일련의 독립된 문항보다 응답하기 쉽다. • 응답들의 비교성을 증가시켜준다.	• 문항을 행렬식 질문에 맞게 억지로 구성할 수 있다. • 응답자들에게 특정한 응답세트를 유도하게끔 할 수 있다. • 응답자가 질문내용을 상세히 검토하지 않고 모든 질문문항에 대해 유사하게 응답하려는 경향을 나타낼 수 있다.

11 코딩(Coding) 시 고려사항에 대한 설명으로 옳은 것은?

① 질문지의 질문순서와 부호의 순서는 서로 상반되게 배치한다.

② 모든 항목들은 숫자와 특수기호를 조합하여 사용함으로써 보안에 유의한다.

③ 무응답과 "모르겠다"의 응답을 하나의 코드를 이용하여 통합한다.

④ 개방형질문의 응답에 대한 명확한 분류가 힘들 경우 가급적 많이 세분화한다.

해설

코딩(Coding) 시 고려사항

부호화(Coding)란 자료를 분석하기 위해 각각의 정보단위들에 대해 변수이름을 지정하고, 각 변수값들에 대해 숫자 또는 기호와 같이 특정부호를 할당하는 과정

• 질문지의 질문순서와 부호의 순서는 되도록이면 일치하도록 한다.

• 지역/산업/직업/계열/학과코드 등에 대해 공식적인 분류코드(통계청, OES 등)를 이용한 분류가 필요하다.

• 개방형 질문의 응답에 대한 명확한 분류가 힘들 경우 가급적 많이 세분화한다.

• 모든 항목들은 숫자로만 입력하도록 하고 결측치는 별도 숫자로 처리한다.

• 부호화 구조를 설계할 때는 사용할 통계분석 방법을 항상 염두해 두어야 한다.

• 무응답과 "모르겠다"의 응답을 구분하여 명확히 해야 한다.

• 코딩 시 자유형식보다 고정형식으로 코딩하는 것이 바람직하다.

12 스피어만-브라운(Spearman-Brown) 공식에 대한 설명으로 옳은 것은?

① 내적 일관성 분석법에 따라 신뢰도를 측정하는 척도이다.

② 거트만척도의 절차에 따라서 만든 척도가 완벽한 거트만척도와 일치하는 정도를 알고자 할 때 사용한다.

③ 질문지 문항을 반분하여 구한 반분신뢰도로 전체신뢰도를 추정할 때 이용한다.

④ 여러 개의 항목을 이용하여 동일한 개념을 측정하고자 할 때 이용한다.

해설

스피어만-브라운 공식

• 질문지의 문항을 두 그룹으로 반분하여 구한 상관계수를 ρ_0라 할 때, 전체신뢰도 R은 다음과 같이 구한다.

$$R = \frac{2\rho_0}{1 + \rho_0}$$

• 질문지 문항을 반분하여 구한 반분신뢰도로 전체신뢰도를 추정할 때 이용한다.

13 다음 중 솔로몬 4집단설계(Solomon Four Group Design)에 대한 설명으로 옳지 않은 것은?

① 4개의 집단을 서로 격리시키는 데 어려움이 있다.

② 3개의 실험집단과 1개의 통제집단으로 실험한다.

③ 외생변수의 영향을 완전하게 분리할 수 있다.

④ 통제집단 사후설계와 통제집단 사전사후실험설계를 합한 형태이다.

솔로몬 4집단설계
4개의 무작위 집단을 선정하여 사전측정한 2개의 집단 중 하나와 사전측정을 하지 않은 2개의 집단 중 하나를 실험집단으로 하며, 나머지 2개의 집단을 통제집단으로 하여 비교하는 방법이다. 즉, 2개의 실험집단과 2개의 통제집단으로 실험한다.

14 다음 중 패널(Panel)연구의 특징에 대한 설명으로 옳지 않은 것은?

① 연구기간이 길어지면 패널 소실 현상이 일어날 수 있다.

② 동일인의 변화를 추적하기 때문에 코호트연구에 비해 정밀한 연구가 가능하다.

③ 초기 연구비용이 비교적 많이 든다.

④ 최초의 패널을 다소 잘못 구성하였더라도 장기간에 걸쳐 수정이 가능하다는 장점이 있다.

패널연구의 특성
- 특정 조사대상을 선정해 반복적으로 조사한다.
- 연구기간이 길어지면 패널 소실 현상이 일어날 수 있다.
- 각 기간 동안의 변화를 측정할 수 있다.
- 상대적으로 많은 자료를 획득할 수 있다.
- 동일인의 변화를 추적하기 때문에 코호트연구에 비해 정밀한 연구가 가능하다.
- 초기 연구비용이 비교적 많이 든다.

15 참여관찰 중 다음에 설명하는 참여자와 관찰자는?

> 관찰대상자들에게 관찰자가 그들의 행동을 관찰하고 있다는 사실이 알려져 있지만 관찰자가 직접 이들 관찰대상자들과 한 몸이 되어 행동하지는 않는 관찰자

① 완전참여자   ② 관찰자로서의 참여자

③ 참여자로서의 관찰자   ④ 완전관찰자

참여관찰
- 완전참여자 : 관찰대상자들에게는 관찰자가 알려져 있지 않기 때문에 관찰대상자들은 그들을 관찰하고 있는 사람이 있다는 사실조차 알지 못하는 관찰자
- 관찰자로서의 참여자 : 관찰대상자들에게도 관찰자가 명백히 알려져 있을 뿐 아니라 실제로 관찰자도 관찰대상자와 혼연일체가 되어 같이 활동하고 생활하는 관찰자
- 참여자로서의 관찰자 : 관찰대상자들에게 관찰자가 그들의 행동을 관찰하고 있다는 사실이 알려져 있지만 관찰자가 직접 이들 관찰대상자들과 한 몸이 되어 행동하지는 않는 관찰자
- 완전관찰자 : 관찰대상자들에게 관찰자가 직접 참여하지 않고 완전히 제3자의 입장에서 있는 그대로를 기술하는 관찰자

16 전문적인 지식을 가진 면접 진행자가 소수의 집단을 대상으로 특정 주제에 대해 자유롭게 토론을 하여 필요한 정보를 얻는 방법은?

① 반복적 면접

② 집중면접

③ 표적집단면접

④ 비지시적 면접

해설

특별한 면접방법

• 반복적 면접 : 일정한 시간을 두고 동일한 질문을 반복하거나 면접조사 기간에 동일한 응답자를 대상으로 반복적으로 면접하는 방식
• 집중면접 : 응답자로 하여금 경험한 일정 현상의 영향에 대해 집중적으로 면접하는 방식
• 표적집단면접 : 전문적인 지식을 가진 면접 진행자가 소수의 집단을 대상으로 특정 주제에 대해 자유롭게 토론을 하여 필요한 정보를 얻는 방식
• 비지시적 면접 : 면접자가 어떤 지정된 방법 및 절차에 의해 응답자를 면접하는 것이 아니고, 응답자로 하여금 어떠한 응답을 하든지 간에 공포감이 없이 자유로운 상황에서 응답할 수 있는 분위기를 마련해준 다음 면접하는 방식

17 질문지 작성 시 유의사항에 대한 설명으로 옳지 않은 것은?

① 일반적이고 직설적인 단어를 사용한다.

② 질문은 가급적 자세하고 길게 한다.

③ 하나의 질문항목으로 두 가지 질문을 하지 않는다.

④ 응답자가 응답 가능한 모든 항목을 제시한다.

해설

질문지 작성 시 유의사항

• 쉬운 단어사용 : 단어는 일반적이고 직설적이며 핵심적인 단어를 사용해야 하며 응답자의 교육수준을 고려하여 전문적이고 학술적인 단어 또는 외래어를 되도록 피하도록 한다.
• 간결성 : 질문내용이 지나치게 길어지면 응답자로 하여금 혼란을 초래할 수 있으며 응답률을 떨어트릴 수 있으므로 질문은 간결하게 한다.
• 단순성 : 하나의 질문항목으로 두 가지 질문을 해서는 안 된다.
• 포괄성 : 응답자가 응답 가능한 항목을 모두 제시한다.

18 개념이 갖는 본질적인 뜻을 몇 개의 차원에 따라 측정함으로써 태도의 변화를 정확하게 파악하는 척도는?

① 거트만척도　　　　　　　　　② 소시오메트리
③ 보가더스척도　　　　　　　　　④ 어의구별척도

해설
어의구별척도(의미분화척도)
일직선으로 도표화된 척도의 양극단에 서로 상반되는 형용사를 배열하여 양극단 사이에서 부사어를 사용하여 해당 속성에 대한 평가를 하는 척도로 하나의 개념을 주고 응답자로 하여금 여러 가지 의미의 차원에서 이 개념을 평가하도록 한다.

19 서스톤척도의 장점으로 옳지 않은 것은?

① 서열척도보다 한 수준 높은 등간척도 수준을 유지한다.
② 척도가 누적적으로 형성되어 단일차원성을 지니게 되고 산술적으로 측정을 할 수 있다.
③ 문항의 선정이 비교적 정확하다.
④ 척도의 타당성을 높여주는 데 기여한다.

해설
서스톤척도의 장점
• 서열척도보다 한 수준 높은 등간척도 수준을 유지한다.
• 척도의 타당성을 높여주는 데 기여한다.
• 문항의 선정이 비교적 정확하다.
☞ 척도가 누적적으로 형성되어 단일차원성을 지니게 되고 산술적으로 측정을 할 수 있는 것은 거트만척도의 장점이다.

20 반분법의 특징으로 옳지 않은 것은?

① 재조사법과 같이 두 번 조사하므로 정확도가 높다.
② 복수양식법과 같이 두 개의 척도를 만들 필요가 없다.
③ 어떻게 반분하느냐에 따라 다른 결과를 얻을 수 있다.
④ 측정도구가 경험적으로 단일 지향적이어야 한다.

해설
반분법의 특징
• 측정도구가 경험적으로 단일지향적이어야 한다.
• 양분된 각 측정도구의 항목 수는 그 자체가 각각 완전한 척도를 이룰 수 있도록 충분히 많아야 한다.
• 어떻게 반분하느냐에 따라 다른 결과를 얻을 수 있다.
• 재조사법과 같이 두 번 조사할 필요가 없다.
• 복수양식법과 같이 두 개의 척도를 만들 필요가 없다.

01 다음에 나타나는 측정상의 문제점은?

> 어느 초등학교 학생들의 몸무게를 측정하는 데 불량품 저울을 사용하여 실제 몸무게보다 항상 3kg이 더 나오게 측정되었다.

① 일관성이 없다.
② 표본의 대표성이 없다.
③ 정규성이 없다.
④ 타당성이 없다.

해설
타당성
타당성은 측정도구가 측정하고자 하는 개념이나 속성을 얼마나 실제에 정확히 측정하고 있는가 하는 정도를 의미한다. 불량품 저울을 사용했으므로 편향(Bias)이 발생되어 초등학교 학생들의 몸무게를 정확하게 측정하지 못하였으므로 타당성이 없다.

02 다음 중 개방형 질문에 대한 설명으로 옳은 것은?

① 자료의 기록 및 코딩이 용이하다.
② 응답관련 오류가 적다.
③ 민감한 주제에 적합하다.
④ 탐색적으로 사용할 수 있다.

해설
개방형 질문의 특징
• 복합적인 질문을 하기에 유리하다.
• 응답유형에 대한 사전지식이 부족할 때 사용한다.
• 응답에 대한 제한을 받지 않으므로 새로운 사실을 발견할 가능성이 크다.
• 본조사에 사용될 조사표 작성 시 폐쇄형 질문의 응답유형을 결정할 수 있게 해준다.
• 응답을 분류하고 코딩하는 데 어렵다.
• 응답자가 어느 정도의 교육수준을 갖추어야 한다.
• 폐쇄형 질문에 비해 상대적으로 응답률이 낮다.
• 결과를 분석하여 설문지를 완성하기까지 많은 시간과 비용이 소요된다.
• 탐색적으로 사용할 수 있다.

03 자료수집방법 중 조사자가 미완성된 문장을 제시하면 응답자가 이 문장을 완성시키는 방법은?

① 오류선택법   ② 투사법

③ 델파이기법   ④ 내용분석법

해설

투사법

특정 주제에 대해 직접적으로 질문하지 않고 단어, 문장, 이야기, 그림 등 간접적인 자극을 제공해 응답자가 자신의 신념과 감정을 이러한 자극에 자유롭게 투사하게 함으로써 진솔한 반응을 표현하게 하는 방법

04 자료수집방법에 대한 설명으로 옳은 것은?

① 우편조사는 인터넷조사에 비해 시간이 많이 소요된다.

② 인터넷조사는 시각적인 보조도구 사용에 용이하지 않다.

③ 전화조사는 면접조사에 비해 시간이 많이 소요된다.

④ 면접조사는 전화조사에 비해 비용이 적게 든다.

해설

자료수집방법 비교

• 인터넷조사는 시각적인 보조도구 사용에 용이하다.

• 전화조사는 면접조사에 비해 시간이 적게 소요된다.

• 면접조사는 전화조사에 비해 비용이 많이 든다.

05 크론바흐 알파(Cronbach's Alpha)값에 대한 설명으로 옳지 않은 것은?

① 내적 일관성 분석법에 따라 신뢰도를 측정하는 척도이다.

② 크론바흐 알파값은 0~1의 값을 가진다.

③ 문항 간의 평균상관계수가 높을수록 크론바흐 알파값도 커진다.

④ 문항의 수가 적을수록 크론바흐 알파값은 커진다.

해설

크론바흐 알파(Cronbach's Alpha)계수

• 내적 일관성 분석법에 따라 신뢰도를 측정하는 척도이다.

• 신뢰도가 낮은 경우 신뢰도를 저해하는 항목을 찾을 수 있다.

• 크론바흐 알파값은 0~1의 값을 가지며, 값이 클수록 신뢰도가 높다.

• 크론바흐 알파값은 0.6 이상이 되어야 만족할 만한 수준이며, 0.8~0.9 정도면 신뢰도가 높은 것으로 본다.

• 신뢰도 계수를 구할 수 있으므로 현실적으로 가장 많이 사용된다.

• 문항의 수가 적을수록 크론바흐 알파값은 작아진다.

• 문항 간의 평균상관계수가 높을수록 크론바흐 알파값도 커진다.

06 이론과 과학에 대한 설명으로 옳지 않은 것은?

① 이론이란 어떤 특정 현상을 논리적으로 설명하고 예측하려는 진술이다.

② 과학은 철학이나 신념에 기초한다.

③ 과학은 개별적 패턴이 아니라 사회적 패턴을 연구한다.

④ 과학은 현상이나 사건들 사이의 규칙성을 발견하고 설명하려 한다.

해설

과 학

과학은 철학이나 신념에 기초하는 것이 아니라 객관적 관찰과 검증을 통한 이론에 바탕을 두고 있다.

07 다음에 설명하는 타당성 저해 요인은 무엇인가?

> 요양병원에 입원한 환자들이 요양보호사의 간호를 몇 년 동안 받았음에도 불구하고 건강상태가
> 점점 더 악화되었다고 결론을 내렸다.

① 선택요인 　　　　　　　　　　　② 검사요인

③ 성장요인 　　　　　　　　　　　④ 통계적 회귀

해설

성숙효과(성장요인)

• 실험기간 중에 실험집단의 육체적 또는 심리적 특성이 변화함으로써 실험결과에 영향을 미쳐 타당도를 해치게 된다.

• 순전히 시간의 경과 때문에 발생하는 조사대상 집단의 특성변화를 성장요인이라 한다.

08 척도에 대한 설명으로 옳지 않은 것은?

① 복수의 문항이나 지표로 구성되어 있다.

② 측정대상에 부여하는 가치들의 체계이다.

③ 측정의 오류를 발생시키는 문제점이 있다.

④ 상위척도는 하위척도가 가지고 있는 특성을 모두 포함하여 가지고 있다.

해설

척도(Measurement)

• 척도란 측정대상에 부여하는 가치들의 체계이다.

• 척도의 수준(Level of Measurement)과 측정의 형태(Types of Measurement)는 일반적으로 동일한 의미로 사용된다.

• 동일한 속성 또는 개념을 하위척도로 측정할 때보다 상위척도로 측정할 때 더 많은 양의 정보를 얻을 수 있으며, 적용 가능한 분석방법이 넓어진다.

• 상위척도는 하위척도가 가지고 있는 특성을 모두 포함하여 가지고 있다.

• 척도는 측정오류를 줄일 수 있다.

• 척도는 복수의 문항이나 지표로 구성되어 있다.

• 척도를 통해서 모든 사물을 다 측정할 수 있는 것은 아니다.

• 척도는 일정한 규칙에 입각하여 연속체상에 표시된 숫자나 기호의 배열이다.

• 척도는 물질적인 것뿐 아니라 비물질적인 것도 측정이 가능하다.

• 척도는 연속성을 지니며, 양적표현이 가능하다.

• 척도는 객관성을 지니며 본질을 명백하게 파악할 수 있다.

09 측정에 대한 타당도 평가 중 조사자의 주관적인 해석과 판단에 지나치게 의존함으로써 착오가 개입될 여지가 있으며, 통계적 검증이 이루어지지 않는 결점이 있는 타당도는?

① 개념타당도
② 기준타당도
③ 내용타당도
④ 안면타당도

해설
내용타당도
측정의 내용이 측정하고자 하는 속성의 내용을 잘 대표하고 있는가를 전문가의 논리적 사고에 입각하여 판단하는 주관적인 타당도

10 비표준화 면접의 대표적인 방법으로 어떤 주제에 대해 응답자가 자신의 느낌과 믿음을 자유롭게 이야기하거나 자세히 묘사하면서 조사를 진행하는 면접방법은?

① 표적집단면접
② 심층면접
③ 패널면접
④ 준표준화 면접

해설
집중면접(심층면접)
• 응답자로 하여금 경험한 일정 현상의 영향에 대해 집중적으로 면접하는 방식이다.
• 응답자의 표면적인 행동 밑에 깔린 태도와 느낌을 발견해 내는 방법이다.
• 질문의 순서와 내용을 면접자가 조정할 수 있어 좀 더 자유롭고 심도 있는 질문을 할 수 있다.

11 집단조사에 대한 설명으로 옳지 않은 것은?

① 응답자들이 한 장소에 모여 있어 통제가 용이하지 않다.
② 필요시 응답자와 직접 대화할 수 있어 질문에 대한 오류를 줄일 수 있다.
③ 응답자들을 집합시킨다는 것이 쉽지 않으므로 특수한 조사에만 가능하다.
④ 응답자들의 개인별 차이를 무시함으로써 타당도가 매우 높다.

해설
집단조사의 단점
• 응답자들을 집합시킨다는 것이 쉽지 않으므로 특수한 조사에만 가능하다.
• 응답자들의 개인별 차이를 무시함으로써 조사 자체에 타당도가 낮아지기 쉽다.
• 응답자들이 한 장소에 모여 있어 통제가 용이하지 않다.

12 응답의 편향 유형 중 다수의 응답자가 한 방향으로 생각하고 행동하니까 본인도 거기에 따르게 되는 경향을 어떤 효과라고 하는가?

① 후광효과(Halo Effect)

② 악대마차효과(Bandwagon Effect)

③ 겸양효과(Si, Senor Effect)

④ 수위효과(Primacy Effect)

해설

응답의 편향 유형

• 후광효과 : 처음 문항에 대해 좋게 또는 나쁘게 평가한 것을 다음 문항에 대해서도 계속 좋게 또는 나쁘게 평가하는 경향

• 악대마차효과 : 다수가 어떤 방향으로 생각하고 행동하니까 본인도 거기에 따르게 되는 경향

• 겸양효과 : 면접자의 감정을 거스르지 않게 하기 위해 자신의 생각은 접어두고 면접자의 눈치를 보아가며 비위를 맞추는 경향

• 수위효과 : 응답항목의 순서 중에서 처음에 제시한 항목일수록 기억이 잘 나서 선택할 확률이 높아지는 현상으로 첫인상이 가장 큰 영향을 미친다는 심리이론

13 신뢰도 평가 방법 중 동일한 측정대상에 대하여 동일한 질문지를 이용하여 서로 다른 두 시점에 측정하여 얻은 결과를 비교하는 방법은?

① 반분법

② 재검사법

③ 복수양식법

④ 내적 일관성법

해설

신뢰도 평가 방법

• 반분법 : 척도의 질문을 무작위적으로 반씩 나누어 둘로 만든 후 이 두 부분을 따로 떼어서 적용하는 것이 아니라 내용적으로만 갈라놓고 실제로는 본래의 척도를 그대로 적용하는 방법

• 재검사법 : 동일한 측정대상에 대하여 동일한 질문지를 이용하여 서로 다른 두 시점에 측정하여 얻은 결과를 비교하는 방법

• 복수양식법 : 유사한 형태의 두 개 이상의 측정도구를 이용하여 동일한 대상에 차례로 적용한 후 그 결과를 비교하는 방법

• 내적 일관성법 : 여러 개의 항목을 이용하여 동일한 개념을 측정하고자 할 때 신뢰도를 저해하는 요인을 제거한 후 신뢰도를 향상시키는 방법

14 내적타당도 저해 요인 중 다음에 설명하는 것은 무엇인가?

> 사전측정에서 극단적인 값을 얻은 경우 이를 여러 번 반복 측정하게 되면 평균치로 근사하게 되는 경향으로 타당도를 해치게 된다.

① 성숙효과

② 사멸효과

③ 조사도구효과

④ 통계적 회귀

해설

내적타당도 저해 요인

- 성숙효과 : 실험기간 중에 실험집단의 육체적 또는 심리적 특성이 변화함으로써 실험결과에 영향을 미쳐 타당도를 해치게 된다.
- 사멸효과 : 실험대상의 일부가 사망, 기타 사유로 사멸 또는 추적조사가 불가능하게 될 때 실험결과에 영향을 미쳐 타당도를 해치게 된다.
- 조사도구효과 : 자료를 수집하는 데 사용되는 도구(질문지, 조사표, 조사원, 조사방법)가 달라지는 경우 측정결과에 영향을 미쳐 타당도를 해치게 된다.

15 부호화(Coding)의 주된 목적은?

① 불필요한 조사대상의 수를 줄인다.

② 자료처리를 단순화시킨다.

③ 불필요한 조사항목을 제외시킨다.

④ 결측값 및 누락된 정보를 추정한다.

해설

부호화의 목적

- 부호화(Coding)란 자료를 분석하기 위해 각각의 정보단위들에 대해 변수이름을 지정하고, 각 변수값들에 대해 숫자 또는 기호와 같이 특정부호를 할당하는 과정이다.
- 여러 가지 정보를 한 가지 한정된 수의 카테고리로 대치시킴으로써 자료의 처리를 단순화하여 통계분석에 적용하는 데 목적이 있다.

16 다음 중 자료수집방법 중 투사법에 해당하지 않는 것은?

① 단어연상법(Word Association)

② 만화완성법(Cartoon Tests)

③ 그림묘사법(Picture Response Technique)

④ 델파이기법(Delphi Method)

해설

투사법의 종류

- 투사법에는 단어연상법, 만화완성법, 문장완성법, 그림묘사법 등이 있다.
- 델파이기법은 특정한 주제에 대하여 일정한 응답자 집단에게 익명성을 보장하면서 자유롭게 응답하게 하고, 이 결과를 분류하고 처리하여 다시 좀 더 체계화된 질문을 만들어 응답을 얻어내며, 이러한 과정을 몇 차례 반복하여 자료를 수집하는 방법이다.

17 다음 중 변수(Variable)에 해당되지 않은 것은?

① 여 성
② 체 중
③ 직 업
④ 학 력

> **해설**
> 변수(Variable)
> 성별이 변수이며 남성과 여성은 변수의 속성을 나타낸다.

18 우편조사에 대한 설명으로 옳지 않은 것은?

① 면접조사에 비해 비용이 적게 든다.
② 광범위한 지역에 걸쳐 조사가 가능하다.
③ 질문지 회수율이 낮아 대표성이 없어 일반화하는 데 곤란하다.
④ 응답자의 익명성이 보장되지 않는다.

> **해설**
> 우편조사의 특징
> • 면접조사에 비해 비용이 적게 든다.
> • 광범위한 지역에 걸쳐 조사가 가능하다.
> • 응답자의 익명성이 보장된다.
> • 면접자의 영향을 받지 않는다.
> • 질문지 회수율이 낮아 대표성이 없어 일반화하는 데 곤란하다.
> • 질문문항들이 간단하고 직설적이어야 한다.
> • 응답자 본인이 직접 기술한 것인지 다른 사람이 기술한 것인지 알 수 없다.

19 다음 중 인과관계를 규명하는 데 가장 적합하지 않은 조사는?

① 시계열조사
② 횡단연구
③ 종단연구
④ 추세연구

> **해설**
> 횡단연구
> 횡단연구에서는 측정이 한 번 이루어지기 때문에 시간의 흐름에 따라 변화의 추이를 파악하기 어려워 변수들 간의 인과관계를 확인하는 데 한계가 있다.

20 표본조사에 대한 설명으로 옳지 않은 것은?

① 표본자료를 토대로 전체의 특성을 설명할 수 있다.

② 전수조사가 불가능한 파괴적인 조사에 적용 가능하다.

③ 표본조사에서는 표본오차가 발생하며 비표본오차는 전수조사에서만 발생한다.

④ 표본조사는 표본이 모집단을 대표할 수 있다는 것을 전제로 한다.

해설

표본조사

표본조사에서는 표본오차와 비표본오차 모두 발생되며, 전수조사에서는 표본오차는 0이고 비표본오차만 발생한다.

09회 | 조사방법론 총정리 모의고사

01 검정을 위한 가설이 갖추어야 할 조건에 해당하지 않은 것은?

① 가설은 검증가능해야 한다.

② 가설은 가치중립적이어야 한다.

③ 가설은 명확해야 한다.

④ 가설은 어떤 사실을 묘사해야 한다.

해설

가설 설정 시 기본조건

- 가치중립성 : 가설을 설정하는 연구자의 주관이 개입되어서는 안 된다.
- 검증가능성 : 가설은 경험적으로 검증이 가능해야 한다.
- 명확성 : 가설은 추상적인 개념상의 정의이든 조작적 정의이든 그 뜻이 명확해야 한다.
- 구체성 : 가설은 추상적인 의미를 담고 있어서는 안 되며 구체적인 성질의 것이어야 한다.
- 간결성 : 가설은 논리적으로 간결해야 한다.
- 광역성 : 가설은 광범위한 범위에 적용 가능해야 한다.
- 계량화 : 가설은 계량화가 가능해야 한다.

02 명목척도 구성을 위한 측정범주들에 대한 조건에 해당하지 않은 것은?

① 분류체계의 일관성

② 상호배타성

③ 포괄성

④ 선택성

해설

명목척도 구성의 조건

- 분류체계의 일관성 : 분류체계는 일관성 있게 논리적이어야 한다.
- 상호배타성 : 변수들의 카테고리는 분석의 단위가 이중적으로 할당되지 않도록 유지한다.
- 포괄성 : 변수들의 카테고리는 모든 응답 가능한 범주를 포함하도록 해야 한다.
- 실증적 원칙 : 유사한 분석의 단위들은 동일한 카테고리에 할당하고 상이한 분석단위들은 상이한 카테고리에 할당한다.

03 측정의 과정에 대한 설명으로 옳은 것은?

① 개념적 정의 → 조작적 정의 → 변수의 측정

② 변수의 측정 → 조작적 정의 → 개념적 정의

③ 조작적 정의 → 개념적 정의 → 변수의 측정

④ 조작적 정의 → 변수의 측정 → 개념적 정의

01 ④ 02 ④ 03 ① 정답

측정의 과정
개념적 정의 → 조작적 정의 → 변수의 측정

04 다음 중 탐색적 연구의 특성으로 옳은 것만 짝지은 것은?

> a. 탐색적 연구는 융통성 있게 운영할 수 있으며 수정이 가능하다.
> b. 문헌조사, 경험자조사, 특례분석조사 등이 해당된다.
> c. 조사설계를 확정하기 이전에 타당도를 검증하기 위해 실시한다.
> d. 특정 시점에서 집단 간 평균 차이를 조사 비교한다.
> e. 서베이조사를 통한 자료수집이 이루어진다.

① c, d ② a, b, e
③ a, b, c ④ b, c, d

탐색적 연구의 특성
• 조사설계를 확정하기 이전 타당도를 검증하기 위해 실시
• 예비적으로 실시하는 연구
• 연구문제에 대한 사전지식이 부족하거나 개념을 보다 분명히 하기 위해 실시
• 융통성 있게 운영할 수 있으며 수정도 가능
• 문헌조사, 경험자조사, 특례분석조사 등이 해당

05 면접조사 시 유의해야 할 사항으로 옳지 않은 것은?

① 응답내용은 응답자가 이해하기 쉽도록 조사자가 해석하여 요약해두는 것이 좋다.
② 면접자는 응답자와 래포(Rapport)를 형성해야 한다.
③ 면접상황에 따라 면접방식을 융통성 있게 조정한다.
④ 면접조사에 임하기 전에 질문내용에 대해 숙지하고 있어야 한다.

면접 시 유의사항
• 면접자는 중립적인 태도로 엄숙하고 진지하게 면접에 임한다.
• 면접자는 응답자와 친밀감(Rapport)을 형성해야 한다.
• 면접자의 신분을 밝혀 피면접자의 불안감을 해소시킨다.
• 피면접자에게 면접목적과 피면접자의 신변 및 비밀이 보장됨을 주지시킨다.
• 면접상황에 따라 면접방식을 융통성있게 조정한다.
• 면접자는 객관적 입장에서 견지한다.
• 면접과 관련된 내용을 자세하게 기록한다.
• 피면접자가 "모른다"는 응답을 하는 경우 그 이유를 알아본다.

06 다음 사례에서 화재 현장에 출동한 소방차의 수와 화재 피해액의 관계는?

> 어느 연구자는 화재 현장에 출동한 소방차의 수가 증가할수록 화재 피해액이 증가하는 것을 발견하였다. 하지만 조금 깊게 관찰해보니 화재의 규모가 큰 경우 더 많은 소방차가 출동하였고 화재 피해액도 큰 것으로 나타났다.

① 다중관계(Multiple Relationship)
② 조절관계(Moderating Relationship)
③ 허위관계(Spurious Relationship)
④ 매개관계(Mediating Relationship)

해설
허위관계(Spurious Relationship)
제3의 변인을 통제하였을 때 나머지 두 변인 간의 관계가 사라질 경우 이 관계를 허위관계라고 한다.

07 어떤 연구가 다음과 같이 결론을 내렸다면 무슨 오류를 범하였는가?

> 여성 인구가 많은 도시는 여성 인구가 적은 도시보다 투표율이 높다는 결과가 나왔다. 이 연구를 바탕으로 남성의 투표율보다 여성의 투표율이 높다고 결론 내렸다.

① 생태학적 오류
② 개인주의적 오류
③ 지나친 일반화
④ 인과관계 도치

해설
생태학적 오류
분석단위를 집단에 두고 얻어진 연구의 결과를 개인에 적용함으로써 발생하는 오류이다.

06 ③ 07 ① 정답

08 연구에서 관찰은 한 번에 이루어지기도 하고, 경우에 따라서 시간 차이를 두고 여러 번에 이루어지는 경우도 있다. 다음 중 시간적 범위가 다른 연구는?

① 추세연구(Trend Study)
② 패널연구(Panel Study)
③ 횡단연구(Cross-sectional Study)
④ 코호트연구(Cohort Study)

해설
횡단연구
횡단연구는 일정 시점을 기준으로 모든 관련 변수에 대한 자료를 수집하는 연구이며, 종단연구는 하나의 연구대상을 일정한 시간 간격을 두고 관찰하여 그 대상의 변화를 파악하는 연구이다. 종단연구에는 추세연구, 패널연구, 코호트연구, 사건사연구 등이 있다.

09 통계청에 근무하는 공무원을 대상으로 하는 연구에서 변수가 될 수 없는 것은?

① 직 급
② 업무 종류
③ 연 령
④ 직 업

해설
변수(Variable)
조사대상이 통계청에 근무하는 공무원으로 한정되어 있기 때문에 직업은 변수가 될 수 없다.

10 주가지수는 다음 중 어느 척도에 해당하는가?

① 명목척도
② 서열척도
③ 등간척도
④ 비율척도

해설
등간척도
주가지수는 크기의 정도를 제시하는 척도이며 그 간격이 일정하다. 또한, 주가지수가 0이라는 것은 0만큼 있는 것이지 아무것도 없는 것을 의미하지 않으므로 절대적 영점이 존재하지 않는다.

11 다음과 같은 질문은 어떤 질문에 해당하는가?

> 귀하의 직장에서 업무관련 만족도는 어떻습니까?
> a. 매우 불만족   b. 약간 불만족   c. 보 통   d. 약간 만족   e. 매우 만족

① 보조식 질문   ② 행렬식 질문
③ 찬반식 질문   ④ 평정식 질문

해설
평정식 질문
평정식 질문은 어떤 질문에 대해 응답의 강도를 달리하여 서열화된 응답범주 중에서 하나를 선택하는 질문으로 리커트 척도식 질문이라 할 수 있으며 가장 많이 사용하는 질문형식 중 하나이다.

12 기술적 연구와 설명적 연구에 대한 설명으로 옳지 않은 것은?

① 기술적 조사는 현 상황을 정확하게 기술하는 것이 주목적이다.
② 설명적 연구는 두 변수 간의 사실관계를 파악하여 인과관계를 규명한다.
③ 기술적 연구는 변수들 간의 관련성(상관관계)과는 무관하게 진행된다.
④ 설명적 연구는 연구를 수행하기 위해서 변수의 수가 둘 또는 그 이상인 경우가 많다.

해설
기술적 연구의 특성
• 현상을 정확하게 기술하는 것이 주목적
• 변수들 간의 관련성(상관관계) 파악
• 특정 상황의 발생빈도와 비율을 파악
• 서베이를 통한 자료 수집
• 선행연구가 없어 모집단에 대한 특성을 파악하고자 할 때 실시
• 표본조사의 기본 목적인 모집단의 모수를 추정하기 위한 조사

13 사례연구(Case Study)에 대한 설명으로 옳지 않은 것은?

① 연구대상에 대한 문제의 원인을 밝혀줄 수 있다.
② 탐색적 조사에 활용될 수 있다.
③ 최근에는 질적연구와 양적연구의 속성을 동시에 지니는 전체적 조사방법으로 평가된다.
④ 서베이연구를 통해 본조사에 활용된다.

해설
사례연구의 특성
• 연구대상에 대한 문제의 원인을 밝혀줄 수 있다.
• 탐색적 조사로 활용될 수 있다.
• 연구 대상에 대해 구체적이고 상세하게 연구하는 데 유용하다.
• 본조사에 앞서 예비조사로 활용할 수 있다.
• 시간의 흐름에 따라 일정기간 동안 조사하는 종단적 방법이며, 종래에는 질적연구에 치우쳤지만 근래에 양적연구의 속성을 동시에 지니는 전체적 조사방법으로 평가되고 있다.

14 외생변수 통제방법 중 다음에 설명하는 것은 어떤 방법인가?

> 조사대상을 모집단에서 무작위로 추출함으로써 연구자가 조작하는 독립변수 이외의 모든 변수들에 대한 영향력을 동일하게 하여 동질적인 집단으로 만들어 준다.

① 제 거
② 균형화
③ 상 쇄
④ 무작위화

해설

외생변수 통제방법
- 제거 : 외생변수가 될 가능성이 있는 요인을 실험 대상에서 제거하여 외생변수의 영향을 실험 상황에 개입하지 않도록 한다.
- 균형화 : 실험집단과 통제집단의 동질성을 확보하기 위한 방법으로 균형화가 이루어진 후 두 집단 사이에 나타나는 종속변수의 수준 차이는 독립변수 만에 의한 효과로 간주한다.
- 상쇄 : 하나의 실험집단에 두 개 이상의 실험변수가 가해질 때 사용하는 방법으로 외생변수의 작용 강도를 다른 상황에 대해서 다른 실험을 실시하여 비교함으로써 외생변수의 영향을 통제한다.
- 무작위화 : 조사대상을 모집단에서 무작위로 추출함으로써 연구자가 조작하는 독립변수 이외의 모든 변수들에 대한 영향력을 동일하게 하여 동질적인 집단으로 만들어 준다.

15 응답자로 하여금 경험한 일정 현상의 영향에 대해 집중적으로 면접하는 방식은?

① 패널면접
② 심층면접
③ 표적집단면접
④ 표준화 면접

해설

면접 방법
- 반복적 면접(패널면접) : 일정한 시간을 두고 동일한 질문을 반복하거나 면접조사 기간에 동일한 응답자를 대상으로 반복적으로 면접하는 방식
- 집중면접(심층면접) : 응답자로 하여금 경험한 일정 현상의 영향에 대해 집중적으로 면접하는 방식
- 표적집단면접 : 전문적인 지식을 가진 면접 진행자가 소수의 집단을 대상으로 특정 주제에 대해 자유롭게 토론을 하여 필요한 정보를 얻는 방식
- 표준화 면접(구조화된 면접) : 엄격히 정해진 면접조사표에 의하여 모든 응답자에게 동일한 질문순서와 동일한 질문 내용에 따라 면접하는 방식

16 구성타당도(Construct Validity)에 대한 설명으로 옳은 것을 모두 고른 것은?

> ㄱ. 이론적 구조하에서 변수들 간의 관계를 밝히는 데 중점을 두고 평가한다.
> ㄴ. 측정도구가 실제 무엇을 측정하였는가의 정도를 평가한다.
> ㄷ. 측정방법으로는 분류분석인 판별분석, 군집분석과 카이제곱 검정이 있다.
> ㄹ. 측정에 의해 얻는 측정값 자체보다는 측정하고자 하는 속성에 초점을 맞춘 타당성이다.

① ㄱ, ㄴ, ㄷ
② ㄱ, ㄴ, ㄹ
③ ㄴ, ㄷ, ㄹ
④ ㄱ, ㄴ, ㄷ, ㄹ

해설
구성타당도
구성타당도의 대표적인 측정방법으로 차원감소 분석인 요인분석이 있다.

17 표집틀에는 있지만 목표모집단에는 없는 표본 요소들로 인해 일어나는 오차를 무엇이라 하는가?

① 불포함오차
② 포함오차
③ 표준오차
④ 측정오차

해설
포함오차와 불포함오차
• 포함오차(Coverage Error) : 표집틀에는 있지만 목표모집단에는 없는 표본 요소들로 인해 일어나는 오차
• 불포함오차(Noncoverage Error) : 목표모집단에는 있지만 표집틀에는 없는 표본 요소들로 인해 일어나는 오차

18 타당도를 높이기 위한 대상자 배정방안에 해당하지 않는 것은?

① 무작위 배정
② 매 칭
③ 통계적 통제
④ 통계적 회귀

해설
타당도를 높이기 위한 대상자 배정방안
• 무작위배정 : 대상자들이 실험집단에 배정될 확률과 통제집단에 배정될 확률을 동일하게 보장하는 방법
• 짝짓기(Matching) : 대상자들에게 관찰될 여러 개의 변수를 고려할 때 실험집단과 통제집단으로 배정될 확률이 가장 가까운 대상자끼리 짝지어 배정한 후 남은 대상자들 중에서 실험집단과 통제집단으로 배정될 확률이 가장 가까운 대상자끼리 짝지어 배정하는 방법을 남은 대상자들이 모두 짝지어질 때까지 반복하는 방법
• 통계적 통제 : 통제해야 할 변수들을 독립변수로 간주하여 실험설계에 포함하는 방법
☞ 통계적 회귀는 내적타당도 저해 요인이다.

19 표본추출과 연관된 용어 설명으로 옳지 않은 것은?

① 모집단(Population)은 관심의 대상이 되는 모든 개체의 집합이다.

② 표집틀(Sampling Frame)은 표본을 추출하기 위해 사용되는 표본추출단위가 수록된 목록이다.

③ 통계량(Statistic)은 모집단의 특성값이다.

④ 추정량(Estimator)은 모집단의 모수를 추정하기 위해 사용되는 통계량이다.

해설
통계량(Statistic)
통계량은 표본의 특성값을 의미한다.

20 우편조사에 대한 설명으로 옳지 않은 것은?

① 질문지 회수율이 낮아 대표성이 없어 일반화하는 데 곤란하다.

② 질문의 길이와 내용에 제한을 받지 않으므로 심도 있는 조사가 가능하다.

③ 응답자 본인이 직접 기술한 것인지 다른 사람이 기술한 것인지 알 수 없다.

④ 응답자의 익명성이 보장된다.

해설
우편조사의 특성
• 면접조사에 비해 비용이 적게 든다.
• 광범위한 지역에 걸쳐 조사가 가능하다.
• 응답자의 익명성이 보장된다.
• 면접자의 영향을 받지 않는다.
• 질문지 회수율이 낮아 대표성이 없어 일반화하는 데 곤란하다.
• 질문문항들이 간단하고 직설적이어야 한다.
• 응답자 본인이 직접 기술한 것인지 다른 사람이 기술한 것인지 알 수 없다.

01 ○○ 아파트에 거주하는 주민들 중 다수가 코로나-19 바이러스에 감염되어 확진판정을 받았다. 이들 확진자들에 대해 역학조사를 하는 한편 계속해서 관리대상으로 간주하며 완치판정을 받은 주민에 대해서는 관리대상에서 제외하였다. 이와 같은 조사를 무엇이라 하는가?

① 패널조사   ② 코호트조사

③ FGI면접조사   ④ 추세조사

해설

코호트조사(Cohort Study)
코호트조사는 동일한 특색이나 행동 양식을 공유하는 동류집단(코호트)이 시간의 흐름에 따라 어떻게 변화하는지를 연구

02 온라인조사에 대한 설명으로 옳지 않은 것은?

① 면접조사에 비해 응답률이 낮다.

② 오프라인(Off-line)조사에 비해 짧은 시일 내에 비교적 저렴한 비용으로 실시할 수 있다.

③ 특수계층의 응답자를 포함하여 다양한 집단을 대상으로 할 수 있으므로 표본의 대표성이 높다.

④ 면접원의 편향을 통제할 수 있다.

해설

온라인조사(Online Survey)
인터넷조사나 PC통신망 조사를 총망라한 조사
• 온라인조사의 장점
  – 오프라인(Off-line)조사에 비해 시간과 비용이 적게 든다.
  – 멀티미디어 자료의 활용 등 다양한 형태의 조사가 가능하다.
  – 특수계층의 응답자에게도 적용 가능하다.
  – 면접원의 편향을 통제할 수 있다.
• 온라인조사의 단점
  – 컴퓨터와 인터넷을 사용할 수 있는 사람만을 대상으로 하기 때문에 표본의 대표성에 문제가 있다.
  – 응답률이 낮다.
  – 복잡한 질문이나 질문의 양이 많은 경우에 자발적 참여가 어렵다.
  – 모집단의 정의가 어렵다.
  – 컴퓨터 운영체계 또는 사용 브라우저에 따라 호환성에 제한이 있다.

03 **다음 중 조사방법론에 대한 설명으로 옳지 않은 것은?**

① 수집 자료에서 나타난 지적사실을 해석하여 이론화시킨다.

② 일정한 준거틀에 관련해서 경험적으로 분석한다.

③ 조사대상을 보는 관점은 단편화되어가고 있다.

④ 학문적 기초로서의 역할뿐만 아니라 실생활에서도 응용이 가능하다.

해설
조사방법론
• 사회의 변화, 기술의 발달 등에 따라 현대의 조사대상을 보는 관점은 다양하며 점차적으로 더 다양화되어가고 있다.
• 조사방법론의 과정은 '관찰→가설→추리→증명'이다.

04 **공무원 1,000명을 대상으로 다음과 같이 질문하였다.**

> 귀하가 가장 즐겨 시청하는 스포츠 종목은 무엇입니까?
> a. 축구　　b. 야구　　c. 농구　　d. 배구　　e. 테니스　　f. 수영　　g. 기타 _____

위의 질문 결과 980명이 축구를 선택하였다면 다음 중 어느 것과 가장 밀접한 관련을 갖는다고 볼 수 있는가?

① 초두효과(Primacy Effect)

② 최신효과(Recency Effect)

③ 악대마차효과(Bandwagon Effect)

④ 후광효과(Halo Effect)

해설
응답의 편향 유형
• 수위효과(초두효과, Primacy Effect) : 응답항목의 순서 중에서 처음에 제시한 항목일수록 기억이 잘 나서 선택할 확률이 높아지는 현상으로 첫인상이 가장 큰 영향을 미친다는 심리이론
• 근자효과(최신효과, Recency Effect) : 응답항목의 순서 중에서 나중에 제시한 항목일수록 기억이 잘 나서 선택할 확률이 높아지는 현상으로 나중의 인상이 가장 큰 영향을 미친다는 심리이론
• 악대마차효과(Bandwagon Effect) : 다수가 어떤 방향으로 생각하고 행동하니까 본인도 거기에 따르게 되는 경향
• 후광효과(Halo Effect) : 처음 문항에 대해 좋게 또는 나쁘게 평가한 것을 다음 문항에 대해서도 계속 좋게 또는 나쁘게 평가하는 경향

05 표본추출과 연관된 설명으로 옳지 않은 것은?

① 표본추출단위와 조사단위는 일치하지 않을 수 있다.

② 목표모집단과 조사모집단은 일치하지 않을 수 있다.

③ 표본추출틀은 조사모집단과 동일한 표현이다.

④ 표본추출단위가 수록된 목록을 표본추출틀이라고 한다.

해설

표본추출 용어
- 조사단위 : 조사의 대상이 되는 가장 최소의 단위
- 추출단위 : 모집단에서 표본을 추출하기 위해 설정한 조사 단위들의 집합
- 목표모집단 : 조사목적에 의해 개념적으로 규정한 모집단
- 조사모집단 : 통계조사가 가능한 모집단으로 표본을 추출하기 위해 규정한 모집단
- 표본추출틀 : 추출대장이라고도 하며 표본추출단위들로 구성된 목록

06 체계적 추출법(Systematic Sampling)과 단순임의추출법(Simple Random Sampling)에 대한 설명으로 옳지 않은 것은?

① 단순임의추출법은 다른 표본추출법에 비해 상대적으로 분석에 용이하다.

② 체계적 추출법은 표본추출틀이 어떠한 유형을 가지고 배열되었을 경우 특히 편향되지 않는 표본을 얻을 수 있다.

③ 단순임의추출법은 모집단에 대한 사전지식이 필요 없어 모집단에 대한 정보가 아주 적을 때 유용하게 사용한다.

④ 체계적 추출법은 표본추출틀 구성에 어려움이 있다.

해설

체계적 추출법(계통추출법)의 특징

모집단의 단위들이 고르게 분산되어 있지 않고 어떠한 유형(주기성)을 가지고 배열되어 있으면 표본의 대표성에 문제가 발생한다.

07 어떤 지역에 있는 소들의 평균 무게를 알기 위해 표본조사를 실시하였다. 그 지역의 이용 가능한 모든 농장의 목록으로부터 50개의 농장이 무작위로 추출되었고 추출된 50개 농장에서 각각의 소 무게를 측정했을 경우 다음 중 옳은 것의 개수는?

a. 목표모집단 : 그 지역에 있는 모든 소들
b. 조사모집단 : 그 지역에 있는 모든 소들
c. 표본추출틀 : 그 지역의 이용 가능한 모든 농장의 목록
d. 추출단위 : 농장
e. 조사단위 : 소

① 1개   ② 2개

③ 3개   ④ 4개

08   다음 중 척도에 대한 설명으로 옳은 것은?

① 모든 척도는 척도 간에 상호 변환이 가능하다.

② 명목척도에서는 사칙연산이 가능하다.

③ 구간척도에서는 절대적 영점이 존재하지 않고 상대적 영점이 존재한다.

④ 서열척도는 구간척도보다 상위의 척도이다.

09   2차 자료의 단점에 대한 설명으로 옳지 않은 것은?

① 일반적으로 신뢰도와 타당도가 낮다.

② 연구에 필요한 2차 자료의 소재를 파악하기 어렵다.

③ 시간이 경과하여 시의적절하지 못한 정보일 수도 있다.

④ 국제비교나 종단적 비교가 불가능하다.

10 분산은 작지만 편향(Bias)이 큰 경우 신뢰도와 타당도는?

① 신뢰도와 타당도 모두 낮다.

② 신뢰도와 타당도 모두 높다.

③ 신뢰도는 높지만 타당도는 낮다.

④ 신뢰도는 낮지만 타당도는 높다.

> **[해설]**
>
> 신뢰도와 타당도
> - 신뢰도 : 측정도구가 측정하고자 하는 현상을 일관성 있게 측정하는 능력으로 어떤 측정도구를 동일한 현상에 반복 적용하여 동일한 결과를 얻게 되는 정도를 의미한다.
> - 타당도 : 측정도구가 측정하고자 하는 개념이나 속성을 얼마나 실제에 정확히 측정하고 있는가 하는 정도를 의미한다.
> - 신뢰도는 분산과 관련이 있으며, 타당도는 편향(Bias)과 관련이 있다.

11 신뢰도를 평가하는 방법 중 동일한 측정대상에 대해 두 번의 측정을 하는 방법으로 짝지어진 것은?

① 재검사법, 복수양식법

② 재검사법, 반분법

③ 복수양식법, 반분법

④ 반분법, 내적 일관성법

> **[해설]**
>
> 신뢰도 평가 방법
> - 재검사법 : 동일한 측정대상에 대하여 동일한 질문지를 이용하여 서로 다른 두 시점에 측정하여 얻은 결과를 비교하는 방법
> - 복수양식법 : 유사한 형태의 두 개 이상의 측정도구를 이용하여 동일한 대상에 차례로 적용한 후 그 결과를 비교하는 방법
> - 반분법 : 척도의 질문을 무작위적으로 반씩 나누어 둘로 만든 후 이 두 부분을 따로 떼어서 적용하는 것이 아니라 내용적으로만 갈라놓고 실제로는 본래의 척도를 그대로 적용하는 방법
> - 내적 일관성법 : 여러 개의 항목을 이용하여 동일한 개념을 측정하고자 할 때 신뢰도를 저해하는 요인을 제거한 후 신뢰도를 향상시키는 방법

12 리커트척도(Likert Scale)에 대한 설명으로 옳지 않은 것은?

① 리커트척도는 총화평정척도라고도 한다.

② 내적 일관성 검증을 위해 크론바흐 알파계수를 이용한다.

③ 하나의 개념을 측정하기 위해 여러 개의 질문항목을 이용하는 척도이다.

④ 여러 질문항목에 대해 응답한 값을 합산하여 결과를 얻는 척도로 비율척도에 해당한다.

해설

리커트척도

- 응답자가 여러 질문항목에 대해 응답한 값들을 합산하여 결과를 얻는 서열척도이다.
- 하나의 개념을 측정하기 위해 여러 개의 질문항목을 이용하는 척도이므로 질문항목 간의 내적 일관성이 높아야 한다.
- 내적 일관성 검증을 위해 크론바흐 알파계수가 이용된다.

13 타당도 평가 방법 중 다음에 설명하는 것은 무엇인가?

> 사회적 지위를 측정하는 지표로써 직업, 소득, 교육수준을 선택한 후 각 변수들 간의 상관계수를
> 이용하여 타당도를 평가하였다.

① 개념타당도

② 내용타당도

③ 기준타당도

④ 안면타당도

해설

기준타당도

하나의 측정도구를 사용하여 측정한 결과를 다른 기준 또는 외부변수에 의한 측정결과와 비교하여 이들 간의 관련성의 정도를 통하여 타당도를 파악한다.

14 결측값 처리 방법에 대한 설명으로 옳지 않은 것은?

① 각 층에서의 응답자 평균값을 그 층에 속한 결측값에 대체한다.

② 기존에 실시된 표본조사에서 유사한 항목의 응답값으로 대체한다.

③ 각 층에서 응답자료를 순서대로 정리한 후 결측값 바로 이전 응답을 결측값에 대체한다.

④ 결측값이 포함된 설문지는 분석에서 모두 제외한다.

해설

결측값 처리 방법

- 평균대체 : 전체 표본을 몇 개의 대체층으로 분류한 뒤 각 층에서의 응답자 평균값을 그 층에 속한 모든 결측값에 대체하는 방법
- 외부자료대체 : 결측값을 기존에 실시된 표본조사에서 유사한 항목의 응답값으로 대체하는 방법
- 유사자료대체 : 전체 표본을 대체 층으로 나눈 뒤 각층 내에서 응답 자료를 순서대로 정리하여 결측값이 있는 경우 그 결측값 바로 이전의 응답을 결측값 대신 대체하는 방법
- ☞ 결측값 자체가 분석의 대상이 되는 경우도 있으므로 결측값이 포함된 설문지 전체를 분석에서 제외하는 것은 바람직하지 않다.

15 자료수집방법에 대한 설명으로 옳은 것을 모두 고르면 몇 개인가?

기 준	면접조사	전화조사	우편조사
ㄱ. 비 용	높 음	높 음	낮 음
ㄴ. 면접자 편향	높 음	낮 음	없 음
ㄷ. 시간소요	높 음	중 간	낮 음
ㄹ. 익명성	낮 음	낮 음	높 음
ㅁ. 응답률	높 음	중 간	높 음

① 2개   ② 3개
③ 4개   ④ 5개

해설

자료수집방법 비교

기 준	면접조사	전화조사	우편조사
ㄱ. 비 용	높 음	중 간	낮 음
ㄴ. 면접자 편향	높 음	낮 음	없 음
ㄷ. 시간소요	높 음	중 간	낮 음
ㄹ. 익명성	낮 음	낮 음	높 음
ㅁ. 응답률	높 음	중 간	낮 음

16 표적집단면접에 대한 설명으로 옳지 않은 것은?

① 응답자 집단은 나이, 성별, 특성 등이 서로 이질적이 되도록 선정한다.
② 응답자 집단은 토론주제에 대해 특정한 사전지식이 없어야 한다.
③ 응답자 간에 개인적인 친분이 많아도 좋지 않다.
④ 조사자는 편안한 분위기를 조성하여 특정 주제에 대해 자유롭게 토론하도록 한다.

해설

표적집단면접(Focus Group Interview)
전문적인 지식을 가진 면접 진행자가 소수의 집단을 대상으로 특정 주제에 대해 자유롭게 토론을 하여 필요한 정보를 얻는 방식
• 응답자 집단은 나이, 성별, 특성 등이 서로 비슷하게 선정한다.
• 응답자 집단은 토론주제에 대해 특정한 사전지식이나 이해관계가 없어야 한다.
• 응답자 간에 개인적인 친분이 많아도 좋지 않다.
• 응답자의 수는 10~12명이 적당하다.

17 사전조사(Pre-test)에 대한 설명으로 옳지 않은 것은?

① 응답에 일관성이 있는지의 여부를 검토한다.

② 중요한 응답항목을 누락하지는 않았는지 검토한다.

③ 무응답이 많은지 검토한다.

④ 연구하고자 하는 핵심적인 요소가 무엇인지 검토한다.

> **해설**
>
> 예비조사(Pilot Study)
> 예비조사는 연구하고자 하는 핵심적인 요소가 무엇인지 분명히 알지 못할 경우 설문지 작성의 전 단계에서 행하는 자료수집방법이다.

18 패널연구(Panel Study)에 대한 설명으로 옳지 않은 것은?

① 횡단연구에 비해 더 많은 정보를 제공한다.

② 패널 관리가 어렵다

③ 패널의 대표성 확보에 용이하다.

④ 패널 유지에 많은 비용이 든다.

> **해설**
>
> 패널연구(Panel Study)
> 패널연구는 동일집단(패널)이 시간의 흐름에 따라 어떻게 변화하는지를 연구하는 방법이다.

장 점	• 횡단면연구에 비해 더 많은 정보를 제공한다. • 응답자들의 특성 변화를 조사할 수 있다. • 인과적 추론의 타당성을 높일 수 있다. • 다른 변수들의 영향을 통제하고 독립변수의 영향을 측정할 수 있다.
단 점	• 패널 관리가 어렵다. • 패널의 대표성 확보가 어렵다. • 패널 유지에 많은 비용이 든다. • 패널 자료 축적을 위해 많은 시간이 소요된다.

19 질문지 배열 시 고려사항에 대한 설명으로 옳지 않은 것은?

① 일반적인 내용에서 구체적인 내용 순으로 구성한다.

② 민감한 질문이나 개방형 질문은 가급적 질문지의 후반부에 배열한다.

③ 동일한 척도항목들은 전반, 중반, 후반부에 나누어 적절히 배치한다.

④ 응답자로 하여금 흥미를 유발시키는 질문을 전반부에 배치한다.

> **해설**
> **질문지 배열 순서**
> • 일반적인 내용에서 구체적인 내용 순으로 한다.
> • 사실적인 실태나 형태를 묻는 질문에서 이미지 평가나 태도를 묻는 질문 순으로 배치한다.
> • 답변이 용이한 질문은 질문지 전반부에 배치하고 연령, 직업 등과 같이 민감한 내용의 질문은 질문지의 후반부에 배치한다.
> • 응답자로 하여금 흥미를 유발시키는 질문을 전반부에 배치한다.
> • 응답의 신뢰도를 묻는 질문문항들은 분리하여 배치한다.
> • 동일한 척도항목들은 모아서 배치한다.

20 다음은 군집추출법(Cluster Sampling)에 대한 설명이다. 옳은 것은 모두 몇 개인가?

> a. 표본추출단위 : 군집
> b. 표본추출단위가 지역인 경우 지역추출법이라고 한다.
> c. 집락 내는 이질적이고 집락 간은 동질적이면 정도(Precision)가 높다.
> d. 집락내부가 모집단이 지닌 특성의 분포와 정확히 일치하면 가장 이상적이다.
> e. 지역추출법(Area Sampling)은 비확률표본추출법이다.

① 2개   ② 3개
③ 4개   ④ 5개

> **해설**
> **지역추출법(Area Sampling)**
> 지역추출법은 군집추출법의 특이한 형태로 표본추출단위가 지역인 경우로써 확률표본추출법에 해당된다.

19 ③ 20 ③ 정답

PART 5

Level 2
조사방법론 총정리 모의고사

11~20회 통계직 공무원, 공사, 공기업 조사방법론 총정리 모의고사

※ 실제 공무원, 공사, 공기업 시험과 비슷한 난이도를 가진 모의고사를 수록하였습니다.

모든 전사 중 가장 강한 전사는 이 두 가지, 시간과 인내다.

- 레프 톨스토이 -

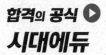
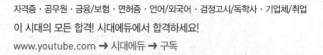

01 면접자가 자유응답식 질문에 대한 응답을 기록할 때 지켜야 할 원칙으로 가장 적합한 것은?

① 면접조사를 진행한 이후 마지막 응답만을 기록한다.
② 응답자가 사용한 어휘를 그대로 사용하면 안 된다.
③ 질문과 관련된 모든 것을 기록에 포함시킬 필요는 없다.
④ 응답자의 응답내용 그대로를 가감 없이 기록한다.

해설
면접원의 응답 기록
• 면접자는 응답의 해석상 필요한 정보를 기록해두는 것이 좋다.
• 면접자는 자신의 주관을 배제한 채 응답자의 응답내용 그대로를 기록하는 것이 좋다.
• 면접자는 응답자의 응답을 면접하는 도중에 즉시 기록하여 두는 것이 좋다.
• 면접자는 질문의 목적과 연관된 것에 대해서는 사소한 것이라도 빼놓지 않고 기록하는 것이 좋다.

02 전수조사 대신 표본조사를 하는 이유에 대한 설명으로 옳지 않은 것은?

① 표본오차를 줄이기 위해서
② 시간과 경비를 절약하기 위해서
③ 광범위한 주제에 대해 연구하기 위해서
④ 정확도를 높이기 위해서

해설
표본오차
표본오차는 전수조사에서 발생하지 않고 표본조사에서 발생한다.

03 면접조사에서 면접과정에 대한 설명으로 옳지 않은 것은?

① 면접지침을 작성하여 조사원에게 배포한다.
② 면접원에 대한 사전교육은 면접원에 대한 편향을 줄일 수 있다.
③ 면접상황에 따라 면접방식을 융통성 있게 조정하는 것은 편향을 크게 한다.
④ 면접원 교육과정에서 예외적인 상황에 대해서도 교육하는 것이 좋다.

면접 시 유의사항
- 면접자는 중립적인 태도로 엄숙하고 진지하게 면접에 임한다.
- 면접자는 응답자와 친밀감(Rapport)을 형성해야 한다.
- 면접자의 신분을 밝혀 피면접자의 불안감을 해소시킨다.
- 피면접자에게 면접목적과 피면접자의 신변 및 비밀이 보장됨을 주지시킨다.
- 면접상황에 따라 면접방식을 융통성있게 조정한다.
- 면접자는 객관적 입장에서 견지한다.
- 면접과 관련된 내용을 자세하게 기록한다.
- 피면접자가 "모른다"는 응답을 하는 경우 그 이유를 알아본다.

04 신뢰도 평가방법 중 다음에 설명하는 방법은?

> 측정도구를 일정한 체계에 맞게 반으로 나누어 각각을 독립된 척도로 간주하고 결과를 비교하는
> 방법

① 검사−재검사법(Test−retest Method)
② 복수양식법(Multiple Forms Techniques)
③ 반분법(Split−half Method)
④ 내적 일관성법(Internal Consistency Analysis)

반분법(Split−half Method)
척도의 질문을 무작위로 반씩 나누어 둘로 만든 후 이 두 부분을 따로 떼어서 적용하는 것이 아니라 내용적으로만 갈라
놓고 실제로는 본래의 척도를 그대로 적용하는 방법이다.

05 다음 중 표준화 면접의 장·단점에 대한 설명으로 옳은 것은?

① 신뢰도가 높다.
② 새로운 사실 및 아이디어의 발견가능성이 높다.
③ 면접결과를 수치화하기 어렵다.
④ 측정이 용이하지 않다.

표준화 면접의 장·단점

표준화 면접의 장점	표준화 면접의 단점
• 면접결과에 대한 비교가 용이하다.	• 새로운 사실 및 아이디어의 발견가능성이 낮다.
• 측정이 용이하다.	• 의미의 표준화가 어렵다.
• 신뢰도가 높다.	• 면접상황에 대한 적응도가 낮다.
• 언어구성의 오류가 적다.	• 융통성이 없고 타당도가 낮다.
• 반복적 연구가 가능하다.	• 특정 분야의 깊이 있는 측정을 도모할 수 없다.

06 내용분석에 대한 설명으로 옳은 것은?

① 다른 조건을 통제하였을 때 하나의 변수가 다른 변수에 어떤 영향을 미치는지 알아보는 방법

② 관찰자가 관찰대상 집단 내부에 들어가 구성원의 일원으로 참여하면서 관찰하는 방법

③ 개인기록이나 공식적인 문서 등의 내용을 구체적으로 분석하는 방법

④ 연구하고자 하는 연구주제의 내용을 구체화하기 위한 연구 방법

해설
내용분석(Content Analysis)
기록화된 것을 중심으로 그 연구대상에 대한 필요 자료를 수집·분석함으로써 객관적이고 체계적이며 계량적인 방법으로 분석하는 방법

07 이론의 역할에 대한 설명으로 옳은 것은 모두 몇 개인가?

> a. 현상을 개념화하고 분류하는 데 기초를 제공한다.
> b. 사실을 예측하고 설명해준다.
> c. 지식을 확장시킨다.
> d. 지식의 결함을 지적해준다.

① 1개   ② 2개

③ 4개   ④ 0개

해설
이론의 역할
• 과학의 주요방향 결정
• 현상의 개념화 및 분류화
• 기존 지식의 요약
• 사실의 설명 및 예측
• 지식의 확장 및 결함 지적

08 온라인조사에 대한 설명으로 옳지 않은 것은?

① 응답자의 신분을 확인할 수 없는 경우 문제가 발생할 수 있다.

② 온라인 사회조사에는 전자설문, 전자우편조사 등이 포함된다.

③ 표본의 편중 문제를 어느 정도 쉽게 해결할 수 있다.

④ 응답여부 확인이 쉬운 편이다.

해설
온라인조사
온라인조사는 컴퓨터와 인터넷을 사용할 수 있는 사람만을 대상으로 하므로 표본의 편중 문제가 발생하여 표본의 대표성에 문제가 제기될 수 있다.

09 다음 중 표본추출과정으로 옳은 것은?

① 모집단 확정 → 표본추출방법 결정 → 표본추출틀 선정 → 표본크기 결정 → 표본추출
② 표본크기 결정 → 모집단 확정 → 표본추출방법 결정 → 표본추출틀 선정 → 표본추출
③ 모집단 확정 → 표본추출틀 선정 → 표본추출방법 결정 → 표본크기 결정 → 표본추출
④ 표본크기 결정 → 모집단 확정 → 표본추출틀 선정 → 표본추출방법 결정 → 표본추출

해설
표본추출과정
모집단 확정 → 표본추출틀 선정 → 표본추출방법 결정 → 표본크기 결정 → 표본추출

10 다음 중 2차 자료를 설명하는 조사방법은?

① 현지에 직접 방문하여 실시하는 실태 조사, 탐색 또는 기술적 조사
② 기존에 이미 발표된 논문, 신문, 잡지 등으로 기록된 자료를 수집, 정리하는 탐색적 조사
③ 조사대상을 통제하여 철저한 인과관계를 규명하는 설명적 조사
④ 조사대상을 고정적으로 선정한 후, 동일한 내용을 반복적으로 조사하는 기술적 조사

해설
2차 자료
다른 목적을 위해 이미 수집된 자료로서 연구자가 자신이 수행중인 연구문제를 해결하기 위해 사용하는 자료

11 구성타당도에 대한 설명으로 옳은 것은 모두 몇 개인가?

a. 개념타당도라고도 한다.
b. 구성타당도는 이해, 수렴, 판별타당도로 구분된다.
c. 피험자가 평가받는다는 것을 의식하면 구성타당도를 저해한다.
d. 경험적 근거에 의해 타당도를 확인하는 방법이다.

① 1개   ② 2개
③ 3개   ④ 4개

해설
구성타당도(개념타당도)
측정도구가 실제로 무엇을 측정하였는가 또는 조사자가 측정하고자 하는 추상적인 개념이 측정도구에 의해 제대로 측정되었는가의 정도로 이론적 구조하에서 변수들 간의 관계를 밝히는 데 중점을 두고 평가한다.
☞ 경험적 근거에 의해 타당도를 확인하는 방법은 기준타당도(경험적 타당도)이다.

12 양적연구와 질적연구에 대한 설명으로 옳은 것은?

① 질적연구는 양적연구에 비해 일반화 가능성이 높다.

② 양적연구는 객관적이며 질적연구는 주관적이다.

③ 양적연구는 연구주제를 우선시하고 질적연구는 연구방법을 우선시한다.

④ 양적연구는 소규모 분석에 유리하며 질적연구는 대규모 분석에 유리하다.

해설

양적연구와 질적연구

양적연구	질적연구
• 사회현상의 사실이나 원인들을 탐구	• 경험의 본질에 대한 풍부한 기술
• 일반화 가능	• 일반화 불가능
• 구조화된 양적자료 수집	• 비구조화된 질적자료 수집
• 원인과 결과의 구분이 가능	• 원인과 결과의 구분이 불가능
• 객관적	• 주관적
• 대규모 분석에 유리	• 소규모 분석에 유리
• 확률적 표집방법 사용	• 비확률적 표집방법 사용
• 연구방법을 우선시	• 연구주제를 우선시
• 논리실증주의적 입장을 취함	• 현상학적 입장을 취함

13 비확률표본추출방법을 사용하는 경우에 해당되지 않는 것은?

① 모집단을 규정지을 수 없는 경우

② 표본의 규모가 매우 큰 경우

③ 조사 초기단계에서 문제에 대한 대략적인 정보가 필요한 경우

④ 적절한 표본추출방법이 없을 경우

해설

비확률표본추출방법을 사용하는 경우
• 모집단을 규정지을 수 없는 경우
• 표본의 규모가 매우 작은 경우
• 표집오차가 큰 문제가 되지 않을 경우
• 조사 초기단계에서 문제에 대한 대략적인 정보가 필요한 경우
• 과거의 사건들에 대해 연구하거나 또는 현재의 경우라도 조사의 대상이 매우 비협조적인 경우
• 적절한 표본추출방법이 없을 경우

14 문헌조사의 목적에 해당하지 않은 것은?

① 질문의 순서가 바뀌었을 때 응답한 내용에 변화가 나타나는지 검토할 수 있다.

② 연구문제를 구체적으로 한정시킨다.

③ 연구문제의 해결을 위한 새로운 접근방법을 알 수 있다.

④ 연구수행에 관한 새로운 아이디어를 찾을 수 있다.

해설

문헌조사의 목적

문헌조사는 해당 연구와 관련된 연구현황을 파악하기 위해 각종 문헌을 조사하는 것이다.

• 연구문제를 구체적으로 한정시킨다.

• 연구문제의 해결을 위한 새로운 접근방법을 알 수 있다.

• 조사설계에서의 잘못을 피할 수 있다.

• 연구수행에 관한 새로운 아이디어를 찾을 수 있다.

☞ 질문의 순서가 바뀌었을 때 응답한 내용에 변화가 나타나는지 검토하기 위해서는 사전조사(Pre-test)를 실시한다.

15 거트만척도의 일관성을 검증하기 위해 사용되는 계수는?

① 크론바흐 알파계수   ② 재생계수

③ 스피어만–브라운계수   ④ 결정계수

해설

재생계수

• 거트만척도의 절차에 따라서 만든 척도가 완벽한 거트만척도와 일치하는 정도를 재생계수를 통해 파악한다.

• 재생계수는 다음과 같은 공식에 의해 구한다.

$$재생계수 = 1 - \frac{응답의\ 오차수}{문항수 \times 응답자\ 수}$$

• 재생계수가 1일 때 완벽한 척도구성 가능성을 가지며, 보통 0.9 이상은 되어야 이상적이다.

16 개방형 질문의 특징으로 옳은 것은?

① 복합적인 질문을 하는 데 불리하다.

② 자료의 기록 및 코딩이 불리하다.

③ 응답유형에 대한 사전지식이 충분할 때 사용한다.

④ 응답에 대한 제한을 받으므로 새로운 사실을 발견할 가능성이 크다.

개방형 질문의 특징
• 복합적인 질문을 하기에 유리하다.
• 응답유형에 대한 사전지식이 부족할 때 사용한다.
• 응답에 대한 제한을 받지 않으므로 새로운 사실을 발견할 가능성이 크다.
• 본조사에 사용될 조사표 작성 시 폐쇄형 질문의 응답유형을 결정할 수 있게 해준다.
• 응답을 분류하고 코딩하는데 어렵다.
• 응답자가 어느 정도의 교육수준을 갖추어야 한다.
• 폐쇄형 질문에 비해 상대적으로 응답률이 낮다.
• 결과를 분석하여 설문지를 완성하기까지 많은 시간과 비용이 소요된다.
• 탐색적으로 사용할 수 있다.

17 다음 중 확률표본추출방법으로 볼 수 있는 것은?

① 대형마트 앞에서 지나가는 사람들을 대상으로 한 설문조사
② TV 생산 공장에서 매 100번째 생산되는 제품을 대상으로 한 품질검사
③ 라디오 프로그램 방송 중 전화를 걸어 참여한 청취자들을 대상으로 실시한 조사
④ 신문에 질문지를 끼워서 배포한 후 자발적으로 우편으로 응답하게 한 조사

해설
계통추출법(Systematic Sampling)
TV 생산 공장에서 매 100번째 생산되는 제품을 대상으로 한 품질검사는 확률표본추출방법 중 계통추출법에 해당된다.

18 인과관계에 대한 가설을 검정하기 위해 변수를 조작, 통제하여 그 조작의 효과를 관찰하는 연구는 무엇인가?

① 설명적 연구　　② 실험적 연구
③ 기술적 연구　　④ 인과적 연구

해설
과학적 연구의 유형
• 설명적 연구 : 기술적 연구 결과의 축적을 토대로 어떤 사실과의 관계를 파악하여 인과관계를 규명하거나 미래를 예측하는 연구
• 기술적 연구 : 현상을 정확하게 기술하는 것을 주목적으로 발생빈도와 비율을 파악할 때 실시하며 두 개 이상 변수 간의 상관관계를 기술할 때 적용하는 연구
• 인과적 연구 : 일정한 현상을 낳게 하는 근본원인이 무엇이냐를 중점적으로 검토해 보는 연구로서 한 결과에 대한 그 원인을 밝히는 데 목적이 있다.

19 신뢰도와 타당도에 대한 설명으로 옳은 것의 개수는 몇 개인가?

> a. 타당도가 높은 측정은 높은 신뢰도를 확보할 수 있다.
> b. 신뢰도가 높으면 반드시 타당도가 높다.
> c. 신뢰도가 높고 타당도가 낮은 측정도 있다.
> d. 신뢰도가 낮은 측정은 항상 타당도가 낮다.

① 0개   ② 1개
③ 2개   ④ 3개

해설

신뢰도와 타당도의 상호관계
• 타당도가 높은 측정은 높은 신뢰도를 확보할 수 있다.
• 신뢰도가 높다고 해서 반드시 타당도가 높은 것은 아니다.
• 신뢰도가 높고 타당도가 낮은 측정도 있다.
• 신뢰도가 낮은 측정은 항상 타당도가 낮다.

20 다음 중 척도에 대한 설명으로 옳게 짝지어진 것은?

① 산업대분류(A~Z) : 서열척도
② 을지로 1가, 2가, 3가 : 명목척도
③ 섭씨온도 : 비율척도
④ 나이 : 등간척도

해설

척도의 종류
• 산업대분류(A~Z) : 명목척도
• 섭씨온도 : 등간척도
• 나이 : 비율척도

12회 조사방법론 총정리 모의고사

01 **2차 자료에 대한 설명으로 옳은 것은?**

① 공신력 있는 기관에서 수집한 자료일지라도 신뢰도와 타당도가 낮다.

② 연구의 분석단위나 조작적 정의가 다른 경우 사용이 곤란하다.

③ 다른 목적을 위해 이미 수집된 자료로써 국제비교가 불가능하다.

④ 조사연구의 목적을 달성하기 위해 직접 수집하는 자료로 설문지, 면접법, 관찰법 등으로 수집한다.

해설

2차 자료의 장·단점

2차 자료의 장점	2차 자료의 단점
• 1차 자료의 수집에 따른 시간, 노력, 비용을 절감할 수 있다. • 직접적이고 즉각적인 사용이 가능하다. • 국제비교나 종단적 비교가 가능하다. • 공신력 있는 기관에서 수집한 자료는 신뢰도와 타당도가 높다.	• 연구의 분석단위나 조작적 정의가 다른 경우 사용이 곤란하다. • 일반적으로 신뢰도와 타당도가 낮다. • 시간이 경과하여 시의적절하지 못한 정보일 수 있다. • 연구에 필요한 2차 자료의 소재를 파악하기 어렵다.

☞ 조사연구의 목적을 달성하기 위해 직접 수집하는 자료로 설문지, 면접법, 관찰법 등으로 수집하는 자료는 1차 자료이다.

02 **통계적 가설검증에 관한 설명이다. (ㄱ)과 (ㄴ)에 들어갈 단어를 바르게 연결한 것은?**

> • (ㄱ) 가설은 심각한 판단의 착오를 범할 때 진리인 내용을 의미하며 연구에서 검증받는 사실을 말한다.
> • 두 가지 교수법의 학습효과에 차이가 없음에도 불구하고 있다고 판정하는 경우는 (ㄴ) 오류에 해당한다.

① (ㄱ) : 귀무, (ㄴ) : 1종   ② (ㄱ) : 귀무, (ㄴ) : 2종

③ (ㄱ) : 대립, (ㄴ) : 1종   ④ (ㄱ) : 대립, (ㄴ) : 2종

해설

가설검정

• 귀무가설 : 연구에서 검증을 받는 사실로 현재 믿어지고 있는 사실

• 제1종 오류 : 귀무가설이 참인데 귀무가설을 기각할 오류

03 실험설계의 조건에 대한 설명으로 옳지 않는 것은?

① 외부변수의 영향력을 배제할 수 있어야 한다.
② 독립변수의 조작이 가능하여야 한다.
③ 비교를 위한 통제집단이 확보되어야 한다.
④ 인과적 추론을 위해 통계학적 분석방법을 사용한다.

해설
실험설계의 조건
- 외생변수의 통제 : 외생변수는 종속변수에 영향을 미칠 수 있는 변수로써 외생변수를 통제하지 않으면 독립변수와 종속변수 사이의 인과관계를 파악하는 데 문제가 발생된다.
- 독립변수의 조작 : 연구자가 의도적으로 어떤 한 집단에는 독립변수를 발생시키고 다른 집단에는 발생하지 않도록 한 후 독립변수의 조작이 종속변수에 미치는 영향을 관찰한다.
- 실험대상의 무작위화 : 연구대상을 실험집단과 통제집단으로 나눌 때 가능한 두 집단의 차이가 적도록 무작위로 할당한다.
- 종속변수의 비교 : 실험집단과 통제집단 간의 종속변수를 비교하거나 실험 전후의 종속변수를 비교하여 두 변수 간에 차이가 있는지 알아본다.

04 경험적 연구방법에 해당하지 않은 것은?

① 실 험   ② 논리적 추론
③ 내용분석   ④ 조사연구

해설
경험적 연구방법
사회현상을 경험적으로 관찰하고 연구하는 경험적 연구방법에는 실험, 참여관찰, 내용분석, 조사연구 등이 있다.

05 다음 연구에 대한 설명으로 옳은 것은?

> 금년도 인천광역시에 새로 개업한 편의점들을 조사하여 자료를 수집하였다. 이 자료로부터 편의점의 매장면적이 매출액에 미치는 영향을 분석하였다.

① 독립변수는 매출액이다.   ② 종속변수는 편의점이다.
③ 분석단위는 매장면적이다.   ④ 매장면적과 매출액 모두 양적자료이다.

해설
변수와 분석단위
- 독립변수 : 매장면적
- 종속변수 : 매출액
- 분석단위 : 편의점

06 다음 중 횡단연구(Cross-sectional Study)에 대한 설명으로 옳은 것은?

① 대규모의 서베이가 어렵다.

② 변수들 간의 인과관계를 확인하기 어렵다.

③ 많은 수의 변수들을 측정하기 어렵다.

④ 자료축적에 많은 시간이 걸린다.

해설

횡단연구(Cross-sectional Study)

일정 시점을 기준으로 모든 관련 변수에 대한 자료를 수집하는 연구이다.

장 점	• 종단연구에 비해 상대적으로 시간과 비용이 적게 든다. • 대규모 서베이에 적합하다. • 연구대상이 지리적으로 넓게 분포되어 있고 연구대상의 수가 많으며, 많은 변수에 대한 자료를 수집해야 할 경우 적합하다.
단 점	• 시간의 흐름에 따라 변화의 추이를 파악하기 어려워 변수들 간의 인과관계를 확인하는 데 한계가 있다. • 어떤 현상의 진행과정이나 변화를 측정하지 못한다.

07 질문지 배열에 대한 일반적인 설명으로 옳은 것은?

① 민감한 문제들은 질문지의 앞에 배치한다.

② 질문항목의 배치는 자료수집의 형태와 상관없이 정해져 있다.

③ 응답자가 응답 시 피로를 느끼지 않도록 심층적인 질문은 배제한다.

④ 일반적인 내용에서 구체적인 내용 순으로 배열한다.

해설

질문지 배열 순서

• 일반적인 내용에서 구체적인 내용 순으로 한다.

• 사실적인 실태나 형태를 묻는 질문에서 이미지 평가나 태도를 묻는 질문 순으로 배치한다.

• 답변이 용이한 질문은 질문지 전반부에 배치하고 연령, 직업 등과 같이 민감한 내용의 질문은 질문지의 후반부에 배치한다.

• 응답자로 하여금 흥미를 유발시키는 질문을 전반부에 배치한다.

• 응답의 신뢰도를 묻는 질문문항들은 분리하여 배치한다.

• 동일한 척도항목들은 모아서 배치한다.

08 다음 중 표본오차를 계산할 수 있는 확률표본추출방법은?

① 눈덩이표본추출

② 간편표본추출

③ 할당표본추출

④ 체계적 표본추출

해설

확률표본추출방법

표본오차를 계산할 수 있는 확률표본추출방법에는 단순임의추출법, 층화추출법, 군집추출법(집락추출법), 계통추출법(체계적 추출법) 등이 있다.

09 비구조화(비표준화) 면접에 대한 설명으로 옳은 것은 모두 몇 개인가?

> a. 면접상황에 대한 적응도가 낮다.
> b. 면접결과의 타당도가 높다.
> c. 반복적 면접이 가능하다.
> d. 면접결과에 대한 비교·분석이 어렵다.

① 1개
② 2개
③ 3개
④ 4개

해설

비표준화 면접의 장·단점

비표준화 면접의 장점	비표준화 면접의 단점
• 면접상황에 대한 적응도가 높다.	• 면접결과에 대한 비교·분석이 어렵다.
• 면접결과의 타당도가 높다.	• 면접결과의 신뢰도가 낮다.
• 새로운 사실의 발견가능성이 높다.	• 면접결과를 처리하기가 용이하지 않다.
• 면접의 신축성이 높다.	• 반복적인 면접이 불가능하다.

10 사전조사(Pre-test)에 대한 설명으로 옳지 않은 것은?

① 사전조사는 본조사 실시 전에 실시한다.
② 사전조사는 질문지 내용의 실용성을 검토하기 위해 실시한다.
③ 사전조사는 가능하면 전화 또는 팩스로 신속하게 실시한다.
④ 사전조사는 질문지 초안 작성 후 실시한다.

해설

사전조사(Pre-test)
• 설문지의 개선할 사항을 찾아내기 위해 실시
• 설문지 초안 작성 후, 본조사 실시 전 실시
• 본조사에서 실시하는 것과 똑같은 절차와 방법으로 실시

11 면접원의 편견으로 자신의 가치관을 개입시켜 측정대상에 체계적으로 미침으로써 일정한 방향성을 갖는 오차는?

① 무작위오차

② 표준오차

③ 편 향

④ 응답오차

해설

편향(Bias)

편향은 어떠한 영향이 측정대상에 체계적으로 미침으로써 일정한 방향성을 갖는 오차로 측정의 타당성과 관련이 있다.

12 사회과학과 자연과학에 대한 설명으로 옳은 것은?

① 사회과학은 자연과학에 비해 일반화가 용이하다.

② 자연과학은 사고의 가능성이 한정되어 있어 명확한 결론을 내릴 수 없다.

③ 사회과학은 연구자 개인의 심리상태, 개성, 가치관 등에 영향을 받지 않는다.

④ 자연과학은 사회문화적 특성에 영향을 받지 않는다.

해설

사회과학과 자연과학

사회과학	자연과학
• 추론을 가능하게 하는 조건에 보다 많은 관심을 보인다.	• 인과관계에 관심을 보인다.
• 인간의 행위를 연구대상으로 한다.	• 객관의 세계를 연구대상으로 한다.
• 사회문화적 특성에 영향을 받는다.	• 사회문화적 특성에 영향을 받지 않는다.
• 자연과학에 비해 일반화가 용이하지 않다.	• 사회과학에 비해 비교적 일반화가 용이하다.
• 사고의 가능성이 제한되고 명확한 결론을 내리기 어렵다.	• 사고의 가능성이 무한정하고 명확한 결론을 얻을 수 있다.
• 가치판단은 복잡하고 불가분의 것이다.	• 가치는 선험적으로 단순하고 자명하다.
• 사람과 사람 간의 의사소통에 비중을 둔다.	• 미래에 대한 예측을 포함한다.
• 연구자 개인의 심리상태, 개성, 가치관, 등에 영향을 받는다.	• 연구자의 가치관이나 사회적 지위에 의해 영향을 받지 않는다.

13 연구방법의 구분 기준에 따른 분류로 옳지 않은 것은?

① 수집된 자료 형태 : 질적연구, 양적연구

② 자료수집 환경 : 실험실연구, 현장연구

③ 통계적 실험설계 : 순수(기초)연구, 응용연구

④ 논리적 전개방법 : 연역적 연구, 귀납적 연구

해설

연구방법 구분 기준

연구 결과의 형태에 따라 순수(기초)연구와 응용연구로 구분한다.

14 관찰을 통한 자료수집 시 지각과정에서 나타나는 오류를 감소하기 위한 방안으로 옳지 않은 것은?

① 보다 큰 단위의 관찰을 한다.

② 객관적인 관찰도구를 사용한다.

③ 관찰기간을 될 수 있는 한 길게 잡는다.

④ 가능한 한 관찰단위를 명세화해야 한다.

해설

관찰에서 지각과정상의 오류 감소 방법

• 객관적인 관찰도구를 사용한다.
• 혼란을 초래하는 영향을 통제한다.
• 관찰기간을 짧게 잡는다.
• 보다 큰 단위를 관찰한다.
• 가능한 관찰단위를 명세화한다.
• 훈련을 통해 관찰기술을 향상시킨다.
• 복수의 관찰자가 관찰한다.

15 미국 Yale 대학교 대학원생들의 지능검사를 위하여 중국어로 된 검사지를 사용하였을 경우 제기될 수 있는 측정상의 가장 큰 문제점은?

① 신뢰성 훼손

② 일관성 훼손

③ 타당성 훼손

④ 대표성 훼손

해설

타당도

타당도는 측정도구가 측정하고자 하는 개념이나 속성을 얼마나 실제에 정확히 측정하고 있는가 하는 정도를 의미한다.

16 면접의 종류 중 다음에 설명하는 것은?

> 면접자가 어떤 지정된 방법 및 절차에 의해 응답자를 면접하는 것이 아니고, 응답자로 하여금 어떠한 응답을 하든지 간에 공포감이 없이 자유로운 상황에서 응답할 수 있는 분위기를 마련해준 다음 면접하는 방식

① 표준화 면접(Standardized Interview)

② 비표준화 면접(Unstandardized Interview)

③ 준표준화 면접(Semi-standardized Interview)

④ 비지시적 면접(Non-directive Interview)

해설

면접의 종류

• 표준화 면접(구조화된 면접) : 엄격히 정해진 면접조사표에 의하여 모든 응답자에게 동일한 질문순서와 동일한 질문 내용에 따라 면접하는 방식

• 비표준화 면접(비구조화된 면접) : 면접자가 면접조사표의 질문내용, 형식, 순서를 미리 정하지 않은 채 면접상황에 따라 자유롭게 응답자와 상호작용을 통해 자료를 수집하는 방식

• 준표준화 면접(반구조화된 면접) : 일정한 수의 중요한 질문은 표준화하고 그 외의 질문은 비표준화하는 방식

• 비지시적 면접 : 면접자가 어떤 지정된 방법 및 절차에 의해 응답자를 면접하는 것이 아니고, 응답자로 하여금 어떠한 응답을 하든지 간에 공포감이 없이 자유로운 상황에서 응답할 수 있는 분위기를 마련해준 다음 면접하는 방식

17 표본오차와 비표본오차에 대한 설명으로 옳은 것은?

① 표본의 크기를 증가시키면 표본오차는 증가한다.

② 전수조사에서 표본오차는 0이다.

③ 표본오차는 신뢰수준이 결정되어도 계산이 불가능하다.

④ 표본오차는 표본조사와 전수조사 모두에서 발생한다.

해설
표본오차
표본오차는 표본조사에서 발생되며 전수조사의 표본오차는 0이다.

18 신뢰도 평가방법인 재검사법에 대한 설명으로 가장 적합한 것은?

① 동일한 문항을 반복해서 측정한다.

② 홀수문항과 짝수문항의 응답을 비교하는 방식으로 수행하는 경우도 있다.

③ 척도의 항목수를 줄여서 안정성을 강조한다.

④ 첫 번째 검사와 두 번째 검사의 기간은 가능한 짧게 설정한다.

해설
재검사법(Retest Method)
동일한 측정대상에 대하여 동일한 질문지를 이용하여 서로 다른 두 시점에 측정하여 얻은 결과를 비교하는 방법이다.

19 면접조사에 비해 전화조사의 장점으로 옳은 것은?

① 면접조사에 비해 깊은 조사가 가능하다.

② 면접조사에 비해 타당도가 높다.

③ 면접조사에 비해 보조도구 사용에 제약이 없다.

④ 면접조사에 비해 래포(Rapport) 형성이 용이하다.

해설
전화조사의 장점
• 면접조사에 비해 시간과 비용이 적게 든다.
• 면접조사에 비해 타당도가 높다.
• 면접이 어려운 사람의 경우에 유리하다.
• 면접조사에 비해 타당도가 높다.
• 컴퓨터 지원(CATI조사 ; Computer Assisted Telephone Interviewing)이 가능하다.

17 ② 18 ① 19 ② 정답

20 종단연구의 유형 중 다음에 설명하는 연구는?

> 시간의 흐름에 따라 전체 모집단 내의 변화를 연구하는 것으로 구성원은 변하지만 동일한 모집단
> 에서 상이한 표본을 상이한 시점에 조사하기 때문에 개별적인 변화는 알 수 없다.

① 코호트연구(Cohort Study)
② 추세연구(Trend Study)
③ 횡단연구(Cross-sectional Study)
④ 패널연구(Panel Study)

해설
추세연구(추이연구, Trend Study)
추세연구는 시간의 흐름에 따라 전체 모집단 내의 변화를 연구하는 것으로 구성원은 변하지만 동일한 모집단에서 상이한 표본을 상이한 시점에 조사하기 때문에 개별적인 변화는 알 수 없다.

13회 | 조사방법론 총정리 모의고사

01 조사자의 주관이 개입될 가능성이 가장 높은 자료수집방법은?

① 우편조사
② 온라인조사
③ 면접조사
④ 전화조사

> **해설**
> **면접조사**
> 면접조사의 경우 조사자에 따라 주관이 개입될 가능성이 있이 편향(Bias)이 발생할 수 있다.

02 사회과학과 자연과학에 대한 설명으로 옳은 것은?

① 자연과학은 규범적 문제에 관여할 수 있다.
② 자연과학은 사고의 가능성이 제한되고 명확한 결론을 내리기 어렵다.
③ 자연과학은 사회과학에 비해 비교적 일반화가 용이하다.
④ 자연과학은 연구자 개인의 심리상태, 개성, 가치관 등에 영향을 받는다.

> **해설**
> **자연과학의 특징**
> • 인과관계에 관심을 갖는다.
> • 객관의 세계를 연구대상으로 한다.
> • 사회문화적 특성에 영향을 받지 않는다.
> • 사회과학에 비해 비교적 일반화가 용이하다.
> • 사고의 가능성이 무한정하고 명확한 결론을 얻을 수 있다.
> • 가치는 선험적으로 단순하고 자명하다.
> • 미래에 대한 예측을 포함한다.
> • 연구자의 가치관이나 사회적 지위에 의해 영향을 받지 않는다.

03 특정한 구성개념이나 잠재변수의 값을 측정하기 위해 측정할 내용이나 측정방법을 구체적으로 정확하게 표현하고 의미를 부여하는 것은?

① 재개념화
② 개념적 정의
③ 실질적 정의
④ 조작적 정의

> **해설**
> **조작적 정의**
> 추상적인 개념들을 경험적, 실증적으로 측정이 가능하도록 구체화한 것으로 개념적 정의를 통해 변수에 대해 개념화한 후 그것에 기초하여 조작적 정의를 한다.

01 ③ 02 ③ 03 ④ 정답

04 우편조사에 대한 설명으로 옳지 않은 것은?

① 비용이 적게 든다.

② 자기기입식 조사이다.

③ 면접원에 의한 편향(Bias)이 없다.

④ 조사대상 지역이 제한적이다.

해설

우편조사의 장·단점

우편조사의 장점	우편조사의 단점
• 면접조사에 비해 비용이 적게 든다. • 광범위한 지역에 걸쳐 조사가 가능하다. • 응답자의 익명성이 보장된다. • 면접자의 영향을 받지 않는다.	• 질문지 회수율이 낮아 대표성이 없어 일반화하는 데 곤란하다. • 질문문항들이 간단하고 직설적이어야 한다. • 응답자 본인이 직접 기술한 것인지 다른 사람이 기술한 것인지 알 수 없다.

05 분석단위로 인한 오류 중 다음에 설명하는 오류는?

> 한두 개의 고립된 사건에 근거해서 일반적인 결론을 내리고 그것을 서로 관계없는 상황에 적용하는 오류이다.

① 지나친 일반화(Over Generalization)

② 개인주의적 오류(Individualistic Fallacy)

③ 생태학적 오류(Ecological Fallacy)

④ 환원주의적 오류(Reductionism)

해설

분석단위로 인한 오류

• 지나친 일반화 : 한두 개의 고립된 사건에 근거해서 일반적인 결론을 내리고 그것을 서로 관계없는 상황에 적용하는 오류이다.

• 개인주의적 오류 : 분석단위를 개인에 두고 얻어진 연구의 결과를 집단에 적용함으로써 발생하는 오류이다.

• 생태학적 오류 : 분석단위를 집단에 두고 얻어진 연구의 결과를 개인에 적용함으로써 발생하는 오류이다.

• 환원주의적 오류 : 넓은 범위의 인간의 사회적 행위를 이해하는 데 필요한 변수 또는 개념의 종류를 지나치게 한정시킴으로써 발생하는 오류로 조사할 개념이나 변수를 설정하는 과정에서 발생한다.

06 표본크기를 결정할 때 고려하는 사항과 가장 거리가 먼 것은?

① 모집단의 동질성　　　　　　② 척도의 유형
③ 모집단의 크기　　　　　　　④ 신뢰도

해설
표본크기 결정요인
• 모집단의 성격(모집단의 이질성 여부)
• 표본추출방법
• 통계분석 기법
• 변수 및 범주의 수
• 허용오차의 크기
• 소요시간, 비용, 인력(조사원)
• 조사목적의 실현 가능성

07 다음 측정도구에 대한 설명으로 가장 적합한 것은?

> 전자저울을 생산하는 회사에서 새로운 전자저울을 만들어 각 직원들의 몸무게를 측정해 보았다.
> 여러 번 반복 측정한 결과 각 직원들의 몸무게는 동일하게 측정되었지만 실제 몸무게와는 차이가
> 크게 나타났다.

① 신뢰도와 타당도가 모두 높다.
② 신뢰도와 타당도가 모두 낮다.
③ 신뢰도는 낮으나 타당도는 높다.
④ 신뢰도는 높으나 타당도는 낮다.

해설
신뢰도와 타당도
• 신뢰도 : 측정도구가 측정하고자 하는 현상을 일관성 있게 측정하는 능력으로 어떤 측정도구를 동일한 현상에 반복
　적용하여 동일한 결과를 얻게 되는 정도를 의미한다.
• 타당도 : 측정도구가 측정하고자 하는 개념이나 속성을 얼마나 실제에 정확히 측정하고 있는가 하는 정도를 의미한다.
☞ 측정할 때마다 몸무게가 동일하므로 신뢰도는 높으나 실제 몸무게와는 차이가 있으므로 타당도는 낮다.

08 측정에 있어서 신뢰도를 높이는 방법으로 옳은 것은?

① 측정항목을 축소하여 중요한 부분을 강조한다.
② 유사하거나 동일한 질문은 반복을 피하기 위해 하나로 통합한다.
③ 애매모호한 문구를 사용하지 않아 측정도구의 모호성을 제거한다.
④ 면접자들은 면접방식과 태도를 응답자의 성향에 맞춰 반응한다.

측정에 있어서 신뢰도를 높이는 방법
• 측정항목을 증가시킨다.
• 유사하거나 동일한 질문을 2회 이상 시행한다.
• 애매모호한 문구를 사용하지 않아 측정도구의 모호성을 제거한다.
• 신뢰성이 인정된 기존의 측정도구를 사용한다.
• 면접자들은 일관적인 면접방식과 태도를 유지한다.
• 조사대상이 잘 모르거나 관심이 없는 내용의 측정은 피한다.

09 실험적 연구의 특성에 대한 설명으로 옳지 않은 것은?

① 실험변수의 조작   ② 실험대상의 무작위화
③ 확률표본추출   ④ 외생변수의 통제

실험적 연구의 특성
• 조사상황의 엄격한 통제하에서 연구대상에 대한 무작위추출이 가능하다.
• 하나 이상의 독립변수의 조작이 용이하다.
• 실험이 정밀하고 반복적 실험이 가능하다.
• 실험결과의 외적타당도가 낮아 일반화 가능성이 낮다.
• 독립변수 및 외생변수의 통제로 조사결과를 확신할 수 있게 되어 내적타당도가 높다.
• 독립변수 및 외생변수의 통제가 가능하여 인과관계 검증에 적합하다.

10 다음에 설명하는 조사기법을 무엇이라 하는가?

> 전문가의 견해를 물어 종합적인 상황을 파악하거나 미래의 불확실한 상황을 예측할 때 주로 이용되는 조사기법

① 이차적 연구(Secondary Research)   ② 코호트(Cohort) 설계
③ 델파이(Delphi) 기법   ④ 추세(Trend) 설계

델파이 기법
델파이 기법은 어떠한 문제에 대하여 전문가들의 견해를 종합하고 집단적 판단으로 정리하여 새로운 의견을 창출하거나 상황을 파악, 예측하는 기법이다.

11 다음 사례의 분석단위로 옳은 것은?

> 제주도 지역의 이혼율과 실업율의 연관성을 알아보기 위해서 최근 10년간의 월별 이혼율과 실업률을 구하여 이 변수들 간의 상관분석을 실시하였다.

① 개인(Individual)
② 월(Month)
③ 지역(Region)
④ 집단(Group)

해설
분석단위(Unit of Analysis)
해당 내용을 분석하기 위한 단위로서 이혼율과 실업률의 연관성을 알아보기 위해 월별 이혼율과 실업률을 구하였으므로 분석단위는 월(Month)이 된다.

12 내용분석에 대한 설명으로 옳지 않은 것은?

① 정보의 현재적인 내용뿐만 아니라 잠재적인 내용도 분석대상이다.
② 양적분석방법뿐만 아니라 질적분석방법도 사용한다.
③ 객관적이고 계량적인 방법에 의해 측정·분석하는 방법이다.
④ 다른 연구방법의 타당성 여부를 위해 사용하는 것은 불가능하다.

해설
내용분석의 특징
• 문헌연구의 일종으로 정보의 내용(메시지)을 그 분석대상으로 한다.
• 정보의 현재적인 내용뿐만 아니라 잠재적인 내용도 분석대상이다.
• 양적분석방법뿐만 아니라 질적분석방법도 사용한다.
• 범주 설정에 있어서는 포괄성과 상호배타성을 확보해야 한다.
• 사례연구와 개방형 질문지 분석의 특성을 동시에 보여준다.
• 객관적이고 계량적인 방법에 의해 측정·분석하는 방법이다.
• 다른 연구방법의 타당성 여부를 위해 사용 가능하다.

13 2차 자료(Secondary Data)의 장점에 대한 설명으로 옳지 않은 것은?

① 자신의 연구목적에 맞게 변수를 선정 및 조작할 수 있다.
② 국제비교나 종단적 비교가 가능하다.
③ 직접적이고 즉각적인 사용이 가능하다.
④ 공신력 있는 기관에서 수집한 자료는 신뢰성과 타당성이 높다.

해설
2차 자료의 장점
• 1차 자료의 수집에 따른 시간, 노력, 비용을 절감할 수 있다.
• 직접적이고 즉각적인 사용이 가능하다.
• 국제비교나 종단적 비교가 가능하다.
• 공신력 있는 기관에서 수집한 자료는 신뢰도와 타당도가 높다.

14 기준타당도에 대한 설명으로 옳은 것은 모두 몇 개인가?

> ㄱ. 기준타당도는 경험적 근거에 의해 타당도를 확인하는 방법이다.
> ㄴ. 사용하고 있는 측정도구의 측정값과 기준이 되는 측정도구의 측정값 간의 상관관계에 관심이
>   있다.
> ㄷ. 동시적 타당도와 예측적 타당도로 구분할 수 있다.
> ㄹ. 표면타당도, 액면타당도라고도 불린다.
> ㅁ. 측정항목이 연구자가 의도한 내용대로 실제로 측정하고 있는가 하는 문제이다.

① 없 음   ② 1개
③ 2개   ④ 3개

해설
내용타당도(Content Validity)
내용타당도는 측정항목이 연구자가 의도한 내용대로 실제로 측정하고 있는가 하는 문제이며, 표면타당도, 액면타당도, 논리적 타당도라고도 불린다.

15 표본조사보다는 전수조사가 바람직한 경우는?

① 모집단이 무한히 많은 경우
② 모집단의 정확한 파악이 불가능한 경우
③ 각 조사대상에 대한 개별적인 정보가 필요한 경우
④ 파괴적인 조사를 요구하는 경우

해설
표본조사의 활용
모집단이 무한히 많은 경우, 모집단의 정확한 파악이 불가능한 경우 또는 파괴조사의 경우에 표본조사를 하는 것이 바람직하며 각 조사대상에 대한 개별적인 정보가 필요한 경우에는 전수조사를 하는 것이 바람직하다.

16 질문지 배열 순서에 대한 설명으로 옳은 것은?

① 민감한 질문은 가급적 질문지 전반부에 배치한다.
② 답변이 용이한 질문들은 후반부에 배치한다.
③ 응답자의 흥미를 유발할 수 있는 질문은 전반, 중반, 후반에 고르게 배치한다.
④ 동일한 척도항목들은 모아서 배치한다.

해설
질문지 배열 순서
• 일반적인 내용에서 구체적인 내용 순으로 한다.
• 사실적인 실태나 형태를 묻는 질문에서 이미지 평가나 태도를 묻는 질문 순으로 배치한다.
• 답변이 용이한 질문은 질문지 전반부에 배치하고 연령, 직업 등과 같이 민감한 내용의 질문은 질문지의 후반부에 배치한다.
• 응답자로 하여금 흥미를 유발시키는 질문을 전반부에 배치한다.
• 응답의 신뢰도를 묻는 질문문항들은 분리하여 배치한다.
• 동일한 척도항목들은 모아서 배치한다.

17 서열측정을 위한 방법으로 단순합산법을 이용하는 대표적인 척도는?

① 거트만척도

② 리커트척도

③ 서스톤척도

④ 보가더스척도

해설

리커트척도

• 응답자가 여러 질문항목에 대해 응답한 값들을 합산하여 결과를 얻는 척도이다.

• 하나의 개념을 측정하기 위해 여러 개의 질문항목을 이용하는 척도이므로 질문항목 간의 내적 일관성이 높아야 한다.

• 내적 일관성 검증을 위해 크론바흐 알파계수가 이용된다.

18 측정의 신뢰도와 타당도에 대한 설명으로 옳은 것은?

① 신뢰도는 타당도를 확보하기 위한 필수적인 전제조건은 아니다.

② 신뢰도와 타당도 간의 관계는 상호 대칭적이다.

③ 신뢰도는 타당도보다 상대적으로 확보하기 불리하다.

④ 신뢰도는 연구조사결과와 그 해석에 있어 필요조건이나 충분조건은 아니다.

해설

신뢰도와 타당도의 관계

신뢰도는 연구조사결과와 그 해석에 있어 필요조건이나 충분조건은 아니다. 즉, 신뢰도가 높다고 해서 훌륭한 과학적 결과를 보장하는 것은 아니지만 신뢰도가 없는 훌륭한 과학적 결과는 존재하지 않는다.

19 다음 설명하는 표본추출방법은?

> 어느 회사에서 연령대별 업무만족도조사를 실시하였다. 이 회사의 연령대는 20대 200명, 30대 300명, 40대 300명, 50대 200명으로 구성되어 있다. 연구자는 조사원에게 20대와 50대에서는 20명, 30대와 40대에서는 30명을 스스로 선정하여 면접할 것을 지시하였다.

① 할당표본추출법

② 눈덩이표본추출법

③ 편의표본추출법

④ 층화표본추출법

해설

할당표본추출법(Quota Sampling)

• 확률표본추출방법의 층화추출법과 유사하며, 마지막 표본의 선정이 랜덤하게 선정되지 않고 조사원의 주관에 의해서 선정된다는 차이점이 있다.

• 할당표본추출은 모집단에 대한 사전지식에 기초한다.

• 비확률표본추출이기 때문에 분석결과의 일반화에 제약이 따른다.

20 응답자의 응답이 일관성을 갖는지 이상적인 패턴을 갖는지 측정하기 위해 재생계수를 사용하는 척도는?

① 리커트척도
② 거트만척도
③ 서스톤척도
④ 보가더스척도

해설

거트만척도(Guttman's Scale)
척도를 구성하고 있는 문항들이 내용의 강도에 따라 일관성 있게 서열화되어 있고 단일차원적이며 누적적인 척도이다. 누적적이란 강한 태도를 나타내는 문항에 긍정적인 견해를 표현한 응답자는 약한 태도를 나타내는 문항에 대해서도 긍정적일 것이라는 논리를 적용하여 문항을 배열하는 것이다.
☞ 재생계수는 거트만척도의 일관성을 검증하기 위해 이용된다.

14회 조사방법론 총정리 모의고사

01 논리적 연관성을 도출하는 연역적 방법과 귀납적 방법에 대한 설명으로 옳은 것은?

① 연역적 방법은 관찰로부터 시작하여 일반적인 이론이나 결론에 도달하는 방법이다.

② 귀납적 방법은 구체적인 대상이나 현상에 대한 관찰에 일정한 지침을 제공한다.

③ 귀납적 방법은 가설을 통해 기존의 이론을 보충 또는 수정한다.

④ 연역적 방법과 귀납적 방법은 상호 보완적인 관계에 있다.

해설

연역적 방법과 귀납적 방법

연역적 방법	귀납적 방법
• 가설이나 명제의 세계에서 출발	• 현실의 경험세계에서 출발
• 일반적인 것으로부터 특수한 것을 추론해 내는 방법	• 관찰로부터 시작해서 일반적인 이론이나 결론에 도달하는 방법
• 구체적인 대상이나 현상에 대한 관찰에 일정한 지침을 제공	• 경험적인 관찰을 통해 기존의 이론을 보충 또는 수정
• 이론 → 가설설정 → 조작화 → 가설관찰 → 가설검정	• 주제선정 → 관찰 → 경험적 일반화 → 결론

☞ 연역적 방법과 귀납적 방법은 서로의 장·단점으로 인해 상호 보완적인 관계를 형성한다.

02 사회조사 유형에 대한 분류 설명으로 옳은 것은 모두 몇 개인가?

> a. 접근방법에 따라 횡단적 연구와 종단적 연구로 구분한다.
> b. 연구목적에 따라 탐색적, 기술적, 설명적, 인과적, 실험적 연구로 구분한다.
> c. 연구대상의 범위에 따라 전수조사와 표본조사로 구분한다.
> d. 연구방법에 따라 문헌연구, 경험자 연구, 특례분석연구로 구분한다.

① 1개
② 2개
③ 3개
④ 4개

해설

사회조사 유형에 대한 분류
• 연구방법에 의한 분류 : 질적, 양적연구
• 접근방법에 의한 분류 : 횡단적, 종단적 연구
• 연구목적에 의한 분류 : 탐색적, 기술적, 설명적, 인과적, 실험적 연구
• 연구대상에 의한 분류 : 전수, 표본조사

03 대학 졸업생을 대상으로 체계적 표집을 통해 응답집단을 구성한 후 매년 이들을 대상으로 졸업 후의 진로와 경제활동 및 노동시장 이동 상황을 조사한 방법은 무슨 조사 방법인가?

① 특례분석조사
② 파일럿조사
③ 패널조사
④ 델파이조사

해설

패널연구
동일집단(패널)이 시간의 흐름에 따라 어떻게 변화하는지를 연구하는 방법

04 기술조사(Descriptive Research)에 관한 설명으로 옳지 않은 것은?

① 탐색조사보다 많은 사전지식이 필요하다.
② 조사자의 관심상황에 대한 특성 파악에 이용된다.
③ 특정 시점에서의 집단 간 차이를 연구할 때 횡단조사방법이 사용된다.
④ 기술적 연구 결과의 축적을 토대로 어떤 사실과의 관계를 파악하여 인과관계를 규명하거나 미래를 예측하는 연구이다.

해설

설명적 연구
설명적 연구는 기술적 연구 결과의 축적을 토대로 어떤 사실과의 관계를 파악하여 인과관계를 규명하거나 미래를 예측하는 연구이다.

05 사후실험설계에 대한 설명으로 옳지 않은 것은?

① 인위성의 개입이 없고 매우 현실적이다.
② 광범위한 대상으로부터 자료수집이 가능하다.
③ 측정의 정확성이 낮다.
④ 대상의 무작위화가 가능하다.

해설

사후실험설계의 장·단점

사후실험설계의 장점	사후실험설계의 단점
• 이론을 근거로 도출한 가설을 현실상황에서 검증 • 광범위한 대상으로부터 자료수집이 가능 • 실험설계에 비해 다양한 변수를 연구 • 인위성의 개입이 없고 매우 현실적	• 독립변수의 조작이 불가능하여 명확한 인과관계의 검증이 불가능 • 측정의 정확성이 낮음 • 대상의 무작위화가 불가능 • 결과해석상 임의성 • 주관성의 문제

06 다음에 설명하는 것은 무엇인가?

> 집단구성원 간의 활발한 토의와 상호작용을 강조하며 그 과정에서 어떤 논의가 드러나고 진전되는지 파악하는 것이 중요한 자료가 된다. 조사자가 제공한 주제에 근거하여 참가자 간 의사표현 활동이 수행되고 연구자는 대부분의 과정을 질문자라기보다는 관찰자에 가깝다.

① 경험자조사　　　　　　　　　　② 표적집단면접
③ 특례분석조사　　　　　　　　　　④ 델파이조사

해설

표적집단면접
전문적인 지식을 가진 면접 진행자가 소수의 집단을 대상으로 특정 주제에 대해 자유롭게 토론을 하여 필요한 정보를 얻는 방식

07 척도구성방법 중 각 문항이 척도상의 어디에 위치할 것인가를 평가자로 하여금 판단케 한 다음 연구자가 대표적인 문항을 선정하여 척도를 구성하는 척도는?

① 거트만척도　　　　　　　　　　② 보가더스척도
③ 리커트척도　　　　　　　　　　④ 서스톤척도

해설

척도의 구성
• 거트만척도 : 척도를 구성하고 있는 문항들이 내용의 강도에 따라 일관성 있게 서열화되어 있고 단일차원적이며 누적적인 척도
• 리커트척도 : 응답자가 여러 질문항목에 대해 응답한 값들을 합산하여 결과를 얻는 척도
• 보가더스척도 : 소수민족, 사회계급, 사회적 가치 등에 대한 사회적 거리감의 정도를 측정하기 위해 단일연속성을 가진 문항들로 척도를 구성하는 방법
• 서스톤척도 : 각 문항이 척도상의 어디에 위치할 것인가를 평가자로 하여금 판단케 한 다음 연구자가 대표적인 문항을 선정하여 척도를 구성하는 방법

08 변수에 대한 설명으로 옳지 않은 것은?

① 경험적으로 측정가능 한 연구대상의 속성을 나타낸다.
② 변수의 속성은 경험적 현실의 전제, 계량화, 속성의 연속성 등이 있다.
③ 독립변수는 반응변수라고 하며 종속변수는 설명변수를 의미한다.
④ 변수의 기능에 따른 분류에 따라 독립변수, 종속변수, 매개변수로 나눈다.

해설

독립변수와 종속변수
독립변수는 원인변수, 설명변수라고도 하며 종속변수는 결과변수, 반응변수라고도 한다.

09 면접 시 유의사항에 대한 설명으로 옳은 것은 모두 몇 개인가?

> a. 면접자는 응답자와 친밀감(Rapport)을 형성해야 한다.
> b. 면접자의 신분을 밝혀 피면접자의 불안감을 해소시킨다.
> c. 피면접자가 "모른다"는 응답을 하는 경우 그 이유를 알아본다.
> d. 면접상황에 따라 면접방식을 융통성 있게 조정한다.

① 1개　　　　　　　　　　　② 2개
③ 3개　　　　　　　　　　　④ 4개

해설

면접 시 유의사항
• 면접자는 중립적인 태도로 엄숙하고 진지하게 면접에 임한다.
• 면접자는 응답자와 친밀감(Rapport)을 형성해야 한다.
• 면접자의 신분을 밝혀 피면접자의 불안감을 해소시킨다.
• 피면접자에게 면접목적과 피면접자의 신변 및 비밀이 보장됨을 주지시킨다.
• 면접상황에 따라 면접방식을 융통성 있게 조정한다.
• 면접자는 객관적 입장에서 견지한다.
• 면접과 관련된 내용을 자세하게 기록한다.
• 피면접자가 "모른다"는 응답을 하는 경우 그 이유를 알아본다.

10 표본의 크기결정을 위한 고려사항으로 옳지 않은 것은?

① 표본추출방법　　　　　　　② 신뢰수준
③ 오차의 한계　　　　　　　　④ 타당도

해설

표본크기 결정요인
• 모집단의 성격(모집단의 이질성 여부)
• 표본추출방법
• 통계분석 기법
• 변수 및 범주의 수
• 허용오차의 크기
• 소요시간, 비용, 인력(조사원)
• 조사목적의 실현 가능성
• 조사가설의 내용
• 신뢰수준
• 모집단의 표준편차

11 신뢰도에 대한 설명으로 옳은 것은?

① 신뢰도란 측정하고자 하는 의미를 정확히 측정했는지를 평가하는 것이다.

② 신뢰도는 무작위적 오차와 직접적인 연관성이 크다.

③ 신뢰도는 측정치의 체계적 오차의 정도를 의미한다.

④ 신뢰도는 내적신뢰도와 외적신뢰도로 구분할 수 있다.

해설
신뢰도
신뢰도는 측정도구가 측정하고자 하는 현상을 일관성 있게 측정하는 능력으로 어떤 측정도구를 동일한 현상에 반복 적용하여 동일한 결과를 얻게 되는 정도를 의미한다. 신뢰도는 무작위적 오차와 연관성이 크고, 타당도는 체계적 오차와 연관성이 크다.

12 연구주제와 분석단위의 연결이 옳지 않은 것은?

① 국가 간 국민총생산(GNP)비교 - 국가

② 공무원의 업무만족도조사 - 개인

③ 제조업 회사별 직원들의 성별 비율 비교 - 개인

④ 지역별 거주만족도의 차이 - 지역

해설
분석단위(Unit of Analysis)
제조업 회사별 직원들의 성별 비율 비교의 분석단위는 회사이다.

13 개방형 질문과 폐쇄형 질문에 대한 설명으로 옳지 않은 것은?

① 개방형 질문은 자료의 수집, 기록, 코딩이 불리하다.

② 폐쇄형 질문은 조사자의 편견개입을 방지하기 어렵다.

③ 개방형 질문은 폐쇄형 질문에 비해 상대적으로 응답률이 낮다.

④ 폐쇄형 질문은 복합적인 질문을 하기에 불리하다.

11 ② 12 ③ 13 ② 정답

개방형 질문과 폐쇄형 질문의 특징

개방형 질문	폐쇄형 질문
• 복합적인 질문을 하기에 유리하다. • 응답유형에 대한 사전지식이 부족할 때 사용한다. • 응답에 대한 제한을 받지 않으므로 새로운 사실을 발견할 가능성이 크다. • 본조사에 사용될 조사표 작성 시 폐쇄형 질문의 응답유형을 결정할 수 있게 해준다. • 응답을 분류하고 코딩하는 데 어렵다. • 응답자가 어느 정도의 교육수준을 갖추어야 한다. • 폐쇄형 질문에 비해 상대적으로 응답률이 낮다. • 결과를 분석하여 설문지를 완성하기까지 많은 시간과 비용이 소요된다.	• 자료의 기록 및 코딩이 용이하다. • 응답 관련 오류가 적다. • 사적인 질문 또는 응답하기 곤란한 질문에 용이하다. • 조사자의 편견개입을 방지할 수 있다. • 응답자의 의견을 충분히 반영시킬 수 없다. • 질문의 순서가 바뀌었을 때 응답한 내용에 변화가 나타날 수 있다. • 응답자 생각과 달리 응답범주가 획일화되어 있어 편향이 발생할 수 있다. • 조사자가 적절한 응답지를 제시하기가 어렵다.

14 다음에 실시한 작업은 어떤 작업인가?

> 질문지에서 흡연여부 변수는 흡연을 1, 비흡연을 2, 무응답을 9로 코딩하였다. 실제 입력프로그램에서 흡연여부 변수의 코드값이 1, 2, 9로만 이루어져 있는지를 확인하기 위해 빈도분석을 실시하였다.

① 결측값 클리닝　　　　　　　　② 상황적 클리닝
③ 개방형 클리닝　　　　　　　　④ 유효코드 클리닝

유효코드 클리닝(Possible-coding Cleaning)
자료분석에 앞서 범주형 자료에 대해 빈도분석을 실시하여 응답의 범주를 벗어난 이상한 값과 결측값이 있는지를 확인하여 삭제하는 작업

15 척도의 종류 중 비율척도에 대한 설명으로 옳지 않은 것은?

① 절대적인 기준을 가지고 속성의 상대적 크기비교 및 절대적 크기까지 측정할 수 있도록 비율의 개념이 추가된 척도이다.
② 수치상 가감승제와 같은 모든 산술적인 사칙연산이 가능하다.
③ 비율척도로 측정된 값들에 대해 변동계수를 구할 수 있다.
④ 온도(℃), 지능지수(IQ) 등은 비율척도의 대표적인 예이다.

척도의 종류
온도(℃), 지능지수(IQ) 등은 절대적 영점이 존재하지 않고 상대적 영점이 존재하는 등간척도의 대표적인 예이다.

16 분석단위로 인한 오류 중 다음에 설명하는 오류는?

> 기독교 집단의 특성을 분석한 후, 그 결과를 기독교인 개개인의 특성으로 해석하여 연구결과를 발표하였다.

① 지나친 일반화(Over Generalization)
② 개인주의적 오류(Individualistic Fallacy)
③ 생태학적 오류(Ecological Fallacy)
④ 환원주의적 오류(Reductionism)

해설

분석단위로 인한 오류
- 지나친 일반화 : 한두 개의 고립된 사건에 근거해서 일반적인 결론을 내리고 그것을 서로 관계없는 상황에 적용하는 오류이다.
- 개인주의적 오류 : 분석단위를 개인에 두고 얻어진 연구의 결과를 집단에 적용함으로써 발생하는 오류이다.
- 생태학적 오류 : 분석단위를 집단에 두고 얻어진 연구의 결과를 개인에 적용함으로써 발생하는 오류이다.
- 환원주의적 오류 : 넓은 범위의 인간의 사회적 행위를 이해하는 데 필요한 변수 또는 개념의 종류를 지나치게 한정시킴으로써 발생하는 오류로 조사할 개념이나 변수를 설정하는 과정에서 발생한다.

17 X는 실험실시 시점, O_1과 O_3은 실험 이후 관찰시점, (R)은 무작위 배정이라 할 때 아래의 실험설계 모형은 무엇인가?

모 형	내 용
실험집단 : (R) $\quad X \quad$ O_1 통제집단 : (R) $\qquad$ O_3	실험집단과 통제집단의 차이로 실험효과측정($E= O_1 - O_3$)

① 통제집단 사후비교
② 통제집단 전후비교
③ 정태적 집단비교
④ 솔로몬 4집단설계

해설

통제집단 사후비교
통제집단 사후비교는 통제집단 전후비교의 단점을 보완하기 위해 실험대상자를 무작위로 할당하고 사전검사 없이 실험집단에 대해서는 조작을 가하고 통제집단에 대해서는 아무런 조작을 가하지 않고 두 집단 간의 차이로 실험효과를 측정하는 방법이다.

16 ③ 17 ① 정답

18 실험설계의 타당도를 저해하는 요인으로 다음에 설명하는 것은 무엇과 관련이 있는가?

> 사람의 심리적·생리적 특성은 시간이 지남에 따라 자연히 변화할 수 있다.

① 선별효과(Selection Effect)
② 조사도구효과(Instrumentation Effect)
③ 실험효과(Testing Effect)
④ 성숙효과(Maturation Effect)

해설
실험설계의 타당도를 저해하는 외생변수의 종류
• 선별효과(선택요인) : 실험집단으로 선정된 집단과 통제집단으로 선정된 집단이 여러 측면에서 현저한 차이가 나는 경우 타당도를 해치게 된다.
• 조사도구효과 : 자료를 수집하는 데 사용되는 도구(질문지, 조사표, 조사원, 조사방법)가 달라지는 경우 측정결과에 영향을 미쳐 타당도를 해치게 된다.
• 실험효과(검사요인) : 실험효과란 측정이 반복됨으로써 얻어지는 학습효과로 인해 실험대상의 반응에 영향을 미치는 경우 타당도를 해치게 된다.
• 성숙효과(성장요인) : 실험기간 중에 실험집단의 육체적 또는 심리적 특성이 변화함으로써 실험결과에 영향을 미쳐 타당도를 해치게 된다.

19 다음 중 예비조사(Pilot Study)에 해당하지 않는 것은?

① 문헌조사
② 경험자조사
③ 특례분석
④ 패널조사

해설
예비조사 방법
예비조사 방법으로는 문헌조사, 경험자조사, 현지답사, 특례분석(소수사례분석) 등이 있다.

20 우편조사 시 응답률을 높이는 방법에 대한 설명으로 옳지 않은 것은?

① 반송봉투가 필요 없는 봉투겸용 우편(자기우편)설문지를 이용한다.
② 격려문과 함께 설문지를 다시 동봉하여 추적우편(Follow-up-mailing)을 실시한다.
③ 조사에 앞서 예고편지(안내문 등)를 발송한다.
④ 설문지 표지에 불응하지 않도록 과태료 처분 동의서를 함께 발송한다.

해설
우편조사 시 응답률을 높이는 방법
• 반송용 우표 및 봉투를 동봉한다.
• 반송봉투가 필요 없는 봉투겸용 우편(자기우편)설문지를 이용한다.
• 격려문과 함께 설문지를 다시 동봉하여 추적우편(Follow-up-mailing)을 실시한다.
• 사례품이나 사례금등 약간의 인센티브(Incentive)를 준다.
• 조사에 앞서 예고편지(안내문 등)를 발송한다.
• 설문지 표지에 조사기관 및 조사의 중요성에 대해 설명하여 응답자가 응답하도록 동기를 부여한다.

15회 조사방법론 총정리 모의고사

01 다음 중 과학적 연구의 유형을 종단적 연구와 횡단적 연구로 분류할 때 성격상 다른 하나는?

① 추세연구(Trend Study)
② 코호트연구(Cohort Study)
③ 현황조사(Status Survey)
④ 패널연구(Panel Study)

해설

과학적 연구의 유형
추세연구, 동류집단연구, 패널연구는 종단적 연구이고, 현황조사, 상관적 연구는 횡단적 연구이다.

02 내용분석에 대한 설명으로 옳지 않은 것은?

① 설문조사에 비해 안전도는 높으나 재조사가 어렵다.
② 종단적 분석이 가능하다.
③ 양적분석과 질적분석이 모두 가능하다.
④ 피조사자에 대한 반응성(반작용) 문제가 발생하지 않는다.

해설

내용분석(Content Analysis)
기록화된 것을 중심으로 그 연구대상에 대한 필요 자료를 수집·분석함으로써 객관적이고 체계적이며 계량적인 방법으로 분석하는 방법이다.

내용분석의 장점	내용분석의 단점
• 2차 자료를 이용함으로써 비용과 시간이 절약된다. • 설문조사나 현지조사 등에 비해 안전도가 높고 재조사가 쉽다. • 장기간에 걸쳐서 발생하는 과정을 연구할 수 있어 역사적 연구에 적용 가능하다. • 피조사자가 반작용(Reactivity)을 일으키지 않으며, 연구조사자가 연구대상에 영향을 미치지 않는다. • 다른 조사에 비해 실패할 경우 위험부담이 적다.	• 기록된 자료만 다룰 수 있어 자료의 입수가 제한적이다. • 분류범주의 타당성 확보가 곤란하다. • 복잡한 변수가 작용하는 경우 신뢰도가 낮을 수 있다. • 양적분석이지만 모집단의 파악이 어렵다. • 자료의 입수가 제한되어 있는 경우가 종종 발생한다.

03 **실험설계의 내적타당도 저해 요인과 그 영향에 대한 설명으로 옳지 않은 것은?**

① 성숙효과는 실험기간 중에 실험집단의 육체적 또는 심리적 특성이 변화함으로써 실험결과에 영향을 미치는 것이다.

② 선별효과는 실험집단으로 선정된 집단과 통제집단으로 선정된 집단이 여러 측면에서 현저한 차이가 나는 경우이다.

③ 사멸효과는 실험대상의 일부가 사망, 기타 사유로 사멸 또는 추적조사가 불가능하게 될 때 실험결과에 영향을 미치는 것이다.

④ 통계적 회귀는 사전검사에서 극단적인 값을 얻은 경우 사후검사에서도 지속적으로 극단적인 값을 얻는 것이다.

해설

통계적 회귀(Statistical Regression)

사전측정에서 극단적인 값을 얻은 경우 이를 여러 번 반복 측정하게 되면 평균치로 근사하게 되는 경향으로 타당도를 해치게 된다.

04 **다음 중 질문지의 개별문항으로 가장 적합한 것은?**

> a. 귀하의 외국어 실력은 어느 정도입니까?
> b. 귀하는 현재 근무하고 있는 회사의 근무환경과 복지혜택에 대해 어떻게 생각하십니까?
> c. 정부발표에 의하면 재난지원금 지급이 가계 소비지출에 많은 도움이 된다고 합니다. 귀하는 전 국민 재난지원금 지급에 어느 정도 찬성하십니까?
> d. 귀하는 국가직 공무원 시험에 응시해 본 적이 있습니까?

① a   ② b
③ c   ④ d

해설

질문지 작성 시 유의사항

• 명확성 위배 : 가능한 뜻이 애매한 단어와 상이한 단어의 사용은 회피하고 쉽고 명확한 단어를 사용한다. 외국어(영어, 중국어, 불어 등)가 어느 나라 언어인지 명확하지 않다.

• 단순성 위배 : 하나의 질문항목으로 두 가지 질문을 하거나 하나의 질문항목에 대해 응답항목이 중복되어서는 안 된다. 하나의 질문으로 근무환경과 복지혜택을 물어보았으므로 단순성에 위배된다.

• 가치중립성 위배 : 연구자의 주관이 개입되어 특정응답을 유도하거나 암시하는 질문을 해서는 안 된다. 정부발표에 대한 결과를 질문에 포함하여 가치중립성에 위배된다.

05 다음은 순수실험설계 중 어떤 실험설계에 대한 설명인가?

> 무작위할당으로 실험집단과 통제집단을 구분한 후 실험집단에 대해서는 독립변수 조작을 가하고 통제집단에 대해서는 아무런 조작을 가하지 않고 두 집단 간의 차이를 전후로 비교하는 방법

① 통제집단 사후비교
② 통제집단 전후비교
③ 솔로몬 4집단설계
④ 요인설계

해설
순수실험설계
• 통제집단 사후비교 : 통제집단 전후비교의 단점을 보완하기 위해 실험대상자를 무작위로 할당하고 사전검사 없이 실험집단에 대해서는 조작을 가하고 통제집단에 대해서는 아무런 조작을 가하지 않고 그 결과를 서로 비교하는 방법
• 솔로몬 4집단설계 : 4개의 무작위 집단을 선정하여 사전측정 한 2개 집단 중 하나와 사전측정을 하지 않은 2개의 집단 중 하나를 실험집단으로 하며, 나머지 2개의 집단을 통제집단으로 하여 비교하는 방법. 통제집단 사후설계와 통제집단 사전사후실험설계를 결합한 형태로 가장 이상적인 설계
• 요인설계 : 둘 이상의 독립변수와 하나의 종속변수의 관계 및 독립변수간의 상호작용관계를 교차분석을 통해 확인하려는 설계

06 참여관찰에 대한 설명으로 옳은 것은?

① 비참여관찰에 비해 윤리적·도덕적인 문제가 적다.
② 어린이와 같이 언어구사력이 떨어지는 집단에 효과적이다.
③ 관찰에서 얻은 결과에 대해 자료의 표준화가 용이하다.
④ 단기간의 횡단적 관찰에 유용한 방법이다.

해설
참여관찰(Participant Observation)
관찰자가 관찰대상 집단 내부에 들어가 구성원의 일원으로 참여하면서 관찰하는 방법이다.

장 점	• 조사연구 설계를 수정할 수 있어 연구에 유연성이 있다. • 어린이와 같이 언어구사력이 떨어지는 집단에 효과적이다. • 자연스러운 상황에서 관찰하므로 자료가 세밀하고 정교하다.
단 점	• 관찰자는 관찰대상의 행위가 발생할 때까지 기다려야 한다. • 어떤 업무를 수행하면서 관찰해야 하므로 관찰활동에 제약이 있다. • 동조현상으로 인한 객관성을 잃을 때가 있다. • 관찰자의 주관이 개제되어 일반화 가능성이 낮을 수 있다.

07 다음 중 코드북(Codebook)의 활용에 대한 설명으로 옳지 않은 것은?

① 응답한 자료를 양적자료화하는 데 활용
② 조사결과의 분석에 활용
③ 응답자료를 컴퓨터 입력에 활용
④ 조사결과의 해석에 활용

해설

코드책(Code Book)의 용도
조사항목에 대한 응답을 분류하기 위해 붙이는 문자 또는 숫자로 부호화(Coding)한 안내서
• 범주형으로 응답한 자료를 양적자료화하는 데 활용
• 조사결과의 분석에 활용
• 응답자료를 컴퓨터 입력에 활용
☞ 조사결과의 해석은 통계표(집계표, 결과표) 또는 통계치(결과치)를 이용한다.

08 실험설계를 위하여 충족되어야 하는 조건으로 옳지 않은 것은?

① 독립변수의 조작　　　　　　② 외생변수의 통제
③ 인과관계의 일반화　　　　　④ 실험대상의 무작위화

해설

실험설계의 핵심요소
• 실험변수의 무작위화
• 독립변수의 조작
• 외생변수의 통제
• 종속변수의 비교

09 표본크기에 대한 설명으로 옳은 것은?

① 소요되는 비용과 시간은 표본크기에 영향을 미치지 않는다.
② 모집단의 이질성이 클수록 표본크기는 작아야 한다.
③ 분석변수의 범주의 수는 표본크기를 결정하는 요인이 아니다.
④ 표본추출방법은 표본크기 결정에 영향을 미친다.

해설

표본크기 결정요인
• 모집단의 성격(모집단의 이질성 여부)　　• 표본추출방법
• 통계분석 기법　　　　　　　　　　　　• 변수 및 범주의 수
• 허용오차의 크기　　　　　　　　　　　• 소요시간, 비용, 인력(조사원)
• 조사목적의 실현 가능성　　　　　　　　• 조사가설의 내용
• 신뢰수준　　　　　　　　　　　　　　• 모집단의 표준편차

10 명목척도(Nominal Scale)에 대한 설명으로 옳지 않은 것은?

① 절대적 영점(Absolute Zero Point)이 존재한다.

② 측정의 각 응답 범주들이 상호 배타적이어야 한다.

③ 하나의 측정 대상이 두 개의 값을 가질 수는 없다.

④ 명목척도의 통계적 분석 기법으로는 최빈수와 빈도수가 대표적이다.

해설
명목척도 구성의 조건
• 포괄성 : 변수들의 카테고리는 모든 응답 가능한 범주를 포함하도록 해야 한다.
• 상호배타성 : 변수들의 카테고리는 분석의 단위가 이중적으로 할당되지 않도록 유지한다.
• 분류체계의 일관성 : 분류체계는 일관성 있게 논리적이어야 한다.
• 실증적 원칙 : 유사한 분석의 단위들은 동일한 카테고리에 할당하고 상이한 분석단위들은 상이한 카테고리에 할당한다.

11 층화추출법의 단점에 대한 설명으로 옳지 않은 것은?

① 모집단의 각 층에 대한 정확한 정보를 필요로 한다.

② 표본추출과정에서 시간과 비용이 증가할 수 있다.

③ 층화의 근거가 되는 층화명부가 필요하다.

④ 단순임의추출법에 비해 불필요한 자료의 분산을 증가시킨다.

해설
층화표본추출방법의 단점
• 모집단의 각 층에 대한 정확한 정보를 필요로 한다.
• 모집단을 층화하여 가중하였을 경우 원형으로 복귀하기가 어렵다.
• 표본추출과정에서 시간과 비용이 증가할 수 있다.
• 층화의 근거가 되는 층화명부가 필요하다.

10 ① 11 ④ 정답

12 실험연구의 내적타당도를 저해하는 원인 중 다음에 설명하는 것은 무슨 효과인가?

> 실험기간 중 독립변수의 변화가 아닌 피실험자의 심리적·연구통계적 특성의 변화가 종속변수에 영향을 미치는 경우

① 우발적 사건　　　　　　　② 선별효과
③ 성숙효과　　　　　　　　④ 통계적 회귀

해설

내적타당도 저해 요인
- 우발적 사건(역사요인) : 조사설계 이전 또는 설계과정에서 전혀 예기치 못했거나 예기할 수 없었던 상황이 타당도를 해치게 된다.
- 선별효과(선택요인) : 실험집단으로 선정된 집단과 통제집단으로 선정된 집단이 여러 측면에서 현저한 차이가 나는 경우 타당도를 해치게 된다.
- 성숙효과(성장요인) : 실험기간 중에 실험집단의 육체적 또는 심리적 특성이 변화함으로써 실험결과에 영향을 미쳐 타당도를 해치게 된다.
- 통계적 회귀 : 사전측정에서 극단적인 값을 얻은 경우 이를 여러 번 반복 측정하게 되면 평균치로 근사하게 되는 경향으로 타당도를 해치게 된다.

13 다음은 측정의 수준에 대한 설명으로 옳은 것은 모두 몇 개인가?

> a. 명목측정은 서열측정에 비해 많은 정보를 가지고 있다.
> b. 서열측정은 측정대상 간 순위관계를 밝혀준다.
> c. 등간측정은 절대적 영점이 존재한다.
> d. 비율측정은 산술평균을 계산할 수 있다.

① 0개　　　　　　　　　　② 1개
③ 2개　　　　　　　　　　④ 3개

해설

측정의 수준
- 서열측정은 명목측정에 비해 많은 정보를 가지고 있다.
- 등간측정은 상대적 영점이 존재한다.

14 연구보고서 작성의 기본원칙에 해당하는 것은?

① 연구가설을 정당화하기 위해 통계적 결과값을 명백히 밝힌다.

② 가장 중요한 것은 연구보고서 맨 뒷부분에 배치한다.

③ 일반적인 용어보다는 가급적 통계 전문적인 용어를 사용하여 보고서의 질을 높인다.

④ 자료 코딩(Coding)에 대한 사항을 상세히 기술한다.

해설

연구보고서 작성의 기본원칙
- 가장 중요한 것부터 앞에 배치한다.
- 이론적, 개념적 연구문제를 한 번 더 상기시킨다.
- 방법적 절차, 조작, 변수정의 및 측정 등을 자세히 기술한다.
- 연구결과는 간단명료하게 밝히고 도표, 그림, 통계적 유의도 등으로 해명한다.
- 연구가설을 정당화하기 위한 통계적 결과치는 명확히 밝힌다.
- 가급적 전문용어 사용을 피하고 일반적인 용어를 사용한다.
- 자료수집방법 및 자료분석방법에 대해 설명한다.

15 측정 시 발생하는 오차에 대한 설명으로 옳지 않은 것은?

① 비체계적 오차는 오차의 값이 다양하게 분산되며, 상호 상쇄되는 경향도 있다.

② 체계적 오차는 신뢰도와 관련이 있다.

③ 체계적 오차는 오차가 일정하거나 또는 치우쳐져 있다.

④ 비체계적 오차는 측정대상, 측정과정, 측정수단, 측정자 등에 일시적으로 영향을 미쳐 발생하는 오차이다.

해설

체계적 오차와 비체계적 오차
- 체계적 오차 : 편향(Bias)이라고도 하며 어떠한 영향이 측정대상에 체계적으로 미침으로써 일정한 방향성을 갖는 오차로 측정의 타당성과 관련이 있다.
- 비체계적 오차 : 측정과정에서 우연적 또는 일시적으로 발생하는 불규칙적인 오차로 측정의 신뢰성과 관련이 있다.

16 패널조사와 코호트조사의 차이점에 대한 설명으로 옳은 것은?

① 분석단위   ② 종단연구

③ 동일한 집단을 따라가며 조사   ④ 연구대상의 고정

해설

패널조사와 코호트조사
- 유사점
  - 한 연구대상을 일정기간 동안 관찰하여 그 대상의 변화를 파악하는 데 초점을 두는 종단조사 방법이다.
  - 둘 이상의 시점에서 분석단위를 연구하며 어떤 연구대상의 동태적 변화 및 발전과정의 연구에 사용된다.
- 차이점
  패널연구는 연구대상이 고정되어 있는 반면 코호트연구는 연구대상이 대학교 4학년 학생들처럼 같은 시간 동안 동일한 경험의 특징을 갖는다.

14 ① 15 ② 16 ④ 정답

17 타당도 평가 방법 중 다음에 설명하는 것은?

> 통계적인 유의성을 평가하는 것으로, 속성을 측정해줄 것으로 알려진 기준과 측정도구의 측정 결과인 점수 간의 연관성을 비교

① 표면타당도   ② 구성체타당도

③ 내용타당도   ④ 기준관련타당도

해설

기준관련타당도
하나의 측정도구를 사용하여 측정한 결과를 다른 기준 또는 외부변수에 의한 측정결과와 비교하여 이들 간의 관련성의 정도를 통하여 타당도를 파악한다.

18 다음 중 폐쇄형 질문에 대한 설명으로 옳은 것은 몇 개 인가?

> a. 응답 관련 오류가 적다.
> b. 조사자의 편견개입을 방지할 수 있다.
> c. 응답자의 의견을 충분히 반영시킬 수 있다.
> d. 응답자 생각과 달리 응답범주가 획일화되어 있어 편향이 발생할 수 있다.
> e. 자료의 기록 및 코딩이 용이하다.

① 2개   ② 3개

③ 4개   ④ 5개

해설

폐쇄형 질문 개념
사전에 응답 선택항목을 연구자가 제시해 놓고 그중에서 택하게 하는 질문이다.

장 점	• 자료의 기록 및 코딩이 용이하다. • 응답 관련 오류가 적다. • 사적인 질문 또는 응답하기 곤란한 질문에 용이하다. • 조사자의 편견개입을 방지할 수 있다.
단 점	• 응답자의 의견을 충분히 반영시킬 수 없다. • 질문의 순서가 바뀌었을 때 응답한 내용에 변화가 나타날 수 있다. • 응답자 생각과 달리 응답범주가 획일화되어 있어 편향이 발생할 수 있다. • 조사자가 적절한 응답지를 제시하기가 어렵다.

19 유사실험설계에 대한 설명으로 옳지 않은 것은?

① 실제상황에서 이루어지므로 다른 상황에 대한 일반화 가능성이 높다.

② 현장상황에서는 대상의 무작위화와 독립변수의 조작화가 어려운 경우가 많다.

③ 일상생활과 동일한 상황에서 수행되므로 이론적 검증 및 현실문제 해결에 유용하다.

④ 실제상황에서의 실험이므로 독립변수의 효과와 외생변수의 효과를 분리해서 파악하기 쉽다.

> **해설**
>
> 유사실험설계의 장·단점
>
> | 유사실험설계의 장점 | 유사실험설계의 단점 |
> |---|---|
> | • 실제상황에서 이루어지므로 다른 상황에 대한 일반화 가능성이 높다.
• 일상생활과 동일한 상황에서 수행되므로 이론적 검증 및 현실문제 해결에 유용하다.
• 복잡한 사회적, 심리적 영향과 과정변화 연구에 적합하다. | • 현장상황에서는 대상의 무작위화와 독립변수의 조작화가 어려운 경우가 많다.
• 측정과 외생변수의 통제가 어려우므로 연구결과의 정밀도가 떨어진다.
• 실제상황에서의 실험이므로 독립변수의 효과와 외생변수의 효과를 분리해서 파악하기 어렵다. |

20 다음 중 층화추출법과 군집추출법의 정도(Precision)를 높이기 위해 맞는 것은?

구 분	층화추출법	군집추출법
집단 내 차이	㉠	㉡
집단 간 차이	㉢	㉣

① ㉠ : 동질적, ㉡ : 동질적, ㉢ : 이질적, ㉣ : 이질적

② ㉠ : 동질적, ㉡ : 이질적, ㉢ : 동질적, ㉣ : 이질적

③ ㉠ : 동질적, ㉡ : 이질적, ㉢ : 이질적, ㉣ : 동질적

④ ㉠ : 이질적, ㉡ : 동질적, ㉢ : 동질적, ㉣ : 이질적

> **해설**
>
> 층화추출법과 군집추출법의 특징
>
> | 구 분 | 층화추출법 | 군집추출법 |
> |---|---|---|
> | 집단 내 차이 | 동질적 | 이질적 |
> | 집단 간 차이 | 이질적 | 동질적 |

01 질문지에 대한 회수가 끝난 후 분석에 들어가기 전에 최종분석에서 일부 질문지를 제외시켜야 하는
경우에 해당하지 않는 것은?

① 전체 문항에 대해 동일한 번호로 응답한 경우

② 일부 문항에 대해 무응답한 경우

③ 표본에서 제외된 응답자가 포함된 경우

④ 질문지의 일부가 분실된 경우

해설
분석에서 제외시켜야 할 질문지
• 무응답이 많은 경우
• 응답자가 질문을 이해하지 못한 상태에서 응답했다고 판단되는 경우
• 표본에서 제외된 응답자가 포함된 경우
• 질문지의 일부가 분실된 경우
• 질문지가 예정일보다 너무 늦게 회수되었을 경우
• 전체 문항에 대해 동일한 번호로 응답한 경우
• 응답자가 응답하지 않고 조사원이 임의로 작성한 경우

02 양적연구와 질적연구의 공통점에 대한 설명으로 옳지 않은 것은?

① 연구자의 체계적이고 전문적인 역할 수행이 강조된다.

② 참여자의 관점이 강조된다.

③ 확률적 표본추출방법을 사용한다.

④ 직접 자료를 수집한다.

해설
양적연구와 질적연구의 공통점
• 측정도구를 활용한다.
• 지식을 산출한다.
• 연구자의 체계적이고 전문적인 역할 수행이 강조된다.
• 참여자의 관점이 강조된다.
• 직접 자료를 수집한다.
• 연구 설계에 융통성이 있다.
☞ 양적연구는 확률적 표본추출방법을 사용하는 반면 질적연구는 비확률적 표본추출방법을 사용한다.

03 소시오메트리는 집단 내의 개인 간의 친화 및 반발의 관계를 측정하는 방법이다. 이를 성공적으로 수행하기 위한 요건으로 옳지 않은 것은?

① 사용되는 질문문항은 구성원들이 충분히 이해할 수 있도록 만들어져야 한다.

② 집단 구성원 간에 감정적인 유대가 형성될 수 있을 만큼 충분한 시간이 경과되어야 한다.

③ 구성원들 간에 개인적인 유대가 가능하도록 집단의 규모는 커야 한다.

④ 피조사자가 특정인을 선택 또는 배척하는 것을 다른 구성원들이 알지 못하도록 시행되어야 한다.

해설

소시오메트리 적용을 위한 요건

• 피조사자에게 집단의 한계를 명백히 규정해 주어야 한다.

• 피조사자는 선택과 배척할 사람의 수에 어떤 제한을 받아서는 안 된다.

• 피조사자는 일정한 기준에 의해 사람들을 선택하고 배척하여야 한다.

• 소시오메트리 조사결과는 집단구조를 재구조화하는 데 사용되어야 한다.

• 구성원들 간에 개인적인 유대가 가능하리만큼 집단의 규모가 작아야 한다.

• 피조사자가 특정인을 선택 또는 배척하는 것을 다른 구성원들이 알지 못하도록 비밀이 유지되면서 시행되어야 한다.

• 사용되는 질문문항은 구성원들이 충분히 이해할 수 있도록 만들어져야 한다.

• 집단 구성원 간에 감정적인 유대가 형성될 수 있을 만큼 충분한 시간이 경과되어야 한다.

04 다음은 면접조사와 전화조사의 특징을 설명한 표이다. 빈칸에 알맞은 것들로 짝지어진 것은?

기 준	면접조사	전화조사
비 용	(㉠)	중 간
응답률	높 음	(㉡)
표본의 대표성	(㉢)	낮 음
질문의 길이와 내용	긺	(㉣)

① ㉠ : 높음, ㉡ : 중간, ㉢ : 높음, ㉣ : 짧음

② ㉠ : 낮음, ㉡ : 중간, ㉢ : 낮음, ㉣ : 짧음

③ ㉠ : 높음, ㉡ : 중간, ㉢ : 높음, ㉣ : 긺

④ ㉠ : 낮음, ㉡ : 중간, ㉢ : 높음, ㉣ : 긺

해설

면접조사와 전화조사 비교

기 준	면접조사	전화조사
비 용	높 음	중 간
응답률	높 음	중 간
표본의 대표성	높 음	낮 음
질문의 길이와 내용	긺	짧 음
조사자의 관리 · 감독	낮 음	높 음

05 일정한 현상을 낳게 하는 근본원인이 무엇이냐를 중점적으로 검토해 보는 연구로서 인과조사가 있다. 인과조사의 성립요건으로 옳지 않은 것은?

① 원인과 결과가 모두 발생해야 한다.
② 원인은 결과보다 먼저 발생해야 한다.
③ 원인과 결과는 서로 독립적으로 연관성이 없어야 한다.
④ 외생변수를 통제해야 한다.

해설

인과조사의 성립조건
• 원인과 결과가 모두 발생해야 한다.
• 원인은 결과보다 먼저 발생해야 한다.
• 원인과 결과는 서로 연관성이 있어야 한다.
• 외생변수를 통제해야 한다.

06 질적자료와 양적자료에 대한 사례로 옳게 짝지어진 것은?

① 질적자료 : 나이, 성별, 온도, 양적자료 : 종교, 취미, 무게
② 질적자료 : 성별, 종교, 취미, 양적자료 : 나이, 온도, 무게
③ 질적자료 : 온도, 종교, 취미, 양적자료 : 성별, 나이, 무게
④ 질적자료 : 온도, 무게, 종교, 양적자료 : 취미, 나이, 성별

해설

질적자료와 양적자료
• 질적자료 : 수치로 측정이 불가능한 자료로서 측정 대상의 특성을 분류하거나 확인할 목적으로 수치를 부여한 자료
  예 성별, 종교, 취미
• 양적자료 : 수치로 측정이 가능한 자료
  예 나이, 온도, 무게

07 표적집단면접(FGI)에 대한 설명으로 옳은 것은 모두 몇 개 인가?

> a. 사회자의 편견이 개입될 가능성이 높다.
> b. 사회자의 능력에 따라 조사 결과가 크게 좌우된다.
> c. 조사결과의 일반화가 어렵다.
> d. 응답을 강요당하지 않으므로 솔직하고 정확한 의견을 표명할 수 있다.

① 1개   ② 2개
③ 3개   ④ 4개

해설

표적집단면접(FGI)의 장·단점

표적집단면접의 장점	표적집단면접의 단점
• 심도있는 정보획득이 가능하다. • 응답을 강요당하지 않으므로 솔직하고 정확한 의견을 표명할 수 있다. • 높은 내용타당도를 가진다. • 저렴한 비용으로 신속하게 수행이 가능하다.	• 표적집단을 선정하기 어렵다. • 사회자의 편견이 개입될 가능성이 높다. • 사회자의 능력에 따라 조사 결과가 크게 좌우된다. • 조사결과의 일반화가 어렵다.

08 유사실험설계(Quasi-experimental Design)에 대한 설명으로 옳지 않은 것은?

① 무작위할당에 의해 실험집단과 통제집단을 동등하게 할 수 없는 경우 사용한다.
② 무작위할당 대신 실험집단과 유사한 비교집단을 구성하여 실험하는 설계이다.
③ 측정과 외생변수의 통제가 용이하므로 연구결과의 정밀도가 높다.
④ 복잡한 사회적, 심리적 영향과 과정변화 연구에 적합하다.

해설

유사실험설계
유사실험설계는 무작위할당에 의해 실험집단과 통제집단을 동등하게 할 수 없는 경우, 무작위할당 대신 실험집단과 유사한 비교집단을 구성하여 실험하는 설계이다.

유사실험설계의 장점	유사실험설계의 단점
• 실제상황에서 이루어지므로 다른 상황에 대한 일반화 가능성이 높다. • 일상생활과 동일한 상황에서 수행되므로 이론적 검증 및 현실문제 해결에 유용하다. • 복잡한 사회적·심리적 영향과 과정변화 연구에 적합하다.	• 현장상황에서는 대상의 무작위화와 독립변수의 조작화가 어려운 경우가 많다. • 측정과 외생변수의 통제가 어려우므로 연구결과의 정밀도가 떨어진다. • 실제상황에서의 실험이므로 독립변수의 효과와 외생변수의 효과를 분리해서 파악하기 어렵다.

09 비표본오차(Nonsampling Error)를 줄이기 위한 방안으로 옳지 않은 것은?

① 무응답, 조사거부 등을 최소화한다.

② 조사착오와 같은 오류를 범하지 않도록 한다.

③ 입력오류와 같은 오류를 범하지 않도록 한다.

④ 표본의 크기를 증가시킨다.

해설

표본오차

표본의 크기를 증가시킴으로써 표본오차를 줄일 수 있다.

10 비표준화 면접에 대한 설명으로 옳지 않은 것은?

① 최소한의 지시나 방향만 제시할 뿐이다.

② 면접상황에 적절하게 질문내용을 변경할 수 있다.

③ 반복적인 면접이 가능하다.

④ 표준화 면접에 유용한 자료를 제공해 준다.

해설

비표준화면접의 특징

• 질문 자체가 고정화되어 있지 않다.

• 최소한의 지시나 방향만 제시할 뿐이다.

• 면접상황에 적절하게 질문내용을 변경할 수 있다.

• 표준화 면접에 비해 상대적으로 자유로운 면접방법이다.

• 질문문항이나 순서가 미리 정해져 있지 않다.

• 표준화 면접에 유용한 자료를 제공해 준다.

☞ 반복적인 면접이 불가능한 것은 비표준화 면접의 단점에 해당한다.

11 패널연구에 대한 설명으로 옳지 않은 것은?

① 동일집단을 조사하기 때문에 패널 관리가 용이하다.

② 횡단면연구에 비해 더 많은 정보를 제공한다.

③ 응답자들의 특성 변화를 조사할 수 있다.

④ 다른 변수들의 영향을 통제하고 독립변수의 영향을 측정할 수 있다.

해설

패널연구의 장·단점

패널연구의 장점	패널연구의 단점
• 횡단면연구에 비해 더 많은 정보를 제공한다. • 응답자들의 특성 변화를 조사할 수 있다. • 인과적 추론의 타당성을 높일 수 있다. • 다른 변수들의 영향을 통제하고 독립변수의 영향을 측정할 수 있다.	• 패널 관리가 어렵다. • 패널의 대표성 확보에 어렵다. • 패널 유지에 많은 비용이 든다. • 패널 자료 축척을 위해 많은 시간이 소요된다.

12 다음 중 일반적으로 조사 연구보고서의 서론 부분에 포함되지 않는 것은?

① 조사의 이론적 배경　　　　　　② 연구문제에 대한 기존 연구현황
③ 연구의 필요성　　　　　　　　④ 향후 연구진행 방향

해설
연구보고서
향후 연구진행 방향은 연구보고서 마지막 부분에 수록한다.

13 코로나-19의 급속한 확산 문제에 대해서 어떤 의사가 정부정책과 시민의식이라는 사회학적 변수만으로 설명하였다면, 이는 어떤 오류에 해당하는가?

① 생태학적 오류　　　　　　　　② 개인주의적 오류
③ 환원주의 오류　　　　　　　　④ 인과관계 도치

해설
분석단위로 인한 오류
• 생태학적 오류 : 분석단위를 집단에 두고 얻어진 연구의 결과를 개인에 적용함으로써 발생하는 오류이다.
• 개인주의적 오류 : 분석단위를 개인에 두고 얻어진 연구의 결과를 집단에 적용함으로써 발생하는 오류이다.
• 환원주의적 오류 : 넓은 범위의 인간의 사회적 행위를 이해하는 데 필요한 변수 또는 개념의 종류를 지나치게 한정시킴으로써 발생하는 오류로 조사할 개념이나 변수를 설정하는 과정에서 발생한다.
• 인과관계의 도치 : 원인과 결과를 반대로 해석한 오류이다.

14 새롭게 출시예정인 스마트폰의 디자인에 대해 만족도조사를 실시할 때 옳지 않은 것은?

① 의미분화척도를 사용한다.
② 우편조사와 면접조사가 적합하다.
③ 시각적인 자료의 활용이 중요하다.
④ 제품 출시 전 신속한 조사결과를 얻기 위해 전화조사를 사용한다.

해설
전화조사의 단점
전화조사의 단점 중 하나는 보조도구를 사용할 수 없다는 것이다.
☞ 새롭게 출시예정인 스마트폰의 디자인에 대한 만족도조사이므로 시각적인 자료인 보조도구를 사용하여 조사하는 것이 적절하다.

15 평정척도의 구성 원칙에 대한 설명으로 옳지 않은 것은?

① 응답범주의 수가 서로 균형을 이루어야 한다.

② 응답범주들이 응답 가능한 상황을 모두 포함하고 있어야 한다.

③ 응답범주들은 상호 보완적이어야 한다.

④ 응답범주의 수는 4, 5, 7, 9점 척도를 주로 사용한다.

해설

평정척도 구성 원칙

• 응답범주들이 상호 배타적이어야 한다.

• 응답범주들이 응답 가능한 상황을 모두 포함하고 있어야 한다.

• 응답범주의 수가 서로 균형을 이루어야 한다.

• 응답범주들이 논리적 연관성을 가지고 있어야 한다.

• 평정척도에서 응답범주의 수는 4, 5, 7, 9점 척도를 주로 사용한다.

16 순수실험설계에 비해 유사실험설계가 갖는 장점으로 옳은 것은?

① 연구결과의 정밀도가 높다.

② 독립변수의 조작이 용이하다.

③ 외생변수의 통제가 용이하다.

④ 조사결과에 대한 일반화 가능성이 높다.

해설

유사실험설계의 장·단점

유사실험설계의 장점	유사실험설계의 단점
• 실제상황에서 이루어지므로 다른 상황에 대한 일반화 가능성이 높다. • 일상생활과 동일한 상황에서 수행되므로 이론적 검증 및 현실문제 해결에 유용하다. • 복잡한 사회적·심리적 영향과 과정변화 연구에 적합하다.	• 현장상황에서는 대상의 무작위화와 독립변수의 조작화가 어려운 경우가 많다. • 측정과 외생변수의 통제가 어려우므로 연구결과의 정밀도가 떨어진다. • 실제상황에서의 실험이므로 독립변수의 효과와 외생변수의 효과를 분리해서 파악하기 어렵다.

17 표본추출틀(Sampling Frame)에 대한 설명으로 틀린 것은?

① 표본추출틀은 표집틀이라고도 한다.

② 표본추출을 위한 표본추출단위가 수록된 목록을 의미한다.

③ 표본추출틀을 이용하여 표본을 추출한다.

④ 표본추출틀은 모집단과 항상 일치해야 한다.

해설

표본추출틀

표본추출틀은 표본을 추출하기 위해 사용되는 표본추출단위가 수록된 목록을 의미하며 일반적으로 모집단과 표본추출틀이 완벽하게 일치하지 않아 표본추출오차가 발생한다.

18 다음 중 신뢰도를 평가하는 방법으로 옳지 않은 것은?

① 재검사법

② 복수양식법

③ 통계적 회귀

④ 내적 일관성법

> **해설**
>
> 신뢰도 평가 방법
> - 재검사법(Retest Method) : 동일한 상황에서 동일한 측정도구로 동일한 대상에게 일정한 시간을 두고 측정하여 그 결과를 비교하는 방법이다.
> - 반분법(Split-half Method) : 척도의 질문을 무작위적으로 반씩 나누어 둘로 만든 후 이 두 부분을 따로 떼어서 적용하는 것이 아니라 내용적으로만 갈라놓고 실제로는 본래의 척도를 그대로 적용하는 방법이다.
> - 복수양식법(Multiple Forms Techniques) : 유사한 형태의 두 개 이상의 측정도구를 이용하여 동일한 대상에 차례로 적용한 후 그 결과를 비교하는 방법이다.
> - 내적 일관성법(Internal Consistency Analysis) : 여러 개의 항목을 이용하여 동일한 개념을 측정하고자 할 때 신뢰도를 저해하는 요인을 제거한 후 신뢰도를 향상시키는 방법이다.

19 통계교육원에서는 사이버교육에 대한 만족도조사를 리커트 5점 척도를 이용하여 실시하였다. 다수의 교육 참가자들이 모든 질문항목에 대해 '보통이다'라고 응답한 경우 발생되는 효과는?

① 악대마차효과(Bandwagon Effect)

② 습관성 효과(Habit Effect)

③ 후광효과(Halo Effect)

④ 집중효과(Concentration Effect)

> **해설**
>
> 응답의 편향 유형
> - 악대마차효과 : 다수가 어떤 방향으로 생각하고 행동하니까 본인도 거기에 따르게 되는 경향
> - 습관성 효과 : 응답자들이 질문내용을 신중하게 검토한 후 응답을 하기 보다는 무성의하게 습관적으로 "예" 또는 "그렇다"는 응답만 되풀이 하는 경향
> - 후광효과 : 처음 문항에 대해 좋게 또는 나쁘게 평가한 것을 다음 문항에 대해서도 계속 좋게 또는 나쁘게 평가하는 경향
> - 집중효과 : 대상의 평가에 있어서 가장 무난하고 원만한 응답항목으로 집중하려는 경향

20 다음에 설명하는 용어는 무엇을 나타내는가?

> 별도의 코드용지 없이 설문지 등의 가장자리 여백에 코딩내용을 기록하였다가 이를 보고 자료를 입력하는 방식

① 여백부호화(Edge Coding)

② 델파이(Delphi) 기법

③ 위약효과(Placebo Effect)

④ 재검사법(Test-retest Method)

> **해설**
>
> 여백부호화(Edge Coding)
> 여백코딩은 별도의 코드용지 없이 설문지 등의 가장자리 여백에 코딩내용을 기록하였다가 이를 보고 자료를 입력하는 방식으로 폐쇄형 질문 항목에는 사용되지 않는다.

18 ③ 19 ④ 20 ① 정답

01 질적연구방법의 엄밀성(Rigorousness)을 높이기 위한 방법과 가장 거리가 먼 것은?

① 예외적 사례 분석
② 연구자와 연구대상 간의 공식적 관계 유지
③ 다각적 접근방법 활용
④ 연구대상 및 결과에 대한 참여자의 재확인

해설
질적연구의 엄밀성을 높이기 위한 방법
• 다원화(다각적 접근방법)
• 연구자와 동료집단간의 조언과 검토
• 예외적 사례 분석
• 연구대상 및 결과에 대한 참여자의 재확인
• 지속적인 참여와 끊임없는 관찰
• 외부자문가들의 평가

02 다음에 설명하는 것은 어떤 오류에 해당하는가?

> 월급을 많이 받는 직원일수록 제품생산성이 높다는 결과를 바탕으로 고임금 제조업체가 제품생산성이 높다고 결론을 내렸다.

① 생태학적 오류
② 개인주의적 오류
③ 환원주의 오류
④ 인과관계 도치

해설
분석단위로 인한 오류
• 생태학적 오류 : 분석단위를 집단에 두고 얻어진 연구의 결과를 개인에 적용함으로써 발생하는 오류이다.
• 개인주의적 오류 : 분석단위를 개인에 두고 얻어진 연구의 결과를 집단에 적용함으로써 발생하는 오류이다.
• 환원주의적 오류 : 넓은 범위의 인간의 사회적 행위를 이해하는 데 필요한 변수 또는 개념의 종류를 지나치게 한정시킴으로써 발생하는 오류로 조사할 개념이나 변수를 설정하는 과정에서 발생한다.
• 인과관계의 도치 : 원인과 결과를 반대로 해석한 오류이다.

03 다음 중 코호트연구의 특성에 대한 설명으로 옳지 않은 것은?

① 코호트란 특정 시기에 태어났거나 동일시점에 특정한 사건을 경험한 사람을 일컫는 말이다.

② 동류코호트와 서로 다른 코호트와의 비교가 가능하다.

③ 코호트조사는 종단조사이다.

④ 모집단은 변화하지만 조사시점마다 샘플로 선정된 조사대상은 변하지 않는다.

해설
코호트연구의 특성
• 코호트란 특정 시기에 태어났거나 동일시점에 특정한 사건을 경험한 사람을 일컫는 말이다.
• 시기효과, 연령효과, 상황효과를 모두 고려해야 한다.
• 동류코호트와 서로 다른 코호트와의 비교가 가능하다.
• 모집단의 변화는 없지만 조사시점마다 표본으로 선정된 조사대상은 변할 수 있다.

04 질문지의 내용 선정에 대한 설명으로 옳지 않은 것은?

① 응답자가 흥미 있어 하는 내용은 모두 포함하여 질문지 전반부에 배치한다.

② 응답자가 정확하게 응답할 수 있는 내용을 포함하는 것이 좋다.

③ 응답자가 이해할 수 있는 질문내용을 선정해야 한다.

④ 응답자가 즉시 응답할 수 있는 내용을 포함하는 것이 좋다.

해설
질문지의 내용 선정
질문지의 내용은 연구자가 흥미 있어 하는 내용(분석하고자 하는 내용)을 모두 포함하여 선정한다.

05 다음 중 설문조사를 실시하여 분석하기 가장 어려운 연구주제는?

① 다문화가구에 대한 실태파악

② 실업률 증가에 따른 범죄율 추이 변화 비교

③ 대학교 학생들의 교내 식당만족도 조사

④ 코로나-19에 대한 정부의 대응정책 만족도 파악

해설
설문조사
조사 대상자들에게 측정하고자 하는 것을 물어봐서 자료를 수집하는 방법
☞ 실업률과 범죄율은 통계수치로 표본을 추출하여 추출된 표본으로부터 측정하고자 하는 것을 물어서 자료를 수집하는 방법인 설문조사에는 적합하지 않다.

06 **본조사에 앞서 사전검사(Pre-test)를 시행하는 이유로 옳지 않은 것은?**

① 중요한 응답항목을 누락하지는 않았는지 확인한다.

② 설문에 이해하기 어려운 항목이 있는지 확인한다.

③ 설문에 필요한 소요시간을 확인한다.

④ 본조사의 결과를 예측하여 질문어구, 순서, 형태를 재설계할 수 있다.

해설

사전검사(사전조사, Pre-test)의 목적

사전검사는 본조사의 축소판이라 할 수 있으며 본조사에 들어가기에 앞서 본조사에서 실시하는 것과 똑같은 방법과 절차로 질문지가 잘 구성되어 있는지를 시험해보는 것이다.

• 질문어구의 구성
  – 중요한 응답항목을 누락하지는 않았는지 검토
  – 응답이 어느 한쪽으로 치우치게 나타나는지 검토
  – "모른다" 등과 같이 판단유보범주의 응답이 많은지 검토
  – 무응답 또는 "기타"에 대한 응답이 많은지 검토
  – 질문의 순서가 바뀌었을 때 응답한 내용에 변화가 나타나는지 검토
• 본조사에 필요한 자료수집
  – 면접장소
  – 조사에 걸리는 시간
  – 현지조사에서 필요한 협조사항
  – 기타 조사상의 애로점 및 타개방법

07 **다음 중 연구방법의 특징에 대한 설명으로 옳지 않은 것은?**

① 실험조사는 인과관계의 확인이 용이하다.

② 조사연구는 현상에 대한 심층적인 분석에 한계가 있다.

③ 내용분석은 측정의 타당도가 높다.

④ 참여관찰은 관찰결과의 일반화 가능성이 적다.

해설

연구방법

• 실험조사 : 독립변수의 효과를 측정하거나 독립변수가 종속변수에 영향을 미치는 인과관계에 대한 가설을 검증하는 조사방법이다.
• 참여관찰 : 관찰자가 관찰 대상 집단 내부로 침투하여 구성원의 하나가 되어 그들과 함께 생활하거나 활동하면서 관찰하는 조사방법으로 동조현상으로 인해 객관성을 잃거나 관찰자의 주관적인 가치가 개입됨으로써 관찰결과의 일반화 가능성이 적다.
• 내용분석 : 기록화된 것을 중심으로 그 연구대상에 대한 필요 자료를 수집, 분석함으로써 객관적이고 체계적이며 계량적인 방법으로 분석하는 방법으로 분류범주의 타당성 확보가 곤란하다.
• 조사연구 : 어떤 현상이나 사실을 있는 그대로 기술하는 연구방법으로 현상에 대한 심층적인 분석에는 한계가 있다.

08 측정과 척도에 대한 설명으로 옳지 않은 것은?

① 측정은 일정한 규칙에 입각하여 연속체상에 표시된 숫자나 기호의 배열이다.

② 척도란 측정대상에 부여하는 가치들의 체계이다.

③ 측정에 있어서 체계적 오류는 타당도와 관련이 있고 무작위 오류는 신뢰도와 관련이 있다.

④ 일반적으로 측정의 형태와 척도의 수준은 동일한 의미로 사용된다.

해설

척도(Scale)
- 척도는 일정한 규칙에 입각하여 연속체상에 표시된 숫자나 기호의 배열이다.
- 척도란 일종의 측정도구로서 측정대상에 부여하는 가치들의 체계이다.
- 척도의 수준(Level of Scale)과 측정의 형태(Types of Measurement)는 일반적으로 동일한 의미로 사용된다.
- 동일한 속성 또는 개념을 하위척도로 측정할 때보다 상위척도로 측정할 때 더 많은 양의 정보를 얻을 수 있으며, 적용 가능한 분석방법이 넓어진다.
- 상위척도는 하위척도가 가지고 있는 특성을 모두 포함하여 가지고 있다.
- 척도는 측정오류를 줄일 수 있다.
- 척도는 복수의 문항이나 지표로 구성되어 있다.
- 척도를 통해서 모든 사물을 다 측정할 수 있는 것은 아니다.

09 다음 빈칸에 들어가기에 알맞은 것은?

> 계통표본추출법을 이용하여 10,000명으로 구성된 모집단으로부터 1,000명의 표본을 추출하기 위해서는 먼저 1과 (A) 사이에서 무작위로 한 명의 표본을 추출한 후 첫 번째 추출된 표본으로부터 모든 (B)번째 표본을 추출한다.

① A : 10,　B : 10

② A : 10,　B : 50

③ A : 50,　B : 50

④ A : 10,　B : 100

해설

계통표본추출(Systematic Sampling)

모집단의 크기가 10,000명이고 표본의 크기가 1,000명이므로 1~10명 중에서 한 명을 랜덤하게 추출하고 추출된 표본으로부터 매 10번째 표본을 선정하면 1,000명의 표본을 계통추출하게 된다.

10 다문화가구 실태조사를 하기 위한 설명으로 옳지 않은 것은?

① 모집단은 전국의 다문화가구이다.

② 표본추출단위는 다문화가구 가구원이다.

③ 표본추출틀은 전국의 다문화가구 명부이다.

④ 조사단위는 다문화가구 가구원이다.

해설

표본추출 용어

표본추출단위는 다문화가구이고, 조사단위는 다문화가구 가구원이다.

11 실험연구에서 외생변수(Extraneous Variable)를 통제할 수 있는 방법으로 옳지 않은 것은?

① 조사대상을 모집단에서 무작위로 추출한다.

② 외생변수가 될 가능성이 있는 요인을 실험대상에서 제거한다.

③ 외생변수의 영향을 통제한다.

④ 실험집단과 통제집단의 이질성을 확보하여 집단 간 차이를 크게 한다.

해설

외생변수 통제방법

• 제거 : 외생변수가 될 가능성이 있는 요인을 실험대상에서 제거하여 외생변수의 영향을 실험상황에 개입하지 않도록 한다.

• 균형화 : 실험집단과 통제집단의 동질성을 확보하기 위한 방법으로 균형화가 이루어진 후 두 집단 사이에 나타나는 종속변수의 수준 차이는 독립변수만에 의한 효과로 간주한다.

• 상쇄 : 하나의 실험집단에 두 개 이상의 실험변수가 가해질 때 사용하는 방법으로 외생변수의 작용 강도를 다른 상황에 대해서 다른 실험을 실시하여 비교함으로써 외생변수의 영향을 통제한다.

• 무작위화 : 조사대상을 모집단에서 무작위로 추출함으로써 연구자가 조작하는 독립변수 이외의 모든 변수들에 대한 영향력을 동일하게 하여 동질적인 집단으로 만들어 준다.

12 2차 자료(Secondary Data)를 사용하는 경우의 장점에 대한 설명으로 옳지 않은 것은?

① 1차 자료의 수집에 따른 시간과 비용을 절약할 수 있다.

② 국제비교나 종단적 비교가 가능하다.

③ 공신력있는 기관에서 수집한 자료는 신뢰성과 타당성이 높다.

④ 기존의 자료를 이용하므로 연구목적에 맞게 변수를 선정, 조작할 수 있다.

해설

2차 자료(Secondary Data)

수행중인 조사목적에 도움을 줄 수 있는 기존의 모든 자료로 조사자가 현재의 조사목적을 위하여 직접 자료를 수집하거나 작성한 1차 자료를 제외한 모든 자료를 말한다.

• 1차 자료의 수집에 따른 시간, 노력, 비용을 절감할 수 있다.

• 직접적이고 즉각적인 사용이 가능하다.

• 국제비교나 종단적 비교가 가능하다.

• 공신력 있는 기관에서 수집한 자료는 신뢰도와 타당도가 높다.

13 실험조사에서 처음 측정이 독립변수 처치 후의 측정에 영향을 미치는 현상은?

① 악대마차효과(Bandwagon Effect)

② 주시험효과(Main Testing Effect)

③ 상호작용 시험효과(Interaction Testing Effect)

④ 후광효과(Halo Effect)

해설

주시험 효과와 상호작용 시험효과

• 악대마차효과 : 다수가 어떤 방향으로 생각하고 행동하니까 본인도 거기에 따르게 되는 경향

• 주시험효과 : 처음 측정이 독립변수 처치 후의 측정에 영향을 미치는 현상

• 상호작용 시험효과 : 처음 측정이 독립변수의 처치과정에 영향을 미쳐 결과가 달라지는 현상

• 후광효과 : 처음 문항에 대해 좋게 또는 나쁘게 평가한 것을 다음 문항에 대해서도 계속 좋게 또는 나쁘게 평가하는 경향

14 분석단위로 인한 오류에 해당하지 않은 것은?

① 생태학적 오류(Ecological Fallacy)

② 개인주의적 오류(Individualistic Fallacy)

③ 지나친 일반화(Overgeneralization)

④ 불포함오차(Noncoverage Error)

해설

분석단위로 인한 오류

• 생태학적 오류 : 분석단위를 집단에 두고 얻어진 연구의 결과를 개인에 적용함으로써 발생하는 오류이다.

• 개인주의적 오류 : 분석단위를 개인에 두고 얻어진 연구의 결과를 집단에 적용함으로써 발생하는 오류이다.

• 환원주의적 오류 : 넓은 범위의 인간의 사회적 행위를 이해하는 데 필요한 변수 또는 개념의 종류를 지나치게 한정시킴으로써 발생하는 오류로 조사할 개념이나 변수를 설정하는 과정에서 발생한다.

• 지나친 일반화 : 한두 개의 고립된 사건에 근거해서 일반적인 결론을 내리고 그것을 서로 관계없는 상황에 적용하는 오류이다.

☞ 불포함오차(Noncoverage Error)는 목표모집단에는 있지만 표집틀에는 없는 표본 요소들로 인해 일어나는 오차

15 실험집단과 통제집단을 무작위 배정하는 이유에 대한 설명으로 옳지 않은 것은?

① 실험효과의 정확한 분리

② 실험결과의 일반화

③ 실험의 타당도를 저해하는 요인을 제거

④ 실험집단과 통제집단의 동등성 유지

해설

무작위(Randomization) 배정 이유

• 외생변수의 통제

• 경쟁가설을 제거

• 실험집단과 통제집단의 동등성 유지

• 실험의 타당도를 저해하는 요인을 예방 또는 제거

• 실험효과의 정확한 분리

16 다음에 설명하는 작업을 무엇이라고 하는가?

> 자료분석과정에서 제3의 변수(검정요인) 등을 통제하여 독립변수와 종속변수 간의 인과관계를 좀 더 분명하게 밝혀주는 작업

① 불편성(Unbiasedness) ② 무작위화(Randomization)

③ 정교화(Elaboration) ④ 다중공선성(Multicollinearity)

해설

변수분석의 정교화

자료분석과정에서 제3의 변수(검정요인) 등을 통제하여 독립변수와 종속변수 간의 인과관계를 좀 더 분명하게 밝혀주는 작업을 정교화(Elaboration)라 한다.

17 가설을 그 목적에 따라 구분할 때 기술적 가설에 대한 설명으로 옳은 것은?

① 어떤 현상의 정확한 사실을 묘사하기 위한 가설이다.

② 변수들 간의 인과관계를 표현하는 가설이다.

③ 현상의 발생빈도를 묘사하기 위한 가설이다.

④ 당위적 진술의 타당성을 말하는 가설이다.

해설

연구목적에 따른 가설 분류

• 설명적 가설 : 변수들 간의 인과관계를 규명하기 위한 가설

• 기술적 가설 : 어떤 현상의 정확한 사실(빈도 등)을 묘사하기 위한 가설

18 다음 중 확률표본추출법을 사용하는 표본추출방법은 모두 몇 개인가?

> a. 판단추출법(Judgement Sampling)
> b. 층화추출법(Stratified Random Sampling)
> c. 지역추출법(Area Sampling)
> d. 체계적 추출법(Systematic Sampling)
> e. 단순무작위추출(Simple Random Sampling)
> f. 할당표집(Quota Sampling)

① 3개
② 4개
③ 5개
④ 6개

해설
확률추출법과 비확률추출법의 종류
• 확률추출법 : 단순무작위추출(Simple Random Sampling), 층화추출(Stratified Sampling), 집락(군집)추출(Cluster Sampling), 계통추출(Systematic Sampling), 지역추출법(Area Sampling)
• 비확률추출법 : 유의표집(Purposive Sampling), 할당표집(Quota Sampling), 편의표집(Convenience Sampling), 가용표본추출(Available Sampling), 눈덩이표집(Snowball Sampling), 판단표집(Judgement Sampling)

19 다음 중 표지편지(Cover Letter)에 포함해야 할 내용으로 옳지 않은 것은?

① 연구의 목적
② 연구자의 연락처
③ 응답에 대한 비밀유지
④ 표본의 규모와 응답자의 범위

해설
표지편지(Cover Letter)
연구자는 표지편지에 연구주관기관, 연구의 목적, 연락처, 응답의 필요성, 응답내용에 대한 비밀보장 등의 메시지를 표현함으로써 응답자의 응답을 유인할 수 있다.

20 다음과 같이 다문화가구의 문제점을 측정하였다면 이는 어떤 수준의 측정인가?

귀하는 다문화가구의 문제점 중 어떤 분야의 지원이 가장 시급하다고 생각하십니까?

ⓐ 교 육　　　　　　　　　 ⓑ 육 아

ⓒ 취 업　　　　　　　　　 ⓓ 법률상담

ⓔ 소 통　　　　　　　　　 ⓕ 의 료

ⓖ 기 타 (　　　　)

---

① 명목수준　　　　　　　　 ② 서열수준

③ 등간수준　　　　　　　　 ④ 비율수준

해설

명목척도(범주척도)

측정대상이 몇 개의 상호배타적인 범주로 구분된 것에 부여된 수치

01 최근 연예인들의 대마초 흡연이 사회적 물의를 빚고 있다. 연예인들의 대마초 흡연 실태와 원인에 대한 질문지를 작성하려고 할 때 질문의 순서에 대한 설명으로 옳지 않은 것은?

① 본인의 학력, 연봉과 같은 민감한 질문은 마지막에 위치하도록 배치한다.

② 가정생활, 여가활동, 친구관계에 대한 질문은 전체를 묶어서 한 번에 질문하기보다는 주제별로 구분하여 질문한다.

③ 처음 연예인을 시작할 때부터 현재까지의 인기도를 질문할 경우에는 과거부터 현재 순서로 질문하는 것이 바람직하다.

④ 가장 중요한 주제인 대마초 흡연 여부를 묻는 질문을 첫 질문으로 한다.

> **해설**
> **질문항목 배열 시 유의사항**
> • 깔때기(Funnel) 흐름에 따라 질문을 배열한다.
> • 질문항목의 배열은 일반적인 내용에서 구체적인 내용 순으로 구성하는 것이 바람직하며 사실적인 실태나 형태를 묻는 질문에서 이미지 평가나 태도를 묻는 질문 순으로 진행하는 것이 바람직하다.

02 실험설계의 특징에 대한 설명으로 옳지 않은 것은?

① 새로운 가설이나 연구문제를 발견하는 데 기여한다.

② 연구가설의 진위여부를 확인하는 구조화된 절차이다.

③ 실험의 내적타당도를 확보하기 위한 노력이다.

④ 최대한 자연스러운 상황을 유지하는 표준화된 절차이다.

> **해설**
> **실험설계의 특징**
> • 실험의 내적타당도를 확보하기 위한 노력
> • 실험의 검증력을 극대화하고자 하는 시도
> • 연구가설의 진위여부를 확인하는 구조화된 절차
> • 새로운 가설이나 연구문제를 발견하는 데 기여

03 우편조사의 응답률에 영향을 미치는 요인에 대한 설명으로 옳지 않은 것은?

① 질문지의 형식과 우송방법

② 표지편지(Cover Letter) 작성

③ 응답자의 지역적 범위

④ 추적우편(Follow-up-mailing)을 실시

해설

우편조사의 응답률에 영향을 미치는 요인

• 응답집단의 동질성 : 조사자는 특정한 응답집단의 경우 응답률이 높다는 사실을 인식함으로써 모집단과 표본추출방법에 대해 보다 세심하게 검토할 필요가 있다.

• 질문지의 형식과 우송방법 : 질문지 종이의 질과 문항의 간격 등의 인쇄술, 종이의 색깔, 표지설명의 길이와 유형 등의 형식이 응답률에 영향을 미친다.

• 표지편지(Cover Letter) : 연구자는 표지편지에 연구주관기관, 연구의 목적, 연락처, 응답의 필요성, 응답 내용에 대한 비밀보장 등의 메시지를 표현함으로써 응답자의 응답을 유인할 수 있다.

• 우송유형 : 반송봉투가 필요 없는 봉투겸용 우편(자기우편)설문지를 이용한다.

• 인센티브(Incentive) : 사례품이나 사례금 등 약간의 인센티브(Incentive)를 준다.

• 예고편지 : 조사에 앞서 예고편지(안내문 등)를 발송한다.

• 추가우송 : 격려문과 함께 설문지를 다시 동봉하여 추적우편(Follow-up-mailing)을 실시한다.

04 다음 중 개입적 연구(Obtrusive Research)에 해당하는 것은?

① 내용분석

② 설문조사

③ 역사 비교분석

④ 2차 자료 분석

해설

개입적 연구와 비개입적 연구

• 개입적 연구 : 연구자가 현상관찰에 개입하는 연구로 설문조사, 현장연구, 사례연구 등이 있다.

• 비개입적 연구 : 연구자가 현상관찰에 개입하지 않는 연구로 내용분석, 역사 비교분석 등이 있다.

05 과학적 조사의 일반적인 절차에 대한 설명으로 옳은 것은?

① 조사설계 → 문제정립 → 가설설정 → 자료수집 → 자료분석 → 보고서 작성

② 가설설정 → 문제정립 → 조사설계 → 자료수집 → 자료분석 → 보고서 작성

③ 자료수집 → 가설설정 → 조사설계 → 자료수집 → 문제정립 → 보고서 작성

④ 문제정립 → 가설설정 → 조사설계 → 자료수집 → 자료분석 → 보고서 작성

해설

과학적 조사 절차

문제정립 → 가설설정 → 조사설계 → 자료수집 → 자료분석 → 보고서 작성

06 자료수집방법 중 면접자의 편향이 개입될 여지가 없는 조사방법끼리 짝지어진 것은?

① 전화조사, 우편조사
② 우편조사, 전자조사
③ 면접조사, 전화조사
④ 전자조사, 전화조사

> **해설**
> 자료수집방법 비교

기 준	면접조사	전화조사	우편조사	전자조사
비 용	높 음	중 간	낮 음	없 음
면접자 편향	높 음	낮 음	없 음	없 음
시간소요	높 음	중 간	낮 음	낮 음
익명성	낮 음	낮 음	높 음	높 음
응답률	높 음	중 간	낮 음	낮 음
응답자 통제	높 음	중 간	없 음	없 음

07 실험설계의 타당도를 저해하는 외생변수의 종류 중 다음에 설명하는 것은 무엇인가?

> 측정이 반복됨으로써 얻어지는 학습효과로 인해 실험대상자의 반응에 영향을 미쳐 타당도를 해치게 된다.

① 선별효과(선택요인)
② 실험효과(검사요인)
③ 성숙효과(성장요인)
④ 사멸효과(상실요인)

> **해설**
> 실험설계의 타당도를 저해하는 외생변수의 종류
> • 선별효과(선택요인) : 실험집단으로 선정된 집단과 통제집단으로 선정된 집단이 여러 측면에서 현저한 차이가 나는 경우 타당도를 해치게 된다.
> • 실험효과(검사요인) : 실험효과란 측정이 반복됨으로써 얻어지는 학습효과로 인해 실험대상의 반응에 영향을 미치는 경우 타당도를 해치게 된다.
> • 성숙효과(성장요인) : 실험기간 중에 실험집단의 육체적 또는 심리적 특성이 변화함으로써 실험결과에 영향을 미쳐 타당도를 해치게 된다.
> • 사멸효과(상실요인) : 실험대상의 일부가 사망, 기타 사유로 사멸 또는 추적조사가 불가능하게 될 때 실험결과에 영향을 미쳐 타당도를 해치게 된다.

08 자료분석에 앞서 데이터 처리 시 결측값 또는 오류값과 같은 코딩 오류를 찾아내어 수정하는 것은?

① 부호화 작업
② 데이터 리코딩
③ 탐색적 자료분석
④ 데이터 클리닝

해설
데이터 클리닝(Data Cleaning)
포맷을 통일시키고 데이터가 일관성을 유지하고 있는지를 확인하면서 오류를 찾아내어 수정하는 작업이다. 변수들이 고정 열 포맷으로 되어 있다면 고정 열 포맷으로 포맷을 통일시킨다.

09 질문지를 작성한 후 시행되는 사전조사(Pre-test)에 대한 설명으로 옳지 않은 것은?

① 응답 범주에 제시되지 않은 응답에 대해서 기록해 둔다.
② 본조사에서 실시하는 것처럼 똑같은 면접방식과 진행 절차로 실시한다.
③ 응답자들이 잘못 이해하는 질문이 있는가에 유의한다.
④ 본조사의 축소판으로 모집단과 대체로 유사하다고 판단되는 소규모 표본을 대상으로 한다.

해설
사전조사(Pre-test)
• 사전검사는 본조사의 축소판이라 할 수 있으며 본조사에 들어가기에 앞서 본조사에서 실시하는 것과 똑같은 방법과 절차로 질문지가 잘 구성되어 있는지를 시험해보는 것이다.
• 모집단과 대체로 유사하다고 판단되는 소규모 표본을 대상으로 질문문항들의 타당성을 검사하는 과정이다.

10 과학적 연구의 기초개념에 대한 설명으로 옳지 않은 것은?

① 개념(Concept)은 가설과 이론의 구성요소로 보편적인 관념 안에서 특정현상을 나타내는 추상적 표현이다.
② 변수(Variable)는 실증적인 검증과정에서 개념을 측정 가능한 형태로 변화시킨 것이다.
③ 패러다임(Paradigm)은 사람들의 견해와 사고방식을 근본적으로 규정하는 인식의 체계 또는 틀을 의미한다.
④ 이론(Theory)이란 두 개 이상의 변수들 간의 관계에 대한 진술이며, 아직 검증되지 않은 사실이다.

해설
과학적 연구의 기초개념
• 이론 : 어떤 특정현상을 논리적으로 설명하고 예측하려는 진술이다.
• 가설 : 두 개 이상의 변수들 간의 관계에 대한 진술이며, 아직 검증되지 않은 사실이다.

11 기술적 조사에 대한 설명으로 옳지 않은 것은?

① 현상을 정확하게 기술하는 것을 주목적으로 한다.

② 모집단에 대한 특성을 파악하고자 할 때 실시한다.

③ 일반적으로 표본조사로 실시한다.

④ 어떤 사실과의 관계를 파악하여 인과관계를 규명하거나 미래를 예측하는 조사이다.

해설

기술적 조사(Descriptive Research)
• 기술적 조사는 현상을 정확하게 기술하는 것을 주목적으로 한다.
• 모집단에 대한 특성파악과 특정상황의 발생빈도를 조사한다.
• 관련변수 간의 상호관계의 정도를 파악한다.
• 기술적 조사는 표본조사의 기본 목적인 모집단의 모수를 추정하기 위한 조사이다.
☞ 설명적 조사는 기술조사 결과의 축적을 토대로 어떤 사실과의 관계를 파악하여 인과관계를 규명하거나 미래를 예측하는 조사이다.

12 다음 중 횡단연구에 대한 설명으로 옳지 않은 것은?

① 정태적인 성격을 띠는 연구이다.

② 측정이 한 번만 이루어진다.

③ 어떤 현상의 진행과정이나 변화를 측정하지 못한다.

④ 패널연구, 추세연구, 코호트연구 등이 대표적이다.

해설

종단연구의 유형
패널연구, 추세연구, 코호트연구, 사건사연구는 종단연구에 해당된다.

13 패널연구의 특성에 대한 설명으로 옳지 않은 것은?

① 동일집단을 선정하기 때문에 반복적 조사가 이루어지지 않는다.

② 연구기간이 길어지면 패널 소실 현상이 일어날 수 있다.

③ 상대적으로 많은 자료를 획득할 수 있다.

④ 동일인의 변화를 추적하기 때문에 코호트연구에 비해 정밀한 연구가 가능하다.

해설

패널연구의 특성
• 특정 조사대상을 선정해 반복적으로 조사한다.
• 연구기간이 길어지면 패널 소실 현상이 일어날 수 있다.
• 각 기간 동안의 변화를 측정할 수 있다.
• 상대적으로 많은 자료를 획득할 수 있다.
• 동일인의 변화를 추적하기 때문에 코호트연구에 비해 정밀한 연구가 가능하다.
• 초기 연구비용이 비교적 많이 든다.

14 다음 중 2차 자료를 활용한 분석 또는 조사 과정이 아닌 것은?

① 통계청에서 발행한 통계연보를 통해 도시별 농작물별 생산량을 파악하였다.

② 여성가족부에서 실시한 감정노동자 실태조사 자료를 이용해 감정노동자들의 현황을 파악하였다.

③ 전화조사를 통해 설문조사를 실시한 후 신제품에 대한 선호도를 분석하였다.

④ 통계청에서 발표한 소비자물가조사 결과를 이용해 지역별 가격 차이를 비교하였다.

해설
1차 자료와 2차 자료
• 1차 자료 : 연구자가 현재 수행중인 조사연구의 목적을 달성하기 위해 직접 수집하는 자료로 설문지, 면접법, 관찰법 등으로 수집하는 자료
• 2차 자료 : 다른 목적을 위해 이미 수집된 자료로써 연구자가 자신이 수행중인 연구문제를 해결하기 위해 사용하는 자료
☞ 신제품에 대한 선호도를 분석하기 위해 전화조사를 통해 설문조사를 실시하여 얻은 자료는 1차 자료에 해당된다.

15 신뢰도 평가 방법에 대한 설명으로 옳지 않은 것은?

① 반분법은 측정도구의 문항을 양분한다.

② 복수양식법은 동일한 측정도구를 이용한다.

③ 내적 일관성법은 동일한 개념을 측정한다.

④ 재검사법은 측정대상이 동일하다.

해설
신뢰도 평가 방법
• 재검사법(Test-retest Method) : 동일한 상황에서 동일한 측정도구로 동일한 대상에게 일정한 시간을 두고 측정하여 그 결과를 비교하는 방법이다.
• 반분법(Split Halves Method) : 척도의 질문을 무작위적으로 반씩 나누어 둘로 만든 후 이 두 부분을 따로 떼어서 적용하는 것이 아니라 내용적으로만 갈라놓고 실제로는 본래의 척도를 그대로 적용하는 방법이다.
• 복수양식법(Multiple Forms Techniques) : 유사한 형태의 두 개 이상의 측정도구를 이용하여 동일한 대상에 차례로 적용한 후 그 결과를 비교하는 방법이다.
• 내적 일관성법(Internal Consistency Method) : 여러 개의 항목을 이용하여 동일한 개념을 측정하고자 할 때 신뢰도를 저해하는 요인을 제거한 후 신뢰도를 향상시키는 방법이다.

16 다음에 설명하는 효과는 무엇인가?

> 실험집단의 구성원들이 비교집단에 비하여 관찰을 받고 있다는 사실을 인식할 때 평소와는 다른 행동을 보임으로써 효과가 왜곡되는 현상

① 대비효과(Contrast Effect)
② 후광효과(Halo Effect)
③ 초두효과(Primacy Effect)
④ 호손효과(Hawthorne Effect)

해설
응답의 편향 유형
• 대비효과 : 자신의 특성과 대비되는 특징을 상대방에게서 찾아내어 그것을 부각시키려는 경향
• 후광효과 : 처음 문항에 대해 좋게 또는 나쁘게 평가한 것을 다음 문항에 대해서도 계속 좋게 또는 나쁘게 평가하는 경향
• 초두효과 : 응답항목의 순서 중에서 처음에 제시한 항목일수록 기억이 잘 나서 선택할 확률이 높아지는 현상으로 첫인상이 가장 큰 영향을 미친다는 심리이론

17 표본오차에 대한 설명으로 옳은 것은 모두 몇 개인가?

> a. 신뢰수준이 높을수록 표본오차는 작아진다.
> b. 표본의 크기가 증가함에 따라 표본오차는 작아진다.
> c. 표본오차는 모집단의 모수와 표본의 통계치 간의 차이를 의미한다.
> d. 표본조사에서 표본오차를 전혀 없게 할 수는 없다.

① 1개   ② 2개
③ 3개   ④ 4개

해설
표본오차의 특징
• 모집단을 대표할 수 있는 전형적인 구성 요소를 선택하지 못함으로써 발생하는 오차이다.
• 표본의 통계치와 모집단의 모수 간의 차이가 표본오차이다.
• 표본조사에서 표본오차를 전혀 없게 할 수는 없다.
• 각 조사연구에서 오차의 범위를 제시해 준다.
• 표본의 크기를 증가시키면 표본오차는 감소한다.
• 확률표본추출은 비확률표본추출보다 표본오차가 작다.
• 신뢰수준이 높을수록 표본오차는 커진다.

18 스타펠척도에 대한 설명으로 옳지 않은 것은?

① 응답자에게 혼란을 일으키기 쉽다.

② 다양한 문제에 대한 응용이 곤란하다.

③ 전화조사에 용이하다.

④ 중앙값(0)을 기준으로 −5에서 +5 사이의 11점 척도로 측정한다.

해설

스타펠척도의 장·단점

스타펠척도의 장점	스타펠척도의 단점
• 어의구별척도와 같이 연구자가 두 개의 상반된 형용사적인 표현을 만들기 위해 고민할 필요가 없다. • 전화조사에 용이하다.	• 응답자에게 혼란을 일으키기 쉽다. • 다양한 문제에 대한 응용이 곤란하다.

☞ 하나의 수식어만을 평가 기준으로 제시하며 중간값(0)이 없는 −5에서 +5 사이의 10점 척도로 측정하는 방법이다.

19 눈덩이표본추출방법이 필요한 경우로 가장 적합한 조사대상끼리 짝지어진 것은?

① 불법체류자, 국민연금 수령자

② 기초노령연금 수급자, 문맹자

③ 도서지역 주민, 교도소 수감자

④ 마약중독자, 불법체류자

해설

눈덩이표본추출(Snowball Sampling)

눈덩이를 굴리면 커지는 것처럼 소수의 응답자를 찾은 다음 이들과 비슷한 사람들을 소개받아 가는 식으로 표본을 추출하는 방법

예 마약중독자, 불법체류자 등과 같은 표본을 찾기 힘든 경우 한두 명을 조사한 후 비슷한 환경의 사람을 소개받아 조사하는 경우

20 신뢰도 측정 방법 중 크론바흐 알파(Cronbach's Alpha)에 대한 설명으로 옳은 것은?

① 크론바흐 알파값은 −1에서 +1 사이의 값을 가진다.

② 복수양식법에 따라 신뢰도를 측정하는 척도이다.

③ 크론바흐 알파값이 클수록 신뢰도가 높다.

④ 각 문항들은 서로 독립이라는 논리에 근거하고 있다.

해설

크론바흐 알파(Cronbach's Alpha)계수

여러 개의 항목을 이용하여 동일한 개념을 측정하고자 할 때 신뢰도를 저해하는 요인을 제거한 후 신뢰도를 향상시키는 방법이 내적 일관성 방법이며 문항 상호간에 어느 정도 일관성을 가지고 있는가를 측정할 때 크론바흐 알파계수를 이용한다.

• 내적 일관성 분석법에 따라 신뢰도를 측정하는 척도이다.

• 신뢰도가 낮은 경우 신뢰도를 저해하는 항목을 찾을 수 있다.

• 크론바흐 알파값은 0~1의 값을 가지며, 값이 클수록 신뢰도가 높다.

• 크론바흐 알파값은 0.6 이상이 되어야 만족할 만한 수준이며, 0.8~0.9 정도면 신뢰도가 높은 것으로 본다.

01 양적연구와 질적연구에 대한 설명으로 옳은 것은?

① 질적연구는 일반화 가능성이 높다.

② 양적연구는 연구방법을 우선시한다.

③ 질적연구는 논리실증주의적 입장을 취한다.

④ 양적연구는 소규모 분석에 유리하다.

해설

양적연구와 질적연구

양적연구	질적연구
• 사회현상의 사실이나 원인들을 탐구	• 경험의 본질에 대한 풍부한 기술
• 일반화 가능	• 일반화 불가능
• 구조화된 양적자료 수집	• 비구조화된 질적자료 수집
• 원인과 결과의 구분이 가능	• 원인과 결과의 구분이 불가능
• 객관적	• 주관적
• 대규모 분석에 유리	• 소규모 분석에 유리
• 확률적 표집방법 사용	• 비확률적 표집방법 사용
• 연구방법을 우선시	• 연구주제를 우선시
• 논리실증주의적 입장을 취함	• 현상학적 입장을 취함

02 연구주제와 분석단위의 연결이 옳지 않은 것은?

① 국가 간 국내총생산(GDP) 비교 – GDP

② A대학교 학생들의 식당만족도 조사 – 개인

③ 각 지방자치단체에 따른 재정자립도의 차이 – 지방자치단체

④ 자동차 생산 회사별 월 매출액 비교 – 회사

해설

분석단위(Unit of Analysis)

국가 간 국내총생산(GDP) 비교의 분석단위는 국가이다.

03 전화조사의 장점에 대한 설명으로 옳지 않은 것은?

① 면접조사에 비해 시간과 비용을 절약할 수 있다.

② 컴퓨터 지원이 불가능하다.

③ 면접조사가 어려운 사람의 경우에 유리하다.

④ 면접조사에 비해 타당도가 높다.

해설

전화조사의 장점

• 면접조사에 비해 시간과 비용이 적게 든다.
• 우편조사에 비해 타인의 참여를 줄일 수 있다.
• 면접이 어려운 사람의 경우에 유리하다.
• 면접조사에 비해 타당도가 높다.
• 컴퓨터 지원(CATI조사 ; Computer Assisted Telephone Interviewing)이 가능하다.

04 개방형 질문과 폐쇄형 질문에 대한 설명으로 옳지 않은 것은?

① 개방형 질문은 복합적인 질문을 하기에 유리하다.

② 폐쇄형 질문은 조사자의 편견이 개입될 가능성이 크다.

③ 개방형 질문은 폐쇄형 질문에 비해 상대적으로 응답률이 낮다.

④ 폐쇄형 질문은 응답자 생각과 달리 응답범주가 획일화되어 있어 편향이 발생할 수 있다.

해설

개방형 질문과 폐쇄형 질문의 특징

개방형 질문	폐쇄형 질문
• 복합적인 질문을 하기에 유리하다. • 응답유형에 대한 사전지식이 부족할 때 사용한다. • 응답에 대한 제한을 받지 않으므로 새로운 사실을 발견할 가능성이 크다. • 본조사에 사용될 조사표 작성 시 폐쇄형 질문의 응답유형을 결정할 수 있게 해준다. • 응답을 분류하고 코딩하는데 어렵다. • 응답자가 어느 정도의 교육수준을 갖추어야 한다. • 폐쇄형 질문에 비해 상대적으로 응답률이 낮다. • 결과를 분석하여 설문지를 완성하기까지 많은 시간과 비용이 소요된다. • 탐색적으로 사용할 수 있다.	• 자료의 기록 및 코딩이 용이하다. • 응답 관련 오류가 적다. • 사적인 질문 또는 응답하기 곤란한 질문에 용이하다. • 조사자의 편견개입을 방지할 수 있다. • 응답자의 의견을 충분히 반영시킬 수 없다. • 질문의 순서가 바뀌었을 때 응답한 내용에 변화가 나타날 수 있다. • 응답자 생각과 달리 응답범주가 획일화되어 있어 편향이 발생할 수 있다. • 조사자가 적절한 응답지를 제시하기가 어렵다.

05 환원주의(Reductionism)로 인한 오류는 다음 중 어느 때 일어나는가?

① 조사표 작성 과정에서

② 설문조사의 면접 과정에서

③ 표본추출 과정에서

④ 조사할 개념이나 변수를 설정하는 과정에서

> **해설**
> 환원주의(Reductionism)적 오류
> 넓은 범위의 인간의 사회적 행위를 이해하는 데 필요한 변수 또는 개념의 종류를 지나치게 한정시킴으로써 발생하는 오류로 조사할 개념이나 변수를 설정하는 과정에서 발생한다.

06 지수를 사용하는 이유에 대한 설명으로 옳지 않은 것은?

① 변수의 변화에 대한 비교가 용이하다.

② 표준화된 지수를 일관되게 사용하면 측정의 타당도가 높아진다.

③ 서로 다른 단위로 측정한 변량의 집계가 가능하다.

④ 장소적 비교, 시간적 비교 모두에 사용 가능하다.

> **해설**
> 지수를 사용하는 이유
> • 변수의 변화에 대한 비교가 용이하다.
> • 서로 다른 단위로 측정한 변량의 집계가 가능하다.
> • 장소적 · 시간적 비교 모두에 사용 가능하다.
> ☞ 표준화된 척도를 일관되게 사용하면 측정의 신뢰도가 높아진다.

07 다음에 설명하는 정의로 옳게 짝지어진 것은?

> (A) 측면에서 지능은 문제해결능력, 추상적인 사고능력으로 정의할 수 있고, (B) 측면에서 지능은 측정이 가능한 IQ검사에 의한 점수로 정의할 수 있다.

① A : 개념적 정의, B : 조작적 정의

② A : 개념적 정의, B : 실질적 정의

③ A : 명목적 정의, B : 조작적 정의

④ A : 명목적 정의, B : 실질적 정의

정의의 종류
• 개념적 정의 : 연구대상이 되는 사람 또는 사물의 형태 및 속성, 다양한 사회적 현상들을 개념적으로 정의하는 것
• 조작적 정의 : 추상적인 개념들을 경험적・실증적으로 측정이 가능하도록 구체화한 것
• 실질적 정의 : 한 용어가 갖는 어의상의 뜻을 전제로 그 용어가 대표하고 있는 개념 또는 실제 현상의 본질적 성격, 속성을 그대로 나타내는 것
• 명목적 정의 : 어떤 개념을 나타내는 용어에 대하여 그 개념이 전제로 하는 본래의 실질적인 내용, 속성의 문제를 고려하지 않고 연구자가 일정한 조건을 약정하고 그에 따라 용어의 뜻을 규정하는 것
• 재개념화 : 주된 개념에 대한 정리, 분석을 통해 개념을 보다 명백히 재규정하는 것

08 솔로몬 4집단설계(Solomon Four-group Design)에 대한 설명으로 옳지 않은 것은?

① 가장 이상적인 실험설계이다.
② 2개의 실험집단과 2개의 통제집단으로 구성되어 있다.
③ 독립변수 간의 상호작용 관계를 교차분석을 통해 확인하려는 설계이다.
④ 통제집단 사전사후측정설계와 통제집단 사후측정설계를 합친 형태이다.

솔로몬 4집단설계(Solomon Four-group Design)
4개의 무작위 집단을 선정하여 사전측정한 2개 집단 중 하나와 사전측정을 하지 않은 2개의 집단 중 하나를 실험집단으로 하며, 나머지 2개의 집단을 통제집단으로 하여 비교하는 방법. 통제집단 사후설계와 통제집단 사전사후실험설계를 결합한 형태로 가장 이상적인 설계
☞ 독립변수 간의 상호작용관계를 교차분석을 통해 확인하려는 설계는 요인설계이다.

09 단순임의추출법(Simple Random Sampling)은 실제 조사에 활용하기 쉽지 않다. 그 이유에 대한 설명으로 옳지 않은 것은?

① 모집단의 목록을 만들고 번호를 부여하는 작업 등 현실적으로 많은 노력이 소요된다.
② 모집단으로부터 표본을 추출할 때 동일한 확률로 표본을 추출하기가 어렵다.
③ 동일한 표본크기에서 층화추출법보다 표본오차가 크다.
④ 비교적 표본의 크기가 커야 한다.

단순임의추출법 활용의 어려움
• 모집단의 목록을 만들고 번호를 부여하는 작업 등 현실적으로 많은 노력이 소요된다.
• 동일한 표본크기에서 층화추출법보다 표본오차가 크다.
• 비교적 표본의 크기가 커야 한다.
☞ 단순임의추출법은 크기 N인 모집단으로부터 크기 n인 표본을 추출할 때 $\binom{N}{n}$가지의 모든 가능한 표본이 동일한 확률로 추출하는 방법이다.

10 다음 중 횡단연구의 단점에 대한 설명으로 옳은 것은?

① 대규모 서베이에 적합하지 않다.

② 변수들 간의 인과관계를 확인하기 어렵다.

③ 많은 수의 변수들을 측정하기 어렵다.

④ 종단연구에 비해 상대적으로 시간과 비용이 많이 든다.

해설

횡단연구(Cross-sectional Study)
일정 시점을 기준으로 모든 관련 변수에 대한 자료를 수집하는 연구이다.

장 점	• 종단연구에 비해 상대적으로 시간과 비용이 적게 든다. • 대규모 서베이에 적합하다. • 연구대상이 지리적으로 넓게 분포되어 있고 연구대상의 수가 많으며, 많은 변수에 대한 자료를 수집해야 할 경우 적합하다.
단 점	• 시간의 흐름에 따라 변화의 추이를 파악하기 어려워 변수들 간의 인과관계를 확인하는 데 한계가 있다. • 어떤 현상의 진행과정이나 변화를 측정하지 못한다.

11 다음 중 신뢰도를 높이기 위한 방법에 대한 설명으로 옳지 않은 것은?

① 측정도구의 모호성을 제거한다.

② 측정자의 태도와 측정방식의 일관성을 유지한다.

③ 측정항목을 늘린다.

④ 예비조사 및 사전조사를 실시한다.

해설

신뢰도를 높이기 위한 방법
• 측정도구의 모호성을 제거 : 측정도구를 구성하는 문항을 분명하게 작성한다.
• 다수의 측정항목 : 측정항목을 늘린다.
• 측정의 일관성 유지 : 측정자의 태도와 측정방식의 일관성을 유지한다.
• 표준화된 측정도구 이용 : 사전에 신뢰도가 검증된 표준화된 측정도구를 이용한다.
• 대조적인 항목들의 비교·분석 : 측정도구가 되는 각 항목의 성격을 비교하여 서로 대조적인 항목들을 비교·분석한다.
• 측정자가 무관심하거나 잘 모르는 내용은 측정하지 않는다.

12 다음과 같은 절차를 무엇이라고 하는가?

> 실험연구에서는 연구 결과가 왜곡되는 것을 방지하기 위해 연구대상자가 연구에 참여하기 전에 그 연구의 목적을 알려주지 않는 것이 일반적이다. 그러나 연구가 끝난 후에 그들에게 진실을 말함으로써 애초에 어쩔 수 없이 속인 것을 설명해 준다.

① 사후설명   ② 고지된 동의

③ 사후조사   ④ 비밀보장의 의무

해설

사후설명(Debriefing)

사후설명은 연구종료 시 연구에 대한 실제 목적을 설명해주는 것이다.

13 군집표본추출방법에서 각 군집의 군집 내 분포가 지녀야 할 특성으로 가장 이상적인 것은?

① 군집 내는 최대한 동질적이어야 한다.

② 군집 내는 최대한 이질적이어야 한다.

③ 군집 내의 분포는 동질적이더라도 군집 간 차이는 커야 한다.

④ 군집 내는 모집단이 지닌 특성의 분포와 정확히 일치하여야 한다.

해설

군집(집락)추출법의 특징

• 표본추출단위는 군집이다.

• 군집 내는 이질적이고 군집 간은 동질적이다.

• 군집 내부가 모집단이 지닌 특성의 분포와 정확히 일치하면 가장 이상적이다.

14 다음 중 순수실험설계에 해당하지 않은 것은?

① 무작위화 구획 설계

② 솔로몬 4집단설계

③ 반복측정 요인설계

④ 복수시계열설계

해설

순수실험설계와 유사실험설계의 종류

• 순수실험설계 : 통제집단 사전사후비교설계, 통제집단 사후비교설계, 솔로몬 4집단설계, 요인설계, 무작위화 구획 설계 (난괴법)

• 유사실험설계 : 비동일 통제집단설계, 단순시계열설계, 복수시계열설계, 회귀불연속설계

15 다음 중 계통추출법(Systematic Sampling)에 대한 설명으로 옳지 않은 것은?

① 다른 확률표본추출방법과 결합하여 사용할 수 있다.

② 확률표본추출법으로 항상 대표성이 있는 표본이 추출된다.

③ 실제 조사현장에서 직접 적용이 용이하다.

④ 표본추출틀의 형태에 따라 그 정도(Precision)에 차이가 크다.

해설

계통추출법(Systematic Sampling)의 장·단점

장 점	• 표본추출작업이 용이하며 바람직한 표본추출틀이 확보되지 않은 경우에 유용하다. • 단위들이 고르게 분포되어 있을 경우 단순임의추출법보다 추출오차가 감소되며 결과의 정도가 향상된다. • 실제 조사현장에서 직접 적용이 용이하다. • 다른 확률표본추출방법과 결합하여 사용할 수 있다. • 단위비용당 다량의 정보 획득이 가능하다.
단 점	• 표본추출틀 구성에 어려움이 있다. • 모집단의 단위가 주기성을 가지면 표본의 대표성에 문제가 발생한다. • 일반적으로 추정량이 편향추정량이다. • 표본추출틀의 형태에 따라 그 정도에 차이가 크다. • 원칙적으로 추정량의 분산에 대한 불편추정량의 계산이 불가능하다.

16 질문문항의 배열에서 깔때기(Funnel)형 배열이란 무엇을 의미하는가?

① 구체적이고 개별적인 질문부터 시작해서 점차적으로 일반적인 내용을 질문하는 방법이다.

② 행렬식 질문을 질문지 중간 부분에 위치하게 하는 배열 방법이다.

③ 쉽고 일반적인 내용부터 시작해서 점점 구체적이고 어려운 내용을 질문하는 방법이다.

④ 개방형 질문을 질문지 앞에 위치하게 하고 패쇄형 질문을 뒤에 위치하게 하는 배열 방법이다.

해설

깔때기(Funnel)형 배열

질문항목의 배열은 일반적인 내용에서 구체적인 내용 순으로 구성하는 것이 바람직하며 사실적인 실태나 형태를 묻는 질문에서 이미지 평가나 태도를 묻는 질문 순으로 진행하는 것이 바람직하다.

17 다음과 같은 질문지를 작성하였다면 질문지 작성원칙 중 무엇을 위배하였는가?

> 귀하의 부모님은 스마트폰을 사용하십니까?
> a. 예   b. 아니오

① 간결성(질문은 짧게)
② 명확성(질문 자체로서 의미가 명확히 전달)
③ 가치중립성(특정 대답을 유도해서는 안 됨)
④ 단순성(복합적인 질문은 피함)

해설
질문지 작성 시 유의사항
질문지 작성 시 하나의 질문항목으로 두 가지 질문을 하거나 하나의 질문항목에 대해 응답항목이 중복되어서는 안 된다. 하나의 질문으로 부모님(아버지, 어머니)에 대해 물은 복합적인 질문으로 단순성에 위배된다.

18 연구자가 모집단의 성격에 대한 정보를 갖고 있지 않은 경우 가장 적합한 표본추출방법은?

① 군집표본추출
② 층화표본추출
③ 할당표본추출
④ 눈덩이표본추출

해설
비확률표본추출법(Nonprobability Sampling Method)
모집단의 성격에 대한 정보가 없거나 연구대상이 표본으로 추출될 확률이 알려져 있지 않을 때 작위적으로 표본을 추출하는 방법
• 할당표본추출 : 모집단이 여러 가지 특성으로 구성되어있는 경우 각 특성에 따라 층을 구성한 다음 층별 크기에 비례하여 표본을 배분하거나 동일한 크기의 표본을 조사원이 그 층 내에서 직접 선정하여 조사하는 방법이다. 확률표본추출방법의 층화추출법과 유사하며, 마지막 표본의 선정이 랜덤하게 선정되지 않고 조사원의 주관에 의해서 선정된다는 차이점이 있다. 또한 할당표본추출은 모집단에 대한 사전지식에 기초한다.
• 눈덩이표본추출 : 눈덩이를 굴리면 커지는 것처럼 소수의 응답자를 찾은 다음 이들과 비슷한 사람들을 소개받아 가는 식으로 표본을 추출하는 방법

19 순수실험설계에 비해 유사실험설계의 장점으로 옳은 것은?

① 대상의 무작위화

② 독립변수의 조작가능성 정도

③ 외생변수의 통제 정도

④ 조사결과의 일반화 가능성

해설

유사실험설계의 장·단점

유사실험설계의 장점	유사실험설계의 단점
• 실제상황에서 이루어지므로 다른 상황에 대한 일반화 가능성이 높다. • 일상생활과 동일한 상황에서 수행되므로 이론적 검증 및 현실문제 해결에 유용하다. • 복잡한 사회적·심리적 영향과 과정변화 연구에 적합하다.	• 현장상황에서는 대상의 무작위화와 독립변수의 조작화가 어려운 경우가 낳다. • 측정과 외생변수의 통제가 어려우므로 연구결과의 정밀도가 떨어진다. • 실제상황에서의 실험이므로 독립변수의 효과와 외생변수의 효과를 분리해서 파악하기 어렵다.

20 반분법의 특징에 대한 설명으로 옳지 않은 것은?

① 재조사법과 같이 두 번 조사할 필요가 없다.

② 복수양식법과 같이 두 개의 척도를 만들 필요가 없다.

③ 내적 일관성 분석법에 따라 신뢰도를 측정하는 방법이다.

④ 측정도구가 경험적으로 단일지향적이어야 한다.

해설

반분법의 특징

• 측정도구가 경험적으로 단일지향적이어야 한다.

• 양분된 각 측정도구의 항목수는 그 자체가 각각 완전한 척도를 이룰 수 있도록 충분히 많아야 한다.

• 어떻게 반분하느냐에 따라 다른 결과를 얻을 수 있다.

• 재조사법과 같이 두 번 조사할 필요가 없다.

• 복수양식법과 같이 두 개의 척도를 만들 필요가 없다.

☞ 크론바흐 알파(Cronbach's Alpha)계수는 내적 일관성 분석법에 따라 신뢰도를 측정하는 척도이다.

01 다음 중 이론평가의 기준이 되는 것으로 옳지 않은 것은?

① 가능한 많은 변수를 설명하고 예측할 수 있어야 한다.

② 적용되는 사회현상의 범위가 일반적이어야 한다.

③ 주어진 대상을 설명하는 독립변수의 수가 가능한 많을수록 좋다.

④ 현상을 설명하는 독립변수 외에 새로운 변수가 있어도 인과관계는 변하지 않아야 한다.

해설

이론평가의 기준
- 정확성 : 가능한 많은 변수를 설명하고 예측할 수 있어야 한다.
- 일반성 : 적용되는 사회현상의 범위가 일반적이어야 한다.
- 간명성 : 주어진 대상을 설명하는 독립변수의 수가 가능한 적을수록 좋다.
- 인과성 : 현상을 설명하는 독립변수 외에 새로운 변수가 있어도 인과관계는 변하지 않아야 한다.

02 가설의 원칙에 대한 설명으로 옳은 것은?

① 연구 분야의 다른 가설이나 이론과 관련이 없어야 한다.

② 가능한 단순화하고 소규모의 범위를 가지고 있어야 한다.

③ 가설의 내용은 동의반복적이어야 한다.

④ 가설은 경험적으로 검증할 수 있어야 한다.

해설

가설의 원칙
- 연구 분야의 다른 가설이나 이론과 관련이 있어야 한다.
- 광역성 : 가설은 광범위한 범위에 적용 가능해야 한다.
- 가설의 내용은 동의반복적이어서는 안 된다.
- 검증가능성 : 가설은 경험적으로 검증할 수 있어야 한다.

03 다음 중 내적타당도에 대한 설명으로 옳지 않은 것은?

① 종속변수의 변화가 독립변수에 의한 것인지, 아니면 다른 조건에 의한 것인지 판별하는 기준이다.

② 극단적인 측정값을 갖는 사례들이 나타나면 내적타당성을 저해시킨다.

③ 연구를 통해 얻은 결과가 다른 상황의 조건에서도 일반화할 수 있는 정도를 의미한다.

④ 시간의 경과에 따라 대상의 변화가 일어날 때 내직타당성을 저해시킨다.

해설
내적타당도
- 내적타당도는 종속변수의 변화가 독립변수에 의한 것인지, 아니면 다른 조건에 의한 것인지 판별하는 기준이다.
- 통계적 회귀 : 사전측정에서 극단적인 값을 얻은 경우 이를 여러 번 반복 측정하게 되면 평균치로 근사하게 되는 경향으로 타당도를 해치게 된다.
- 성숙효과(성장요인) : 실험기간 중에 실험집단의 육체적 또는 심리적 특성이 변화함으로써 실험결과에 영향을 미쳐 타당도를 해치게 된다.
- ☞ 연구를 통해 얻은 결과가 다른 상황, 다른 경우, 다른 시간의 조건에서도 일반화할 수 있는 정도를 의미하는 것은 외적타당성이다.

04 질문 구성 시 유의해야 할 사항으로 알맞지 않은 것은?

① 편향적인 용어를 사용한다.

② 쉽고 정확한 용어를 사용한다.

③ 일반적인 현재형 용어를 사용한다.

④ 부정어의 사용은 피한다.

해설
질문 구성 시 유의해야 할 어구 사용
- 편향적이지 않은 중립적인 용어를 사용한다.
- 쉽고 정확한 용어를 사용한다.
- 과거·미래에 대한 경우가 아닌 경우 일반적으로 현재형으로 작성한다.
- 부정어가 사용된 질문은 피해야 한다.

05 다음 질문이 적절한 질문과 응답항목으로서 충족되지 못한 것은?

> 귀하의 하루 평균 핸드폰 이용 시간은?
> a. 1시간 미만
> b. 1시간 이상~2시간 미만
> c. 2시간 이상~3시간 미만
> d. 3시간 이상

① 상호배타성
② 포괄적 응답
③ 질문의 명확성
④ 질문의 단순성

해설

질문지 작성 시 유의사항
- 상호배제성 : 응답범주의 중복을 회피해야 한다.
- 포괄성 : 응답자가 응답 가능한 항목을 모두 제시해야 한다.
- 명확성 : 가능한 뜻이 애매한 단어와 상이한 단어의 사용은 회피하고, 쉽고 명확한 단어를 사용한다.
- 단순성 : 하나의 질문항목으로 두 가지 질문을 해서는 안 된다.
☞ 핸드폰을 이용하지 않는 사람의 응답 범주가 배제되어 있다.

06 질문어구 구성상 고려해야 할 점으로 옳지 않은 것은?

① 질문형식이나 응답 카테고리가 비슷한 주제나 일정한 방향을 유지해야 한다.
② 겹쳐진 질문이 아닌 개별의 질문을 사용해야 한다.
③ 불법적이거나 규범에 어긋나는 행동에 대한 질문은 직접적이어서는 안 된다.
④ 응답자들에게 어떤 답을 하도록 유도해서는 안 된다.

해설

질문어구의 구성
- 응답의 편향이 일어나지 않도록 질문형식이나 응답 카테고리에 간격을 주거나 변화시켜야 한다.
- 하나의 문항 속에 두 가지 질문이 있지 않도록 개별의 질문을 사용해야 한다.
- 불법적이거나 규범에 어긋나는 행동에 대한 질문은 간접질문을 사용하거나, 익명성을 보장시키는 등의 방법을 강구해야 한다.
- 응답자들이 어떤 대답을 하도록 유도해서는 안 된다.

07 변수에 관한 설명으로 옳지 않은 것은?

① 변수값은 서로 동일성 및 연관성을 가져야 한다.

② 동일한 개념을 갖는 두 개 이상의 서로 다른 값들을 묶어놓은 집합을 표현한 것이다.

③ 어떻게 개념적으로 정의되었느냐에 따라 매우 다양한 형태의 값을 가질 수 있다.

④ 독립변수는 종속변수의 조작에 의하여 변화되는 실험의 결과를 나타내는 변수이다.

해설

상호배반성(Mutually Exclusive Property)
변수값은 상호배반성을 가져야 한다.

08 질문의 배열순서에 대한 설명으로 옳은 것은?

① 도입질문은 인구통계학적 사항으로 질문지의 도입부에 배치한다.

② 질문문항은 논리적·시간적 순서에 따라 배열한다.

③ 답변이 용이한 질문은 가능한 후반부에 배열한다.

④ 동일한 척도항목은 질문지 전반·중반·후반부에 랜덤하게 배치한다.

해설

질문의 배열순서
• 도입질문은 가장 먼저 배치하여 설문의 의도를 확실히 한다.
• 사실적인 실태나 형태를 묻는 질문에서 이미지 평가나 태도를 묻는 질문 순으로 배치한다.
• 답변이 용이한 질문은 질문지 전반부에 배치하고 연령, 직업 등과 같이 민감한 내용의 질문은 질문지의 후반부에
  배치한다.
• 동일한 척도항목들은 모아서 배치한다.

09 투사법의 분류기법에 대한 설명으로 옳지 않은 것은?

① 완성기법은 응답자에게 완성되지 않은 자극을 주고 응답자들이 완성하도록 한다.

② 연상기법은 응답자에게 자극을 주고 가장 처음 생각나는 것을 말하도록 한다.

③ 표현기법은 응답자 자신의 느낌이나 태도를 표현하도록 한다.

④ 구성기법은 응답자에게 그림이나 이야기를 제시한 후 감상이나 평가를 구성하도록 한다.

해설

투사법의 분류기법
• 완성기법 : 응답자에게 완성되지 않은 자극을 주고 응답자들이 완성하도록 한다.
• 연상기법 : 응답자에게 자극을 주고 가장 처음 생각나는 것을 말하도록 한다.
• 구성기법 : 응답자에게 그림이나 이야기를 제시한 후 감상이나 평가를 구성하도록 한다.
• 표현기법 : 응답자 자신의 느낌이나 태도를 표현하는 것이 아니라 다른 사람이 갖는 느낌이나 태도에 대한 설명이다.

07 ① 08 ② 09 ③ 정답

10 단순임의추출법(Simple Random Sampling)에 대한 설명으로 옳지 않은 것은?

① 추출확률이 동일하기 때문에 표본의 대표성이 높다.

② 동일한 표본크기에서 층화추출법보다 표본오차가 작다.

③ 다른 표본추출법에 비해 상대적으로 분석에 용이하다.

④ 표본오차의 계산이 용이하다.

해설

단순무작위표집(Simple Random Sampling)의 장·단점

장 점	• 모집단에 대한 사전지식이 필요 없어 모집단에 대한 정보가 아주 적을 때 유용하게 사용한다. • 추출확률이 동일하기 때문에 표본의 대표성이 높다. • 표본오차의 계산이 용이하다. • 확률표본추출방법 중 가장 적용이 용이하다. • 다른 확률표본추출방법과 결합하여 사용할 수 있다. • 다른 표본추출법에 비해 상대적으로 분석에 용이하다.
단 점	• 모집단에 대한 정보를 활용할 수 없다. • 동일한 표본크기에서 층화추출법보다 표본오차가 크다. • 비교적 표본의 크기가 커야 한다. • 표본추출틀 작성이 어렵다. • 모집단의 성격이 서로 상이한 경우 편향된 표본구성의 가능성이 존재한다. • 표본추출틀에 영향을 많이 받는다.

11 다음 중 오차에 대한 설명으로 옳지 않은 것은?

① 포함오차는 표집틀에는 있지만 목표모집단에는 없는 표본 요소들로 인해 일어나는 오차이다.

② 불포함오차는 목표모집단에는 있지만 표집틀에는 없는 표본 요소들로 인해 일어나는 오차이다.

③ 체계적 오차는 측정의 타당성과 관련이 있는 오차이다.

④ 비체계적 오차는 어떠한 영향이 측정대상에 체계적으로 미침으로써 일정한 방향성을 갖는 오차이다.

해설

체계적 오차와 비체계적 오차

• 체계적 오차 : 어떠한 영향이 측정대상에 체계적으로 미침으로써 일정한 방향성을 갖는 오차로 측정의 타당성과 관련이 있다.

• 비체계적 오차 : 측정과정에서 우연적 또는 일시적으로 발생하는 불규칙적인 오차로 측정의 신뢰성과 관련이 있다.

12 다음 중 폐쇄형 질문에 대한 설명으로 옳지 않은 것은?

① 응답자의 의견을 충분히 반영시킬 수 있다.

② 사적인 질문 또는 응답하기 곤란한 질문에 용이하다.

③ 조사자가 적절한 응답지를 제시하기가 어렵다.

④ 질문의 순서가 바뀌었을 때 응답한 내용에 변화가 나타날 수 있다.

해설
폐쇄형 질문
• 자료의 기록 및 코딩이 용이하다.
• 응답 관련 오류가 적다.
• 사적인 질문 또는 응답하기 곤란한 질문에 용이하다.
• 조사자의 편견개입을 방지할 수 있다.
• 응답자의 의견을 충분히 반영시킬 수 없다.
• 질문의 순서가 바뀌었을 때 응답한 내용에 변화가 나타날 수 있다.
• 응답자 생각과 달리 응답범주가 획일화되어 있어 편향이 발생할 수 있다.
• 조사자가 적절한 응답지를 제시하기가 어렵다.

13 층화추출법에서 분산고정하에 비용을 최소화하거나 비용고정하에 분산을 최소화하기 위한 표본배정방법은?

① 네이만배분(Neyman Allocation)

② 비례배분(Proportional Allocation)

③ 최적배분(Optimum Allocation)

④ 균등배분(Equal Allocation)

해설
층화추출법에서 표본배분방법
• 네이만배분 : 층화추출에서 추출단위당 비용이 모든 층에 동일한 경우의 표본배정방법
• 비례배분 : 각 층의 크기인 N_h는 알 수 있으나 층 내 변동에 대해 정보가 전혀 없을 때 표본크기 n을 각층의 크기인 N_h에 비례하여 배정하는 방법
• 최적배분 : 분산고정하에 비용을 최소화하거나 비용고정하에 분산을 최소화하기 위한 표본배정방법
• 균등배분 : 모든 층의 크기를 동일하게 배정하는 방법

12 ① 13 ③ 정답

14 연구자의 가족이나 친척, 친구, 이웃 등을 표본으로 이용하는 것과 같이 조사에 쉽게 동원할 수 있는 표본을 대상으로 표본을 추출하는 방법은?

① 할당표본추출
② 눈덩이표본추출
③ 단순임의추출
④ 가용표본추출

해설
가용표본추출(Available Sampling)
가용표본추출은 조사에 쉽게 동원할 수 있는 표본을 대상으로 표본을 추출하는 방법이다.

15 다음의 연구방법이 각각 옳게 연결된 것은?

> ㄱ. 고정된 모집단에서 조사 시점마다 다른 표본이 추출된다.
> ㄴ. 사전에 조사 대상을 선정하지 않으며 시간에 따른 특정 모집단의 변화를 연구한다.

① ㄱ: 코호트연구, ㄴ: 패널연구   ② ㄱ: 코호트연구, ㄴ: 추세연구
③ ㄱ: 추세연구, ㄴ: 패널연구   ④ ㄱ: 패널연구, ㄴ: 추세연구

해설
코호트연구와 패널연구
• 코호트연구 : 동일한 특색이나 행동 양식을 공유하는 동류집단(코호트)이 시간의 흐름에 따라 어떻게 변화하는지를 연구
• 추세연구 : 시간의 흐름에 따라 전체 모집단 내의 변화를 연구

16 다음 중 리커트척도에 대한 설명으로 옳지 않은 것은?

① 질문항목 간의 내적 일관성이 낮아야 한다.
② 평가자가 없어 주관과 편견을 배제할 수 있다.
③ 전체 문항에 대한 총 평점으로 태도를 파악할 수 있다.
④ 신뢰도가 낮은 경우 신뢰도를 저해하는 항목을 찾을 수 있다.

해설
리커트척도
• 응답자가 여러 질문항목에 대해 응답한 값들을 합산하여 결과를 얻는 척도이다.
• 하나의 개념을 측정하기 위해 여러 개의 질문항목을 이용하는 척도이므로 질문항목 간의 내적 일관성이 높아야 한다.
• 내적 일관성 검증을 위해 크론바흐 알파계수가 이용된다.

17 내용분석(Content Analysis)에 대한 설명으로 옳지 않은 것은?

① 연구대상의 반응성(Reactivity) 문제를 해결하는 데 도움이 된다.

② 설문조사나 현지조사 등에 비해 재조사를 쉽게 할 수 있다.

③ 면접조사에 비해 시간과 돈이 적게 든다.

④ 기록된 자료를 대상으로 하므로 자료의 입수에 제한을 받지 않는다.

해설

내용분석의 장·단점

기록화된 것을 중심으로 그 연구대상에 대한 필요 자료를 수집·분석함으로써 객관적이고 체계적이며 계량적인 방법으로 분석하는 방법이다.

내용분석의 장점	내용분석의 단점
• 2차 자료를 이용함으로써 비용과 시간이 절약된다. • 설문조사나 현지조사 등에 비해 안전도가 높고 재조사가 쉽다. • 장기간에 걸쳐서 발생하는 과정을 연구할 수 있어 역사적 연구에 적용 가능하다. • 피조사자가 반작용(Reactivity)을 일으키지 않으며, 연구조사자가 연구대상에 영향을 미치지 않는다. • 다른 조사에 비해 실패할 경우 위험부담이 적다.	• 기록된 자료만 다룰 수 있어 자료의 입수가 제한적이다. • 분류범주의 타당성 확보가 곤란하다. • 복잡한 변수가 작용하는 경우 신뢰도가 낮을 수 있다. • 양적분석이지만 모집단의 파악이 어렵다. • 자료의 입수가 제한되어 있는 경우가 종종 발생한다.

18 눈덩이표본추출에 대한 설명으로 옳지 않은 것은?

① 표본을 누적해 가는 방법이다.

② 제한된 표본에 해당하는 사람들에게 추천을 받는다.

③ 첫 단계에서의 연구대상은 연구자가 임의로 선정한다.

④ 무작위적 표본추출방법을 사용한다.

해설

눈덩이표집

• 눈덩이를 굴리면 커지는 것처럼 소수의 응답자를 찾은 다음 이들과 비슷한 사람들을 소개받아 가는 식으로 표본을 추출하는 방법이다.

• 눈덩이표본추출방법은 비확률표본추출방법에 해당한다.

예 마약중독자, 불법체류자 등과 같은 표본을 찾기 힘든 경우 한두 명을 조사한 후 비슷한 환경의 사람을 소개받아 조사하는 경우

19 비표준화 면접에 대한 설명으로 옳지 않은 것은?

① 면접상황에 대한 적응도가 높다.

② 반복적인 면접이 가능하다.

③ 새로운 사실의 발견가능성이 높다.

④ 면접결과의 신뢰도가 낮다.

해설

비표준화 면접의 장·단점

비표준화 면접의 장점	비표준화 면접의 단점
• 면접상황에 대한 적응도가 높다.	• 면접결과에 대한 비교 분석이 어렵다.
• 면접결과의 타당도가 높다.	• 면접결과의 신뢰도가 낮다.
• 새로운 사실의 발견가능성이 높다.	• 면접결과를 처리하기가 용이하지 않다.
• 면접의 신축성이 높다.	• 반복적인 면접이 불가능하다.

20 서열척도에 대한 설명으로 옳지 않은 것은?

① 측정대상을 속성에 따라 순서대로 구분한다.

② 누적척도, 평정척도, 총화평정척도가 있다.

③ 사용되는 통계기법으로는 중위수가 있다.

④ 리커트척도가 대표적으로 척도 중 가장 세련된 분석방법을 사용할 수 있다.

해설

서열척도

• 측정대상을 속성에 따라 구분하는 것뿐만 아니라 서열(순서)을 표시한다.

• 순위를 비교하는 것이 가장 우선시된다.

☞ 가장 세련되고 고도의 통계분석기법을 사용할 수 있는 척도는 비율척도이다.

성공한 사람은 대개 지난번 성취한 것보다 다소 높게,
그러나 과하지 않게 다음 목표를 세운다.
이렇게 꾸준히 자신의 포부를 키워간다.

-커트 르윈-

PART 6

Level 3
조사방법론 총정리 모의고사

21~30회 통계직 공무원, 공사, 공기업 조사방법론 총정리 모의고사

※ 실제 공무원, 공사, 공기업 시험과 비슷한 난이도를 가진 모의고사를 수록하였습니다.

꿈을 꾸기에 인생은 빛난다.

– 모차르트 –

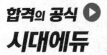

01 **사회과학적 방법에 대한 설명으로 옳지 않은 것은?**

① 과학은 지각적 작용에 의해 관찰을 통한 이론적인 설명과정으로써 직관적인 법칙을 탐구하는 체계적인 지식활동이다.

② 과학적 방법의 목적은 이론을 도출해 내는 것이다.

③ 미래에 대한 예측 및 체계화로써 적절히 통제한다.

④ 반복실험 및 검증과정을 통해 규칙을 발견한다.

해설

사회과학적 방법

• 과학은 지각적작용에 의해 사물 및 현상의 구조와 성질을 관찰한다.

• 과학은 기술적 실험조사를 통해 사실을 증명한다.

• 과학은 이론적인 설명과정으로써 객관적인 법칙을 탐구하는 체계적 지식활동이다.

• 과학적 방법은 종합체계적인 실험활동을 통해 일반적 원칙을 밝혀내는 것이다.

02 **과학적 지식의 특징으로 옳지 않은 것은?**

① 재생가능성

② 상호주관성

③ 변화불변성

④ 객관성

해설

과학적 지식의 특징

• 재생가능성 : 동일한 절차와 방법을 반복했을 때 동일한 결과가 나타날 가능성이 있다.

• 상호주관성 : 과학자들의 주관적 동기가 달라도 연구과정이 같다면 동일한 결과에 도달한다.

• 변화가능성 : 기존의 신념이나 연구결과는 언제든지 비판되고 수정될 수 있다.

• 객관성 : 동일한 실험을 행하는 경우 서로 다른 동기가 있더라도 표준화된 도구와 절차 등을 통해 누구나 납득할 수 있는 결과가 나타난다.

03 사전적 정의라고도 하며, 하나의 개념을 정의하기 위해 다른 개념을 사용함으로써 그 자체로 추상적 · 일반적 · 주관적인 양상을 보이는 정의는?

① 조작적 정의
② 재개념화
③ 직관적 정의
④ 개념적 정의

해설

개념적 정의
- 개념적 정의는 연구대상이 되는 사람 또는 사물의 행태 및 속성, 다양한 사회적 현상들을 개념적으로 정의하는 것이다.
- 개념적 정의는 정의하는 것에 대해 특성이나 자질을 지적해야 하는 반면 그것과 구별되는 것에 대해 배타적이어야 한다.
- 개념적 정의는 단정적이어야 하며, 중의성을 띠어서는 안 된다.

04 과학적 지식의 재생가능성에 관련된 것으로 옳지 않은 것은?

① 신뢰성
② 타당성
③ 편향성
④ 입증가능성

해설

재생가능성
과학적 지식의 재생가능성은 과정 및 절차에 관한 것과 결과에 관한 것으로 나눌 수 있는데, 과정 및 절차에 관한 특징은 입증가능성 · 타당성과 관련이 있고, 결과에 관한 것은 신뢰성과 관련이 있다.

05 정확한 개념전달을 방해하는 요인에 대한 설명으로 옳은 것은?

① 용어의 뜻이 사용하는 사람이나 시간, 장소에 따라 다르다.
② 현대에는 단순한 용어가 많아 사실을 전달하는 것이 수월하다.
③ 사회과학에는 표준화된 용어가 많다.
④ 하나의 용어는 하나의 사실만을 뜻한다.

해설

정확한 개념전달을 저해하는 요인
- 용어를 사용하는 사람의 능력이나 관점이 다르다.
- 용어를 사용하는 사람, 시간, 장소에 따라 의미가 변한다.
- 현대에는 전문화된 용어가 많아져 현상을 이해하는 데 있어서 어려워지고 있다.
- 사회과학에는 표준화되지 못한 용어가 많다.
- 하나의 용어가 여러 가지 의미를 내포하는 경우가 많다.
- 둘 이상의 용어가 하나의 현상이나 사실을 지시하는 경우가 많다.

03 ④ 04 ③ 05 ① 정답

06 내용분석에 대한 설명으로 옳지 않은 것은?

① 장기간에 걸쳐서 발생하는 과정을 연구할 수 있어 역사적 연구에 적용 가능하다.

② 기록된 자료만 다룰 수 있어 자료의 입수가 제한적이다.

③ 다른 조사에 비해 실패할 경우 위험부담이 적다.

④ 질적분석으로 모집단의 파악이 어렵다.

해설

내용분석의 장·단점

내용분석의 장점	내용분석의 단점
• 2차 자료를 이용함으로써 비용과 시간이 절약된다. • 설문조사나 현지조사 등에 비해 안전도가 높고 재조사가 쉽다. • 장기간에 걸쳐서 발생하는 과정을 연구할 수 있어 역사적 연구에 적용 가능하다. • 피조사자가 반작용(Reactivity)을 일으키지 않으며, 연구조사자가 연구대상에 영향을 미치지 않는다. • 다른 조사에 비해 실패할 경우 위험부담이 적다.	• 기록된 자료만 다룰 수 있어 자료의 입수가 제한적이다. • 분류범주의 타당성 확보가 곤란하다. • 복잡한 변수가 작용하는 경우 신뢰도가 낮을 수 있다. • 양적분석이지만 모집단의 파악이 어렵다. • 자료의 입수가 제한되어 있는 경우가 종종 발생한다.

기록화된 것을 중심으로 그 연구대상에 대한 필요 자료를 수집, 분석함으로써 객관적이고 체계적이며 계량적인 방법으로 분석하는 방법

07 자료를 수집하는 방법이라고 할 수 없는 것은?

① 면 접

② 시험조사

③ 조사표

④ 질문지

해설

자료를 수집하는 방법

자료수집방법에는 면접, 관찰, 조사표(질문지), 실험 등의 방법이 있으며 시험조사는 조사표 작성의 부분적인 절차이다.

08 자료의 종류에 대한 설명으로 옳지 않은 것은?

① 1차 자료를 수집하는 경우 연구자는 사전준비를 철저히 해야 한다.

② 2차 자료는 직접적이고 즉각적인 사용이 가능하다.

③ 1차 자료의 수집에는 비용, 인력, 시간이 많이 소요되지 않는다.

④ 2차 자료는 연구의 분석단위나 조작적 정의가 다른 경우 사용이 곤란하다.

해설

1차 자료의 장 · 단점

1차 자료의 장점	1차 자료의 단점
• 조사목적에 적합한 정확도, 타당도, 신뢰도 등의 평가가 가능하다. • 조사목적에 적합한 정보를 필요한 시기에 제공한다. • 분석결과를 직접 활용할 수 있다.	• 시간, 비용, 인력이 많이 소요된다. • 표본추출방법, 자료수집방법 등 사전준비를 철저히 해야 한다.

09 집단 내의 구성원들 간에 호의 · 혐오 · 무관심 등의 관계를 조사하여 집단의 구조 등을 알아보는 방법은?

① 사회성측정법   ② 내용분석법
③ 질적연구법   ④ 투사법

해설

사회성측정법

집단 내의 구성원들 간에 호의 · 혐오 · 무관심 등의 관계를 조사하여 집단 자체의 역동적 구조나 상태를 알아보는 방법이다.

10 연구자가 원래의 상황을 전혀 방해하지 않고 자연스러운 상태 그대로 관찰하는 방법은?

① 완전관찰자   ② 완전참여자
③ 참여자적 관찰자   ④ 관찰자적 참여자

해설

참여관찰

• 완전관찰자 : 관찰대상자들에게 관찰자가 직접 참여하지 않고 완전히 제3자의 입장에서 있는 그대로를 기술하는 관찰자
• 완전참여자 : 관찰대상자들에게는 관찰자가 알려져 있지 않기 때문에 관찰대상자들은 그들을 관찰하고 있는 사람이 있다는 사실조차 알지 못하는 관찰자
• 참여자적 관찰자 : 관찰대상자들에게 관찰자가 그들의 행동을 관찰하고 있다는 사실이 알려져 있지만 관찰자가 직접 이들 관찰대상자들과 한 몸이 되어 행동하지는 않는 관찰자
• 관찰자적 참여자 : 관찰대상자들에게도 관찰자가 명백히 알려져 있을 뿐 아니라 실제로 관찰자도 관찰대상자와 혼연일체가 되어 같이 활동하고 생활하는 관찰자

11 관찰법의 특징에 대한 설명으로 옳지 않은 것은?

① 현재의 상태를 생생하게 기록할 수 있다.

② 대상자가 관찰을 당하고 있다는 사실을 알고 있을 때, 평소와는 다른 행동양식을 보일 수 있다.

③ 조사에 비협조적이거나 면접을 거부할 경우 효과적이다.

④ 응답과정에서 발생하는 오차를 감소시킬 수 없다.

해설
관찰법의 특징
- 관찰법은 즉각적 자료수집이 가능하다.
- 연구대상의 무의식적인 행동이나 인식하지 못한 문제도 관찰이 가능하다.
- 대상자가 표현능력은 있더라도 조사에 비협조적이거나 면접을 거부할 경우 효과적이다.
- 응답과정에서 발생하는 오차를 감소할 수 있다.
- 피관찰자의 행동이나 태도를 관찰함으로써 자료를 수집하는 귀납적 방법에 해당된다.

12 질문지의 표지에 반드시 포함하지 않아도 되는 것은?

① 연구자의 신분
② 연구자의 소속과 연락처
③ 예상되는 조사결과
④ 비밀보장

해설
표지편지(Cover Letter)
연구자는 표지편지에 연구주관기관, 연구의 목적, 연락처, 응답의 필요성, 응답내용에 대한 비밀보장 등의 메시지를 표현함으로써 응답자의 응답을 유인할 수 있다.

13 다음 중 표준화 면접에 대한 설명으로 옳지 않은 것은?

① 융통성이 없고 타당성이 낮다.

② 반복적 연구가 가능하다.

③ 특정 분야의 깊이 있는 측정을 도모할 수 없다.

④ 새로운 사실 및 아이디어 발견가능성이 높다.

해설
표준화 면접의 장·단점

표준화 면접의 장점	표준화 면접의 단점
• 면접결과의 수치화가 용이하다.	• 새로운 사실 및 아이디어의 발견가능성이 낮다.
• 측정이 용이하다.	• 의미의 표준화가 어렵다.
• 신뢰도가 높다.	• 면접상황에 대한 적응도가 낮다.
• 언어구성의 오류가 적다.	• 융통성이 없고 타당도가 낮다.
• 반복적 연구가 가능하다.	• 특정 분야의 깊이 있는 측정을 도모할 수 없다.

14 전문적인 지식을 가진 면접자가 소수의 집단을 대상으로 특정 주제에 대해 자유롭게 토론을 하여 필요한 정보를 얻는 방법은?

① 패널면접
② 초점집단면접
③ 집중면접
④ 비지시면접

> **해설**
>
> **초점집단면접(표적집단면접)**
> • 참가자들은 응답을 강요당하지 않기 때문에 솔직한 자신의 의견을 표명할 수 있다.
> • 저렴한 비용으로 신속하게 수행이 가능하다.
> • 특정집단의 결과이므로 일반화가 어렵고 개인면접보다 통제하기 어렵다.

15 조사항목의 선정에 대해 기술한 것으로 옳지 않은 것은?

① 흥미를 유발하기 위해 조사에 관계없는 질문도 선정해야 한다.
② 통계조사의 경우 항목은 통계표나 자료처리를 염두해 둔다.
③ 유효하지 못한 항목은 처음부터 제외한다.
④ 조사항목의 수는 조사목적을 달성할 수 있는 최초의 시간이 가장 바람직하다.

> **해설**
>
> **조사항목의 선정 시 주의할 점**
> • 조사에 관계되는 질문만을 선정한다.
> • 조사방법상의 평가나 분석에 이용할 항목만을 선정한다.
> • 단순히 흥미가 있을 것이라는 이유에서 조사에 관계없는 질문을 선정해서는 안 된다.
> • 응답자가 대답하지 않은 사항은 항목에 포함시키지 않는다.

16 간접질문의 유형에 해당하지 않는 것은?

① 투사법
② 오류선택법
③ 정보검사법
④ 델파이방법

> **해설**
>
> **간접질문의 유형**
> • 투사법 : 특정 주제에 대해 직접적으로 질문하지 않고 단어, 문장, 이야기, 그림 등 간접적인 자극을 제공해 응답자가 자신의 신념과 감정을 이러한 자극에 자유롭게 투사하게 함으로써 진솔한 반응을 표현하게 하는 방법
> • 오류선택법 : 틀린 답을 여러 개 제시해 놓고 응답자로 하여금 선택하게 하여 응답자의 태도를 파악하는 방법
> • 정보검사법 : 어떤 주제에 대해 개인이 가지고 있는 정보의 양과 종류가 그 개인의 태도를 결정한다고 보고, 그 개인이 가지고 있는 정보의 양과 종류를 파악하여 응답자의 태도를 찾아내는 방법
> • 델파이방법 : 면밀하게 계획된 익명의 반복적 질문지 조사를 실시함으로써, 조사 참가자들이 직접 한데 모여서 논쟁을 하지 않고서도 집단구성원의 합의를 유도해 낼 수 있는 일종의 집단협의 방식에 대한 대안적 조사방법

14 ② 15 ① 16 ④ 정답

17 실험설계의 종류 중 다음에 설명하는 것은?

> • 통제집단은 구성하지 않는다.
> • 실험집단에 대하여 실험 실시 전 관찰한다.
> • 실험 실시 후 관찰하여 실험 이전과 실험 이후의 차이를 비교한다.

① 단일집단 사후조사(One-shot Case Study)
② 솔로몬 4집단설계 (Solomon Four-group Design)
③ 정태적 집단비교(Static-group Comparison)
④ 단일집단 사전사후조사설계(One-group Pretest-posttest Design)

해설

실험설계의 종류
• 단일집단 사후조사 : 통제집단을 따로 두지 않고 어느 하나의 실험집단에만 실험을 실시한 후 어느 정도 시간이 지난 후에 이 실험의 효과를 측정하는 설계
• 단일집단 사전사후조사설계 : 통제집단 없이 실험집단만을 대상으로 실험을 실시하기 전에 관찰하고 실험을 실시한 후 관찰하여 실험 이전과 실험 이후의 차이를 측정하는 설계
• 정태적 집단비교 : 실험집단과 통제집단을 임의적으로 선정한 후 실험집단에는 실험조치를 가하는 반면 통제집단에는 이를 가하지 않은 상태로 그 결과를 비교하는 방법
• 솔로몬 4집단설계 : 4개의 무작위 집단을 선정하여 사전측정한 2개의 집단 중 하나와 사전측정을 하지 않은 2개의 집단 중 하나를 실험집단으로 하며, 나머지 2개의 집단을 통제집단으로 하여 비교하는 방법. 통제집단 사후설계와 통제집단 사전사후실험설계를 결합한 형태로 가장 이상적인 설계

18 명목수준의 측정에 대한 설명으로 옳지 않은 것은?

① 측정대상을 유사성과 상이성에 따라 구분한다.
② 각 집단은 명칭이나 부호로서의 의미만을 지닌다.
③ 상이한 집단의 구성요소라 하더라도 상호 동등하게 간주한다.
④ 변수로는 성(Gender), 인종, 종교 등을 들 수 있다.

해설

명목수준의 측정
• 명목수준의 측정은 측정대상을 유사성과 상이성에 따라 구분하고, 구분된 각 집단 또는 카테고리에 숫자나 부호 또는 명칭을 부여한다.
• 측정대상에 부여된 숫자는 조사자가 자료를 수집하고 분석하는 데 편리하도록 한다.
• 동일한 집단 내의 구성요소는 상호 동등하게, 상이한 집단의 구성요소는 차별되게 간주한다.

19 다음에 설명하는 것은 무엇인가?

> • 사물이나 시간과 같은 목적물의 속성에 가치를 부여하는 것
> • 추상적, 이론적 세계를 경험적 세계와 연결시키는 수단

① 측 정   ② 척 도
③ 수 준   ④ 이 론

해설

측정(Measurement)
• 측정이란 사물이나 시간과 같은 목적물의 속성에 가치를 부여하는 것이다.
• 추상적, 이론적 세계를 경험적 세계와 연결시키는 수단
• 측정에 있어서 체계적 오차는 타당도와 관련이 있고, 비체계적 오차는 신뢰도와 관련이 있다.
• 측정의 타당도 측정 방법으로 요인분석법이 활용된다.
• 측정항목을 늘리면 신뢰도는 높아진다.
• 측정의 과정 : 개념적 정의 → 조작적 정의 → 변수의 측정

20 척도에 대한 설명으로 옳지 않은 것은?

① 측정도구로 쓰인다.
② 모든 사물은 척도로 다 측정할 수 있다.
③ 척도의 수준과 측정의 형태는 일반적으로 동일한 의미로 사용된다.
④ 연속성은 척도의 중요한 속성이다.

해설

척도(Scale)
• 척도란 일종의 측정도구로서 측정대상에 부여하는 가치들의 체계이다.
• 척도의 수준(Level of Scale)과 측정의 형태(Types of Measurement)는 일반적으로 동일한 의미로 사용된다.
• 동일한 속성 또는 개념을 하위척도로 측정할 때보다 상위척도로 측정할 때 더 많은 양의 정보를 얻을 수 있으며, 적용 가능한 분석방법이 넓어진다.
• 상위척도는 하위척도가 가지고 있는 특성을 모두 포함하여 가지고 있다.
• 척도는 측정오류를 줄일 수 있다.
• 척도는 복수의 문항이나 지표로 구성되어 있다.
• 척도를 통해서 모든 사물을 다 측정할 수 있는 것은 아니다.
• 척도는 일정한 규칙에 입각하여 연속체상에 표시된 숫자나 기호의 배열이다.

01 지식의 획득 방법 중 문제해결을 위해 사회적 지위가 높은 사람 또는 전문가의 말을 인용하여 문제를 해결하는 방법은?

① 과학에 의한 방법

② 직관에 의한 방법

③ 관습에 의한 방법

④ 권위에 의한 방법

해설

지식의 획득 방법

- 과학에 의한 방법 : 문제에 대한 정의에서 자료를 수집·분석하여 결론을 도출하는 일련의 체계적인 과정을 통해 지식을 습득하는 방법
- 직관에 의한 방법 : 가설설정 및 추론의 과정을 거치지 않은 채 확실한 명제를 토대로 지식을 습득하는 방법
- 관습에 의한 방법 : 사회적인 습관이나 전통적인 관습을 의심 없이 그대로 수용하는 방법
- 권위에 의한 방법 : 주장하고자 하는 내용에 설득력을 높이기 위해 권위자나 전문가의 의견을 인용하는 방법

02 다음 중 과학적 지식의 특징에 속하지 않은 것은?

① 체계성

② 간주관성

③ 직관성

④ 경험성

해설

과학적 지식의 특징

과학적 지식의 특징으로는 재생가능성, 경험성, 객관성, 간주관성(상호주관성), 체계성, 변화가능성, 논리성, 일반성, 간결성을 들 수 있다.

03   다음 중 사회과학의 특징에 대한 설명으로 옳지 않은 것은?

① 인간의 행위를 연구대상으로 한다.

② 사고의 가능성이 제한되고 명확한 결론을 내리기 어렵다.

③ 추론을 가능하게 하는 조건보다 인과관계에 관심이 있다.

④ 연구자 개인의 심리상태, 개성, 가치관 등에 영향을 받는다.

> **해설**
>
> **사회과학과 자연과학**
>
> | 사회과학 | 자연과학 |
> | --- | --- |
> | • 추론을 가능하게 하는 조건에 보다 많은 관심을 보인다. | • 인과관계에 관심을 갖는다. |
> | • 인간의 행위를 연구대상으로 한다. | • 객관의 세계를 연구대상으로 한다. |
> | • 사회문화적 특성에 영향을 받는다. | • 사회문화적 특성에 영향을 받지 않는다. |
> | • 자연과학에 비해 일반화가 용이하지 않다. | • 사회과학에 비해 비교적 일반화가 용이하다. |
> | • 사고의 가능성이 제한되고 명확한 결론을 내리기 어렵다. | • 사고의 가능성이 무한정하고 명확한 결론을 얻을 수 있다. |
> | • 가치판단은 복잡하고 불가분의 것이다. | • 가치는 선험적으로 단순하고 자명하다. |
> | • 사람과 사람간의 의사소통에 비중을 둔다. | • 미래에 대한 예측을 포함한다. |
> | • 연구자 개인의 심리상태, 개성, 가치관, 등에 영향을 받는다. | • 연구자의 가치관이나 사회적 지위에 의해 영향을 받지 않는다. |

04   과학적 연구에 있어서 개념에 대한 설명으로 옳은 것은 모두 몇 개 인가?

> a. 개념은 언어 또는 기호로 표시될 수 있다.
>
> b. 개념의 조건으로는 한정성, 명확성, 통일성, 범위의 고려, 체계적 의미 등이 있다.
>
> c. 개념은 가설과 이론의 구성요소로 보편적인 관념 안에서 특정 현상을 나타내는 추상적 표현이다.
>
> d. 일정하게 관찰된 현상을 대표할 수 있는 추상적 용어로 표현한 것이다.

① 1개   ② 2개

③ 3개   ④ 4개

> **해설**
>
> **개념의 특징**
>
> • 가설과 이론의 구성요소로 보편적인 관념 안에서 특정 현상을 나타내는 추상적 표현이다.
>
> • 일정하게 관찰된 현상을 대표할 수 있는 추상적 용어로 표현한 것이다.
>
> • 어떤 현상이나 사상을 체계적으로 인지하고, 이를 다른 사람에게 정확하게 전달하기 위해서 필요하다.
>
> • 개념의 조건으로는 한정성, 명확성, 통일성, 범위의 고려, 체계적 의미 등이 있다.
>
> • 개념은 언어 또는 기호로 표시될 수 있다.

05 사전조사(Pre-test)의 목적에 대한 설명으로 옳지 않은 것은?

① 중요한 응답항목을 누락하지는 않았는지 검토한다.

② 무응답 또는 "기타"에 대한 응답이 많은지 검토한다.

③ 현지조사에서 필요한 협조사항을 알 수 있다.

④ 연구의 가설을 명백히 하기 위해 실시한다.

해설

사전조사의 목적

- 질문어구의 구성
  - 중요한 응답항목을 누락하지 않았는지 검토
  - 응답이 어느 한쪽으로 치우치게 나타나는지 검토
  - "모른다" 등과 같이 판단유보범주의 응답이 많은지 검토
  - 무응답 또는 "기타"에 대한 응답이 많은지 검토
  - 질문의 순서가 바뀌었을 때 응답한 내용에 변화가 나타나는지 검토
- 본조사에 필요한 자료수집
  - 면접장소
  - 조사에 걸리는 시간
  - 현지조사에서 필요한 협조사항
  - 기타 조사상의 애로점 및 타개방법
- ☞ 연구의 가설을 명백히 하기 위해 실시하는 조사는 예비조사(Pilot Study)이다.

06 과학적 방법론에 대한 칼 포퍼(Karl Popper)의 이론에 대한 설명으로 옳지 않은 것은?

① 반증 가능성

② 인간의 오류 가능성 중시

③ 귀납적 이론 구성 전략

④ 비판적 합리주의

해설

과학적 방법론에 대한 칼 포퍼(Karl Popper)의 이론

- 반증 가능성의 원리 : 어떤 이론의 진리를 검증할 수는 없어도 단 한 가지 반례만으로도 그 이론은 비판된다고 보는 원리
- 인간의 오류 가능성 : 실수나 착오가 인간 이성의 정상적인 모습이며, 실수와 그것의 수정을 통해서만 지식을 증진시킬 수 있다고 보는 견해
- 귀납적 방법론 반박 : 귀납적 방법론을 바탕으로 반복적 활동을 강조하는 과학교육이 원리적으로 불가능하며 바람직하지 않다고 지적
- 비판적 합리주의 : 인간은 자신의 실수와 오류에 대해서 자발적 자기비판과 타인의 비판을 통해 좀더 학습되어 간다고 보는 견해

07 통제관찰과 비통제관찰에 대한 설명으로 옳지 않은 것은?

① 관찰조건의 표준화에 따라 통제관찰과 비통제관찰로 나뉜다.

② 통제관찰은 조사표 또는 질문지 등을 사용하는 비참여관찰에 주로 이용된다.

③ 비통제관찰은 탐색적 조사에 주로 사용된다.

④ 비통제관찰에서 고려해야 할 사항으로는 표본추출방법, 표본크기, 표준오차 등이 있다.

해설

통제관찰과 비통제관찰

• 관찰조건의 표준화에 따라 비통제관찰과 통제관찰로 나뉜다.

• 통제관찰은 관찰조건을 표준화한 것으로 조사표 또는 질문지 등을 사용하는 비참여관찰에 주로 이용된다.

• 비통제관찰은 관찰조건이 표준화되지 않은 것으로 주로 탐색적 조사에 주로 사용된다.

• 비통제관찰에서 고려해야 할 사항으로는 참여자, 배경, 목적, 행위의 빈도, 행위의 시간 등이 있다.

08 구조화된 면접(표준화 면접)에 대한 설명 중 옳지 않은 것은?

① 반복적인 면접이 가능하다.

② 특정 분야에 대한 깊이 있는 측정을 할 수 있다.

③ 면접결과에 대한 비교가 용이하다.

④ 면접의 신축성·유연성이 낮다.

해설

표준화면접(구조화된 면접)의 장·단점

표준화 면접의 장점	표준화 면접의 단점
• 면접결과에 대한 비교가 용이하다.	• 새로운 사실 및 아이디어의 발견가능성이 낮다.
• 측정이 용이하다.	• 의미의 표준화가 어렵다.
• 신뢰도가 높다.	• 면접상황에 대한 적응도가 낮다.
• 언어구성의 오류가 적다.	• 융통성이 없고 타당도가 낮다.
• 반복적 연구가 가능하다.	• 특정 분야의 깊이 있는 측정을 도모할 수 없다.

09 어의구별척도에 대한 설명으로 옳지 않은 것은?

① 다양한 연구문제에 적용이 가능하다.

② 적절한 개념 또는 판단의 기준을 선정하기 어렵다.

③ 내적 일관성 검증을 위해 크론바흐 알파계수가 이용된다.

④ 연구대상을 비교하는 데 유용하다.

해설

어의구별척도의 장·단점

어의구별척도의 장점	어의구별척도의 단점
• 여러 연구목적에 부합하는 타당성 있는 분석 방법이다. • 가치와 태도의 측정에 있어 훌륭한 도구 역할을 한다. • 다양한 연구문제에 적용가능하다. • 연구대상을 비교하는 데 유용하다.	• 똑같은 척도를 사용하여 시간과 장소를 달리하여 어떤 개념을 측정하면 다른 측정치가 나올 수 있다. • 각 문항에 대한 등간격성이 보장되는지 의문이다. • 민감한 질문이나 응답자의 경우 익명성을 보장해 주어야 한다. • 적절한 개념 또는 판단의 기준을 선정하기 어렵다.

☞ 내적 일관성 검증을 위해 크론바흐 알파계수를 이용하는 척도는 리커트척도이다.

10 내용분석에 대한 설명으로 옳은 것은?

① 기록화된 것을 중심으로 그 연구대상에 대한 필요 자료를 수집, 분석함으로써 주관적이고 추상적인 계량적인 방법이다.

② 질문지, 조사표 등과 같이 1차 자료를 이용함으로 비용과 시간이 절약된다.

③ 설문조사나 현지조사 등에 비해 위험도는 높지만 재조사가 용이하다.

④ 다른 조사에 비해 실패할 경우 위험부담이 적다.

해설

내용분석(Content Analysis)

내용분석은 기록화된 것을 중심으로 그 연구대상에 대한 필요 자료를 수집·분석함으로써 객관적이고 체계적이며 계량적인 방법으로 분석하는 방법이다.

• 2차 자료를 이용함으로써 비용과 시간이 절약된다.

• 설문조사나 현지조사 등에 비해 안전도가 높고 재조사가 쉽다.

• 장기간에 걸쳐서 발생하는 과정을 연구할 수 있어 역사적 연구에 적용 가능하다.

• 피조사자가 반작용(Reactivity)을 일으키지 않으며, 연구조사자가 연구대상에 영향을 미치지 않는다.

• 다른 조사에 비해 실패할 경우 위험부담이 적다.

11 개방형 질문과 폐쇄형 질문에 대한 설명으로 옳지 않은 것은?

① 개방형 질문은 질문자체에 융통성이 없다.

② 폐쇄형 질문은 응답에 편중이 생길 수 있다.

③ 개방형 질문은 시간이 많이 걸린다.

④ 폐쇄형 실문은 응답자의 의견을 충분히 반영할 수 없다.

해설
개방형 질문과 폐쇄형 질문의 단점
- 개방형 질문의 단점
  - 응답을 분류, 코딩하는데 어려움이 있으며 통계적 분석이 용이하지 않다.
  - 응답자가 유사한 응답을 했어도 그 속에 내포하는 의미나 중요성이 다를 수 있다.
  - 응답의 해석에 편견이 개입될 소지가 많다.
  - 응답자의 표현능력에 크게 좌우된다.
- 폐쇄형 질문의 단점
  - 응답자의 의견을 충분히 반영할 수 없다.
  - 응답자 자신의 생각과 다른 어느 하나를 선택하도록 함으로써 편향이 발생할 수 있다.
  - 주요항목이 누락되는 경우 치명적 오류가 발생할 수 있다.

12 패널연구와 코호트연구에 대한 설명으로 옳지 않은 것은?

① 패널연구는 동일인의 변화를 추적하기 때문에 코호트연구에 비해 정밀한 연구가 가능하다.

② 코호트연구는 동류집단의 변화를 추적하기 때문에 서로 다른 동류집단들 사이의 차이는 비교하지 못한다.

③ 패널연구는 코호트연구에 비해 상대적으로 많은 자료를 획득할 수 있다.

④ 패널연구에서는 응답자 일부가 다음 조사에서 응답할 수 없게 되는 패널소실(Panel Attrition)현상이 일어나는 단점이 있다.

해설
코호트연구의 특징
코호트연구는 동일한 특색이나 행동 양식을 공유하는 동류집단(코호트)이 시간의 흐름에 따라 어떻게 변화하는지를 연구하는 것으로 동류집단과 서로 다른 집단과의 비교가 가능하다.

13 사회조사에서 비확률표본추출을 하는 이유로 옳은 것은?

① 모집단에 대한 추정이 용이하다.

② 분석결과의 일반화가 가능하다.

③ 시간과 비용이 적게 든다.

④ 모수추정에 편향이 없다.

해설

비확률표본추출

• 연구대상이 표본으로 추출될 확률이 알려져 있지 않을 때 사용한다.

• 작위적 표본추출이다

• 모수추정에 편향이 있다.

• 분석결과의 일반화에 제약이 있다.

• 시간과 비용이 적게 든다.

• 모집단에 대한 추정은 용이하지 않다.

14 인터넷 조사결과 실제와 많은 편향이 발생하였다. 편향이 발생한 이유로 적절하지 못한 것은?

① 표본추출단위(Sampling Unit)의 상이성

② 인터넷을 사용하는 대상자에 한하여 조사하므로 표본의 대표성 문제가 발생

③ 동일인의 복수응답 가능성

④ 질문지 응답률과 회수율이 저조

해설

인터넷 조사의 편향 발생 이유

• 인터넷을 사용하는 대상자에 한하여 조사하므로 표본의 대표성 문제가 발생

• 질문지 응답률과 회수율이 저조

• 모집단을 대표할 수 있는 표본틀을 얻기 어려움

• 동일인의 복수응답 가능성

15 서열척도에 대한 설명 중 옳지 않은 것은?

① 측정대상을 분류하고 명칭을 부여할 뿐만 아니라 순서까지 고려한다.

② 서열척도로는 보가더스척도, 소시오메트리척도 등이 있다.

③ 비대칭성(A>B이고 B>C인 경우 C는 A보다 클 수 없다)의 성격을 띤다.

④ 카테고리에 부여된 숫자는 거리나 간격의 의미를 지닌다.

해설

서열측정

• 카테고리 간의 비교가 가능하지만, +, −와 같은 수학적 연산은 가능하지 않다.

• 각 집단 또는 카테고리에 부여된 숫자는 순서 · 서열로만 존재할 뿐 거리나 간격을 의미하지는 않는다.

• 서열척도로는 보가더스척도, 소시오메트리척도, 리커트척도, 거트만척도 등이 있다.

• 서열척도는 이행성(A>B이고 B>C인 경우 A>C이다) 및 비대칭성(A>B이고 B>C인 경우 C는 A보다 클 수 없다)의 성격을 띤다.

16 측정의 신뢰도와 타당도에 영향을 미치는 요인으로 옳지 않은 것은?

① 조사자의 해석

② 개방형 질문과 폐쇄형 질문

③ 연구문제의 제목

④ 응답자의 사회 · 경제적 지위

해설

측정의 신뢰도와 타당도에 영향을 미치는 요인

• 검사도구 및 내용 : 개방형 질문과 폐쇄형 질문, 기계적인 요인, 측정의 길이, 문화적 요인 등으로 신뢰도와 타당도에 영향을 미친다.

• 환경적 요인 : 동일한 질문을 가지고 대인면접을 할 경우와 자기기입식으로 조사할 경우 차이가 발생해 신뢰도와 타당도에 영향을 미친다.

• 개인적 요인 : 응답자의 사회 · 경제적 지위, 연령, 성별, 사회적 요청, 기억력 등으로 신뢰도와 타당도에 영향을 미친다.

• 조사자의 해석 : 조사자가 결과를 어떻게 해석하느냐에 따라 신뢰도와 타당도에 영향을 미친다.

17 신뢰도 평가 방법 중 재검사법에 대한 설명으로 옳지 않은 것은?

① 외부변수의 영향을 파악할 수 있다.

② 안정성을 강조하는 방법이다.

③ 보가더스척도는 신뢰도 측정에 재검사법밖에 사용할 수 없다.

④ 적용이 편리하며 평가가 용이하다.

해설

재검사법의 특징

• 재검사법은 안정성을 강조하는 방법이다.

• 동일한 측정도구를 두 번 적용함으로써 앞의 것이 두 번째 측정에 영향을 미칠 수 있다.

• 외부변수의 영향을 파악하기 곤란하다.

• 적용이 간편하며 평가가 용이하다.

• 보가더스척도는 신뢰도 측정에 재검사법밖에 사용할 수 없다.

18 신뢰도의 평가 방법에 해당하지 않은 것은?

① 재검사법

② 예비조사법

③ 반분법

④ 내적 일관성법

해설

신뢰도 평가 방법

• 재검사법 : 동일한 측정대상에 대하여 동일한 질문지를 이용하여 서로 다른 두 시점에 측정하여 얻은 결과를 비교하는 방법이다.

• 반분법 : 척도의 질문을 무작위적으로 반씩 나누어 둘로 만든 후 이 두 부분을 따로 떼어서 적용하는 것이 아니라 내용적으로만 갈라놓고 실제로는 본래의 척도를 그대로 적용하는 방법이다.

• 복수양식법 : 유사한 형태의 두 개 이상의 측정도구를 이용하여 동일한 대상에 차례로 적용한 후 그 결과를 비교하는 방법이다.

• 내적 일관성법 : 여러 개의 항목을 이용하여 동일한 개념을 측정하고자 할 때 신뢰도를 저해하는 요인을 제거한 후 신뢰도를 향상시키는 방법이다.

19 등간척도에 해당하는 것으로 옳지 않은 것은?

① 거트만척도

② 물가지수

③ 서스톤척도

④ 온도계의 눈금

[해설]

등간척도

• 등간척도의 예로 온도, 물가지수, 생산성지수 등이 있다.

• 거트만척도는 척도를 구성하고 있는 문항들이 내용의 강도에 따라 일관성 있게 서열화되어 있고 단일차원적이며 누적적인 척도로서 서열척도에 해당한다.

20 층화표본추출법의 표본배분 방법으로 옳은 것은?

① 비례배분법

② 할당배분법

③ 서열배분법

④ 등간배분법

[해설]

층화추출법에서 표본배분방법

• 네이만배분 : 층화추출에서 추출단위당 비용이 모든 층에 동일한 경우의 표본배정방법

• 비례배분 : 각 층의 크기인 N_h 는 알 수 있으나 층 내 변동에 대해 정보가 전혀 없을 때 표본크기 n을 각 층의 크기인 N_h 에 비례하여 배정하는 방법

• 최적배분 : 분산고정하에 비용을 최소화하거나 비용고정하에 분산을 최소화하기 위한 표본배정방법

• 균등배분 : 모든 층의 크기를 동일하게 배정하는 방법

01 우편조사에 대한 설명으로 옳지 않은 것은?

① 응답자의 익명성이 보장된다.

② 질문지 회수율이 낮아 표본의 대표성에 문제가 있어 일반화하는 데 곤란하다.

③ 주로 가정에서 응답하므로 질문문항에 제약을 받지 않는다.

④ 도서 산간지역과 같이 접근이 용이하지 않은 지역에 대해 조사가 가능하다.

해설

우편조사의 장·단점

우편조사의 장점	우편조사의 단점
• 면접조사에 비해 비용이 적게 든다. • 광범위한 지역에 걸쳐 조사가 가능하다. • 응답자의 익명성이 보장된다. • 면접자의 영향을 받지 않는다.	• 질문지 회수율이 낮아 대표성이 없어 일반화하는 데 곤란하다. • 질문문항들이 간단하고 직설적이어야 한다. • 응답자 본인이 직접 기술한 것인지 다른 사람이 기술한 것인지 알 수 없다.

02 질적연구와 양적연구에 대한 설명 중 옳지 않은 것은?

① 질적연구는 관찰, 면접 등을 통한 주관적인 방법을 사용한다.

② 양적연구는 일반화를 위해 노력한다.

③ 질적연구는 현상의 과정적인 측면을 이해하는 데 의미를 둔다.

④ 양적연구는 조사절차가 유연하고 주관적이다.

해설

질적연구와 양적연구

양적연구	질적연구
• 사회현상의 사실이나 원인들을 탐구 • 일반화 가능 • 구조화된 양적자료 수집 • 원인과 결과의 구분이 가능 • 객관적 • 대규모 분석에 유리 • 확률적 표집방법 사용 • 연구방법을 우선시 • 논리실증주의적 입장을 취함	• 경험의 본질에 대한 풍부한 기술 • 일반화 불가능 • 비구조화된 질적자료 수집 • 원인과 결과의 구분이 불가능 • 주관적 • 소규모 분석에 유리 • 비확률적 표집방법 사용 • 연구주제를 우선시 • 현상학적 입장을 취함

03 질문지 작성 절차에 대한 설명으로 옳은 것은?

① 질문지 작성의 목적 및 범위의 확정 → 조사항목의 설정 → 질문항목의 선정 → 질문어구의 구성 및 순서결정 → 사전조사

② 질문지 작성의 목적 및 범위의 확정 → 사전조사 → 조사항목의 설정 → 질문항목의 선정 → 질문어구의 구성 및 순서결정

③ 질문지 작성의 목적 및 범위의 확정 → 질문항목의 선정 → 조사항목의 설정 → 질문어구의 구성 및 순서결정 → 사전조사

④ 질문지 작성의 목적 및 범위의 확정 → 사전조사 → 질문항목의 선정 → 조사항목의 설정 → 질문어구의 구성 및 순서결정

해설
질문지 작성 절차
필요한 정보 결정 → 자료수집방법 결정 → 개별항목 내용결정 → 질문형태 결정 → 개별항목 완성 → 질문순서 결정 → 질문지 외형 결정 → 질문지 사전조사 → 질문지 완성

04 질문지 작성 시 기존의 질문을 다시 사용함으로써 기대할 수 있는 효과로 옳은 것은?

① 기존 질문지를 다시 사용함으로써 표본오차를 감소시킬 수 있다.

② 이미 본조사를 실시했던 질문문항이므로 사전검사가 필요 없다.

③ 예비조사를 통해 연구대상에 대한 문제를 확인할 수 있다.

④ 기존과 동일한 질문지를 사용함으로써 비표본오차가 발생하지 않는다.

해설
기존질문 사용에 대한 기대효과
• 이미 본조사를 실시했던 질문문항이므로 사전검사가 필요 없다.
• 질문지 작성 및 사전검사에 필요한 시간과 비용이 절감된다.
• 기존의 분석결과를 토대로 기존조사와 비교가 가능하다.

05 표본추출법에 대한 설명으로 옳은 것은?

① 눈덩이추출법은 표본크기를 증가시키면 표본의 대표성을 확보할 수 있다.

② 군집추출법은 동질적인 구성요소를 포함하는 여러 개의 집락으로 모집단을 구분한다.

③ 단순임의추출법은 표본의 크기가 동일할 경우 층화표본추출보다 표본오차가 크다.

④ 체계적 추출법은 구성요소의 목록이 일정한 주기성을 가져야 한다.

해설
표본추출법에 따른 표본오차
표본의 크기가 동일할 경우 표본오차는 단순무작위표본추출 > 층화비례추출 > 네이만배분 순으로 크게 나타난다.

06 예비조사와 사전조사에 대한 설명으로 옳은 것은?

① 예비조사는 조사하고자 하는 연구문제에 대한 지식이 없는 경우 실시한다.

② 사전조사는 조사표의 초안이 작성되기 전에 미리 실시한다.

③ 예비조사의 모든 절차는 본조사와 거의 유사하게 진행되므로 본조사의 축소판이다.

④ 사전조사는 본 연구를 진행하기에 앞서 가설을 명백히 하는 데 주안점을 둔다.

해설

예비조사와 사전조사

예비조사(Pilot Study)	사전조사(Pre-test)
• 연구의 가설을 명백히 하기 위해 실시 • 본 연구를 진행하기에 앞서 실시 • 문헌조사, 경험자조사, 현지답사, 특례분석(소수사례분석) 등이 있음	• 설문지의 개선할 사항을 찾아내기 위해 실시 • 설문지 초안 작성 후, 본조사 실시 전 실시 • 본조사에서 실시하는 것과 똑같은 절차와 방법으로 실시

07 다음은 내적타당도 저해 요인 중 무엇에 대한 설명인가?

> 사전검사에서는 질문지를 이용하고 사후검사에서는 관찰법을 이용하여 측정하였을 때 발생될 수 있는 효과

① 사멸효과　　　　　　　　　　② 실험효과

③ 도구효과　　　　　　　　　　④ 성숙효과

해설

조사도구효과(Instrumentation)

조사도구효과는 자료를 수집하는 데 사용되는 도구(질문지, 조사표, 조사원, 조사방법)가 달라지는 경우 측정결과에 영향을 미쳐 타당도를 해치게 되는 효과이다.

08 비참여관찰에 대한 설명으로 옳은 것은?

① 관찰한다는 사실을 대상 집단에게 밝히지 않고 시행한다.

② 조직구성원이 집단전체를 정확하게 관찰할 수 있다.

③ 관찰자에 감정적 요소가 개입될 여지가 적다.

④ 외부에 나타나지 않은 사실까지 관찰이 가능하다.

해설

비참여관찰

• 관찰자의 신분과 관찰한다는 사실을 대상 집단에게 밝히기 때문에 조사활동이 자유롭고 표준화가 용이하나 내재된 미묘한 문제점은 밝히기가 어렵다.

• 비조직구성원이 객관적인 입장에서 전체를 정확하게 관찰할 수 있다.

09 간접질문의 유형 중 틀린 답을 여러 개 제시해 놓고 응답자로 하여금 선택하게 하여 응답자의 태도를 파악하는 방법은?

① 토의완성법　　　　　　　　　　　② 정보검사법
③ 투사법　　　　　　　　　　　　　④ 오류선택법

해설

간접질문의 유형

• 토의완성법 : 응답자에게 미완성된 문장 등을 제시해놓은 후 그것을 빠른 속도로 완성하도록 하는 방법
• 정보검사법 : 어떤 주제에 대해 개인이 가지고 있는 정부의 양과 종류가 그 개인의 태도를 결정한다고 보고, 그 개인이 가지고 있는 정보의 양과 종류를 파악하여 응답자의 태도를 찾아내는 방법
• 투사법 : 특정 주제에 대해 직접적으로 질문하지 않고 단어, 문장, 이야기, 그림 등 간접적인 자극을 제공해 응답자가 자신의 신념과 감정을 이러한 자극에 자유롭게 투사하게 함으로써 진솔한 반응을 표현하게 하는 방법

10 전화조사에 대한 설명으로 옳은 것은?

① 보조도구를 사용할 수 있어 보다 정확한 조사가 가능하다.
② 전화번호부를 이용하더라도 정확하게 표본을 추출할 수 없다.
③ 장시간에 걸쳐서 조사하기 때문에 비용과 시간이 많이 든다.
④ 표본의 대표성에 문제가 발생할 수 있다.

해설

전화조사

• 직접 면접이 어려운 사람의 경우에 유리하다.
• 전화번호부를 이용하여 비교적 쉽고 정확하게 표본을 추출할 수 있다.
• 적은비용으로 단시간에 조사할 수 있어서 비용과 시간이 적게 든다.
• 표본의 대표성에 문제가 발생할 수 있으며, 모집단이 불완전하다는 단점이 있다.

11 리커트척도의 구성 절차에 대한 설명으로 옳은 것은?

> a. 질문문항에 대한 응답범주를 작성
> b. 응답범주에 대한 가중치 부여
> c. 응답자로부터 응답을 얻어낸 후 총합을 계산
> d. 척도 문항 분석

① a → b → c → d　　　　　　　　② d → a → b → c
③ a → c → b → d　　　　　　　　④ d → a → c → b

12 간접질문에 대한 설명 중 옳지 않은 것은?

① 투사법은 본래 심리학분야에서 발단되어 적용된 것이다.

② 정보검사법은 정보의 양과 종류를 파악하여 응답자의 태도를 찾아낸다.

③ 단어연상법은 각각의 항목에 할당된 일정한 점수를 합산하여 응답자의 태도를 파악한다.

④ 토의완성법은 태도조사에는 유용하나 의견조사에는 부적합하다.

해설

간접질문

• 질문어구 구성 및 질문형식에 따른 분류로는 직접질문과 간접질문으로 나뉜다.

• 간접질문은 응답자가 사회규범, 집단 또는 인간관계로 인한 압력, 체면 등의 여러 가지 이유로 진실한 응답을 회피하거나 거절할 때보다 정확한 응답을 얻기 위해 사용한다.

• 간접질문으로는 투사법, 정보검사법, 단어연상법, 토의완성법, 오류선택법 등이 있다.

• 토의완성법은 태도조사와 의견조사에 많이 이용된다.

13 배포조사에 대한 설명으로 옳지 않은 것은?

① 회사 또는 가정에 질문지를 배부하고 응답자가 직접 기입하게 한 다음 나중에 질문지를 회수하는 방법이다.

② 질문지 회수율이 높다.

③ 질문지가 잘못 기입되어 있어도 시정하기 쉽다.

④ 응답이 피조사자의 의견인지 제3자의 영향을 받았는지 알 수 없다.

해설

배포조사(Delivery Survey)

회사 또는 가정에 질문지를 배부하고 응답자가 직접 기입하게 한 다음 나중에 질문지를 회수하는 방법이다.

장 점	• 시간과 비용이 절약된다. • 질문지 회수율이 높다. • 응답자에게 생각할 시간적 여유를 준다.
단 점	• 문맹자들의 조사가 곤란하다. • 질문지가 잘못 기입되어 있어도 시정하기 어렵다. • 응답이 피조사자의 의견인지 제3자의 영향을 받았는지 알 수 없다.

14 다음 중 척도의 유형이 다른 하나는?

① 총화평정척도
② 유사등간척도
③ 등현등간척도
④ 서스톤척도

해설

등현등간척도

• 등현등간척도는 각 문항이 척도상의 어디에 위치할 것인가를 평가자로 하여금 판단케 한 다음 연구자가 대표적인 문항을 선정하여 척도를 구성하는 방법이다.
• 등현등간척도는 유사등간척도, 서스톤척도로 불린다.

15 평정척도의 단점으로 다음에 설명하는 것은?

> 평가자가 처음 질문항목에 좋게 또는 나쁘게 평가했다면 그 다음 질문항목도 계속 연쇄적으로 평가하는 경향

① 후광효과(Halo Effect)
② 집중화경향(Error of Central Tendency)
③ 관대화경향(Error of Leniency)
④ 대조오류

해설

평정척도의 단점

• 후광효과(Halo Effect) : 평가자가 처음 질문항목에 좋게 또는 나쁘게 평가했다면 그 다음 질문항목도 계속 연쇄적으로 평가하는 경향이 있다.
• 집중화경향(Error of Central Tendency) : 가장 무난하고 원만한 평정으로 척도의 중간점을 선택하려는 경향이 있다.
• 관대화경향(Error of Leniency) : 평가자가 어떤 특정인에게 나쁜 감정을 갖는 경우가 아니면 대부분 관대하게 평정하려는 경향이 있다.
• 대조오류 : 평가자가 자신과 대조되는 특징을 찾아내어 그것을 부각시키는 경향이 있다.

16 신뢰도와 타당도에 대한 설명으로 옳은 것은?

① 신뢰도와 타당도는 대칭적 관계이다.
② 신뢰도가 높으면 반드시 타당도가 높다.
③ 신뢰도를 측정하는 것이 타당도를 측정하는 것보다 어렵다.
④ 신뢰도는 타당도를 보장하지 않는다.

해설

신뢰도와 타당도

• 신뢰도와 타당도의 관계는 비대칭적인 관계이다.
• 신뢰도가 높다고 해서 반드시 타당도가 높은 것은 아니다.
• 타당도를 측정하는 것이 신뢰도를 측정하는 것보다 어렵다.

14 ① 15 ① 16 ④ 정답

17 측정오류에 대한 설명으로 옳지 않은 것은?

① 측정과 관련된 오류는 본질적으로 신뢰도와 타당도의 문제이다.

② 측정의 타당도는 체계적 오류와 관련성이 크다.

③ 비체계적인 오류는 사전에 알 수 없지만 통제는 가능하다.

④ 측정의 신뢰도는 무작위적 오류와 관련성이 크다.

해설

측정오류

• 어떠한 대상을 측정했을 때, 측정대상이 갖는 실태와 조사자가 그에 대해 측정할 결과 간의 불일치 정도 또는 그 차이의 정도이다.

• 측정과 관련된 오류는 본질적으로 신뢰도와 타당도의 문제이다.

• 측정의 타당도는 체계적 오류와 관련성이 크고, 측정의 신뢰도는 비체계적 오류(무작위적 오류)와 관련성이 크다.

• 체계적 오류는 측정대상 또는 측정과정에 대해 체계적으로 영향을 미침으로써 발생하는 오류이다.

• 비체계적인 오류는 측정과정에서 우연히 또는 일시적인 사정에 의해 나타나는 오류이다.

• 비체계적인 오류는 사전에 알 수 없을 뿐 아니라 통제할 수도 없다.

18 집단 구조 내 사람들 사이의 상호작용, 의사소통 및 리더십 등을 알아보기 위하여 활용되는 척도로 옳은 것은?

① 보가더스척도

② 소시오메트리척도

③ 스타펠척도

④ 의미분화척도

해설

소시오메트리척도

• 소집단 내의 구성원들 사이에 가지는 호감과 반감을 측정하여 그 빈도와 강도에 따라 집단구조를 이해하는 척도이다.

• 집단 내 구성원 간의 거리를 측정하는 척도라는 점에서 집단 간의 거리를 측정하는 보가더스척도와 구별된다.

19 어의구별척도에 대한 설명으로 옳지 않은 것은?

① 어떤 대상이 개인에게 주는 객관적인 의미를 측정하는 방법이다.

② 개념이 갖는 본질적인 뜻을 몇 개의 차원에 따라 측정한다.

③ 일직선으로 도표화된 척도의 양극단에 서로 상반되는 형용사를 배열한다.

④ 주로 심리학적 의미를 파악하기 위해 심리학분야의 측정도구로 사용해왔다.

해설

어의구별척도

• 어떤 대상이 개인에게 주는 주관적인 의미를 측정하는 방법으로써 하나의 개념을 여러 가지 의미의 차원에서 평가하도록 유도하는 방법이다.

• 한쪽에 치우친 몇 개의 기본개념뿐 아니라 어의적공간(좌표) 전체에 이르는 개념을 선정해야 한다.

• 일직선으로 도표화된 척도의 양극단에 서로 상반되는 형용사를 배열한다.

20 과학적 접근법에서 다음에 설명하는 것을 무엇이라고 하는가?

> 어떤 결과를 야기한 원인으로 가정한 변수 이외에 원인으로 작용할 수 있는 다른 변수를 체계적으로 배제한다.

① 조작화

② 체계화

③ 무작위화

④ 통 제

해설

통제의 의미

• 실험설계에 있어서 독립변수와 종속변수 사이에 관찰된 공동변화에 대해 제3의 변수가 개입되어 해석상의 오류를 야기할 수 있는 가능성을 배제하는 것이다.

• 내적 타당성을 확보하고 제3의 변수에 의한 설명을 배제하기 위해 실험집단과 통제집단에 대한 동질성을 확보하는 절차이다.

01 과학적 지식의 특징으로 옳지 않은 것은?

① 동일한 절차와 방법을 반복했을 때 동일한 결과가 나타나야 한다.

② 기존의 신념이나 연구결과는 언제든지 비판되고 수정될 수 있다.

③ 과학자들의 주관적 동기가 다르면 연구과정이 같아도 상이한 결과에 도달한다.

④ 연구대상은 궁극적으로 인간의 감각에 의해 지각될 수 있는 것이어야 한다.

해설

과학적 지식의 특징
- 재생가능성 : 동일한 절차와 방법을 반복했을 때 동일한 결과가 나타날 가능성
- 변화가능성 : 기존의 신념이나 연구결과는 언제든지 비판되고 수정될 수 있음
- 상호주관성 : 과학자들의 주관적 동기가 달라도 연구과정이 같다면 동일한 결과에 도달
- 경험성 : 연구대상은 궁극적으로 인간의 감각에 의해 지각될 수 있는 것이어야 함

02 질문지 특성에 대한 설명으로 옳지 않은 것은?

① 조작적 정의의 집합체이다.

② 측정도구의 집합체이다.

③ 조사결과의 비교가능성을 제고해야 한다.

④ 2차 자료 수집을 위한 수단이다.

해설

1차 자료(Primary Data)

1차 자료는 연구자가 현재 수행중인 조사연구의 목적을 달성하기 위해 직접 수집하는 자료로 질문지, 면접법, 관찰법 등으로 수집하는 자료이다.

03 가설에 대한 설명 중 옳은 것은?

① 가설은 근거를 갖지 않은 어떤 논리적 관계가 이론적 사실에 의해 검증되어야 한다.

② 가설은 신뢰성을 검증해 보기 위한 하나의 명제이다.

③ 가설은 두 개 이상의 변수 사이의 관계에 대한 잠정적인 진술이다.

④ 가설은 특정한 현상들을 일반화함으로써 나타나게 된 결과론적 용어이다.

해설

가설의 정의
- 가설은 신념, 근거를 갖지 않은 어떤 논리적 관계가 경험적 사실에 의해 검증될 수 있는 명제이다.
- 가설은 타당성을 검증해 보기 위한 하나의 명제이다.
- 가설은 두 개 이상의 변수 사이의 관계에 대한 잠정적인 진술이다.
- 가설은 특정 가능한 용어로 정리되어 있어야 한다.

04 관찰을 통한 자료수집 시 지각과정에서 나타나는 오류를 감소하기 위한 방법으로 옳은 것은?

① 관찰기간을 될 수 있는 한 길게 잡는다.

② 복수의 관찰자보다는 단일의 관찰자가 관찰한다.

③ 객관적 관찰도구를 사용한다.

④ 보다 작은 단위의 관찰을 한다.

해설

지각과정상의 오류를 감소시키기 위한 방법

• 가능한 관찰단위를 명세화한다.

• 보다 큰 단위를 관찰한다.

• 복수의 관찰자가 관찰한다.

• 훈련을 통해 관찰기술을 향상시킨다.

• 혼란을 초래하는 영향을 통제한다.

• 관찰기간을 될 수 있는 한 짧게 잡는다.

• 객관적 관찰도구를 사용한다.

05 패널조사에 대한 설명으로 옳지 않은 것은?

① 패널조사는 긴 시간 동안 지속적으로 정보획득이 가능하다.

② 패널조사는 사건에 대한 변화분석이 가능하고, 추가적인 자료를 획득할 수 있다.

③ 패널조사는 초기 연구비용이 비교적 많이 든다.

④ 패널조사는 최초 패널을 잘못 구성하더라도 장기간에 걸쳐 수정이 가능하다.

해설

패널조사

• 동일집단 반복연구에 해당하는 것으로 특정 응답자 집단을 정해놓고 긴 시간 동안 지속적으로 연구자가 필요로 하는 정보를 획득한다.

• 패널의 대표성 확보의 어려움, 부정확한 자료의 제공가능성, 패널관리의 어려움 등의 단점이 있다.

• 패널조사는 최초의 패널을 잘못 구성하면 수정이 불가능하기 때문에 최초의 시행이 중요하다.

06 조사설계에 대한 설명으로 옳지 않은 것은?

① 조사설계는 무엇을 해야 한다고 정확히 이야기해주는 것이다.

② 조사설계는 적절한 검증을 위해 만들어진 구조물이다.

③ 조사설계는 자료에 대한 접근가능성, 시간, 공간, 비용 등을 고려해야 한다.

④ 조사설계는 조사과정상에서 발생하는 분산이나 일탈을 방지한다.

조사설계

- 조사설계는 가설을 평가하기 위한 구조, 계획 및 전략이다.
- 조사설계는 무엇을 해야 한다고 이야기해주는 것이 아니라 관찰 및 분석의 방향 또는 통계적 분석에서 도출될 수 있는 가능한 결론의 윤곽을 제시해준다.
- 조사설계는 조사에 있어서 실제적인 요인을 고려하여 연구의 방향을 제시하는 청사진이다.

07 준참여관찰에 대한 설명으로 옳지 않은 것은?

① 관찰대상의 생활 전부에 참여하는 것이 아니라 일부에만 참여한다.
② 연구대상에 동화될 가능성이 있어 관찰자의 윤리적 문제를 야기한다.
③ 관찰자를 관찰대상에게 노출시키지 않을 수 있다.
④ 연구대상을 충분히 이해할 수 있는 심도 있는 자료를 수집하는 데 한계가 있다.

준참여관찰

- 관찰대상 집단에 부분적으로 참여하는 방법이다.
- 관찰대상자들이 관찰을 받고 있다는 사실을 알고 있지만 자연성을 해칠 우려가 있을 경우 관찰자를 관찰대상에게 노출시키지 않을 수 있다.
- 연구대상을 자연스러운 상태에서 관찰하면서도 관찰자의 윤리적 문제를 야기하지 않는다.
- 참여관찰과 비참여관찰의 장단점의 중간에 속한다고 볼 수 있다.

08 다음 중 표준화 면접에 대한 설명으로 옳지 않은 것은?

① 반복적인 면접이 가능하며, 면접결과에 대한 비교가 용이하다.
② 비표준화 면접에 비해 응답결과에 있어서 상대적으로 신뢰도가 낮지만, 타당도는 높다.
③ 면접의 신축성·유연성이 낮다.
④ 깊이 있는 측정을 도모할 수 없다.

표준화 면접의 장·단점

표준화 면접의 장점	표준화 면접의 단점
• 면접결과에 대한 비교가 용이하다. • 측정이 용이하다. • 신뢰도가 높다. • 언어구성의 오류가 적다. • 반복적 연구가 가능하다.	• 새로운 사실 및 아이디어의 발견가능성이 낮다. • 의미의 표준화가 어렵다. • 면접상황에 대한 적응도가 낮다. • 융통성이 없고 타당도가 낮다. • 특정 분야의 깊이 있는 측정을 도모할 수 없다.

☞ 표준화 면접은 비표준화된 면접에 비해 응답결과에 있어서 상대적으로 신뢰도가 높지만, 타당도는 낮다.

09 다음 중 프로빙(Probing)에 대한 설명으로 옳지 않은 것은?

① 말로 부추기거나 고개를 끄덕이면서 장려한다.

② 이미 대답한 내용을 좀 더 자세하게 해명하고 정교화하도록 한다.

③ 너무 간단한 대답에는 직접적인 질문을 부과한다.

④ 응답자가 한 말을 그대로 반복함으로써 부연설명을 요구한다.

해설

프로빙(Probing)

• 응답자의 대답이 불충분할 경우 보다 충분한 응답을 얻어내기 위해 재차 질문하는 기술이다.

• 직접적인 질문을 부과하는 것이 아니라 암시를 주거나 간접적인 자극을 줌으로써 추가적인 대답 또는 부연설명을 요구한다.

• 프로빙 기술로는 무언의 캐묻기, 드러내놓고 권장하는 방법, 더 자세한 해명을 요구하는 방법, 명료화하는 방법, 반복의 방법 등이 있다.

10 질문지의 표지 및 안내문에 대한 설명으로 옳지 않은 것은?

① 조사자나 연구의 후원기관에 대한 신분은 밝혀야 한다.

② 조사에 대한 대략적인 예측결과를 암시해주어야 한다.

③ 조사의 목적, 조사의 중요성에 대해 설명해야 한다.

④ 표지의 경우 응답자들의 개별적 주소와 함께 '응답자 귀하'라고 서두에 시작한다.

해설

표지편지 및 안내문 작성 시 유의사항

• 신분의 제시, 조사의 취지 설명, 비밀의 보장, 응답률의 제고 등이 포함되어야 한다.

• 조사결과에 대한 예측을 미리 암시해주면 조사결과가 편중될 우려가 있으므로 포함해서는 안된다.

• 표지편지의 경우 응답자들의 개별적 주소와 함께 '응답자 귀하'라고 서두에 시작한 편지는 응답률을 제고할 가능성이 더 커진다.

11 다음 중 투사법에 대한 설명으로 옳지 않은 것은?

① 본래 정신분석학 등 심리학분야에서 발달된 기법이다.

② 피조사자에게 우회적으로 응답을 얻어 내는 것이다.

③ 정확한 응답에 대한 장애요인을 피하여 응답자에게 자극을 주어야 한다.

④ 다른 방법에 비해 객관성을 쉽게 확보할 수 있다.

09 ③ 10 ② 11 ④ 정답

투사법

- 특정 주제에 대해 직접적으로 질문하지 않고 단어, 문장, 이야기, 그림 등 간접적인 자극을 제공해 응답자가 자신의 신념과 감정을 이러한 자극에 자유롭게 투사하게 함으로써 진솔한 반응을 표현하게 하는 방법이다.
- 간접질문의 한 종류로, 정확한 응답에 대한 장애요인을 피하여 응답자에게 조직화되지 않은 자극을 주어 응답하게 하는 기법이다.
- 투사법은 우회적으로 응답을 얻어내는 것이라 할 수 있다.

12 TV, 라디오 등을 청취하고 있는 청취자들을 대상으로 전화를 걸어 조사하는 콜인(Call-in)조사에 대한 설명으로 옳지 않은 것은?

① 프로그램을 시청하거나 청취하는 사람들을 대상으로 표본을 선정하기 때문에 표본의 대표성이 떨어진다.

② 표본을 대규모로 선정할 수밖에 없다.

③ 프로그램을 이끌어 가는 진행자의 진행능력에 따라 응답이 바뀔 수 있다.

④ 시간의 한정성으로 현장면접에서와 같이 심층면접을 할 수 없다.

콜인(Call-in)조사의 문제점

- 프로그램을 시청하거나 청취하는 사람들을 대상으로 표본을 선정하기 때문에 표본의 대표성이 떨어진다.
- 표본을 소규모로 선정할 수밖에 없다.
- 프로그램을 이끌어 가는 진행자의 진행능력에 따라 응답이 바뀔 수 있다.
- 시간의 한정성으로 현장면접에서와 같이 심층면접을 할 수 없다.

13 내용분석의 특징에 대한 설명으로 옳지 않은 것은?

① 내용분석법은 사례연구와 개방형 질문지 분석의 특성을 동시에 보여준다.

② 객관적이고 계량적인 방법에 의해 측정·분석하는 방법이다.

③ 현재적인 내용뿐만 아니라 잠재적인 내용도 분석대상이다.

④ 내용분석법은 양적분석방법으로만 적용이 가능하다.

내용분석의 특징

- 문헌연구의 일종으로 정보의 내용(메시지)을 그 분석대상으로 한다.
- 정보의 현재적인 내용뿐만 아니라 잠재적인 내용도 분석대상이다.
- 양적분석방법뿐만 아니라 질적분석방법도 사용한다.
- 범주 설정에 있어서는 포괄성과 상호배타성을 확보해야 한다.
- 사례연구와 개방형 질문지 분석의 특성을 동시에 보여준다.
- 객관적이고 계량적인 방법에 의해 측정·분석하는 방법이다.
- 다른 연구방법의 타당성 여부를 위해 사용 가능하다.

14 계통추출법에 대한 설명으로 가장 적절한 것은?

① 출석부에 기재된 학생들을 기재순서에 따라 매 5번째 이름마다 추출한다.

② 전화번호부에 등재된 이름 중 무작위로 5명을 추출한다.

③ 각각의 동질적인 층인 A지역 인구를 5명씩, B지역 인구를 5명씩 추출한다.

④ 무작위로 그룹을 표본으로 추출한 다음 대상 그룹에 대해 전수조사한다.

해설

체계적 표본추출법(계통추출법)

모집단 요소의 목록표를 이용하여 최초의 표본단위만 무작위로 추출하고, 나머지는 일정한 간격을 두고 표본을 주출하는 방법이다.

15 내용분석의 절차에 대한 설명으로 옳은 것은?

① 연구문제와 가설 설정 → 분석단위 결정 → 분석 카테고리 설정 → 내용분석 자료의 표본추출 → 집계체계 결정 및 내용분석 작업 → 보고서 작성

② 연구문제와 가설 설정 → 내용분석 자료의 표본추출 → 분석 카테고리 설정 → 분석단위 결정 → 집계체계 결정 및 내용분석 작업 → 보고서 작성

③ 연구문제와 가설 설정 → 분석 카테고리 설정 → 분석단위 결정 → 내용분석 자료의 표본추출 → 집계체계 결정 및 내용분석 작업 → 보고서 작성

④ 연구문제와 가설 설정 → 집계체계 결정 및 내용분석 작업 → 내용분석 자료의 표본추출 → 분석 카테고리 설정 → 분석단위 결정 → 보고서 작성

해설

내용분석의 절차

연구문제와 가설 설정 → 내용분석 자료의 표본추출 → 분석 카테고리 설정 → 분석단위 결정 → 집계체계 결정 및 내용분석 작업 → 보고서 작성

16 크론바흐 알파계수에 대한 설명으로 옳지 않은 것은?

① 크론바흐 알파계수는 작을수록 신뢰도가 높다고 인정된다.

② 내적 일관성 분석법에 따라 신뢰도를 측정하는 척도이다.

③ 문항의 수가 클수록 크론바흐 알파값이 커진다.

④ 신뢰도가 낮은 경우 신뢰도를 저해하는 항목을 찾을 수 있다.

해설

크론바흐 알파(Cronbach's Alpha)계수

• 내적 일관성 분석법에 따라 신뢰도를 측정하는 척도이다.

• 신뢰도가 낮은 경우 신뢰도를 저해하는 항목을 찾을 수 있다.

• 크론바흐 알파값은 0~1의 값을 가지며, 값이 클수록 신뢰도가 높다.

• 크론바흐 알파값은 0.6 이상이 되어야 만족할 만한 수준이며, 0.8~0.9 정도면 신뢰도가 높은 것으로 본다.

• 신뢰도 계수를 구할 수 있으므로 현실적으로 가장 많이 사용된다.

• 문항의 수가 적을수록 크론바흐 알파값은 작아진다.

• 문항 간의 평균상관계수가 높을수록 크론바흐 알파값도 커진다.

14 ① 15 ② 16 ① 정답

17 분석단위로 인한 오류 중 다음에 해당하는 오류는?

> 뒤르켐의 『자살론』을 기초하여 카톨릭 국가보다 개신교 국가의 자살률이 더 높다고 하여 가톨릭
> 신도보다 개신교 신도들이 더 많이 자살했다고 결론을 내렸다.

① 생태학적 오류
② 개인주의적 오류
③ 지나친 일반화
④ 환원주의적 오류

해설
분석단위로 인한 오류
• 생태학적 오류 : 분석단위를 집단에 두고 얻어진 연구의 결과를 개인에 적용함으로써 발생하는 오류이다.
• 개인주의적 오류 : 분석단위를 개인에 두고 얻어진 연구의 결과를 집단에 적용함으로써 발생하는 오류이다.
• 지나친 일반화 : 한두 개의 고립된 사건에 근거해서 일반적인 결론을 내리고 그것을 서로 관계없는 상황에 적용하는
  오류이다.
• 환원주의적 오류 : 넓은 범위의 인간의 사회적 행위를 이해하는 데 필요한 변수 또는 개념의 종류를 지나치게 한정시
  킴으로써 발생하는 오류로 조사할 개념이나 변수를 설정하는 과정에서 발생한다.

18 행렬식 질문에 대한 설명으로 옳지 않은 것은?

① 동일한 일련의 응답범주를 가지고 있는 여러 개의 질문문항들을 한데 묶어서 하나의 질문세트를
  만든 것이다.
② 공간을 효율적으로 사용한다.
③ 일련의 독립된 문항보다 응답하기 쉽다.
④ 질문문항이 한 세트로 구성되어 있으므로 응답자가 질문의 내용을 상세히 검토하는 경향이 있다.

해설
행렬식 질문
동일한 일련의 응답범주를 가지고 있는 여러 개의 질문문항들을 한데 묶어서 하나의 질문세트를 만든 것으로 평정형
질문의 응용형태이다.

장 점	• 공간을 효율적으로 사용한다. • 일련의 독립된 문항보다 응답하기 쉽다. • 응답들의 비교성을 증가시켜 준다.
단 점	• 문항을 행렬식 질문에 맞게 억지로 구성할 수 있다. • 응답자가 질문의 내용을 상세히 검토하지 않고 모든 질문문항에 대해 유사하게 응답하려는 경향을 나타낼 수 있다. • 응답자들에게 특정한 응답 세트를 유도하게끔 할 수 있다.

19 다음에 설명하고 있는 실험설계는 무엇인가?

> 영어 토론식 수업효과를 측정하기 위하여 유사한 특징을 가진 두 집단을 구성하고 각각 영어시험을 보게 하였다. 이후 한 집단에는 영어 토론식 수업을 실시하고 다른 집단은 그대로 둔 다음 다시 각각 영어시험을 보게 하였다.

① 솔로몬 4집단설계   ② 통제집단 사전사후설계
③ 통제집단 사후측정설계   ④ 정태적 집단비교

해설
통제집단 사전사후설계
무작위할당으로 실험집단과 통제집단을 구분한 후 실험집단에 대해서는 독립변수 조작을 가하고 통제집단에 대해서는 아무런 조작을 가하지 않고 두 집단 간의 차이를 전후로 비교하는 방법이다.

20 솔로몬 4집단설계에 대한 설명으로 옳지 않은 것은?

① 실험집단과 통제집단 각각 4개의 집단으로 구성되어 있다.
② 통제집단 전후비교와 통제집단 사후비교를 혼합한 실험설계이다.
③ 통제집단과 실험집단의 선정 및 관리에 어려움이 있고 비경제적이다.
④ 실험대상의 무작위화, 실험변수의 조작, 외생변수 통제 등 실험적 조건을 갖춘 순수실험설계의 유형이다.

해설
솔로몬 4집단설계
솔로몬 4집단설계는 사전검사를 한 2개의 집단 중 하나와 사전검사를 하지 않은 2개의 집단 중 하나를 실험조치하여 실험집단으로 하고, 나머지 2개의 집단에 대해서는 실험조치를 하지 않은 채 통제집단으로 실험설계한다.

01 다음 중 과학적 방법으로 옳지 않은 것은?

① 추상적인 개념은 자체로 추상적이기 때문에 경험적으로 인식해서는 안 된다.

② 과학적 연구는 연구과정이 일정한 원칙에 입각하여 진행되어야 한다.

③ 연구자들의 주관이 달라도 같은 방법을 사용했을 때는 다른 결과가 나와서는 안 된다.

④ 기존의 이론이나 연구결과는 비판되고 수정될 수 있다.

해설

과학적 지식의 특징

• 경험성 : 추상적인 개념도 구체적인 사실로부터 발생하여 생성되었기 때문에 자체로는 추상적일지라도 경험적으로 인식이 가능해야 한다.

• 체계성 : 과학적 연구는 연구과정이 일정한 원칙에 입각하여 진행되어야 한다.

• 상호주관성 : 연구자들의 주관이 달라도 같은 방법을 사용했을 때는 같은 결과에 도달해야 한다.

• 변화가능성 : 기존의 이론이나 연구결과는 비판되고 수정될 수 있다.

02 과학적 지식의 특징 중 '신뢰성'과 관련된 것으로 옳은 것은?

① 추상성

② 상호주관성

③ 재생가능성

④ 경험성

해설

재생가능성

• 동일한 절차와 방법을 반복했을 때 누구나 같은 결론을 내릴 수 있는 가능성을 의미한다.

• 과학적 지식은 동일한 조건하에서 동일한 결과가 재현되어야 한다는 것을 토대로 한다.

03 과학적 방법의 윤리문제 중 '도의적 배려'와 관련된 것으로 옳은 것은?

① 연구과정상의 윤리문제

② 연구결과상의 윤리문제

③ 연구시작상의 윤리문제

④ 연구내용상의 윤리문제

해설

과학적 방법의 윤리문제

• 도의적 배려 : 인간생활에 해를 주기보다는 이익을 주어야 한다.

• 과학적 방법의 윤리문제 : 연구내용상의 윤리문제, 연구과정상의 윤리문제, 연구결과상의 윤리문제 등이 있다.

• 연구내용상의 윤리문제 : 과학자의 연구대상은 사회적 통념이 허용하는 범위 내에서, 인간생활에 해를 주기보다는 이익을 주는 것이어야 한다.

정답 01 ① 02 ③ 03 ④

04 다음 중 '둘 이상의 변수 또는 현상 간의 관계를 설명하는 검증되지 않은 명제'로 옳은 것은?

① 이 론　　　　　　　　　　② 사 실
③ 가 설　　　　　　　　　　④ 법 칙

> **해설**
>
> **가 설**
>
> 가설은 둘 이상의 변수 또는 현상 간의 관계를 설명하는 검증되지 않은 명제로 연구에 대해 검증할 수 있는 잠정적인 응답이다.

05 연구 설계 시 고려해야 할 사항으로 옳지 않은 것은?

① 통계적 방법　　　　　　　② 표본추출단위
③ 변수의 종류　　　　　　　④ 조사원의 성격

> **해설**
>
> **연구의 설계**
>
> 연구에 있어서 변수의 종류, 변수의 수, 변수의 성격, 통계적 방법, 표본추출방법, 표본규모, 표본추출단위 등을 고려하여 외부변수의 영향을 효과적으로 통제할 수 있다.

06 연역법과 귀납법에 대한 설명으로 옳지 않은 것은?

① 연역법은 최초의 보편적 이론을 형성하는 것이 수월하다.
② 귀납법은 어느 정도의 자료만을 가지고 법칙을 만드는 것이 가능하다.
③ 연역법과 귀납법은 상호 보완적인 관계를 형성한다.
④ 연역법과 귀납법의 장단점은 서로 대비된다.

> **해설**
>
> **연역법과 귀납법**
>
> • 연역법은 보편적 원리를 현상에 연역시켜 설명하는 방법으로, 최초의 보편적 원리(이론)를 형성하는 것은 어렵다.
> • 연역법과 귀납법의 장단점은 서로 대비되기 때문에 상호 보완적인 관계를 형성한다.

04 ③　05 ④　06 ①　정답

07 자료를 수집하는 방법으로 옳은 것은?

① 조사설계   ② 문헌조사

③ 사전조사   ④ 예비조사

해설

자료수집방법
- 예비조사는 사전실태조사 차원에서 실시하는 것으로 본 연구를 진행하기 전에 가설을 명백히 하는 것을 목표로 둔다.
- 사전조사는 예비조사보다 더 형식이 갖추어진 것으로 질문지를 시험해보는 조사이다.
- 문헌조사는 연구 분야와 관련된 참고문헌들에 대해 조사하는 방법이다.

08 면접조사를 할 때, 응답자에 대한 태도로 옳은 것은?

① 중립적 위치를 유지하기 위해 냉랭한 태도를 취한다.

② 면접에 대해 더 자세하게 알려주기 위해 주관적인 태도를 취한다.

③ 응답자에게 필요한 일정시간을 주거나 부연설명을 해주는 친절한 태도를 취한다.

④ 응답자와 Rapport 형성을 위해 독창적이고 개성적인 태도를 취한다.

해설

면접의 실시

면접자는 중립적이고, 객관적이며, 친절하고 평범한 태도를 취해야 한다.

09 관찰에서 일관성을 높이는 방법으로 옳지 않은 것은?

① 자료수집방법의 병행   ② 복수의 관찰자

③ 기술의 향상   ④ 도구의 사용

해설

관찰법에서의 신뢰도

신뢰도를 높이기 위해서는 훈련을 통한 기술의 향상, 유용한 도구의 사용(녹음기, 카메라 등), 복수의 관찰자에 의한 평가 등이 있다.

☞ 자료수집방법을 병행하는 것은 타당도를 높이는 방법이다.

10 면접조사를 할 때, 면접자는 그 다음의 말을 기대하는 듯이 상대방을 응시함으로써 대답을 얻어내는 방법으로 옳은 것은?

① 부호화 　　　　　　　　　② 프로빙
③ 래 포 　　　　　　　　　④ 관찰법

해설
프로빙
면접과정에서 응답자의 대답이 불충분할 때 더 많은 정보를 얻기 위해서 행하는 추가질문을 뜻하는 것으로 정확한 대답을 캐내는 과정이다.

11 내용분석에 대한 설명으로 옳지 않은 것은?

① 시간과 비용 측면에서 경제성이 있다.
② 심리적 변수를 효과적으로 측정할 수 있다.
③ 능력 있는 코더를 구하기 어렵다.
④ 방법의 타당성 여부가 불가능하다.

해설
내용분석
• 기록화된 것을 중심으로 그 연구대상에 대한 필요 자료를 수집·분석함으로써 객관적이고 체계적이며 계량적인 방법으로 분석하는 방법이다.
• 다른 연구방법의 타당성 여부를 위해 사용 가능하다.

12 다음 중 예비조사의 목적으로 옳지 않은 것은?

① 연구문제의 특정화
② 가설의 명확화
③ 설문지의 타당성 증가
④ 조사표 작성을 위한 기초자료 제공

해설
예비조사
• 연구의 가설을 명백히 하기 위해 실시한다.
• 본 연구를 진행하기에 앞서 실시한다.
• 문헌조사, 경험자조사, 현지답사, 특례분석(소수사례분석) 등이 있다.
☞ 설문지의 타당성 증가는 사전조사의 목적이다.

13 다음 중 모집단에 대한 설명으로 옳지 않은 것은?

① 관심의 대상이 되는 모든 개체의 집합이다.

② 유한성의 여부에 따라 유한모집단과 무한모집단으로 나뉜다.

③ 모집단을 정의할 때는 명확하고 한정적으로 규정해야 한다.

④ 기술적 통계분석은 표본을 고려하지 않고 모집단만을 고려한다.

해설
모집단과 표본
• 모집단은 관심의 대상이 되는 모든 개체들의 집합으로, 모집단을 정의할 때는 명확하고 한정적으로 규정해야 한다.
• 표본은 일차적으로 기술적 통계분석의 대상이 되며, 기술적 통계분석은 모집단을 고려하지 않고 표본 결과만을 고려한다.

14 다음 중 표본에 대한 특징으로 알맞지 않은 것은?

① 적절성

② 총괄성

③ 대표성

④ 경제성

해설
표본추출의 특징
• 표본추출은 조사결과가 모집단을 얼마나 잘 대표하고 있느냐에 대한 대표성, 적절성을 가져야 한다.
• 표본추출은 시간과 비용을 절약할 수 있는 경제성을 가져야 한다.

15 다음 중 계통적 표본추출방법에 대한 설명으로 옳지 않은 것은?

① 목록표상의 각 단위의 배열은 일정한 체계에 따라 작위적으로 이루어져야 한다.

② 모집단 목록에서 일정순서에 따라 매 K번째 요소를 추출한다.

③ 단순무작위표본추출에 비해 시간이 덜 소요된다.

④ 모집단의 배열이 일정한 주기성을 가질 경우 편견이 개입될 수 있다.

해설
계통적 표본추출방법
• 모집단 요소의 목록표를 이용하여 최초의 표본단위만 무작위로 추출하고, 나머지는 일정한 간격을 두고 표본을 추출하는 방법이다.
• 최초의 사례는 반드시 무작위로 선정하고, 목록표상의 각 단위의 배열은 일정한 체계 없이 무작위로 이루어져야 한다.

16 새로운 측정도구를 사용하여 측정한 결과를 다른 기준을 적용하여 측정한 결과와 비교하여 나타난 상관관계의 정도를 의미하는 타당도가 아닌 것은?

① 기준관련타당도
② 객관적 타당도
③ 경험적 타당도
④ 안면타당도

해설

기준타당도(경험적 타당도)
• 기준타당도는 기준관련타당도, 경험적 타당도, 객관적 타당도라고 한다.
• 기준타당도는 하나의 측정도구를 사용하여 측정한 결과를 다른 기준 또는 외부변수에 의한 측정결과와 비교하여 이들 간의 관련성의 정도를 통하여 타당도를 파악한다.
☞ 안면타당도는 검사문항을 전문가가 아닌 일반인들이 읽고 그 검사가 얼마나 타당해 보이는가를 평가하는 방법이다.

17 다음 중 유의표본추출에 대한 설명으로 옳지 않은 것은?

① 연구자의 주관적 판단에 의해 표집의 질이 결정된다.
② 표본추출에 있어 비용과 시간적인 면에서 경제적이다.
③ 주로 예비조사나 시험조사 등에서 사용된다.
④ 연구자가 모집단에 대한 지식이 없을 때 사용하는 방법이다.

해설

유의표본추출
• 모집단의 특성에 대해서 조사자가 정확히 알고 있는 경우에 제한적으로 사용하는 방법으로 조사자의 주관적 판단에 따라 표본을 추출하는 방법이다.
• 연구자가 모집단에 대한 지식이 많은 경우 사용하는 방법이다.

18 재검사법에 대한 설명으로 옳은 것은?

① 타당도 검증방법의 하나로 개념자체를 정확하게 반영했는가의 문제이다.
② 적용은 매우 간편하나, 측정도구 자체를 직접 비교할 수는 없다.
③ 동일한 대상에 동일한 측정도구를 서로 상이한 시간에 두 번 측정하는 방법이다.
④ 타당도를 저해하는 항목을 찾아 배제할 수 있다.

해설

재검사법
• 가장 기초적인 신뢰도 검증방법으로 측정도구가 측정하고자 하는 현상을 일관성 있게 측정하였는가를 알아보는 방법이다.
• 적용이 매우 간편하여 측정도구 자체를 직접 비교할 수 있다.
• 동일한 측정대상에 대하여 동일한 질문지를 이용하여 서로 다른 두 시점에 측정하여 얻은 결과를 비교하는 방법이다.
• 신뢰성을 저해하는 항목을 찾아 배제할 수 있는 방법은 내적 일관성 분석법이다.

16 ④ 17 ④ 18 ③ 정답

19 포함오차(Coverage Error)에 대한 설명으로 가장 적합한 것은?

① 표본에 적합한 표집틀(Sampling Frame)을 사용하지 못한 결과로 일어나는 오차이다.

② 목표모집단에는 있지만 표집틀에는 없는 표본 요소들로 인해 일어나는 오차이다.

③ 표집틀에는 있지만 목표모집단에는 없는 표본 요소들로 인해 일어나는 오차이다.

④ 표본에 적합한 목표모집단(Target Population)을 사용하지 못한 결과로 일어나는 오차이다.

해설

포함오차(Coverage Error)와 불포함오차(Noncoverage Error)
• 목표모집단(Target Population) : 조사목적에 따라 개념적으로 규정한 모집단
• 조사모집단(Sampled Population) : 실제 표본을 추출하기 위해 규정한 모집단
• 포함오차(Coverage Error) : 표집틀에는 있지만 목표모집단에는 없는 표본 요소들로 인해 일어나는 오차
• 불포함오차(Noncoverage Error) : 목표모집단에는 있지만 표집틀에는 없는 표본 요소들로 인해 일어나는 오차

20 등간척도에 대한 설명으로 옳지 않은 것은?

① 대상의 속성에 따라 크다/작다에 대한 대소관계의 파악이 가능하다.

② 대상의 각 간격은 상이한 양상을 보인다.

③ 카테고리 간의 간격을 측정할 수 있다.

④ IQ, 온도, 경제성장률 등에 주로 쓰인다.

해설

등간척도
• 속성에 따라 대소관계의 파악뿐 아니라 각 대상의 간격은 서로 동일하다는 것을 전제로 하는 척도이다.
• 간격비교법에 주로 쓰이며 평균, 표준편차, 피어슨의 적률상관계수 등의 통계기법을 사용한다.

01 조사연구의 목적으로 옳지 않은 것은?

① 문제의 규명

② 현상의 기술

③ 인과관계 규명

④ 현상의 이해

해설

조사연구

조사연구의 목적으로는 문제의 규명, 현상의 기술과 설명, 인과관계에 대한 규명이다.

02 과학적 지식이 갖는 특징 중 가치문제와 관련이 있는 것은?

① 체계성　　　　　　　　　　② 신뢰성

③ 객관성　　　　　　　　　　④ 경험성

해설

과학적 지식의 특징

• 과학적 지식의 특징으로는 재생가능성, 경험성, 객관성, 간주관성(상호주관성), 체계성, 변화가능성, 논리성, 일반성, 간결성을 들 수 있다.

• 객관성은 과학적 지식이 갖는 특징 중 가치문제와 관련이 있다.

03 다음 중 조사방법론에 대한 설명으로 옳지 않은 것은?

① 일련의 과정 또는 절차이다.

② 기본과학으로서의 성격을 가진다.

③ 학문적 역할에 의해서만 사용된다.

④ 분야는 다르더라도 원리나 과정 자체는 같다.

해설

조사방법론

• 학문적 기초로서의 역할뿐만 아니라 현실상황에서도 실제로 사용하는 실증적 성격을 가진다.

• 생명과학, 심리, 행정 등에 따라 분야는 다르지만 각 과정(관찰, 가설, 추리, 증명) 자체는 같다.

04 다음 중 가설 설정의 기본 조건으로 옳지 않은 것은?

① 무한성
② 가치중립성
③ 명확성
④ 검증가능성

해설

가설의 조건
- 명확성 : 가설은 추상적인 개념상의 정의이든 조작적 정의이든 그 뜻이 명확해야 한다.
- 가치중립성 : 가설을 설정하는 연구자의 주관이 개입되어서는 안 된다.
- 구체성 : 가설은 추상적인 의미를 담고 있어서는 안 되며 구체적인 성질의 것이어야 한다.
- 검증가능성 : 가설은 경험적으로 검증 가능해야 한다.
- 간결성 : 가설은 논리적으로 간결해야 한다.
- 광역성 : 가설은 광범위한 범위에 적용 가능해야 한다.
- 계량화 : 가설은 계량화가 가능해야 한다.

05 다음 중 이론에 대한 설명으로 옳지 않은 것은?

① 변수 간의 관계를 보여준다.
② 주로 연역적 방법을 사용한다.
③ 과학적 지식의 근원이다.
④ 가설에 대한 판단기준이다.

해설

이 론
- 어떤 특정현상을 논리적으로 설명하고 예측하려는 진술이다.
- 이론은 연역적 방법뿐만 아니라 귀납적 방법 또한 사용한다.

06 변수들 간의 관계 중 가장 관련이 적은 것은?

① 조작변수
② 반응변수
③ 결과변수
④ 종속변수

해설

독립변수와 종속변수
- 독립변수 : 조작변수, 설명변수, 원인변수라고도 하며, 다른 변수에 영향을 주는 변수이다.
- 종속변수 : 예측변수, 결과변수, 반응변수라고도 하며, 다른 변수에 의해 영향을 받는 변수이다.

07 다음에 설명하는 가설은?

> 사실과 사실과의 관계를 설명해주는 가설로, 기본적으로 "~하면 ~하다." 또는 "~할수록 ~하다."로 표현된다.

① 식별가설
② 통계적 가설
③ 연구가설
④ 설명적 가설

해설
설명적 가설
- 설명적 가설은 사실과 사실과의 관계를 설명해주는 가설로, 기본적으로 "~하면 ~하다." 또는 "~할수록 ~하다."로 표현된다.
- 어떤 사실의 인과관계나 사실 간의 양상 등을 설명해주는 가설이다.

08 분석단위가 갖추어야 할 요건에 대한 설명으로 옳지 않은 것은?

① 분석단위는 연구목적에 적합해야 한다.
② 분석단위는 편향이 없어야 한다.
③ 분석단위는 모든 사람에게 동일한 의미로 명확하고 객관적으로 정의되어야 한다.
④ 분석단위는 측정 가능해야 한다.

해설
분석단위의 요건
- 적합성 : 분석단위는 연구목적에 적합해야 한다.
- 명료성 : 분석단위는 모든 사람에게 동일한 의미로 명확하고 객관적으로 정의되어야 한다.
- 측정가능성 : 분석단위는 측정 가능해야 한다.
- 비교가능성 : 분석단위는 사실관계 규명을 위해 시간이나 장소의 비교가 가능해야 한다.

09 우편조사법에 대한 설명으로 옳지 않은 것은?

① 응답자의 익명성과 편의가 존중된다.
② 시간과 공간의 제약을 받지 않는다.
③ 응답자에 대한 편견을 통제할 수 있다.
④ 융통성이 있으며, 비언어적인 정보를 수집할 수 있다.

해설
우편조사의 단점
- 질문지 회수율이 낮아 대표성이 없어 일반화하는 데 곤란하다.
- 질문문항들이 간단하고 직설적이어야 한다.
- 응답자 본인이 직접 기술한 것인지 다른 사람이 기술한 것인지 알 수 없다.
- 타 조사에 비해 융통성이 부족하고 비언어적인 정보를 수집하기에 어렵다.

10 행렬식 질문에 대한 설명으로 옳지 않은 것은?

① 일련의 독립된 문항보다 응답하기 쉽다.

② 문항을 행렬식 질문에 맞게 억지로 구성할 수 있다.

③ 공간을 많이 차지하므로 질문지를 효율적으로 사용할 수 없다.

④ 응답들의 비교성을 증가시켜 준다.

해설

행렬식 질문의 장·단점

행렬식 질문의 장점	행렬식 질문의 단점
• 질문지의 공간을 효율적으로 사용할 수 있다. • 일련의 독립된 문항보다 응답하기 쉽다. • 응답들의 비교성을 증가시켜준다.	• 문항을 행렬식 질문에 맞게 억지로 구성할 수 있다. • 응답자들에게 특정한 응답세트를 유도하게끔 할 수 있다. • 응답자가 질문내용을 상세히 검토하지 않고 모든 질문문항에 대해 유사하게 응답하려는 경향을 나타낼 수 있다.

11 다음 중 부호화(Coding)에 대한 설명으로 옳지 않은 것은?

① 명확한 분류가 힘들 경우 분류는 가능한 단순화시키는 것이 좋다.

② 부호화 구조를 설계할 때는 사용할 통계분석 방법을 염두해 두어야 한다.

③ 코딩 카테고리에는 공란을 피해야 한다.

④ 복수란의 코딩을 계획할 수 있다.

해설

부호화(Coding) 시 고려사항

• 부호화란 자료를 분석하기 위해 각각의 정보단위들에 대해 변수이름을 지정하고, 각 변수값들에 대해 숫자 또는 기호와 같이 특정부호를 할당하는 과정이다.

• 질문지의 질문순서와 부호의 순서는 되도록이면 일치하도록 한다.

• 지역/산업/직업/계열/학과코드 등에 대해 공식적인 분류코드(통계청, OES 등)를 이용한 분류가 필요하다.

• 개방형 질문의 응답에 대한 명확한 분류가 힘들 경우 가급적 많이 세분화한다.

• 모든 항목들은 숫자로만 입력하도록 하고 결측치는 별도 숫자로 처리한다.

• 부호화 구조를 설계할 때는 사용할 통계분석 방법을 항상 염두해 두어야 한다.

• 무응답과 "모르겠다"의 응답을 구분하여 명확히 해야 한다.

• 코딩 시 자유형식보다 고정형식으로 코딩하는 것이 바람직하다.

12 다음 중 확률표본추출에 대한 설명으로 옳지 않은 것은?

① 확률표본추출의 가장 기본적인 추출방법은 단순무작위표본추출방법이다.

② 확률표본추출방법은 시간과 비용이 적게 든다.

③ 모집단에서 표본으로 추출될 확률을 알 수 있다.

④ 분석결과의 일반화가 가능하다.

해설

확률표본추출

• 연구대상이 표본으로 추출될 확률이 알려져 있을 때

• 무작위적 표본추출

• 모수추정에 편향이 없음

• 분석결과의 일반화 가능

• 표본오차의 추정 가능

• 시간과 비용이 많이 듦

13 다음 중 할당표본추출방법에 대한 설명으로 옳지 않은 것은?

① 비확률표본추출방법 중 가장 정교한 방법이다.

② 모집단의 각 계층을 적절히 대표하므로 모집단의 대표성이 높다.

③ 모집단의 분류에 있어서 조사자의 편견이 개입될 가능성이 적다.

④ 연구자의 모집단에 대한 사전지식을 기초로 한다.

해설

할당표본추출

할당표본추출이란 모집단이 여러 가지 특성으로 구성되어 있는 경우 각 특성에 따라 층을 구성한 다음 층별 크기에 비례하여 표본을 배분하거나 동일한 크기의 표본을 조사원이 그 층 내에서 직접 선정하여 조사하는 방법이다.

12 ② 13 ③ 정답

14 다음 중 모집단의 각 요소가 표본으로 뽑힐 수 있는 확률이 동등한 표본추출방법은?

① 단순무작위표본추출

② 층화표본추출

③ 집락표본추출

④ 계통표본추출

해설

단순무작위표본추출

단순무작위표본추출방법이란 크기 N인 모집단으로부터 크기 n인 표본을 추출할 때 $\binom{N}{n}$가지의 모든 가능한 표본이 동일한 확률로 추출하는 방법이다.

15 다음 중 표본의 크기 결정에 영향을 미치는 것이 아닌 것은?

① 가용 가능한 자원

② 자료분석의 카테고리 수

③ 허용오차의 크기

④ 사전조사 실시 여부

해설

표본의 크기 결정 요인

• 모집단의 성격(모집단의 이질성 여부)

• 표본추출방법

• 통계분석 기법

• 변수 및 범주의 수

• 허용오차의 크기

• 소요시간, 비용, 인력(조사원)

• 조사목적의 실현 가능성

• 조사가설의 내용

• 신뢰수준

• 모집단의 표준편차 등

16 다음 중 타당도에 대한 설명으로 옳지 않은 것은?

① 타당도는 신뢰도에 비해 측정하기가 더 어렵다.

② 신뢰도가 없는 측정은 타당도가 없다.

③ 타당도가 없는 측정은 신뢰도가 없다.

④ 신뢰도와 타당도의 관계는 비대칭적이다.

해설

측정의 신뢰도와 타당도

- 타당도가 없는 측정은 신뢰도가 있을 수도 있고 없을 수도 있다.
- 타당도가 높은 측정은 높은 신뢰도를 확보할 수 있다.
- 신뢰도가 높다고 해서 반드시 타당도가 높은 것은 아니다.
- 타당도가 낮다고 해서 반드시 신뢰도가 낮은 것은 아니다.
- 신뢰도가 낮은 측정은 항상 타당도가 낮다.
- 신뢰도와 타당도 간의 관계는 비대칭적이다.
- 타당도를 측정하는 것이 신뢰도를 측정하는 것보다 어렵다.

17 다음 중 척도에 대한 설명으로 가장 거리가 먼 것은?

① 척도는 물질적인 것은 측정이 가능하나, 비물질적인 것은 측정이 어렵다.

② 척도는 연속성을 지니며, 양적표현이 가능하다.

③ 척도는 객관성을 지니며 본질을 명백하게 파악할 수 있다.

④ 척도는 측정대상에 부여하는 가치들의 체계이다.

해설

척도(Scale)

척도는 물질적인 것뿐 아니라 비물질적인 것도 측정이 가능하다.

16 ③ 17 ① 정답

18 개념적 정의와 조작적 정의에 대한 설명으로 옳지 않은 것은?

① 개념적 정의는 객관적 수준의 정의이다.

② 조작적 정의를 바탕으로 연구가설을 세운다.

③ 개념적 정의와 조작적 정의 간의 불일치는 타당도의 문제이다.

④ 조작적 정의는 측정을 위해서 불가피하다.

해설

개념적 정의와 조작적 정의
- 개념적 정의(사전적 정의) : 연구대상이 되는 사람 또는 사물의 형태 및 속성, 다양한 사회적 현상들을 개념적으로 정의하는 것으로 추상적 수준의 정의이다.
- 조작적 정의 : 추상적인 개념들을 경험적, 실증적으로 측정이 가능하도록 구체화한 것
☞ 조작적 정의는 연구자가 자신의 연구를 위해 조작적(인위적)으로 정의를 내린 것으로 이를 바탕으로 연구가설을 세운다.

19 다음 중 평정척도의 요소에 포함되지 않는 것은?

① 평가점수

② 평가자

③ 평가대상

④ 연속성

해설

평정척도
평정척도의 3요소로는 평가자(Judges), 평가대상(Subject), 연속성(Continuum)이 있다.

20 다음 중 평균, 표준편차, 피어슨의 적률상관계수 등의 통계기법을 처리할 수 있는 척도로 짝지어진 것은?

① 등간척도, 비율척도

② 명목척도, 서열척도

③ 명목척도, 비율척도

④ 서열척도, 등간척도

해설

등간척도, 비율척도
평균, 표준편차, 피어슨 적률상관계수 등의 통계기법을 처리할 수 있는 척도는 등간척도 이상의 척도이다.

27회 | 조사방법론 총정리 모의고사

01 다음 중 사회과학에 대한 설명으로 옳은 것은?

① 일반화가 용이하다.
② 사고의 가능성이 무한정하다.
③ 누적적인 성격을 가진 학문이다.
④ 인간의 행위를 연구대상으로 한다.

해설
사회과학
• 인간의 행위를 연구대상으로 한다.
• 사회문화적 특성에 영향을 받는다.
• 자연과학에 비해 일반화가 용이하지 않다.
• 사고의 가능성이 제한되고 명확한 결론을 내리기 어렵다.
• 가치판단은 복잡하고 불가분의 것이다.

02 집단조사(Group Survey)의 장점으로 옳지 않은 것은?

① 조사자가 많이 필요하지 않아 비용과 시간이 절약된다.
② 조사의 설명이나 조건을 똑같이 할 수 있어 동일성 확보가 가능하다.
③ 응답자들의 개인별 차이를 무시함으로써 타당도가 높게 나타난다.
④ 필요시 응답자와 직접 대화할 수 있어 질문에 대한 오류를 줄일 수 있다.

해설
집단조사의 단점
• 응답자들을 집합시킨다는 것이 쉽지 않으므로 특수한 조사에만 가능하다.
• 응답자들의 개인별 차이를 무시함으로써 조사 자체에 타당도가 낮아지기 쉽다.
• 응답자들이 한 장소에 모여 있어 통제가 용이하지 않다.

03 다음 중 가설에 대한 설명으로 옳지 않은 것은?

① 가설에 포함된 변수는 실증적으로 연구가 가능하다.
② 가설은 잠정적인 해답을 제시하는 것이다.
③ 가설은 가능한 세분화되고 복잡해야 한다.
④ 가설은 현재의 사실뿐만 아니라 미래의 예측도 가능하다.

01 ④ 02 ③ 03 ③ 정답

가 설
- 가설은 추상적인 개념상의 정의이든 조작적 정의이든 그 뜻이 명확해야 한다.
- 가설을 설정하는 연구자의 주관이 개입되어서는 안 된다.
- 가설은 경험적으로 검증 가능해야 한다.
- 가설은 추상적인 의미를 담고 있어서는 안 되며 구체적인 성질의 것이어야 한다.
- 가설은 논리적으로 간결해야 한다.
- 가설은 가능한 단순화해야 한다.

04 다음 중 연구과정상의 윤리문제에 해당하는 것은?

① 연구활동 중 습득한 사실(범죄행위 등)에 대한 자료원을 숨길 수 있는가에 대한 문제
② 인간생활에 해를 주기보다는 이익을 주는 것이어야 한다는 문제
③ 연구결과를 타목적에 쓰일 수 있느냐에 대한 문제
④ 개인에 대한 프라이버시를 보장할 수 있느냐의 문제

과학적 방법의 윤리문제
- 연구내용상의 윤리문제 : 연구대상은 사회적 통념이 허용하는 범위 내의 것이어야 하며 인간생활에 해를 주기보다는 이익을 주는 것이어야 한다.
- 연구과정상의 윤리문제 : 연구대상으로서 인간을 조작해야 하는 경우 과학자는 어떠한 태도를 취해야 하는지, 연구활동 중 습득한 사실에 대해 어느 정도의 수준에서 비밀을 보장해야 하는지에 관한 문제이다.
- 연구결과상의 윤리문제 : 개인의 프라이버시를 어떻게 보장할 것인지, 연구결과를 타목적에 사용할 수 있는지, 연구결과에 대한 책임 등은 어떻게 분배해야 하는지에 관한 문제이다.

05 다음 중 외적타당도가 의미하는 바로 옳은 것은?

① 자료를 수집하는 데 사용되는 도구가 달라지는 경우 변화되는 타당성이다.
② 실험집단으로 선정된 집단과 통제집단으로 선정된 집단이 차이가 나는 경우 변화되는 타당성이다.
③ 종속변수의 변화가 독립변수에 의한 것인지, 아니면 다른 조건에 의한 것인지 판별하는 기준이다.
④ 연구를 통해 얻은 결과가 다른 조건에서도 일반화할 수 있는 정도를 의미한다.

외적타당도와 내적타당도
- 외적타당도 : 연구를 통해 얻은 결과가 다른 상황, 다른 경우, 다른 시간의 조건에서도 일반화할 수 있는 정도를 의미한다.
- 내적타당도 : 종속변수의 변화가 독립변수에 의한 것인지, 아니면 다른 조건에 의한 것인지 판별하는 기준이다.

06 다음 중 사례조사에 대한 설명으로 옳은 것은?

① 연구대상에 대한 문제의 원인을 밝혀줄 수 있다.

② 대표성이 불분명하여 조사결과의 일반화 가능성이 높다.

③ 조사 변수에 대한 조사의 폭과 깊이가 확실하다.

④ 다른 연구와 같은 변수에 대해 관찰이 이루어지지 않는다 하더라도 비교는 가능하다.

해설

사례조사(Case Study)

사례조사란 특정 사례를 연구대상 문제와 관련하여 가능한 모든 각도에서 종합적인 연구를 실시함으로써 연구문제와 관련된 연관성을 찾아내는 조사방법이다.

사례조사의 장점	사례조사의 단점
• 연구대상에 대한 문제의 원인을 밝혀줄 수 있다. • 탐색적 조사로 활용될 수 있다. • 연구 대상에 대해 구체적이고 상세하게 연구하는 데 유용하다. • 본조사에 앞서 예비조사로 활용할 수 있다.	• 대표성이 불분명하여 조사결과의 일반화 가능성이 낮다. • 조사 변수에 대한 조사의 폭과 깊이가 불분명하다. • 다른 연구와 같은 변수에 대해 관찰이 이루어지지 않기 때문에 비교가 불가능하다.

07 다음 중 현지실험에 대한 설명으로 옳지 않은 것은?

① 실험실 실험의 변수보다 더 강력한 영향력을 가진다.

② 연구결과의 정밀도가 실험실 실험에 비해 높다.

③ 비슷한 조건에서의 가설검증에 용이하다.

④ 조사자의 연구태도가 중요한 장애요인이 되기도 한다.

해설

현지실험

• 현지조사와 실험실 실험의 중간 위치에 있다고 할 수 있다.

• 실험상황을 엄격하게 통제하기 어렵다.

• 연구결과의 정밀도가 실험실 실험에 비해 낮다.

• 이론의 검증이나 실제적인 문제의 해결에 잘 부합된다.

08 다음 중 개념에 대한 설명으로 옳은 것은?

① 어떤 특정현상을 논리적으로 설명하고 예측하려는 진술

② 두 개 이상의 변수들 간의 관계에 대한 진술이며, 아직 검증되지 않은 사실

③ 가설과 이론의 구성요소로 보편적인 관념 안에서 특정 현상을 나타내는 추상적 표현

④ 사람들의 견해와 사고방식을 근본적으로 규정하는 인식의 체계 또는 틀을 의미

해설

과학적 연구의 기초개념

• 이론 : 어떤 특정현상을 논리적으로 설명하고 예측하려는 진술

• 가설 : 두 개 이상의 변수들 간의 관계에 대한 진술이며, 아직 검증되지 않은 사실

• 개념 : 가설과 이론의 구성요소로 보편적인 관념 안에서 특정 현상을 나타내는 추상적 표현

• 패러다임 : 사람들의 견해와 사고방식을 근본적으로 규정하는 인식의 체계 또는 틀을 의미

06 ① 07 ② 08 ③ **정답**

09 다음 중 가설의 조건으로 알맞지 않은 것은?

① 가설은 편향이 없고 최소분산을 가져야 한다.

② 가설은 계량화가 가능해야 한다.

③ 가설은 광범위한 범위에 적용 가능해야 한다.

④ 가설은 추상적인 의미를 담고 있어서는 안 되며 구체적인 성질의 것이어야 한다.

해설

가설의 조건
- 명확성 : 가설은 추상적인 개념상의 정의든 조작적 정의든 그 뜻이 명확해야 한다.
- 가치중립성 : 가설을 설정하는 연구자의 주관이 개입되어서는 안 된다.
- 구체성 : 가설은 추상적인 의미를 담고 있어서는 안 되며 구체적인 성질의 것이어야 한다.
- 검증가능성 : 가설은 경험적으로 검증 가능해야 한다.
- 간결성 : 가설은 논리적으로 간결해야 한다.
- 광역성 : 가설은 광범위한 범위에 적용 가능해야 한다.
- 계량화 : 가설은 계량화가 가능해야 한다.

10 다음 중 실험설계를 위한 기본원리에 대한 설명으로 옳지 않은 것은?

① 실험변수의 효과를 극대화시켜야 한다.　② 외부변수의 영향을 통제시켜야 한다.

③ 오차분산을 최소화시켜야 한다.　④ 시간과 장소에 구애받지 않아야 한다.

해설

실험설계를 위한 기본원리

실험설계를 위한 기본원리는 실험변수의 극대화, 외부변수의 통제, 오차분산의 최소화이다.

11 인과관계에 대한 설명으로 옳지 않은 것은?

① 독립변수의 변화에 따라 종속변수의 변화가 일정한 방향으로 일어난다.

② 원인과 결과는 각각 개별로 발생해야 한다.

③ 독립변수가 종속변수 앞에 발생해야 한다.

④ 제3의 변수에 의한 영향을 통제시켜야 한다.

해설

인과관계

인과관계란 독립변수의 변화에 따라 종속변수의 변화가 일정한 방향으로 일어나는 것을 말한다.
- 공동변화 : 원인과 결과가 동시에 발생해야 한다.
- 시간적 선행성 : 독립변수가 종속변수 앞에 발생해야 한다.
- 억제변수, 왜곡변수 : 제3의 변수에 의한 영향을 통제시켜야 한다.

12 다음 중 실험설계의 구성요소로 알맞게 짝지어지지 않은 것은?

① 비교 : 공동변화의 입증

② 실험변수의 조작 : 시간적 선행성의 입증

③ 무작위 배정 : 외재적 변수의 통제와 경쟁가설의 제거

④ 내적타당도 : 실험조치의 영향으로 발생하는 실험대상의 변화

해설

실험설계의 구성 요소

• 비교 : 공동변화의 입증

• 실험변수의 조작 : 시간적 선행성의 입증

• 무작위 배정 : 외재적 변수의 통제와 경쟁가설의 제거

13 다음 중 비표본오차에 대한 설명으로 옳은 것은?

① 표본의 크기를 증가시킴으로써 비표본오차를 감소시킬 수 있다.

② 비표본오차는 신뢰수준이 결정되면 계산할 수 있다.

③ 표본오차를 제외한 모든 오차이다.

④ 전수조사의 비표본오차는 0이다.

해설

비표본오차

• 비표본오차는 표본오차를 제외한 모든 오차이다.

• 면접, 조사표 구성방법의 오류, 조사관의 자질, 조사표 작성 및 집계 과정에서 나타나는 오차이다.

• 비표본오차는 전수조사와 표본조사 모두에서 발생한다.

14 다음 중 척도의 조건으로 옳지 않은 것은?

① 척도는 모든 사물을 다 측정할 수 있다.

② 척도는 반복측정 시 동일한 측정이 이루어져야 한다.

③ 척도는 대상을 적절하게 잘 대표할 수 있어야 한다.

④ 척도는 실제적으로 활용이 되도록 유용해야 한다.

해설

척도의 조건

• 신뢰성 : 척도는 반복측정 시 동일한 측정이 이루어져야 한다.

• 타당성 : 척도는 대상을 적절하게 잘 대표할 수 있어야 한다.

• 유용성 : 척도는 실제적으로 활용이 되도록 유용해야 한다.

• 단순성 : 척도는 계산과 이해가 원만하도록 단순해야 한다.

☞ 척도를 통해서 모든 사물을 다 측정할 수 있는 것은 아니다.

12 ④ 13 ③ 14 ① 정답

15 다음 중 평정척도의 구성 원칙에 대한 설명으로 옳지 않은 것은?

① 응답범주의 수가 서로 균형을 이루어야 한다.

② 응답범주들이 상호 보완적이어야 한다.

③ 응답범주들이 응답 가능한 상황을 모두 포함하고 있어야 한다.

④ 응답범주들이 논리적 연관성을 가지고 있어야 한다.

해설

표본의 크기 결정 요인

• 모집단의 성격(모집단의 이질성 여부)

• 표본추출방법

• 통계분석 기법

• 변수 및 범주의 수

• 허용오차의 크기

• 소요시간, 비용, 인력(조사원)

• 조사목적의 실현 가능성

• 조사가설의 내용

• 신뢰수준

• 모집단의 표준편차 등

16 다음 중 비례수준의 측정이 쓰일 수 있는 것으로 옳지 않은 것은?

① 기하평균과 변동계수가 필요한 경우

② 승제 조작이 필요한 경우

③ 절대적 크기를 비교하는 경우

④ 질적자료를 환산하는 경우

해설

비율척도(비례척도)

비례수준의 측정이 쓰이는 경우는 양적자료를 이용하는 경우이다.

17 다음 중 선다형 질문 작성 시 주의해야 할 사항으로 옳지 않은 것은?

① 선택 항목은 가능한 논리적이어야 한다.

② 연구목적에 맞는 응답을 정확하게 얻어내야 한다.

③ 선택 항목은 똑같이 진실하게 보이도록 하여야 한다.

④ 기준이 여러 개가 되어서는 안 된다.

해설

선다형 질문

선다형 질문에서 선택 항목이 똑같이 진실하게 보이는 것은 바람직하지 않다.

18 양극단에 상반되는 형용사를 배열하여 가치와 태도를 측정하는 데 적합한 척도는?

① 등현등간척도
② 어의구별척도
③ Guttman 척도
④ Bogardus 척도

해설

어의구별척도

일직선으로 도표화된 척도의 양극단에 서로 상반되는 형용사를 배열하여 양극단 사이에서 부사어를 사용하여 해당 속성에 대한 평가를 하는 척도로 하나의 개념을 주고 응답자로 하여금 여러 가지 의미의 차원에서 이 개념을 평가하도록 한다.

19 다음 중 평정척도의 단점에 대한 설명으로 옳지 않은 것은?

① 대상의 평가에 있어서 실제의 능력이나 실적에 비해 과소하게 평정하려는 경향
② 평가자가 특성과 반대되는 특징을 대상자에게 찾아내어 그것을 부각시키려는 경향
③ 대상이 평가에 있어서 가장 무난하고 원만한 평정으로 집중하려는 경향
④ 처음 문항에 대한 평가 그대로 다른 문항에까지 영향을 미치는 경향

해설

평정척도의 단점

• 관대화 경향 : 가장 무난하고 원만한 평정으로 척도의 중간점을 선택하려는 경향이 있다.
• 대조오류(대비오류) : 평가자가 자신과 대조되는 특징을 찾아내어 그것을 부각시키는 경향이 있다.
• 집중화 경향 : 가장 무난하고 원만한 평정으로 척도의 중간점을 선택하려는 경향이 있다.
• 연쇄화 경향(후광효과) : 평가자가 처음 질문항목에 좋게 또는 나쁘게 평가했다면 그 다음 질문항목도 계속 연쇄적으로 평가하는 경향이 있다.
☞ 대상의 평가에 있어서 실제의 능력이나 실적에 비해 과대하게 평정하려는 경향은 관대화 경향이다.

20 다음 중 측정의 신뢰도 평가방법으로 옳지 않은 것은?

① 재검사법
② 반분법
③ 최소제곱법
④ 내적 일관성

해설

신뢰도 평가 방법

• 재검사법(Retest Method) : 동일한 상황에서 동일한 측정도구로 동일한 대상에게 일정한 시간을 두고 측정하여 그 결과를 비교하는 방법이다.
• 반분법(Split-half Method) : 척도의 질문을 무작위적으로 반씩 나누어 둘로 만든 후 이 두 부분을 따로 떼어서 적용하는 것이 아니라 내용적으로만 갈라놓고 실제로는 본래의 척도를 그대로 적용하는 방법이다.
• 복수양식법(Multiple Forms Techniques) : 유사한 형태의 두 개 이상의 측정도구를 이용하여 동일한 대상에 차례로 적용한 후 그 결과를 비교하는 방법이다.
• 내적 일관성법(Internal Consistency Analysis) : 여러 개의 항목을 이용하여 동일한 개념을 측정하고자 할 때 신뢰도를 저해하는 요인을 제거한 후 신뢰도를 향상시키는 방법이다.

01 다음 중 2차 자료를 이용하는 조사방법으로 옳은 것은?

① 패널조사

② 코호트조사

③ 초점집중면접

④ 문헌조사

해설

2차 자료

2차 자료는 다른 목적을 위해 이미 수집된 자료로써 연구자가 자신이 수행중인 연구문제를 해결하기 위해 사용하는 자료이다.

☞ 패널조사, 코호트조사, 초점집중면접은 1차 자료를 수집하는 조사방법이다.

02 다음과 같은 목적에 적합한 연구는?

- 조사설계를 확정하기 이전 타당도를 검증하기 위해 실시
- 연구문제에 대한 사전지식이 부족하거나 개념을 보다 분명히 하기 위해 실시
- 문헌조사, 경험자조사, 특례분석조사 등이 해당

① 기술적 연구

② 설명적 연구

③ 탐색적 연구

④ 종단적 연구

해설

탐색적 연구의 특성

- 조사설계를 확정하기 이전 타당도를 검증하기 위해 실시
- 예비적으로 실시하는 연구
- 연구문제에 대한 사전지식이 부족하거나 개념을 보다 분명히 하기 위해 실시
- 융통성 있게 운영할 수 있으며 수정도 가능
- 문헌조사, 경험자조사, 특례분석조사 등이 해당

03 우편조사의 응답률에 영향을 미치는 주요 요인에 대한 설명으로 옳지 않은 것은?

① 응답에 대한 동기 부여

② 질문지 형식과 우송방법

③ 응답자의 지역적 분포

④ 연구주관기관

해설

우편조사의 응답률에 영향을 미치는 요인

- 응답집단의 농질성 : 조사자는 특성한 응답십난의 경우 응답률이 높다는 사실을 인식함으로써 보십난과 표본추출방법에 대해 보다 세심하게 검토할 필요가 있다.
- 질문지의 형식과 우송방법 : 질문지 종이의 질과 문항의 간격 등의 인쇄술, 종이의 색깔, 표지설명의 길이와 유형 등의 형식이 응답률에 영향을 미친다.
- 표지편지(Cover Letter) : 연구자는 표지편지에 연구주관기관, 연구의 목적, 연락처, 응답의 필요성, 응답내용에 대한 비밀보장 등의 메시지를 표현함으로써 응답자의 응답을 유인할 수 있다.
- 우송유형 : 반송봉투가 필요 없는 봉투겸용 우편(자기우편)설문지를 이용한다.
- 인센티브(Incentive) : 사례품이나 사례금 등 약간의 인센티브(Incentive)를 준다.
- 예고편지 : 조사에 앞서 예고편지(안내문 등)를 발송한다.
- 추가우송 : 격려문과 함께 설문지를 다시 동봉하여 추적우편(Follow-up-mailing)을 실시한다.

04 표적집단면접(FGI)에 대한 설명으로 옳지 않은 것은?

① 조사결과의 일반화가 용이하다.

② 심도 있는 정보획득이 가능하다.

③ 높은 내용타당도를 가진다.

④ 응답을 강요당하지 않으므로 솔직하고 정확한 의견을 표명할 수 있다.

해설

표적집단면접(FGI)의 장 · 단점

표적집단면접의 장점	표적집단면접의 단점
• 심도 있는 정보획득이 가능하다. • 응답을 강요당하지 않으므로 솔직하고 정확한 의견을 표명할 수 있다. • 높은 내용타당도를 가진다. • 저렴한 비용으로 신속하게 수행이 가능하다.	• 표적집단을 선정하기 어렵다. • 사회자의 편견이 개입될 가능성이 높다. • 사회자의 능력에 따라 조사 결과가 크게 좌우된다. • 조사결과의 일반화가 어렵다.

05 다음 중 질문지의 배열 순서에 대한 설명으로 옳지 않은 것은?

① 응답자로 하여금 흥미를 유발시키는 질문을 전반부에 배치한다.

② 일반적인 내용에서 구체적인 내용 순으로 배치한다.

③ 답변이 용이한 질문은 전반부에 배치하고, 민감한 내용의 질문은 후반부에 배치한다.

④ 응답의 신뢰도를 묻는 질문문항들은 행렬식 질문 형태로 묶어서 배치한다.

해설

질문지 배열 순서

• 일반적인 내용에서 구체적인 내용 순으로 한다.

• 사실적인 실태나 형태를 묻는 질문에서 이미지 평가나 태도를 묻는 질문 순으로 배치한다.

• 답변이 용이한 질문은 질문지 전반부에 배치하고 연령, 직업 등과 같이 민감한 내용의 질문은 질문지의 후반부에 배치한다.

• 응답자로 하여금 흥미를 유발시키는 질문을 전반부에 배치한다.

• 응답의 신뢰도를 묻는 질문문항들은 분리하여 배치한다.

• 동일한 척도항목들은 모아서 배치한다.

06 비표준화 면접에 대한 설명으로 옳은 것은?

① 표준화 면접에 비해 상대적으로 자유로운 면접방법이다.

② 질문 자체가 고정화되어 있다.

③ 면접상황에 적절하게 질문내용을 변경할 수 없다.

④ 질문문항이나 순서가 미리 정해져 있다.

해설

비표준화 면접의 특징

• 질문 자체가 고정화되어 있지 않다.

• 최소한의 지시나 방향만 제시할 뿐이다.

• 면접상황에 적절하게 질문내용을 변경할 수 있다.

• 표준화 면접에 비해 상대적으로 자유로운 면접방법이다.

• 질문문항이나 순서가 미리 정해져 있지 않다.

• 표준화 면접에 유용한 자료를 제공해 준다.

07 다음 중 관찰조사의 타당성을 높이는 방법에 대한 설명으로 옳지 않은 것은?

① 관찰자를 충분히 훈련한다.
② 소수의 관찰자로 집중적으로 관찰한다.
③ 사실과 해석을 구분하여 기록하도록 한다.
④ 유사한 내용은 동일한 용어로 처리하도록 한다.

해설
관찰조사의 타당성을 높이는 방법
• 관찰자를 충분히 훈련한다.
• 사실과 해석을 구분하여 기록하도록 한다.
• 관찰자를 여러 명으로 한다.
• 유사한 내용은 동일한 용어로 처리하도록 한다.
• 기록을 정기적으로 점검한다.

08 다음은 실험설계의 비교 분석표이다. 빈칸에 알맞은 것끼리 묶인 것은?

구 분	사전실험설계	순수실험설계	사후실험설계
대상의 무작위화	불가능	(A)	불가능
독립변수의 조작가능성	불가능	가 능	(B)
외생변수의 통제 정도	불가능	(C)	불가능

① A : 불가능, B : 가능, C : 불가능
② A : 불가능, B : 불가능, C : 가능
③ A : 가능, B : 불가능, C : 가능
④ A : 가능, B : 불가능, C : 불가능

해설
실험설계 비교

구 분	사전실험설계	순수실험설계	유사실험설계	사후실험설계
대상의 무작위화	불가능	가 능	불가능	불가능
독립변수의 조작가능성	불가능	가 능	일부가능	불가능
외생변수의 통제 정도	불가능	가 능	일부가능	불가능

09 다음 중 기술적 연구의 특성에 대한 설명으로 옳은 것은?

① 조사설계를 확정하기 이전 타당도를 검증하기 위해 실시
② 연구문제에 대한 사전지식이 부족하거나 개념을 보다 분명히 하기 위해 실시
③ 예비적으로 실시하는 연구
④ 특정 상황의 발생빈도와 비율을 파악

해설
기술적 연구의 특성
• 현상을 정확하게 기술하는 것이 주목적
• 변수들 간의 관련성(상관관계) 파악
• 특정 상황의 발생빈도와 비율을 파악
• 서베이를 통한 자료 수집
• 선행연구가 없어 모집단에 대한 특성을 파악하고자 할 때 실시
• 표본조사의 기본 목적인 모집단의 모수를 추정하기 위한 조사
☞ ①·②·③은 탐색적 연구의 특성에 해당한다.

10 응답자의 대답이 불충분할 경우 보다 충분한 응답을 얻어내기 위해 재차 질문하는 기술을 프로빙이라 한다. 프로빙의 주의사항에 해당하지 않은 것은?

① 응답의 방향을 유도하거나 지시하는 요소가 들어가서는 안 된다.
② 한 가지 질문에 대한 심층적인 응답을 얻기 위해 사용되어야 한다.
③ 다른 질문에 영향을 미치지 않아야 한다.
④ 응답자의 성향에 맞게 여러 형태의 프로빙 기법을 사용해야 한다.

해설
프로빙의 주의사항
• 응답의 방향을 유도하거나 지시하는 요소가 들어가서는 안 된다.
• 프로빙 기법을 계속해서 사용하는 경우 응답자가 취조당한다는 느낌을 받을 수 있으므로 적절한 곳에서 질문을 마쳐야 한다.
• 한 가지 질문에 대한 심층적인 응답을 얻기 위해 사용되어야 한다.
• 다른 질문에 영향을 미치지 않아야 한다.
• 모든 응답자에게 동일한 프로빙 기법을 사용해야 한다.

11 군집추출법에 대한 설명으로 옳지 않은 것은?

① 단순임의추출법보다 시간과 비용이 적게 든다.

② 단순임의추출보다 분석방법이 단순하다.

③ 단순임의추출보다 측정집단을 과대 또는 과소 포함할 위험이 크다.

④ 제3의 변수에 의한 영향을 통제시켜야 한다.

해설

군집추출법의 단점

• 집락 내부가 동질적일 경우 오차 개입가능성이 크다.

• 단순임의추출보다 측정집단을 과대 또는 과소 포함할 위험이 크다.

• 단순임의추출보다 분석방법이 복잡하다.

12 외적타당도 저해 요인에 해당되지 않는 것은?

① 실험상황의 반동효과

② 다중실험 처리 간의 간섭

③ 자료수집상황에서의 반응효과

④ 조사도구효과

해설

외적타당도 저해 요인

• 실험상황의 반동효과

• 실험대상자 선정과 실험처리 간의 상호작용

• 다중실험 처리 간의 간섭(방해)

• 자료수집상황에서의 반응효과

☞ 조사도구효과는 내적타당도 저해 요인이다.

13 자료처리 순서에 대한 설명으로 옳은 것은?

① 코드부호 설정 – 코드북 작성 – 설문 응답내용 검토 – 코딩 – 자료편집

② 설문 응답내용 검토 – 코드부호 설정 – 자료편집 – 코드북 작성 – 코딩

③ 코드부호 설정 – 설문 응답내용 검토 – 코드북 작성 – 코딩 – 자료편집

④ 설문 응답내용 검토 – 자료편집 – 코드부호 설정 – 코드북 작성 – 코딩

해설

자료처리 순서

설문 응답내용 검토 → 자료편집 → 코드부호 설정 → 코드북 작성 → 코딩 순으로 각 변수에 대한 코드부호를 설정하여 코드북을 작성한 후 코드북에 따라 자료를 코딩한다.

14 국가대표 사격선수가 새로 생산된 총으로 사격을 실시하여 다음과 같은 결과를 얻었다. 이에 해당하는 척도의 특성으로 옳은 것은?

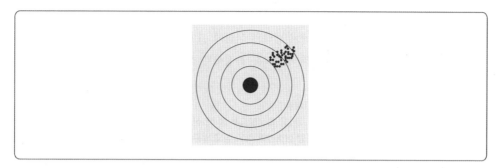

① 신뢰도는 높으나 타당도는 낮다.
② 타당도는 높으나 신뢰도는 낮다.
③ 타당도와 신뢰도 모두 높다.
④ 타당도와 신뢰도 모두 낮다.

해설
신뢰도와 타당도
• 신뢰도 : 측정도구가 측정하고자 하는 현상을 일관성 있게 측정하는 능력으로 어떤 측정도구를 동일한 현상에 반복 적용하여 동일한 결과를 얻게 되는 정도를 의미한다.
• 타당도 : 측정도구가 측정하고자 하는 개념이나 속성을 얼마나 실제에 정확히 측정하고 있는가 하는 정도를 의미한다.

15 순수실험설계 중 외생변수를 통제하는 데 가장 효과적인 실험설계는?

① 통제집단 사전사후설계
② 통제집단 사후설계
③ 요인설계
④ 솔로몬 4집단설계

해설
솔로몬 4집단설계(Solomon Four-group Design)
4개의 무작위 집단을 선정하여 사전측정 한 2개 집단 중 하나와 사전측정을 하지 않은 2개의 집단 중 하나를 실험집단으로 하며, 나머지 2개의 집단을 통제집단으로 하여 비교하는 방법이다. 통제집단 사후설계와 통제집단 사전사후실험설계를 결합한 형태로 가장 이상적인 설계이다.
☞ 가장 이상적인 설계유형으로 사전검사의 영향을 제거하여 내적타당도를 높일 수 있는 동시에, 사전검사와 실험처치의 상호작용의 영향을 배제하여 외적타당도를 높일 수 있다.

16 신뢰성 측정방법 중 크론바흐 알파계수에 대한 설명으로 옳은 것은?

① 한 척도에 여러 개의 크론바흐 알파계수가 있다.

② 문항 수가 적을수록 크론바흐 알파계수는 커진다.

③ 각 문항들이 서로 상관관계가 없다는 논리에 근거하고 있다.

④ 내적 일관성 분석법에 따라 신뢰도를 측정하는 척도이다.

해설

크론바흐 알파(Cronbach's Alpha)계수

여러 개의 항목을 이용하여 동일한 개념을 측정하고자 할 때 신뢰도를 저해하는 요인을 제거한 후 신뢰도를 향상시키는 방법이 내적 일관성 방법이며 문항 상호간에 어느 정도 일관성을 가지고 있는가를 측정할 때 크론바흐 알파계수를 이용한다.

• 내적 일관성 분석법에 따라 신뢰도를 측정하는 척도이다.

• 신뢰도가 낮은 경우 신뢰도를 저해하는 항목을 찾을 수 있다.

• 크론바흐 알파계수는 0~1의 값을 가지며, 값이 클수록 신뢰도가 높다.

• 크론바흐 알파계수은 0.6 이상이 되어야 만족할 만한 수준이며, 0.8~0.9 정도면 신뢰도가 높은 것으로 본다.

17 패널연구(Panel Study)에 대한 설명으로 옳지 않은 것은?

① 연구기간이 길어지면 패널 소실 현상이 일어날 수 있다.

② 각 기간 동안의 변화를 측정할 수 있다.

③ 소수의 패널을 조사하기 때문에 적은 정보만을 획득할 수 있다.

④ 동일인의 변화를 추적하기 때문에 코호트연구에 비해 정밀한 연구가 가능하다.

해설

패널연구의 특성

• 특정 조사대상을 선정해 반복적으로 조사한다.

• 연구기간이 길어지면 패널 소실 현상이 일어날 수 있다.

• 각 기간 동안의 변화를 측정할 수 있다.

• 상대적으로 많은 자료를 획득할 수 있다.

• 동일인의 변화를 추적하기 때문에 코호트연구에 비해 정밀한 연구가 가능하다.

• 초기 연구비용이 비교적 많이 든다.

18 다음 중 시계열분석방법의 변동요인에 해당하지 않은 것은?

① 추세변동
② 순환변동
③ 표본변동
④ 계절변동

> **해설**
> **시계열분석의 변동요인**
> • 추세변동(Secular Trend) : 대체로 10년 이상 동일방향으로 상승 또는 하강 경향을 나타내는 요소로서 경제성장, 인구증가, 신자원 및 기술개발 등으로 인하여 발생하는 장기변동
> • 순환변동(Cyclical Movement) : 전체 경제활동의 확장, 수축의 순환과정을 부단히 반복하는 주기적인 변동
> • 계절변동(Seasonal Variation) : 12개월을 주기로 하여 변동하는 것으로서 농업생산의 계절성, 계절적인 기온의 변화와 이에 따른 생활관습의 변화 등에 따라서 매년 반복 발생되는 경제현상
> • 불규칙변동(Irregular Fluctuation) : 추세, 순환, 계절변동으로는 설명되지 않는 변동으로 천재지변, 파업, 전쟁 및 급격한 경제정책의 변화 등 사회적 변화에 의하여 일어나는 극히 단기적이고 불규칙적인 비회귀 경제변동

19 면접의 종류 중 다음에 설명하는 면접법은?

> 면접자가 면접조사표의 질문내용, 형식, 순서를 미리 정하지 않은 채 면접상황에 따라 자유롭게 응답자와 상호작용을 통해 자료를 수집하는 방식

① 표준화 면접
② 비표준화 면접
③ 준표준화 면접
④ 심층면접

> **해설**
> **면접의 종류**
> • 표준화 면접 : 엄격히 정해진 면접조사표에 의하여 모든 응답자에게 동일한 질문순서와 동일한 질문내용에 따라 면접하는 방식
> • 준표준화 면접 : 일정한 수의 중요한 질문은 표준화하고 그 외의 질문은 비표준화하는 방식
> • 심층면접 : 응답자로 하여금 경험한 일정 현상의 영향에 대해 집중적으로 면접하는 방식

20 층화추출법에 대한 설명으로 옳지 않은 것은?

① 층화의 근거가 되는 층화명부가 필요하다.
② 표본추출과정에서 시간과 비용이 증가할 수 있다.
③ 모집단을 층화하여 가중하였을 경우 원형으로 복귀하기에 용이하다.
④ 단순임의추출법보다 추론이 복잡하다.

> **해설**
> **층화추출법의 단점**
> • 층화의 근거가 되는 층화명부가 필요하다.
> • 모집단을 층화하여 가중하였을 경우 원형으로 복귀하기가 어렵다.
> • 표본추출과정에서 시간과 비용이 증가할 수 있다.
> • 단순임의추출법보다 추론이 복잡하다.

29회 │ 조사방법론 총정리 모의고사

01 다음 중 연구문제의 적정성에 대한 설명으로 옳지 않은 것은?

① 문제는 두 개 이상의 변수들 간의 관계를 서술해야 한다.

② 문제는 확실하고 명백한 것이어야 한다.

③ 문제는 가능한 학술적으로 연구되도록 복잡한 것들로 구성해야 한다.

④ 문제의 설정은 실증적 연구를 통해서 이루어져야 한다.

해설

연구문제의 적정성

- 연구문제는 두 개 이상의 변수들 간의 관계를 서술해야 한다.
- 연구문제는 확실하고 명백한 것이어야 한다.
- 연구문제는 복잡한 것들로 구성되는 것이 아니라, 단순한 것들로 이루어지는 것이 좋다.
- 연구문제의 설정은 실증적 연구를 통해서 이루어져야 한다.

02 조사연구 윤리 중 다음에 설명하는 문제는 어느 문제에 해당하는가?

> 원하는 결과를 도출하기 위해서 조사방법을 변경해서는 안 된다.

① 고지의 문제

② 비밀보장의 문제

③ 타목적을 위한 자료 사용의 문제

④ 조사방법의 문제

해설

조사연구 윤리

- 고지의 문제 : 연구결과가 연구대상자에게 불리한 내용이라 해서 고지하지 않으면 안 된다.
- 비밀보장의 문제 : 연구대상자에 대한 비밀보장은 연구필요상 확보되어야 한다.
- 타목적을 위한 자료 사용의 문제 : 자료를 타목적에 사용하기 위해서는 연구계약에 이에 관한 사항을 사전에 명기할 필요가 있다.
- 조사방법의 문제 : 원하는 결과를 도출하기 위해서 조사방법을 변경해서는 안 된다.

01 ③   02 ④   정답

03 다음 중 가설에 대한 설명으로 옳지 않은 것은?

① 가설 설정 시 윤리성, 창의성 등을 고려해야 한다.
② 가설은 광범위한 범위에 적용 가능해야 한다.
③ 가설은 진실 여부가 확인된 가설이어야 한다.
④ 가설은 실증적 확인을 위해 구체화되어야 한다.

해설

가 설

• 가설은 진실 여부가 확인되지 않는 잠정적인 사실이다.
• 가설은 추상적인 개념상의 정의이든 조작적 정의이든 그 뜻이 명확해야 한다.
• 가설은 추상적인 의미를 담고 있어서는 안 되며 구체적인 성질의 것이어야 한다.

04 다음 중 횡단적 연구에 대한 설명으로 옳지 않은 것은?

① 자료제공은 모집단을 대표할 수 있는 것들로 이루어진다.
② 동태적인 양상을 띠는 연구로, 측정이 반복적으로 이루어진다.
③ 일정 시점을 기준으로 연구에 대한 특성을 파악한다.
④ 표본의 크기가 클수록 좋다.

해설

횡단연구

• 일정 시점을 기준으로 모든 관련 변수에 대한 자료를 수집하는 연구이다.
• 측정이 한 번만 이루어진다.
• 정태적인 성격을 띠는 연구이다.
• 시간의 흐름에 따라 변화의 추이를 파악하기 어려워 변수들 간의 인과관계를 확인하는 데 한계가 있다.
• 어떤 현상의 진행과정이나 변화를 측정하지 못한다.
☞ 동태적인 양상을 띠는 연구로, 측정이 반복적으로 이루어지는 연구는 종단연구이다.

05 실험설계의 분산에 대한 설명으로 옳지 않은 것은?

① 실험변수 분산의 극대화는 실험변수의 차이를 크게 함으로써 나타난다.
② 오차분산은 총분산 중 체계적인 분산을 제외한 것이다.
③ 오차분산의 원인은 조사대상에 대한 개인적 오차 등에 관련된다.
④ 오차분산을 최소화하기 위해서는 측정의 타당도를 증가시켜야 한다.

해설

실험적 조사설계

• 오차분산은 우연히 측정과정에서 일어나는 변화이다.
• 오차분산을 최소화하기 위해서는 통제된 조건을 통해서 측정오차의 감소를 유도한다.
• 오차분산을 최소화하기 위해서는 통제된 조건을 통해서 측정의 신뢰도를 증가시켜야 한다.

06 다음 중 플라시보 효과에 대한 설명으로 옳지 않은 것은?

① 내적타당도를 저해하는 요인 가운데 하나이다.

② 약효가 전혀 없는 것을 환자에게 복용시켰을 때, 환자의 병세가 호전되는 효과이다.

③ 대상자가 주위의 특별한 관심을 받고 있다고 인식할 때 나타나는 변화이다.

④ 심리적 요인에 의해 나타나는 반응이 연구의 결과에 영향을 미친다.

해설

플라시보 효과(Placebo Effect)

• 외적타당도를 저해하는 요인 가운데 하나로, '위약효과'라고도 한다.

• 심리적 요인에 의해 변화가 나타나는 것을 말한다.

07 밀(Mill)의 실험설계에 대한 기본논리로 옳지 않은 것은?

① 잔여법(잉여법)

② 일반화(결론의 목적화)

③ 공동변화(상반변량)

④ 간접적 차이(특정 현상의 원인)

해설

밀(Mill)의 실험설계에 대한 기본 논리

• 일치법 : 관찰하는 모든 현상에서 항상 한 가지 요소 또는 조건이 발견된다면, 그 현상과 요소는 인과적으로 연결된다.

• 차이법 : 서로 상이한 결과가 나타나는 점을 비교하여 그 결과로 나타나는 현상을 제고하지 않고서는 배제될 수 없는 선행조건이 있다면, 이는 그 현상의 원인이다.

• 간접적 차이법 : 만약 특정 현상이 발생하는 둘 이상의 사례에서 하나의 공통요소만을 가지고 있고, 그 현상이 발생하지 않는 둘 이상의 사례에서 그러한 공통요소가 없다는 점 외에 공통사항이 없다면, 그 요소는 그러한 특정 현상의 원인이다.

• 잔여법(잉여법) : 특정 현상에서 귀납적 방법의 적용으로 인과관계가 이미 밝혀진 부분을 제외할 때, 그 현상에서의 나머지 부분은 나머지 선행요인의 결과이다.

• 동시변화법 : 어떤 현상이 변화할 때마다 다른 현상에 특정한 방법으로 변화가 발생한다면 그 현상은 다른 현상의 원인 또는 결과이거나, 일정한 인과관계의 과정으로 연결되어 있다.

08 다음 중 솔로몬 4집단설계에 대한 설명으로 옳은 것은?

① 실험집단과 통제집단의 선정과 관리가 쉽고 경제적이다.

② 내적타당도는 높으나, 외적타당도가 낮다.

③ 통제집단 전후비교설계와 통제집단 후비교설계를 혼합해 놓은 방법이다.

④ 연구대상을 4개의 집단으로 작위적 할당한 것으로, 가장 이상적인 설계유형이다.

해설

솔로몬 4집단설계

• 4개의 무작위 집단을 선정하여 사전측정 한 2개 집단 중 하나와 사전측정을 하지 않은 2개의 집단 중 하나를 실험집단으로 하며, 나머지 2개의 집단을 통제집단으로 하여 비교하는 방법이다. 통제집단 사후설계와 통제집단 사전사후 실험설계를 결합한 형태로 가장 이상적인 설계이다.

• 실험집단과 통제집단의 선정과 관리가 어렵고 비경제적이다.

• 연구대상을 4개의 집단으로 무작위할당한 것이다.

• 통제집단 전후비교설계는 내적타당도는 높으나, 외적타당도가 낮다.

09 다음 중 개념에 대한 설명으로 관련이 없는 것은?

① 조작적 정의   ② 사전적 정의

③ 명목적 정의   ④ 실질적 정의

해설

정의의 종류

• 개념이란 일정하게 관찰된 현상을 대표할 수 있는 추상적 용어로 나타낸 것이다.

• 추상적 용어로 쓰이는 개념과 측정할 수 있도록 구체화시키는 조작적 정의는 차이가 있다.

10 다음 중 정확한 개념전달을 저해하는 요인에 대한 설명으로 옳지 않은 것은?

① 전문화된 영어로 개념을 설명하는 경우

② 개념이 복잡한 경험으로부터 발생한 논리적 구성물이라는 것을 망각하는 경우

③ 막연하거나 불분명한 일상적 용어를 사용하는 경우

④ 두 개 이상의 용어가 하나의 현상이 아닌 각각의 현상을 설명하는 경우

해설

정확한 개념전달을 저해하는 요인

• 전문화된 영어로 개념을 설명하는 경우

• 개념이 복잡한 경험으로부터 발생한 논리적 구성물이라는 것을 망각하는 경우

• 막연하거나 불분명한 일상적 용어를 사용하는 경우

• 두 개 이상의 용어가 하나의 현상이나 사실을 설명하는 경우

11 조작적 정의의 문제점에 대한 설명으로 옳지 않은 것은?

① 객관성, 측정가능성이 조작적 정의에 의한 것이라고 해서 완전한 것은 아니다.

② 용어 자체의 개념을 무한정하게 포괄하므로 개념 자체의 범위를 과대화한다.

③ 조작적 정의는 지나치게 객관성 또는 관찰가능성을 중시한다.

④ 사회과학에서 사용되는 대부분의 용어는 객관적 측정도구를 용이하게 사용할 수 없다.

해설

조작적 정의
- 추상적인 개념들을 경험적 · 실증적으로 측정이 가능하도록 구체화한 것이다.
- 조작적 정의는 지나치게 객관성을 중시하기 때문에 보이지 않는 것을 못 보게 하는 이론적 유기성을 결여한다.
- 조작적 정의는 용어가 가지고 있는 개념의 한정을 가져오기 때문에 개념 자체의 의미를 퇴화시킨다.

12 다음 중 사후실험설계에 대한 설명으로 옳은 것은?

① 인위성의 개입이 없어 비현실적이다.

② 측정의 정확성이 높다.

③ 독립변수의 조작이 가능하여 인과관계 검증이 가능하다.

④ 대상의 무작위화가 불가능하다.

해설

사후실험설계의 장 · 단점

사후실험설계의 장점	사후실험설계의 단점
- 이론을 근거로 도출한 가설을 현실상황에서 검증 - 광범위한 대상으로부터 자료수집이 가능 - 실험설계에 비해 다양한 변수를 연구 - 인위성의 개입이 없고 매우 현실적	- 독립변수의 조작이 불가능하여 명확한 인과관계의 검증이 불가능 - 측정의 정확성이 낮음 - 대상의 무작위화가 불가능 - 결과해석상 임의성 - 주관성의 문제

13 다음 중 양적변수만으로 옳게 짝지어진 것은?

① 시험점수, 사업장의 직책, 기업의 친환경적 평가점수
② 기업의 매출액, 종사자들의 불만점수, 종사자들의 종교
③ 시험점수, 기업의 매출액, 사업장의 종사자수
④ 사업장의 종사자수, 학점, 종사자들의 사는 지역

해설
양적변수와 질적변수
• 양적변수 : 수치로 나타낼 수 있는 변수
• 질적변수 : 수치로 나타낼 수 없는 변수
☞ 사업장의 직책, 종사자들의 종교, 종사자들의 사는 지역은 질적변수이다.

14 다음 중 변수의 성격이 다른 하나는?

① 통제변수   ② 원인변수
③ 독립변수   ④ 설명변수

해설
변수의 종류
• 통제변수 : 독립변수와 종속변수 간의 관계를 명확히 파악하기 위해 그 관계에 영향을 미칠 수 있는 제3의 변수를 통제하는 변수이다.
• 독립변수(설명변수) : 다른 변수에 영향을 주는 변수로, 원인적 변수 또는 가설적 변수라고도 한다.

15 다음 중 자료의 종류에 대한 설명으로 옳지 않은 것은?

① 1차 자료는 우선 의사소통에 의한 방법으로 수집한다.
② 2차 자료는 연구자가 자료의 수집 및 분류과정을 통제할 수 있다.
③ 3차 자료는 연구논문들을 대상으로 분석하는 종합연구를 수행하기 위한 기초자료이다.
④ 최근에는 연구문헌의 양이 크게 증가하여, 3차 자료까지 종합한 연구의 필요성이 증대된다.

해설
자료의 종류
• 1차 자료 : 연구자가 현재 수행중인 조사연구의 목적을 달성하기 위해 직접 수집하는 자료로 설문지, 면접법, 관찰법 등으로 수집하는 자료
• 2차 자료 : 다른 목적을 위해 이미 수집된 자료로서 연구자가 자신이 수행중인 연구문제를 해결하기 위해 사용하는 자료
• 3차 자료 : 동일한 연구문제에 대하여 방대하게 축적된 경험적 연구논문들을 기반으로 하여 그 논문들을 대상으로 분석하는 연구를 종합연구라 하며, 이 종합연구를 수행하기 위한 기초자료로써 3차 자료는 기존 문헌을 분석하는 방법인 메타분석과 관련됨
☞ 2차 자료는 기존에 있던 모든 자료를 의미하고, 연구자가 자료의 수집 및 분류과정을 통제할 수 없다.

16 다음과 같은 논리 전개 절차를 거치는 과학적 연구 방법은?

> 주제선정 → 관찰 → 유형의 발견 → 임시결론(이론)

① 연역적 연구(Deductional Studies)
② 귀납적 연구(Inductional Studies)
③ 탐색적 연구(Exploratory Studies)
④ 기술적 연구(Descriptive Studies)

해설
연역적 연구와 귀납적 연구의 논리 전개 절차
• 연역적 연구의 논리 전개 절차 : 가설설정 → 조작화 → 관찰·경험 → 검증
• 귀납적 연구의 논리 전개 절차 : 주제선정 → 관찰 → 유형의 발견 → 임시결론(이론)

17 다음 중 표적집단면접에 대한 설명으로 옳지 않은 것은?

① 특정집단의 결과이기 때문에 일반화가 어렵고 개인면접보다 통제하기 어렵다.
② 높은 타당도를 가지지만 사회자의 진행능력이 조사결과에 많은 영향을 끼친다.
③ 다른 조사에 비해 들어가는 비용이 많기 때문에 신속한 수행이 불가능하다.
④ 참가자들은 강요당하지 않기 때문에 솔직한 자신의 의견을 나타낼 수 있다.

해설
표적집단면접(초점집단면접)의 장·단점

표적집단면접의 장점	표적집단면접의 단점
• 심도있는 정보획득이 가능하다. • 응답을 강요당하지 않으므로 솔직하고 정확한 의견을 표명할 수 있다. • 높은 내용타당도를 가진다. • 저렴한 비용으로 신속하게 수행이 가능하다.	• 표적집단을 선정하기 어렵다. • 사회자의 편견이 개입될 가능성이 높다. • 사회자의 능력에 따라 조사 결과가 크게 좌우된다. • 조사결과의 일반화가 어렵다.

16 ② 17 ③ 정답

18 다음 중 질문지 작성에 대한 특징으로 옳지 않은 것은?

① 우선순위배정　　　　　　　② 상호포괄성
③ 주관식과 객관식의 선택　　　④ 가치중립성

해설
질문지 작성 시 유의사항
• 포괄성 : 응답자가 응답 가능한 항목을 모두 제시한다.
• 상호배제성 : 응답범주의 중복을 회피한다.
• 단순성 : 하나의 질문항목으로 두 가지 질문을 해서는 안 된다.
• 우선순위배정 : 응답항목이 많은 경우 응답자에게 모든 응답이 해당될 수 있으므로 중요한 순위에 따라 응답하도록 제시하는 것이 유용하다.
• 가치중립성 : 연구자의 주관이 개입되어 특정 응답을 유도하거나 암시하는 질문을 해서는 안 된다.
• 주관식의 경우 응답자의 흥미, 질문의 성격 등에 따라 효과가 다르게 나타나고, 객관식의 경우 대답하기 쉽고 집계가 간편하다는 특징이 있기 때문에 질문지의 작성 시 유의해야 한다.

19 다음 중 '탐색질문'에 대한 설명으로 옳지 않은 것은?

① 응답자의 의견이 광범위하여 지나치게 복잡할 경우, 그 응답의 확실성을 위해 시행한다.
② 필요 이상의 지나친 탐색질문은 삼가야 한다.
③ 계속 응답해줄 것을 요청하는 듯한 태도를 취한다.
④ 탐색질문을 시행할 때 일정한 대답이 나오도록 유도하거나 암시해서는 안 된다.

해설
탐색질문
탐색질문은 응답자의 의견이 지나치게 간단하여 내용이 불확실하거나 부정확할 때, 그 응답을 탐색해보는 질문이다.

20 다음 중 우편조사법에서 응답률에 영향을 미치는 요소로 알맞지 않은 것은?

① 표지편지(Cover Letter)　　　② 우편질문지의 내용
③ 우송방법과 우송유형　　　　　④ 인센티브(Incentive)

해설
우편조사의 응답률에 영향을 미치는 요인
• 응답집단의 동질성 : 조사자는 특정한 응답집단의 경우 응답률이 높다는 사실을 인식함으로써 모집단과 표본추출방법에 대해 보다 세심하게 검토할 필요가 있다.
• 질문지의 형식과 우송방법 : 질문지 종이의 질과 문항의 간격 등의 인쇄술, 종이의 색깔, 표지설명의 길이와 유형 등의 형식이 응답률에 영향을 미친다.
• 표지편지(Cover Letter) : 연구자는 표지편지에 연구주관기관, 연구의 목적, 연락처, 응답의 필요성, 응답내용에 대한 비밀보장 등의 메시지를 표현함으로써 응답자의 응답을 유인할 수 있다.
• 우송유형 : 반송봉투가 필요 없는 봉투겸용 우편(자기우편)설문지를 이용한다.
• 인센티브(Incentive) : 사례품이나 사례금 등 약간의 인센티브(Incentive)를 준다.
• 예고편지 : 조사에 앞서 예고편지(안내문 등)를 발송한다.
• 추가우송 : 격려문과 함께 설문지를 다시 동봉하여 추적우편(Follow-up-mailing)을 실시한다.

01 다음 중 표본추출틀에 따른 분류가 다른 하나는?

① 회원조사(Member Survey)

② 전자우편조사(E-mail Survey)

③ ARS조사(Automatic Response System)

④ 전자설문조사(Electronic Survey)

해설

인터넷조사

• 인터넷사용자들을 대상으로 전산망을 통해 직접 질문지파일을 보내고 응답파일을 받는 방법이다.

• 인터넷조사는 표본추출틀에 따라 회원조사, 방문조사, 전자우편조사, 전자설문조사 등으로 나뉜다.

• ARS조사(Automatic Response System)는 자동응답시스템이라고도 하며, 사전에 입력된 전화번호에 자동으로 전화를 걸어 녹음된 내용을 들려준 후 번호를 누르도록 하여 시행하는 방법이다.

02 다음 중 배포조사법에 대한 설명으로 옳지 않은 것은?

① 응답자가 기입할 때 조사자는 보통 그곳에 있지 않는다.

② 질문지의 회수율이 높고, 재방문의 횟수가 적다.

③ 글자를 아는 사람들에게만 적용이 가능하다.

④ 질문지가 잘못 기입된 경우 시정하기 쉽다.

해설

배포조사법

• '유치법'이라고도 하며, 질문지를 배포하여 응답자가 기입하고 나중에 회수하는 방법이다.

• 응답자 본인의 의견인지 제3자의 영향을 받았는지에 대해서 알 수 없다.

• 글자를 아는 사람에게만 적용이 가능하다.

• 질문지가 잘못 기입되어도 시정하기가 어렵다.

03 다음 중 내용분석법에 대한 설명으로 옳지 않은 것은?

① 사례연구와 개방형 질문지 분석의 특성을 가지고 있다.

② 범주 설정에 있어서는 포괄성과 상호배타성을 확보해야 한다.

③ 표본추출이 아닌 모집단조사로만 분석이 가능하다.

④ 자료의 입수가 제한되어 있는 경우가 종종 발생한다.

내용분석의 특징
- 문헌연구의 일종으로 정보의 내용(메시지)을 그 분석대상으로 한다.
- 정보의 현재적인 내용뿐만 아니라 잠재적인 내용도 분석대상이다.
- 양적분석방법뿐만 아니라 질적분석방법도 사용한다.
- 범주 설정에 있어서는 포괄성과 상호배타성을 확보해야 한다.
- 사례연구와 개방형 질문지 분석의 특성을 동시에 보여준다.
- 객관적이고 계량적인 방법에 의해 측정·분석하는 방법이다.
- 다른 연구방법의 타당성 여부를 위해 사용 가능하다.

04 다음 중 설문지를 기입하는 기입자가 다른 조사는?

① 전화조사   ② 인터넷조사
③ 질문지조사   ④ 우편조사

조사방법의 종류
전화조사는 조사원이 질지를 기입을 하고, 인터넷조사, 질문지조사, 우편조사는 응답자가 기입을 하는 것이 일반적이다.

05 다음 중 전화조사의 단점에 대한 설명으로 알맞지 않은 것은?

① 전화를 가진 사람으로 조사대상이 한정된다.
② 보조도구를 사용할 수 없다.
③ 통화가 불편할 때는 제약을 받는다.
④ 전화번호부를 사용하기 때문에 모집단이 완전하다.

전화조사의 장·단점

전화조사의 장점	전화조사의 단점
• 면접조사에 비해 시간과 비용이 적게 든다. • 우편조사에 비해 타인의 참여를 줄일 수 있다. • 면접이 어려운 사람의 경우에 유리하다. • 면접조사에 비해 타당도가 높다. • 컴퓨터 지원(CATI조사 ; Computer Assisted Telephone Interviewing)이 가능하다.	• 보조도구를 사용할 수 없다. • 면접조사에 비해 심층면접을 하기 곤란하다. • 모집단이 불완전하다. • 질문의 길이와 내용을 제한받는다.

06 질문지법에 대해 고려해야 할 사항으로 옳지 않은 것은?

① 현장연구원의 안내가 필수적이기 때문에 선정 시 유의해야 한다.
② 응답자가 안심하고 응답할 수 있도록 익명성이 보장되어야 한다.
③ 모든 응답자에게 동일하게 적용되도록 표준화된 언어로 구성해야 한다.
④ 질문지를 작성할 때 자료분석기법, 분석내용 및 분석방법을 고려해야 한다.

해설

질문지의 구성
• 응답자의 파악자료 : 응답자의 주소, 성명, 전화번호, 응답자의 인구특성, 사회경세적 특성변수(직업 등)들을 파악한다.
• 응답자의 협조요구 : 질문지가 작성된 동기와 용도를 밝힘으로써 응답자의 참여의식을 높이고, 응답사항의 비밀보장
을 통해서 응답자의 협조를 얻는다.
• 지시사항 : 조사의 목적, 조사 자료의 이용 정도와 방법, 응답자나 면접원이 지켜야 할 사항 등을 포함한다.
• 필요한 정보의 유형 : 질문지의 가장 핵심적인 사항으로써 얻고자 하는 정보의 내용이나, 분석방법에 적합한 유형으
로 필요정보를 얻을 수 있도록 구성한다.
• 응답자의 분류에 관한 자료 : 질문지의 내용 또는 응답자의 특성에 따라 응답자를 여러 가지로 분류할 필요가 있을
때는 분류자료를 수집한다.
☞ 질문지법을 시행할 경우 현장연구원은 필요 없다.

07 간접질문의 유의사항에 대한 설명으로 옳지 않은 것은?

① 신뢰도·타당도의 불확실성을 염두에 두고 주의를 기울인다.
② 조사자의 응답을 해석하기 위해 주관적인 방법을 고려한다.
③ 조사표 작성 시 언어구성, 순서결정 등을 최대한 지켜야 한다.
④ 응답의 타당도가 높은 질문을 사용하는 것이 바람직하다.

해설

간접질문의 유의사항
• 신뢰도·타당도의 불확실성을 염두에 두고 주의를 기울인다.
• 조사표 작성 시 언어구성, 순서결정 등을 최대한 지켜야 한다.
• 응답의 타당도가 높은 질문을 사용하는 것이 바람직하다.
☞ 조사자의 응답을 해석하기 위해 객관적인 방법을 고려한다.

08 폐쇄형 질문에 대한 설명으로 옳은 것은?

① 자료의 기록 및 코딩이 어렵다.
② 조사자가 적절한 응답지를 제시하기가 어렵다.
③ 응답 관련한 오류가 많다.
④ 조사자의 편견개입을 방지할 수 없다.

폐쇄형 질문
• 자료의 기록 및 코딩이 용이하다.
• 응답 관련 오류가 적다.
• 사적인 질문 또는 응답하기 곤란한 질문에 용이하다.
• 조사자의 편견개입을 방지할 수 있다.
• 응답자의 의견을 충분히 반영시킬 수 없다.
• 질문의 순서가 바뀌었을 때 응답한 내용에 변화가 나타날 수 있다.
• 응답자 생각과 달리 응답범주가 획일화되어 있어 편향이 발생할 수 있다.
• 조사자가 적절한 응답지를 제시하기가 어렵다.

09 질문지 작성 시 검토사항으로 알맞지 않은 것은?

① 응답자가 응답 가능한 항목을 모두 제시하였는가?
② 각 질문이 이중적 응답을 요구하고 있지는 않은가?
③ 질문의 각 항목이 서로 상호 연관되도록 광범위하게 적용되어 있는가?
④ 각 질문이 편견적이거나 어떤 방향으로 유도하고 있지는 않은가?

해설
질문지 작성 시 검토사항
• 포괄성 : 응답자가 응답 가능한 항목을 모두 제시한다.
• 상호배제성 : 응답범주의 중복을 회피한다.
• 단순성 : 하나의 질문항목으로 두 가지 질문을 해서는 안 된다.
• 우선순위배정 : 응답항목이 많은 경우 응답자에게 모든 응답이 해당될 수 있으므로 중요한 순위에 따라 응답하도록 제시하는 것이 유용하다.
• 균형성 : 질문항목과 응답범주는 연구자의 임의적인 가정으로 어느 한쪽으로 치우침이 없도록 작성해야 한다.
• 명확성 : 가능한 뜻이 애매한 단어와 상이한 단어의 사용은 회피하고 쉽고 명확한 단어를 사용한다.
☞ 질문지의 각 항목은 서로 배타성을 띄어야 한다.

10 예비조사의 목적으로 가장 알맞지 않은 것은?

① 연구문제의 특정화
② 질문지 작성의 신뢰성 검증
③ 가설의 명확화
④ 조사표 작성을 위한 기초자료 제공

해설
예비조사(Pilot Study)
• 연구의 가설을 명백히 하기 위해 실시한다.
• 본 연구를 진행하기에 앞서 실시한다.
• 문헌조사, 경험자조사, 현지답사, 특례분석(소수사례분석) 등이 있다.
• 질문지 작성의 타당성 및 신뢰성 등을 검증하는 것은 사전조사이다.

11 다음 중 질문지의 타당도 검증에 대한 설명으로 옳지 않은 것은?

① 타당도가 있기 위해서는 질문지가 조사하고자 하는 본래의 내용을 얻어야 한다.

② 두 개의 유사한 질문을 다른 위치에 배치한 후 비교하는 교차질문의 방법을 쓸 수 있다.

③ 부분표본을 선정한 후 예비질문에 대해 먼저 응답하는 질문지 사전검사 방법을 쓸 수 있다.

④ 질문지 중 타당도는 있으나 신뢰도가 없는 경우가 있을 수 있다.

해설

질문지의 타당도 검증

• 질문지 중 신뢰도는 있으나 타당도가 없는 경우가 있을 수 있다.

• 일반적으로 '측정하고자 하는 것을 정확히 측정했는가'에 대한 문제이다.

• 만약 질문이 응답자와 조사자에게 명확할 때 타당도가 높게 나타난다.

12 질문지 설계의 윤리성과 가장 연관성이 없는 것은?

① 타당성   ② 신뢰성

③ 사생활 침해금지   ④ 사전적 승인

해설

질문지 설계의 윤리성

• 신뢰성 : 비밀성을 의미하는 것으로 비밀을 지키지 않을 경우에 발생할 수 있는 조사내용상의 유사성을 극복하기 위함이다.

• 사생활 침해 금지 : 사생활에 대한 권리를 의미하는 것으로, 조사자는 질문지를 통한 연구 시 개인의 사생활을 침해하지 않도록 유의해야 한다.

• 사전적 승인 : 조사 시 질문의 내용과 조사의 용도에 대해 사전에 충분한 정보를 제공/승인받아야 한다는 것을 의미한다.

13 다음 중 추세(Trend)연구에 대한 설명으로 옳은 것은?

① 같은 대상으로부터 한 번의 시점에 자료를 수집하는 경우

② 같은 대상으로부터 시점을 달리하여 여러 번 자료를 수집하는 경우

③ 서로 다른 분석단위를 대상으로 한 번 이상 자료를 수집하지만 그 분석단위가 공통점을 가질 경우

④ 동일한 모집단의 다른 대상으로부터 시점을 달리하여 여러 번 자료를 수집하는 경우

해설

추세연구(추이연구, Trend Study)

시간의 흐름에 따라 전체 모집단 내의 변화를 연구하는 것으로 구성원은 변하지만 동일한 모집단에서 상이한 표본을 상이한 시점에 조사하기 때문에 개별적인 변화는 알 수 없다.

14 무작위적 오차처리방법에 대한 설명으로 옳지 않은 것은?

① 세련된 통계방법을 도입하여 오차를 줄일 수 있다.

② 실수의 크기에 따라 순위를 정함으로 전환된 자료분석의 오차를 줄일 수 있다.

③ 몇 개의 사례를 묶어서 동일한 값으로 취급해 오차를 줄일 수 있다.

④ 특정변수와 높은 상관관계를 가지는 다른 변수로 대체하여 오차를 줄일 수 있다.

해설

무작위적(비체계적) 오차처리방법
• 순위화 방법 : 실수의 크기에 따라 순위를 정함으로써 전환된 자료분석의 오차를 줄일 수 있다.
• 집단화 방법 : 몇 개의 사례를 묶어서 동일한 값으로 취급해 오차를 줄일 수 있다.
• 도구변수방법 : 특정 변수와 높은 상관관계를 가지는 다른 변수로 대체하여 오차를 줄일 수 있다.
• 세련된 통계방법을 도입하여 오차문제를 처리하는 것은 체계적 오차처리방법 중 하나이다.

15 결측값 처리 방법에 대한 설명으로 알맞게 짝지어지지 않은 것은?

① 평균대체 : 평균치를 계산하여 누락된 사례의 변수값으로 사용하는 방법

② 조사단위대체 : 무응답된 대상을 표본으로 추출되지 않은 다른 대상으로 대체시키는 방법

③ 랜덤대체 : 대체층 내에서 대체값을 확률추출에 의해 랜덤하게 선택하여 결측값에 대체하는 방법

④ 외부자료대체 : 작은 오차만을 감수하면서 원래의 값을 추정해가는 방법

해설

결측값 처리 방법
외부자료대체는 결측값을 기존에 실시된 표본조사에서 유사한 항목의 응답값으로 대체하는 방법이다.

16 조사항목을 선정할 때 지켜야 할 원칙으로 부적절한 것은?

① 조사에 직접적으로 관계되는 질문만을 선정해서는 안 된다.

② 정확한 자료를 수집할 수 있을 때 항목에서 제외한다.

③ 응답자가 대답하지 않은 사항은 항목에 포함시키지 않는다.

④ 통계조사의 경우 항목은 통계표나 자료처리를 염두에 둔다.

해설

조사항목을 선정할 때 지켜야 할 원칙
• 조사에 직접 관계되는 질문만을 선정해야 한다.
• 정확한 자료를 수집할 수 있을 때 항목에서 제외한다.
• 응답자가 대답하지 않은 사항은 항목에 포함시키지 않는다.
• 통계조사의 경우 항목은 통계표나 자료처리를 염두에 둔다.

17 표본추출에서 대표성과 적절성이 조화를 이루기 위해서 해야 할 방법으로 옳지 않은 것은?

① 표본이 어떤 층을 포함하는지 포함하지 않는지 확실히 알아야 한다.
② 표본의 크기는 통계학적 신뢰도를 확보할 수 있을 만큼 커야 한다.
③ 조화를 이루기 위해서는 비용의 범위를 고려하지 않고 표본추출을 해야 한다.
④ 전체를 대표할 수 있는 편견이 배제된 표본을 얻어야 한다.

해설
표본추출의 대표성과 적절성
• 표본이 어떤 층을 포함하는지 포함하지 않는지 확실히 알아야 한다.
• 표본의 크기는 통계학적 신뢰도를 확보할 수 있을 만큼 커야 한다.
• 전체를 대표할 수 있는 편견이 배제된 표본을 얻어야 한다.
• 비용이 허락하는 범위 내에서 효과적으로 얻어내야 한다.

18 표집틀 구성의 평가요소에 대한 설명으로 옳지 않은 것은?

① 변수의 수를 몇 개로 선정할 것인가에 대한 문제
② 모집단에서 표본으로 추출될 확률이 동일한가에 대한 문제
③ 표집틀이 모집단 중 얼마나 많은 부분을 포함하고 있는가에 대한 문제
④ 조사자가 원하는 대상을 표집틀에 포함시킬 수 있는가에 대한 문제

해설
표집틀 구성의 평가요소
• 추출확률 : 모집단에서 표본으로 추출될 확률이 동일한가에 대한 문제이다.
• 포괄성 : 표집틀이 모집단 중 얼마나 많은 부분을 포함하고 있는가에 대한 문제이다.
• 효율성 : 조사자가 원하는 대상을 표집틀에 포함시킬 수 있는가에 대한 문제이다.

19 질적연구와 양적연구를 혼합한 혼합연구에 대한 설명으로 옳지 않은 것은?

① 양적연구뿐만 아니라 질적연구 모두에 대한 전문적 지식이 필요하다.
② 두 가지 연구방법의 결과는 항상 일치되어야 한다.
③ 다양한 연구 패러다임을 수용할 수 있어야 한다.
④ 연구자에 따라 두 가지 연구방법의 비중은 상이할 수 있다.

해설
혼합연구(Mixed Method)의 특징
• 다양한 연구 패러다임을 수용할 수 있어야 한다.
• 양적연구뿐만 아니라 질적연구 모두에 대한 전문적 지식이 필요하다.
• 양적연구의 결과에서 질적연구가 시작될 수 있고, 질적연구의 결과에서 양적연구가 시작될 수도 있다.
• 연구자에 따라 두 가지 연구방법의 비중은 상이할 수 있다.
• 두 가지 연구방법의 결과는 서로 상반될 수도 있다.

17 ③ 18 ① 19 ② 정답

20 다단계집락추출에 대한 설명으로 옳지 않은 것은?

① 집락추출방법의 변형이다.

② 최소 2단계 이상의 표본추출작업을 거친다.

③ 각 집락이 동질적이면 오차의 개입가능성이 높다.

④ 소규모 집단을 대상으로 하는 조사에 이용된다.

해설

다단계집락추출

• 집락표본추출의 변형으로, 2단계 이상의 표본추출작업을 거쳐 최종적인 조사단위를 선정한다.

• 전국 또는 광범위한 지역을 대상으로 하는 대규모조사에 주로 이용된다.

계속 갈망하라. 언제나 우직하게.

– 스티브 잡스 –

PART 7

면접대비 예상질문
100문항

우리는 삶의 모든 측면에서 항상 '내가 가치있는 사람일까?'
'내가 무슨 가치가 있을까?'라는 질문을 끊임없이 던지곤 합니다.
하지만 저는 우리가 날 때부터 가치있다 생각합니다.

- 오프라 윈프리 -

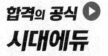

07 | 면접대비 예상질문 100문항

1. 통계직 공무원 면접심사 준비 전략

공무원, 공사, 공기업이 유망직종으로 떠오르면서 면접심사 역시 과거와는 전혀 다른 패턴을 보이고 있다. 앞서 통계직 공무원 면접심사 개요에 설명했듯이 어떤 과정으로 면접을 준비할지를 다시 한 번 상기하자.

① 자기소개에 대한 부분은 전체 면접심사에서 가장 중요한 부분이라고 할 수 있다. 왜 공무원이 되고자 하는지, 왜 이 회사에 입사하고자 하는지를 본인의 경험과 장래희망을 들어 정리해 두자.

② 일반적인 면접심사는 개별면접을 원칙으로 하며, 면접위원은 통계학과 교수, 내부 직원(통계청, 고용노동부, 공사, 공기업 직원 등), 외부 직원(행정안전부 직원 등) 또는 헤드헌터(Head Hunter)로 구성되며, 다음과 같이 진행된다.

1. 면접장은 3곳, 각 면접장마다 3명의 면접위원이 위치

⇩

2. 본인의 접수번호, 성명을 밝히고 면접위원에게 인사

⇩

3. 면접위원 한 명당 두 문제씩 질문

⇩

4. 답변 부족 시 추가 질문

⇩

5. 마지막으로 하고 싶은 말

③ 면접심사의 내용을 예를 들어 본다면 다음과 같은 질문 순서로 진행된다.

1. 자기소개 1분

⇩

2. 현재 공무원의 문제점은 무엇이라고 생각하나요? 3. 만약 상사가 부당한 업무를 지시한다면 어떻게 할 것인가요?

⇩

4. 산점도(Scatter Plot)에 대해 설명해 보세요. 5. 전수조사와 표본조사의 예를 들어보세요.

⇩

6. 경제활동인구란 무엇인가요. 7. 현 사회문제를 3가지 들고, 이를 선택한 이유에 대해 설명해 보세요.

⇩

8. 마지막으로 하고 싶은 말

④ 면접심사에서 자기소개는 이에 승패가 달렸다고 할 정도로 매우 중요한 부분이니 반드시 준비 후 숙지해야 한다. 또한 질문에 대한 답변이 부족할 시 꼬리에 꼬리를 무는 질문이 계속 추가되니 이런 점들을 유의하기 바란다.

⑤ 최근 들어 공개채용시험 면접심사의 경우 5분 스피치가 도입된 상태이고, 면접 질문 또한 통계학 관련 질문을 하는 경우도 있지만 전혀 하지 않는 경우도 있다. 어떤 시험을 준비하느냐에 따라 면접 준비에 할애하는 시간을 적절히 판단하기 바란다.

마지막으로 본 장에서는 수험생들의 부담감을 줄여주고자 면접심사 시 통계학과 관련된 질문(2문항)에 대한 준비로 면접심사 시 예상되는 통계학 관련 질문 100문항을 선정하고 이에 대한 답변을 학부생 수준으로 준비하였다.

2. 통계직 공무원, 공사, 공기업 면접시험 대비 예상질문

질문 001 경제활동인구에 대해 설명해 보세요.

해설 경제활동인구

① 경제활동인구란 만 15세 이상 인구 중 조사기간 동안 상품이나 서비스를 생산하기 위하여 실제로 수입이 있는 일을 한 취업자와 구직활동을 하였으나 일자리를 구하지 못한 실업자를 의미합니다. 즉, 취업자 수와 구직활동을 한 실업자 수를 더하면 경제활동인구가 됩니다.

② 현재 경제활동인구조사는 통계청에서 담당하고 있는 것으로 알고 있습니다.

질문 002 현 통계청의 소비자물가조사 표본선정방식에 대해 설명해 보세요.

해설 소비자물가조사 표본선정방식

① 현행 통계청의 소비자물가조사 표본선정방식은 비확률표본추출법인 유의추출법으로 선정됩니다.

② 유의추출법은 모집단의 특성에 대해 조사원이 정확히 알고 있는 경우에 제한적으로 사용하는 방법으로 표본을 구성하는 단위를 추출하는 데 있어 확률적으로 추출하는 것이 아니라 주관적 판단에 따라 표본을 추출하는 방법입니다.

③ 소비자물가조사의 표본선정은 모집단과 비슷한 구조를 갖도록 표본을 배정하는 할당표본에 가까운 유의표본이라 할 수 있습니다.

질문 003 통계자료를 이용자들에게 제공함에 따라 기업의 비밀 또는 개인의 사생활이 침해받을 위험성이 있는데, 이에 대한 대처방안은 무엇인가요?

해설 매스킹 기법(Masking Method)

① 통계자료를 이용자들에게 제공함에 있어 개인, 가구, 사업체 등의 통계조사 응답자가 제3자에 의해 식별되거나 비밀정보가 노출되지 않도록 매스킹 기법을 사용하면 됩니다.

② 매스킹 기법이란 통계적 노출조절기법(Statistical Disclosure Control)이라고도 하며, 노출위험이 있다고 판단되는 자료에 대하여 여러 가지 방법을 이용하여 통계자료 이용자들이 해당 자료에 대해 식별하지 못하도록 하는 기법입니다.

③ 매스킹 기법은 자료의 종류에 따라 셀 감추기(Cell Suppression), 반올림(Rounding), 그룹화(Grouping), 자료교환(Data Swapping), 가법잡음(Additive Noise), 승법잡음(Multiplicative Noise) 등의 여러 가지 방법을 활용할 수 있습니다.

질문 004 항아리에 처음 물을 반을 채우고, 그 다음 반의 반절을 채우는 작업을 반복하였을 때, 항아리의 물이 넘치는지 넘치지 않는지 설명해 보세요.

해설 무한급수(Infinite Series)

① 항아리에 처음 물을 반을 채우면 $\frac{1}{2}$이 차는 것이고, 그 다음 반의 반절을 채우면 항아리에 물이 $\frac{1}{2}+\left(\frac{1}{2}\times\frac{1}{2}\right)=\frac{1}{2}+\left(\frac{1}{2}\right)^2$ 만큼 차는 것입니다.

② 이 작업을 n회 반복하면 $\frac{1}{2}+\left(\frac{1}{2}\right)^2+\cdots+\left(\frac{1}{2}\right)^n=1-\left(\frac{1}{2}\right)^n$이 되고, 무한번 반복하면 $\lim_{n\to\infty}\left\{1-\left(\frac{1}{2}\right)^n\right\}=1$이 되어 항아리에 물이 꽉 채워지게 됩니다. 즉, 항아리의 물은 넘치지 않습니다.

도수분포표는 무엇이며 어떻게 작성하는지 설명해 보세요.

해설 **도수분포표(Frequency Distribution Table)**

① 도수분포표는 수집된 양적자료의 관측치들을 각 계급으로 구분하여 계급의 구간에 포함되는 관측치들의 빈도수를 계급별로 정리한 표입니다.

② 도수분포표는 다음과 같은 순서에 의해 작성합니다.

1. 최대값과 최소값을 찾아 범위를 구한다.
⇩
2. 범위를 고려하여 계급수를 결정하고 계급구간을 구한다.
⇩
3. 계급수와 계급구간은 분석에 용이하도록 임의로 정한다.
⇩
4. 계급, 도수, (중앙)계급값, 누적도수, 상대도수, 누적상대도수를 구하여 표로 작성한다.
⇩
5. 도수분포표에 알맞은 제목을 붙인다.

질문 006 히스토그램에 대해 설명해 보세요.

해설 **히스토그램(Histogram)**

① 히스토그램은 도수분포표 작성 후 자료의 분포 형태를 한눈에 알아볼 수 있도록 작성하는 그래프로써 자료의 상태를 도수분포표의 계급과 도수를 이용하여 기둥 모양으로 나타낸 그래프입니다.

② 히스토그램은 측정형 자료의 형태를 나타낼 때 사용하며 횡축에는 측정형 변수의 계급을 표시하고 종축에는 빈도를 표시합니다.

질문 007 막대그래프와 히스토그램의 차이점에 대해 설명해보세요.

해설 막대그래프와 히스토그램의 차이
① 막대그래프와 히스토그램의 가장 큰 차이점은 막대그래프는 범주형 변수에 사용하며, 히스토그램은 연속형 변수에 사용한다는 것입니다.
② 막대그래프의 경우 각 막대의 너비는 정보를 가지지 못하고, 높이만 정보를 가지지만, 히스토그램은 각 기둥의 너비와 높이 모두 정보를 가지고 있습니다.

질문 008 줄기와 잎 그림이 사용되는 경우와 이를 통해 알 수 있는 것을 말해보세요.

해설 줄기와 잎 그림(Stem and Leaf Plot)
① 줄기와 잎 그림은 자료의 개수가 많지 않을 경우에 사용하며, 자료의 개수가 많을 경우 히스토그램을 사용하는 것으로 알고 있습니다.
② 줄기와 잎 그림으로부터 분포의 중심위치와 분포의 전체적인 형태를 알 수 있습니다. 또한, 대부분의 관측값에 비해 아주 크거나 작은 관측값인 이상치가 있는지도 알 수 있습니다.

질문 009 상자와 수염 그림은 무엇인지와 작성법을 설명해 보세요.

해설 상자와 수염 그림(Box and Whisker Plot)

① 상자와 수염 그림은 상자그림(Box Plot)이라고도 하며 주어진 자료를 그대로 이용하여 그래프를 그리는 것이 아니라, 자료로부터 얻어낸 통계량인 다섯 수치요약(최소값, 제1사분위수, 중위수, 제3사분위수, 최대값)을 이용하여 그린 그림입니다.

② 상자와 수염 그림의 작성 순서는 먼저 제1사분위수와 제3사분위수에 해당하는 수직선상의 위치에 네모형 상자의 양 끝이 오도록 그린 후 상자 안에서 중위수에 해당하는 위치에 종으로 선을 그립니다. 그 다음 최소값과 최대값이 위치하는 곳까지 상자의 양쪽 중심에서 횡으로 선을 연결합니다. 만약 이상치 또는 극단 이상치가 있을 경우 그 해당 위치에 Asterisk('*') 또는 Circle('∘') 표시를 하면 됩니다.

질문 010 원그래프란 무엇이며 어느 경우에 사용하나요?

해설 원그래프(Pie Chart)

① 원그래프는 비율그래프의 한 종류로 전체에 대한 각 부분의 비율을 이용하여 부채꼴 모양으로 나타낸 그래프를 말합니다.

② 원그래프로부터 부분과 전체, 부분과 부분 사이의 비율을 한눈에 알 수 있고, 작은 비율도 비교적 쉽게 나타낼 수 있으며, 전반적인 관계를 쉽게 파악할 수 있어 통계 결과 발표에 많이 활용됩니다.

질문 011 자료를 측정형 자료와 범주형 자료로 구분할 때, 자료의 종류에 따라 자료를 통계표 또는 그림으로 정리 · 요약하는 방법에 대해 설명해 보세요.

해설 **자료의 종류에 따른 자료 요약**

① 측정형 자료(Measurable Data)는 측정가능하거나 셀 수 있는 자료로서 도수분포표, 히스토그램, 줄기와 잎 그림, 상자와 수염 그림 등을 이용하여 요약할 수 있습니다.

② 범주형 자료(Categorical Data)는 개체 또는 집단을 분류하는 데 사용하는 자료로써 빈도분석, 교차표, 막대그래프 등을 이용하여 요약할 수 있습니다.

질문 012 대표값과 산포도에 대해 설명해 보세요.

해설 **대표값과 산포도**

① 대표값은 자료의 중심적인 경향 또는 자료 분포의 중심위치를 나타내는 수치로서 주어진 자료들을 대표하는 특정한 값입니다. 대표적인 대표값으로는 산술평균, 기하평균, 조화평균, 중위수, 최빈수, 사분위수, 백분위수 등이 있습니다.

② 산포도는 개개의 관측값이 중심위치로부터 얼마만큼 떨어져 있는지를 나타내는 척도로서 관측값들이 중심위치로부터 흩어져 있는 정도를 나타냅니다. 대표적인 산포도로는 범위, 사분위범위, 평균편차, 사분편차, 분산, 표준편차, 변동계수 등이 있습니다.

질문 013 대표값에는 산술평균, 중위수, 최빈수 등이 있습니다. 이 세 가지 대표값들이 가장 적절하게 적용되는 사례 또는 경우를 들어보세요.

해설 대표값(Representative Value)

① 대표값이란 자료의 중심적인 경향이나 자료 분포의 중심 위치를 나타내는 수치로 주어진 자료들을 대표하는 특정한 값입니다.

② 중심적 경향을 나타내 주는 대표값 중에서 가장 보편적으로 사용되는 산술평균은 모든 관측값을 더한 값을 관측값의 총 개수로 나누어 준 값으로, 이상치의 영향을 많이 받는다는 단점이 있습니다. 즉, 이상치가 존재하지 않는 경우 사용하는 것이 바람직합니다.

③ 중위수는 주어진 자료를 크기 순으로 나열했을 때 가운데 위치하는 값입니다. 자료 중에 이상치가 존재하는 경우 평균은 이상치의 영향을 많이 받으므로 중위수를 구하여 그 자료의 대표값으로 사용하는 것이 바람직합니다.

④ 최빈수는 주어진 자료 중에서 가장 빈도가 높은 관측값을 의미하며 범주형 자료에서 사용하는 것이 바람직합니다.

질문 014 이상치가 존재하는 경우 객관적 척도로서 절사평균과 중위수를 사용할 수 있습니다. 절사평균보다 중위수를 더 많이 사용하는 이유에 대해 설명해 보세요.

해설 절사평균과 중위수

① 절사평균은 자료의 총 개수에서 일정비율만큼 가장 큰 부분과 작은 부분을 제거한 후 산출한 평균입니다. 예를 들면 10% 절사평균이란 자료의 총 개수(n)에서 10%를 제외하므로, 상위 5%와 하위 5%에 위치한 값까지 삭제한 뒤 구한 산술평균이 됩니다. 즉, 절사평균은 이상치의 영향을 적게 받지만 자료의 일부를 절사하기 때문에 전체 자료에 대한 정보의 손실을 감안해야 합니다.

② 중위수는 주어진 자료를 크기 순으로 나열했을 때 가운데 위치하는 관측값으로, 자료 중에 이상치가 존재하는 경우 평균은 이상치의 영향을 많이 받으므로 중위수를 구하여 그 자료의 대표값으로 사용하는 것이 바람직합니다.

③ 결과적으로 이상치가 존재하는 경우 평균보다는 중앙값과 절사평균을 대표값으로 사용하는 것이 바람직하며, 정보의 손실 측면까지 고려한다면 절사평균보다는 중앙값을 사용하는 것이 바람직합니다.

대표적인 산포도로는 분산과 표준편차가 있습니다. 분산보다 표준편차를 많이 사용하는 이유에 대해 설명해 보세요.

해설 표준편차(Standard Deviation)

① 분산은 각각의 관측값에서 평균을 뺀 값을 편차라 하는데, 개개의 편차를 제곱한 값들의 평균으로 실제 측정한 단위의 제곱 형태로 표현되기 때문에 실질적인 사용에 문제가 있습니다.

② 표준편차는 분산의 제곱근 형태로 실제 측정한 단위와 일치하기 때문에 사용이 용이합니다.

다음 제시된 A와 B 중에서 어느 것을 선택해야 하는지와 그 이유를 설명해 보세요.

> A. 10억의 '수익'을 올릴 확률이 90%이고, '수익'을 올리지 못할 확률이 10%
> B. 8억의 '수익'을 올릴 확률이 100%

해설 기대값(Expected Value)

① A의 기대값은 $(10 \times 0.9) + (0 \times 0.1) = 9$억이고, B의 기대값은 8억입니다.

② A의 기대이익이 B의 기대이익보다 1억이 많으므로 순수한 기대이익을 기준으로 하였을 때에는 A를 선택하는 것이 바람직합니다.

③ 하지만 경제학의 기대효용이론을 적용하면, 개인의 기대효용함수에 따라 차이가 있을 수 있지만 일반적으로 위험회피경향을 보이므로 불확실성이 적은 B를 선택할 가능성이 높습니다.

자료가 0000, 0101, 012012와 같이 주어졌을 때 분산이 가장 큰 것은?

해설 분산(Variance)

① 분산은 산포도로서 개개의 관측값이 중심위치로부터 얼마만큼 떨어져 있는지를 나타내는 척도입니다.

② 각각의 관측값에서 평균을 뺀 값을 편차라 하는데, 개개의 편차를 제곱한 값들의 평균이 분산입니다.

③ 위의 자료에서 각각의 자료들이 평균으로부터 가장 멀리 떨어져 있는 자료는 012012입니다.

질문 018 변동계수란 무엇인가요?

해설 변동계수(Coefficient of Variation)

① 변동계수는 변이계수라고도 하며 자료의 단위가 다르거나, 평균의 차이가 클 때 평균에 대한 표준편차의 상대적 크기를 비교하기 위해 사용합니다.

② 모집단의 변동계수 $= \dfrac{\sigma}{\mu}$, 표본의 변동계수 $= \dfrac{S}{\overline{X}}$ 으로 정의되며, 종종 %로 표현하기도 합니다.

③ 변동계수는 범위에 제한이 없으며, 측정단위에도 영향을 받지 않습니다.

왜도(비대칭도)란 무엇인가요?

해설 왜도(Skewness)

① 왜도는 비대칭도라고도 하며 분포 모양의 비대칭 정도를 나타내는 값입니다.

② 평균이 중위수보다 큰 경우 왜도는 양의 값을 갖고, 평균과 중위수가 같은 경우 왜도는 0이며, 평균이 중위수보다 작은 경우 왜도는 음의 값을 갖습니다.

③ 왜도가 0인 경우는 좌우대칭형분포이며, 대표적인 분포로는 정규분포와 t분포가 있습니다.

④ 왜도는 편차를 표준편차로 나눈 후 3제곱을 한 다음 평균을 내는 개념으로 다음과 같이 표현합니다.

$$\bigcirc \text{ 모집단의 왜도}: a_3 = \frac{E(X-\mu)^3}{\sigma^3}$$

$$\bigcirc \text{ 표본의 왜도}: a_3 = \frac{1}{n}\sum_{i=1}^{n}\left(\frac{X_i - \overline{X}}{S}\right)^3$$

질문 020 산점도에 대해 설명해 보세요.

해설 산점도(Scatter Plot)

① 산점도는 두 변수 간의 관계를 알아보고자 할 때 분석 초기단계에서 사용하는 가장 대표적인 방법으로, 직교좌표의 평면에 관측점들을 표시하여 그린 통계 그래프입니다.

② 산점도는 특히 자료의 개수가 많을 때 유용하게 사용되며, 일반적으로 영향을 주는 변수를 X축으로 하고 영향을 받는 변수를 Y축으로 설정하여 그래프를 작성합니다.

③ 산점도로부터 두 변수 간의 관계 형태(선형, 비선형)를 알 수 있으며, 관계의 방향(양, 음의 방향) 및 관계의 세기(Strength), 군집(Cluster), 단절(Gap), 이상점 유무 등을 파악할 수 있습니다.

질문 021 표준화점수란 무엇인가요?

해설 표준화점수(Standardized Scores)

① 표준화점수(Z)는 서로 다른 분포로부터 나온 값들을 비교하기 위해 사용합니다.

② 각각의 관측값에서 평균을 빼주고 표준편차로 나누어 평균이 0이고, 표준편차가 1이 되도록 만들어 주는 작업을 표준화라고 합니다. 표준화점수는 측정단위의 영향을 받지 않습니다.

③ 표준화점수가 양수이면 표준보다 크고 음수이면 표준보다 작음을 의미합니다.

질문 022 공분산에 대해 설명해 보세요.

해설 공분산(Covariance)

① 공분산은 산점도에 표시된 변수관계의 크기와 부호를 정량화하기 위해서 만들어진 값입니다.

② 결합확률분포를 이루는 두 개의 확률변수 X와 Y가 서로 독립이 아니라 종속이라면 그 두 확률변수 사이에는 일정한 상호연관관계가 존재한다는 것을 의미합니다. 즉, 두 변수 간에 선형의 상호연관관계를 갖는다면 그 선형연관성의 존재여부를 공분산이라 합니다.

③ X변수가 얼마만큼 변할 때 다른 Y변수가 얼마만큼 변하는지를 나타내는 것으로 두 변수 간의 선형연관성을 나타내는 척도인 공분산은 다음과 같이 정의합니다.

$$Cov(X, Y) = \sigma_{XY} = E\left[(X - \mu_X)(Y - \mu_Y)\right]$$
$$\text{여기서, } \mu_X = E(X), \ \mu_Y = E(Y)$$

④ 공분산은 범위에 제한이 없으며, 측정단위의 영향을 받습니다.

⑤ 두 변수가 서로 독립이면 공분산은 0이지만, 공분산이 0이라고 해서 두 변수가 반드시 독립인 것은 아닙니다.

⑥ 공분산이 선형관계를 나타내주긴 하지만 그 크기가 변수의 측정단위에 영향을 받기 때문에 선형관계를 비교하는 적당한 통계량이라고는 할 수 없습니다. 이와 같은 이유로 공분산 값 자체로는 두 변수 간 얼마나 강한 연관성이 있는지 알기 어렵기 때문에 공분산을 각 변수의 표준편차로 나눈 상관계수를 이용합니다.

표본상관계수에 대해 설명해 보세요.

■■■해설 **표본상관계수(Correlation Coefficient)**

① 표본상관계수는 표본으로부터 산출된 상관계수로, 공분산은 두 확률변수가 취하는 값의 측정단위에 의존하기 때문에 이러한 측정단위에 대한 의존도를 없애주기 위해 공분산을 두 확률변수의 표준편차의 곱으로 나누어준 값입니다.

② 표본상관계수(r)는 다음과 같이 정의합니다.

$$r = \frac{Cov(X, Y)}{S_X S_Y} = \frac{\sum (X_i - \overline{X})(Y_i - \overline{Y})}{\sqrt{\sum (X_i - \overline{X})^2}\sqrt{\sum (Y_i - \overline{Y})^2}}$$
$$= \frac{\sum X_i Y_i - n\overline{X}\,\overline{Y}}{\sqrt{\sum X_i^2 - n\overline{X}^2}\sqrt{\sum Y_i^2 - n\overline{Y}^2}}$$

③ 상관계수의 범위는 $-1 \leq r \leq 1$ 이고, 단위가 없는 수이며, 측정단위의 영향을 받지 않습니다.

④ 두 변수의 선형관계가 강해질수록 상관계수는 1 또는 -1에 근접하게 되고, 상관계수가 0이면 변수 간에 선형연관성이 없는 것이지 곡선의 연관성은 있을 수 있습니다.

⑤ 상관계수는 변수들 간의 선형관계를 나타내는 것이지 인과관계를 나타내는 것은 아닙니다.

두 확률변수의 선형연관성을 측정할 때 공분산 대신 상관계수를 사용하는 이유는 무엇인가요?

■■■해설 **상관계수(Correlation Coefficient)**

① 공분산은 두 확률변수가 취하는 값의 측정단위에 의존하기 때문에 이러한 측정단위에 대한 의존도를 없애주기 위해 공분산을 두 확률변수의 표준편차의 곱으로 나누어준 값인 상관계수를 사용합니다.

② 공분산과 상관계수의 공통점은 이 두 측도 모두 두 확률변수에 대한 선형관계의 정도를 측정한다는 점이며, 공분산은 측정단위에 의존하지만 상관계수는 측정단위에 의존하지 않는다는 것이 차이점입니다.

질문 025 두 확률변수 X, Y의 관계에 있어 '독립적이다'와 '상관관계에 있지 않다'는 것에 대해 설명해 보세요.

해설 독립과 상관관계

① 상관계수는 두 확률변수 사이에 선형의 연관성을 나타내주는 척도입니다.

② 두 확률변수 X와 Y가 독립적이라는 것은 X와 Y가 서로 아무런 연관성이 없음을 의미하며, 상관계수는 0이 됩니다.

③ 하지만 상관계수가 0이라고 해서 두 확률변수 X와 Y가 반드시 독립적이라고 할 수는 없습니다. 상관계수가 0이면 두 확률변수 사이에 선형의 연관성이 없다는 의미이지 곡선의 연관성은 있을 수 있기 때문입니다.

질문 026 상관계수의 한계에 대해 설명해 보세요.

해설 상관계수의 한계

① 상관계수는 수치에 대한 수학적인 관계일 뿐, 속성의 관계로 확대 해석해서는 안 됩니다.

② 상관계수는 선형관계의 측도로서 상관계수가 0이라는 것은 선형관계가 없는 것이지 곡선의 관계는 존재할 수 있습니다.

③ 상관계수는 자료 분석의 초기단계에 사용하는 통계량이지 결론단계에 사용되는 통계량은 아닙니다.

④ 상관계수는 두 변수 사이의 상관관계만을 측정할 뿐, 두 변수 사이의 인과관계를 설명할 수는 없습니다.

확률변수란 무엇인가요?

해설 **확률변수(Random Variable)**

① 확률변수는 일정한 확률을 가지고 발생하는 사상에 수치가 부여된 변수를 말합니다. 수학적으로 표현한다면 확률변수는 표본공간에서 정의된 하나의 함수입니다.

② 일반적으로 확률변수는 알파벳 대문자로 표기하며, 확률변수의 값은 알파벳 소문자로 표기합니다.

③ 확률변수는 이산확률변수와 연속확률변수로 구분됩니다. 확률변수가 가질 수 있는 값이 유한개이거나, 무한개라 하더라도 셀 수 있는 경우를 이산확률변수라 하고, 어느 구간 안에서 임의의 값을 갖는 경우를 연속확률변수라고 합니다.

질문 028 어떤 두 사건이 서로 독립이라고 한다면 이 의미는 무엇인가요?

해설 **독립사건(Independent Events)**

① A가 일어나는 사건이 B가 일어나는 사건에 영향을 미치지 않고, B가 일어나는 사건이 A가 일어나는 사건에 영향을 미치지 않으면, A와 B는 서로 독립이라고 합니다.

② A와 B가 서로 독립이면 $P(A \cap B) = P(A)P(B)$이 성립하므로

$$P(B|A) = \frac{P(B \cap A)}{P(A)} = \frac{P(B)P(A)}{P(A)} = P(B)$$이 됩니다.

즉, A가 주어졌다는 조건하에 B가 발생할 확률은 B가 발생할 확률과 동일합니다.

③ A와 B가 서로 독립이 아닌 경우 두 사건 A와 B를 종속사건(Dependent Events)라고 합니다.

주사위를 한 번 던지는 실험에서 눈이 1이 나올 확률과 주사위를 두 번 던지는 실험에서 눈의 합이 7이 나올 확률은 어떻게 되나요? 위의 두 사건은 독립인가요?

해설 독립사건(Independent Events)

① 주사위를 한 번 던지는 실험에서 눈이 1이 나올 확률은 $\frac{1}{6}$ 입니다.

② 주사위를 두 번 던지는 실험에서 눈이 7이 나올 경우는 (1, 6), (2, 5), (3, 4), (4, 3), (5, 2), (6, 1)로 6가지이므로 확률은 $\frac{6}{36} = \frac{1}{6}$ 입니다.

③ 주사위를 두 번 던지는 실험에서 1의 눈이 나오고 눈의 합이 7인 경우는 (1, 6), (6, 1)로 2가지이므로 확률은 $\frac{2}{36}$ 입니다.

④ 두 사건이 독립이기 위해서는 $P(A \cap B) = P(A)P(B)$ 가 성립해야 하는데 $\frac{1}{6} \times \frac{1}{6} \neq \frac{2}{36}$ 이므로 위의 두 사건은 독립이 아닌 종속입니다.

질문 030 타율이 3할인 어느 야구선수가 앞선 두 번의 타석에서 안타를 치지 못했습니다. 이 타자가 세 번째 타석에서 안타를 칠 확률과 그 이유를 설명하세요.

해설 독립사건(Independent Events)

① 이 선수의 타율이 3할이라는 것은 매 타석에서 안타를 칠 확률이 0.3%라는 의미입니다.

② 앞서 두 번의 타석에서 안타를 못 쳤다고 세 번째 타석에서 안타를 칠 확률이 올라가는 것은 아니기 때문에 이 선수가 안타를 칠 사건은 독립사건입니다.

③ 이전의 사건이 현재의 사건에 영향을 미치지 않기 때문에 세 번째 타석에서 안타를 칠 확률은 0.3%입니다.

질문 031 어떤 두 사건이 서로 배반이라고 한다면 이 의미는 무엇인가요?

해설 배반사건(Exclusive Events)

① 예를 들어 하나의 동전을 던지는 실험에서 앞면이 나오는 사건을 A라 하고, 뒷면이 나오는 사건을 B라 할 때 이 두 사건은 동시에 일어날 수 없는 사건입니다. 이와 같이 사건 A와 B가 서로 동시에 일어날 수 없는 경우 A와 B를 배반사건이라고 합니다.

② A와 B가 배반이면 $A \cap B = \varnothing$ 가 성립하므로 $P(A \cup B) = P(A) + P(B)$ 이 됩니다.

질문 032 베이즈 정리에 대해 설명해 보세요.

해설 베이즈 정리(Bayes' Theorem)

① 베이즈 정리는 영국의 Thomas Bayes에 의해 제안된 정리로 조건부 확률에 대한 하나의 정리입니다.

② 표본공간이 n개의 사건 $A_1, A_2, \cdots, A_n$에 의해 분할되었고, $P(A_i)$가 0이 아니면 임의의 사건 B에 대해 다음의 식이 성립합니다.

$$P(A_i \mid B) = \frac{P(A_i) \, P(B \mid A_i)}{\displaystyle\sum_{i=1}^{n} P(A_i) \, P(B \mid A_i)}$$

$$= \frac{P(A_i) \, P(B \mid A_i)}{P(A_1) \, P(B \mid A_1) + P(A_2) \, P(B \mid A_2) + \cdots + P(A_n) \, P(B \mid A_n)}$$

③ 이와 같이 사건 B가 일어났다는 조건하에 사건 A_i가 일어날 확률을 구하는 공식이 베이즈 정리입니다.

질문 033 베르누이 시행에 대해 설명해 보세요.

해설 베르누이 시행(Bernoulli Trial)

① 동등한 실험조건하에서 실험의 결과가 단지 두 가지의 가능한 결과(예) 성공, 실패)만을 가질 때 이와 같은 실험을 베르누이 시행이라 합니다.

② 성공의 횟수를 확률변수 X라고 하면, 확률변수 X는 성공률이 p인 베르누이 분포를 따른다고 합니다.

③ 베르누이 시행의 확률밀도함수는 $f(x) = p^x (1-p)^{1-x}$, $x = 0, 1$, $0 \leq p \leq 1$으로 확률변수 X의 기대값은 $E(X) = p$이고 분산은 $Var(X) = pq$입니다.

질문 034 주사위를 180번 던지는 실험에서 6이 나올 확률을 X라 할 때, 평균과 분산을 구하세요.

해설 이항분포의 평균과 분산

① 확률변수 X가 이항분포 $B(n, p)$를 따를 때 X의 기대값은 np이고, 분산은 npq입니다.

② 이 문제는 확률변수 X가 이항분포 $B\left(180, \dfrac{1}{6}\right)$을 따르므로 평균은 $180 \times \dfrac{1}{6} = 30$이고, 분산은 $180 \times \dfrac{1}{6} \times \dfrac{5}{6} = 25$입니다.

질문 035 포아송분포에 대해 설명해 보세요.

해설 포아송분포(Poisson Distribution)

① 일반적으로 단위시간, 단위면적 또는 단위공간 내에서 발생하는 어떤 사건의 횟수를 확률변수 X라 하면, 확률변수 X는 λ를 모수로 갖는 포아송분포를 따른다고 합니다.

② 포아송분포의 확률밀도함수는 $f(x) = \dfrac{e^{-\lambda} \lambda^x}{x!}$, $x = 0, 1, 2, \cdots$으로 λ는 단위시간, 단위면적 또는 단위공간 내에서 발생하는 사건의 평균값을 나타냅니다.

③ 이항분포에서 시행횟수 n이 매우 크고 성공의 확률 p가 0에 가까우면 포아송분포로 근사하게 됩니다. 포아송분포의 기대값과 분산은 λ로 기대값과 분산이 동일합니다.

질문 036 정규분포에 대해 설명해 보세요.

해설 정규분포(Normal Distribution)

① 정규분포는 확률분포 중 가장 많이 사용되는 분포입니다. 그 이유는 중심극한정리에 의해 표본의 수를 증가시키면 모집단의 분포에 관계없이 평균과 분산이 존재할 때 모든 분포는 정규분포에 근사하기 때문입니다.

② 정규분포는 2개의 모수인 평균 μ와 표준편차 σ에 의해 그 분포가 결정되며 평균 μ는 분포의 중심을 결정하고, 표준편차 σ는 분포의 퍼진 정도를 결정합니다.

③ 정규분포는 평균을 중심으로 좌우대칭형이며, 왜도는 0, 첨도는 3으로 알고 있습니다.

체비세프 부등식에 대해 설명해 보세요.

해설 체비세프 부등식(Chebyshev's Inequality)

① 체비세프 부등식은 확률변수 X에 대해 평균이 $E(X) = \mu$이고, 분산이 $Var(X) = \sigma^2$일 때, 임의의 양수 k에 대해 다음이 성립한다는 정리입니다.

$$P(|X - \mu| \geq k) \leq \frac{\sigma^2}{k^2} \text{ 또는 } P(|X - \mu| \leq k) \geq 1 - \frac{\sigma^2}{k^2}$$

② 이 체비세프 부등식은 표본의 평균으로 모평균이 속해있는 구간을 추정할 때, 구간의 길이를 조정하기 위해 유용하게 쓰입니다.

③ 확률변수의 값이 평균으로부터 표준편차의 일정 상수배 이상 떨어진 확률의 상한값 또는 하한값을 제시해 주지만, 이 부등식은 어떤 확률의 상한값 또는 하한값을 제시해 줄 뿐, 이 상한값 또는 하한값이 구하고자 하는 정확한 확률에 반드시 가깝지는 않다는 한계가 있습니다.

③ 이와 같은 이유로 이 부등식을 확률에 근사시키는 데에는 사용하지 않습니다.

질문 038 중심극한정리에 대해 설명해 보세요.

해설 중심극한정리(Central Limit Theorem)

① 중심극한정리는 표본의 크기가 충분히 크면 모집단의 분포와 관계없이 표본평균 $\overline{X}$의 분포는 기대값이 모평균 μ이고, 분산이 $\frac{\sigma^2}{n}$인 정규분포 $N\left(\mu, \frac{\sigma^2}{n}\right)$로 근사한다는 이론입니다.

② 중심극한정리에서 가장 중요한 점 중 하나는 모분포에 대해 특정한 꼴을 필요로 하지 않는다는 것입니다. 일반적으로 표본의 크기가 30 이상이면 대표본으로 간주하여 중심극한정리를 적용할 수 있습니다.

자유도란 무엇인가요?

해설 **자유도(The Degree of Freedom)**

① 자유도란 독립적인 관측값의 개수를 의미합니다. 즉, 표본자료로부터 평균까지의 편차합 $\sum_{i=1}^{n}\left(X_i - \overline{X}\right)$ 을 구하면 항상 0이 되어서 $n-1$개 자료의 편차만 알면 나머지 하나의 편차를 알 수 있게 됩니다.

② 전체 n개의 자료값 중에서 $n-1$개의 자료값만이 자유롭게 변화할 수 있다는 의미에서 자유도라 하며 $\varnothing$와 같이 표기하기도 합니다.

질문 040 공정한 동전을 100번 던졌을 경우 앞면이 50번 이상 나올 확률은?

해설 **이항분포의 정규근사**

① 앞면이 나올 횟수를 확률변수 X라 한다면 X는 이항분포 $B(100, 0.5)$를 따릅니다.

② 이항분포를 이용하여 구하고자 하는 확률은 $\sum_{r=50}^{100} {}_{100}C_r (0.5)^r (0.5)^{n-r}$ 입니다.

③ 위의 확률을 구하는 데는 계산상 어려움이 있으므로 이항분포의 정규근사를 이용하여 계산하면 편리합니다.

④ 이항분포의 정규근사 조건인 $np > 5$ 이고 $n(1-p) > 5$을 만족하므로, $E(X) = np = 50$, $V(X) = npq = 25$를 감안하면 구하고자 하는 확률은

$$P(X \geq 50) = P\left(Z \geq \frac{50-50}{5}\right) = P(Z \geq 0) = 1 - P(Z \leq 0) = 0.5$$가 됩니다.

질문 041 대수의 약법칙에 대해 설명해 보세요.

해설 대수의 약법칙(Weak Law of Large Number)

① 대수의 약법칙이란 $X_1, X_2, \cdots, X_n$이 서로 독립이고 동일한 분포를 가지는 확률변수라 할 때, 각 확률변수가 유한 평균 $E(X_i) = \mu$와 유한 분산 $\sigma^2 < \infty$를 갖는다면 표본평균 $\overline{X} = \dfrac{X_1 + X_2 + \cdots + X_n}{n}$ 은 μ에 확률적으로 수렴한다는 정리입니다.

② 이를 수학적으로 표현하면 임의의 양수 ϵ에 대하여 다음이 성립합니다.

$$\lim_{n \to \infty} P[|\overline{X} - \mu| < \epsilon] = 1 \ \text{ 또는 } \ \lim_{n \to \infty} P[|\overline{X} - \mu| \geq \epsilon] = 0$$

질문 042 표본통계량과 표본분포에 대해 설명해 보세요.

해설 표본통계량(Sample Statistic)과 표본분포(Sampling Distribution)

① 표본통계량이란 미지의 모수를 포함하지 않는 랜덤표본 $X_1, \cdots, X_n$의 함수를 의미합니다.

② 표본통계량을 구하는 목적은 이를 통해 모집단의 성격을 알고자 하는 것입니다. 하지만 이 표본통계량이 해당 모집단의 성격을 얼마나 잘 측정해 주는지는 정확히 알 수 없습니다. 그 이유는 같은 통계량을 이용한다고 하더라도 매번 표본을 추출할 때마다 통계량의 값이 달라지기 때문입니다.

③ 표본통계량 또한 확률변수로 어떤 표본이 뽑히느냐에 따라 그 값이 달라지므로 어떠한 형태로 변하는가를 조사함으로써 표본통계량의 분포를 알 수 있습니다. 이때 표본통계량의 분포를 표본분포라고 합니다.

④ 결과적으로 표본분포는 통계량의 확률분포로서 이를 통해 모집단의 특성을 추론할 수 있습니다.

통계량과 추정량에 대해 설명해 보세요.

통계량(Statistic)과 추정량(Estimator)

① 미지의 모수들에 대한 정보를 얻기 위해 모집단으로부터 표본을 추출하고 이 표본으로부터 얻을 수 있는 모집단의 모수에 대응되는 개념을 통계량(Statistic)이라고 합니다.

② 통계량은 미지의 모수를 포함하지 않는 관측 가능한 확률표본의 함수입니다. 특히 모집단의 특정한 모수를 추정하기 위해 사용되는 통계량을 그 모수의 추정량(Estimator)이라고 합니다.

바람직한 추정량은 어떤 조건을 만족해야 하나요?

바람직한 추정량

① 바람직한 추정량은 불편성, 일치성, 충분성, 효율성을 만족하는 추정량입니다.

② 불편성(Unbiasedness)은 모수 θ의 추정량을 $\hat{\theta}$으로 나타낼 때, $\hat{\theta}$의 기대값이 θ가 되는 성질입니다. 즉, $E(\hat{\theta}) = \theta$ 이면 $\hat{\theta}$을 불편추정량이라 합니다.

③ 일치성(Consistency)은 표본의 크기가 커짐에 따라 추정량 $\hat{\theta}$이 확률적으로 모수 θ에 가깝게 수렴하는 성질입니다.

④ 충분성(Sufficiency)은 모수에 대하여 가능한 많은 표본정보를 내포하고 있는 추정량의 성질입니다.

⑤ 효율성(Efficiency)은 추정량 $\hat{\theta}$이 불편추정량이고, 그 분산이 다른 불편추정량 $\hat{\theta}_i$에 비해 최소의 분산을 갖는 성질입니다.

적률법에 대해 설명해 보세요.

해설 **적률법(Method of Moments)**

① 점추정 방법에는 적률법, 최대가능도추정법, 최소제곱법 등이 있으며, 적률법은 점추정 방법 중 가장 직관적인 방법으로, 적용이 용이한 것이 장점입니다.

② 적률법은 모집단의 r차 적률을 $\mu_r = E(X^r)$, $r = 1, 2, \cdots$이라 하고 표본의 r차 적률을 $\hat{\mu}_r = \dfrac{1}{n}\sum X_i^r$, $r = 1, 2, \cdots$이라 할 때, 모집단의 적률과 표본의 적률을 같다($\mu_r = \hat{\mu}_r$, $r = 1, 2, \cdots$)고 놓고 해당 모수에 대해 추정량을 구하는 방법입니다.

③ 이렇게 구한 추정량을 모수 θ에 대한 적률추정량(MME ; Method of Moments Estimator)이라고 합니다.

질문 046 **최대가능도추정법에 대해 설명해 보세요.**

해설 **최대가능도추정법(Method of Maximum Likelihood)**

① 표본을 추출한 결과를 통해서 모집단의 특성을 유추할 때에는 일반적으로 표본을 추출한 결과(사건)가 일어날 가능성이 가장 높은 상태를 현재 모집단의 특성이라고 유추하기 마련입니다.

② 이러한 아이디어에서 시작된 점추정법이 바로 최대가능도추정법이며, 이를 최우추정법이라고도 합니다.

③ 최대가능도추정법을 수학적으로 표현하면 n개의 관측값 $x_1, \cdots, x_n$에 대한 결합밀도함수인 가능도함수(우도함수)를 다음과 같이 정의합니다.

$$L(\theta) = L(\theta \; ; \; x) = \prod_{i=1}^{n} f(x_i \; ; \; \theta) = f(x_1, \cdots, x_n \; ; \; \theta)$$

여기서 $f(x_i \; ; \; \theta)$은 θ가 주어졌을 때 x의 함수를 의미하며 $f(x_i | \theta)$로 표기하기도 하며, $L(\theta \; ; \; x)$은 x가 주어졌을 때 θ의 함수를 의미하며 $L(\theta | x)$로 표기하기도 합니다.

④ 가능도함수 $L(\theta)$를 θ의 함수로 간주할 때 $L(\theta)$를 최대로 하는 θ의 값 $\hat{\theta}$을 구하는 방법이 최대가능도추정법입니다.

⑤ 이때 $\hat{\theta}$을 모수 θ의 최대가능도추정량(MLE ; Maximum Likelihood Estimator)이라 하며, 이를 최우추정량이라고도 합니다.

평균제곱오차에 대해 설명해 보세요.

해설 평균제곱오차(MSE ; Mean Square Error)

① 어떤 모수에 대한 추정량이 좋은 추정량인지를 나타내는 가장 기본적인 측도는 기대값과 분산입니다. 즉, 기대값이 모수에 근접할수록 좋은 추정량이며, 분산이 작을수록 좋은 추정량입니다.

② 추정량을 선택할 때 이 두 가지 측도 중 한 가지를 배제할 수는 없으므로 기대값과 분산을 동시에 고려하는 새로운 기준이 필요한데, 이것이 바로 평균제곱오차입니다.

③ 오차는 추정량($\hat{\theta}$)이 모수(θ)와 어느 정도 떨어져 있는지를 측정하기 위한 값으로 $\hat{\theta}-\theta$로 정의하며, 각 추정량과 모수의 차의 제곱에 대한 기대값을 평균제곱오차라 정의합니다. 즉, 평균제곱오차는 추정량의 분산과 편향[$Bias(\hat{\theta}) = E(\hat{\theta}) - \theta$]의 제곱으로 이루어져 있습니다.

$$MSE(\hat{\theta}) = E(\hat{\theta} - \theta)^2 = Var(\hat{\theta}) + \left[Bias(\hat{\theta})\right]^2$$

④ 분산은 추정량이 기대값에서 떨어진 정도를 측정해 주지만, 평균제곱오차는 추정량이 목표값에서 떨어진 정도를 측정해 줍니다.

⑤ 만약 불편(비편향)이면서 분산이 큰 추정량과 편향이면서 분산이 작은 추정량이 있다면 어느 추정량이 더 효율적인지를 판단하는 기준이 됩니다.

UMVUE에 대해 설명해 보세요.

해설 균일최소분산불편추정량(UMVUE)

① UMVUE란 Unique 또는 Uniformly Minimum Variance Unbiased Estimator의 약자로 균일최소분산불편추정량을 의미합니다.

② UMVUE는 현재까지 알려져 있는 추정량 중에서 가장 좋은 추정량이라 할 수 있습니다.

③ UMVUE가 되기 위한 필요충분조건은 완비충분통계량의 함수로서 불편추정량이면 다른 추정량들에 비해 최소의 분산을 갖기 때문에 UMVUE가 됩니다.

④ UMVUE를 찾는 대표적인 정리로는 레만-쉐페 정리(Lehmann-Scheffe Theorem)와 크래머-라오의 하한(CRLB ; Cramer-Rao Lower Bound)이 있습니다.

질문 049 한 여론조사 발표에서 "1,000명을 조사한 결과 찬성이 52%이며 95% 신뢰수준하에서 최대허용오차는 ±3.1%이다."라고 발표하였을 때, 최대허용오차 ±3.1%의 의미는?

해설 최대허용오차

① 최대허용오차는 허용 가능한 최대의 표본오차범위를 의미합니다. 즉, 95% 신뢰수준하에서 최대허용오차가 ±3.1%라는 의미는 "추정비율(52%)±최대허용오차(3.1%) 사이에 실제비율이 있을 가능성을 95% 정도 신뢰할 수 있다."라는 뜻입니다.

② 모비율 p에 대한 $100(1-\alpha)\%$ 신뢰구간은 $\overline{X} \pm z_{\alpha/2}\sqrt{\dfrac{\hat{p}(1-\hat{p})}{n}}$ 입니다.

여기서, $\sqrt{\dfrac{\hat{p}(1-\hat{p})}{n}}$ 을 표준오차라 하고, $z_{\alpha/2}\sqrt{\dfrac{\hat{p}(1-\hat{p})}{n}}$ 을 추정오차(오차한계)라고 합니다.

③ $z_{\alpha/2}$과 표본크기 n이 정해져 있으므로 추정오차를 최대로 하기 위해서는 $\hat{p}=0.5$이어야 하며, 95% 신뢰수준에서 최대허용오차는 $\hat{p}$에 0.5를 대입해 다음과 같이 구합니다.

$$\pm z_{\alpha/2}\sqrt{\frac{\hat{p}(1-\hat{p})}{n}} = \pm 1.96\sqrt{\frac{0.5(1-0.5)}{1000}} = \pm 3.1$$

질문 050 신뢰수준 95%인 신뢰구간의 의미는?

해설 신뢰구간(Confidence Interval)

① 모수가 포함되었을 것이라고 추정하는 일정한 구간을 제시하였을 때 그 구간을 신뢰구간이라고 합니다.

② 신뢰수준 95%의 의미는 똑같은 연구를 똑같은 방법으로 100번 반복해서 신뢰구간을 구하는 경우, 그중 적어도 95번은 그 구간 안에 모수가 포함될 것임을 의미하며, 구간이 모수를 포함하지 않는 경우는 5% 이상 되지 않는다는 의미입니다.

질문 051 귀무가설과 대립가설에 대해 설명해 보세요.

해설 **귀무가설과 대립가설**

① 대립가설은 연구가설로서 분석하는 사람이 새롭게 주장하고자 하는 가설입니다.

② 새로운 주장이 타당한 것으로 볼 수 없을 때는 저절로 원상이나 현재 믿어지는 가설로 돌아가게 되는데 이 가설을 귀무가설이라 합니다.

③ 가설검정에서는 흔히 대립가설에 더 관심이 있으며, 일반적으로 분석하는 사람은 자신의 주장을 입증하기 위해 대립가설을 채택하고 귀무가설을 기각하기를 원합니다.

질문 052 제1종의 오류와 제2종의 오류에 대해 설명해 보세요.

해설 **제1종의 오류와 제2종의 오류**

① 제1종의 오류는 귀무가설이 옳음에도 불구하고 대립가설을 채택하는 오류로서, 제1종의 오류를 범할 확률을 유의수준이라 하며 α로 표기합니다. 즉, 유의수준은 귀무가설이 참일 때 귀무가설을 기각하는 오류를 범할 확률을 의미합니다.

② 제2종의 오류는 대립가설이 옳음에도 불구하고 귀무가설을 채택하는 오류로서, 제2종의 오류를 범할 확률을 β로 표기합니다.

③ 표본의 크기가 고정되어 있다고 가정할 때 제1종의 오류와 제2종의 오류는 상호 역의 관계에 있으므로, 제1종의 오류를 범할 확률을 증가시키면 제2종의 오류를 범할 확률은 감소하고, 제1종의 오류를 범할 확률을 감소시키면 제2종의 오류를 범할 확률은 증가합니다.

질문 053 유의확률에 대해 설명해 보세요.

해설 유의확률(p-value)

① 유의확률이란 귀무가설이 사실이라는 전제하에 검정통계량이 표본에서 계산된 값과 같거나 그 값보다 대립가설 방향으로 더 극단적인 값을 가질 확률입니다. 즉, 유의확률은 검정통계량 값에 대해서 귀무가설을 기각시킬 수 있는 최소의 유의수준으로 귀무가설이 사실일 확률이라고 생각할 수 있습니다.

② 유의확률을 제시함으로써 제1종의 오류 확률인 유의수준 α를 임의로 정해야 하는 문제점이 해결되고 귀무가설을 기각할 것인지 채택할 것인지 분석자 스스로 결정할 수 있습니다.

③ 모든 검정(좌측검정, 우측검정, 양측검정)에서 다음이 성립합니다.

$$\alpha > p \text{ 값 } \Rightarrow \text{ 귀무가설 } H_0 \text{ 기각}$$
$$\alpha < p \text{ 값 } \Rightarrow \text{ 귀무가설 } H_0 \text{ 채택}$$

질문 054 검정력함수와 검정력에 대해 설명해 보세요.

해설 검정력함수(Power Function)와 검정력

① 검정력함수는 귀무가설 H_0를 기각시킬 확률을 모수 θ의 함수로 나타낸 것입니다. 귀무가설에 대한 기각영역을 C라 할 때 검정력함수($\pi(\theta)$)는 다음과 같이 정의합니다.

$$\pi(\theta) = P(H_0 \text{ 기각} \mid \theta) = P[(X_1, X_2, \cdots, X_n) \in C \mid \theta]$$

② 검정력함수는 실제가 어떻든지 간에 귀무가설을 기각할 확률로 정의할 수 있으며, 주어진 θ에서의 검정력함수의 값을 θ에서의 검정력이라 합니다.

③ 검정력은 모수 θ가 귀무가설에 속하는 값이면 유의수준이 되므로 작은 것이 좋고, 모수 θ가 대립가설에 속하는 값이면 옳은 결정을 내릴 확률이 되므로 큰 것이 좋습니다.

④ 모수 θ가 대립가설에 속하는 값이면 검정력($1-\beta$)은 전체 확률 1에서 제2종의 오류를 범할 확률 β를 뺀 확률로, 대립가설이 참일 때 귀무가설을 기각할 확률이 됩니다.

신입직원들의 오른쪽 눈과 왼쪽 눈의 시력에 차이가 있는지 검정하려고 할 경우 사용할 수 있는 검정방법은 무엇이 있나요?

해설 대응표본 t검정

① 신입직원들의 오른쪽 눈과 왼쪽 눈이 서로 짝을 이루고 있고 표본의 수가 동일하므로 대응표본 t검정을 실시합니다.

② 신입직원들의 오른쪽 눈의 시력과 왼쪽 눈의 시력을 각각 측정하여 평균에 차이가 있는지를 검정합니다.

절대적 영점에 대해 설명해 보세요.

해설 절대적 영점(Absolute Zero Point)

① 절대적 영점의 숫자 0은 측정하려는 특성이 전혀 존재하지 않음을 의미합니다.

② 등간척도의 예로 온도가 0이라는 의미는 아무것도 없는 상태가 아니라 상대적으로 0만큼 있는 상태를 의미하므로 상대적 원점이 존재하는 것이고, 비율척도의 예로 무게가 0이라는 의미는 아무것도 없는 상태를 의미하므로 절대적 원점이 존재하는 것입니다.

③ 절대적 영점은 등간척도와 비율척도를 구분하는 기준이 됩니다.

질문 057 카이제곱 독립성 검정과 카이제곱 동질성 검정은 자료수집 단계에서 차이가 있습니다. 어떤 차이가 있는지 설명해 보세요.

해설 카이제곱 독립성 검정과 카이제곱 동질성 검정의 차이

① 카이제곱 독립성 검정은 모집단 전체에서 단일표본을 무작위 추출하기 때문에 각 변수별 표본의 크기가 미리 정해져 있지 않습니다.

② 카이제곱 동질성 검정은 모집단을 몇 개의 부차모집단으로 분류한 뒤, 표본을 각각의 부차 모집단에서 무작위로 추출하기 때문에 각 집단별 표본의 크기를 미리 정해놓고 표본을 추출합니다.

질문 058 동전을 10번 던져서 앞면이 7번 나왔을 경우, 이 동전이 공정한 동전인지 검정할 수 있는 방법을 설명하세요.

해설 카이제곱 적합성 검정(Chi-square Goodness of Fit Test)

① 카이제곱 적합성 검정은 단일표본에서 한 변수의 범주 값에 따라 기대도수와 관측도수 간에 유의한 차이가 있는지를 검정합니다.

② 동전을 10번 던져서 앞면과 뒷면이 나올 기대도수는 각각 5번입니다.

③ 카이제곱 적합성 검정의 검정통계량은 $\chi^2 = \sum\limits_{i=1}^{k} \dfrac{(O_i - E_i)^2}{E_i} \sim \chi^2_{(k-1)}$ 이므로 검정통계량 값

은 $\chi^2_c = \sum\limits_{i=1}^{k} \dfrac{(O_i - E_i)^2}{E_i} = \dfrac{(7-5)^2}{5} + \dfrac{(3-5)^2}{5} = \dfrac{8}{5} = 1.6$ 입니다.

④ 검정통계량 값 1.6과 유의수준 α 에서의 기각치 $\chi^2_{\alpha,\,1}$ 을 비교하여 검정통계량 값이 기각치보다 크면 귀무가설을 기각하고, 그렇지 않으면 귀무가설을 채택합니다.

100개의 저축은행에 대한 대출금리와 연체율을 각각 높음과 낮음으로 조사하여 구분하였습니다. 대출금리와 연체율간에 연관성이 있는지를 검정하고자 할 때 어떤 검정을 사용할수 있나요? 만약, 대출금리와 연체율을 각각 연속형 변수로 측정하였다면 대출금리와연체율간의 관계를 설명하는데 상기 분석 방법보다 설명력이 좋은 방법은 무엇인가요?

해설 카이제곱 독립성 검정과 단순회귀분석

① 대출금리와 연체율을 범주형으로 조사하였다면 두 범주형 변수간의 연관성을 검정하는 카이제곱 독립성 검정을 실시합니다.

② 범주형 자료보다 더 많은 정보를 가지고 있는 두 연속형 변수에 대한 분석은 단순회귀분석을 실시합니다.

③ 일반적으로 영향을 미친다고 생각되는 독립변수를 연체율이라 하고 종속변수를 대출금리라하여 단순회귀분석을 실시할 수 있습니다.

질문 060 심슨의 패러독스에 대해 설명해 보세요.

해설 심슨의 패러독스(Simson's Paradox)

교차표를 분석할 경우 각각의 부분자료에서 성립하는 대소 관계가 종종 그 부분자료를 종합한전체자료에 대해서는 성립하지 않는 경우가 있습니다. 이와 같은 모순이 발생하는 현상을 심슨의 패러독스라고 합니다.

분산분석을 실시하기 전에 먼저 검토해야 할 사항은 어떤 것들이 있나요?

해설 **분산분석 전 가정의 검토**

① 분산분석을 실시하기 전에 먼저 오차항에 대한 기본 가정인 독립성, 정규성, 등분산성을 모두 만족하는지를 먼저 검토해야 합니다.

② 오차항의 독립성 검정은 실험의 계획단계에서 서로 독립인 3개 이상의 집단간 평균차를 전체적으로 분석하므로 분산분석에서는 독립성 검정을 따로 실시하지는 않는 것으로 알고 있습니다.

③ 오차항의 정규성 검정은 정규확률도표(Normal Probability Plot)를 그려서 점들이 거의 일직선상에 위치하면 정규성을 만족한다고 보고, 오차항의 등분산성 검정은 Levene 검정, Bartlett 검정 등을 통해서 검토합니다.

④ 오차항의 기본 가정이 충족되지 않을 경우 대표적인 비모수적 방법으로 크루스칼-왈리스 검정(Kruskal-Wallis Test)을 실시할 수 있습니다.

질문 062 5개 집단에 대한 평균들 간에 차이가 있는지를 검정하고자 할 때 분산분석을 사용합니다. 5개 집단을 두 개씩 짝지어 이표본 t검정을 실시하면 어떤 문제점이 발생하나요?

해설 **분산분석(Analysis of Variance)**

① 5개의 표본평균들을 대상으로 유의수준 5%에서 2개씩 쌍을 지어 10번($_5C_2 = 10$)의 이표본 t검정을 실시한다고 가정한다면, 실제로 이들 평균들 간에 차이가 없을 경우 옳은 결론을 내리게 될 확률은 한 쌍에 0.95씩이 됩니다.

② 10개 쌍 모두 이표본 t검정을 실시하여 올바른 결론에 도달할 확률은 $(0.95)^{10}$이 됩니다. 즉, 제1종의 오류를 범할 확률(10번의 검정 중 적어도 하나의 검정이 잘못된 결론을 내리게 될 확률)이 $1 - (0.95)^{10} = 0.401$이나 되기 때문에 문제가 될 수 있습니다.

교호작용효과에 대해 설명해 보세요.

해설 **교호작용효과(Interaction Effect)**

① 두 요인 이상의 특정한 요인수준의 조합에서 일어나는 효과를 교호작용효과라고 합니다.

② 교호작용효과는 반복이 있는 이원배치 분산분석 이상에서 검출할 수 있으며 요인 A의 처리수준에 따라 요인 B의 효과에 차이가 있거나, 요인 B의 수준에 따라 요인 A의 효과에 차이가 있을 때 두 요인 사이에는 교호작용이 있다고 합니다.

③ 교호작용 $A \times B$가 유의한 경우 요인 A와 B의 각 수준의 모평균을 추정하는 것은 일반적으로 무의미하며 실험결과의 해석은 교호작용을 중심으로 이루어집니다.

질문 064 회귀분석을 실시하기 전에 먼저 검토해야 할 사항은 어떤 것들이 있나요?

해설 **회귀분석 전 가정의 검토**

① 회귀분석을 실시하기 전에 먼저 오차항에 대한 기본 가정인 정규성, 독립성, 등분산성을 모두 만족하는지를 먼저 검토해야 합니다.

② 오차항의 정규성 검정은 정규확률도표(P-P Plot)를 그려서 점들이 거의 일직선상에 위치하면 정규성을 만족한다고 보고, 오차항의 독립성 검정은 더빈-왓슨통계량 값이 2에 가까우면 독립성을 만족한다고 봅니다. 오차항의 등분산성은 잔차들을 x축에 대해 산점도를 그려서 0을 중심으로 랜덤하게 분포되어 있으면 등분산성을 만족한다고 봅니다.

③ 다중회귀분석에서는 독립변수들 간에 높은 상관관계가 존재하는지 다중공선성 문제 또한 검토해 보아야 합니다.

질문 065 단순선형회귀모형에 오차항 ϵ_i를 포함시키는 이유는 무엇인가요?

해설 단순선형회귀모형의 오차항

① 종속변수 y에 영향을 미치는 독립변수들은 x 이외에 다른 변수들도 있을 수 있으며, 이와 같이 누락된 변수들의 영향을 오차항으로 나타낼 수 있습니다.

② 변수들의 값을 측정할 때 나타나는 측정오차의 영향을 오차항으로 나타낼 수 있으며 두 변수의 연관성이 선형이 아님에도 불구하고 선형식으로 표현했기 때문에 발생하는 영향 또한 오차항으로 나타낼 수 있습니다.

질문 066 정규성 검정(Normality Test) 방법들에 대해서 설명해 보세요.

해설 정규성 검토

① 정규확률그림(Normal Probability Plot)을 그려서 점들이 거의 일직선상에 위치하면 정규성을 만족한다고 봅니다.

② 정규성 검토는 정규확률그림 외에도 잔차분석, Q-Q Plot, Shapiro-Wilk 검정, Kolmogorov-Smirnov 검정, 이상치 검정(Outlier Test), Mann-Whitney and Wilcoxon 검정, Jarque-Bera 검정, 변환(Transformation)을 통해서 검토할 수 있습니다.

단순회귀분석의 보통최소제곱법에 대해 설명해 보세요.

해설 **보통최소제곱법(Ordinary Method of Least Squares)**

① 보통최소제곱법은 관측값 y_i와 추정값 $\hat{y}_i$ 간의 편차인 잔차의 제곱합을 최소로 하는 표본회귀계수 a와 b를 구하는 방법입니다.

② 보통최소제곱법으로 구한 표본회귀계수 a와 b는 다음과 같습니다.

$$b = \frac{\sum\left(x_i - \bar{x}\right)\left(y_i - \bar{y}\right)}{\sum\left(x_i - \bar{x}\right)^2} = \frac{\sum x_i y_i - n\bar{x}\,\bar{y}}{\sum x_i^2 - n\bar{x}^2}, \quad a = \bar{y} - b\bar{x}$$

③ 보통최소제곱법에 의해 구한 표본회귀계수 a와 b는 모든 선형(Linear)이고 불편(Unbiased)인 추정량 중에서 최소분산(Minimum Variance)을 갖는 추정량이 됩니다. 이를 최량선형 불편추정량(BLUE)이라 합니다.

결정계수에 대해 설명해 보세요.

해설 **결정계수(Coefficient of Determination)**

① 추정된 회귀선이 관측값들을 얼마나 잘 설명하고 있는가를 나타내는 척도로서 총변동 중에서 회귀선에 의해 설명되는 비율을 의미합니다.

$$R^2 = \frac{SSR}{SST} = 1 - \frac{SSE}{SST} \quad \because SST = SSR + SSE$$

② 결정계수의 범위는 $0 \leq R^2 \leq 1$이며, 결정계수가 1에 가까울수록 추정된 회귀식은 의미가 있습니다.

③ 단순선형회귀분석에서는 상관계수(r)의 제곱이 결정계수(R^2)가 됩니다.

단순회귀계수와 상관계수와의 관계를 설명해 보세요.

해설 회귀계수와 상관계수의 연관성

① 표본상관계수를 r이라 하고, 단순회귀계수의 기울기를 b라고 할 때 $r = b\dfrac{S_X}{S_Y}$ 의 관계가 성립합니다. 여기서 S_X는 X의 표본표준편차이고, S_Y는 Y의 표본표준편차를 나타냅니다.

② X의 표본표준편차 S_X와 Y의 표본표준편차 S_Y는 모두 0 이상이므로 표본상관계수와 단순회귀계수의 기울기 부호는 항상 동일합니다.

③ X의 표본표준편차 S_X와 Y의 표본표준편차 S_Y가 같으면 표본상관계수와 단순회귀계수의 기울기 크기는 동일합니다.

④ 단순선형회귀분석에서 변수들을 표준화한 표준화 회귀계수(b^*)는 상관계수와 동일합니다.

질문 070 회귀분석의 더미변수에 대해 설명해 보세요.

해설 더미변수(Dummy Variable)

① 회귀분석에서 일반적으로 다루는 변수들은 양적변수로서 양적으로 비교가 가능한 변수들이지만 양적으로 비교가 안 되는 질적변수를 표현하기 위해 더미변수를 이용합니다.

② 더미변수는 표본공간(Sample Space) 내에 들어가면 1을 주고 그렇지 않으면 0을 주는 변수입니다.

③ 더미변수를 표현할 때 주로 0과 1을 사용하기 때문에 더미변수를 이진변수(Binary Variable), 지시변수(Indicator Variable), 가변수라고도 합니다.

④ 더미변수는 질적변수의 범주수보다 하나 작게 선택합니다.

회귀분석에서 더미변수는 범주의 수보다 하나 작게 선택하는데 그 이유는 무엇인가요?

해설 더미변수의 선택

① 더미변수를 범주수와 같게 사용할 경우 $X'X$행렬의 역행렬이 존재하지 않아 보통최소제곱추정방법을 이용하여 추정량 b를 구할 수 없습니다.

② 이와 같은 이유로 일반적으로 범주수가 k개인 질적변수는 $k-1$개의 더미변수를 사용하여 표현합니다.

질문 072 다중공선성에 대해 설명해 보세요.

해설 다중공선성(Multicollinearity)

① 다중회귀분석에서 독립변수들 간의 상관관계가 매우 높게 나타나면 보통최소제곱법(OLS ; Ordinary Least Squares)의 사용에 문제가 발생합니다.

② 다중공선성이란 행렬 X의 한 열이 다른 열과 선형조합의 관계를 맺고 있는 상태를 말합니다. 만약 독립변수들 간에 완전한 상관관계(±1)가 존재한다면 $X'X$행렬의 역행렬이 존재하지 않아 보통최소제곱법에 의한 $b = (X'X)^{-1}X'Y$공식을 사용할 수 없게 되어 추정량 b를 구할 수 없습니다.

③ 또한, 독립변수들 간에 높은 상관관계가 존재하면 $X'X$행렬의 역행렬을 구할 수 있어 보통최소제곱법을 이용하여 추정량 b를 구할 수 있지만, 추정량 b의 분산이 매우 크게 되기 때문에 결과적으로 추정량 b는 유의하지 않게 됩니다.

질문 073 다중회귀분석에서 어떤 경우 다중공선성 문제가 발생한다고 판단되는지 설명해 보세요.

해설 다중공선성 존재 가능성

① 독립변수들 간의 상관계수가 0.9 이상일 경우
② 공차한계$(1-R_i^2)$가 0.1 이하일 경우, 여기서 R_i^2은 독립변수 X_i를 종속변수 Y로 설정하고 다른 독립변수들을 이용하여 회귀분석을 한 경우의 결정계수(R^2)입니다.
③ 분산팽창요인(VIF)은 공차한계의 역수$(1-R_i^2)^{-1}$이며, 분산팽창요인이 10 이상일 경우
④ 독립변수 X를 $n\times(k+1)$행렬이라 할 때, $\mathrm{Rank}(X)<k+1$인 경우
⑤ $X'X$행렬의 고유값을 구하여 0이거나 또는 0에 가까운 고유값이 존재하는 경우
⑥ 회귀모형에 독립변수를 추가하거나 제외시킬 때 다른 회귀계수 추정값들에 큰 영향을 미칠 경우
⑦ 중요한 독립변수의 추정된 회귀계수가 유의하지 않거나 추정된 신뢰구간이 매우 큰 경우
⑧ 추정된 회귀계수의 부호가 과거의 경험이나 이론적으로 기대되는 부호와 상반되는 경우
⑨ 개별 회귀계수들이 유의하지 않은데도 결정계수가 높게 나타나는 경우
⑩ 종속변수와 독립변수 간에 유의한 관계가 존재하는 경우에도 회귀계수가 유의하지 않은 것으로 판정하는 경우
⑪ 회귀계수 추정값들이 관찰값의 작은 변화에도 민감하게 반응하는 경우

질문 074 다중공선성 해결방안에 대해 설명해 보세요.

해설 다중공선성의 존재 가능성

① 다중공선성 문제를 야기시킨 상관관계가 높은 독립변수를 제거합니다.
② 표본의 크기를 증가시켜 다중공선성을 감소시킵니다.
③ 모형을 재설정하거나 변수들을 변환시켜서 사용합니다.
④ 능형회귀(Ridge Regression), 주성분회귀(Principal Components Regression) 등의 새로운 모수추정방법을 사용합니다.

질문 075 독립변수가 X_1과 X_2인 다중회귀분석에서 중요한 독립변수 X_2가 모형에서 제외된 경우 어떤 현상이 발생하나요?

해설 중요한 독립변수가 모형에서 제외된 경우

① 실제 적절한 모형이 $y_i = \beta_0 + \beta_1 x_{1i} + \beta_2 x_{2i} + \epsilon_i$인데 중요한 독립변수 x_2를 모형에 포함하지 않았다고 하면 잘못 설정된 모형 $y_i = \beta_0 + \beta_1 x_{1i} + \epsilon_i$하에서의 오차항 ϵ_i은 선형회귀모형의 기본 가정인 $E(\epsilon_i) = 0$을 충족시킬 수 없습니다.

② 결과적으로 보통최소제곱법을 이용하여 구한 추정량은 b_1은 편향추정량이 되며, 또한 추정량 b_1의 분산이 작아져 회귀계수의 유의성 검정에 잘못된 결론을 내릴 가능성이 큽니다.

질문 076 독립변수가 X_1인 단순회귀분석에서 부적절한 독립변수 X_2를 모형에 포함시킨 경우 어떤 현상이 발생하는지 설명하세요.

해설 부적절한 독립변수를 모형에 포함한 경우

① 실제 적절한 모형이 $y_i = \beta_0 + \beta_1 x_{1i} + \epsilon_i$인데 부적절한 독립변수 x_2를 모형에 포함하여 $y_i = \beta_0 + \beta_1 x_{1i} + \beta_2 x_{2i} + \epsilon_i$와 같이 모형을 잘못 설정하였다 하더라도 추정량 b_1은 불편추정량이 됩니다.

② 하지만 추정량 b_1의 분산이 커져 효율성이 떨어지며, 특히 부적절한 독립변수 x_2가 x_1과 높은 상관관계에 있다면 추정량의 분산은 매우 커지게 되어 t 검정통계량 값이 작아져 귀무가설 $(H_0 : \beta_1 = 0)$을 기각하기 어려워집니다.

질문 077 모수적 방법과 비모수적 방법에 대해 설명해 보세요.

해설 모수적(Parametric) 방법과 비모수적(Nonparametric) 방법

① 모수적 방법은 모집단의 분포(예를 들어 정규분포)에 대해 특정한 분포를 가정하고 이 분포에서 미지의 모수에 대한 추론문제를 다루는 방법입니다.

② 이와 대조적으로 모집단의 분포를 가정하지 않고 일반적으로 관측값의 부호(Sign)나 순위(Rank)를 이용하여 검정하는 방법을 비모수적(Nonparametric) 방법 또는 분포무관(Distribution Free) 방법이라고 합니다.

③ 비모수적 방법은 모수적 방법에 비해 계산이 편리하고 직관적으로 이해하기에 쉽습니다. 또한 비모수적 방법은 모집단의 분포에 대한 최소한의 가정만 하기 때문에 모수적 방법보다 가정이 만족되지 않음으로써 생기는 오류의 가능성을 줄일 수 있습니다.

질문 078 비모수적 방법의 단점에 대해 설명해 보세요.

해설 비모수적(Nonparametric) 방법의 단점

① 비모수적 방법은 관측값들이 가지고 있는 수치적인 정보를 모두 이용하지 않고 관측값들의 부호나 순위만을 이용하기 때문에 정보의 손실이 큽니다.

② 모수적 방법에 필요한 가정이 충족됨에도 불구하고 비모수적 방법을 사용한다면 모수적 방법에 비해 효율이 떨어지게 됩니다.

질문 079 전수조사와 표본조사의 예를 들어보세요.

해설 전수조사와 표본조사

① 전수조사는 모집단 전부를 조사하는 방법으로 통계청에서는 이를 센서스(Census)라고 표현합니다.

② 대표적인 전수조사로는 인구주택총조사(Population and Housing Census), 농림어업총조사(Census of Agriculture, Forestry and Fisheries), 경제총조사(Economy Census) 등이 있습니다.

③ 표본조사는 모집단의 일부를 조사함으로써 모집단 전체의 특성을 추정하는 방법으로 통계청에서는 매월, 분기별, 연도별 조사하는 표본조사를 Survey라고 표현합니다.

④ 대표적인 표본조사로는 가계동향조사(Household Income and Expenditure Survey), 전자상거래동향조사(E-commerce Survey), 운수업조사(Transportation Survey) 등이 있습니다.

질문 080 전수조사와 표본조사 중 표본조사를 사용해야 하는 경우를 설명해 보세요.

해설 표본조사를 사용하는 경우

① 전수조사가 시간적 또는 경제적 여건상 불가능한 경우

② 조사결과의 신속성을 요구하는 경우

③ 파괴검사와 같이 조사대상 개체를 파괴해야만 하는 경우

④ 심도 있는 조사결과가 요구되는 경우 등이 있습니다.

질문 081 목표모집단과 조사모집단을 예를 들어 설명해 보세요.

해설 목표모집단(Target Population)과 조사모집단(Sampled Population)

① 모집단(Population)은 관심의 대상이 되는 모든 개체들의 집합으로, 조사목적에 의해 개념적으로 규정한 목표모집단(Target Population)과 표본을 추출하기 위해 규정한 조사모집단(Sampled Population)이 있습니다.

② 예를 들어 여론조사에서 도서지방을 제외한 전국 성인 남녀를 모집단으로 하여 표본을 추출하는 경우 목표모집단은 전국의 성인 남녀가 되며, 조사비용과 시간을 고려하여 조사모집단은 도서지방을 제외한 전국의 성인 남녀가 됩니다.

질문 082 모집단은 무엇이며 표본은 무엇인가요?

해설 모집단(Population)과 표본(Sample)

① 모집단은 관심의 대상이 되는 모든 개체들의 집합을 의미합니다.

② 표본은 모집단의 일부분으로 모집단을 가장 잘 대표할 수 있는 모집단의 일부입니다.

표본오차와 비표본오차에 대해 설명해 보세요.

해설 **표본오차(Sampling Error)와 비표본오차(Nonsampling Error)**

① 표본오차는 모집단으로부터 표본을 추출하여 조사한 자료를 근거로 얻은 결과를 모집단 전체에 대해 일반화하기 때문에 필연적으로 발생하는 오차로서 모수와 표본추정치의 차이입니다.

② 표본의 크기를 증가시킴으로써 표본오차를 감소시킬 수 있으며, 표본오차는 표본조사에서 발생되고 전수조사의 표본오차는 0입니다.

③ 표본오차는 신뢰수준이 결정되면 계산할 수 있습니다.

④ 비표본오차는 표본오차를 제외한 모든 오차로, 면접, 조사표 구성방법의 오류, 조사관의 자질, 조사표 작성 및 집계 과정 등에서 나타나는 오차입니다.

⑤ 비표본오차는 전수조사와 표본조사 모두에서 발생합니다.

질문 084 표본오차의 발생원인은 무엇인가요?

해설 **표본오차의 발생원인**

① 표본오차는 모집단으로부터 표본을 추출하여 조사한 자료를 근거로 얻은 결과를 모집단 전체에 대해 일반화하기 때문에 필연적으로 발생하는 오차로서 모수와 표본추정치의 차이입니다.

② 모집단의 일부분인 표본으로부터 결과를 추론하기 때문에 자연스럽게 발생하는 것으로 알고 있습니다.

해설 **비표본오차의 발생원인**

① 조사표 구성방법의 오류

② 무응답

③ 조사착오

④ 입력오류

⑤ 조사원의 편견

⑥ 조사단위의 누락 또는 중복

⑦ 에디팅 또는 부호화의 오류

⑧ 개념 정의의 오류

⑨ 환경적 요인의 변화

⑩ 측정도구와 측정대상자들의 상호작용 발생

질문 086 인터넷조사의 장·단점은 무엇인가요?

해설 **인터넷조사의 장·단점**

① 인터넷조사의 장점으로는 오프라인(Off-line)조사에 비해 시간과 비용이 적게 들고, 멀티미디어 자료의 활용 등 다양한 형태의 조사가 가능하다는 점이 있습니다. 또한 특수계층의 응답자에게도 적용 가능하며, 면접원의 편향을 통제할 수 있습니다.

② 인터넷조사의 단점은 컴퓨터와 인터넷을 사용할 수 있는 사람만을 대상으로 하기 때문에 표본의 대표성에 문제가 있으며, 응답률이 낮고 모집단의 정의가 어렵다는 것입니다. 또한 복잡한 질문이나 질문의 양이 많은 경우에 자발적 참여가 어렵고, 컴퓨터 운영체계 또는 사용 브라우저에 따라 호환성에 제한이 있습니다.

질문 087 확률표본추출법과 비확률표본추출법을 비교 설명해 보세요.

해설 확률표본추출법(Probability Sampling Method)과 비확률표본추출법(Non-probability Sampling Method)

① 확률표본추출법은 모집단을 구성하고 있는 모든 추출단위가 표본으로 추출될 확률을 사전에 알고 있는 추출방법입니다.

② 확률표본추출법에서는 특정한 표본이 선정될 확률을 계산할 수 있으며, 이 확률을 기초로 표본에서 얻어진 추정결과에 발생하는 오차를 설명할 수 있습니다.

③ 확률표본추출법은 무작위표본추출법이며 분석결과의 일반화가 가능하고 시간과 비용이 많이 듭니다.

④ 비확률표본추출법은 각 추출단위들이 표본으로 추출될 확률을 알 수 없기 때문에 추정결과에 대한 정도(Precision)나 신뢰도(Reliability)를 평가할 수 없습니다.

⑤ 모집단의 특성을 대략적으로 파악하기 위한 탐색적 수준의 조사에 주로 비확률표본추출법이 이용됩니다.

⑥ 비확률표본추출법은 작위적 표본추출법이며 분석결과의 일반화에 제약이 따르지만 시간과 비용이 적게 듭니다.

질문 088 확률표본추출법과 비확률표본추출법에는 어떤 추출법들이 있는지 설명해 보세요.

해설 확률표본추출법(Probability Sampling Method)과 비확률표본추출법(Non-probability Sampling Method)

① 확률표본추출법은 모집단을 구성하고 있는 모든 추출단위가 표본으로 추출될 확률을 사전에 알고 있는 추출방법입니다.

② 대표적인 확률표본추출법에는 단순임의추출법, 층화추출법, 집락추출법, 계통추출법 등이 있습니다.

③ 비확률표본추출법은 각 추출단위들이 표본으로 추출될 확률을 알 수 없는 추출방법입니다.

④ 대표적인 비확률표본추출법에는 유의추출법, 판단추출법, 할당추출법, 편의추출법, 눈덩이 추출법 등이 있습니다.

질문 089 단순임의추출법에 대해 설명해 보세요.

해설 단순임의추출법(Simple Random Sampling)
① 단순임의추출법은 확률추출법으로 모든 표본추출방법의 기본이 되는 추출법입니다. 크기 N인 모집단으로부터 크기 n인 표본을 추출할 때 ${}_N C_n$가지의 가능한 모든 표본을 동일한 확률로 추출하는 방법입니다.
② 단순임의추출법은 확률표본추출의 기본적인 형태로 다른 표본추출법에 이론적 기반을 제공합니다.
③ 모집단의 요소들이 편향되지 않고 고르게 분포되어 있는 경우 적합하며, 소규모 조사 또는 예비조사에 주로 사용됩니다.
④ 모집단의 어느 부분도 과소 또는 과대 반응하지 않는다는 특징이 있습니다.

질문 090 단순임의추출법을 이용하여 표본을 추출할 경우 주의할 점에 대해 설명해 보세요.

해설 단순임의추출법(Simple Random Sampling)
① 동일한 난수표를 계속해서 이용할 경우 동일한 시작점으로 동일한 부분을 계속 추출해서는 안 됩니다.
② 표본추출 도중 모집단에 변화가 있어서는 안 되고, 표본선정방법이 처음에는 제비뽑기로 하다가 나중에는 난수표를 이용하는 식의 변동이 있어서도 안 됩니다.
③ 표본추출단위를 마음대로 변경해서도 안 되며, 모집단을 형성하는 각 표본추출단위는 서로 독립적이어야 합니다.

층화추출법에 대해 설명해 보세요.

해설 **층화추출법(Stratified Sampling)**

① 층화추출법은 모집단 내의 상이하고 이질적인 원소들을 중복되지 않도록 동질적이고 유사한 단위들로 묶은 여러 개의 부모집단으로 나누어 층(Stratum)을 형성한 후, 각 층으로부터 단순임의추출법에 의해 표본을 추출하는 방법입니다.

② 층화추출법에서 가장 중요한 것은 층화 기준이 명확하고 적합해야 하며, 각 층별 분석이 가능한 최소한의 표본크기를 가져야 한다는 것입니다.

③ 층화추출법은 다른 추출방법보다 작은 분산을 가져야 하지만, 층화추출법이 단순임의추출법 보다 항상 작은 분산을 갖는 추정량을 제공하는 것은 아닙니다.

④ 결과적으로 층화추출법의 전제조건으로 모집단을 동질적인 몇 개의 층으로 나누어야 하며, 층 내부는 동질적이고 층간에는 이질적이어야 합니다.

질문 092 계통추출법에 대해 설명해 보세요.

해설 **계통추출법(Systematic Sampling)**

① 계통추출법은 추출단위에 일련번호를 부여하고 이를 등간격으로 나눈 후, 첫 구간에서 한 개의 번호를 무작위로 선정한 다음 등간격으로 떨어져 있는 번호들을 계속해서 추출해가는 방법입니다.

② 계통추출법은 모집단을 층으로 구분한 후, 각 층에서 한 개씩의 표본을 추출하는 효과와 같습니다.

③ 계통추출법은 대규모 조사에서 주로 사용되는 추출방법 중 하나이며, 단순임의추출법보다 표본추출작업이 용이하고, 경우에 따라서는 표본의 정도가 높기 때문에 실제조사에서 널리 이용됩니다.

④ 주기적 모집단에서 추출된 계통표본들은 $\bar{y}_{sys}$의 분산이 $\bar{y}$의 분산보다 크기 때문에 단순임의 추출법이 단위비용당 더 많은 정보를 제공합니다. 하지만 순서모집단에서 추출된 계통표본 들은 $\bar{y}_{sys}$의 분산이 $\bar{y}$의 분산보다 작기 때문에 계통추출법이 단위비용당 더 많은 정보를 제공합니다.

질문 093 집락추출법에 대해 설명해 보세요.

해설 **집락추출법(Cluster Sampling)**

① 집락추출법은 모집단을 조사단위 또는 집계단위를 모은 집락(Cluster)으로 나누고, 이들 집락들 중에서 일부의 집락을 추출한 후, 추출된 집락에서 일부 또는 전부를 표본으로 추출하는 방법입니다.

② 집락추출법은 모든 모집단 단위들의 목록인 표본추출틀을 얻는데 매우 많은 비용이 들거나 표본단위들이 멀리 떨어져 있어 관측값을 얻는 비용이 증가한다면, 단순임의추출법 또는 층화추출법보다 더 적은 비용으로 정보를 얻을 수 있습니다.

③ 집락추출법의 특수한 형태로, 만약 집락들이 지역일 경우 지역을 집락으로 하여 표본을 추출하는 방법을 지역추출법(Area Sampling)이라고 합니다.

④ 집락추출법의 정도는 집락 내는 이질적으로, 집락 간은 동질적으로 구성되어 있을 때 효과적입니다.

질문 094 연못에 물고기가 총 몇 마리 있는지 알기 위한 방법에 대해 설명해 보세요.

해설 **포획 재포획 추출법(Capture Recapture Sampling)**

① 표본추출법 중 포획 재포획 추출법을 사용하면 됩니다. 즉, 연못에 사는 물고기를 몇 마리 잡아서 등지느러미에 태그를 붙인 후 놓아주고, 일정시간이 경과한 후 다시 물고기 몇 마리를 잡아서 등지느러미에 태그가 붙어있는 물고기가 몇 마리인지 센 후, 비례식을 이용하여 풀면 연못에 사는 물고기의 총 마리수를 알 수 있습니다.

② 예를 들어 연못에서 먼저 500마리의 물고기를 잡아서 등지느러미에 태그를 붙인 후 놓아주고, 한 달 후 100마리의 물고기를 잡아서 확인해 본 결과 10마리에서 태그를 발견할 수 있었다면 $x : 500 = 100 : 10$ 이라는 비례식이 성립합니다. 따라서 연못에 사는 물고기 총 마리수는 $x = \dfrac{500 \times 100}{10} = 5,000$마리임을 알 수 있습니다.

질문 095 절사법에 대해 설명해 보세요.

해설 절사법(Cut-off Sampling)

① 절사법은 층화추출법의 특수한 형태로 모집단의 일부를 표본에서 제외시켜 표본을 설계하는 방법입니다.

② 최적점을 기준으로 그 이상이 되는 자료는 전수층(Take-all Stratum)으로 간주하여 모두 표본으로 추출하고, 최적점 미만인 자료는 표본층(Take-some Stratum)으로 간주하여 해당하는 표본수만큼을 추출하는 표본설계방법입니다. 여기서 표본에서 제외되는 층을 절사층(Take-nothing Stratum)이라 합니다.

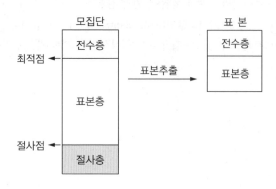

질문 096 본조사에 앞서 사전조사를 하는데 사전조사는 왜 하며 어떻게 실시하나요?

해설 사전조사 실시 방법

① 사전조사는 본조사의 축소판이라 할 수 있으며, 본조사에 들어가기에 앞서 본조사에서 실시하는 것과 똑같은 절차와 방법으로 질문지가 잘 구성되어 있는지를 시험해 보는 것입니다.

② 모집단과 대체로 유사하다고 판단되는 소규모 표본을 대상으로 질문문항들의 타당성을 검사합니다.

우편조사 시 응답률을 높이는 방안에 대해 설명해 보세요.

해설 우편조사 시 응답률을 높이는 방법

① 반송용 우표와 봉투를 동봉합니다.

② 반송봉투가 필요 없는 봉투겸용 우편(자기우편)설문지를 이용합니다.

③ 격려문과 함께 설문지를 다시 동봉하여 추적우편(Follow-up-mailing)을 실시합니다.

④ 사례품이나 사례금 등 약간의 인센티브(Incentive)를 줍니다.

⑤ 조사에 앞서 예고편지(안내문 등)를 발송합니다.

⑥ 설문지 표지에 조사기관 및 조사의 중요성에 대해 설명하여 응답자가 응답하도록 동기를 부여합니다.

질문 098 응답자의 응답불응으로 인한 결측값 처리 방안에 대해 설명해 보세요.

해설 결측값 처리 방안

① 평균대체(Mean Imputation) : 전체 표본을 몇 개의 대체층으로 분류한 뒤 각층에서의 응답자 평균값을 그 층에 속한 모든 결측값에 대체하는 방법

② 유사자료대체(Hot-deck Imputation) : 전체 표본을 대체 층으로 나눈 뒤 각층 내에서 응답자료를 순서대로 정리하여 결측값이 있는 경우 그 결측값 바로 이전의 응답을 결측값 대신 대체하는 방법

③ 외부자료대체(Cold-deck Imputation) : 결측값을 기존에 실시된 표본조사에서 유사한 항목의 응답값으로 대체하는 방법

④ 조사단위대체(Substitution) : 무응답된 대상을 표본으로 추출되지 않은 다른 대상으로 대체시키는 방법

⑤ 회귀대체(Regression Imputation) : 무응답이 있는 항목 y에 응답이 있는 y의 보조변수 $x_1, x_2, \cdots, x_k$를 회귀모형에 적합시키는 방법

⑥ 이월대체(Carry-over Imputation) : 조사시점 순서로 표본정렬 후 무응답 t시점의 항목 y_i에 가장 가까운 과거 u시점 응답값 y_u를 회귀모형에 적합시켜 무응답을 대체하는 방법

⑦ 랜덤대체(Random Imputation) : 대체층 내에서 대체값을 확률추출에 의해 랜덤하게 선택하여 결측값에 대체하는 방법

⑧ 베이지안대체(Bayesian Imputation) : 결측값의 추정을 위해 추정모수에 사전정보를 부가하여 사후정보를 얻는 방법

⑨ 복합대체(Composite Imputation) : 여러 가지 방법을 혼합하여 얻은 값으로 대체하는 방법

질문 099 퍼센트와 퍼센트 포인트의 차이점에 대해 설명해 보세요.

해설 퍼센트(%)와 퍼센트 포인트(%P)

① 퍼센트는 일반적으로 100을 기준으로 차지하는 비율을 의미하고 퍼센트 포인트는 이런 퍼센트 사이의 차이를 의미합니다.

② 예를 들어 어떤 대선후부의 지지율이 15%에서 20%로 상승한다면 5% 만큼 지지율이 상승하였다고 표현하지 않고 5% 포인트만큼 지지율이 상승하였다고 표현합니다.

질문 100 지수란 무엇이며 지수를 사용하는 이유에 대해 설명해 보세요.

해설 지수(Index)

① 지수는 같은 종류의 통계수치에 대한 대소관계를 비율의 형태로 나타낸 것입니다.

② 지수를 사용하는 이유는 변수의 변화에 대한 비교가 용이하고, 서로 다른 단위로 측정한 변량의 집계가 가능하며, 장소적·시간적 비교 모두에 사용이 가능하기 때문입니다.

부록

미적분 공식 및 분포표

홀륭한 가정만한 학교가 없고, 덕이 있는 부모만한 스승은 없다.

– 마하트마 간디 –

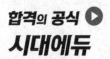
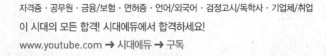

1. 기본 방정식 및 삼각함수 공식

(1) 기본 방정식

① 반지름이 r인 원의 방정식 : $x^2 + y^2 = r^2$

② 기울기가 a이고 (x_0, y_0)를 지나는 직선의 방정식 : $y - y_0 = a(x - x_0)$

③ 기울기가 a이고 y절편이 b인 직선의 방정식 : $y = ax + b$

④ 꼭지점이 (x_0, y_0)인 2차 곡선의 방정식 : $y - y_0 = a(x - x_0)^2$

(2) 삼각함수 기본공식

① $\sin^2\theta + \cos^2\theta = 1$

② $1 + \tan^2\theta = \sec^2\theta$

③ $1 + \cot^2\theta = \csc^2\theta$

④ $\sin^2\dfrac{\theta}{2} = \dfrac{1 - \cos\theta}{2}$

⑤ $\cos^2\dfrac{\theta}{2} = \dfrac{1 + \cos\theta}{2}$

⑥ $\tan^2\dfrac{\theta}{2} = \dfrac{1 - \cos\theta}{1 + \cos\theta}$

⑦ $\sin 2\theta = 2\sin\theta\cos\theta$

⑧ $\cos 2\theta = \cos^2\theta - \sin^2\theta = 2\cos^2\theta - 1 = 1 - 2\sin^2\theta$

⑨ $\tan 2\theta = \dfrac{2\tan\theta}{1 - \tan^2\theta}$

⑩ $\sin(x + y) = \sin x\cos y + \cos x\sin y$

⑪ $\sin(x - y) = \sin x\cos y - \cos x\sin y$

⑫ $\cos(x + y) = \cos x\cos y - \sin x\sin y$

⑬ $\cos(x - y) = \cos x\cos y + \sin x\sin y$

⑭ $\tan(x + y) = \dfrac{\tan x + \tan y}{1 - \tan x\tan y}$

⑮ $\tan(x - y) = \dfrac{\tan x - \tan y}{1 + \tan x\tan y}$

⑯ $\sin x + \sin y = 2\sin\dfrac{x + y}{2}\cos\dfrac{x - y}{2}$

⑰ $\sin x - \sin y = 2\cos\dfrac{x + y}{2}\sin\dfrac{x - y}{2}$

⑱ $\cos x + \cos y = 2\cos\dfrac{x + y}{2}\cos\dfrac{x - y}{2}$

⑲ $\cos x - \cos y = -2\sin\dfrac{x + y}{2}\sin\dfrac{x - y}{2}$

2. 미적분 기본공식

(1) 미분 기본공식

① $y = cf(x) \Rightarrow y' = cf'(x)$

② $y = f(x) + g(x) \Rightarrow y' = f'(x) + g'(x)$

③ $y = f(x)g(x) \Rightarrow y' = f'(x)g(x) + f(x)g'(x)$

④ $y = \dfrac{f(x)}{g(x)} \Rightarrow y' = \dfrac{f'(x)g(x) + f(x)g'(x)}{[g(x)]^2}$

(2) 미분 기본공식 활용

① $y = x^n \Rightarrow y' = nx^{n-1}$

② $y = e^{ax} \Rightarrow y' = ae^{ax}$

③ $y = e^{f(x)} \Rightarrow y' = f'(x)e^{f(x)}$

④ $y = a^x \Rightarrow y' = a^x \ln a$

⑤ $y = x^x \Rightarrow y' = (1 + \ln x)x^x$

⑥ $y = \ln x \Rightarrow y' = \dfrac{1}{x}$

⑦ $y = \ln f(x) \Rightarrow y' = \dfrac{f'(x)}{f(x)}$

⑧ $y = \log_a x \Rightarrow y' = \dfrac{1}{x \ln a}$

⑨ $y = \sin x \Rightarrow y' = \cos x$

⑩ $y = \cos x \Rightarrow y' = -\sin x$

⑪ $y = \tan x \Rightarrow y' = \sec^2 x$

⑫ $y = \sin^{-1} x \Rightarrow y' = \dfrac{1}{\sqrt{1-x^2}}$

⑬ $y = \cos^{-1} x \Rightarrow y' = \dfrac{-1}{\sqrt{1-x^2}}$

⑭ $y = \tan^{-1} x \Rightarrow y' = \dfrac{1}{1+x^2}$

(3) 적분의 기본공식

① $F'(x) = f(x) \Leftrightarrow F(x) = \displaystyle\int f(x)dx$

② $\displaystyle\int f'(x)g(x)dx = f(x)g(x) - \int f(x)g'(x)dx$

(4) 적분의 기본공식 활용

① $\displaystyle\int x^n dx = \dfrac{x^{n+1}}{n+1} + C \quad (n \neq -1)$

② $\displaystyle\int \dfrac{1}{x}dx = \ln|x| + C$

③ $\displaystyle\int \dfrac{1}{1+x^2}dx = \tan^{-1}x + C$

④ $\displaystyle\int \dfrac{1}{\sqrt{1-x^2}}dx = \sin^{-1}x + C$

⑤ $\displaystyle\int \dfrac{1}{\sqrt{x^2-1}}dx = \cos^{-1}x + C$

⑥ $\displaystyle\int \dfrac{1}{\sqrt{x^2+1}}dx = \ln(x + \sqrt{x^2+1}) + C$

⑦ $\displaystyle\int \sin x dx = -\cos x + C$

⑧ $\displaystyle\int \cos x dx = \sin x + C$

⑨ $\displaystyle\int \tan x dx = -\ln|\cos x| + C$

⑩ $\displaystyle\int e^x dx = e^x + C$

⑪ $\displaystyle\int a^x dx = \dfrac{a^x}{\ln a} + C$

⑫ $\displaystyle\int \ln x dx = x \ln x - x + C$

3. 분포표(이산형분포)

분포 종류	분포 이름	밀도함수	모수공간	평균 $\mu = E(X)$	분산 $\sigma^2 = E[(X-\mu)^2]$
이 산 형	베르누이 분포	$f(x) = p^x (1-p)^{1-x}$ $x = 0,\ 1$	$0 \le p \le 1$ $(q = 1-p)$	p	pq
	이항 분포	$f(x) = \binom{n}{x} p^x (1-p)^{n-x}$ $x = 0,\ 1,\ \cdots,\ n$	$0 \le p \le 1$ $n = 1,\ 2,\ 3,\ \cdots$ $(q = 1-p)$	np	npq
	포아송 분포	$f(x) = \dfrac{e^{-\lambda}\ \lambda^x}{x!}$ $x = k,\ k+1,\ k+2,\ \cdots$	$\lambda > 0$	λ	λ
	음이항 분포	① $f(x) = \binom{x-1}{k-1} p^k (1-p)^{x-k}$ $x = k,\ k+1,\ k+2,\ \cdots$ ② $f(x) = \binom{r+x-1}{x} p^2 (1-p)^x$ $x = 0,\ 1,\ 2,\ \cdots$	$0 \le p \le 1$ ① $k > 0$, ② $r > 0$ $(q = 1-p)$	① $\dfrac{k}{p}$ ② $\dfrac{rq}{p}$	① $\dfrac{kq}{p^2}$ ② $\dfrac{rq}{p^2}$
	기하 분포	① $f(x) = pq^{x-1}$ $x = 1,\ 2,\ 3,\ \cdots$ ② $f(x) = pq^x$ $x = 0,\ 1,\ 2,\ \cdots$	$0 \le p \le 1$ $(q = 1-p)$	① $1/p$ ② q/p	① q/p^2 ② q/p^2
	초기하 분포	$f(x) = \dfrac{\binom{k}{x}\binom{N-k}{n-x}}{\binom{N}{x}}$ $x = 0,\ 1,\ 2,\ \cdots$	$N = 1,\ 2,\ 3,\ \cdots$ $k = 0,\ 1,\ \cdots,\ N$ $n = 1,\ 2,\ \cdots,\ N$	$n\dfrac{k}{N}$	$n\dfrac{k}{N}\dfrac{N-k}{N}\dfrac{N-n}{N-1}$

4. 분포표(연속형분포)

분포 종류	분포 이름	밀도함수	모수공간	평균 $\mu = E(X)$	분산 $\sigma^2 = E[(X-\mu)^2]$
연속형	균일분포	$f(x) = \dfrac{1}{b-a}$ $a < x < b$	$-\infty < a < b < \infty$	$\dfrac{a+b}{2}$	$\dfrac{(b-a)^2}{12}$
	정규분포	$f(x) = \dfrac{1}{\sqrt{2\pi}\,\sigma}\,e^{-\frac{1}{2}\left(\frac{x-\mu}{\sigma}\right)^2}$ $-\infty < x < \infty$	$-\infty < \mu < \infty$ $\sigma > 0$	μ	σ^2
	지수분포	$f(x) = \lambda e^{-\lambda x}$ $x > 0$	$\lambda > 0$	$\dfrac{1}{\lambda}$	$\dfrac{1}{\lambda^2}$
	감마분포	$f(x) = \dfrac{1}{\Gamma(\alpha)\beta^\alpha}\,x^{\alpha-1}e^{-\frac{x}{\beta}}$ $x > 0$	$\alpha > 0$ $\beta > 0$	$\alpha\beta$	$\alpha\beta^2$
	카이제곱분포	$f(x) = \dfrac{1}{\Gamma(n/2)}\left(\dfrac{1}{2}\right)^{\frac{n}{2}}x^{\frac{n}{2}-1}e^{-\frac{1}{2}x}$ $x > 0$	$n = 1, 2, \cdots$	n	$2n$
	F 분포	$f(x) = \dfrac{\Gamma[(m+n)/2]}{\Gamma(m/2)\Gamma(n/2)}\left(\dfrac{m}{n}\right)^{\frac{m}{2}}$ $\times \dfrac{x^{(m-2)/2}}{[1+(m/n)x]^{(m+n)/2}}$ $x > 0$	$m,\ n = 1, 2, \cdots$	$\dfrac{n}{n-2}$	$\dfrac{2n^2(m+n-2)}{m(n-2)^2(n-4)}$
	t 분포	$f(x) = \dfrac{\Gamma[(n+1)/2]}{\Gamma(n/2)}\dfrac{1}{\sqrt{n\pi}}$ $\dfrac{1}{\left(1+x^2/n\right)^{(n+1)/2}}$ $-\infty < x < \infty$	$-\infty < x < \infty$ $n > 0$	$\mu = 0,\ \ n > 1$	$\dfrac{n}{n-2},\ \ n > 2$

5. 표준정규분포표

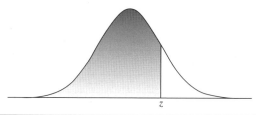

z	0.00	0.01	0.02	0.03	0.04	0.05	0.06	0.07	0.08	0.09
0.0	0.5000	0.5040	0.5080	0.5120	0.5160	0.5199	0.5239	0.5279	0.5319	0.5359
0.1	0.5398	0.5438	0.5478	0.5517	0.5557	0.5596	0.5636	0.5675	0.5714	0.5753
0.2	0.5793	0.5832	0.5871	0.5910	0.5948	0.5987	0.6026	0.6064	0.6103	0.6141
0.3	0.6179	0.6217	0.6255	0.6293	0.6331	0.6368	0.6406	0.6443	0.6480	0.6517
0.4	0.6554	0.6591	0.6628	0.6664	0.6700	0.6736	0.6772	0.6808	0.6844	0.6879
0.5	0.6915	0.6950	0.6985	0.7019	0.7054	0.7088	0.7123	0.7157	0.7190	0.7224
0.6	0.7257	0.7291	0.7324	0.7357	0.7389	0.7422	0.7454	0.7486	0.7517	0.7549
0.7	0.7580	0.7611	0.7642	0.7673	0.7704	0.7734	0.7764	0.7794	0.7823	0.7852
0.8	0.7881	0.7910	0.7939	0.7967	0.7995	0.8023	0.8051	0.8078	0.8106	0.8133
0.9	0.8159	0.8186	0.8212	0.8238	0.8264	0.8289	0.8315	0.8340	0.8365	0.8389
1.0	0.8413	0.8438	0.8461	0.8485	0.8508	0.8531	0.8554	0.8577	0.8599	0.8621
1.1	0.8643	0.8665	0.8686	0.8708	0.8729	0.8749	0.8770	0.8790	0.8810	0.8830
1.2	0.8849	0.8869	0.8888	0.8907	0.8925	0.8944	0.8962	0.8980	0.8997	0.9015
1.3	0.9032	0.9049	0.9066	0.9082	0.9099	0.9115	0.9131	0.9147	0.9162	0.9177
1.4	0.9192	0.9207	0.9222	0.9236	0.9251	0.9265	0.9279	0.9292	0.9306	0.9319
1.5	0.9332	0.9345	0.9357	0.9370	0.9382	0.9394	0.9406	0.9418	0.9429	0.9441
1.6	0.9452	0.9463	0.9474	0.9484	0.9495	0.9505	0.9515	0.9525	0.9535	0.9545
1.7	0.9554	0.9564	0.9573	0.9582	0.9591	0.9599	0.9608	0.9616	0.9625	0.9633
1.8	0.9641	0.9649	0.9656	0.9664	0.9671	0.9678	0.9686	0.9693	0.9699	0.9706
1.9	0.9713	0.9719	0.9726	0.9732	0.9738	0.9744	0.9750	0.9756	0.9761	0.9767
2.0	0.9772	0.9778	0.9783	0.9788	0.9793	0.9798	0.9803	0.9808	0.9812	0.9817
2.1	0.9821	0.9826	0.9830	0.9834	0.9838	0.9842	0.9846	0.9850	0.9854	0.9857
2.2	0.9861	0.9864	0.9868	0.9871	0.9875	0.9878	0.9881	0.9884	0.9887	0.9890
2.3	0.9893	0.9896	0.9898	0.9901	0.9904	0.9906	0.9909	0.9911	0.9913	0.9916
2.4	0.9918	0.9920	0.9922	0.9925	0.9927	0.9929	0.9931	0.9932	0.9934	0.9936
2.5	0.9938	0.9940	0.9941	0.9943	0.9945	0.9946	0.9948	0.9949	0.9951	0.9952
2.6	0.9953	0.9955	0.9956	0.9957	0.9959	0.9960	0.9961	0.9962	0.9963	0.9964
2.7	0.9965	0.9966	0.9967	0.9968	0.9969	0.9970	0.9971	0.9972	0.9973	0.9974
2.8	0.9974	0.9975	0.9976	0.9977	0.9977	0.9978	0.9979	0.9979	0.9980	0.9981
2.9	0.9981	0.9982	0.9982	0.9983	0.9984	0.9984	0.9985	0.9985	0.9986	0.9986
3.0	0.9987	0.9987	0.9987	0.9988	0.9988	0.9989	0.9989	0.9989	0.9990	0.9990

6. t분포표

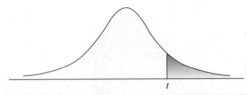

df	P					
	0.10	0.05	0.025	0.01	0.005	0.001
1	3.078	6.314	12.706	31.821	63.657	318.309
2	1.886	2.920	4.303	6.965	9.925	22.327
3	1.638	2.353	3.182	4.541	5.841	10.215
4	1.533	2.132	2.776	3.747	4.604	7.173
5	1.476	2.015	2.571	3.365	4.032	5.893
6	1.440	1.943	2.447	3.143	3.707	5.208
7	1.415	1.895	2.365	2.998	3.499	4.785
8	1.397	1.860	2.306	2.896	3.355	4.501
9	1.383	1.833	2.262	2.821	3.250	4.297
10	1.372	1.812	2.228	2.764	3.169	4.144
11	1.363	1.796	2.201	2.718	3.106	4.025
12	1.356	1.782	2.179	2.681	3.055	3.930
13	1.350	1.771	2.160	2.650	3.012	3.852
14	1.345	1.761	2.145	2.624	2.977	3.787
15	1.341	1.753	2.131	2.602	2.947	3.733
16	1.337	1.746	2.120	2.583	2.921	3.686
17	1.333	1.740	2.110	2.567	2.898	3.646
18	1.330	1.734	2.101	2.552	2.878	3.610
19	1.328	1.729	2.093	2.539	2.861	3.579
20	1.325	1.725	2.086	2.528	2.845	3.552
21	1.323	1.721	2.080	2.518	2.831	3.527
22	1.321	1.717	2.074	2.508	2.819	3.505
23	1.319	1.714	2.069	2.500	2.807	3.485
24	1.318	1.711	2.064	2.492	2.797	3.467
25	1.316	1.708	2.060	2.485	2.787	3.450
26	1.315	1.706	2.056	2.479	2.779	3.435
27	1.314	1.703	2.052	2.473	2.771	3.421
28	1.313	1.701	2.048	2.467	2.763	3.408
29	1.311	1.699	2.045	2.462	2.756	3.396
30	1.310	1.697	2.042	2.457	2.750	3.385
31	1.309	1.696	2.040	2.453	2.744	3.375
32	1.309	1.694	2.037	2.449	2.738	3.365
33	1.308	1.692	2.035	2.445	2.733	3.356
34	1.307	1.691	2.032	2.441	2.728	3.348
35	1.306	1.690	2.030	2.438	2.724	3.340
36	1.306	1.688	2.028	2.434	2.719	3.333
37	1.305	1.687	2.026	2.431	2.715	3.326
38	1.304	1.686	2.024	2.429	2.712	3.319
39	1.304	1.685	2.023	2.426	2.708	3.313
40	1.303	1.684	2.021	2.423	2.704	3.307
∞	1.282	1.645	1.960	2.326	2.576	3.090

7. 카이제곱분포표

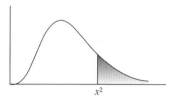

x^2

df	α									
	0.995	0.99	0.975	0.95	0.9	0.1	0.05	0.025	0.01	0.005
1	0.000	0.000	0.001	0.004	0.016	2.706	3.841	5.024	6.635	7.879
2	0.010	0.020	0.051	0.103	0.211	4.605	5.991	7.378	9.210	10.597
3	0.072	0.115	0.216	0.352	0.584	6.251	7.815	9.348	11.345	12.838
4	0.207	0.297	0.484	0.711	1.064	7.779	9.488	11.143	13.277	14.860
5	0.412	0.554	0.831	1.145	1.610	9.236	11.070	12.833	15.086	16.750
6	0.676	0.872	1.237	1.635	2.204	10.645	12.592	14.449	16.812	18.548
7	0.989	1.239	1.690	2.167	2.833	12.017	14.067	16.013	18.475	20.278
8	1.344	1.646	2.180	2.733	3.490	13.362	15.507	17.535	20.090	21.955
9	1.735	2.088	2.700	3.325	4.168	14.684	16.919	19.023	21.666	23.589
10	2.156	2.558	3.247	3.940	4.865	15.987	18.307	20.483	23.209	25.188
11	2.603	3.053	3.816	4.575	5.578	17.275	19.675	21.920	24.725	26.757
12	3.074	3.571	4.404	5.226	6.304	18.549	21.026	23.337	26.217	28.300
13	3.565	4.107	5.009	5.892	7.042	19.812	22.362	24.736	27.688	29.819
14	4.075	4.660	5.629	6.571	7.790	21.064	23.685	26.119	29.141	31.319
15	4.601	5.229	6.262	7.261	8.547	22.307	24.996	27.488	30.578	32.801
16	5.142	5.812	6.908	7.962	9.312	23.542	26.296	28.845	32.000	34.267
17	5.697	6.408	7.564	8.672	10.085	24.769	27.587	30.191	33.409	35.718
18	6.265	7.015	8.231	9.390	10.865	25.989	28.869	31.526	34.805	37.156
19	6.844	7.633	8.907	10.117	11.651	27.204	30.144	32.852	36.191	38.582
20	7.434	8.260	9.591	10.851	12.443	28.412	31.410	34.170	37.566	39.997
21	8.034	8.897	10.283	11.591	13.240	29.615	32.671	35.479	38.932	41.401
22	8.643	9.542	10.982	12.338	14.041	30.813	33.924	36.781	40.289	42.796
23	9.260	10.196	11.689	13.091	14.848	32.007	35.172	38.076	41.638	44.181
24	9.886	10.856	12.401	13.848	15.659	33.196	36.415	39.364	42.980	45.559
25	10.520	11.524	13.120	14.611	16.473	34.382	37.652	40.646	44.314	46.928
26	11.160	12.198	13.844	15.379	17.292	35.563	38.885	41.923	45.642	48.290
27	11.808	12.879	14.573	16.151	18.114	36.741	40.113	43.195	46.963	49.645
28	12.461	13.565	15.308	16.928	18.939	37.916	41.337	44.461	48.278	50.993
29	13.121	14.256	16.047	17.708	19.768	39.087	42.557	45.722	49.588	52.336
30	13.787	14.953	16.791	18.493	20.599	40.256	43.773	46.979	50.892	53.672
40	20.707	22.164	24.433	26.509	29.051	51.805	55.758	59.342	63.691	66.766
50	27.991	29.707	32.357	34.764	37.689	63.167	67.505	71.420	76.154	79.490
60	35.534	37.485	40.482	43.188	46.459	74.397	79.082	83.298	88.379	91.952
70	43.275	45.442	48.758	51.739	55.329	85.527	90.531	95.023	100.42	104.21
80	51.172	53.540	57.153	60.391	64.278	96.578	101.87	106.62	112.32	116.32
90	59.196	61.754	65.647	69.126	73.291	107.56	113.14	118.13	124.11	128.29
100	67.328	70.065	74.222	77.929	82.358	118.49	124.34	129.56	135.80	140.16

8-1. F 분포표($\alpha = 0.01$)

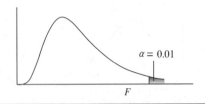

분모 자유도	분자 자유도																		
	1	2	3	4	5	6	7	8	9	10	12	15	20	24	30	40	60	120	∞
1	4052	4999	5403	5624	5763	5858	5928	5981	6022	6055	6106	6157	6208	6234	6260	6286	6313	6339	6365
2	98.50	99.00	99.17	99.25	99.30	99.33	99.36	99.37	99.39	99.40	99.42	99.43	99.45	99.46	99.47	99.47	99.48	99.49	99.50
3	34.12	30.82	29.46	28.71	28.24	27.91	27.67	27.49	27.35	27.23	27.05	26.87	26.69	26.60	26.50	26.41	26.32	26.22	26.13
4	21.20	18.00	16.69	15.98	15.52	15.21	14.98	14.80	14.66	14.55	14.37	14.20	14.02	13.93	13.84	13.75	13.65	13.56	13.46
5	16.26	13.27	12.06	11.39	10.97	10.67	10.46	10.29	10.16	10.05	9.89	9.72	9.55	9.47	9.38	9.29	9.20	9.11	9.02
6	13.75	10.92	9.78	9.15	8.75	8.47	8.26	8.10	7.98	7.87	7.72	7.56	7.40	7.31	7.23	7.14	7.06	6.97	6.88
7	12.25	9.55	8.45	7.85	7.46	7.19	6.99	6.84	6.72	6.62	6.47	6.31	6.16	6.07	5.99	5.91	5.82	5.74	5.65
8	11.26	8.65	7.59	7.01	6.63	6.37	6.18	6.03	5.91	5.81	5.67	5.52	5.36	5.28	5.20	5.12	5.03	4.95	4.86
9	10.56	8.02	6.99	6.42	6.06	5.80	5.61	5.47	5.35	5.26	5.11	4.96	4.81	4.73	4.65	4.57	4.48	4.40	4.31
10	10.04	7.56	6.55	5.99	5.64	5.39	5.20	5.06	4.94	4.85	4.71	4.56	4.41	4.33	4.25	4.17	4.08	4.00	3.91
11	9.65	7.21	6.22	5.67	5.32	5.07	4.89	4.74	4.63	4.54	4.40	4.25	4.10	4.02	3.94	3.86	3.78	3.69	3.60
12	9.33	6.93	5.95	5.41	5.06	4.82	4.64	4.50	4.39	4.30	4.16	4.01	3.86	3.78	3.70	3.62	3.54	3.45	3.36
13	9.07	6.70	5.74	5.21	4.86	4.62	4.44	4.30	4.19	4.10	3.96	3.82	3.66	3.59	3.51	3.43	3.34	3.25	3.17
14	8.86	6.51	5.56	5.04	4.69	4.46	4.28	4.14	4.03	3.94	3.80	3.66	3.51	3.43	3.35	3.27	3.18	3.09	3.00
15	8.68	6.36	5.42	4.89	4.56	4.32	4.14	4.00	3.89	3.80	3.67	3.52	3.37	3.29	3.21	3.13	3.05	2.96	2.87
16	8.53	6.23	5.29	4.77	4.44	4.20	4.03	3.89	3.78	3.69	3.55	3.41	3.26	3.18	3.10	3.02	2.93	2.84	2.75
17	8.40	6.11	5.18	4.67	4.34	4.10	3.93	3.79	3.68	3.59	3.46	3.31	3.16	3.08	3.00	2.92	2.83	2.75	2.65
18	8.29	6.01	5.09	4.58	4.25	4.01	3.84	3.71	3.60	3.51	3.37	3.23	3.08	3.00	2.92	2.84	2.75	2.66	2.57
19	8.18	5.93	5.01	4.50	4.17	3.94	3.77	3.63	3.52	3.43	3.30	3.15	3.00	2.92	2.84	2.76	2.67	2.58	2.49
20	8.10	5.85	4.94	4.43	4.10	3.87	3.70	3.56	3.46	3.37	3.23	3.09	2.94	2.86	2.78	2.69	2.61	2.52	2.42
21	8.02	5.78	4.87	4.37	4.04	3.81	3.64	3.51	3.40	3.31	3.17	3.03	2.88	2.80	2.72	2.64	2.55	2.46	2.36
22	7.95	5.72	4.82	4.31	3.99	3.76	3.59	3.45	3.35	3.26	3.12	2.98	2.83	2.75	2.67	2.58	2.50	2.40	2.31
23	7.88	5.66	4.76	4.26	3.94	3.71	3.54	3.41	3.30	3.21	3.07	2.93	2.78	2.70	2.62	2.54	2.45	2.35	2.26
24	7.82	5.61	4.72	4.22	3.90	3.67	3.50	3.36	3.26	3.17	3.03	2.89	2.74	2.66	2.58	2.49	2.40	2.31	2.21
25	7.77	5.57	4.68	4.18	3.85	3.63	3.46	3.32	3.22	3.13	2.99	2.85	2.70	2.62	2.54	2.45	2.36	2.27	2.17
30	7.56	5.39	4.51	4.02	3.70	3.47	3.30	3.17	3.07	2.98	2.84	2.70	2.55	2.47	2.39	2.30	2.21	2.11	2.01
40	7.31	5.18	4.31	3.83	3.51	3.29	3.12	2.99	2.89	2.80	2.66	2.52	2.37	2.29	2.20	2.11	2.02	1.92	1.80
60	7.08	4.98	4.13	3.65	3.34	3.12	2.95	2.82	2.72	2.63	2.50	2.35	2.20	2.12	2.03	1.94	1.84	1.73	1.60
120	6.85	4.79	3.95	3.48	3.17	2.96	2.79	2.66	2.56	2.47	2.34	2.19	2.03	1.95	1.86	1.76	1.66	1.53	1.38
∞	6.63	4.61	3.78	3.32	3.02	2.80	2.64	2.51	2.41	2.32	2.18	2.04	1.88	1.79	1.70	1.59	1.47	1.32	1.00

8-2. F 분포표($\alpha = 0.025$)

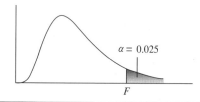

분모 자유도	분자 자유도																		
	1	2	3	4	5	6	7	8	9	10	12	15	20	24	30	40	60	120	∞
1	647.7	799.5	864.1	899.5	921.8	937.1	948.2	956.6	963.2	968.6	976.7	984.8	993.1	997.2	1001	1005	1009	1014	1018
2	38.51	39.00	39.17	39.25	39.30	39.33	39.36	39.37	39.39	39.40	39.41	39.43	39.45	39.46	39.46	39.47	39.48	39.49	39.50
3	17.44	16.04	15.44	15.10	14.88	14.73	14.62	14.54	14.47	14.42	14.34	14.25	14.17	14.12	14.08	14.04	13.99	13.95	13.90
4	12.22	10.65	9.98	9.60	9.36	9.20	9.07	8.98	8.90	8.84	8.75	8.66	8.56	8.51	8.46	8.41	8.36	8.31	8.26
5	10.01	8.43	7.76	7.39	7.15	6.98	6.85	6.76	6.68	6.62	6.52	6.43	6.33	6.28	6.23	6.18	6.12	6.07	6.02
6	8.81	7.26	6.60	6.23	5.99	5.82	5.70	5.60	5.52	5.46	5.37	5.27	5.17	5.12	5.07	5.01	4.96	4.90	4.85
7	8.07	6.54	5.89	5.52	5.29	5.12	4.99	4.90	4.82	4.76	4.67	4.57	4.47	4.41	4.36	4.31	4.25	4.20	4.14
8	7.57	6.06	5.42	5.05	4.82	4.65	4.53	4.43	4.36	4.30	4.20	4.10	4.00	3.95	3.89	3.84	3.78	3.73	3.67
9	7.21	5.71	5.08	4.72	4.48	4.32	4.20	4.10	4.03	3.96	3.87	3.77	3.67	3.61	3.56	3.51	3.45	3.39	3.33
10	6.94	5.46	4.83	4.47	4.24	4.07	3.95	3.85	3.78	3.72	3.62	3.52	3.42	3.37	3.31	3.26	3.20	3.14	3.08
11	6.72	5.26	4.63	4.28	4.04	3.88	3.76	3.66	3.59	3.53	3.43	3.33	3.23	3.17	3.12	3.06	3.00	2.94	2.88
12	6.55	5.10	4.47	4.12	3.89	3.73	3.61	3.51	3.44	3.37	3.28	3.18	3.07	3.02	2.96	2.91	2.85	2.79	2.72
13	6.41	4.97	4.35	4.00	3.77	3.60	3.48	3.39	3.31	3.25	3.15	3.05	2.95	2.89	2.84	2.78	2.72	2.66	2.60
14	6.30	4.86	4.24	3.89	3.66	3.50	3.38	3.29	3.21	3.15	3.05	2.95	2.84	2.79	2.73	2.67	2.61	2.55	2.49
15	6.20	4.77	4.15	3.80	3.58	3.41	3.29	3.20	3.12	3.06	2.96	2.86	2.76	2.70	2.64	2.59	2.52	2.46	2.40
16	6.12	4.69	4.08	3.73	3.50	3.34	3.22	3.12	3.05	2.99	2.89	2.79	2.68	2.63	2.57	2.51	2.45	2.38	2.32
17	6.04	4.62	4.01	3.66	3.44	3.28	3.16	3.06	2.98	2.92	2.82	2.72	2.62	2.56	2.50	2.44	2.38	2.32	2.25
18	5.98	4.56	3.95	3.61	3.38	3.22	3.10	3.01	2.93	2.87	2.77	2.67	2.56	2.50	2.44	2.38	2.32	2.26	2.19
19	5.92	4.51	3.90	3.56	3.33	3.17	3.05	2.96	2.88	2.82	2.72	2.62	2.51	2.45	2.39	2.33	2.27	2.20	2.13
20	5.87	4.46	3.86	3.51	3.29	3.13	3.01	2.91	2.84	2.77	2.68	2.57	2.46	2.41	2.35	2.29	2.22	2.16	2.09
21	5.83	4.42	3.82	3.48	3.25	3.09	2.97	2.87	2.80	2.73	2.64	2.53	2.42	2.37	2.31	2.25	2.18	2.11	2.04
22	5.79	4.38	3.78	3.44	3.22	3.05	2.93	2.84	2.76	2.70	2.60	2.50	2.39	2.33	2.27	2.21	2.14	2.08	2.00
23	5.75	4.35	3.75	3.41	3.18	3.02	2.90	2.81	2.73	2.67	2.57	2.47	2.36	2.30	2.24	2.18	2.11	2.04	1.97
24	5.72	4.32	3.72	3.38	3.15	2.99	2.87	2.78	2.70	2.64	2.54	2.44	2.33	2.27	2.21	2.15	2.08	2.01	1.94
25	5.69	4.29	3.69	3.35	3.13	2.97	2.85	2.75	2.68	2.61	2.51	2.41	2.30	2.24	2.18	2.12	2.05	1.98	1.91
30	5.57	4.18	3.59	3.25	3.03	2.87	2.75	2.65	2.57	2.51	2.41	2.31	2.20	2.14	2.07	2.01	1.94	1.87	1.79
40	5.42	4.05	3.46	3.13	2.90	2.74	2.62	2.53	2.45	2.39	2.29	2.18	2.07	2.01	1.94	1.88	1.80	1.72	1.64
60	5.29	3.93	3.34	3.01	2.79	2.63	2.51	2.41	2.33	2.27	2.17	2.06	1.94	1.88	1.82	1.74	1.67	1.58	1.48
120	5.15	3.80	3.23	2.89	2.67	2.52	2.39	2.30	2.22	2.16	2.05	1.94	1.82	1.76	1.69	1.61	1.53	1.43	1.31
∞	5.02	3.69	3.12	2.79	2.57	2.41	2.29	2.19	2.11	2.05	1.94	1.83	1.71	1.64	1.57	1.48	1.39	1.27	1.00

8-3. F분포표($\alpha = 0.05$)

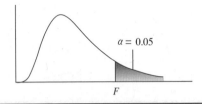

분모 자유도	분자 자유도																		
	1	2	3	4	5	6	7	8	9	10	12	15	20	24	30	40	60	120	∞
1	161.5	199.5	215.7	224.6	230.2	234.0	236.8	238.9	240.5	241.9	243.9	246.0	248.0	249.1	250.1	251.1	252.2	253.3	254.3
2	18.51	19.00	19.16	19.25	19.30	19.33	19.35	19.37	19.38	19.40	19.41	19.43	19.45	19.45	19.46	19.47	19.48	19.49	19.50
3	10.13	9.55	9.28	9.12	9.01	8.94	8.89	8.85	8.81	8.79	8.74	8.70	8.66	8.64	8.62	8.59	8.57	8.55	8.53
4	7.71	6.94	6.59	6.39	6.26	6.16	6.09	6.04	6.00	5.96	5.91	5.86	5.80	5.77	5.75	5.72	5.69	5.66	5.63
5	6.61	5.79	5.41	5.19	5.05	4.95	4.88	4.82	4.77	4.74	4.68	4.62	4.56	4.53	4.50	4.46	4.43	4.40	4.37
6	5.99	5.14	4.76	4.53	4.39	4.28	4.21	4.15	4.10	4.06	4.00	3.94	3.87	3.84	3.81	3.77	3.74	3.70	3.67
7	5.59	4.74	4.35	4.12	3.97	3.87	3.79	3.73	3.68	3.64	3.57	3.51	3.44	3.41	3.38	3.34	3.30	3.27	3.23
8	5.32	4.46	4.07	3.84	3.69	3.58	3.50	3.44	3.39	3.35	3.28	3.22	3.15	3.12	3.08	3.04	3.01	2.97	2.93
9	5.12	4.26	3.86	3.63	3.48	3.37	3.29	3.23	3.18	3.14	3.07	3.01	2.94	2.90	2.86	2.83	2.79	2.75	2.71
10	4.96	4.10	3.71	3.48	3.33	3.22	3.14	3.07	3.02	2.98	2.91	2.85	2.77	2.74	2.70	2.66	2.62	2.58	2.54
11	4.84	3.98	3.59	3.36	3.20	3.09	3.01	2.95	2.90	2.85	2.79	2.72	2.65	2.61	2.57	2.53	2.49	2.45	2.40
12	4.75	3.89	3.49	3.26	3.11	3.00	2.91	2.85	2.80	2.75	2.69	2.62	2.54	2.51	2.47	2.43	2.38	2.34	2.30
13	4.67	3.81	3.41	3.18	3.03	2.92	2.83	2.77	2.71	2.67	2.60	2.53	2.46	2.42	2.38	2.34	2.30	2.25	2.21
14	4.60	3.74	3.34	3.11	2.96	2.85	2.76	2.70	2.65	2.60	2.53	2.46	2.39	2.35	2.31	2.27	2.22	2.18	2.13
15	4.54	3.68	3.29	3.06	2.90	2.79	2.71	2.64	2.59	2.54	2.48	2.40	2.33	2.29	2.25	2.20	2.16	2.11	2.07
16	4.49	3.63	3.24	3.01	2.85	2.74	2.66	2.59	2.54	2.49	2.42	2.35	2.28	2.24	2.19	2.15	2.11	2.06	2.01
17	4.45	3.59	3.20	2.96	2.81	2.70	2.61	2.55	2.49	2.45	2.38	2.31	2.23	2.19	2.15	2.10	2.06	2.01	1.96
18	4.41	3.55	3.16	2.93	2.77	2.66	2.58	2.51	2.46	2.41	2.34	2.27	2.19	2.15	2.11	2.06	2.02	1.97	1.92
19	4.38	3.52	3.13	2.90	2.74	2.63	2.54	2.48	2.42	2.38	2.31	2.23	2.16	2.11	2.07	2.03	1.98	1.93	1.88
20	4.35	3.49	3.10	2.87	2.71	2.60	2.51	2.45	2.39	2.35	2.28	2.20	2.12	2.08	2.04	1.99	1.95	1.90	1.84
21	4.32	3.47	3.07	2.84	2.68	2.57	2.49	2.42	2.37	2.32	2.25	2.18	2.10	2.05	2.01	1.96	1.92	1.87	1.81
22	4.30	3.44	3.05	2.82	2.66	2.55	2.46	2.40	2.34	2.30	2.23	2.15	2.07	2.03	1.98	1.94	1.89	1.84	1.78
23	4.28	3.42	3.03	2.80	2.64	2.53	2.44	2.37	2.32	2.27	2.20	2.13	2.05	2.01	1.96	1.91	1.86	1.81	1.76
24	4.26	3.40	3.01	2.78	2.62	2.51	2.42	2.36	2.30	2.25	2.18	2.11	2.03	1.98	1.94	1.89	1.84	1.79	1.73
25	4.24	3.39	2.99	2.76	2.60	2.49	2.40	2.34	2.28	2.24	2.16	2.09	2.01	1.96	1.92	1.87	1.82	1.77	1.71
30	4.17	3.32	2.92	2.69	2.53	2.42	2.33	2.27	2.21	2.16	2.09	2.01	1.93	1.89	1.84	1.79	1.74	1.68	1.62
40	4.08	3.23	2.84	2.61	2.45	2.34	2.25	2.18	2.12	2.08	2.00	1.92	1.84	1.79	1.74	1.69	1.64	1.58	1.51
60	4.00	3.15	2.76	2.53	2.37	2.25	2.17	2.10	2.04	1.99	1.92	1.84	1.75	1.70	1.65	1.59	1.53	1.47	1.39
120	3.92	3.07	2.68	2.45	2.29	2.18	2.09	2.02	1.96	1.91	1.83	1.75	1.66	1.61	1.55	1.50	1.43	1.35	1.25
∞	3.84	3.00	2.60	2.37	2.21	2.10	2.01	1.94	1.88	1.83	1.75	1.67	1.57	1.52	1.46	1.39	1.32	1.22	1.00

9. 로마자 표기법

대문자(Capital)	소문자(Small)	영 어	발 음
A	α	alpha	알 파
B	β	beta	베 타
Γ	γ	gamma	감 마
Δ	δ	delta	델 타
E	ϵ	epsilon	입실론
Z	ζ	zeta	제 타
H	η	eta	에 타
Θ	θ	theta	쎄 타
I	ι	iota	이오타
K	k	kappa	카 파
Λ	λ	lambda	람 다
M	μ	mu	뮤
N	ν	nu	뉴
Ξ	ξ	xi	크사이
O	o	omicron	오미크론
Π	π	pi	파 이
P	ρ	rho	로 우
Σ	σ	sigma	시그마
T	τ	tau	타 우
Y	υ	upsilon	업실론
Φ	ϕ	phi	피
X	χ	chi	카 이
Ψ	ψ	psi	프사이
Ω	ω	omega	오메가

교육은 우리 자신의 무지를 점차 발견해 가는 과정이다.

– 윌 듀란트 –

우리 인생의 가장 큰 영광은 결코 넘어지지 않는 데 있는 것이 아니라
넘어질 때마다 일어서는 데 있다.

– 넬슨 만델라 –

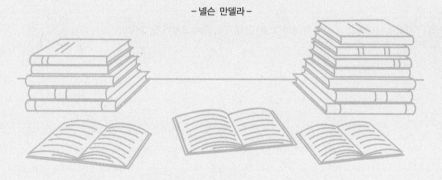

참고문헌

• 김은정.『사회조사분석사 조사방법론』, 삼성북스, 2009

• 소정현.『사회조사분석사 2급 2차 실기 한권으로 끝내기』, 시대고시기획, 2024

• 소정현.『사회조사분석사 1급 1차 필기 기출문제해설』, 시대고시기획, 2024

• 소정현.『통계직 공무원을 위한 통계학 기본서』, 시대고시기획, 2024

• 소정현.『행정・입법고시 통계학』, 시대고시기획, 2024

• 소정현・김태호.『한국은행・금융감독원 통계학』, 부크크, 2022

• 이종익.『사회조사분석사 2급 필기 한권으로 끝내기』, 시대고시기획, 2018

2025 시대에듀 통계직 공무원을 위한 통계학 모의고사

개정8판1쇄 발행	2025년 01월 10일 (인쇄 2024년 10월 24일)
초 판 발 행	2015년 08월 21일 (인쇄 2015년 08월 21일)
발 행 인	박영일
책 임 편 집	이해욱
편 저	소정현
편 집 진 행	노윤재 · 호은지
표지디자인	박수영
편집디자인	장하늬 · 채현주
발 행 처	(주)시대고시기획
출 판 등 록	제10-1521호
주 소	서울시 마포구 큰우물로 75 [도화동 538 성지 B/D] 9F
전 화	1600-3600
팩 스	02-701-8823
홈 페 이 지	www.sdedu.co.kr

I S B N	979-11-383-7982-3 (13310)
정 가	30,000원